1000MW超超临界火电机组技术丛书

REGONG ZIDONGHUA

热工自动化

广东电网公司电力科学研究院 ● 编

中国电力出版社
www.cepp.com.cn

内 容 提 要

为促进我国电源建设的快速发展，帮助广大工程技术人员、现场生产人员了解、掌握超超临界发电技术，积累超超临界机组建设、运行、管理经验，满足广大新建电厂、改扩建电厂培训、考核需要，特组织专家编写了本套《1000MW 超超临界火电机组技术丛书》。

本丛书包括《汽轮机设备及系统》、《锅炉设备及系统》、《电气设备及系统》、《热工自动化》、《电厂化学》与《环境保护》六个分册。全套丛书由广东电网公司电力科学研究院组织编写。本丛书在编写过程中，内容力求反映我国超超临界1000MW 等级机组的发展状况和最新技术，重点突出 1000MW 超超临界火电机组的工作原理、结构、启动、正常运行、异常运行、运行中的监视与调整、机组停运、事故处理等方面内容。

本书为《热工自动化》分册，全书共分十四章，主要内容有：超超临界机组控制系统概述、分散控制系统硬件与软件、分散控制系统组态与调试、数据采集系统、模拟量控制系统、机组自启停控制系统（APS）、锅炉炉膛安全监控系统、顺序控制系统、汽轮机数字电液控制系统和给水泵汽轮机电液控制系统、旁路控制系统、汽轮机监测仪表和紧急跳闸系统、电气控制系统、脱硫控制系统、脱硝控制系统。

本书可作为从事 1000MW 等级超超临界火电机组热工自动化专业安装调试、运行维护和检修技术等岗位生产人员、工人、技术人员和管理干部工作的重要参考，是上岗培训、在岗培训、转岗培训、技能鉴定和继续教育等的理想培训教材，也可作为大专院校有关师生的参考教材。

图书在版编目（CIP）数据

热工自动化/广东电网公司电力科学研究院编. —北京：中国电力出版社，2011.1（2013.8 重印）
（1000MW 超超临界火电机组技术丛书）
ISBN 978-7-5123-0824-4

Ⅰ.①热… Ⅱ.①广… Ⅲ.①火电厂-热力工程-自动化系统 Ⅳ.①TM621.4

中国版本图书馆 CIP 数据核字（2010）第 169265 号

中国电力出版社出版、发行
（北京市东城区北京站西街 19 号 100005 http://www.cepp.com.cn）
北京丰源印刷厂印刷
各地新华书店经售
*
2011 年 1 月第一版 2013 年 8 月北京第二次印刷
787 毫米×1092 毫米 16 开本 23.75 印张 581 千字 1 插页
印数 3001—5000 册 定价 **52.00** 元

《1000MW 超超临界火电机组技术丛书》

编 委 会

《热 工 自 动 化》

编 写 人 员

主　　编　陈世和

参编人员　史玲玲　陈锐民　朱亚清　李　锋　张　曦

　　　　　罗　嘉　潘凤萍　张红福　万文军　陈晓强

序

电力工业是关系国民经济全局的重要基础产业，电力的发展和国民经济的整体发展息息相关。电力行业贯彻落实科学发展观，就要依靠技术进步和科技创新，满足国民经济发展及人民生活水平提高对电力的需求。

回顾我国火电建设发展历程，我们走过了一条不平凡的道路，在设计、制造、施工、调试、运行和建设管理等方面，都留下了令人难忘的篇章。这些年来，我国火电建设坚持走科技含量高、经济效益好、资源消耗低、环境污染小的可持续发展道路。从我国国情出发，从满足国民生产对电力的需求出发，发展大容量、高参数、高效率的机组，是我国电力工业发展水平跻身世界前列的重要保证，是推动经济社会发展、促进能源优化利用、提高资源利用效率的重要保证。

超超临界发电技术是一项先进、成熟、高效和洁净环保的发电技术，已经在许多国家得到了广泛应用，并取得了显著成效。目前，我国火电机组已进入大容量、高参数、系列化发展阶段，自主研制、开发的超超临界机组取得了可喜成绩并成为主要发展机型。因此，掌握世界一流发电技术，为筹建、在建和投运机组提供建设、管理、优化运行和检修经验，对于实现设计制造国产化、创建高水平节能环保火电厂、保证电力工业可持续健康发展，意义重大。

广东电网公司电力科学研究院是我国一所综合性的科研研究机构，一直秉承“科技兴院”的战略方针，多年来取得了丰硕的科研成果，出版过多部优秀科技著作。这次他们组织专家编写的《1000MW 超超临界火电机组技术丛书》，能把他们掌握的百万机组的第一手资料和经验系统总结，有利于提高 1000MW 超超临界机组的设备制造、建设与调试、运行与管理水平，有利于促进引进技术的消化与吸收，有利于推进超超临界机组的国产化进程并为更高温度等级的先进超超临界机组研发提供经验。而他们丰富的理论和实际经验，是完成这个任务的保证。

《1000MW 超超临界火电机组技术丛书》不仅总结了国外超超临界技术的先进成果和经验，还反映了我国在这方面的研究成果和特点；不仅有理论上的论述，还有实际经验的阐述和总结。我相信，本套丛书的出版，对提高我国电力技术发展水平、积累超超临界机组的发展经验、加速发电设备的国产化、实现电源结构调整、实现能源利用率的持续提高，具有重要意义。祝本套丛书出版成功！

中国工程院院士 岑可法

2010 年 8 月

前言

超超临界技术的发展至今已有近半个世纪的历史。经过几十年不断发展和完善，超临界和超超临界发电机组目前已经在世界上许多国家得到了广泛的商业化规模应用，并在高效、节能和环保等方面取得了显著成效。与此同时，在环保及节约能源方面的需要以及在材料技术不断发展的支持下，国际上超超临界发电技术正在向着更高参数的方向进一步发展。

进入 21 世纪以来，随着我国经济的飞速发展，电力需求急速增长，促使电力工业进入了快速发展的新时期。我国电力工业的电源建设和技术装备水平有了较大提高，大型火力发电机组有了较快增长，超临界、超超临界机组未来将成为我国各大电网的主力机组。但是，超超临界发电技术在我国尚处于刚刚起步和迅速发展阶段，在设计、制造、安装、运行维护、检修等方面的经验还不足，国内现在只有少量机组投运，运行时间也较短。根据电力需求和发展的需要，在近几年内，我国还将有许多台大容量、高参数的超超临界机组相继投入生产运行。因此，有关工程技术人员、现场生产人员对技术上的需求都很大，很需要一些有关超超临界发电技术方面的图书作为技术上的支持，并对电力生产和技术发展提供帮助和指导作用，为此，我们组织专家编写了本套《1000MW 超超临界火电机组技术丛书》。

本丛书包括《汽轮机设备及系统》、《锅炉设备及系统》、《电气设备及系统》、《热工自动化》、《电厂化学》与《环境保护》六个分册。全套丛书由广东电网公司电力科学研究院组织编写。本丛书在编写过程中，内容力求反映我国超超临界 1000MW 等级机组的发展状况和最新技术，重点突出 1000MW 超超临界火电机组的工作原理、结构、启动、正常运行、异常运行、运行中的监视与调整、机组停运、事故处理等方面内容。

本套丛书的出版，对提高我国电力装备制造水平；积累超超临界机组的建设、运行、管理经验，加速发电设备的国产化，降低机组造价；实现火电结构调整，实现能源效率的持续提高具有重要意义。

本丛书可作为从事 1000MW 等级超超临界火电机组安装调试、运行维护和检修技术等岗位生产人员、工人、技术人员和管理干部工作的重要参考，是上岗培训、在岗培训、转岗培训、技能鉴定和继续教育等的理想培训教材，也可作为大专院校有关师生的参考教材。

本书为《热工自动化》分册，全书由陈世和主编，陈锐民副主编。其中，第

一、二章由罗嘉编写，第三章由陈世和编写，第五章由陈锐民编写，第六章由潘凤萍编写，第七章由张红福编写，第八章由李锋编写，第九、十章由张曦、朱亚清编写，第四、十一、十三、十四章由史玲玲编写，第十二章由万文军编写。全书由史玲玲统稿。

本书在编写过程中，得到了很多电厂、科研院所及相关技术人员的支持和帮助，在此表示感谢。

由于编者的水平和所收集的资料有限，书中的缺点和谬误在所难免，恳请读者批评指正。

编 者

2010 年 8 月

目录

超超临界机组控制系统概述

第一节 超超临界机组发展背景

我国在实现现代化的进程中面临着人口、资源和环境的制约。能源作为国民经济的基础，对社会、经济的发展和环境保护都至关重要，是我国可持续发展战略中最重要的环节之一。

我国是世界上少数几个以煤为主要能源的国家之一。煤烟污染是影响我国大气环境的首要因素，也是酸雨形成的主要原因。改善生态与环境是经济社会可持续发展和人民生活质量提高的重大问题。超超临界发电是有效利用能源的一项技术，其水蒸气工质的压力、温度均超过以往机组的参数，从而可以大幅度提高机组热效率。超临界机组的效率可比亚临界机组提高2～3个百分点，而超超临界机组的效率可比超临界机组提高2～4个百分点。配有污染物排放控制技术的超超临界机组在国际上已经是商业化的、成熟的发电技术，在可用率、可靠性、运行灵活性方面比其他类型机组有较大的优势。

一、超超临界机组的划分

火力发电厂的工质是水蒸气。在常规条件下，水经加热，温度达到给定压力下的饱和温度时，将产生相变，水开始从液态变成汽态，出现一个饱和水与饱和蒸汽两相共存的区域。当蒸汽压力达到22.129MPa时，汽化潜热等于零，汽水相对密度差也等于零，该压力称为临界压力。水在临界压力下加热至374.15℃时即被全部汽化，该温度称为临界温度。水在临界压力及超过临界压力时没有蒸发现象，即变成蒸汽，并且由水变成蒸汽是连续的，以单相形式进行。蒸汽压力大于临界压力的范围称超临界区，小于临界压力的范围称亚临界区。从水的物理性能来讲，只有超临界和亚临界之分，超超临界是我国人为的一种区分，也称为优化的或高效的超临界参数。目前超超临界与超临界的划分界限尚无统一的国际标准，一般认为蒸汽压力大于25MPa、温度高于580℃为超超临界。

二、国内外超超临界机组现状

（一）美国

美国是发展超临界机组最早的国家。1957年，世界上第一台超临界机组（6号机组）在Philo电厂投运，容量为125MW，参数为31MPa、621/566/560℃，该机组由B&W和GE公司设计制造；1958年，第二台超临界机组（1号机组）在Eddystone电厂投运，容量为325MW，参数为34.4MPa、649/566/566℃，该机组由CE和WH公司设计制造。迄今为止，这两台机组是最高参数的超超临界机组，它们为美国超临界机组的设计、制造、运行提供了宝贵经验。

到20世纪60年代中期，新增机组中有一半采用超临界参数，但到70年代订货台数急剧下降。EPRI的一份调查报告认为，下降的原因是多方面的，当时美国缺乏超临界机组调峰运行的经验，最重要的是核电站担负起了基本负荷，因而对带基本负荷的超临界机组的需求量出现了下降，在采用超临界参数方面出现了反复。尽管如此，美国在1967～1976年的10年间，共安装118台超临界机组，单机最大容量为1300MW，到80年代初，超临界机组仍增至170余台（其中多数为超超临界机组），占燃煤机组的70%以上、总装机容量的25.22%，其中单机容量介于500～800MW的占60%～70%，至1994年共安装和投运了9台1300MW的超临界机组。

（二）日本

日本发展超临界机组起步较晚，但发展速度很快，收效显著。自日立公司向美国B&W公司引进的第一台超临界600MW机组于1967年在沛崎电厂投运后，日本其他公司也分别引进了美国和德国的超临界技术，建立了自己的试验台。

20世纪70年代以来，由于电网负荷峰谷差增大，加上适合带基本负荷的核电站的兴起，日本的超超临界机组不仅高效，而且具有与亚临界机组相同的可靠性与运行灵活性，能自如地适应变压运行带周期性调峰负荷的要求。目前，日本已跃居为发展超超临界机组的先进国家。

日本分别对提高蒸汽压力和温度参数对机组效率的影响进行了比较，证明采用31MPa主蒸汽压力和二次中间再热，因为压力的提高和系统的复杂性，机组制造成本明显提高，缺乏市场竞争力，所以在90年代后，日本各公司都转向生产高温参数的超超临界机组。2000年，在橘湾电厂（2号机组）投运的容量为1050MW、蒸汽参数为25.5MPa、600/610℃的超超临界机组是目前日本蒸汽温度参数最高的机组。

（三）欧洲

德国是最早研究、制造超临界机组的国家之一，1956年投运的一台容量为88MW的超超临界机组，因容量较小，未获得很大的发展。20世纪70年代，由于燃料价格上涨，政府对环保的要求日益严格，并加强了对排放量的控制，需要建造以煤为燃料的高效率电厂，便开始发展大功率超临界机组。1972年投运了一台430MW的超临界机组，1979年投入了一台475MW二次再过热的机组。德国VEAG电力公司在1999年和2000年于Lippendorf电厂投产的两台900MW褐煤机组，蒸汽参数为26.8MPa、554/583℃，净效率为42%；目前，德国已投运和在建的超临界和超超临界机组近20台，其中具有代表性的机组是2000年在Niederanbem电厂投运的965MW超超临界机组（蒸汽参数为26.9MPa、580/600℃）以及2000年在Hessler电厂投运的700MW超超临界机组（蒸汽参数为30MPa、580/600℃）。由于采用了以超超临界参数为主的多项提高效率的措施，净效率高达45.2%，机组滑压运行，可超负荷5%，最低负荷为50%，电厂大修期最少为4年。

丹麦是热能动力方面很先进的国家，在火电机组上也处于领先地位。1998年在Skaebaek发电厂投产的400MW机组，两次中间再过热，蒸汽参数为29MPa、582/582/582℃，加以海水直接冷却，额定背压为2.2kPa，净效率高达49%，是当今世界上效率最高的火电机组。1999年在Nordjylands电厂投产的400MW机组，使用同样的蒸汽初参数，效率也高达47%。2001年在Avedore电厂投产的375MW机组，采用的蒸汽参数为30MPa、580/600℃，其净效率高达48%。其他如意大利、荷兰、芬兰等国在采用超临界机组方面也都有成功的经验。

（四）中国

我国在20世纪80年代引进国外亚临界300、600MW机组的设计和制造技术后，制造企业进行了相应的技术改造，设计、制造、运行能力有了很大的提高，目前已具备了再上一个技术台阶的条件。近10多年来，我国从国外引进了总容量大约11 200MW的超临界机组，这些机组的投运不仅在提高煤炭发电利用率和降低污染方面发挥了一定作用，并且为我国自主开发超临界和超超临界机组积累了运行和检修方面的经验。原国家电力公司也及时提出了发展超超临界机组并建立示范电厂的“863”高技术发展计划，目前该计划的第一子课题“超超临界发电机组技术选型”已经完成，经过专家论证，并结合我国动力制造业发展的前提条件，认为我国发展容量为700～1000MW，蒸汽参数为25MPa、593/593℃（或600/600℃）的超超临界发电机组是合适的。目前，已经投入商业运行的国外引进技术、国内制造的百万千瓦等级的玉环电厂和邹县电厂为我国自行研制、开发大型超超临界火力发电机组奠定了基础。

三、我国发展超超临界火电机组的必要性和迫切性

《联合国气候变化框架公约》缔约国签订的《京都议定书》已于2005年2月16日正式生效，这是人类历史上首次以法规的形式限制温室气体排放。《京都议定书》规定，发达国家在2008～2012年间要将温室气体的排放总量在1990年的基础上削减5.2%。《京都议定书》的特色在于二氧化碳排放可以进行市场交易；生效后二氧化碳排放作为一种商品将可以在缔约国之间进行自由买卖。我国作为发展中国家，尽管在当前不需承担削减排放的义务，但是，作为世界二氧化碳排放第二大国，而且随着经济的高速发展，又加上我国是世界第一煤炭消耗大国，如何提高煤炭的燃烧效率、减少有害气体的排放，已成为能源与电力企业面临的最大机遇与挑战。

我国的能源结构决定了我国在今后相当长的时间内，尽管会大力发展清洁能源，如风力发电、太阳能发电、核能发电、潮汐发电、燃气—蒸汽联合循环发电等，但燃煤电厂始终将占据主要的发电比例。因此，在目前国内以低效、高排放的小型火力发电厂为主的电力市场情况下，优先改造小机组及发展超超临界火电机组成为我国应对《京都议定书》的主要对策之一。

据统计，截至2003年底，我国火电机组平均单机容量不足100MW，平均供电煤耗达379g/kWh，比国外先进水平高50～60g/kWh。由于单位国内生产总值（GDP）的能耗较大，近年来，随着国民经济的高速发展，国内大部分地区出现了用电负荷的紧张局面，大力发展电力建设迫在眉睫；同时，由于世界能源价格的日益高涨及SO_x、NO_x、CO_2排放对人类及环境的损害与破坏不断加重，持续提高清洁能源发电的比例及大力发展高效超超临界火电机组成为我国电力管理部门及发电企业面临的重要课题。

根据国外超超临界火电机组的技术统计，20世纪90年代以来投产的超超临界机组的机组效率高达43%～48%，比同容量的常规超临界机组效率提高了4%～5%，比亚临界机组效率提高约8%～10%，供电煤耗为260～290g/kWh。因此，我国如能在今后10年内，使超超临界机组容量的比例提高至20%，可使全国火电机组平均供电煤耗下降约20g/kWh，10年可节约标准煤约3.6亿t，折合排放约2亿t CO_2。

第二节 超超临界机组常用 DCS 系统

一、Symphony 系统

美国贝利（Bailey）控制公司在 1980 年推出以微处理器为基础的网络控制系统 N-90 系统，通过改进后在 20 世纪 90 年代相继推出 INFI-90、INFI-90 Open、Symphony 系统，新的控制系统功能更完善、系统更开放。90 年代中期推出的 Symphony 系统，集过程控制和企业管理于一身。

（一）系统硬件

在 Symphony 系统中，按照通信系统对通信设备的定义，通信网络中的硬件设备称为节点（Nodes）。Symphony 系统通信网络中有以下 4 种类型的节点。

（1）现场（过程）控制设备节点 HCU（Harmony Control Unit），用于过程控制，可实现物理位置及控制功能的分散。HCU 中可配置多个以高性能微处理器为核心的现场控制器，即多功能处理器 MFP（Multi-Function Processor），新一代 BRC 处理器的处理能力为普通 MFP 的 3～4 倍。

（2）人机接口设备节点 HSI（Human System Interface），用于过程监视、操作、记录等功能的人机接口设备、过程控制观察站。

（3）计算机设备接口节点 CIU（Computer Interface Unit），用于 Symphony 系统与其他计算机接口的硬件设备，主要有用于应用软件组态、系统监视、系统维护的专用设备——工程师工作站 EWS（Engineering Work Station），也可与其他计算机相连。

（4）网络通信接口节点 Cnet，用于系统通信，并将 HCU、HIS、EWS 等硬件设备构成一个完整的分散型控制系统。

（二）系统软件

（1）用于过程控制的 BRC 软件。以回路控制、顺序控制、数据采集、优化控制为对象的软件结构——功能码 FC（Function Code），已固化在 BRC 的 ROM 中供设计组态。

（2）HSI 软件。在 HSI 中装有 Windows NT 操作系统来支持设备的运行，设备的数据库及显示的图形等软件均存在硬盘内。

（3）EWS 软件。根据被组态的对象可选择相应的软件包来组态。

（三）通信结构

Symphony 系统通信结构为以下 4 层：

（1）企业数据管理层，操作网络 Operation Network（Onet）。

（2）过程数据管理层，控制网络 Control Network（Cnet）。

（3）过程控制数据层，控制总线 Controlway。

（4）过程 I/O 数据层，I/O 扩展总线和 Harmony I/O 通信网络（Hnet）。

（四）系统软件及组态工具

系统软件主要有人机接口操作系统 Windows 2000、操作员站系统软件 Conductor NT、历史站系统软件 Power Portal、工程师站系统软件 Composer、现场控制系统功能码库等。

HCU 控制结构的 MFP 支持数种控制应用软件，如图形化的功能码、适于顺序控制的梯形图逻辑、适于间歇过程的批处理、适于复杂模糊控制的专家以及高级编程语言 A、

BASIC 等。在系列化的功能码中可包括基础的控制算法，如 PID、AND、OR 驱动器等。

Symphony 系统提供了一系列完成不同功能的软件模块，并对每个软件模块指定一个代码，称为功能码。从简单的“AND”、“NOT”到复杂的“Smith 预估器”，共有近 200 种，包括函数运算、常数设定、控制算法、信号转换与选择、与硬件接口、I/O、脉冲与定时器、模件控制、通信、BASIC、其他等 11 大类功能码。

Symphony 系统用于软件组态、系统调试、维护最多的设备是以个人计算机为基础的工程工具。通过它可以进行系统所有软件的组态、形成系统的数据库和操作员接口站的各种画面和各种报表、打印格式 。同时，它可以用于实际现场程序调试及参数整定等，这样就能大大缩短现场的开工调试时间和减少重复性的工作。

Composer 为 Symphony 企业管理控制系统的组态及维护提供一个集成的开发环境。它提供了建立与维护控制系统组态所需的必要功能，如控制策略图形化的开发功能、公用数据库的开发与维护功能、系统资源库的管理功能、系统的故障诊断与维护功能、人机接口的离线组态功能等。

二、日立 HIACS-5000M 系统

10 多年以来，日立公司致力于大型发电机组控制系统的设计、生产和应用研究，不断推出适应市场的大型电厂控制工程自动化设备。HIACS-5000M 系统是日立公司 20 世纪 90 年代末推出的、面向 21 世纪的最新集散型控制系统。

（一）通信网络

HIACS-5000M 系统通信网络为 $\mu\Sigma$-100 NETWORK，是一个高性能、高可靠性的网络，具有稳定的实时响应和自动周期传送功能。网络传送速度为 100Mbit/s，通信介质为光纤，最大电缆长度为 100km，采用高实时性的令牌访问方式。传输介质采用环形结构的冗余光纤，同时结合“回绕”技术，最大限度地降低了线路损坏对系统造成的影响。令牌网的最大优点是数据传输的稳定实时响应。在重负荷工况下，以太网（Ethernet）的通信竞争激烈、碰撞增多，难以得到发送权，从而使数据传输阻塞，实时响应急速下降。令牌网没有这一缺点，即使在重负荷工况下，令牌网的环行周期仍然是可设计和可控制的。在 128 个挂站的情况下，精心设计的硬件和软件，仍可保证令牌环行周期在 10ms 之内。

HIACS-5000M 系统通信主干网采用 FDDI 方式。光纤分布式数据接口 FDDI（Fiber Distributed Data Interface）是一种高性能的光纤令牌环状网，其速率为 100Mbit/s，跨越的距离可达 200km，最多可连接 1000 个站点。通信介质采用的是多模光纤，其传输数据的准确率极高，传送 2.5×10^{10} bit 的误码率远低于 1bit。

（二）HIACS-5000M 系列基本控制器

R600CH 是 HISEC-04M 系统的新一代控制器，采用 RISC 技术的新型中央处理器，内部数据宽度为 64bit，用户程序内存区为 32MB。CPU 模板直接与 $\mu\Sigma$-100 Network 网连接，信号传输速度为 125Mbit/s，采用了双环光纤网络。R600CH 采用了工业无源高速并行背板总线（R600CH 总线），作为 CPU 模板与 I/O 模板之间的数据交换总线，并行总线结构实现了 I/O 模板与 CPU 模板之间的快速数据传输。

R600CH 总线允许连接以下两类 I/O 模件板：

(1) 第一类，HSC7000 I/O 模板。包括模拟量输入（AI）板、模拟量输出（AO）板、开关量输入板（DI）、开关量输出板（DO）、驱动控制模件板（DCM）、脉冲量输入板

(PI)、SOE模板及转速测量板（PTI）。

(2) 第二类，智能化远程I/O接口板（PI/O）。为适应远程I/O数据通信的需要，设计了可以放置于现场的远程I/O模板（RTB）。若干RTB板形成一组，通过双重化的串行网络，将数据送至设备间R600CH控制器。每块智能化的串行接口板PI/O，可以连接一路串行网络，当需要多路串行网络时，只需要在R600CH总线机箱内并列配置多块此类PI/O板。远程I/O模板RTB方式，是HIACS-5000M系统地理分散配置的又一可选择的方案。

为了提高应用软件的执行效率和可靠性，R600CH采用了高效、高可靠的R600CH操作系统软件，使得应用程序软件执行得更快、更可靠。

（三）I/O模件

HSC400总线模板是工业无源背板总线，位于控制器机箱和扩展机箱的背部，具有并行、高速的特点，CPU模件、各种I/O模件可直接插接在机箱槽内，连接在该总线上。主要的I/O模件有AI、AO、DI、DO、PI等。

（四）人机接口

HIACS-5000M系统人机接口包括操作员站（含大屏幕操作员站）、历史数据站、通信接口站、工程师站、总值长站。

三、I/A Series系统

美国FOXBORO公司于1987年首先推出了体现开放概念的超越一般DCS的新一代工业控制系统——I/A Series智能自动化系列。I/A的元器件筛选极为严格，采用低功耗芯片以及I/A模件的全密封结构，所有I/O模件采用通道独立的光电双重隔离措施，保证了I/A硬件的高可靠性。I/A模件采用全密封结构（目前在我国使用的大型DCS中只有I/A采用这种全密封结构），可有效地防护灰尘、静电的影响。

2005年，FOXBORO又推出了I/A系统的8.0版本，网络系统采用以交换机为基础的100M/1G的快速以太网；控制器的处理能力提高到每秒10 000个功能块，并且提供了适合各种现场安装要求的选型；组态工具采用图形化的IACC。

（一）I/A的网络结构

I/A SIRIES系统核心通信网络CONTROL NETWORK由一系列全商业化以太网交换机组成，连接系统内各设备，全双工的数据公路消除了单点故障的可能，为I/A SERIES系统提供了高度的可靠性。

网络结构的灵活性可以在系统设计时针对控制系统的物理分散要求进行网络组态配置。从最简单的网络配置，即直接将工程师站直接与控制处理器连接，到复杂的网络配置，即通过多个交换机间的互连以构成分散的网络星形结构，同时通信速度可达1Gbit/s。CONTROL NETWORK网络系统结构将强大的控制处理器和工作站集成在一起，组成规模可大可小的控制系统，提供过程监视、过程控制以及与SIS系统的通信。高速、全冗余以及点对点的通信特点，为I/A SERIES系统提供高性能和更高的安全性，同时，所有与以太网交换机的接口均为冗余设计，进一步保证了站与站之间的通信安全性。

（二）控制处理器CP60

CP60是Foxboro公司在1999年推出的新一代控制处理机，在功能上比CP40有了很大的增强。其内存为8M，而CP40仅为4M；CP60可组态4000个等效控制模块，而CP40可组态的模块是2000个；CP60与I/O组件的通信速率是10Mbit/s，可挂120个组件；CP40

与I/O组件的通信速率是268.75kbit/s，只可挂64个组件；CP60除了与Foxboro公司的智能仪表实现双向数字通信外，还可以与现场总线基金会的H1、Profibus的PA和HART协议通信；而CP40只能与Foxboro公司的智能仪表实现双向数字通信。

Foxboro公司的控制软件采用分散分层的策略。在I/A系统中，不但CP60具有强大的处理运算能力，每一个I/O组件也都是智能的，都具有运算处理能力。一些需要快速处理的任务，都可以由I/O组件来承担。在I/A系统中，I/O组件对模拟量的处理速度可达到10ms，对开关量的处理速度可以达到2～5ms。采用这种分散分层的控制策略，不但有效地减轻了控制处理机CP60的负荷，而且大大提高了控制系统的分散度。

控制处理器（CP60）不需额外的总线接口模件，直接挂到节点总线上（总线接口集成在CP60中）。一个CP60可下挂120个现场总线模件（FBM）。CP中的模件有专为断续执行器控制而开发的脉冲型调节器（PTC），这种PTC模件根据测量值与设定值的偏差大小自动计算输出脉冲的宽度，确保控制效果和精度。

（三）现场总线模件（FBM）

现场总线模件（FBM）全部为智能型模件，所有带输出的I/O模件可以完成PID运算和逻辑控制功能，大大降低了控制器（CP60）负荷率。

FBM总体上分为模拟量输入/输出模件和开关量输入/输出模件，模拟量模件为8通道，开关量模件为16通道。模拟量输入/输出通道采用变压器耦合与光电双重隔离，每路模入/模出均有一个独立的A/D或D/A转换器，保证一个A/D或D/A转换器故障只影响一个通道。开关量输入/输出通道采用光电隔离方式（成对隔离），每路开入通道均可由软件设置滤波时间为4、8、16ms或32ms。

现场总线模件还可以与I/A Series的智能变送器直接通信，为将来的现场总线时代的全数字化奠定了基础。

（四）人机接口

操作员站（WP51F）和工程师站（AW51F）采用SUN公司RISC 64位工作站级计算机、UNIX操作系统和X-WINDOW图像技术，可选以太网接口，可与DEC net、TCP/IP、Novell、Windows 95、Windows NT连接，并行接口可连接打印机。工程师站（AW51F）在功能上除具有操作员站的所有功能外，还提供开发环境，如C和FORTRAN语言开发环境等。此外，还可完成性能计算功能。历史库记录信息主要包括过程参数记录（包括模拟量和数字量两种）、操作员行记录和系统报警信息。

第三节　华能海门电厂1000MW机组概况

一、工程概况

华能海门电厂一期1、2号机组（2×1000MW）工程位于广东省汕头市潮阳区海门镇洪洞村，该电厂规划容量6×1000MW，一期建设4×1000MW，本节介绍工程建设为2×1000MW。

二、主设备概况

（一）锅炉

锅炉为东方锅炉（集团）股份有限公司生产的DG3000/26.25-Ⅱ1型高效超超临界参数

变压运行螺旋管圈水冷壁直流炉，单炉膛，一次中间再热，采用前后墙对冲燃烧方式，平衡通风，固态排渣，全钢悬吊结构Ⅱ型锅炉，露天布置燃煤锅炉。

锅炉采用无分隔墙的前后墙对冲燃烧方式。每台锅炉共设有48个旋流燃烧器。燃烧器共分6层，每层设8个燃烧器，每层燃烧器由同一台磨煤机供给煤粉。在燃烧器上部设有燃尽风，目的是降低NO_x的生成量、降低机械未完全燃烧损失及防止燃烧器区域受热面的高温腐蚀。

锅炉采用二级点火方式，即高能电火花点火器—主油枪—煤粉燃烧器。该工程采用等离子点火，由锅炉厂配供等离子点火装置，并保证锅炉整体性能，等离子点火装置起点火及助燃作用，保留点火油系统，燃油采用0号轻柴油。

（二）汽轮机

汽轮机为东方汽轮机厂生产的N1000-25.0/600/600型超超临界、一次中间再热、单轴、三缸四排汽、凝汽式汽轮机，具有八级非调整回热抽汽，额定转速为3000r/min，采用东方电机股份有限公司生产的型号为QFSN-1000-2-27水—氢—氢冷却方式汽轮发电机。

三、热控系统主要设备

（一）主机控制系统

华能海门电厂一期工程采用四机一控方式，即4台机组合用一个集中控制室，单元机组以分散控制系统（DCS）为核心，配以机炉电子控制系统和个别后备盘构成一套完整的自动化控制系统，DCS选型为艾默生公司的OVATION分散控制系统OCR400。DCS能够实现对单元机组主辅机及系统的检测、控制、报警、联锁保护、诊断、机组启/停、正常运行操作、事故处理和操作指导等功能。以CRT和键盘作为机组的主要监视和控制手段，设置少量必要的紧急事故停止和启动按钮，以便在DCS出现故障时，确保机组安全停运。DCS主要完成主厂房内单元机组和机组公用部分的系统及其设备的报警、调节和联锁保护等监控功能，包括锅炉、汽轮机、发电机、空冷系统及相关的辅助系统与设备（含辅机循环冷却水系统、给水泵汽轮机间冷系统等）。

每台机组设置一套分散控制系统（DCS），在两台机组的分散控制系统（DCS）之间设置一个单独的DCS公用控制网，并与1、2号单元机组分散控制系统（DCS）联网通信，公用网设有独立操作员站、网络机柜、控制电源，与1号机组DCS共享工程师站。

机组公用控制网监控对象包括厂用电公用部分、凝结水精处理再生系统、机组公用化学加药系统、仪用与厂用空气压缩机系统等、机组公用除渣水回用系统、机组公用灰库气化系统。

汽轮机数字化电液控制系统（DEH）由东方汽轮机厂成套提供，主要任务是进行汽轮机转速和负荷控制。系统的硬件采用日立公司生产的HIACS-5000M控制系统，通过与机组DCS之间的冗余通信接口和必要的硬接线连接，在机组DCS的操作员站上实现对DEH的监控；此外，在机组主控台上还设有两台DEH操作员站。DEH以微处理器为基础，控制器为全冗余结构。汽轮机紧急跳闸系统（ETS）由东方汽轮机厂成套提供，装置采用与DEH一体化的产品。

给水泵汽轮机电液控制系统（MEH）和给水泵汽轮机紧急跳闸系统（METS）由杭州汽轮机股份有限公司成套提供。采用与机组DCS相同的硬件，给水泵汽轮机厂商负责MEH通信接口的设计、组态和调试，以实现DCS操作员站对MEH监控操作的要求。给水泵汽轮机紧急跳闸系统（METS）采用与 MEH 一体化的产品。

发电机—变压器组及机组厂用电系统以及厂用电公用部分的监控主要由 DCS 来实现，重要的开关量控制信号、状态信号和报警信号将通过硬接线接入 DCS，发电机—变压器组及厂用电系统监视用的 DAS 信号（指不参与控制的模拟量和开关状态信号）将通过 FECS 以通信方式接入 DCS，最终满足在机组 DCS 人机界面上全部监控发电机—变压器组与厂用电系统的功能。

关于 OVATION 分散控制系统的详细内容将在第二章进行介绍。

（二）辅助控制系统

锅炉吹灰程序控制系统采用 AB 公司生产的 Contrologix L60 系列冗余配置 PLC 产品，就地不设置有上位机。吹灰程控系统由东方锅炉（集团）股份有限公司配供，系统通过通信接口与 DCS 连接，在 DCS 操作员站上可监控吹灰系统运行。

除灰控制系统采用 AB 公司生产的 Contrologix L60 系列冗余配置的 PLC 产品，就地设置有上位机，系统通过通信接口与 BOP 连接，在 BOP 操作员站上可监控除灰系统运行。

电除尘控制系统采用 AB 公司生产的 Contrologix L60 系列冗余配置的 PLC 产品，就地设置有上位机，高压电气部分控制采用厂家专用控制系统，并与 PLC 实现监控通信，整套电除尘控制系统通过 PLC 的通信接口与 BOP 连接，在 BOP 操作员站上可监控电除尘系统运行。

海水脱硫控制系统采用机组 DCS 控制，由机组运行人员进行集中监控，除危及机组运行安全的重要保护、调节回路外，脱硫岛其他模拟量控制回路和开关量控制回路采用现场总线控制系统，总线设备采用 PROFIBUS 和 FF 混合型现场总线协议。

全厂辅助车间控制采用 PLC 程控，最终联网后组成辅助生产控制网进入集中控制室监控，PLC 选型为 AB 公司的 Contrologix L60 系列，辅网服务器采用美国容错服务器，辅网采用 AB 一体化监控软件 RSVIEW SE 版软件。全厂辅助车间生产控制系统范围包括化学补给水系统（含淡水泵房）、污废水处理系统、中央空调系统、燃油控制系统、输煤程控（仅投监视功能、操作功能闭锁）、2 号机干除灰控制系统、2 号机电除尘控制系统，辅网共设计有 9 套 PLC 程控，并留有系统扩展裕量。干除灰系统、电除尘系统、补给水及污废水处理系统就地设置就地监控站，与相应电子间布置在同一个房间，便于启动调试和系统故障处理，正常运行在集控室监控；空调与燃油 PLC 程控装置在机柜内设有盘装式上位机，以便于就地调试；煤系统设立独立的控制室，与输煤程控系统电子间和低压配电系统一起布置在输煤综合楼。

（三）信息系统

电厂的信息系统分为 SIS、MIS 两部分。SIS 通过机组 DCS、辅助生产控制网、网控 NCS 、厂用电监控系统（FECS）TDM、炉管泄漏报警系统、全厂闭路电视监视系统等的通信收集实时数据和视频信息，向 MIS 提供全厂生产过程的实时信息，主要完成全厂水、煤、灰、脱硫等主厂房以外的系统或设备的控制。控制系统主要按照工质来划分，分别为水网控制、煤网控制和灰网控制，为保证全厂备品备件的一致，减少库存及增强备品备件的可替代性，水煤灰子网均选用型号一致的 PLC 软、硬件系统（采用美国 GE 公司生产的 PACSystems RX7i 产品，监控软件采用正版 IFIX）。脱硫系统拟采用国产 DCS。

建立完备的厂级监控信息系统（SIS）作为面向生产过程的信息系统。单元机组 DCS、脱硫岛FGD-DCS系统、辅助车间监控网络系统及其他系统（如电气网络控制、RTU设备等）将通过网络接口机及防火墙与厂级监控信息系统联网，实现信息共享。系统网络采用100/1000M交换式以太网结构。

厂级监控信息系统主要完成机组级性能/效率计算、小指标统计分析、耗差分析、受热面超温管理等应用功能，完成各种数据的查询、报表和WEB信息发布功能。SIS建成后，在电厂MIS客户端上可以通过系统图、棒图、历史/趋势曲线、成组查询等方式对全厂主辅机设备运行状况进行监视，使生产、运行及管理人员能够直观地查看生产设备的运行状况。具备机组技术指标的计算功能，要求技术指标的计算以达标技术指标为基本要求，具体包含的内容有：对机组的性能评估和指标分析，用简洁的图形方式显示目前机组的状态；具备基建调试阶段调试数据的采集、存储、分析、统计功能，在调试期间能显示调试完成统计、单体调试前后的记录、测点状态（正常值，对超差点进行报警统计）、保护联锁试验记录、分系统调试记录；机组启动数据记录（设备启动过程、参数、历史趋势），168h试运开始后的数据记录（操作记录、参数、趋势、参数分析、自动投入率统计、保护投入率统计、仪表投入率统计、DCS报警记录、DCS首出记录），性能计算、小指标计算、机组技术指标计算等功能。

分散控制系统硬件与软件

第一节 分散控制系统概述

分散控制系统的主要功能和结构特征是显示操作集中和控制分散。分散控制系统有运行操作接口、开发维护接口、现场过程控制接口和网间通信接口 4 个相对独立的组成部分，各部分通过内部通信网络有机地结合，形成完整的、功能强大的过程控制系统。分散控制系统在结构上采用模块化设计方法，通过灵活组态和合理配置，可以实现火电机组的模拟量控制系统（MCS）、数据采集系统（DAS）、锅炉燃烧控制和炉膛安全系统（FSSS）、顺序控制系统（SCS）等功能。

一、分散控制系统的发展历程

第一套分散控制系统由 Honeywell 公司在 1975 年研制开发成功，经过 30 多年的发展，分散控制系统的结构和性能日臻完善，其发展历程大体可分为以下三个阶段。

第一阶段：1975～1976 年为分散控制系统的诞生时期。这一阶段是分散控制系统成型的阶段。它保留了直接数字控制中集中监视的功能，而将控制功能分散到现场，通过总线将监视和控制两级连成整体，实现信息和数据的交换，构成了集散系统的基本框架。这类系统的现场控制比较简单，为常规 PID 控制，监视的功能也少，上下级之间信息交换量少，通信速度较慢。该阶段分散控制系统表现出利用高新技术继承和发展常规控制系统的优点、分散控制系统作为新一代工业过程自动化产品的优势和新型自动化系统初期产品的特点。

第二阶段：1977～1984 年为分散控制系统飞速发展时期。该阶段是分散控制系统功能扩大的阶段。分散控制系统的现场控制站的核心部件 CPU 由 8 位向 16 位过渡，现场控制站的控制功能加强，可以完成多种控制算法，形成多功能控制站。在该阶段，分散控制系统的监视和管理功能扩大，软件上开发出了更完善的实时操作系统和应用更好的图形显示技术，网络数据通信上向标准化网络推进，逐步完善了网络中的通信协议，数据传送更加快速、可靠。

第三阶段：1985 年至今为综合信息管理系统时期。分散控制系统将随计算机及计算机网络、控制理论、信息管理与集成等相关领域新器件、新技术的发展而继续发展，其在分散控制系统小型化、现场仪表智能化、通信网络和现场总线标准化、系统软件智能化开放化等方面有着广泛的发展前景。分散控制系统将适应各种工业过程控制的需求，以获取更好的经济和社会效益。

我国分散控制系统的开发与研制起步较晚，但随着我国国民经济的持续快速发展，国内分散控制系统有了飞速的进展。通过多年来的研究和探索，北京国电智深控制技术有限公司、北京和利时系统工程股份有限公司、新华控制工程有限公司、浙江中控软件技术有限公司等为代表的分散控制系统生产供货厂家自行研制和开发了具有自主知识产权的多种分散控制系统。

分散控制系统将随计算机技术、通信技术、控制理论与方法等相关领域高新技术的发展而发展壮大，在应用新技术、新器件、新方法等方面有许多新进展，也将与其他各种新型控制装置和系统在发展中相互融合与渗透，通过不断采用新技术而向标准化、开放化、通用化、专业化的方向发展。

二、分散控制系统的特点

分散控制系统的设计原则和特点是操作管理集中和控制分散，这使得运行操作人员能及时、全面地了解工业过程的运行状况，对需要控制的各种参数进行及时的调整。分散控制系统在发展过程中表现出如下特点。

（一）系统模块化和智能化

分散控制系统在功能上是分级的，最上层从事决策性工作，最下层从事具体控制决策的执行，数据的采集和处理。这种结构使整个控制系统功能分散、危险分散、可靠性提高，同时可以根据用户的具体要求灵活配置系统大小，强化了系统应用性，减少了设备的复杂性与开发成本，也便于维修和技术更新。

分散控制系统采用了以微处理器为基础的“智能技术”，在局域网络通信、信息差错控制、现场控制单元控制器的冗余备用、显示操作站的替换和备用等方面采用了最新最先进的技术，具有记忆、逻辑判断和数据运算功能，具备自适应、自诊断和自检测等初步智能功能。

（二）采用局域网络通信技术

分散控制系统的数据通信网络采用工业局域网络技术进行通信，传输控制信息，进行全系统信息综合管理，并对分散的现场控制单元、人机接口进行控制和操作管理。大多采用同轴电缆或光纤传输媒质，通信的可靠性和安全性大为提高。通信协议已开始向标准化迈进。

（三）软件功能丰富

分散控制系统具有丰富的功能软件。它能为各种工业过程提供控制算法软件、过程监视软件、控制程序软件、显示软件、报表打印和信息检索程序软件等；还为用户提供应用程序开发平台，供用户开发高级的应用软件，如优化管理和控制软件等。

（四）具有高可靠性

分散控制系统模块化的结构使控制系统的控制回路分散，不会影响系统的全局安全。重要设备和部件的冗余配置大大提高了分散控制系统的可靠性。由于分散控制系统的生产厂家在硬件方面对元件和部件进行了一系列可靠性测试和筛选，广泛采用专用集成电路芯片和表面安装等先进技术，在软件设计上采用容错技术、故障的智能化自检和自诊断技术等，因此，目前火电厂大多数分散控制系统的平均故障间隔时间（MTBF）达 50 000h，而平均故障修复时间（MTTR）一般只有 5min 左右。

（五）安装维修方便

分散控制系统在控制方案的实现上是靠软件实现的，这大大节约了安装的时间和成本。由于系统具有自诊断和自检测等初步智能功能，硬件采用带电插拔技术，这都使得系统的维修十分方便，维修时间大为缩短。

三、OVATION 分散控制系统

OVATION 分散控制系统是艾默生公司于 1995 年推出的，它是 WDPF 控制系统的升级产品，目前在国内火电机组，尤其是在1000MW超超临界机组中有较多的应用。

OVATION分散控制系统通常可分为过程级、监控级和管理级。分散控制系统由具有自治功能的多种工作站组成，如数据采集站（Data Acquisition Station，DAS）、过程控制单元（Distributed Processing Unit，DPU）、工程师站（Engineer Station）、历史数据站（History data Storage & Research，HSR）、运行操作员站（Operation Station，OPS）等。这些工作站可独立或配合完成数据采集与处理、控制、计算、存储以及检索等功能，便于实现功能、地理位置和负荷上的分散，而且当个别工作站故障时，不会影响整个系统的运行，使危险分散。

与其他DCS一样，OVATION分散控制系统由过程站、数据通信系统和人机接口组成。该系统的设计采用合适的冗余配置，并具有自诊断功能（诊断至卡件级），具有高度的可靠性。系统内任一组件发生故障，均不应影响整个系统的工作。系统的参数、报警和自诊断功能高度集中在CRT上显示和在打印机上打印，控制系统在功能和物理上适当分散。系统硬件采用有现场运行实绩的、先进可靠的和使用以微处理器为基础的分散型硬件。系统内所有模件均是固态电路，是标准化、模件化和插入式结构。机柜内的模件能带电插拔而不损坏，且不影响其他模件的正常工作。过程控制站按机组工艺流程配置，完成DAS、SCS、MCS等功能，以减少通过数据通信总线进行信息交换的数量。

过程控制站内采用中央处理器和各司其职（功能上应分离）的处理器模件，以提高系统可靠性。处理器模件使用I/O模件采集的过程信息，并采用智能化功能模件，每个功能模件都具有独立的CPU。处理器模件均带有LED自诊断和运行状态显示。冗余配置的处理器模件，一旦某个工作的处理器模件发生故障，系统能自动地以无扰方式，快速切换至与其冗余的处理器模件，并在操作员站报警。DPU能进行在线组态和组态修改。

人机接口包括操作员站、工程师站以及为之服务数据器和服务单元、打印机等。操作员站的基本功能是：监视系统内的运行参数和设备运行状态；显示报警图形，发出报警声音，并确认报警；对声音报警可根据需要屏蔽和更改音调；显示操作指导；建立趋势画面，并获得趋势信息；打印报表；控制驱动装置；自动和手动控制方式的选择；调整过程设定值和偏置等。工程师站包括站用处理器、图形处理器及能容纳系统内所有数据库、各种显示和组态程序所需的主存储器和外存设备。

网络通信系统：OVATION分散控制系统具有一套完整、可靠、开放的通信系统。通信设备采用市场上通用的Cisco公司的快速以太网交换机，OVATION分散控制系统采用的是单层的、点对点的对等结构的冗余的100Mbit/s的一体化快速以太网，系统中不需要任何网关。这种网络结构克服了服务器/客户机这种主从依赖关系的网络结构。同时，OVATION分散控制系统采用的是Oracle全嵌入式、分散型的关系数据库，系统能将数据管理分散嵌入到网络上的对应的站点中，任何站点的工作均不需要彼此依赖，使得系统在数据管理上真正做到了彻底分散。

第二节　分散控制系统硬件

一、概述

作为一种纵向分层和横向分散的大型综合控制系统，分散控制系统以多层计算机网络为依托，将分布在全厂范围内的各种控制设备的数据处理设备连接在一起，实现各部分信息共享的协调工作，共同完成控制、管理及决策功能。

分散控制系统硬件设备由以下三大部分组成：

（1）数据通信网络。数据通信网络连接分散控制系统的各个分布部分，完成数据、指令及其他信息的传递。为保证 DCS 可靠性，电源、通信网络、过程控制站都采用冗余配置。

（2）工作站。根据使用功能的不同分为几种不同的功能站，包括服务器、工程师站、操作员站、历史报表站以及其他功能站。

1）工程师站提供技术人员生成控制系统的人机接口，主要用于系统组态和维护，技术人员也可以通过工程师站对应用系统进行监视。

2）操作员站提供技术人员与系统数据库的人机交互界面，用于监视可以完成数据的状态值显示和操作员对数据点的操作。

3）历史站保存整个系统的历史数据，供组态软件实现历史趋势显示、报表打印和事故追忆等功能。

（3）控制器（分散处理单元）。作为控制中心，控制器采用了冗余的方式达到最大的可靠性和安全性。控制器采用与 PC 兼容的实时操作系统（全 32 位优先级多任务系统），以及标准的 PC 结构和无源的 PCI/ISA 总线接口。控制器用于现场信号的采集处理，控制策略的实现，并具有可靠的冗余保证和网络通信功能。

下面对控制器、I/O 系统及常用卡件进行详细的介绍。

二、控制器

现场控制器由包含输入、输出模件的一个或多个柜子组成，输入、输出模件通过接线连接就地设备。这些模件监视就地设备的状态，当输入变化时，控制器读出相应变化并进行输出，驱动就地设备。OVATION 控制器外观如图 2-1 所示。

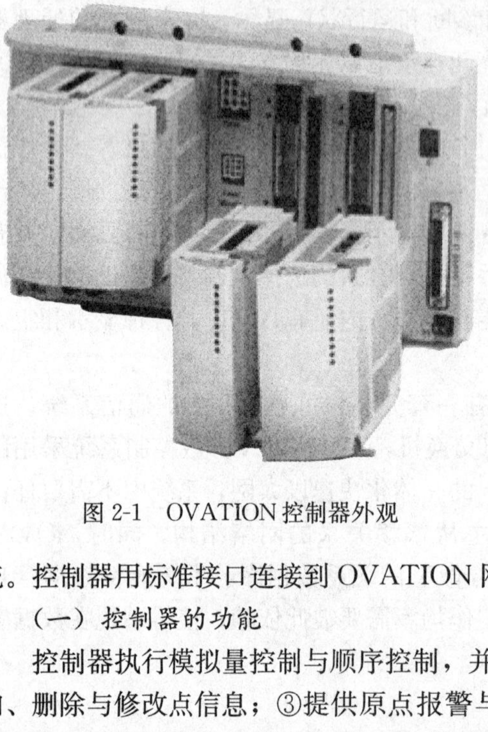

图 2-1 OVATION 控制器外观

CB（Control Builder）将组态的功能图以"控制页"的方式组态到控制器（包括算法），这些运算法由信号连接，能够进行简单与复杂的处理。

OVATION 控制器是基于 INTEL 奔腾处理器的过程处理器，运行商用 VxWorks 操作系统。控制器用标准接口连接到 OVATION 网络。

（一）控制器的功能

控制器执行模拟量控制与顺序控制，并提供以下功能：①产生并接收过程点；②在线增加、删除与修改点信息；③提供原点报警与命令字处理；④读取 I/O 模件并转换信息到过程点；⑤读取过程点并将相应信息写到 I/O 模件；⑥执行控制算法；⑦在线增加、删除与修改控制。

（二）控制器的组成

控制器由包括母板、CPU 卡、电源卡、网络卡、I/O 接口卡的硬件组成。

(1) CPU 卡：中央处理器。

(2) 电源卡：为内部卡件提供工作电源。

(3) 闪存：与 CPU 相连，内有逻辑算法和操作系统，断电不丢失数据。

(4) 网卡：控制器与网络接口。

(5) I/O 接口卡：控制器与 I/O 模块的接口，与 CPU 通过总线相连。

（三）控制器硬件规格

控制器硬件规格如表 2-1 所示。

表 2-1　控制器硬件规格

处理器	Intel
内存	128MB Flash 和 64-128MB RAM
总线结构	PCI 总线
网络端口	4 个 10/100MB 以太网端口
电源	24V DC 40W
发生点（有点名）	最多到 16 000，具体容量与处理器和内存有关
过程控制任务	最多 5 个具有不同回路执行时间的任务。其中，2 个执行时间固定，3 个执行时间自定义
过程控制任务执行时间	10ms～30s，10ms 增量
尺寸	宽 20in，高 8in，深 7in

（四）华能海门电厂 DCS 控制器

华能海门电厂 2 号机组 I/O 测点约 8900 点，I/O 分配按照功能和工艺系统相结合的原则，将 DAS 测点混合分配在各系统中，不设计独立 DAS。汽轮机侧 MCS 分散在汽轮机顺序控制系统（TSCS）控制器中，2 号机有 32 对控制器柜、29 个扩展柜和 12 个远程柜（8 个远程节点），具体控制器分配方案如表 2-2 所示。

表 2-2　华能海门电厂 2 号机组 DCS 控制器分配方案

系统	控制器	机柜数量	控制回路
MCS	DROP1	2	协调，燃料调节，A、B、C 磨煤机调节
	DROP2	1	给水调节，D、E、F 磨煤机调节
	DROP3	1	风量调节
		2	汽温调节
	DROP4	1	RIO：锅炉金属壁温（左墙）
		1	RIO：锅炉金属壁温（右墙）
	DROP5	1	旁路、启动系统、361 阀等控制
BSCS	DROP6	2	汽水系统
	DROP7	2	A 风烟系统
		2	RIO：A 风烟系统 RIO、脱硝控制系统 RIO
	DROP8	2	B 风烟系统
		2	RIO：B 风烟系统 RIO、脱硝控制系统 RIO
FSSS	DROP9	2	锅炉主保护、燃油保护
	DROP10	3	A 层制粉系统和其点火油系统

续表

系统	控制器	机柜数量	控制回路
FSSS	DROP11	2	B 层制粉系统和其点火油系统
	DROP12	2	C 层制粉系统和其点火油系统
	DROP13	2	D 层制粉系统和其点火油系统
	DROP14	2	E 层制粉系统和其点火油系统
	DROP15	2	F 层制粉系统和其点火油系统
BSCS	DROP16	2	辅汽及其他（加氧、捞渣机、渣浆泵、排水槽污水泵、电除尘用气化风机）
TSCS	DROP17	2	A 列高压加热器及抽汽、轴封、汽轮机 TSI 接口
		1	RIO：循环水系统 A
	DROP18	3	B 列高压加热器及抽汽、疏水、汽轮机本体温度
		2	RIO：循环水系统 B、C
	DROP19	3	给水除氧、低压加热器及抽汽
	DROP20	2	凝结水泵 A、给水泵汽轮机 A、真空泵 A、凝汽器 A
	DROP21	2	凝结水泵 B、给水泵汽轮机 B、真空泵 B、凝汽器 B、补水系统
	DROP22	2	凝结水泵 C，电动给水泵，真空泵 C，发电机氢、水、油系统
		1	RIO：发电机本体温度
	DROP23	2	汽轮机油系统、工业水泵、热交换器
	DROP24	1	凝结水精处理系统
		2	RIO：凝结水精处理系统
ECS	DROP25	2	发电机—变压器组系统
	DROP26	2	厂用电 A 系统
	DROP27	1	厂用电 B 系统
APS	DROP28	1	机组自启停备用
MEH	DROP31	2	1 号给水泵汽轮机 MEH、METS 控制系统
	DROP32	2	2 号给水泵汽轮机 MEH、METS 控制系统
FGD	DROP33	2	海水脱硫系统
	DROP34	2	海水脱硫系统

三、I/O 系统与常用卡件

OVATION 分散控制系统提供模拟量控制、顺序控制、数据采集等功能。系统中包含多种可配置的功能 I/O 卡件，它们通过 I/O 总线与 OVATION 控制器通信。

I/O 卡件是控制器与现场工艺系统的接口。I/O 卡件插入在具有内置故障诊断的组件上，它们可以在大信号范围下进行多功能的工作。

I/O 卡件被锁定在底座上，底座安装在控制柜内的 DIN 轨上并接线到现场设备。I/O 卡件外观如图 2-2 所示。

图 2-2 I/O 卡件外观

(一) I/O 模件概述

1. I/O 模块特性

(1) OVATION 分散控制系统的 I/O 模块可用于远程和本地两种方式。

(2) 模块分类、组、系列号和版本存储在每一个 I/O 电子模块内。

(3) "热插拔"能力便于维护。

(4) 状态指示由标准的 LED 诊断灯颜色显示。

(5) 每个控制器最多 128 块本地 I/O 模块。

(6) 每个控制器最多 1024 块远程 I/O 模块。

(7) 继电器模块有两种基座形式。

(8) 环境要求:①运行温度 0~65℃;②湿度 0%~95%。

2. I/O 模件组成

(1) 标准组件由三部分组成:①电子模块 (Emod);②特性模块 (Pmod);③基础部分 (包括接线端子)。

(2) 继电器输出模块由两部分组成:①电子模块 (Emod);②基础部分 (包括接线端子)。

3. I/O 模件类型

I/O 模件类型包含:①模拟量输入模件;②模拟量输出模件;③数字量输入模件;④数字量输出模件;⑤专门模件;⑥SLIM (回路接口卡)。

4. I/O 模块诊断指示灯

(1) P (绿)。当模块电源提供正常时,指示模块电源正常。

(2) C (绿)。当控制器通信正常及通信时间监视器没有超时,指示模块通信正常。

(3) E (红)。外部故障指示灯。当模块有外部问题时,如公共的辅助电源熔丝断,指示灯亮。

(4) I (红)。内部故障指示灯。当模块内部发生故障时灯亮。此灯亮一般情况需要更换电子模块。

I/O 模块诊断指示灯用于指示 I/O 模块的工作状态。I/O 模块诊断指示灯表示意义如表 2-3 所示。

表 2-3 I/O 模块诊断指示灯表示意义

指示灯	描　述	指示灯	描　述
P (绿)	电压正常,当+5V 电源正常时亮	I (红)	内部故障灯
C (绿)	当控制器与模件通信时灯亮	CH1~CH *N* (红)	通道故障时灯亮
E (红)	外部故障灯		

(二) 14 位模拟量输入卡

14 位模拟量输入模块由特性和电子模块组成。提供 8 个独立隔离的输入通道,输入信号通过对应的特性模块有条件地传输到电子模块。特性模块也对电子模块的输入线路提供浪涌保护。电子模块完成模拟信号转换成数字信号并作为 I/O 总线的接口。

(三) 高速模拟量输入及热电偶卡

高速模拟量输入模块由特性和电子模块组成。8 个独立隔离的输入通道提供 50 或 60 的采样转换速率，输入信号通过对应的特性模块有条件地传输到电子模块。特性模块也对电子模块的输入线路提供浪涌保护。电子模块完成模拟信号转换成数字信号并作为I/O总线的接口。

（四）模拟量输出卡

模拟量输出电子模件利用12位的D/A转换器提供了4路被隔离的输出通道，4个通道每1.5ms更新一次。隔离方式为光电隔离。

（五）数字量输入卡

数字量输入模块包括16个通道，每个通道利用电压传感回路判断信号的通、断。模块可以接收16个独立的输入（双端）或有公共端返回（单端）的16个回路。卡件提供辅助电源保险损坏检测。通道是否采用公共端返回由选择的特性模件决定。现场侧与逻辑侧或I/O总线采用光电隔离。

单端数字量输入配置有对辅助电源监视回路，以下两种情况将导致监视回路向控制器发出熔丝损坏信号：①特性模块的熔丝断；②辅助电压低于输入电压的最小值。

（六）数字量输出卡

接收控制器输出指令（0～60V DC）输出16路，支持电感性（继电器）、电阻性负荷，支持最大电流为500mA。

（七）RTD卡件

RTD卡件用于将现场的热电阻输入信号转换成相对应的数字信号，并传送到控制器。

（八）SOE卡

SOE卡能够提供16通道的现场数字量或触点开、关状态的监视，输入信号分辨率为125μs，当各开关量通道的信号变化时间小于4ms时，信号将被忽略。

四、人机接口

华能海门电厂单元机组配置了以下工作站和机器：5个全功能的操作员站，位于中央控制室；1台工程师站，位于汽轮机电子设备间（现场调试用）；1台服务器、1台历史站、1台与SIS接口的OPC服务器、1台彩色激光打印机、4台黑白激光打印机，位于工程师室。为了保证DCS更加稳定，减少网线的敷设长度，单元机组在工程师室内配置了一个网络接口柜，主要完成所有人机接口站及打印机的网络连接，如图2-3所示。

所应用的OVATION分散控制系统的操作员站都是基于Windows XP的工作站。

（一）操作员站

操作员站硬件由显示器、主机、专用工业键盘、鼠标、打印机组成。

1. 操作员站的特点

采用Windows XP操作系统，与OVATION分散控制系统的网络完全匹配，最多可访问200 000个动态测点，具有快速直接访问信息的能力。

2. 操作员站的功能

（1）显示生产过程流程。

1）多窗口显示：可进行全屏显示、缩放显示、同时最多开4个窗口显示。

2）灵活调用画面：画面切换时间为1s。

3）重要数据的常驻显示。

4）测点组使一个图数用于两个以上的子系统和设备。

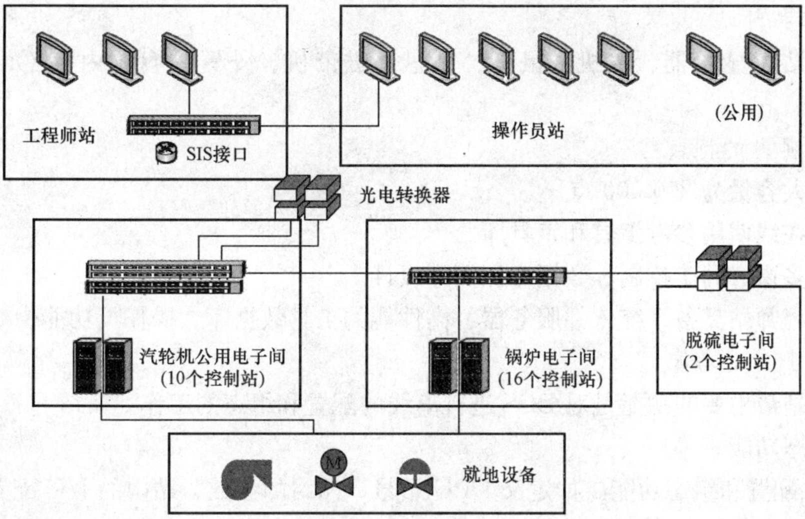

图 2-3　DCS 配置图

5）过程图中的测点值可以快速显示与所选测点有关的应用（如趋势、测点信息等）。

表 2-4 所示为操作员站流程图显示的相关性能。

表 2-4　　操作员站流程图显示的相关性能

过程图数	25 000 个以上	过程图数	25 000 个以上
过程图显示窗口数	最多 4 个	每张图的动态字段	700 以上
图更新速度	1s/次	图可调用颜色	256 种

（2）报警的管理。操作人员通过分级报警显示查看和确认报警，以区别于正常情况。

1）报警表：按时间顺序显示所有的当前报警，并且报警的变化在输入中更新。

2）报警历史表：按历史顺序显示最近的 5000 个报警事件。

3）报警的优先级别：用过程测点优先级来制定报警的重要性，共有 8 个等级（1～8），其中 8 为最低优先级，1 为最高优先级。

4）报警的目标文件：可生成某站点的报警的文件。

5）报警的确认：对操作人员知道如何处理的报警进行确认。

6）报警的复位：复位一个未确认的报警以便从报警表中删除。

（3）趋势的显示（实时趋势/历史趋势）。以图形或文本方式显示在一段选择时间间隔内从网络采集的有用测点的数据采样，操作人员可查看实时以及历史趋势。操作人员还可建立专门的趋势组，以快速访问预先确定的一组测点的信息。

（4）测点的信息及查询。操作人员可查看所选的过程测点的完整的数据库记录。测点查阅时，可查看测点相关信息，如数值极限、设计范围、限制报警、传感器极限、报警检查删除、设计范围检查、输入值、外部标定、扫描移动、标记完毕、测试模式、质量差、质量较差、质量一般、质量良好、超时等。

（5）操作员事件信息。操作人员操作使操作员工作站事件信息发至历史站，将其产生的信息传至 OVATION 分散控制系统的历史数据库，便于事后的查询。

（二）工程师站

工程师站由显示器、主机、鼠标、键盘、磁带机、外置硬盘（内存 Oracle 数据库）组成。

1. 工程师站的特点

(1) 最大容量为 200 000 点。

(2) 可在线使用参考工具和工具库。

(3) 可多窗口同步控制、数据库和图形设计。

(4) 工程师站具备系统软件服务器、高性能的工具数据库、操作员功能。

2. 工程师站的功能

工程师站最主要的功能是对 DCS 进行离线的配置和组态的工作。

(1) 组态功能。

1) 硬件配置和组态功能。如定义 DPU 站号、网络的参数、站内的 I/O 配置。

2) 数据库的组态功能。定义系统数据库（实时数据库合历史数据库）中的各种参数，实时数据库组态；对数据库的各点定义其名称、工程量、上下限值、报警条件等；历史数据库组态定义各个进入历史库的点的保存周期。

3) 画面的生成。在 CRT 上以人机界面交互方式直接作图来生成显示画面，采取标准的移位击键法可移动或拖动及改变对象的大小，并通过滚动菜单选取色彩、线宽、填空、文本格式等图形属性。用户可根据需要建立自己的图形工具。

4) 控制逻辑的组态。生成控制逻辑，定义各控制回路的控制算法、调节周期及参数、系数；采用 CAD 为基础的组态工具，更为方便、易学和直观。采用标准功能块（或算法块）相互级连，即上一块的输出作为下一块的输入，每一块的算法块完成特定的功能或计算，经过组合，形成完整的控制回路。

5) 组态数据的编译和下装。对组态数据进行编译，并下装给各个控制器；将流程控制图形下装至各操作员站。

6) 操作安全级别的设定。为确保生产的安全进行，操作安全级别的设定变得极为重要（即对操作人员的操作权限进行设定）防止误操作、越级的操作；即对不在操作人员的操作权限内的操作指令加以闭锁；加以口令保护，对于一些重要的操作还应进行操作的复核，以确保不发生意外。

(2) 监视功能。

1) 对各站、网络的通信、安全情况进行监视，以便进行维护、调整来保证 DCS 的连续运行。

2) 组态的在线修改。如控制参数调整、控制器的离线的操作、状态信息图、站点的错误代码。

（三）历史站

历史站由显示器、主机、鼠标、键盘、磁带机、外置硬盘组成。提供系统的过程数据、报警、事件顺序（SOE），记录与操作员站有关的大量的存储与检索。可为操作人员和工程师、维护人员快速、灵活地提供大量的实时过程数据和信息。

1. 历史站的特点

(1) 按时间顺序建立操作员的操作记录。

（2）收集各种报警信息、班日志和报表。

（3）对班日志和报表进行存储和存档。

（4）可快速存取并具高度的灵活性。

2. 历史站的功能

（1）历史数据点的采集和收集。采集实时测点值和状态、试验数据、高速数据、报警信息、操作员操作信息、SOE 事件信息、报表文件 7 种历史数据。

1）主历史采集和存储过程测点数据。用户自定义扫描频率多为 1s。采集测点的状态、用户定义的死区之外发生的数据的变更，提供过程活动的准确记录。还可处理用户检索过程测点信息的要求，提供趋势数据。

2）长期历史采集和存储过程测点的数据及检索用户请求的数据。可使测点信息在线保持较长一段时间（几个月）。

3）事件历史记录设备行程或设备启动等事件。

4）采集和接收存储操作员站和工程师战传来的报警，存储后，报警历史允许工程师站和操作员站将已采集的报警显示、打印或保存至文件。

5）SOE 历史从控制器采集事件顺序数据，将数据按年代顺序分类制表和查找首次发生的事件。控制器配有专用的 SOE 模块完成此项功能。

6）操作员事件历史记录操作员站或控制器接收到的操作员操作，如手/自动的切换、执行/取消、设定值改变、报警限值的改变、测点扫描状态或手动输入数值等操作以明确的识别或标记并按年代顺序存储。

7）文件历史为操作员的日志输出和报表的输出。

（2）历史数据的存储和检索。历史数据被扫描和收集后，就存储用于今后的检索。历史站有主存储区、辅助存储区、长期存储区 3 种存储区。

1）主存储区存储最新采集的数据，包括主历史、事件历史、测点历史、长期历史的信息。用户可选定时间将主存储区存储的信息传至辅助存储器；可使主存区清空，用于下一周期的数据采集。

2）辅助存储器在硬盘上保存一个周期的历史文件。可快速检索最新历史信息。历史站可以自动将辅助存储器的所有数据拷贝至长期存储区，删除最早的文件，腾出空间存储其他数据。

3）长期存储器有磁带机、光盘机。

（四）打印机

OVATION 分散控制系统共配置 3 类打印机，即打印文本资料的激光打印机、进行画面拷屏的喷墨打印机和报表打印的针式打印机。

1. 激光打印机

一般工程师站配有 1 台激光打印机，用于组态文本的打印。

2. 喷墨打印机

一般配置 1 台喷墨打印机，用于过程流程图、趋势图的画面的拷屏打印。

3. 针式打印机

针式打印机用于操作员站的报表打印。

第三节 分散控制系统软件

一、概述

分散控制系统的软件由实时多任务操作系统、数据库管理系统、数据通信软件、组态软件等各种应用软件组成。

如果软件跟随硬件划分就被分成控制器软件、操作员站软件和工程师站软件，同时，还有运行于各个站的网络软件，作为各个站上功能软件之间的桥梁。对于上节描述的各个站的功能，可以清楚地知道每种站上软件的功能：①控制器上的软件主要完成各种控制功能，包括回路控制、逻辑控制、顺序控制等；②操作员站上的软件主要完成运行操作人员所发出的各个命令的执行、图形和画面的显示、报警的处理、对现场各类检测数据的几种处理等；③工程师站软件则主要完成系统的组态功能和系统运行间的状态监视功能。

按照软件运行的时机和环境，可将 DCS 软件划分为在线的运行（Run Time）软件和离线的应用开发工具软件（即组态软件）两大类。其中，控制器软件、操作员站软件、各种功能站上的软件及工程师站上在线的系统状态监视软件等都是运行软件，而工程站软件（除在线的系统状态监视软件外）则属于离线软件。

系统组建完成后必须按照其软件安装手册的要求进行相应系统软件与操作软件的安装，安装时根据系统组建方案在服务器上与工作站上安装相应软件，系统中包含的系统软件与应用软件主要内容如表 2-5 所示。

表 2-5 OVATION 分散控制系统软件与应用软件主要内容

软件名称	功 能	单位	1 号机组	2 号机组	共用	厂 家
操作系统软件	Windows	套	1/MMI	1/MMI	0	美国微软
控制器系统软件	VxWorks	套	1/控制器	1/控制器	1/控制器	美国微软
AUTO CAD	组态工具	套	2	2	0	AUTO CAD
Oracle 数据库	数据管理	套	1	1	0	甲骨文
历史数据管理	HSR	套	1	1	0	艾默生公司
报表管理软件	Crystal report	套	1	1	0	艾默生公司
AMS 设备管理软件		套	1	1	0	艾默生公司
OPC 接口软件	SIS 系统接口	套	1	1	0	艾默生公司
OVATION 组态工具	系统组态	套	1	1	0	艾默生公司
GPA 性能计算软件	性能计算	套	1	1	0	艾默生公司

二、软件功能及构成

（一）现场控制站软件

控制器软件的最主要功能是完成对现场的直接控制，这里面包括了回路控制、逻辑控制、顺序控制和混合控制等多种类型的控制。为了实现这些基本功能，在控制站中应包含以下主要的软件。

（1）现场 I/O 驱动，其功能是完成过程量的输入、输出，其动作包括对过程输入、输出设备实施驱动，以具体完成输入、输出工作。

(2) 对输入的过程量进行预处理，如工程量的转换、统一计量单位、剔除各种因现场设备和过程I/O设备引起的干扰和不良数据、对输入数据进行线性化补偿及规范化处理等，总之是要尽量真实地用数字值还原现场值，并为下一步的计算做好准备。

(3) 实时采集现场数据并存储在控制器内的本地数据库中，这些数据可作为原始数据参与控制计算，也可通过计算或处理成为中间变量，并在以后参与控制计算。所有本地数据库的数据（包括原始数据和中间变量）均可成为人机界面、报警、报表、历史、趋势及综合分析等监控功能的输入数据。

(4) 进行控制计算，根据控制算法和检测数据、相关参数进行计算，得到实施控制的量。

(5) 通过现场I/O驱动，将控制量输出到现场。

为了实现现场控制站的功能，在现场控制站中建立与本站的物理I/O和控制相关的本地数据库，这个数据库中只保存与本站相关的物理I/O点及与这些物理I/O点相关的，经过计算得到的中间变量。本地数据库可以满足控制器的控制计算和物理I/O对数据的需求，有时除了本地数据外还需要其他节点上的数据，这时可从网络上将其他节点的数据传送过来，这种操作被称为数据的引用。

（二）操作员站软件

操作员站软件的主要功能是人机界面，即HMI的处理，其中包括图形画面的显示、对操作员操作命令的解释与执行、对现场数据和状态的监视及异常报警、历史数据的存档和报表处理等。为了上述功能的实现，操作员站软件主要由以下几个部分组成。

(1) 图形处理软件。该软件根据由组态软件生成的图形文件进行静态画面（又称为背景画面）的显示和动态数据的显示按周期进行数据更新。

(2) 操作命令处理软件。包括对键盘操作、鼠标操作、画面热点操作的各种命令方式的解释与处理。

(3) 历史数据和实时数据的趋势曲线显示软件。

(4) 报警信息的显示、事件信息的显示、记录与处理软件。

(5) 历史数据的记录与存储、转储及存档软件。

(6) 报表软件。

(7) 系统运行日志的形成、显示、打印和存储记录软件。

为了支持上述操作员站软件的功能实现，在操作员站上需要建立一个全局的实时数据库，这个数据库集中了各个现场控制站所包含的实时数据及由这些原始数据经运算处理所得到的中间变量。这个全局的实时数据库被存储在每个操作员站的内存之中，而且每个操作员站的实时数据库是完全相同的拷贝，因此每个操作员站可以完成完全相同的功能，形成一种可互相替代的冗余结构。当然各个操作员站也可根据运行的需要，通过软件人为地定义其完成不同的功能，而成为一种分工的形态。

（三）工程师站软件

工程师站软件可分为两个大部分，其中一部分是在线运行的，主要完成对DCS系统本身运行状态的诊断和监视，发现异常时进行报警，同时通过工程师站上的CRT屏幕给出详细的异常信息，如出现异常的位置、时间、性质等。

工程师站软件的最主要部分是离线态的组态软件，这是一组软件工具，是为了将一个通用的、对多个应用控制工程有普遍适应能力的系统，变成一个针对某一个具体应用控制工程的专门系统。为此，系统要针对这个具体应用进行一系列定义，如：系统要进行什么样的控制；系统要处理哪些现场量，这些现场量要进行哪些显示、报表及历史数据存储等功能操作；系统的操作员要进行哪些控制操作，这些控制操作具体是如何实现等。在工程师站上，要做的组态定义主要包括以下方面。

（1）系统硬件配置定义，包括系统中各类站的数量、每个站的网络参数、各个现场I/O站的I/O量配置（如各种I/O模块的数量、是否冗余、与主控单元的连接方式等）及各个站的功能定义等。

（2）实时数据库的定义，包括现场物理I/O点的定义（该点对应的物理I/O位置、工程量转换的参数、对该点所进行的数字滤波、不良点剔除及死区等处理），以及中间变量点的定义。

（3）历史数据库的定义，包括要进入历史数据库的实时数据、历史数据存储的周期、各个数据在历史数据库中保存的时间及对历史库进行转储（即将数据转存到磁带、光盘等可移动介质上）的周期等。

（4）历史数据和实时数据的趋势显示、列表及打印输出等定义。

（5）控制算法的定义，包括确定控制目标、控制方法、控制周期及定义与控制相关的控制变量、控制参数等。

（6）人机界面的定义，包括操作功能定义（操作员可以进行哪些操作、如何进行操作等）、现场模拟图的显示定义（包括背景画面和实时刷新的动态数据）及各类运行数据的显示定义等。

（7）报警定义，包括报警产生的条件定义、报警方式的定义、报警处理的定义（如对报警信息的保存、报警的确认、报警的清除等操作）及报警列表的种类与尺寸定义等。

（8）系统运行日志的定义，包括各种现场事件的认定、记录方式及各种操作的记录等。

（9）报表的定义，包括报表的种类、数量、报表格式、报表的数据来源及在报表中各个数据项的运算处理等。

（10）事件顺序记录和事故追忆等特殊报告的定义。

以上列出了主要的组态内容，对组态的具体操作将在第三章进行详细描述。组态后形成的文件称为定义文件或组态源文件，这是一种便于阅读、检查、修改的文件格式，但还不能被DCS执行。这些定义文件还必须经过工程师站上的编译软件将其转换成系统可执行的数据文件，然后经过下装软件对各个在线运行的节点进行下装，这样在实际运行时才可以按照组态的定义完成相应的控制和监视功能。

（四）各种专用功能的节点及其相应的软件

随着DCS功能的不断加强，越来越多的监控内容被纳入DCS，系统的规模不断扩大，如当前用在火力发电站单元机组的监控系统，600MW机组DCS大约在8000个物理I/O点，1000MW机组的DCS大约在11 000个物理I/O点。这样大的系统规模，已经使得原来经典的DCS体系结构无法满足要求。

以操作员站的功能为例，原来是将直接控制以外的几乎所有功能都集中在操作员站上，每个操作员站上都有一份全局数据库的实时拷贝以支持这些功能的实现。但在系统规模大幅度上升后，操作员站的硬件环境就无法满足需求了，一是容量无法满足要求，二是操作员站的主要功能是图形画面的显示，需要随时根据操作员的操作调出相应的显示画面，这种性质的功能具有相当大的随机性，一旦请求发生，就需要立即响应，而且图形的处理需要极大的处理器资源，基本上在图形处理期间是不能同时做很多其他处理的，因此许多需要周期执行的任务会受到很多干扰而不能正常完成其功能，如历史存储、报表处理及日志处理等。而且，这些任务也不是完全均衡负荷的，如报表任务和历史数据存储任务，在某些整点时会有大量的数据需要处理，这时的 CPU 负荷就会严重超出，造成操作员站不能稳定工作。

为了有效地解决上述问题，在新一代大规模的 DCS 中，针对不同功能设置了多个专用的功能节点：如为了解决大数据量的全局数据库的实时数据处理、存储和数据请求服务，设置了服务器；为了处理大量的报表和历史数据，设置了专门的历史站等。这样的结构有效地分散了各种处理的负荷，使各种功能能够顺利实现，相应的，每种专用的功能节点上，都要运行相应的功能软件。而这些节点同样使用网络通信软件实现与其他节点的信息沟通和运行协调。

三、常用算法功能模块

OVATION 算法功能模块是实现控制器控制策略的基础，从简单的数学操作、质量检查，到复杂的控制算法种类繁多功能丰富，它包括以下内容：

（1）算术运算——执行一个数学运算；

（2）人工 I/O——给一个数据量分配一个常数；

（3）布尔——执行一个布尔（逻辑）功能，用数字量来表示；

（4）CRT I/O——是面向操作人员键盘和 CRT 的接口；

（5）数字类——主要使用数字量；

（6）现场 I/O——面向 I/O 卡的接口；

（7）高级控制器——在一个算法中集成了几种相关的控制功能；

（8）限幅装置——限定一个模拟量的值；

（9）低级控制器——执行一个基本的控制功能；

（10）监视器——监视一个或者多个数据量，当满足某一条件时输出一个值；

（11）质量——处理数据量的质量；

（12）选择器——基于某些条件选择一个模拟量；

（13）序列发生器——实现顺序控制。

下面简要介绍 OVATION 分散控制系统几个常用算法块。

（一）PID 算法

PID 算法提供一个比例、积分、微分控制器函数。PID 算法是一种并行的 PID 处理过程，利用积分跟踪信号实现无冲击切换。输出值由用户定义的限值来限制其大小，且抗积分饱和是由内部处理的。

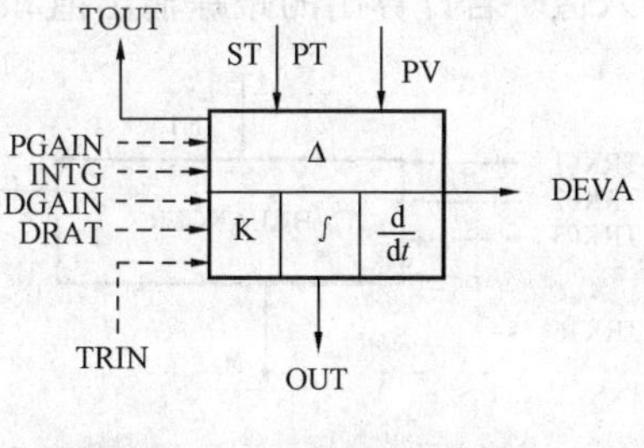

图 2-4 PID 算法图符

PID 算法图符如图 2-4 所示，其中 PV 是过程值；STPT 是设定值。

算法的运算有以下几个方面：

1. 过程值与设定值归一化

（1）必须利用 PV 比例增益与偏置将 PV 输入转化成 0%～100%的值，即

$$PV \times PV\ GAIN + PV\ BIAS = PV(\%)$$

$$G_{pv} = \frac{100}{PV_{top} - PV_{bot}}$$

$$B_{pv} = -G_{pv} \times PV_{bot}$$

（2）必须利用 SP 比例增益与偏置将 SP 输入转化成 0%～100%的值，即

$$STPT \times STPT\ GAIN + STPT\ BIAS = SP(\%)$$

$$G_{sp} = \frac{100}{SP_{top} - SP_{bot}}$$

$$B_{sp} = -G_{sp} \times SP_{bot}$$

2. 误差死区和死区增益

算法可以组态为在控制器误差信号中运用一个死区区域。这个死区区域用来修正出现于 PID 方程的误差信号。

控制器的误差信号是归一化的过程量与归一化的设定值之差，且作为 PID 方程的输入。若算法能组态运用误差死区且误差在死区限内，则加到 PID 方程的误差为

$$Error = Error \times Error\ Deadband\ Gain$$

当算法组态时使用了死区，通过利用一个保持和跟踪操作，可使进、出死区区域的过渡是内平滑的。在这个过渡周期内，控制器输出等于先前值，同时因新区域比例增益显著的变化，积分项要重新计算。这就有效消除了由死区过渡给比例项带来的突变。当算法用于死区区域时，微分不起作用。若不希望有死区作用，则内部死区限 DBND 应设置为 0。

3. 输出计算

输出（具有工程单位或百分值，受给定高低限的限制）等于 PID 方程的计算结果，以下情况例外：

（1）在跟踪时，输出就等于跟踪信号出现时的跟踪输入。当跟踪信号撤销时，输出将以用户给定的跟踪速率从跟踪的输入值返回到被控值。

（2）当出现升禁止或降禁止信号时，将阻止 PID 控制器控制。

（3）若算法计算出一个无效实数作为输出，则输出品质被设置为 BAD。因此，若算法输入的是一个无效数值或算法生成了一个无效数值作为输出，则设置为报警。这两种情况下，输出的都是上一个 GOOD 值。

（4）若算法生成一个无效跟踪输出值，且设定点输入值有效，则跟踪输出值就是设定点输入值。若计算出的跟踪输出值和设定值均无效，则跟踪输出值不更新。

（二）BALANCER

BALANCER 算法监视最多 16 个下游算法，并根据用户定义当下游所有算法都申请跟踪时进行跟踪。算法能平衡下游 MA 站算法的输出。BALANCER 算法功能图符如图 2-5 所示。

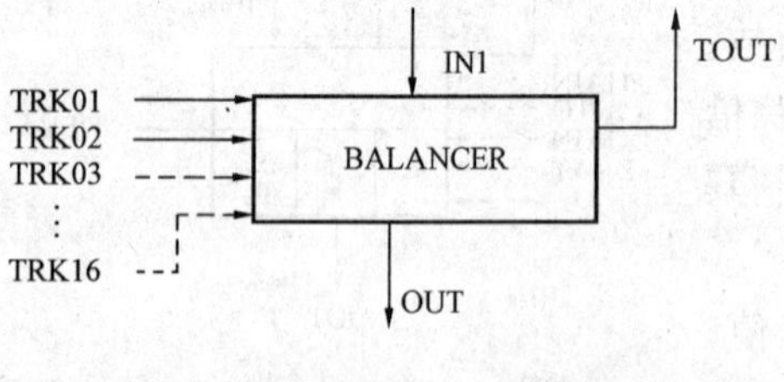

图 2-5　BALANCER 算法功能图符

下游算法的个数由用户定义，平衡算法检查反馈信号判断有多少下游算法申请上游算法跟踪（多少下游算法在手动）。它利用这些信息，计算下游算法的输入值。

控制模式有：①NORMAL；②MA BALANCER。

在任意一种模式下，用户都必须选择一种跟踪类型：①高值；②低值；③平均值。

(1) NORMAL。如果所有下游算法都申请跟踪，BALANCER 算法输出将根据定义输出。输出质量变坏。

如果有任意一个下游算法没有申请跟踪，算法输出由输入决定，输出点的质量也由输入值的质量决定。

下游算法可以是任意标准算法，当算法从跟踪状态切换到其输入值时，将执行内部跟踪。

(2) MA BALANCER。如果所有的下游 MA 算法申请上游算法跟踪，算法输出由下游算法的输出根据设定确定。

如果任意一个下游算法没有申请跟踪，算法输出将使所有下游算法输出的平均值等于经过计算的输入值。

跟踪时跟踪输出的模拟量信号质量会变坏，下游算法必须是 MA 且增益与偏置必须在 0～1。平衡算法的内部跟踪将在外部跟踪切换至正常时执行。

模拟量跟踪信号的质量不影响跟踪的执行。

（三）MASTATION

MASTATION 算法将 CRT 软手操站与回路接口卡连接，其算法图符如图 2-6 所示。

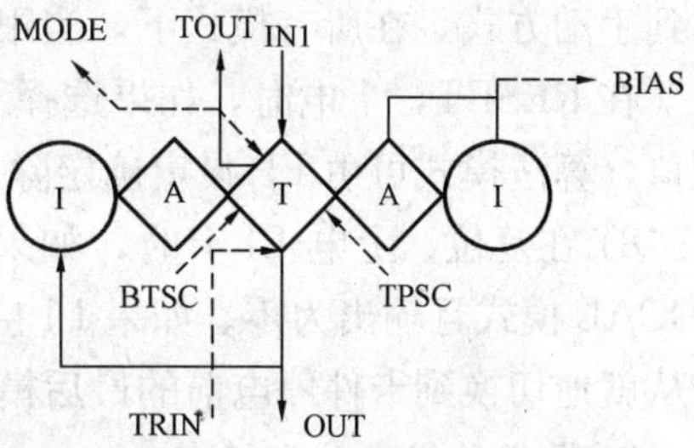

图 2-6 MASTATION 算法功能图符

1. 运行模式与模式切换

(1) 运行模式有以下三种：①Auto；②Manual；③Local。

用户可以选择以下接口方式：①SOFT，仅仅是软 M/A 站；②RLI，OVATION 回路接口卡；③RVP，OVATION 阀位卡。

如果 TYPE 选择回路接口卡，控制器 RESET，上电或故障时，回路接口卡的输出作为算法最初 OUT，这代表了操作员与算法操作前的就地设备状态。

注意：TPSC 与 BTSC 参数用于限制算法的输出值，这些值必须是 100% 与 0%，SLIM 分别接到回路接口卡。

1) Auto Mode

$$OUT = IN1 \times IN1\ GAIN + IN1\ BIAS + BIAS\ BAR$$

2) Manual Mode。输出可以进行增减操作，增闭锁与减闭锁优先于操作员键盘的增减输出。跟踪信号将使输出等于跟踪输入，优先于增减闭锁信号与操作员增减信号。偏置在该模式下没有作用，但仍可以操作。如果选择回路接口卡，输出值送到接口卡。在此模式下，输出值可以从 SLIM 进行操作。

3) Local Mode。此模式只有在具有回路接口卡时有效。此模式下，SLIM 的增减指令直接控制接口卡。算法读取回路接口卡的指令并跟踪。在此跟踪模式，算法的所有内部指令与操作员指令都无效（变量输入、增减闭锁、操作员增减）。

(2) 模式切换。自动、手动与 LOCAL 模式的切换：

1) MAMODE 算法送来的指令使其从自动切换到手动或自动切换到 LOCAL（当手动模式闭锁）。

2) 当不在 LOCAL 模式时，可以从操作员键盘进行手动、自动切换。

3）如果采用回路接口卡，SLIM 可以在自动、手动与 LOCAL 方式间切换。

4）如果采用回路接口卡，而且出现硬件故障，算法切到 LOCAL 模式。当 LOCAL 模式时卡件检测到 SLIM 通信故障，则卡件切到手动模式，算法切到手动模式。

5）当 REJQ=OFF，则在自动模式时不进行输入质量检查。如果算法在自动模式，有质量切换标记确定输入质量 BAD 或 NOT GOOD，则算法切换到手动模式，如果手动禁止，算法应切换到 LOCAL 模式。

6）不管 REJQ 参数如何设置，自动方式下总进行 IN1 的无效值检测。如果自动方式时输入无效，算法切到手动方式，如果禁止手动 ON，算法切到 LOCAL 模式（如果选择 RLI 接口卡）。如果算法不在自动模式，操作员想在输入值无效时选择自动模式，算法仍将保持在相同模式，不切换到手动模式。

7）算法在跟踪时也进行有效值的检查。在自动方式时，如果跟踪的输入值无效，算法切到手动方式。在所有模式下，当跟踪输入值无效时，跟踪请求将被忽视。

在 RESET，上电时，如果选择了回路接口卡，算法在 LOCAL 模式。如果选择了软件接口，算法模式可由 FP 设定确定除非模式被禁止。

8）在复位、上电 LI 卡时，如果 LI 接口选择且 RLI 优先（PRLI）是 YES，则算法为 LOCAL 模式且输出为零。如果 LI 接口选择且 RLI 优先（PRLI）是 NO，则算法将 RLI 模式从就地切换到卡件停电前的最后模式。

2. 操作员键盘接口键

操作员键盘接口键种类和作用如表 2-6 所示。

表 2-6 操作员键盘接口键种类与作用表

键	作　用	键	作　用
自动功能键	自动模式请求	设定值减小功能键	减小设定值（↓）
手动功能键	手动模式请求	输出增大功能键	增大输出（△）
设定值增加功能键	增大设定值（↑）	输出减小功能键	减小输出（▽）

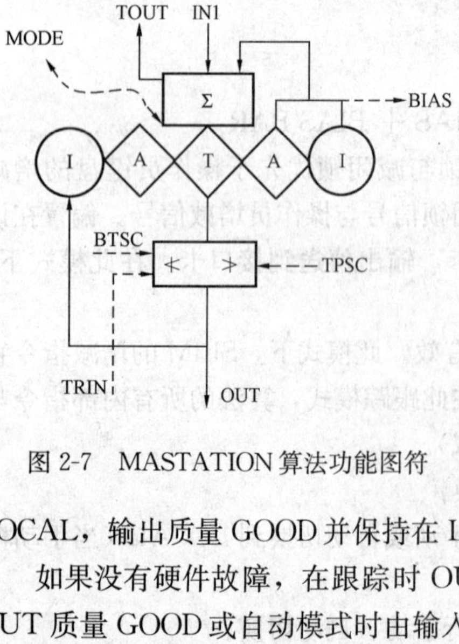

图 2-7　MASTATION 算法功能图符

3. MRE 输出

MRE 点为真由 MRET 参数决定，当算法为手动时该点为真。

图 2-7 为用 SAMA 图表示的 MASTATION 图符。

高低限标记、模式与跟踪信号输出到 TOUT，用于显示与上游算法。用户必须进行正确定义。如果上游算法是 BALANCER，组态必须指定该算法用于平衡模块算法，否则认为是 NORMAL 模式。如果硬件状态故障导致算法切到 LOCAL，输出质量将保持 BAD 直到故障消除。如果写故障导致算法切到 LOCAL，输出质量 GOOD 并保持在 LOCAL 模式直到 SLIM 切除。

如果没有硬件故障，在跟踪时 OUT 质量由跟踪输入参数确定。否则，在手动模式时 OUT 质量 GOOD 或自动模式时由输入质量确定。

自动方式时，当算法计算无效值，OUT 质量变为 BAD，DROP 报警。

TPSC 与 BTSC 参数用于限制输出值，应该为 100%与 0%。

第四节 分散控制系统网络通信与接口

分散控制系统是由若干按功能或处理量为单位的子系统，在物理上和功能上结合起来构成的系统。各个以微处理器为基础的子系统，如各个控制装置之间、过程控制装置和操作站之间、操作站和上位计算机之间都需要进行信息的交换，这些信息都是通过通信系统来完成的。分散控制系统中的通信系统主要采用局域网技术实现。

一、网络通信

OVATION 分散控制系统采用 FDDI 网络（分布式数据接口）和快速工业以太网作为其网络通信系统的骨干。用户可根据系统实际需要进行选择。

（一）FDDI 网络

光纤分布数据接口（FDDI）是目前成熟的 LAN 技术中传输速率最高的一种。这种传输速率高达 100Mbit/s 的网络技术所依据的标准是 ANSIX3T9.5。该网络具有定时令牌协议的特性，支持多种拓扑结构，传输媒体为光纤。使用光纤作为传输媒体具有多种优点：

（1）较长的传输距离，相邻站间的最大长度可达 2000m，最大站间距离为 200km。

（2）具有较大的带宽，FDDI 的设计带宽为 100Mbit/s。

（3）具有对电磁和射频干扰抑制能力，在传输过程中不受电磁和射频噪声的影响，也不影响其设备。

（4）光纤可防止传输过程中被分接偷听，也杜绝了辐射波的窃听，因而是最安全的传输媒体。

由光纤构成的 FDDI，其基本结构为逆向双环，如图 2-8 所示，一个环为主环，另一个环为备用环。当主环上的设备失效或光缆发生故障时，通过从主环向备用环的切换可继续维持 FDDI 的正常工作。这种故障容错能力是其他网络所没有的。

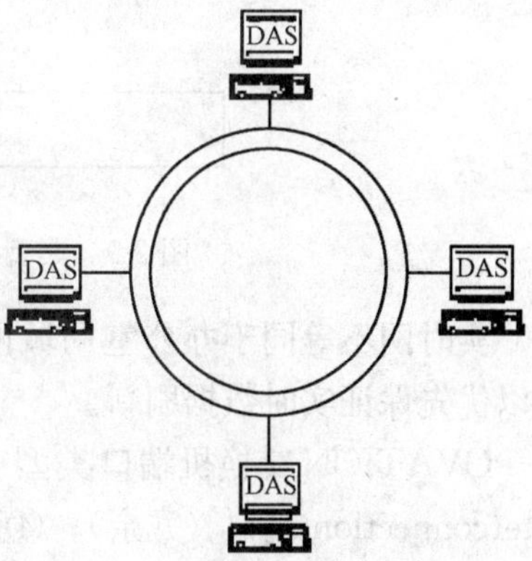

图 2-8 FDDI 逆向双环结构

FDDI 网络是一个完全确定性实时数据传输网络，即使在工况扰动的情况下也绝不丢失、衰减或延迟信号。FDDI 具有 100Mbit/s 的速度和大容量的通信能力。FDDI 的全冗余容错技术提供全冗余的反转双环，并且在双环电缆中断时，使用自动重新组态功能以屏蔽发生错误的部分，可以保证通信系统的高可靠性。

（二）快速工业以太网

快速工业以太网由于采用了 100Mbit/s 的通信速率和交换机，有效地解决了 CSMA/CD 媒体访问控制方法对过程通信实时性要求的局限。快速工业以太网因其技术成熟、价格便宜，逐渐成为 DCS 通信系统的选择。

OVATION 网络既可采用光纤也可采用 UTP 非屏蔽双绞线。因采用的硬件极易在市场上购得，取消对特殊网关和接口的要求，提供了与企业内部 LAN、WAN 和 Intranet 的完全连通的可能性。

OVATION 网络完全废弃了常见的过程控制系统中数据高速公路与厂区 LAN 连接所需的复杂网桥。用户可用 OVATION 的统一网络，在确保过程安全的前提下，将过程控制同企业信息系统结合起来。

（三）通信网络配置

采用了 OVATION 分散控制系统的快速以太网系统，通用 CISCO 公司的快速以太网交换机，组建了一个单层的、点对点的对等结构、冗余的 100Mbit/s、一体化的快速以太网。由于控制设备的分散，单元机组配置了 4 个网络柜，分别为锅炉侧控制网络柜、汽轮机侧控制网络柜、人机接口侧控制网络柜及海水脱硫网络柜。其中汽轮机侧控制网络柜中配置了 1 对冗余的根交换机及 2 对冗余扩展交换机主要用于 2 号机的总网络连接及汽轮机侧控制器的通信控制。锅炉侧控制网络柜中配置了 3 对冗余扩展交换机主要用于锅炉侧控制器的通信控制，人机接口侧控制网络柜中配置了 2 对冗余扩展交换机、IP 交换机及路由器，主要用于人机接口站、打印机、SIS 系统的网络连接。典型的 OVATION 分散控制系统的网络结构见图 2-9。

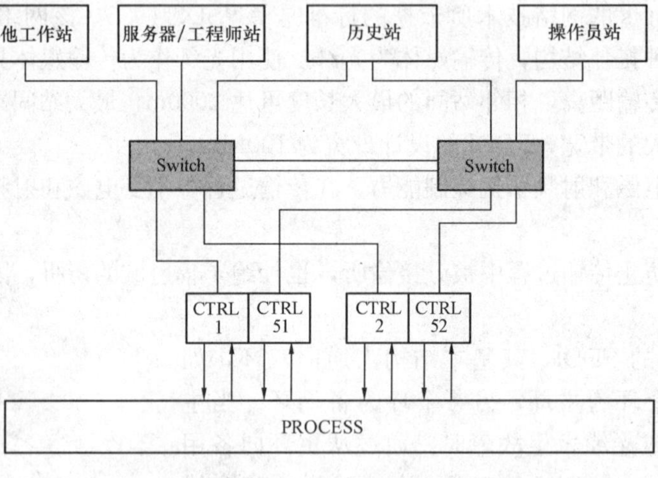

图 2-9 典型的 OVATION 分散控制系统的网络结构图

实时网不等同于办公室局域网，OVATION 分散控制系统中每个交换机都经过特殊配置以优先保证实时数据刷新。

OVATION 交换机端口类型有：①OVATION drop 端口；②Fan-out 端口；③Switch Interconnection 端口（冗余）；④IP Only 端口。

控制器网线只能接至交换机 OVATION drop 端口。

二、与其他系统的接口

系统提供了标准的 RS-485、RJ-45 接口，通信协议有标准的 MODBUS_RTU、MODBUS_TCP/IP、OPC 及网络时钟协议 NTP。

（一）OVATION 分散控制系统与 SIS（厂级监控信息系统）的接口

艾默生公司在 OVATION 侧提供了标准的 OPC 服务器作为与 SIS 的接口，OPC 服务器通过艾默生公司的以太网口接在 OVATION 的快速以太网上作为 OVATION 网络上的一个节点，它获得 DCS 的实时数据，再通过一块双口网卡、路由器将 SIS 所需要的 OVATION

数据以冗余方式传送到 SIS。

OVATION 分散控制系统通过 OPC 服务器、路由器的两重隔离，有效地防范来自外部接口的侵入。

（二）与 AB PLC（可编程控制器）的无缝接口

OVATION 分散控制系统与 PLC 设备进行连接的结构，如图 2-10 所示。

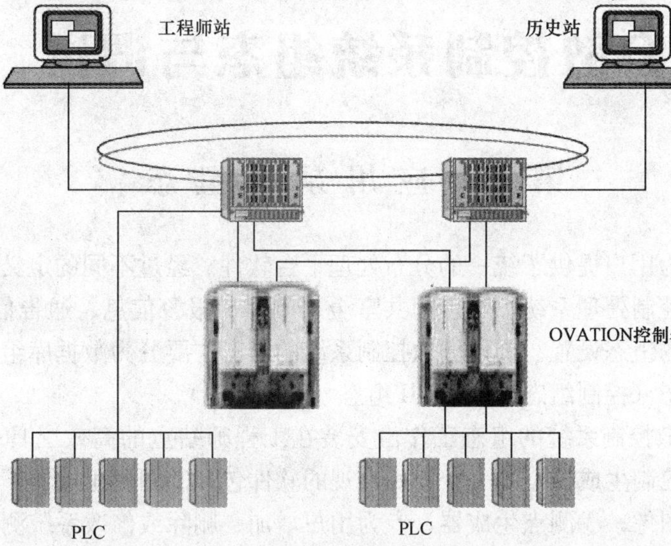

图 2-10 OVATION 分散控制系统与 PLC 设备连接的结构

华能海门电厂一期工程中由于等离子体煤粉点火系统和吹灰程控系统采用了 AB 公司的 ControlLogix 系列 PLC，OVATION 分散控制系统可以通过 TCP/IP 协议与 ControlLogix 系列 PLC 进行无缝接口通信，同时在 OVATION 分散控制系统工程师站中配置了功能完善的 AB 公司的 PLC 编程软件，在调试过程中可以通过 OVATION 网络直接对 AB 公司的 PLC 进行组态及调试。

（三）与其他系统的 MODBUS 通信接口

（1）与 DEH 的接口：RS-485、Modbus _ RTU 协议（1 对）。

（2）机组厂用电监控管理系统（FECS）：RS-485、Modbus _ RTU 协议（3 对）。

（3）公用系统与 2 号机组 DCS 通信：RS-485、Modbus _ RTU 协议（1 对）。

第三章 分散控制系统组态与调试

第一节 应用系统组态

分散控制系统为用户提供了统一的分布处理平台软件。经过不同的定义和组态，可以构成不同功能的信息控制处理系统。节点间共享全局测点、报警信息、通告信息和历史数据，但每个节点有不同的组态设置。因此分散控制系统的组态主要分为数据库组态（测点组态）、过程控制子系统组态（控制组态）和 HMI 组态（图形组态）。

OVATION 分散控制系统的组态工作由安装在工程师站上的高效工具软件进行，这些高效工具包括：①控制生成器，是一个友好直观的软件包；②图形生成器，能快速创建和编辑高分辨率的过程图像；③测点生成器，专为用户增加、删除或修改系统测点设计；④组态生成器，用于定义或维护系统结构数据库；⑤报表生成器，提供了设计和修改用户自定义类型报表的工具。组态工具是一套集成工作在 Windows XP 操作系统界面上的集成组态软件包，用于生成和维护整套 OVATION 分散控制系统的组态。对 OVATION 控制器组态主要依靠测点生成器（I/O Builder）和控制生成器（Control Builder）软件。

一、图形组态

（一）图形组态功能

DCS 面向使用者的窗口通常是由一系列显示在屏幕上的图形页面组成的，而这些图形页面又是由各种各样的图形对象组成的。工艺流程图中的对象一般有静态对象、动态对象和交互对象三种状态。静态对象为固定不变的对象，其形状和颜色都是固定不变的。动态对象在运行时随着实时数据的变化而周期地进行刷新变化，其表现形式有：数值的变化，棒图的升缩，趋势线的跟踪，设备的位置、角度、面积、尺寸、颜色和状态变化等。交互对象为该对象具有交互特性，如一些操作切换按钮或软手操设备等。下面简要介绍图形组态的一些主要功能。

1. 图形页面设计

操作员站显示的图形页面一般包括现场工艺模拟流程图和系统定制的监控信息画面两种类型，如报警、日志及列表等。每一幅页面上均包括监视主画面和操作按钮等。早期的 DCS，可提供简单的模拟流程图的组态工具，该类工具一般可以绘制模拟流程图的背景画面，在背景画面上添加简单的动态点，如模拟量数字显示、开关量动态符号显示及棒图显示等。而其他一些诸如报警、日志及列表等信息页面的格式是 DCS 厂家定制好的，用户不能修改。页面的操作也是定制好的，不能修改。新一代的 DCS 可以将整个页面的设计交给用户，用户可以设计自己的页面风格、定制页面的模板、信息格式、操作按钮及操作过程等。

2. 图形对象绘制功能

一般图形显示画面组态工具均提供一个绘制图形对象的工具箱，工具箱中一般包括基本的对象绘制、编辑工具，如直线、自由线条、矩形、多边形、椭圆、管道、文本、数字、按钮、符号集、趋势线及代码等，用户可以利用这些基本图形对象，绘制更为复杂的图形对象。此外，功能较强的图形页面组态工具一般都会提供一个较丰富的图形对象库，组态人员可选用图形对象库中的对象构件粘贴到图形页面中，或通过对现有对象的分解、剪切、组合、填充、缩放及擦除等编辑手段，产生新的对象。为了绘制出美观漂亮的图形页面，对象的外观还可以通过各种属性来修饰，如可定义线条的宽度、显示风格、颜色及填充色，还可定义阴影、凸起、凹进及浮雕等 3D 风格属性。将绘制好的图形对象合理地布置在画面上，便可较方便、快速地绘制出美观的工艺模拟流程图。

3. 图形对象的动态特性定义

图形对象的动态特性，即在线运行时，需周期性更新的动态图形对象或数值对象。DCS 通过对图形中的动态对象组态，可将工艺参数和设备的运行状态按照各种风格展现在画面上。图形的动态对象包括变量动态数值显示、对象显示/隐藏、对象平移、旋转、缩放（棒状）、填充及趋势显示等。

4. 对象的交互特性定义

除了模拟流程图的动态显示外，操作运行人员还可以对图形页面中的对象进行操作，如切换画面、给变量赋值及改变变量的状态等。新一代的图形组态工具已经支持面向用户的对象交互特性的组态功能，对象的交互特性一般包括鼠标单击、拖移和键盘输入等方式实现画面的切换、参数值的修改或其他功能的调用。

5. 组合对象

通常，图形页面中的每个图形对象都是按组态定义的属性和所对应变量的实时值和状态来独立显示的，如单个变量的数值显示，单个泵、阀门、管线等图形对象显示等。但实际上有些图形页面上的对象是相互关联，并具有一定的逻辑关系的。如一个 PID 调节器，一般包括“PID 名称”和“PID 说明”两个文字对象及“设定值”、“过程值”、“输出值”和“反馈值”4 个棒图对象，上述 4 个变量的数值显示对象，“自动”、“手动”、“串级”、“跟踪”4 个运行方式的操作按钮对象，还有改变设定值和输出值的 4 个增减按钮对象及参数整定和趋势显示按钮等图形对象。利用组合对象功能，将几个逻辑上相关的基本对象组合起来，存到组合对象库中。组合对象定义时可以指定引用组合对象时的替换信息，组合对象可以作为单个对象来操作，如粘贴、移动、缩放等。这样，我们只要将 PID 调节器中基本对象组合起来，并将基本对象所对应的变量作为引用时的替换信息，构成一个组合对象放到组合对象库中，然后在页面上采用粘贴功能将一个组合对象放入图形页面，在放入页面的同时给出替换信息（如对应的一组变量的名称）。这样，对控制页面的组态将变得非常简单。

6. 动态图形页

动态图形页是为了简化具有同样风格的多幅图形页面的组态，这类图形页的图形元素完全一样，只是图形元素所对应的变量不一样而已。动态图形页是组态定制的页面显示模板，模板中动态对象所对应的变量，在操作员站由切换页面的应用程序替换。例如，多幅趋势显示画面，只要设计一幅趋势显示画面的模板，在线画面切换时由 HMI 软件指定替换的变量组，即可实现指定变量的趋势页面的显示。

结合对象的交互特性、组合对象和动态图形页的组态，可以为用户提供一个强大的自定义图形和信息画面的设计平台。

（二）图形组态步骤

1. 新建一幅模拟流程图步骤

第一步：打开软件集成工具 Developer Studio（见图 3-1），在数据库文件夹下选择 Graphics，右键在菜单条上选择 insert new；填表中参数；按 OK 后打开 Graphic Builder 图形组态工具。

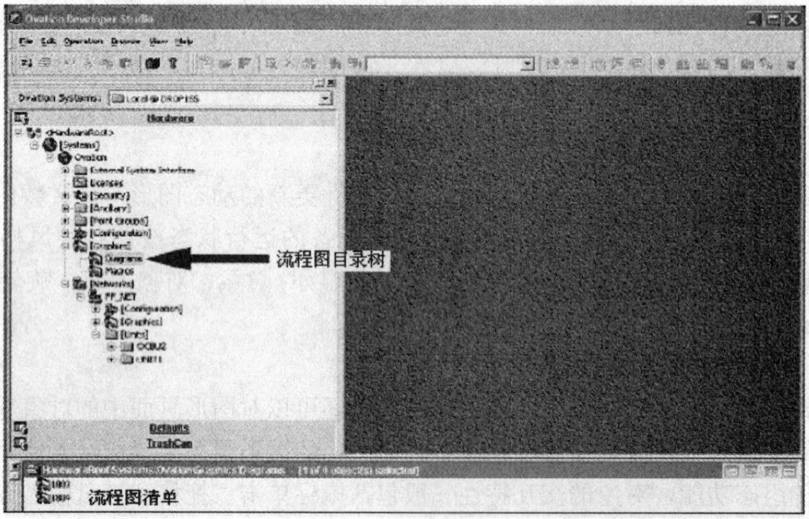

图 3-1 OVATION 分散控制系统 Developer Studio 主窗口

第二步：在流程图组态菜单上选择 VIEW-Graphic Config—弹出流程图的设置窗口，如图 3-2 所示。

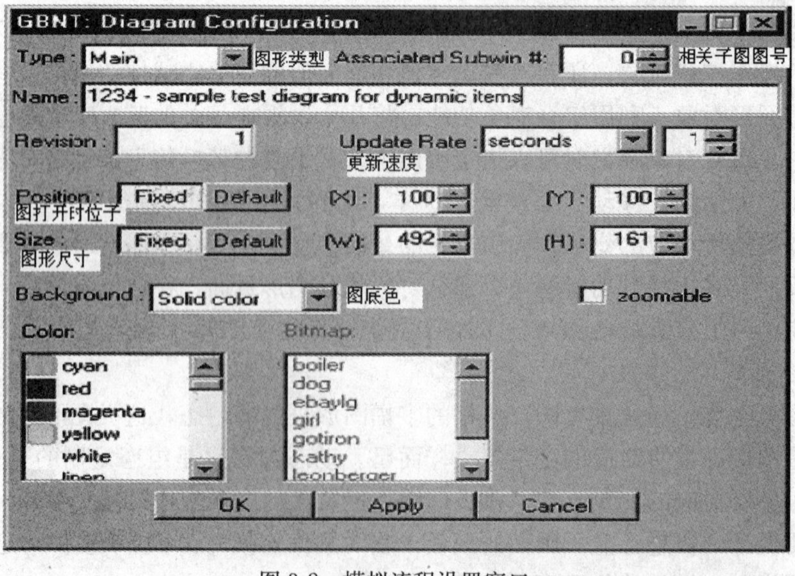

图 3-2 模拟流程设置窗口

第三步：在图形窗口画图。

第四步：在流程图窗口的菜单条上选择 File，选择 Load/Save。保存图形。

第五步：下载图形到操作站：①打开 Developer Studio；②展开数据库名文件夹－选择操作站的名称－右键；③选择 Download，将流程图下载到各操作站。

2. 修改一幅模拟流程图步骤

第一步：打开软件集成工具 Developer Studio，在数据库文件夹下选择 Graphics，在流程图清单中找出需要修改的图形。

第二步：使用图形组态工具修改图形。

第三步：保存图形。

第四步：将图重新下装到相关的操作站上。

另外，建立与点无关的图形，使用图形中的属性设置图形如颜色属性（COLOR）、线属性（LINE_WIDTH）、线宽（FILL_PAT）、填充图形（LINE_PAT）、文本属性（Text attributes）、图形闪烁（Blink）。建立与点有关的图形步骤：①建立动态图形，点与图形连接；②利用条件语句组态动态图；③生成激活区（Poke Type）。利用图形工具还可生成弹出窗口、控制回路接口图等。

二、数据库组态

（一）数据库组态功能

变量是 DCS 管理和控制的对象，变量一般包含外部变量（又称一次变量）和内部变量（又称二次变量）。一个 DCS 能够管理多少变量，体现了该 DCS 的管理能力；一个 DCS 应用系统设计了多少个变量，体现了该应用系统的规模。一般情况下，DCS 采用一个实时数据库来管理系统中的变量。所有外部采集的数据、通信接收的数据或内部计算处理后产生的数据，经过组织处理后均存放在实时数据库中，所有需要使用 DCS 数据的应用软件，均通过系统提供的访问接口获得 DCS 中的数据。数据库组态（也称 TAG 点的组态）用于定义系统所管理和控制的对象、处理模式和相关参数等，如外部点信息、内部二次计算或处理后作为监控对象的信息。DCS 中每个需要管理的过程对象都应定义成数据库的一个记录，反过来说，实时数据库中每个记录代表一个工艺过程变量。常规的过程变量信息一般包括以下内容：①变量名称（标签名称）；②变量的数据类型；③I/O 设备名称和 I/O 设备地址；④信号类型和范围；⑤电信号范围对应的工程单位的范围；⑥工程单位；⑦变量的显示格式。

I/O 生成器以友好的界面、分层方式配置控制器所属的 I/O 子系统。以控制器配本地 OVATION I/O 系统为例，在 I/O 生成器软件上可按照网络号（Network）、单元号（Unit）、站点号（Drop）、PCI 卡号（PCI）、分支号（Branch）的顺序逐级配置以建立 OVATION I/O 模块所在分支。在选定的分支上，按槽位号（ Slot）、I/O 模块类型配置 I/O 模块及其通道参数。

（二）I/O 点组态方法

1. I/O 卡件组态

I/O 卡件组态可通过以下步骤完成。

（1）定义 I/O 接口类型，如图 3-3 所示。

（2）增加 I/O 卡件，同时定义类型，如图 3-4 所示。

（3）改变 I/O 卡件类型：选择需要修改的 I/O 卡件；点击右键出现菜单后，选择删除

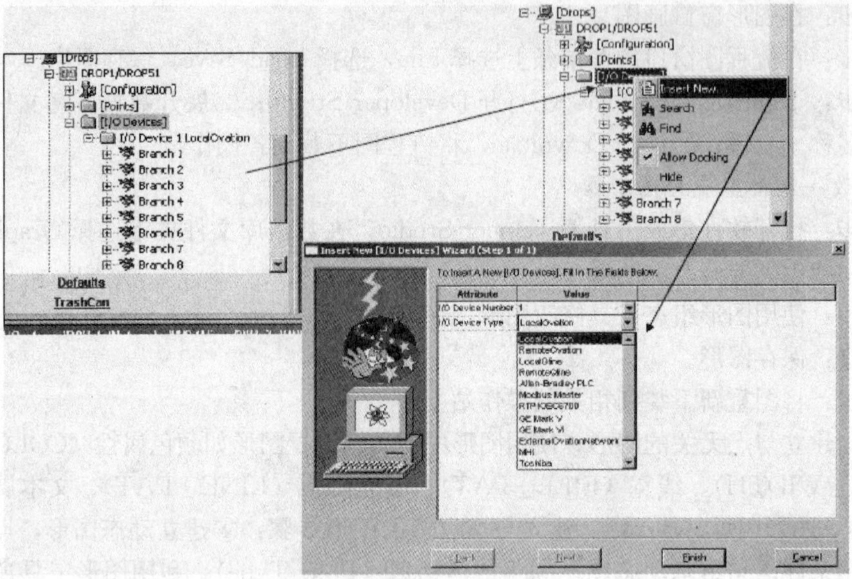

图 3-3　I/O 接口类型定义示意

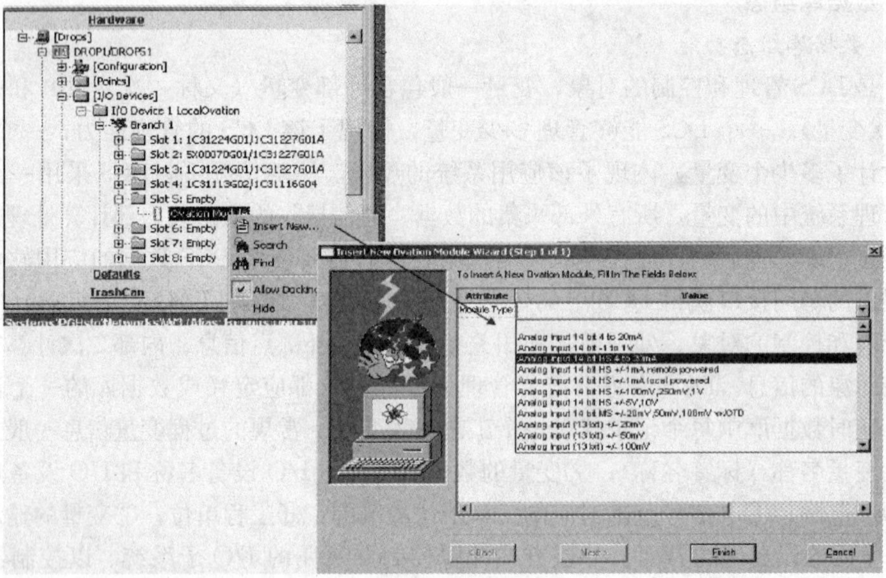

图 3-4　增加 I/O 卡件示意

再重新添加新的 I/O 类型，如图 3-5 所示。

2. I/O 点组态

添加一个数字量点，步骤示意如图 3-6 所示。

添加一个模拟量点，步骤示意如图 3-7 所示。

三、控制组态

（一）控制生成器功能

目前 DCS 的控制组态语言，一般都提供符合 IEC 61131—3 标准的 5 种组态语言，即功能块图（FBD）、梯形图（LD）、结构化文本语言（ST）、指令列表（IL）和顺序功能图

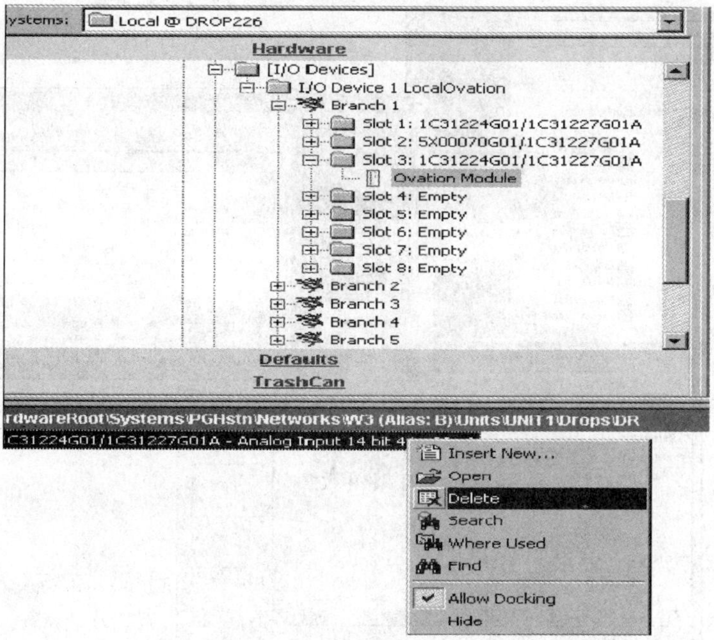

图 3-5 修改控制器参数示意

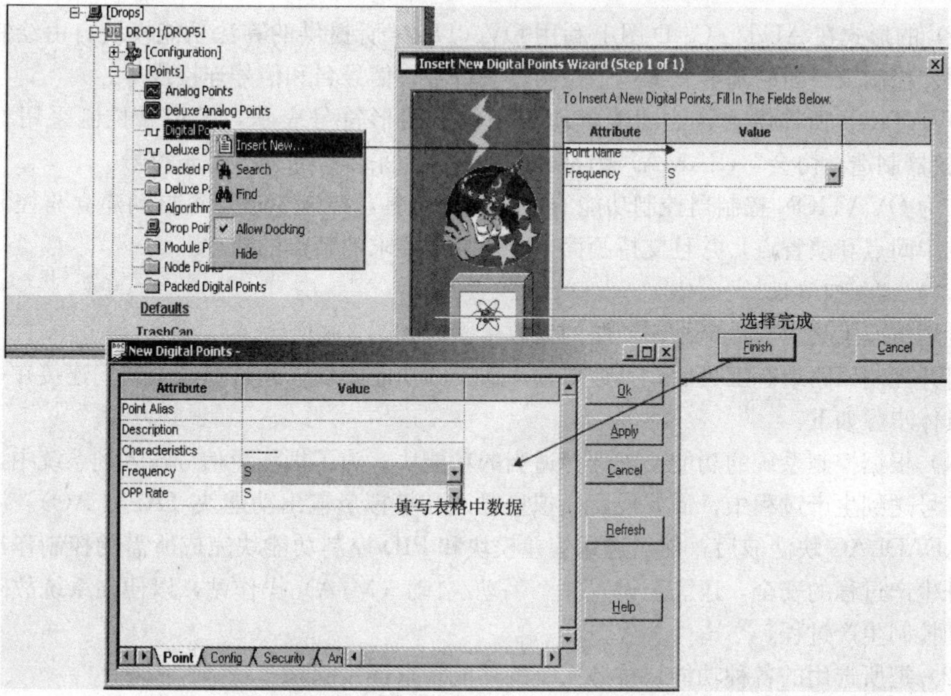

图 3-6 添加一个数字量点步骤示意

(SFC)。

OVATION 分散控制系统采用的是功能块图语言方式。OVATION 控制生成器是一个界面友好的、直观的 AUTO CAD 型组态软件，用来快速建立 OVATION 控制策略，并自动生成控制器直接接受的执行码。控制生成器可按被控系统的实际控制需求，以控制页

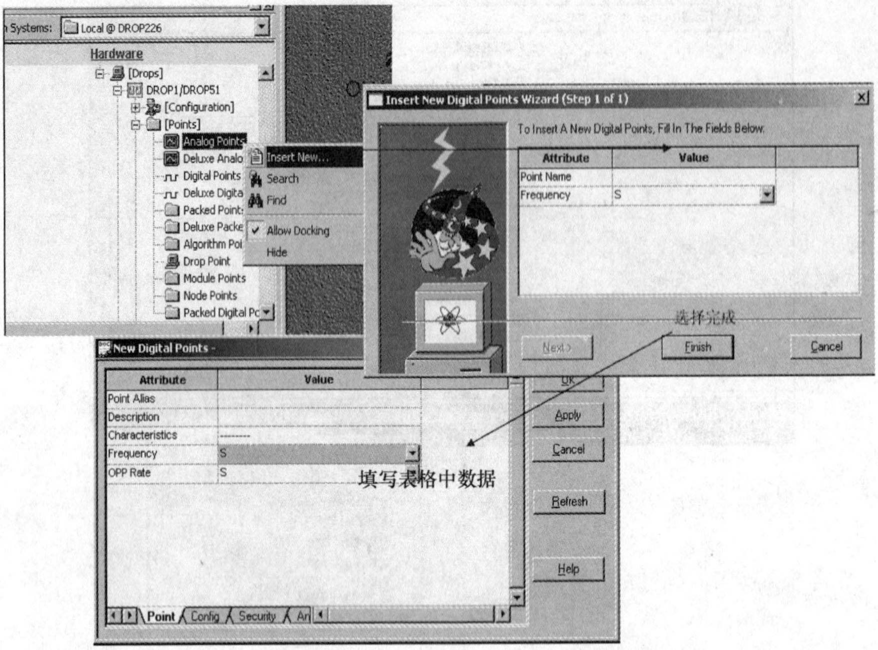

图 3-7 添加一个模拟量点步骤示意

(Sheet) 的形式在 AUTO CAD 图上利用 OVATION 所提供的算法功能模块自由绘制控制策略图。控制策略图的基本元素包括控制算法符号、信号名和信号连接线等。

OVATION 所提供的算法功能模块采用标准图形符号表示，模拟量控制采用标准的"科学仪器制造商协会"(SAMA) 图符，开关量控制采用"布尔"逻辑符号。

作为 OVATION 控制器控制功能的主要编程工具，控制生成器可自动建立与控制算法有关的中间点和缺省点，并且支持画面生成过程中要求的新点的建立。

(二) 控制回路设计

利用组态工具生成一个控制回路的大致步骤，如图 3-8 所示。

打开控制回路组态工具后，只需要选用适当的功能模块，通过组态把它们连接在一起即可。具体步骤如下：

(1) 根据控制系统的功能要求选择适当的功能块。为了把测量信号输入到系统中，并把控制信号送到生产过程中，需要设置模拟量输入和模拟量输出功能块 (AI 和 AO)。温度信号经 LEADLAG 块滤波后，然后选用偏差模块和 PID 控制功能块完成所需的控制作用。为了保证生产过程的安全，还需要设置一个手动/自动 (M/A) 操作站，以便在系统故障时可以手动控制生产过程。

(2) 把所选用的各种功能块按照系统的功能要求连接起来。

(3) 根据控制和运算要求设置功能块的参数。利用不同的组态工具进行组态时，这一步骤的具体情况会有所不同。

由此例子可以看出，用功能块法组态实现一个控制系统与采用常规过程控制仪表来实现一个控制系统的过程十分相似，特别是在组态过程中广泛应用了 CAD 技术之后，这一过程变得更加简单了。用户根本不需要了解每一个功能块内部的程序是如何编制的，就可以组成他所需要的控制系统。而且，因为功能块之间是通过组态进行"软连接"的，所以修改控制

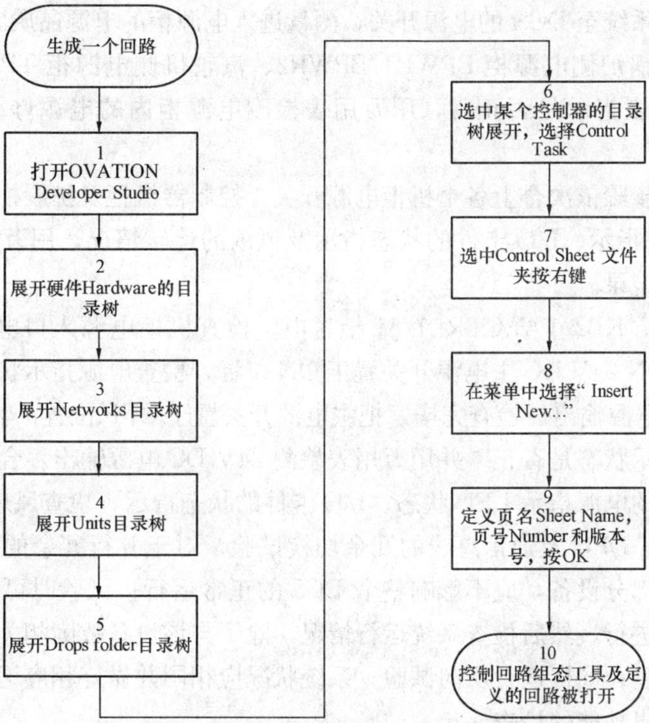

图 3-8 生成控制回路步骤示意

方案十分容易。

第二节 分散控制系统调试

一、DCS 受电步骤

（一）外观检查

（1）检查机柜外观，确定机柜无明显伤痕。

（2）检查机柜框架，确定是否缺件。

（3）检查机柜结构，有无结构错误。

（4）控制柜 DPU、工作站系统的各种硬件的外观是否完好，数量及安装是否正确；控制柜内的电缆是否配备齐全；电源设备的安装是否正确无误。

（二）上电前检查

1. 对电源系统的检查

（1）确认主电源和辅电源的火线与地开路；

（2）确认主电源和辅电源的火线与零线开路；

（3）断开电源柜、机柜的电源开关。

2. 对接地系统的检查

通电前应对 DCS 的接地系统进行检查。按照系统接地图的要求，逐个检查各个机柜接地线的连接情况。在接电源电缆前确认主电源和辅电源的 AC 输入没有短路。

（三）受电步骤

（1）受电前检查电源分配柜、DCS 柜所有电源开关均处于断开位置。在确认以上工作完成后，合上电气系统至DCS的电源开关，测量进入电源柜的电源品质。

(2) 分别合上锅炉侧电源柜BPWR1/BPWR2、汽轮机侧电源柜TPWR1/TPWR2，检查电源柜内的电压表指示是否正常，用万用表检测电源柜内的电源母线电压并做好相应记录。

(3) 按以下的步骤依次合上各个机柜电源开关；控制器机柜及扩展柜的电源检查包括检查电源的LED状态指示、I/O卡件的状态指示及风扇的运转情况，用万用表检测电源的直流输出并做好相应记录。

合开关KB1/1、KB2/1给CTRL1/51柜送电，检查机柜电源入口电压。AC电源检查完毕，把OVATION 24V DC主电源开关置于ON位置，检查电源指示状态是否正常并用万用表检测24V DC电源输出。检查完毕，把主电源开关置于OFF位置，辅电源开关置于ON位置，检查电源指示状态是否正常并用万用表检测24V DC电源输出。合控制器卡的电源开关，检查控制器卡的电源指示LED状态、I/O卡件的状态指示，检查风扇的运转情况。

进行控制电源、DPU及通信总线的冗余切换试验，对于并行冗余的设备，如DPU等，停用其中一个或一部分设备，应不影响整个DCS的正常运行；试验时可通过停电复位或停运应用软件等手段进行，然后检查系统运行情况，除了与该设备故障相关的报警外，应无其他任何异常现象发生；同样进行反向试验，系统状况应相同并做好相应记录。

二、输入和输出功能的检查

该项目主要检查输入通道测量、显示、计算、滤波、报警等功能。该项测试可与通道的技术参数测试同时进行，两类测试的通道选取及分布见表3-1（总计26点）。

表3-1　　测试通道的选取

通道类型	模件名称	通道点数	备　注
模拟量输入通道	模拟量输入卡	12	4～20mA通道：3点 1～5V通道：3点 热电偶通道：3点
模拟量输出通道	模拟量输出卡	6	4～20mA通道：3点
开关量输入通道	开关量输入卡	4	SOE通道：4点
开关量输出通道	开关量输出卡	4	

（一）输入参数真实性判断功能的检查

对所选输入通道接入超过量程的信号（应保证信号在其安全允许范围内），工程师站及操作员站的CRT上应能正确显示其状态。

人为断开AI输入通道的回路，工程师站及操作员站的CRT应有相应的正确显示。

人为断开AI输入通道上外部设备的供电电源，CRT应有相应的正确显示。

（二）输入参数正确性修正功能检查

1. 输入参数二次计算功能的检查

(1) 根据设计图，检查组态图上温度、压力修正功能的实现是否符合设计要求。

(2) 将热电偶输入通道短接，CRT上应正确指示出输入通道接线端子处的温度。

(3) 检查组态对开方、平均、差值、最大值、最小值和累计值的计算功能是否正确。

2. 输入参数数字滤波功能检查

（1）对于组态中有数字滤波功能的 AI 输入通道加入阶跃信号（幅值为通道量程的50%），在操作员站 CRT 上调出该点的历史曲线图，并比较当滤波功能设置为有和无时的通道响应曲线，确定其滤波功能是否正确、有效。

（2）输入参数越限报警功能检查。

（3）将 AI 通道报警值分别设置为输入通道量程的 50%及 100%，在通道输入端逐渐增大信号，检查其报警功能，并测试其动作值与返回值。

三、人机接口检查

（一）工程师站和操作员站之间的闭锁和保护功能的检查

先在一台操作员站上调出某点（如某软手操站或某执行机构）的操作画面，再在另一台操作员站上调出相同点的操作画面，在后调出的画面中应不能对该点进行操作。

（二）显示画面种类及数量的检查

检查显示画面的种类及数量是否与原设计相符，包括流程图、参数图、实时趋势图、历史趋势图、棒形图和报警图等。

（三）打印和制表功能的检查

（1）检查定时制表的类型、数量及表内包含的过程变量数是否符合设计和出厂要求。

（2）检查随机制表的内容及有关特性是否符合设计和出厂要求，包括参数越限打印、复位打印、开关量变态打印、事故追忆打印、事件顺序打印以及工程师站的操作打印等。

（3）进行模拟量一览打印、成组打印、机组启停参数打印、测点清单打印、CRT 画面拷贝打印等。检查请求打印的内容及其特性是否符合设计和出厂要求。

四、SOE 时间分辨率的测试

如图 3-9 所示，用多路可编程脉冲信号发生器（时间分辨率 0.1ms）发出脉冲长度为 50ms，每路脉冲前后间隔一固定时间 T 的多路脉冲测试 SOE 的实际时间分辨率。

具体测试步骤如下：

（1）将可编程脉冲发生器的 4 路输出接入 SOE 卡的 4 个通道（同一块卡和不同卡分别进行测试）。

（2）可编程脉冲发生器上设置好如图 3-9 所示的脉冲波形，脉冲前后间隔 T 设定为±0.8ms。

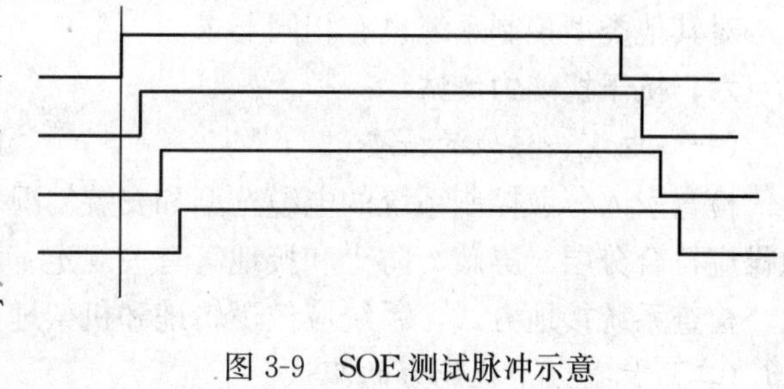

图 3-9　SOE 测试脉冲示意

（3）在可编程脉冲发生器上按触发键发出 4 个单脉冲信号（分别进行正顺序和逆顺序两次发送）。

（4）在操作员站上打印 SOE 事件触发信息，检查正顺序和逆顺序 SOE 记录信号是否都正确（包括 SOE 信号上升沿和下降沿的记录顺序）。如正确，则缩短脉冲前后间隔的时间，否则，则加长脉冲前后间隔的时间，直到找出 SOE 装置内同一 I/O 卡件的最小时间分辨率。

（5）将可编程脉冲发生器的 4 路输出接入 SOE 记录仪的不同输入卡的 4 个通道，并重复步骤（2）～（4），找出不同 SOE 装置的不同 I/O 卡件点的最小时间分辨率。

（6）如 SOE 装置的触发信号源经中间转换元部件，则在转换装置的入口接入 4 路测试信号，检验经中间转换装置后 SOE 触发点的最小时间分辨率。

(7) 测试完毕，恢复现场。

时钟同步精度测试是在3个不同的机柜中各选一个SOE输入通道，给各输入通道输入同一开关量信号，检查事件打印记录，其时间误差应小于出厂保证的站间时间分辨力。

五、各系统相关联功能正确性和安全性功能的测试

(一) 系统容错能力的测试

(1) 键盘操作的容错测试。选择3个不同的键盘进行。在操作员站的键盘上操作任何未经定义的单键或双键时，系统不得出错或出现死机情况。

(2) CPU切换时的容错测试。选择3台不同的机柜，检查每台机柜中冗余DPU的切换容错能力，即人为关闭一台控制站中正在运行的DPU，其备用DPU应自动投入工作，在DPU切换过程中，系统不得出错或出现死机现象。

(3) 通信总线冗余切换能力的测试。在任意节点人为切断每条通信总线，系统不得出错或出现死机现象。切投通信总线上的任意节点，或模拟其故障，总线通信应正常。

(二) 供电系统切换功能测试

测试分别在3个不同的机柜进行。

确认电源开关箱的A、B路电源处于正常工作状态。人为切除A路工作电源时，备用电源应自动投入工作。在电源切除过程中，控制系统应正常工作，中间数据及累计数据不得丢失。然后恢复A路工作电源，再切除B路工作电源，切换功能也应同样正确。

对于一组冗余的电源模块，切除其中一个电源模块，控制系统应正常工作，不得丢失数据。对每一个选定的机柜，应分别对两组电源模块进行测试。

(三) 模件可维护性的测试

选取一个模拟量控制系统，外加相应信号并投入自动，然后在输入模件、输出模件或回路控制模件中任意拔出一块，CRT应显示该模件的异常状态，控制系统应能按设计和出厂要求自动进行相应的处理，如切到手动状态、执行器保位等。

对其他类型控制系统也有相同要求。

六、抗干扰能力测试

(一) 电缆、接地的检查

检查引入分散控制系统的电缆选型和安装情况，模拟量信号必须采用屏蔽电缆，电缆的敷设应符合分层、屏蔽、防火和接地等有关规定。

检查系统接地方式，系统应按逻辑地和机架地分别连接，然后单独一点接到大地。

(二) 抗射频干扰能力的测试

用功率为5W、频率为400～500MHz的步话机作干扰源，距敞开柜门的分散控制系统机柜1.5m处工作，系统应工作正常。

(三) I/O通道的测试

1. 电压输入通道

精度测试：根据被测通道的量程，均匀选择5～6个测试点，并输入对应标准电压信号，在工程师站CRT上记录对应的显示值。

共模抑制比测试按图3-10 (a) 所示方式接线。给通道输入端加上直流电压，其值为满量程的1/2～2/3，然后按直流与交流两种情况分别逐渐增大共模干扰电压，使通道显示值有一个明显的ΔU_{cm}变化，记录此时共模干扰电压值U_c。

直流共模抑制比为 $CMRR_d = 20\lg(U_{cd}/\Delta U_{cmd})$

交流共模抑制比为 $CMRR_a = 20\lg(U_{ca}/\Delta U_{cma})$

串模抑制比测试按图 3-10（b）所示方式接线。给通道输入端加上一交流电压，其值为满量程的 1/2～2/3，然后逐渐增大串模干扰电压，使通道显示值有一个明显的 ΔU_{nm} 变化，记录此时串模干扰电压值 U_n。

串模抑制比为 $NMRR = 20\lg(U_n/\Delta U_{nm})$

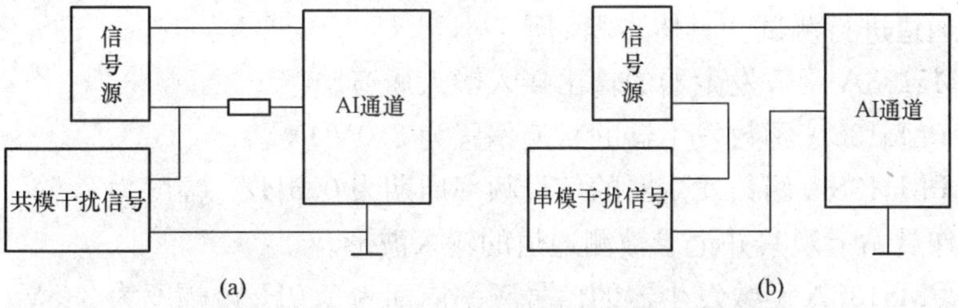

图 3-10 共模抑制比与串模抑制比测试接线
（a）共模抑制比测试接线；（b）串模抑制比测试接线

注意：在进行该项测试时，所加串模干扰信号必须小于 30Vp-p（电压峰—峰值）。

2. 电压输出通道

精度测试：根据被测通道的输出量程，均匀选择 5～6 个测试点，在操作员站上调节使该通道分别输出相应的电压，用标准电压表测量通道输出值并记录。

3. 电流输入通道

精度测试：给被测通道分别输入 4、8、12、16、20mA 的标准电流信号，在工程师站 CRT 上记录对应的显示值。

4. 电流输出通道

精度测试：在通道输出端串接 600Ω 电阻及标准电流表，在操作员站上调节使该通道分别输出 0%、25%、50%、75%和 100%，记录通道实际输出值。

5. 热电偶信号输入通道

精度测试：根据被测通道的输入量程，均匀选择 5 个测试点，并输入对应标准值，在工程师站 CRT 上记录对应的显示值。

6. 热电阻信号输入通道

精度测试：根据被测通道的输入量程，均匀选择 5 个测试点，并输入对应标准值，在工程师站 CRT 上记录对应的显示值。

7. 开关量输入通道

接通和断开被测开关量通道，在 CRT 上检查其相应状态是否正确。

8. 开关量输出通道

（1）输出闭合测试：测量通道的闭合电阻。

（2）输出断开测试：测量对应端子板继电器的断开电阻和绝缘电阻。

（四）系统实时性的测试

该项目包括 CRT 画面响应时间的测试、模拟量信号和开关量信号采集实时性的测试、事件顺序记录分辨力的测试、系统响应时间的测试等。

1. CRT 画面响应时间测试

在机组满负荷运行时，通过键盘调用 CRT 画面，从最后一个调用操作到完成画面全部内容显示的完成时间为画面响应时间。对于一般画面，响应时间不得超过 1s；对于复杂画面，画面响应时间不得超过 2s。

2. 模拟量采集信号实时性测试

选取两个不同的模拟量点进行测试。利用 PM5138A 函数发生器产生一具有直流偏置的正弦波对被测通道进行测试。具体步骤如下：

(1) 将 PM5138A 函数发生器的输出接入输入通道。

(2) 调整 PM5138A 函数发生器的直流偏置为 3.0V DC。

(3) 调整 PM5138A 函数发生器的信号频率周期为 0.5Hz，幅度为 2.5V。

(4) 在操作员站上观察并记录被测通道的输入波形。

(5) 调整 PM5138A 函数发生器的信号频率周期为 1.0Hz，幅度为 2.5V。

(6) 在操作员站上观察并记录被测通道的输入波形。

(7) 继续增大 PM5138A 函数发生器的信号频率周期为 1.0Hz，直到 DCS 无法正确反映被测信号的值，记录此时信号源的频率和幅值，打印输入信号的波形。

3. 开关量信号采集实时性测试

选取 3 个不同的 DI 点进行测试。利用可编程脉冲信号发生器产生脉冲宽度不同的方波信号对被测通道进行测试。具体步骤如下：

(1) 将可编程脉冲信号发生器输出分别接入被测的 DI 通道。

(2) 调整可编程脉冲信号发生器输出脉冲宽度为 2.5s，并向被测的 DI 通道连发 5 个脉冲。

(3) 在操作员站上观察并记录被测通道的输入波形及脉冲个数。

(4) 逐步减少信号源的脉冲宽度，直到 DCS 无法正确反映被测信号波形个数，记录此时信号源的脉冲宽度，打印输入信号的波形。

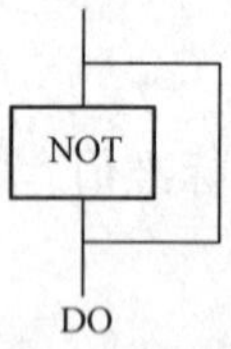

图 3-11 DPU 实际运算周期测试逻辑

4. 控制器处理周期测试

选取不同机柜的 3～5 个 DPU 进行测试。具体测试步骤如下：

(1) 在 DCS 组态中增加图 3-11 所示的逻辑，检查 DPU 的实际运算周期。当 DPU 实际运算该功能回路一次，则输出状态发生一次变化。

(2) 检查确认并记录回路设定的周期。

(3) 用高速数据采集装置（时间分辨率 0.5ms）接到端子牌上测试采集输出信号。

(4) 如 DPU 内有不同的运算周期，则按照步骤 (1) ～ (3) 的办法，测试其他运算回路的实际运算周期。

(5) 测试完毕，清除所加算法，恢复现场。

5. 系统响应时间测试

选择某 3 个对机组运行没有影响的控制对象，将系统对该对象输出的开关量操作信号直接引到该对象的反馈信号输入端。测量通过操作台的键盘发出操作指令，直到 CRT 上显示该信号之间的时间，该时间应不超过 2.0～2.5s。

第三节 分散控制系统的维护

系统维护是提高系统可靠性的重要内容，系统的维护主要指对系统中的各种硬件设备的维护。

一、过程控制装置的维护

过程控制装置是分散控制系统最基本的、具有独立测控功能的重要部件。适当的运行维护是确保DCS正常运行的关键环节。对过程控制装置的维护主要包括供电电源检查、通信系统检查、通风设备检查和卡件检查等。

(1) 供电电源的检查。检查过程控制装置的供电电源电压、波纹系数、频率等参数是否符合系统的要求；供电电缆连接是否正确，接触是否良好；电源的熔丝是否熔断等。

(2) 通信系统的检查。检查通信卡件是否插接良好；通信信号灯是否正常闪烁；各总线的连接线是否连接好，有无松动；冗余系统是否能正常切换等。

(3) 通风设备的检查。检查CPU板上CPU的冷却风扇是否正常运转；过程控制装置内通风电动机是否正常运转；过滤网是否能正常过滤并及时清洗；机柜内温度和湿度是否符合要求等。

(4) 卡件的检查。检查卡件是否被紧固；卡件上有无其他附着物，如粉尘、导线外套等；卡件的插脚有无接触不良的情况等。

二、HMI的维护

HMI的维护包括对各个HMI节点站计算机的维护，外围输入、输出设备的维护。HMI节点站计算机的维护与通用计算机的维护相似，主要包括通信系统的检查、卡件系统的检查、通风系统的检查和存储器的检查。

(1) 母板系统的检查。检查元器件有无异常；有无其他附着物；焊点是否良好等。

(2) 卡件系统的检查。检查卡件是否被紧固；卡件的插脚是否接触良好；卡件上有无其他附着物，如粉尘、导线外套等；卡件上的元器件有无异常等。

(3) 通信系统的检查。检查网卡是否插接良好；网卡上的信号灯是否正常闪烁；网卡的接头是否连接好，是否松动；内部接线是否松动；终端电阻的连接是否正确，是否松动；特征阻抗是否正确等。

(4) 通风系统的检查。检查通风电动机是否正常运转；过滤网是否已清除粉尘等附着物；通风电动机的引线是否正常；有无其他附着物在电动机的转动叶片上等。

(5) 外围输入、输出设备检查。对输入、输出设备的维护和检查可根据有关要求进行。对鼠标或球标等输入设备，应定期清除附着在滚轮及转盘上的灰尘、纤维等，保持清洁的操作环境；对光盘输入设备，应防止读取激光信息的部件被人为损坏，对转动部件也应定期检查。对打印机等输出设备，应定期清洗打印头，去除墨盒外的碳粉、喷墨头上的墨水，保持清洁的操作环境；发生卡纸等故障时应仔细处理，防止损坏设备；对摩擦轮等转动部件要定期清除附着物，保持转动部件灵活运转。此外，对安装了多媒体输入、输出设备的系统，可根据设备说明书的要求进行有关的检查。

三、I/O卡件

输入、输出卡件是分散控制系统与生产过程之间的界面。由于与生产过程相连接，因此，在维护时首先要确定故障的来源。例如，温度显示不正确时，应该确定是热电阻或热电偶的故障，还是输入卡件的故障，如果是一次检出元件的故障就应先处理一次元件，如果是输入卡件的故障，就处理输入卡件。

输入、输出的维护检查内容包括对输入、输出端子板及输入、输出卡件的维护检查。主要包括供电电源电压是否正确、连接线是否松动、是否有外界的导线、潮湿的粉尘等是否造成线路短路或电阻值下降、继电器是否接触不良及能否正确动作、跳接线是否正确设置、跳接线是否有松动、通信灯是否闪烁等。

在增加输入、输出点时，需要正确设置跳接线的位置，设置有关的继电器等。同时，应对全局点目录组态文件进行更改，并在操作画面上进行有关测点显示或趋势显示等内容的补充。在减少输入、输出点时，也需进行有关的更改。

当输入、输出卡件不能正常进行时，还可以按卡件的复位按钮，进行复位操作，使程序重新启动，并检查运行情况。

四、通信系统的检查

在分散控制系统中，通信系统主要包括柜内总线通信和控制网络通信。柜内总线的通信设备和通信介质都在控制柜和端子柜内部，控制网络的通信设备安装在计算机内部，但通信介质是安装在控制室地板下或各控制室和工厂管理部门之间的。因此，比较容易被人为破坏。

（1）通信系统的检查。检查通信设备的插接连接；通信设备与通信介质之间的连接；通信介质等。

（2）卡件的检查。检查卡件的插接是否良好；地址等参数的设置是否正确；卡件的连接件，如双绞线的压接接头、以太网T形接头等是否接触良好；卡件上是否有异常；卡件上是否有附着物等。

（3）通信设备与通信介质之间的连接检查。主要检查通信卡件与接头之间的连接，如以太网的T形接头内的连接；BNC接头与网卡的连接等。

（4）通信介质的检查。检查通信电缆的完整性；终端电阻和特性阻抗的正确性及通信电缆的技术要求是否满足等。

数据采集系统

第一节 数据采集系统概述

一、数据采集系统功能

DAS 的英文全称是 Data Acquisition System，中文含义为数据采集系统。它通过计算机对机组的模拟量信号和开关量信号进行数据采集，取代以往的部分常规模拟仪表和数字仪表，减小运行人员的劳动强度；同时以带键盘的 CRT 为人机接口，形成一个以 CRT 为中心的监视检测系统。

DAS 是一个实时的多通道计算机系统，是机组启动、停止、正常运行和事故工况下的主要监视手段，也是电厂 DCS 的一个重要组成部分。该系统通过 CRT 显示或用打印机等向运行人员提供各种实时和经过处理的信息，以指导运行操作，提高机组的安全、经济运行水平。因此，要求 DAS 具有高度可靠性、可利用率及较好的实时响应能力，以使整个系统能连续稳定运行。

DAS 具备以下功能：

(1) 连续监视机组的各种运行参数，包括一次参数（如压力、温度、液位、流量、电功率等）、二次参数（如平均值、差值、变化率等）及设备的运行状态，并对上述参数进行必要的处理。

(2) 具有 CRT 显示功能，能显示各种参数、表格、曲线、棒状图、趋势图和模拟图等画面。

(3) 提供完整的报警信息，对任何报警能给出具有报警点详细说明的 CRT 显示及报警打印。

(4) 提供跳闸事件的顺序记录，指定参数的定时制表、趋势记录、事故追忆打印等。

(5) 具有在线的性能计算和经济分析功能，并将结果向运行人员显示和打印，以指导运行操作。性能计算主要包括以下项目：

1) 机组净热耗率。

2) 汽轮机效率。

3) 锅炉效率。

4) 空气预热器的漏风率。

5) 给水加热器的效率。

6) 凝汽器的效率。

7) 锅炉给水泵和给水泵汽轮机的效率。

8）过热器和再热器的效率。

9）发电机有功电量和无功电量（1h、8h、24h、1 个月、累计量）。

10）有功电量（1h、8h、24h、1 个月、累计量）。

11）发电机功率因数。

12）发电机转子的热效应（发电机不对称运行工况）。

13）汽轮发电机组低频运行积累效应。

二、DAS 结构

DAS 有两种典型结构。一种是以高速数据总线为中心的数据采集系统，它的结构如图 4-1 所示，这种结构的最大特点是各操作员站相对独立，不会因为个别操作员站的故障而影响系统运行，即每一个操作员站都可以作为其他操作员站的后备站。

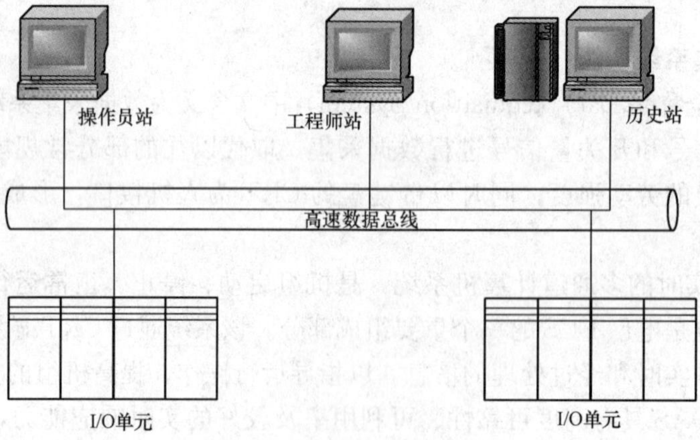

图 4-1 以高速数据总线为中心的 DAS 结构示意

另外一种是以数据库服务器为中心的数据采集系统，它的结构如图 4-2 所示。在这种结构的 DAS 中，所有的实时数据首先送到了服务器，服务器不仅完成数据的处理工作，同时还将预选的数据存入数据库，以供历史记录查询使用。这种结构的数据采集系统性能较高，但服务器作为操作员站和现场数据采集站的联系枢纽，它的可靠性至关重要，所以往往设计为两台服务器热备用。

三、DAS 设备范围

1. 数据采集站

数据采集站是 DAS 与现场的接口。它包括数据采集主模件和各类专用或智能通用的 I/O子模件，另外还包含信号调理板和相应的电源系统。

2. 操作员站

操作员站是运行人员与 DAS 的接口。它的硬件一般是一台较高性能的计算机，另外还配有专用的网络接口卡。它的软件有各生产商的专用运行平台，也有某些软件生产商提供通用 DAS 软件平台。

3. 历史数据站

保存预设的历史数据，为历史趋势等 DAS 功能提供历史数据。

4. SOE

顺序事件记录功能，它以 1ms 的分辨率记录预设的开关量信号，主要用于事故分析。

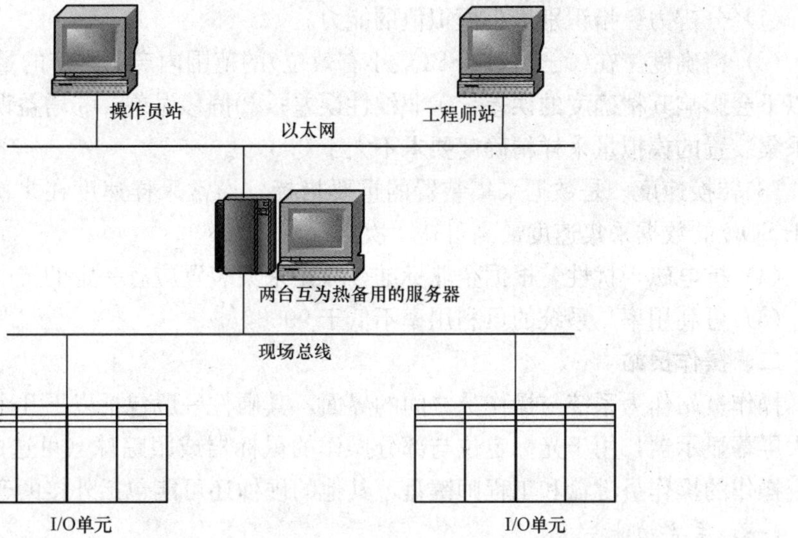

图 4-2 以数据库服务器为中心的DAS结构示意

5. 其他相关设备

如机柜、网络等。

第二节 数据采集系统设备功能与性能指标

一、数据采集装置

1. 数据采集装置原理

数据采集装置主要包括中央处理器（CPU）、存储器和输入、输出设备，其结构组成如图 4-3 所示。

目前，一般的传感器或变送器输出的信号为模拟量，而数据采集系统中的 CPU 不能直接处理模拟量，为此必须在传感器和 CPU 之间设置接口电路。在进行 A/D 转换前还必须进行前置处理。为使 A/D 转换器高效地工作，应设置多路转换器。若想准确地变换高速的信号，又要有采样与保持电路。当 A/D 转换输出的数据通过总线与 CPU 连接时，还需要输入、输出口。

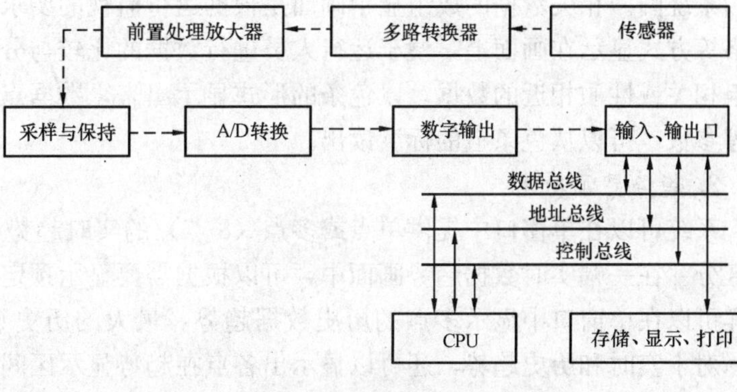

图 4-3 数据采集装置结构组成

这样，CPU 就通过控制总线（控制输入、输出），按照地址总线（区别是哪个信号），把采集到的数据（信号大小）读入存储单元，以供显示和打印。

2. 数据采集装置的性能要求

数据采集装置的性能可以用电量性能来表示，具体指标有以下几个。

（1）分辨力。指识别最小模拟值的能力。

（2）精确度。在(0±1/2)LSB(最小有效位)的范围内产生本身的量子化误差，同时还包括以下会影响其精确度的误差：①非线性误差；②偏移误差；③增益误差；④温度特性。数据采集装置的模拟量采样精确度要求不大于0.3%。

(3)转换速度。是数据采集装置的重要指标。通常采样速度在1次/(250～300)ms，而用于SOE的数据采集速度最高可达1次/ms。

（4）抗电磁干扰性。根据企业标准，数据采集装置应有一定的抗电磁干扰性。

（5）可利用率。系统的可利用率不低于99.8%。

二、操作员站

操作员站作为系统与操作员之间的界面，其硬件一般包括以下几个部分：用于数据显示的大屏幕显示器，用于光标定位与部分操作的鼠标器或跟踪球（可选的有触摸屏），及用于指令操作的操作员键盘和工程师键盘，其他的硬件还可能包括外接的音响报警装置等。

（一）主要功能

操作员站的功能包括过程参数或状态显示、现场设备操作、参数报警显示、实时趋势显示、历史数据收集与趋势显示、报表处理及操作员操作记录等。

1. 过程参数显示功能

（1）系统中的所有数据（包括模拟量输入、开关量输入及各种计算数据等）都可以显示在操作员站上，并可以根据需要显示各数据点的标志、说明、数值、工程单位及高低限值等。

（2）操作员站上用于过程参数显示的画面形式可以包括系统模拟显示画面、相关数据的成组显示画面及数据的棒图显示画面。其中，系统模拟显示画面是以系统图的方式，将整套机组或分系统中的主要参数显示在画面上相应的测点安装位置，以便于运行人员监视系统的运行状况。系统模拟显示画面可以显示整套机组的系统图、分系统的系统图及某个系统中局部的系统图。相关数据的成组显示画面是根据运行监视的要求，将相关的数据以单纯的数据表格等方式显示在画面上，便于运行人员进行数据的比较与分析。数据的棒图显示画面是将一组相关或性质相近的数据，以色条的形式显示出来，数据点值的高低及数据点是否超过限值等参数，可以从色条上的标度读出。

2. 趋势显示功能

系统可以在单窗口中提供单点或多点（8点）的实时趋势显示，不同的点以不同的颜色来区分。在一幅实时数据趋势画面中，可以根据需要显示预定义或临时定义的趋势组。系统同样可以在单窗口中显示多点的历史数据趋势。最大的历史数据记录时间一般能达到1个月。对于实时和历史趋势，还可以显示出各点在趋势显示区间内任意时间的数值。

3. 报警显示功能

系统能够根据各参数点的值，参照预先定义的报警限值，判断各模拟量输入、开关量输入及计算值等是否超限。若某点越过报警限值，则在CRT屏幕上显示报警，各数据点的报警限值可根据需要进行设定。系统可对不同的原始或计算点设定不同的报警级别，并根据需要显示不同报警级别的报警列表。在同一个报警窗口中，不同级别的报警以不同的颜色显示。报警有专用的报警窗口，报警信号除了在集中的报警窗口中显示外，在系统显示画面中还可以用不同于正常显示的颜色来显示该点的报警状态。

4. 报表处理和打印功能

运行中的各种报表格式根据电厂运行管理要求而定，是可组态的。根据运行要求，系统中的各种数据都可以打印出来、存档。一般情况下，打印的内容包括各主要参数的班报、日报、月报及交接班记录等，这些打印任务是自动进行的，也可以根据运行人员的要求进行召唤打印。打印的内容还包括即时参数打印和画面打印（如趋势图、系统图等）。

5. 运行人员操作记录功能

系统能够记录运行人员在集控室进行的所有操作项目及每次操作的精确时间。通过对运行人员操作行为的记录，便于分析运行人员的操作意图，进而可在必要时进一步分析机组事故的原因。

（二）性能指标

操作员站在性能上一般有以下要求：

（1）数据库刷新时间应不大于1s。

（2）操作画面动态数据刷新时间应不大于1s。

（3）运行人员通过键盘或鼠标器发出的指令的响应时间应不大于1s。一般画面的切换响应时间不得大于1s；对于复杂的画面，切换响应时间不得超过2s。

（4）进入任一画面的按键次数最多为3次。

三、历史数据站

1. 作用与功能

历史数据站的作用主要有两种：一是采集和存储过程数据；二是提供必要的用于有效检索和分析数据的工具。根据各生产厂家产品的不同及现场的不同要求，历史数据站的功能不尽相同。

历史数据站可收集存储多种数据，包括过程值和状态信息、顺序事件数据、过程点属性、操作员事件历史数据及报警信息等。信息可被在线存储，存储时间通常可由一个月到一年不等。信息也可被离线存储到永久保存的介质上，如光盘等。历史数据按照点的设置的不同，存储的时间间隔可设为不同值，如1～60s等。

存储在历史站上的信息可通过相应的软件经过处理显示、打印或转换成文件形式，其主要功能有报警显示、历史趋势显示、事故追忆及事故顺序记录等。

报警信息通常是一个小窗口，信息平滑滚动，最近的报警信息显示在最后一行。报警级别通常有三级，分别以不同的颜色来显示。

根据历史数据生成的图像或表格方式的历史趋势图，一般整个屏幕可同时打开4个窗口，一个趋势窗口可显示8个历史过程变量。趋势图用图像或表格的形式按照选择的时间周期来显示系统网络上的实时点采样。操作员站可以浏览实时和历史数据两种趋势显示。操作员站可以建立特定的趋势组，以便于快速地访问一组预先设定点。其他趋势显示功能包括：①滚动、细微移动功能可以阅读实际趋势数值；②基本颜色功能允许选择实际数值和设定点的色差；③标明点退出扫描状态；④水平、垂直、X-Y或表格形式可选；⑤操作员可选趋势颜色；⑥趋势采样周期：1s、3s、10s、30s、1min、5min和1h。

事故追忆是指按照现场运行人员的要求定义的一组量的记录，当发生事故时，事故追忆功能记录了某些参数在事故发生前后一段时间内的变化情况。它们通常以曲线的形式显示在屏幕上，便于运行人员进行事故分析。

历史数据站收集并按时间排序事故信息，这些信息被存储在历史文件系统中。

2. 常见问题

在调试过程中，可能会遇到以下问题：

(1) 测点与显示不相符，可能是信号通道不正确；

(2) 数据出现断缺，可能是网络通信有问题。

四、事故顺序记录（SOE）

1. SOE 设备

事故顺序记录（Sequence of Event，SOE），为电厂的事故分析提供重要依据。通过事故顺序记录，运行人员可以清晰地看到设备的动作顺序，进而能很快地判断出事故原因。

SOE 自控制器收集事件顺序数据，并根据时间顺序分类列表，并搜寻列表后的首发事件。SOE 历史用户接口在操作员/工程师站上运行，它允许操作员查阅 SOE 报告并根据标签控制或首发事件测点对报告进行筛选。控制器需装备合适的 I/O 收集卡来完成上述功能。

在硬件结构上，各厂家的 SOE 设备各不相同，主要分为两种：一种是单独的 SOE 装置，各信号通过输入模件进入 SOE，它有自己的打印机，完成记录的打印功能；另一种是在 DCS 中作为网络中的一个节点，但其信号输入模件不同于一般的开关量输入模件，它要求有较高的分辨率。

2. 性能指标

事件分辨率要求是 1ms。

第三节　数据采集系统的测点分布及信号处理

一、数据采集系统的测点分布

DAS 没有配置单独的控制处理器来采集数据，而是将相关测点分配在模拟量控制系统（MCS）、顺序控制系统（SCS）、炉膛安全监控系统（FSSS）、电气控制系统（ECS）等各个系统中。

二、现场数据采集信号的处理

对于 DAS 现场采集信号的处理过程来讲，保证各种采集数据的实时性、正确性、准确性以及安全性是非常重要的，它是实现机组安全高效运行的基础。从现场采集到的各种开关量和模拟量在进入计算机系统以前要相应的进行如下各种信号预处理步骤：

(1) 模拟量正确性判断。

(2) 数字滤波。

(3) 参数补偿。

(4) 非线性校正。

(5) 工程量单位变换。

(6) 开关量触点有效性检查。

(7) 脉冲量输入累积。

DAS 的信号采集及处理过程充分利用 OVATION 分散控制系统软硬件的高效性和安全性，经过合理组态，使最终进入 DCS 的各种信号和参数满足各方面的性能指标要求。

第四节 数据采集系统调试

一、数据采集系统设备概述

目前，百万千瓦级机组的DAS功能均已由DCS承担，如华能海门电厂2×1000MW一期工程机组热工控制设备采用艾默生公司的OVATION分散控制系统。没有集中的DAS数据采集柜和工作站，DAS的数据采集功能分散在各个控制柜及远程站中。数据采集系统（DAS）能连续采集和处理所有与机组有关的重要测点信号及设备状态信号，以便及时向操作人员提供有关的运行信息，实现机组安全经济运行。一旦机组发生任何异常工况，应及时报警，以提高机组的可利用率。

OVATION分散控制系统操作员站允许对150 000动态点进行访问。允许操作员浏览选中的过程点的完整数据库记录，并可以调整扫描状态、报警状态、报警限位和数值。对每一幅过程画面，动态点都自动给出点击区，通过它可以快速移动过程点。OVATION分散控制系统历史站为整个OVATION分散控制系统的过程数据、报警SOE、记录和操作员，提供大容量的存储和回复信息。OVATION分散控制系统历史站具有高速、高效和高度灵活的特点，它能组织巨大数量(20 000)的实时过程数据和有意义的信息，并将之提供给操作员站、工程师站和系统维护人员。所有过程数据可以以0.1s或1s的时间间隔扫描和存储，以备今后恢复和分析。收集的数据可在工程师/操作员站上显示、打印、传输给其他文件或归档。OVATION分散控制系统历史站功能在客户/服务器结构下操作运行，服务器部分所有软件都运行在历史站内。服务器通过OVATION通信网络接收实时数据，处理数据，再将收集到的数据传递给内部存储器归档存储，并应答所有对收集数据的访问。

历史站功能：基本历史站软件包提供了允许运行单个历史站软件模件的核心软件。基本历史站软件包为单个历史站应用软件提供了计划、监视和磁盘管理功能。此外，基本软件包将收集到的数据归档到光盘内，以便长期存储。报警历史软件包接收由其他站点—典型操作员站和工程师站—用报警监视功能传送来的报警。模拟量和数字量报警存储内容包括报警时间、点的数值、点的状态和报警优先级。

操作员事件记录软件包——按照时序创建一个系统操作行为记录。操作员事件记录软件包记录下操作员的行为，如手/自动转换、升/降命令、开/关命令、设定点变化、报警限位变化、点的热量状态变化或人工键入的数值。任何动作都将被清楚地标明，打上时间标签并按照时序存储。

长期历史记录软件包的功能类似主要历史记录软件包，收集和存储数字量和模拟量点的数值和质量码。长期历史功能为主要的测点提供确定的在线存储区，以使其能够长时间在线保存。

SOE自控制器收集事件顺序数据，根据时间顺序分类列表，并搜寻列表后首发事件。SOE历史用户接口在操作员/工程师站上运行，它允许操作员查阅SOE报告并根据标签控制或首发事件测点对报告进行筛选。

对DAS的各项功能进行详细的试验检查，纠正设计施工中存在的错误，完善DAS的功能，保证数据采集准确无误。

二、DAS调试

下面简要介绍数据采集系统的调试步骤和方法，具体有关内容可参照分散控制系统调试部分。

（一）外部接线检查

审查转接柜及远程 I/O 柜接线图，发现错误则应尽快纠正或协助有关方面纠正，然后逐一检查对机柜至外部的每一根电缆的接线，保证接线正确。

（二）静态参数的设置和检查

（1）检查所有模拟量的工程单位、量程设置是否正确。

（2）检查热偶测量输入信号是否有冷端补偿及补偿运算是否正确。

（3）对需进行压力、温度补偿的测量参数，检查补偿公式及有关参数设置是否正确。

（4）检查有关参数的非线性修正、数字量滤波常数等设置是否正确。

（5）检查有关报警值设定是否符合生产要求、参数达到报警值时是否能发出报警等。

（三）操作员站功能检查

检查 I/O 点显示画面、流程图画面、报警组画面、趋势画面、顺序控制画面等完整合理，无错漏。

（四）报表记录打印功能检查

DAS 有一般记录、跳闸记录等。记录打印功能能够满足定期打印、状态变化打印、运行人员屏幕硬拷贝等要求，能记录报警信息、跳闸信息、操作信息、系统维护信息等。跳闸打印功能能够满足任一跳闸条件满足时的触发打印要求，能按照设计要求打印跳闸前后主要参数的记录。

（五）事故顺序记录（SOE）检查试验

DAS SOE 输入分辨率不大于 1ms，检查指定为事故顺序记录的点的内容合理、数量理想，有专门画面和文件显示记录这些重要事件的输出。

（六）历史数据存储功能检查

DAS 设有一台历史数据站，用于保存长期趋势、操作记录等详细运行资料，随时记录重要的状态改变和参数改变。检查历史数据存储的组态、重要参数是否已按要求设置历史数据查询功能、各参数的存储频率根据其快速性和重要性判断是否满足要求。用历史趋势画面调出各重要参数，观察历史数据是否真实有效。

三、技术标准

DAS 调试采用的技术标准主要有以下几个部分：

（1）《火电工程调整试运质量检验及评定标准（1996 年版）》；

（2）DL/T 657—2006《火力发电厂模拟量控制系统在线验收测试规程》；

（3）DL/T 659—2006《火力发电厂分散控制系统验收测试规程》；

（4）设备订货合同、技术协议要求。

模拟量控制系统

第一节 概　　述

一、模拟量控制系统的任务与功能

（一）模拟量控制系统的任务

超超临界机组直流锅炉的调节任务和汽包锅炉基本相同。

（1）使锅炉的蒸发量迅速适应负荷的需要；

（2）保持过热蒸汽压力和温度在一定的范围内；

（3）保持燃烧的经济性；

（4）保持炉膛负压在一定范围内。

因此，超超临界机组直流锅炉的模拟量控制系统也包括水、燃料、空气、负压和汽温等自动控制系统。但是由于直流锅炉在结构上与汽包锅炉有很大不同，在具体完成上述调节任务时就与汽包锅炉有较大的差异。

（二）模拟量控制系统的功能

模拟量控制系统（Modulating Control System，MCS）能够满足机组安全启动、停机及定压、滑压运行的要求。在自动控制的范围内，控制系统能处于自动方式而不需要人工干预。模拟量控制系统能够完成所有闭环控制回路及被调量、被控设备运行状态的监视，同时，为了保证机组的安全运行，在负荷变化或危急工况下，模拟量控制系统配合 SCS、FSSS、DEH 等各子系统，实现必要的联锁。

MCS 的主要工包括以下子系统：

（1）锅炉—汽轮机协调控制。控制系统能在以下三种方式中任一方式下运行：

1）协调控制：锅炉和汽轮机之间有机地建立起适当的关系，同时响应机组负荷指令。

2）锅炉跟随：汽轮机响应机组负荷指令或运行人员手动指令的变化，锅炉响应蒸汽流量变化及由汽轮机引起的汽压偏差。汽压的偏差可用来校正负荷指令。

3）汽轮机跟随：锅炉响应机组负荷指令或运行人员手动指令的变化，汽轮机响应锅炉引起的蒸汽压力变化。

（2）汽轮机控制。

（3）锅炉控制。

（4）二次风量控制。

（5）风箱挡板控制。

（6）一次风压控制。

(7) 炉膛压力控制。

(8) 主蒸汽温度控制。

(9) 再热蒸汽温度控制。

(10) 给水控制。

(11) 燃油控制。

(12) 除氧器水位和压力控制。

(13) 凝结水最小流量控制。

(14) 高、低压加热器水位控制。

(15) 发电机氢温控制。

二、超超临界机组自动控制的难点

目前，世界上先进的超超临界压力机组效率已达到47%～49%，与整体煤气化(IGCC)、增压流化床（PFBC)、高性能动力系统（HIPPS）等其他先进燃煤发电技术相当，污染物控制方面也接近于低污染锅炉（LEBS)，而且在基建成本、容量发展和发电成本等方面还占有一定的优势，特别是上述其他燃煤发电技术均处于试验和发展阶段，还没有大规模商业化，所以超超临界燃煤发电技术是当前最为可靠的先进燃煤发电技术，在欧美等发达国家得到了飞速发展和应用。

超临界压力机组是指过热器出口主蒸汽压力超过22.129MPa（目前运行的超临界压力机组运行压力为24～25MPa）的机组。理论上认为，在水的状态参数达到临界点（压力22.129MPa、温度374℃）时，水的汽化会在一瞬间完成，即在临界点时饱和水与饱和蒸汽之间不再有汽、水共存的两相区存在，两者的参数不再有区别。由于在临界参数下汽水密度相等，因此在超临界压力下无法维持自然循环，即不再能采用汽包锅炉，而直流锅炉成为唯一型式。

对超临界机组的控制而言，汽轮机的控制部分基本与亚临界机组类似，超临界机组和亚临界机组锅炉部分控制的差别，主要是直流锅炉和汽包锅炉控制的差别，在亚临界参数直流锅炉控制中遇到的问题，在超临界参数锅炉上都存在。当然，随着机组容量的增大和主蒸汽参数的提高，超临界参数锅炉比亚临界参数直流锅炉控制起来难度更大一些。

直流锅炉和汽包锅炉在燃烧系统的控制方面，几乎没有差别，汽包锅炉上的制粉系统配置和燃烧器布置形式在超临界参数锅炉上都可见到，但在汽水系统上则差别很大，这将给控制系统的设计和整定带来新的挑战。

（一）汽水分界面不固定

在汽包锅炉内，汽包水位在任何工况下都是锅炉内部明确的汽水分界面，锅炉的蒸发量由进入炉膛的燃料量控制，锅炉给水控制的目标在任何工况下都是保持汽包水位在运行允许的范围内，主蒸汽温度不受锅炉给水流量的直接影响，一般由过热器减温喷水来控制。这种控制方式在汽包锅炉中是最经典的设计。

但在直流锅炉中，当锅炉进入纯直流运行方式以后，进入锅炉的给水一次通过锅炉的受热面变成蒸汽，无固定的汽水分界线，而且汽水分界面不但受给水流量的影响，也受进入炉膛燃料量的影响。在某种负荷下，一旦实际的汽水分界面偏离设计值较多，或者实际汽水分界面向锅炉入口或出口偏移较多，必将导致锅炉蒸发段和过热段的比例严重偏离设计值，最终结果就是锅炉出口的主蒸汽温度大幅升高或降低，这时仅仅依靠过热器减温喷水不可能将主蒸汽温度控制在允许范围之内，会严重威胁机组的安全运行。为此，控制系统需要引入完全不同于汽包炉的控制策略来调节锅炉汽温。

（二）启动系统比较复杂

直流锅炉有湿态运行和干态运行之分。为了在锅炉启动和低负荷运行阶段保证锅炉受热面的安全，锅炉制造厂会给出一个最小给水流量，要求在任何工况下进入锅炉的给水流量都不能低于这个最小流量，该流量的数值约为锅炉额定负荷下给水流量的20%～30%。

如果锅炉产生的蒸汽流量小于锅炉最小给水流量，即称为湿态方式；如果锅炉产生的蒸汽流量大于锅炉最小给水流量，即称为干态方式。

当锅炉运行在湿态方式时，给水控制的任务就是保持最小给水流量不变，这时锅炉的负荷或者蒸发量只能由燃料量来控制。因为在这种运行方式下锅炉产生的蒸汽流量小于最小给水流量，所以必须设置汽水分离装置，其分离出来的蒸汽进入过热器，分离出来的给水疏放到疏水扩容器。直流锅炉的汽水分离器有内置式和外置式之分，目前采用内置式汽水分离器的比较多。

一般汽水分离器都带有疏水箱，在锅炉湿态运行阶段，配备有专门的疏水阀门来保持汽水分离器疏水箱的水位在允许范围之内。

直流锅炉运行在湿态方式时，基本可以把它看成是汽包锅炉，控制方式也与汽包锅炉几乎没有差别，只是这里的汽水分界面不是汽包水位而是汽水分离器疏水箱的水位。

有的超临界参数锅炉采用了锅炉水循环泵，在湿态运行方式下，汽水分离器疏水箱的疏水经由锅炉水循环泵打入省煤器入口，以减少给水泵来的补充水。因为汽水分离器疏水箱的疏水温度比除氧器水箱的给水温度要高，这样可以提高机组的经济性，当然付出的代价就是锅炉水循环泵及其辅助系统的投资和维护费用。此时，设置向疏水扩容器疏水的阀门是必不可少的。

当锅炉进入干态运行方式后，汽水分离器的入口蒸汽就有了一定的过热度，汽水分离器仅仅作为蒸汽的通道。

如果采用了锅炉水循环泵，为了准备某种工况下该泵需要重新启动，在锅炉进入干态运行方式后，需要对锅炉水循环泵和相应的管道进行暖泵和暖管，以保证管道安全运行。

从以上的叙述可见，直流锅炉的启动系统要比汽包锅炉的工艺过程复杂得多。

（三）控制难度显著增大

对于单元机组的机炉协调控制系统来说，在配置汽包锅炉的机组上，忽略一些次要因素，可以把它简化成一个两输入两输出的控制对象。两个控制手段分别为控制锅炉的燃烧率和控制汽轮机高压调节阀的开度，两个控制变量分别为机组的有功功率和代表机炉之间负荷平衡的主蒸汽压力。因为锅炉的燃烧率和汽轮机高压调节阀的开度分别对主蒸汽压力和有功功率有很大的影响，所以，组成一个多变量的控制对象在控制系统设计中必须考虑相应的对策。

除了上述影响之外，配置直流锅炉的机组，给水流量的扰动也会对主蒸汽压力和机组负荷产生影响。例如给水流量增大，汽水分界面会向锅炉出口移动，动态过程中会引起主蒸汽压力和机组负荷的上升。

所以，配备直流锅炉的机组，锅炉的给水控制、主蒸汽温度控制、燃烧控制和机炉协调控制密切相关，必须统筹考虑，控制难度比配置汽包锅炉的机组显著增大。

三、控制策略设计难点

对于具有内置式启动分离器的超临界机组，具有干式和湿式两种运行方式。在启动过程中，锅炉建立最小工作流量，蒸汽流量小于最小给水流量，锅炉运行在湿式方式时，机组控制给水流量，利用疏水控制启动分离器水位，启动分离器出口温度处于饱和温度，此时直流锅炉的运行方式与汽包锅炉基本相同。控制策略基本是燃烧系统定燃料控制、给水系统定流量控制、启动分离器控制水位、温度采用喷水控制。

当锅炉蒸汽流量大于最小流量时，启动分离器内饱和水全部转为饱和蒸汽，直流锅炉运行在干式方式，即直流控制方式。此时锅炉以煤水比控制温度、燃烧控制压力。我们讨论的超临界直流锅炉的控制策略主要讨论锅炉处于直流方式的控制方案。

假如直流锅炉处在定压力控制方式，那么对于直流锅炉机组负荷、压力、温度三个过程变量中就具有两个稳定点，一个是压力，一个是温度。因为压力一定，分离器出口的微过热温度也就确定了，在机组负荷变化过程中对压力和温度的控制应该是定值控制。

在锅炉变压力运行时，机组负荷、压力、温度是三个变化的控制量，在负荷发生变化时，压力的控制根据负荷按照预定的滑压曲线控制，分离器出口温度按照分离器出口压力的饱和温度和微过热度控制。协调控制系统建立方案时应该以变负荷、变压力、变温度的控制特征考虑控制策略。

系统设计有以下难点：

(1) 在协调控制中要克服纯时延、大滞后环节，加速锅炉侧的动态响应，作为选择控制策略的一个依据。

(2) 不仅要注重稳态下的平衡关系，也必须注意瞬态下的物料平衡关系。

(3) 适应多种机组运行方式，如机炉协调方式、炉跟机方式、机跟炉方式、机炉手动方式无扰切换。

(4) 压力控制是直流锅炉控制系统的关键环节，压力的变化对机组的外特性来说将影响机组的负荷，对内特性来说将影响锅炉的温度。因此，无论协调控制系统采用机跟炉为基础还是采用炉跟机为基础的协调方式，均应考虑汽轮机调节阀变化和锅炉燃烧变化对压力的动态响应，协调锅炉与汽轮机的控制。

(5) 在直流锅炉中采用煤水比控制温度，在超临界机组中仍应采用煤水比的控制方案，一般来说，煤水比控制温度的选择应以控制特性快慢为主要考虑依据。目前对内置式启动分离器的超临界直流锅炉一般取分离器出口温度。在超临界状态下由于汽水转换可以在瞬间完成，蒸汽的热容量很大，此时的温度控制性能很好，温度控制稳定。但在湿干态转换过程中温度变化很大，系统设计应考虑湿干态转换过程中温度的控制。

(6) 对于直吹式制粉系统来说，燃烧过程对压力和温度的影响较慢，系统设计应考虑煤水的时间协调。

(7) 超临界直流锅炉机组是强耦合、多参数、非线性的控制对象，在系统控制中，应尽可能地保证机组的稳定性。目前，锅炉的运行中多数不能达到设计煤种的运行要求，而且煤种的变化多样，因此在众多的系统设计中考虑了 BTU 修正。在汽包炉中，通常用热量信号修正燃料的热值，这种方法主要考虑了锅炉热量信号的整定使热量信号仅代表燃料的变化，不反映汽轮机调节阀外扰的变化，这种修正较好地利用了直吹式给煤机燃料可以直接测量的优势，燃烧控制系统可以较快地克服燃料侧的扰动，同时热量信号又可以在线对燃料的热值进行修正。

直流锅炉蓄能较小，无法得到类似于汽包锅炉的热量信号，因此在直流炉中 BTU 修正最多的是采用蒸汽流量对热值的修正，考虑的基本点是根据设计煤种的热值、所燃烧的煤量应该产生的热量与实际煤种产生的热量的偏差对燃料进行补偿。

这种 BTU 修正的方法在实际应用中往往会造成系统的不稳定。燃料回路作为控制系统的内环应尽快克服燃料的扰动，其控制目的是在稳定的负荷工况下保证压力或负荷的稳定，任何汽轮机侧的外扰不应该构成对燃料的扰动。如果以蒸汽流量修正燃料量，当汽轮机调节阀发生扰动（如一次调频）使蒸汽流量发生变化，必然导致燃料的变化，使燃料控制系统不能稳定地运行。因此在系统中可以考虑用设计煤种的热值与实际煤种的热值对燃料进行修正。

（8）对于 DCS 控制的大型机组来说，控制系统必须要完成机组的稳定负荷控制、变负荷控制以及主要辅机故障工况下的快速减负荷控制。因此，机组指令控制系统必须适时监视风、水、煤系统的运行状况，一旦检测到机组主要辅机出现跳闸，控制系统必须要以特定的控制方式、特定的机组负荷变化率、特定的机组目标负荷发出快速减负荷指令，适时地控制机组的负荷、压力、温度，完成 RUN BACK（RB）功能。

在直流锅炉中，事故处理情况下必须要考虑分离器出口温度，这就必须考虑在事故工况下是否有合适的煤水比。系统设计必须要以适当的控制方案保证煤水比的控制。在超临界直流锅炉中，最典型的设计是实测的燃料量信号实现煤水比的控制。比起用锅炉指令实现煤水比控制来说，这种设计的主要特点是在任何燃料的扰动都反映到煤水比的控制。

第二节 协调控制系统

一、协调控制系统的功能与组成

（一）协调控制系统的功能

单元机组的协调控制系统（Coordinated Control System，CCS）通常是指机、炉闭环控制系统的总体，包括子系统。

单元机组协调控制系统是根据单元机组的负荷控制特点，为解决负荷控制中的内、外两个能量供求平衡关系而提出来的一种控制系统。从广义上讲，这是单元机组的负荷控制系统。它把锅炉和汽轮发电机作为一个不可分割的整体进行综合控制，因为锅炉和汽轮发电机的动态特性存在很大差异，即汽轮发电机负荷响应快、锅炉负荷响应慢，所以单元机组内、外两个能量供求平衡关系相互制约，外部负荷响应性能与内部运行参数稳定性之间存在固有矛盾。反映在控制特性上，就是单元机组控制对象的两个被调量——机组输出功率和主蒸汽压力的控制之间存在矛盾。因此，在实施负荷控制时，必须协调好机炉两侧的控制动作，合理地维持好内、外两个能量供求平衡的关系，以兼顾负荷响应性能和内部运行参数稳定两个方面，使其同时按照电网负荷需求指令和内部主要运行参数的偏差要求协调运行，既保证单元机组对外具有较快的功率响应和一定的调频能力，又保证对内维持主蒸汽压力偏差在允许的范围内。所谓“协调”，就是要协调机组内、外能量平衡，以及压力控制和功率控制的矛盾，以期得到满意的控制过程。具体地讲，协调控制系统的主要功能是：

（1）接受电网中心调度所的负荷自动调度指令，运行人员的负荷指令和电网频率偏差信号，及时响应负荷请求，使机组具有一定的电网调峰、调频能力，适应电网负荷变化的要求。实现机组与电网需求的协调。

(2) 协调锅炉和汽轮发电机的运行，在负荷变化率较大时，能维持两者之间的能量平衡，保证主蒸汽压力稳定。实现锅炉与汽轮机的协调。

(3) 协调机组内部各子控制系统（燃料、送风、炉膛压力、给水、汽温等控制系统）的控制作用，在负荷变化的过程中使机组的主要运行参数在允许的工作范围内，以确保机组有较高的效率和可靠的安全性。实现锅炉自身的协调，主要是风、水、煤的协调。

(4) 协调外部负荷请求与主/辅设备实际能力的关系。在机组主/辅设备能力受到限制的异常情况下，能根据实际情况，限制或强迫改变机组负荷。这是协调控制系统的联锁保护功能。

（二）协调控制系统的组成

实施单元机组的负荷控制必须设计出一套完整的控制运算回路，来协调控制机组的锅炉过程和汽轮发电机过程，并且能提供高质量的控制效果。因此，负荷控制运算包括了以下几部分：

(1) 设计有专门的控制回路，能根据机组的负荷形式，故障情况，控制要求及机组操作方式（指锅炉主控操作站和汽轮机主控操作站的手/自动方式），生成负荷控制模式选择逻辑，并构成合适的机组负荷控制系统。其控制模式分别为手动模式（BASE MODE）、汽轮机手动，锅炉自动模式（即锅炉跟随方式 BF）、汽轮机自动，锅炉手动模式（即汽轮机跟随方式 TF）以及机炉协调控制模式（CCS MODE）。

(2) 设计有专门的辅机出力运算回路，能随时监视机组主要辅设备出力，主要为送风机、引风机、一次风机、给水泵的运行状况，并确定出机组的允许最大负荷能力。

(3) 设计有专门的负荷指令运算回路，能根据外界负荷需求指令，机组允许最大负荷能力，负荷控制模式选择逻辑，机组负荷的闭锁增，闭锁减以及基本限制要求，生成机组可以接受的实际负荷指令（简称机组负荷指令，用 UD 表示）。

(4) 设计有专门的机前压力设定值产生运算回路，能根据机组的运行方式（指定压运行方式或滑压运行方式），控制要求及负荷控制模式选择逻辑，生成机组可以接受的机前压力指令 p_s。

由以上分析可以得出单元机组负荷控制系统的基本内容包括机组主控、锅炉主控、汽轮机主控三部分。可以按照负荷控制的过程和目标将其归纳为三个不同层次：①机组负荷协调层，用以协调机组负荷能力与外界负荷要求；②机炉负荷协调层，用以协调锅炉和汽轮机两个能量转换和传输过程；③锅炉和汽轮机控制执行层，用以调整能量转换和传输过程中机组所有相关参数和信号，使之维持在设定值附近。

在单元机组负荷控制系统的组成中，锅炉控制系统（BCS）和汽轮机控制系统（TCS）处在最底层，直接控制单元机组过程的各个参量。这是负荷控制的基础，称为锅炉和汽轮机控制层。单元机组主控制器 UM 处在最顶层，按照单元机组的控制要求，协调负荷能力与外界负荷需求，称为机组负荷协调层。锅炉和汽轮机的协调由锅炉主控和汽轮机主控。锅炉主控和汽轮机主控处于协调控制系统的中间层，称为机炉负荷协调层。机组负荷协调层和机炉负荷协调层是机组的协调级，是机组协调控制系统（负荷控制系统）的核心，决定着机组变负荷的幅度和变化速度，故直接将其称之为协调控制系统；锅炉和汽轮机控制层直接与控制对象相联系，执行协调级的指令，使燃料量、送风量、给水量、蒸汽流量等与负荷指令相适应，实现负荷控制的任务。因此，这三个层次组成了典型的递阶控制结构，其控制质量都直接影响机组负荷控制的品质，只有保证在较高控制质量的前提下，才可能有较高的负荷控制质量，完成机组的负荷控制任务。

二、协调控制系统的运行方式

超超临界压力机组的蓄热能力相对较小，因而表现出锅炉跟随系统的局限性。解决这个问题需改进协调控制系统。和亚临界压力汽包锅炉机组一样，超超临界压力机组的协调控制系统的基本目标是将锅炉和汽轮发电机作为一个整体操作运行。锅炉和汽轮机的控制指令，既应考虑稳态偏差，也要考虑动态偏差。为了在机组负荷变化时机炉同时响应，机组负荷指令要作为前馈信号分别送到锅炉和汽轮机的主控系统，以便将过程控制变量（如机组发电量、蒸汽压力、烟气含氧量、炉膛风量和蒸汽温度）维持在一个可接受的限度内。

单元机组协调控制包括机组协调控制方式、锅炉跟随方式、汽轮机跟随方式和基本方式共 4 种工作方式。这 4 种控制方式工作于干态和汽轮机旁路已关状态。

某 1000MW 单元机组，从启动至 25%～29%负荷时，水冷壁出口蒸汽仍然是湿态（饱和），水冷壁出口湿态蒸汽里的水流到分离器储水箱，主蒸汽压力按表 5-1 所示方式控制。

表 5-1　　锅炉湿态时的控制方式

负　荷	主蒸汽压力的控制方式
小于 15% 负荷	燃料量按一定速率增减，汽轮机旁路阀（316 阀）控制主蒸汽压力，蒸汽排到冷凝器
15%～25%负荷	燃料量按一定速率增减，汽轮机调节阀控制主蒸汽压力（在 15%负荷时，旁路阀逐渐关闭）

“湿态—干态”方式转换按以下确定：随着负荷和燃料量的增加分离器储水箱液位将减少。当燃料量增加，锅炉达到最小给水流量时，分离器里的水全变成蒸汽。

单元机组协调控制系统主要目的是调节机组功率，稳定主蒸汽压力，保持煤水比，同时具备许多功能回路，协调控制系统主要功能回路如图 5-1 和图 5-2 所示。

在机炉协调控制方式，机组目标由操作员手动给定或 AGC 给定；在锅炉跟随、汽轮机跟随和机炉协调控制方式下，主蒸汽压力设定值则根据负荷—主蒸汽压力曲线自动设定。

（一）基本方式（BM）

当汽轮机主控与锅炉主控同时在手动方式时，机组就工作在基本方式（BM），此时 CCS 操作画面的“BM”灯亮。在该方式下，汽轮机和锅炉侧的调整均只能通过手动调整实现，即通过手动操作汽轮机主控站的输出来控制机组的功率和主蒸汽压力，通过手动操作锅炉主控站的输出来控制进入炉膛的燃料量，从而控制机组功率和主蒸汽压力。其中汽轮机主控站只有在 DEH 切至“遥控方式”时方可操作，否则主控站的输出强制跟踪汽轮机参考阀位。

（二）汽轮机跟随方式（TF）

汽轮机跟随方式是指锅炉主控在手动，汽轮机主控在自动的方式，即用汽轮机调节阀来控制主汽压力。采用这种方式的特点主蒸汽压力控制响应快，主蒸汽压力很容易稳定在给定值上，但在煤种变化大时负荷波动较大。

汽轮机调节阀开度指令的大小决定于主蒸汽压力偏差信号的 PID 控制运算，机组负荷则随调节阀开度的大小而有所变化。在煤种变化比较大而锅炉燃烧不稳定的工况下，采用汽

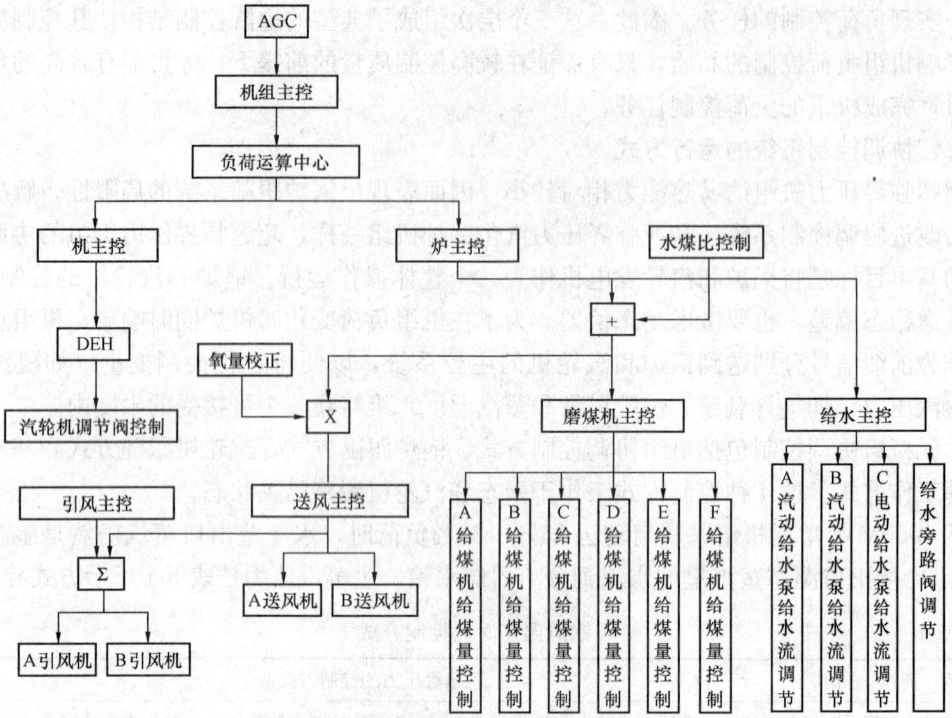

图 5-1　协调控制系统结构示意

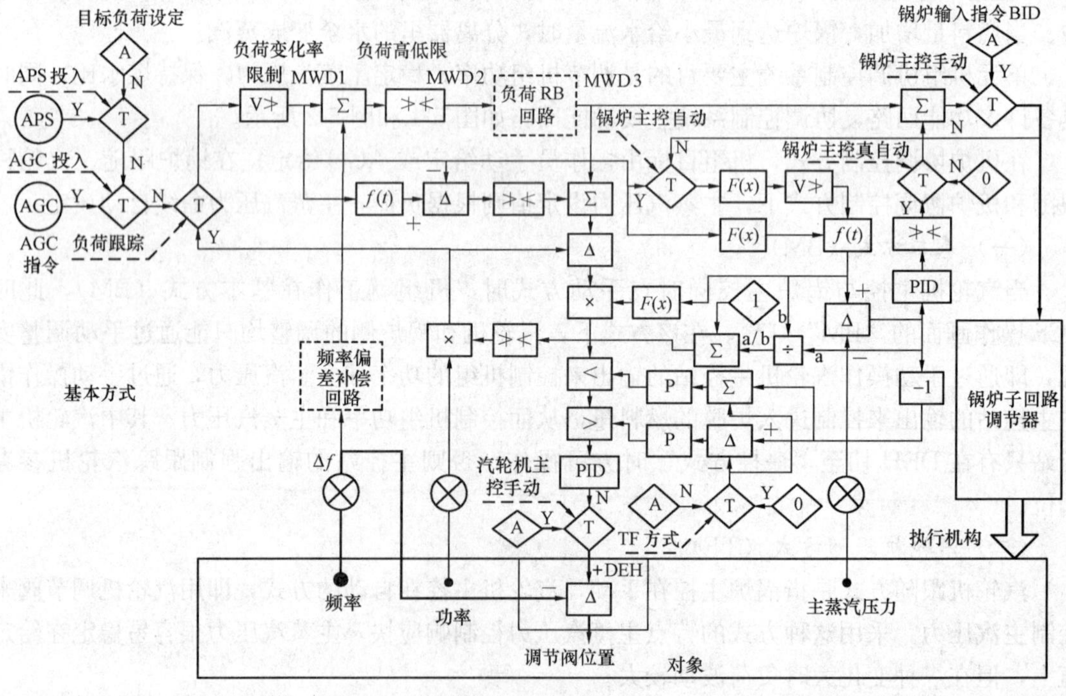

图 5-2　机组主控、锅炉主控和汽轮机主控的控制原理示意

轮机跟随方式有利于锅炉稳定燃烧。

在机组启动初期，由于旁路控制的主蒸汽压力设定值与汽轮机跟踪方式的压力设定值相差较大时，则旁路压力调节刚转换至汽轮机跟踪压力调节时，采用较慢的积分调节，使压力慢慢控制到设定值上来，之后进入较快的积分调节，以保持主蒸汽压力的稳定。在启动初期，采用APS启动机组时，带初负荷后升负荷时，若旁路系统在调节主蒸汽压力，则汽轮机跟踪方式下汽轮机并不参与主蒸汽压力调节，而是在当前的阀门开度基础上，随着负荷指令的增加而慢慢开大，直到汽轮机旁路关闭后，才进入主蒸汽压力调节。

在发生RB工况时，也进入汽轮机跟踪方式，由汽轮机控制主蒸汽压力。

汽轮机主控M/A站有自动、手动和跟踪三种工作方式。当汽轮机主控站处于跟踪方式时，主控站既不能投入自动，也不能手动操作，主控站的输出跟踪DEH的汽轮机阀位参考信号。

（三）锅炉跟随方式（BF）

锅炉跟随方式指锅炉主控在自动，汽轮机主控在手动的运行方式，是一个过渡的控制方式，机组不能长期在这种方式下运行。在这种方式下，通过手动控制汽轮机主控的输出来控制汽轮机的功率，锅炉主控则根据主蒸汽压力和主蒸汽压力设定值的偏差，通过PID运算后作为锅炉主控的输出指令，控制进入炉膛的燃料量，从而将主蒸汽压力稳定在设定值上。这种运行方式下，主蒸汽压力由机组负荷指令来决定，而此时机组负荷指令保持不变，因此，不能在这种方式下改变机组负荷。

锅炉主控M/A站有自动、手动和跟踪三种工作方式。当锅炉主控站处于跟踪方式时，主控站既不能投入自动，也不能手动操作，主控站的输出跟踪给水流量或机组的实际负荷，在机组并网前，锅炉主控输出为0MW。

（四）机炉协调控制方式（CCS）

当锅炉主控和汽轮机主控处于自动方式时，机组处于机护协调控制方式。机炉协调控制的特点是具有闭环调节主蒸汽压力和机组功率的功能，从而维持主蒸汽压力的稳定和满足机组负荷要求。锅炉主控主要控制主蒸汽压力偏差，汽轮机主控主要控制机组负荷，同时设计有汽轮机侧单向解耦和主蒸汽偏差大的拉回控制回路，在主蒸汽压力偏差过大，汽轮机侧帮忙调节，防止压力偏差过大引起锅炉侧的不稳定。

（五）运行方式的切换和回路状态

协调控制系统各运行方式下的回路状态如表5-2所示。

表5-2　协调控制系统各运行方式的回路控制状态

运行方式	控制回路的自动/手动状态				
	锅炉主控	汽轮机主控	给水	燃料	送风
启/停方式	自动	自动/手动	自动	自动	自动
CCS	自动	自动	自动	自动	自动
BF	自动	手动	自动	自动	自动
TF	手动	自动	自动/手动	自动/手动	自动/手动
基本方式	手动	手动	自动/手动	自动/手动	自动/手动

超超临界机组协调控制系统的4种运行方式相互转换示意如图5-3所示。

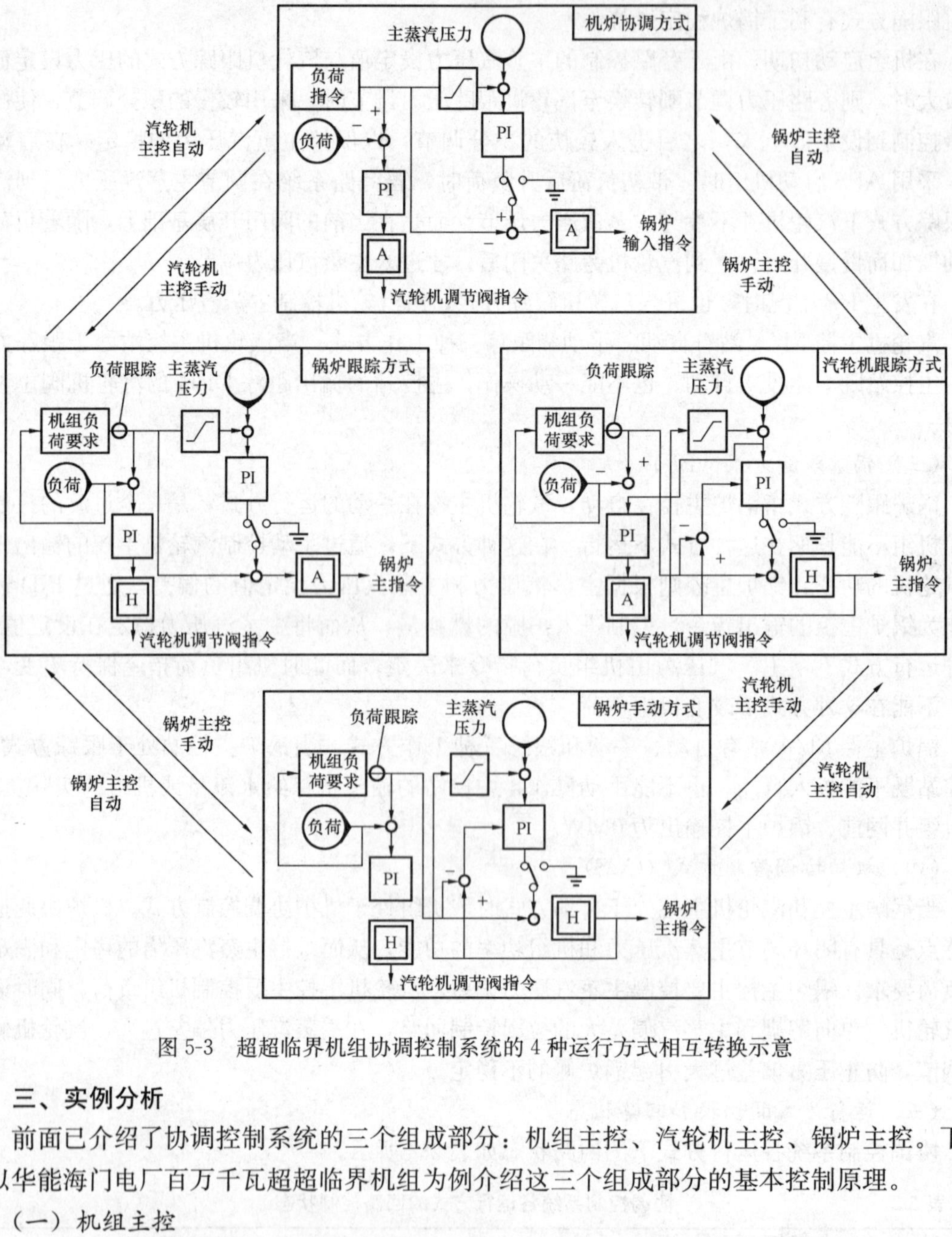

图 5-3 超超临界机组协调控制系统的 4 种运行方式相互转换示意

三、实例分析

前面已介绍了协调控制系统的三个组成部分：机组主控、汽轮机主控、锅炉主控。下面将以华能海门电厂百万千瓦超超临界机组为例介绍这三个组成部分的基本控制原理。

(一) 机组主控

单元机组协调控制系统的机组主控制器提供对锅炉和汽轮机的全面控制，机组主控(Unit Master，UM) 的任务是根据机组的运行状况，对来自外部的负荷请求信号（AGC 遥控负荷指令、操作员手动设置指令及频差负荷校正指令）和来自内部的负荷信号（实发功率信号和机组允许最大功率信）进行选择和处理，生成机组可以接受的目标负荷指令（Unit Load Demand)，简称机组负荷指令 ULD。

1. 目标负荷指令的形成

在机炉协调控制方式下正常操作时，机组目标负荷指令（LOAD TARGET）由负荷调度命令设定（AGC 投入方式下）或操作员在 CRT 上设定（AGC 退出状态下）。如果机组不在机炉协调控制方式下，目标负荷则跟踪实际负荷信号。通常机组的目标负荷设定值并不能代表机组实际可以承担的负荷信号，必须根据频率、功率、汽压、汽轮机阀位开度、机组运行工况、要求的限值及辅机的运行状态等加以运算处理，才能得到机组实际可以承担的负荷信号，其目标负荷指令形成逻辑回路如图 5-4 所示。

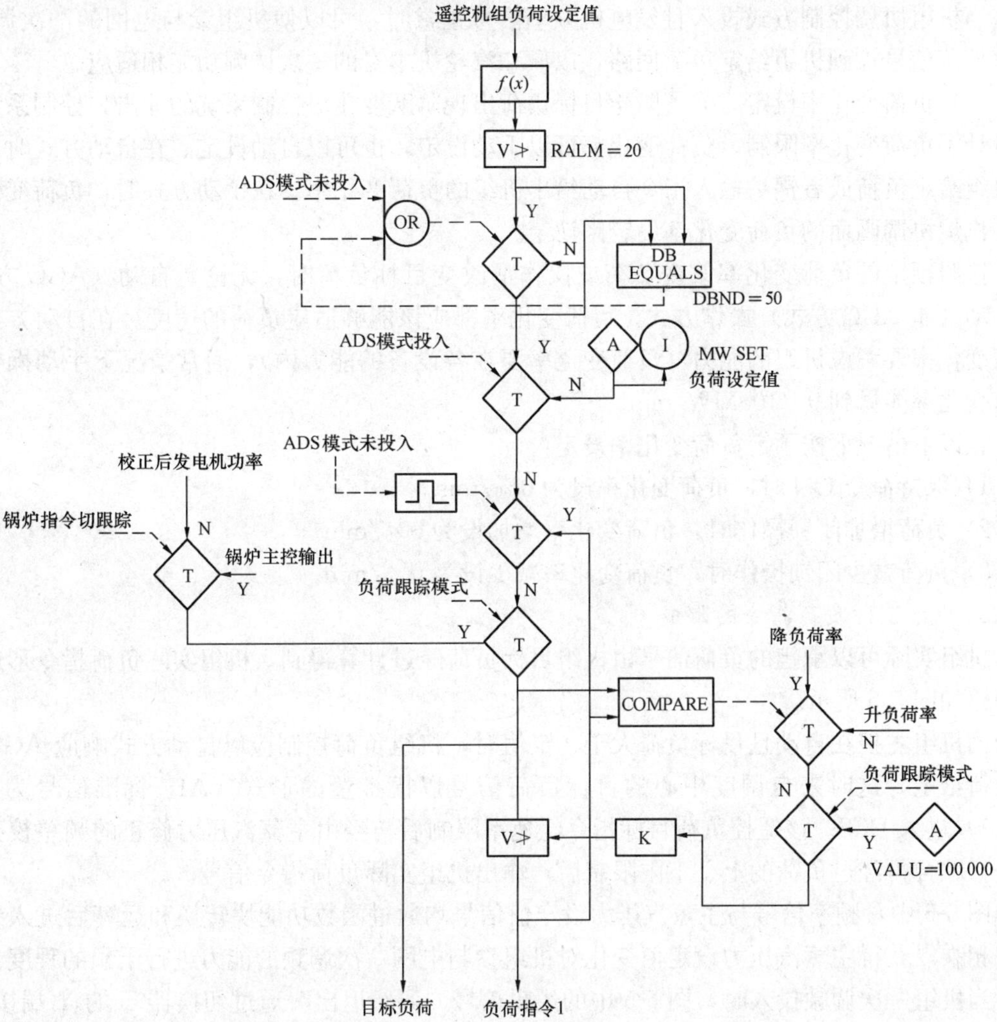

图 5-4 机组目标负荷指令形成逻辑回路

(1) AGC 投入条件。在以下情况下，目标负荷由调度指令自动设定，AGC 不宜处于退出状态。在 AGC 自动状态时，负荷设定总是跟踪 AGC 指令信号，在手动操作而且满足以下条件时，负荷指令信号处于保持状态。

1）负荷跟踪方式。

2）负荷保持时。

当下列条件全部成立时，机组允许投 AGC 方式。

1）AGC 信号正常且机炉投协调控制方式。

2）实际负荷指令信号大于 300MW。

3）无主变压器跳闸、主汽阀全关、主燃料跳闸等逻辑产生。

4）机组实际负荷与调度负荷指令偏差在允许范围内。

5）AGC方式下，机组主控站处于自动方式。

当上述条件之一不能满足时，则AGC退出，这时机组目标负荷设定值或由操作员手动设定，或跟踪机组的实际负荷信号。

当机组协调控制方式投入且发电机频率信号正常时，可以使机组参与电网的一次调频。频率偏差信号加到机组给定负荷回路，以便和汽轮机本身的一次调频功能相适应。

（2）负荷变化率设定。为了防止目标负荷出现阶跃变化对控制系统的冲击，控制系统中还设计了负荷变化率限制。负荷变化率可以手动设定，也可以自动设定。在自动方式时，根据机组给定负荷或者锅炉输入指令自动给出机组的负荷变化率。在手动方式时，负荷变化率可在机炉协调画面的负荷变化率设定区设定。

按照预定的负荷变化率改变负荷或操作员改变目标负荷时，无论是自动（AGC方式）或手动（非AGC方式）操作方式，负荷变化率都应该能够适应负荷的速度。在自动方式时负荷变化率要考虑机组的能力（负荷变化率要在各设备的能力内），通常情况下手动操作时负荷变化率能做到0～100MW/min。

在以下情况下按预定负荷变化率设定：

1）保持命令ON时，负荷变化率设为0%/min。

2）负荷增加闭锁操作时，负荷变化率增加设为0%/min。

3）负荷减少闭锁操作时，负荷变化率减少设为0%/min。

2. 机组实际负荷指令的形成

机组实际可以承担的负荷信号由机组目标负荷经过计算得到，机组实际负荷指令形成逻辑回路如图5-5所示。

当机组主控在自动且目标负荷大于一定值时，机组负荷控制应以自动方式响应AGC目标负荷给定，这时来自调度中心的目标负荷信号以模拟量的形式（AI，标准信号为4～20mA）进入DCS。该遥控负荷目标指令经速率限制后与经由主蒸汽压力修正的频差校正信号进行综合再经过负荷的上、下限限制后，输出机组实际负荷指令信号。

图5-5中，频率信号与主蒸汽压力设定值信号均通过函数功能块转换和运算后进入乘法块中相乘以获得主蒸汽压力设定值变化对机组参与电网一次调频的能力进行干预的程度。

当机组一次调频投入时，图5-5中的逻辑信号“调频退出”通过切换器T的Y端接通，乘法块输出经过主蒸汽压力设定值修正后的频率信号，再经过速率限制得到频率校正信号。

频率校正信号与机组的负荷变化信号在加法块中进一步叠加，在加法块的输出得到的是加入了频率校正信号的机组负荷指令，该指令还需经过机组的上、下限限幅后才得到机组的实际负荷指令（负荷指令2）。

当频率偏离50Hz（频率偏差超过规定值）时，和频率偏差相应的负荷修正信号加到负荷指令1，来稳定电功率系统。当频率增加时，数字电液调节系统根据速度调节控制调节阀位置来控制输出功率。在协调控制系统中，负荷的偏差必须为零，其是通过把负荷的变化加到目标负荷指令（负荷指令1）上实现的。此外，负荷指令的变化速率是与自动频率控制指令相应的。

在以下情况没有频率偏差补偿：①负荷跟踪方式；②锅炉在湿态操作；③频率信号不正常。频率偏差信号补偿逻辑如图5-6所示，机组是否参与电网一次调频，可由运行人员通过

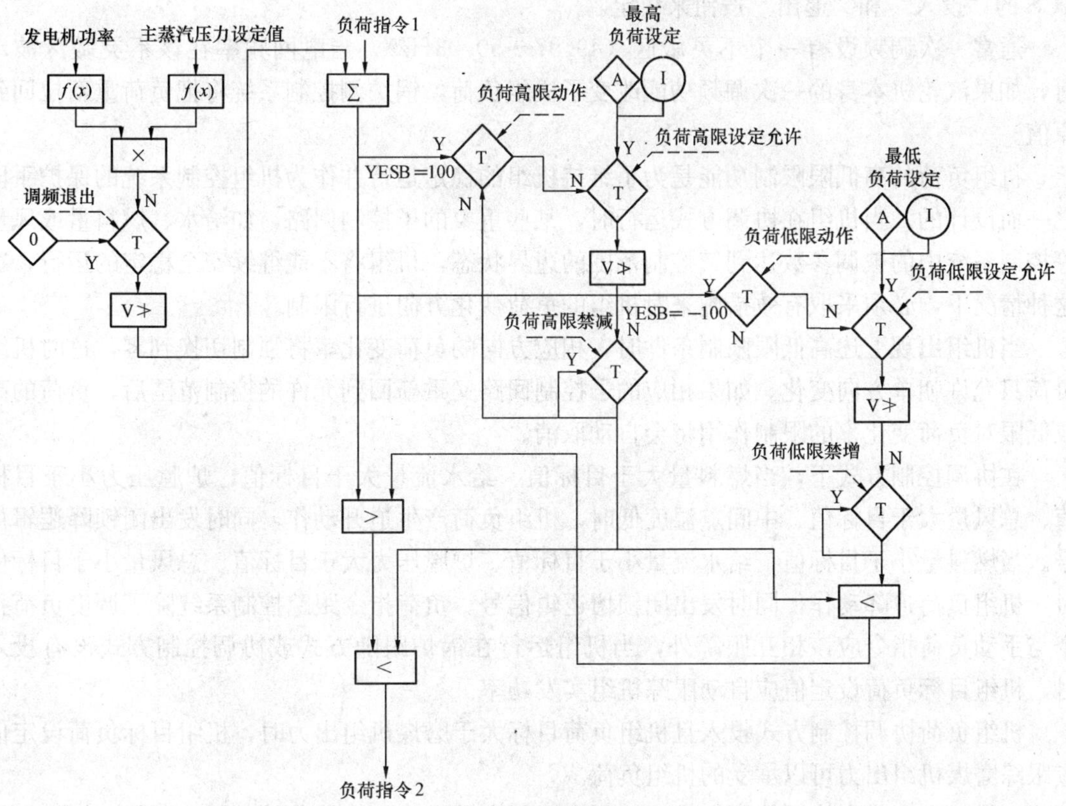

图 5-5 机组实际负荷指令形成逻辑回路

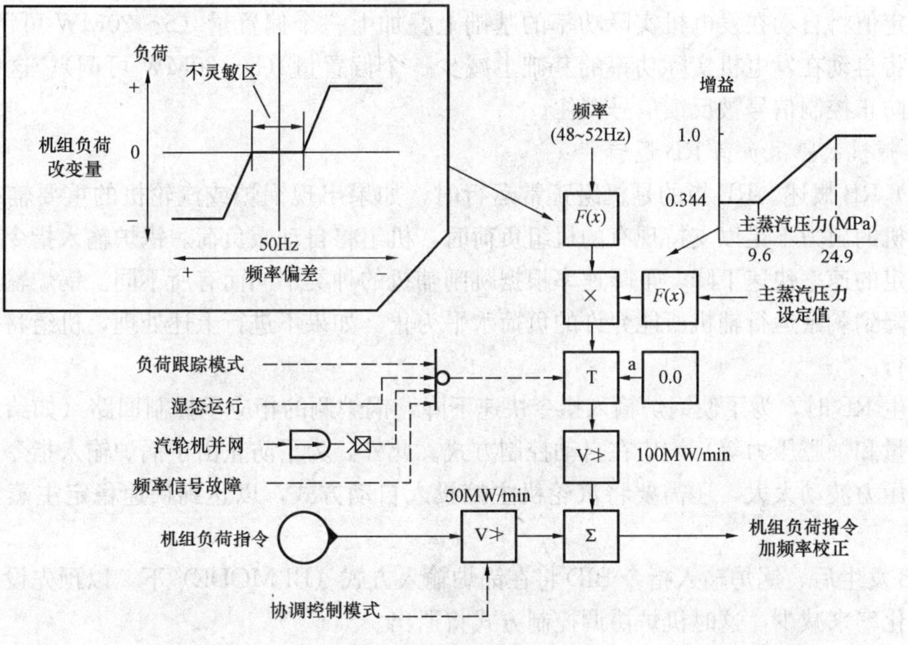

图 5-6 频率偏差补偿逻辑

DCS的“投入”和“退出”按钮来决定。

通常一次调频设有一个不灵敏区（49.97～50.03Hz），当电网频率在该不灵敏区波动时，如果汽轮机本身的一次调频功能改变了机组负荷，锅炉侧控制系统将把负荷重新拉回到原值。

机组负荷的高低限限制功能是为了维持机组的稳定运行并作为机组控制系统的保护手段之一而设计的。当机组在协调方式运行时，某些重要的子控制回路，如给水、燃料量或风量等控制系统中的被调参数达到其控制范围的边界状态，机组将不能继续安全稳定的运行，在这种情况下，必须采取有效措施来对机组的负荷变化方向进行限制。

当机组出现上述高低限限制条件时，相应方向的负荷变化率将强制切换到零，这时机组负荷只允许朝单方向变化。如果相应的子控制回路又重新回到允许的控制范围后，负荷的高或低限对负荷变化率的限制作用将会自动取消。

在协调控制方式下，当燃料量大于目标值、给水流量大于目标值、炉膛压力小于目标值、总风量大于目标值、中间点温度低时，机组负荷产生迫升动作，同时发出闭锁降逻辑信号。当燃料量小于目标值、给水流量小于目标值、炉膛压力大于目标值、总风量小于目标值时，机组负荷迫降动作，同时发出闭锁增逻辑信号。负荷指令跟踪控制系统除了调度负荷指令与手动负荷指令应该相互跟踪外，当机组运行在锅炉跟随方式或协调控制方式没有投入时，机组目标负荷设定值应自动跟踪机组实发功率。

机组负荷协调控制方式投入且机组负荷目标大于磨煤机组出力时，机组目标负荷设定值应跟踪磨煤机组出力可以承受的机组负荷。

机组只有工作在协调控制方式下才可由运行人员设定机组负荷的上限和下限，机组目标负荷经上限和下限限制后形成机组给定负荷指令MWD2。

机组协调控制未投入，机组负荷上限和下限设定值跟踪发电机实际功率，并且机组负荷上限设定值将自动在发电机实际功率的基础上叠加上一个偏置量（5～20MW可调），下限设定值将自动在发电机实际功率的基础上减少一个偏置量（5～20MW可调），这样设计的目的是防止控制信号被反馈信号锁住。

3. 辅机故障甩负荷RB逻辑

（1）RB概述。RB指的是机组正常运行时，如果出现锅炉或汽轮机的重要辅机事故跳闸或辅机的出力不足以支持现有的机组负荷时，机组将自动减负荷。锅炉输入指令将会按照预先设定的速率快速下降，下降速率根据跳闸辅机的种类不同而有所不同。锅炉输入指令将一直下降到剩余运行辅机所能允许的负荷水平为止。如果不进行上述处理，机组将不能继续稳定运行。

发生RB时，为了使锅炉输入指令快速下降，锅炉侧的相应子控制回路（如给水、燃料量、风量和炉膛压力等）均应在自动控制方式。此外，为了防止由于锅炉输入指令变化造成主蒸汽压力波动太大，还需要将汽轮机主控投入自动方式，以达到快速稳定主蒸汽压力的目的。

RB发生后，锅炉输入指令BID将在锅炉输入方式（BI MODE）下，以预先设定的目标值和变化率来减少，这时机炉协调控制方式将退出。

各辅机最大可能出力经小值选择器得到RB目标值，即RB后机组所能承担的负荷。该值是所有辅机最大可能出力中最小的一个，它是影响机组出力的“瓶颈”。当RB触发之后，当实际负荷指令大于该指令时，必须将负荷指令下降到该值或以下，才能保证机组的稳定运行。

不同辅机跳闸要求不同的甩负荷速率不同，若同时有几种辅机故障跳闸，则RB速率是各跳闸辅机RB速率中最大的一个。

（2）RB工况。机组快速减负荷共设有以下6路RB工况。

1）一次风RB：当一台一次风机跳闸时，若机组负荷设定值大于单台一次风机所能带的最高负荷限值时，则引发RB工况。

2）送风RB：当一台送风机跳闸时，若机组负荷设定值大于单台送风机所能带的最高负荷限值时，则引发RB工况。

3）引风RB：当一台引风机跳闸时，若机组负荷设定值大于单台引风机所能带的最高负荷限值时，则引发RB工况。

4）汽动给水泵RB：当一台汽动给水泵跳闸时，若机组负荷设定值大于单台汽动给水泵所能带的最高负荷限值时，则引发RB工况。

5）高压加热器解列RB：当A、B高压加热器水侧都解列时，由于高压加热器旁路管路较细，给水流量将会减少，于是引发RB工况。

6）磨煤机RB：当机组负荷设定值大于所有在运行的磨煤机所能带的最高负荷时，引发RB工况。

在RB工况下，将发送信号至FSSS，自动投入等离子点火枪并停止几台磨煤机，保留3台磨煤机运行。

（3）华能海门电厂RB功能。机组DCS组态软件中设置的RB功能有以下几点：

1）一台送风机跳闸，RB目标负荷降至500MW，负荷变化率1000MW/min。

2）一台引风机跳闸，RB目标负荷500MW，负荷变化率1000MW/min。

3）一台一次风机跳闸，RB目标负荷500MW，负荷变化率1000MW/min。

4）两台汽动给水泵运行，一台给水泵跳闸，RB目标负荷510MW，负荷变化率1000MW/min。

5）磨煤机跳闸，RB目标负荷按照表5-3由程序计算得出，负荷变化率1000MW/min。

表5-3　　磨煤机组对应的机组最大出力

运行磨煤机台数（台）	1	2	3	4	5	6
功率（MW）	300	450	600	800	1050	1100

6）非磨煤机跳闸RB工况发生时，磨煤机跳闸顺序为E-B-D-C-F-A，间隔时间为10s（一次风机RB间隔时间为5s），最终保留3台磨煤机运行。

7）RB动作时相对应燃料量下的负荷—压力目标值滑压曲线如表5-4所示。

表5-4　　负荷—压力目标值滑压曲线

功率（MW）	0	300	500	900	1200
压力（MPa）	9.6	9.6	13.5	24.9	24.9

8）实际压力设定值由压力目标值经过惯性环节得出，RB时惯性时间自动改为180s。

9）机组设计有RB功能投入按钮和RB功能切除按钮，用于RB功能投切。此外还设计两种RB复位方式：当实际电功率与RB目标负荷差值小于20MW时，RB自动复位；当实际电功率与RB目标负荷差值不小于20MW时，使用RB复位按钮复位。不管哪一种RB复位，锅炉主控制器均切至手动方式，机组保持TF方式不变。

10）非磨煤机RB发生时，若A磨煤机运行，等离子点火枪自动拉弧。

11）一次风机RB时，磨煤机入口一次风压低保护延时时间自动改至60s（正常时为3s）。

12）RB发生后，过热、再热减温水调节阀在自动状态下强关30%，RB结束后该强关信号消失。

13）RB发生时，若实际给煤量大于200t/h，则暂时闭锁煤主控增方向调节，直到锅炉主控输出到达目标值后放开。

14）为了防止一次风机失速，当磨煤机停运关闭出口挡板时，一次风压力调节PID预关一定值，防止压力升高引起失速。当热一次风母管压力大于11.5kPa时，闭锁一次风机动叶增，防止失速。

15）送风动叶自动调节时，其调节范围为0%～75%，手动操作时不受限制。两台送风机动叶设计有动叶平衡回路，当一台风机跳闸引起另一台风机动叶指令开度大于最大限制的开度时，在出现指令超过高限值时（75%），让PID暂时跟踪一下，从而消除调节死区，使过程量受控。

16）RB发生时，自动调整锅炉指令（BID）到给水指令的LAG延时时间，给水RB为130s，其他RB为50s。

机组控制在协调方式，机组负荷大于RB触发负荷，磨煤机、给水泵、送风机、引风机、一次风机、高压加热器水侧解列等6种辅机出现跳闸，使机组出力低于负荷请求时，产生RB工况后，过程如下：

1）负荷指令（MWD 3）按1000MW/min的速率减少，直到负荷指令输出等于相应设备RB目标负的对应值；

2）RB触发后根据相应的RB目标负荷切、投燃料；

3）炉膛压力高于500Pa时，送风机动叶闭锁增；炉膛压力低于－500Pa时，送风机动叶闭锁减；

4）送、引风机和一次风机，设计有动叶平衡回路，指令平衡回路具有使下级设备指令总和保持不变的功能（动、静叶上限设置：送风机75%，引风机A 80%、引风机B75%，一次风机70%）。

（二）锅炉主控

锅炉主控（Boiler Master，BM）的作用是根据实际负荷指令输出的信号来调整锅炉的燃烧率输入指令（Boiler Input Demand，BID），使其满足机组负荷变化的需要并维持锅炉主蒸汽压力的稳定。锅炉主控的输出作为锅炉负荷指令（Boiler Demand，BD），分别送到燃料主控和给水主控回路，实现锅炉负荷的控制。当给水或燃料在自动方式时，锅炉主控输出速率受机组负荷率限制。

华能海门电厂1000MW机组的锅炉主控逻辑如图5-7所示。

锅炉输入指令信号（BID）由机组实际负荷指令信号和主蒸汽压力偏差信号组合形成。

机组实际负荷指令信号来自于经机组目标负荷指令计算后输出的功率请求信号，主蒸汽压力校正信号来自锅炉主蒸汽压力调节器的输出。

在图 5-7 中，当锅炉主控在自动状态时，切换器 T 被接至 Y 输入端，上游加法块将经过主蒸汽压力偏差校正后的负荷指令与锅炉主蒸汽压力 PI 调节器的输出进行综合，形成的综合信号即为锅炉输入指令 BID。

在干态方式（直流状态）时，主蒸汽压力控制采用锅炉跟随方式或协调控制方式，主蒸汽压力偏差对 MWD 的修正吸收了汽轮机效率或锅炉效率在给水调整时的变化，主蒸汽压力设定值基于 MWD 产生。此外，在变压运行负荷变化时，虽然压力设定值随负荷的增加/减少而增加/减少，由主蒸汽压力偏差产生的额外压力补偿对控制系统产生扰动，为防止这种情况，需在主蒸汽压力设定值加一延迟，其中的延迟由 LEADLAG 块实现，延迟时间常数根据负荷调整。在减负荷时，只有延迟有效，速率限制无效。在 MFT 时，只有速率限制有效，延迟无效。虽然在干态方式主蒸汽压力偏差修正信号加到了锅炉主控前面，但随着负荷增加，负荷指令偏差的比例和积分时间要进行适当的调整，主蒸汽压力设定值形成回路如图 5-8 所示。

（1）当锅炉主控满足下列任一条件时切手动。

1）汽轮机主控在自动，频率正常时，发生给水燃料交叉限制，延时 120s；

2）发生 RB 后，RB 信号结束时，切除锅炉主控自动是为了保持汽轮机跟随方式不变，而不是原设计的回到 CCS 方式；

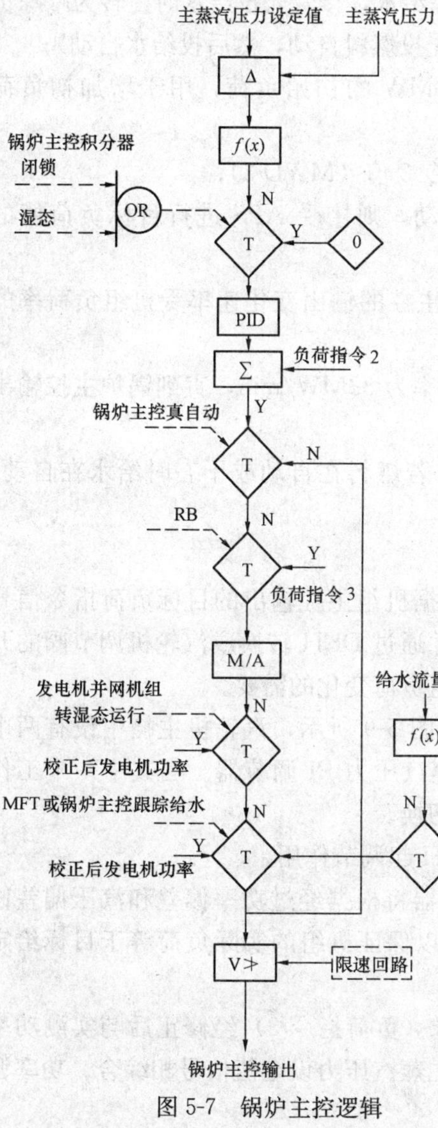

图 5-7 锅炉主控逻辑

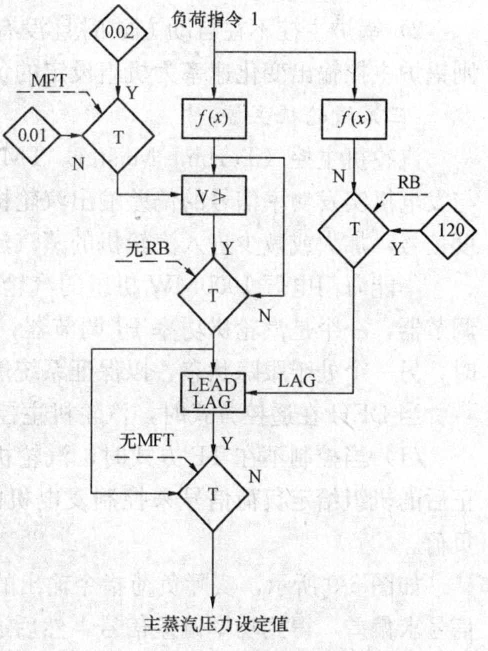

图 5-8 主蒸汽压力设定值形成回路

3）给水控制在手动方式；

4）锅炉主控跟踪功率（BOILER MASTER MW TRACK）；

5）锅炉主控跟踪给水（BMTRFW）；

6）煤主控不在真自动调节方式；

7）送风系统在手动方式；

8）炉膛负压在手动方式；

9）MFT 动作。

（2）不同工况下的锅炉主控跟踪值。

1）MFT 时，或机组并网前，锅炉主控跟踪为 0MW；

2）干态方式下，给水控制在手动时，炉主控跟踪给水流量折算回到的负荷值以实现给水自动投运时的无扰；

3）机组并网后，当给水自动、燃料主控手动时，锅炉主控跟踪机组负荷值，同时输出速率受负荷率限制（当之前给水、燃料均手动时，跟踪给水，接着先投给水时，转为跟踪负荷，有一定的扰动。因此，CCS 无扰投运的顺序为：先投燃料自动，然后投给水自动）；

4）当燃料在自动时，刚并网瞬间，自动跟踪 50MW 的初始负荷，用于增加初负荷燃料；

5）锅炉主控自动时，发生 RB 工况，跟踪负荷指令 3 值（MWD 3）；

6）汽轮机跟随方式或湿态方式时，若燃料在自动，则接受 APS 进行目标负荷值的设定。

（3）当满足锅炉主控输出速率限制条件时，锅炉主控的输出变化速率受机组负荷率的限制。

1）机组并网时加初负荷时，锅炉主控输出变化速率为 38MW/min，直到锅炉主控输出达到目标值后复位；

2）锅炉主控不在自动方式时且没有发生 RB 时，若燃料在自动或干态时给水在自动，则锅炉主控输出变化速率为机组设定的负荷率。

（三）汽轮机主控

汽轮机主控（Turbine Master，TM）的作用是根据机组主控输出的目标负荷指令信号与发电机实发功率信号的偏差输出汽轮机控制指令，并通过 DEH 转换成汽轮机调节阀的开度信号，加大或减少进入汽轮机的蒸汽流量来满足机组负荷变化的需要。

华能海门电厂 1000MW 机组的汽轮机主控逻辑如图 5-9 所示，汽轮机主控中设有两个调节器，一个是汽轮机功率 PI 调节器，另一个是主蒸汽压力 PI 调节器。当其中一个工作时，另一个处于跟踪状态，以保证系统能实现无扰动切换。

当 DEH 在遥控方式时，汽轮机主控才能通过 DEH 起调节作用。

（1）当控制不在 TF 方式时，汽轮机功率 PI 调节器将根据经过功率偏差和汽压偏差修正后的机组给定负荷信号来控制发电机的有功功率，以保证机组的实际负荷等于目标给定负荷。

如图 5-9 所示，实际负荷指令输出的目标负荷请求（负荷指令 2）经修正后与实测功率信号求偏差，得到功率偏差信号，然后通过乘法块与主蒸汽压力设定值信号相综合。功率调节器的输入偏差受到主蒸汽压力偏差的上、下限限制。

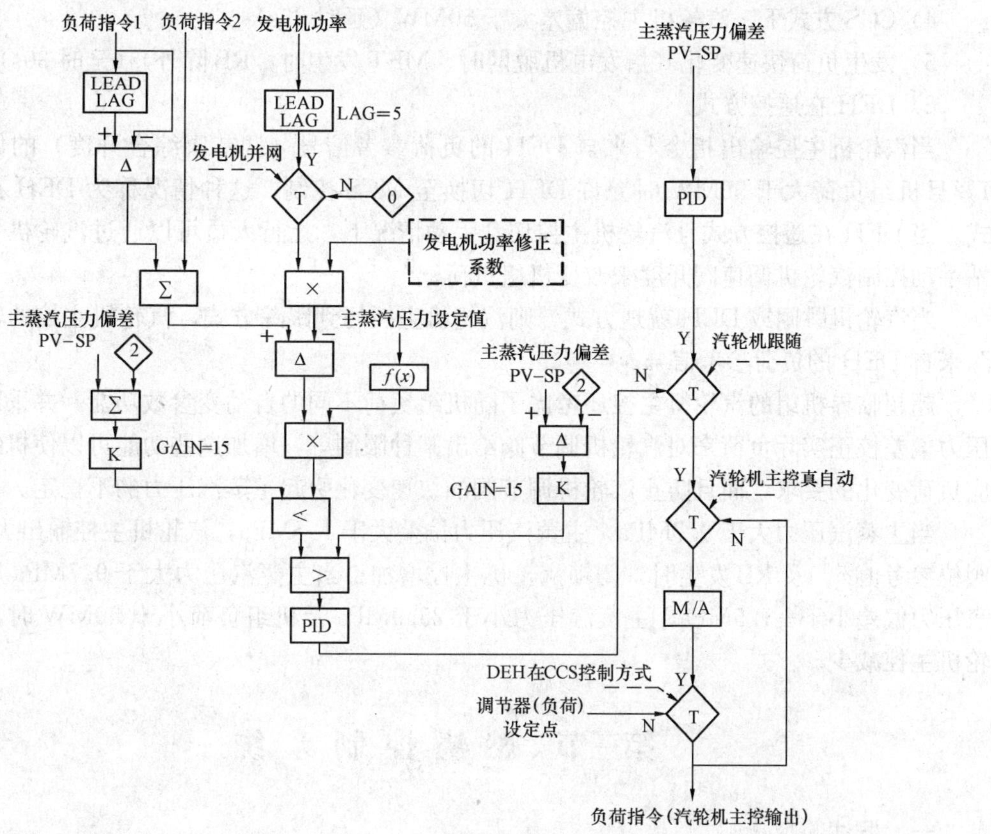

图 5-9 华能海门电厂 1000MW 机组的汽轮机主控逻辑

在 CCS 模式下，如果主蒸汽压力偏差超过控制系统内部预先设定的数值时，汽轮机主控将不再控制机组负荷，转而控制主蒸汽压力，以便维持汽轮机输出的能量和锅炉输入的能量相匹配。这种根据主蒸汽压力偏差大小来对机组的负荷变化进行限制的控制方式通常称为对汽轮机调节阀的超驰控制。超驰控制中的主蒸汽压力偏差变化范围由一个加法块、一个减法块和一个可调常数共同来实现。

(2) 如果控制处于 TF 方式时，如图 5-9 所示，汽轮机主控操作站（TM Station）处于自动控制方式时，汽轮机主控操作站上游的切换器 T 被接至 Y 输入端。这时经过负荷校正后的主蒸汽压力偏差，通过汽轮机侧的汽压调节器的 PID 运算，输出汽轮机控制指令，并通过 DEH 转换成调节阀开度信号。

(3) 如果控制处于锅炉跟随和手动方式时，运行人员直接在汽轮机主控上操作来增减负荷得到所需的电功率。汽轮机调节阀需求位置与实际开度的偏差送到 DEH 去修正阀位，最后达到平衡。

非协调方式下，汽轮机功率调节器退出运行，自动跟踪汽轮机侧的汽压调节器的输出。

当下列条件之一成立时，汽轮机主控操作站切到手动方式下运行。

1）汽轮机跟踪方式下，主蒸汽压力信号故障；

2）CCS 方式下，机组功率信号故障；

3）发电机频率不正常超出正常值 50Hz 的 0.5Hz（延时 30s）；

4）CCS方式下，汽轮机主控偏差大于50MW（延时30s）；

5）发生负荷快速变化（指发电机脱网时、MFT发生时，RB除外）（延时30s）；

6）DEH在遥控方式。

当汽轮机主控输出指令与来自DEH的负荷参考信号（调节阀综合开度）的偏差小于1%且机组负荷大于56MW时允许DEH切换至MCS控制，这种情况称为DEH在遥控方式。当DEH在遥控方式且汽轮机主控切到手动情况下，运行人员可以通过汽轮机主控操作站手动控制汽轮机调速阀开度来改变机组负荷。

当汽轮机跳闸或DEH就地方式，则汽轮机主控切到跟踪方式，汽轮机主控的输出将跟踪来自DEH的负荷参考信号。

超超临界机组的汽轮机主控还考虑了随机组负荷不同的自动变参数功能，并采用主蒸汽压力偏差校正实际负荷来对汽轮机调节阀给出某种限制等，增加这些功能可以使机组尽快适应负荷变化的要求，而且防止汽轮机调节阀的快速变化引起主蒸汽压力的不稳定。

当主蒸汽压力大于9.7MPa，主蒸汽压力偏差大于1.5MPa，汽轮机主控输出大于DEH阀位参考值5%及RB发生时，闭锁汽轮机主控增加；当主蒸汽压力大于9.7MPa后，主蒸汽压力偏差小于−1.5MPa，主蒸汽压力小于25.9MPa及机组负荷小于50MW时，闭锁汽轮机主控减少。

第三节　燃烧控制系统

一、概述

（一）燃烧过程控制的任务

燃烧过程控制的基本任务是使锅炉燃烧提供的热量适应锅炉蒸汽负荷的需要，同时还要保证锅炉的安全经济运行。燃烧调节是锅炉主控制系统的重要子系统，它接受来自锅炉主控制系统发出的锅炉负荷指令，并将该指令分别送往燃料、风量控制系统，使燃料和风量按预先设置好的静态配合按比例同时动作，以保证合适的风/燃料配比，并通过燃料控制和风量控制的交叉限制作用，满足升负荷先加风和减负荷先减煤后减风的生产工艺要求，以保证锅炉既安全又经济地正常运行。

超超临界机组大多都采用直吹式制粉系统，直吹式制粉系统具有如下特点。

（1）直吹式制粉系统的给煤机和磨煤机与锅炉本体紧密地联系成一个整体，因此在直吹式制粉设备的锅炉运行中，制粉系统成为燃烧过程自动控制不可分割的组成部分。

（2）在直吹式制粉系统中，改变燃料调节机构位置（给煤机转速）后，还需经过磨煤制粉的过程，才能使进入炉膛的煤粉量发生变化。由于制粉系统存在的延迟使得直吹式锅炉在适应负荷变化或消除燃料内扰方面的反应均较慢，从而引起锅炉主蒸汽压力较大的变化。因此在锅炉负荷变化时，锅炉燃烧控制系统如何快速改变进入炉膛的煤粉量，以及当锅炉负荷不变时，控制系统如何及早地发现原煤量的扰动就成为直吹式锅炉燃烧控制系统中需要特别予以考虑的问题。

（3）由于直吹式锅炉在单独改变给煤量时并不能快速地使煤粉量发生变化（因磨煤机有较大的迟延和惯性），但改变一次风量却能迅速改变进入炉膛的煤粉量，因此为了提高直吹式锅炉的负荷响应能力，在改变给煤量的同时应同时改变一次风量。

（4）为及早消除燃料量的自发性扰动，首先要及时地发现进入磨煤机中的原煤量的变化，即要快速正确地测量出磨煤机中的原煤装载量。进入磨煤机中煤量的测量方法随着磨煤机类型的差异而不同。

（5）为克服制粉系统的迟延，燃烧调节系统在控制方案的设计上加入了多路前馈信号。

（二）燃烧过程自动控制特点

燃烧过程控制系统有 3 个被调量和 3 个控制变量，燃烧过程中 3 个被调量的调节存在着明显的相互影响。这是因为对象内部控制变量与被调量之间存在着相互耦合的，即一个被调量同时受几个控制变量的影响，如图 5-10 所示。

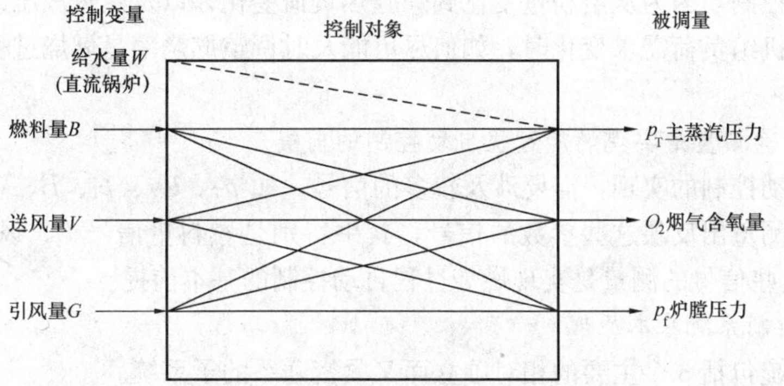

图 5-10 燃烧控制系统变量相互影响关系

燃烧过程控制对象是一个多输入多输出的多变量相关控制对象，燃烧过程自动控制具有如下特点。

1. 主蒸汽压力是最主要的被调量

锅炉燃烧过程自动控制的任务是使锅炉的燃烧率随时适应外界负荷的需求。在外界负荷改变时，主蒸汽压力 p_T能迅速、成比例地发生相应变化，因此，主蒸汽压力 p_T可以被选作为反映锅炉燃烧率是否满足外界负荷要求的被调量，即根据汽压的变化去改变燃烧率，以适应机组负荷的需要。另外，在直流锅炉中，压力的变化不仅会影响机组负荷的变化，还会影响给水流量的变化，从而导致对汽温的影响。

2. 燃烧量（给水量）、送风量、引风量必须协调动作，共同适应负荷要求

燃烧过程中，汽压 p_T是锅炉燃烧的发热量与汽轮机需要能量是否平衡的标志。烟气含氧量 O_2是燃料量 B 和送风量 V 是否保持适当比例的指标，炉膛压力 p_f是送风量 V 和引风量 G 是否平衡的指标。因此，虽然对象的几个控制变量对几个被调量都有明显影响，但如果在锅炉的运行过程中，严格保持燃料量 B、送风量 V 和引风量 G 这 3 个控制量的比例，就能保持汽压 p_T、烟气含氧量 O_2和炉膛压力 p_f基本不变。也就是说，当机组负荷需求变化时，燃烧控制系统应使 B、V、G 这 3 个控制量同时按比例地快速改变，以适应外界负荷的需要，并使 p_T、O_2和 p_f基本不变；当机组负荷需求不变时，燃烧过程的 3 个控制系统应能迅速消除各自的内扰，保持 B、V、G 稳定不变。

直流锅炉没有汽包，锅炉给水转变为蒸汽的过程是一次性完成的。锅炉的蒸发量除了受燃烧率影响外，与给水流量直接有关。给水流量的变化不仅要影响到主蒸汽温度，还要影响主蒸汽流量和主蒸汽压力。对于直流锅炉，当机组负荷需求变化时，除了要求 B、V、G 这

3个控制量同时按比例地快速改变外，还要求给水流量W同时按比例快速改变，以共同点适应外界负荷的需要，才能使p_T、O_2和p_f和主蒸汽温度基本不变；当机组负荷需求不变时，燃烧过程的3个控制系统应能迅速消除各自的内扰，保持B、V、G稳定不变。相应的，给水控制系统也应能迅速消除内扰，保持煤水比的稳定。

3. 压力迟延特性是影响燃烧过程自动调节的主要问题之一

燃烧过程3个控制对象，其中烟气含氧量和炉膛压力的惯性迟延都不大，它们以送、引风为控制变量。当风机动叶（挡板）位置改变后，送风量或引风量立即变化，烟气含氧量和炉膛压力的反应都很快。因此从系统原理上看，送风和引风的自动控制是不难实现的。但对于主蒸汽压力的控制，因为从给粉量变化到炉膛热负荷变化，以及主蒸汽压力的变化有一定的迟延，所以在机组负荷需求变化时，如何尽可能及时调整燃烧率是燃烧过程自动控制的主要问题。

4. 参数的准确测量是实现燃烧过程自动控制的前提

燃烧过程自动控制的实现，需要涉及较多的信号，如p_T、O_2、p_f、B、V等，因此需要准确而又快速地测量出反映这些参数的信号，其中特别是燃料量信号B、风量信号V以及氧量信号O_2，这些信号的测量是实现燃烧过程自动控制的基本前提。

（三）燃烧控制系统基本原理

燃烧控制系统包括3个主要的相对独立而又紧密联系的子系统。

1. 燃料控制子系统

燃料控制的任务在于使进入锅炉的燃料量随时与外界负荷要求相适应。因为主蒸汽压力是锅炉燃烧发热量与汽轮机能量需求平衡的标志，并且在负荷扰动下主蒸汽压力具有近乎比例的响应特性，因此主蒸汽压力可以作为燃料控制系统的被调量。原则上可以采用以主蒸汽压力作为被调量的单回路控制系统，即根据主蒸汽压力调整锅炉燃料量。但是对于燃煤锅炉来说，运行中的煤量自发性扰动（煤粉的阻塞与自流、燃料发热量变化等）是经常出现的，所以在设计燃煤锅炉的燃料控制系统时，必须考虑使系统具有快速消除燃料自发性扰动的措施，为此引入了燃料量的负反馈。同时，考虑到燃料量和送风量的协调动作，所以将燃料量控制系统设计成串级系统，主调节器的输出代表机组对锅炉燃烧率要求，称为锅炉负荷指令p_B，作为燃料和送风副调节器的给定值。这样就可以把燃料量信号作为负反馈信号引入副调节器（燃料调节器）。

如图5-11（a）所示，当汽轮机调节阀开大使机组负荷增加时，主蒸汽压力p_T下降，压

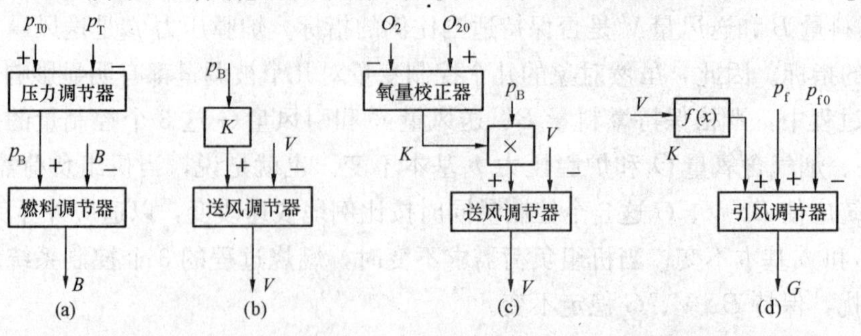

图5-11　燃料、送风、引风控制系统原则性方案

（a）燃料控制系统方案；（b）送风控制系统方案；（c）具有氧量修正的送风系统方案；（d）引风控制系统方案

力调节器输入偏差增加，主调节器输出的锅炉负荷指令 p_B增加，通过燃料调节器发出增加燃料量的指令，直到实际燃料量 B 与其指令 p_B平衡为止。当机组负荷不变时，燃料量需求指令 p_B不变，燃料量 B 自发增加（或减少）时，燃料调节器输入偏差减少（或增加）燃料量的指令，实际燃料量回到原来的数值。故将燃料量 B 作为负反馈信号引入副调节器，能迅速消除内扰。

2. 送风控制子系统

送风控制的任务在于保证燃烧过程的经济性，具体地说，就是要保证燃烧过程中燃料量与风量有合适的比例。如图 5-11（b）所示，送风控制系统采用直接保持燃料量与送风量比例关系的比值调节系统方案。在这个方案中，锅炉负荷指令 p_B作为送风量的定值送入送风控制系统，送风量信号 V 作为反馈信号引入送风节器而构成为一个比值控制系统，这就能使送风量始终快速地跟踪燃料量的变化。由于送风调节器采用 PI 调节，所以静态时，调节器入口信号的平衡关系为

$$B - p_B = 0 \quad V - p_B K = 0 \text{ 或 } V/B = K$$

式中　K——风煤比系数。

只要调整比例系数 K，控制系统就能使进入锅炉的送风量与燃料量保持合适的比例，达到经济燃烧的目的。

但是，保持燃料量与送风量为固定比例的送风控制系统，在锅炉长期运行过程中，不能始终确保燃烧过程的经济性。因为燃料量和送风量的最佳比值 K 是随负荷和燃料的品质等因素变化的。因此，一个完善的燃烧经济性控制系统，应该考虑用反映燃烧经济性指标的参数来修正送风量，使之与燃料量之间的比值达到最佳，在负荷、燃料品种变化时能自动修正送风量的送风控制系统。如图 5-11（c）所示，主调节器是氧量校正器，它根据实际氧量 O_2 与其定值 O_{20} 的偏差计算输出风煤比系数 K，再用 K 与锅炉主控指令 p_B的积作为送风量定值，作用于副调节器（送风调节器），即用送风调节器来控制送风量。只要氧量校正器输出的风煤比系数 K 是最佳的，就能保证燃烧过程的经济性。事实上，最佳氧量是随机组负荷和燃料品种变化的，氧量定值 O_{20} 也不是常数。系统一般通过函数发生器产生一个随负荷变化的最佳氧量信号，并经过运行人员根据实际运行情况修正后作为氧量定值 O_{20} 输入氧量校正器，构成更加完善的燃烧经济性控制系统。

3. 引风控制子系统

引风控制的任务是控制引风量与送风量的平衡，保持炉膛压力在规定的范围内，以保证燃烧的安全。因为引风控制对象的动态响应快，压力 p_f 测量也容易，所以引风控制系统一般只需采取以炉膛压力 p_f作被调量的单回路控制系统，如图 5-11（d）所示。因为送风量的变化是引起炉膛压力波动的主要原因之一，为了能使引风量 G 快速地跟踪送风量 V，以保持两者的平衡，可将送风量指令作为前馈信号经补偿器 $f(x)$ 引入引风调节器。这样，当送风控制系统动作时，引风控制系统将立即跟着动作，而不是等炉膛压力偏离给定值后再动作，从而减小炉膛压力的波动。所以，引风控制系统引入送风量指令前馈信号后，有利于提高引风控制系统的稳定性，减小炉膛压力的动态偏差。

前馈补偿器 $f(x)$ 实际上是一个微分调节器，当系统处于静态时，补偿器 $f(x)$ 的输出为零，以保证炉膛压力 p_f等于给定值 p_{f0}。实际上，不少系统是将前馈信号加在引风调节器的后面，直接改变引风调节机构的开度的。

(四) 直吹式制粉系统锅炉燃烧过程自动控制系统的基本方案

1. 直吹式锅炉燃烧过程调节的特点

为了节省基建投资和运行费用，现代大型锅炉多采用直吹式制粉系统。这种系统具有如下特点。

(1) 在直吹式制粉系统锅炉的运行中，磨煤机及制粉系统运行与锅炉燃烧过程紧密地联系在一起，使制粉系统成为燃烧过程自动调节的不可分割的组成部分。

(2) 直吹式制粉系统锅炉燃料量调节的反应较慢。在中间储仓式制粉系统锅炉中，改变位于磨煤机之后的燃料调节机构位置（给粉机和一次风挡板）就能立即改变进入炉膛的煤粉量，因此中间储仓式制粉系统锅炉在适应负荷变化都比较及时，而在直吹式制粉系统锅炉中，改变燃料调节机构（给煤机和磨煤机热风门、冷风门）之后，还需经过磨煤制粉的过程，才能使进入炉膛的煤粉量发生变化。所以，直吹式制粉系统锅炉在适应负荷变化或消除燃料内扰方面的反应均较慢，因而更容易引起汽压较大的变化。

因此，当机组负荷变化时，如何快速改变进入炉膛的煤粉量；当机组负荷不变时，如何及早地发现和克服给煤量的扰动，就成为设计直吹式制粉系统锅炉燃烧自动控制系统时两个特别需要予以考虑的问题。

通过对磨煤机运行特性的分析、研究，提出解决上述两个问题的措施。

(1) 由于磨煤机出力有较大的迟延和惯性，直吹式系统在单独改变给煤量时不能快速地使煤粉量发生变化，但改变一次风量却能迅速改变进入炉膛的煤粉量，因此为了提高直吹式系统锅炉的负荷响应能力，机组负荷变化时，在改变给煤量的同时，可同时改变一次风量，以暂时吹出磨煤机中的蓄粉。

(2) 为尽早消除燃料量的自发性扰动，首先要及时地测量进入磨煤机的给煤量。目前给煤机多配有电子秤，利用称重传感器称得单位长度输煤皮带上的原煤质量，再乘以皮带速度得到给煤量信号。为了准确反映煤的品质的变化，该信号一般还要经过热量校正后，才能作为进入炉膛的燃料量信号。

2. 燃料—风量系统

随着机组容量越来越大，增加负荷通常是增加运行磨煤机的台数。相对来说，磨煤机的装煤量越来越少。对于装煤量少的磨煤机，由于磨煤机中蓄粉量相应减少，改变一次风量暂时增加进入炉膛的煤粉量，调节能力是很有限的。对于这类直吹式锅炉燃烧过程控制系统，通常采用直接改变磨煤机的给煤量来适应负荷的变化，同时调节总风量（二次风量和一次风压），使之与燃料量协调变化。这种直接改变给煤机转速作为燃料控制手段的直吹式锅炉燃烧控制系统称为燃料—风量系统。

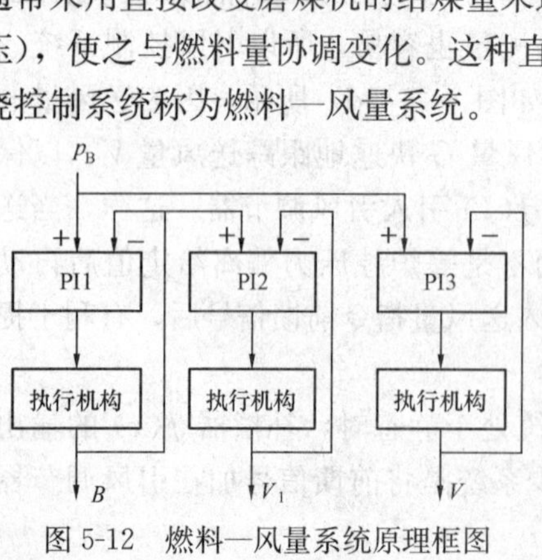

图 5-12 燃料—风量系统原理框图

如图 5-12 所示为燃料—风量系统原理框图。在调节锅炉燃烧率时，首先由燃料和送风调节器 PI1、PI3 根据负荷指令 p_B 改变给煤量 B 总风量 V，使之迅速满足燃烧及制粉过程的需要。一次风量 V_1 由调节器 PI2 根据给煤量的变化进行调整，使一次风量 V_1 与燃料量 B 成一定比例。

燃料—风量系统中，由于一次风量不直接参与燃料量调节，要求系统在负荷变化时，能迅速准确地改变磨煤机的给煤量，因此，要求燃料量反馈信号 B 能及时、准确反应给煤量的变化是该系统正常运行的必要条件。为了加速一次风的负荷响应，不是用燃料量 B，而是用 PI1 输出的燃料量指令作为一次风的定值信号，使一次风量及时对负荷指令作出反应，也是常用的方法。

在直吹式锅炉燃烧过程自动控制，对于磨煤机蓄粉较多、磨煤机动态响应慢的系统，宜采用一次风—燃料系统，以加快系统的负荷响应。而对于磨煤机蓄粉量少、磨煤机煤粉量输出迟延和惯性较小的系统（如采用风扇磨煤机的制粉系统），仅用一次风量作为调节手段并不能有效增加进入炉膛的煤粉量，就可采用燃料—风量系统，这时直吹式系统与中间储仓式系统燃烧调节方案就没有太大区别了。与中间储仓式系统燃烧过程控制一样，风量调节也可采用氧量校正。

二、燃料控制系统

（一）燃料控制系统的任务

燃料控制系统的主要任务是控制进入锅炉炉膛的燃料量，以满足机组负荷需求。燃煤锅炉燃煤量的直接测量目前尚未得到很好的解决，同时煤质如发热量、挥发物、灰分、水分等也是个变量，很难在线检测。目前常用的办法是采用热量信号来间接代表进入炉膛的燃料量（包括油）。燃料控制系统通常以热量信号为反馈信号，执行级为多输出控制系统，同步控制各台给煤机的转速或者磨煤机的负荷，以达到总给煤量与锅炉需求燃料量之间的平衡。

锅炉煤量指令由锅炉负荷指令和经温度补偿后的总风量经小选后形成，以保证安全风煤比，保证锅炉燃烧的安全性。在机组增、减负荷时保证有充足风量，保持一定的过量空气系数，即总能保证“过氧”燃烧。当增加负荷时，在原总风量未变化前，小值选择器输出仍为原锅炉煤量指令，只有当总风量增加后，锅炉煤量指令才随之增加，直至锅炉煤量指令既与锅炉负荷指令相一致，又达到新的煤量和风量的平衡。在减负荷时，由于小值选择器的作用，锅炉煤量指令立即减小，到实际煤量开始减小后，风量指令才减小。这样就达到了升负荷时先加风后加煤和降负荷时先减煤后减风的目的。

锅炉启动时，燃料量指令 FFD 由锅炉输入指令 BID 根据锅炉启动方式（如冷态、温态、热态和极热态）的不同，选择不同的函数曲线来满足启动过程对燃料量的要求。在机组稳定运行时，燃料量指令受控于锅炉输入指令 BID 和给水/燃料比率 WFR 信号。

（二）实例分析

华能海门电厂 1000MW 超超临界机组采用中速磨煤机冷一次风机正压直吹式制粉系统，每台锅炉配置 6 台 HP1203/Dyn 磨煤机，5 台并联运行，1 台检修备用。磨煤机适合带基本负荷与调峰运行。每台磨煤机配 1 台沈阳施道克设备有限公司的 EG-2490 型称重式给煤机。每台磨煤机出口接 4 根一次风管，将煤粉送给同一层的 8 个旋流燃烧器。48 个燃烧器分三层部安装在炉膛前、后墙上，形成对冲布置。该机组燃料控制系统由燃料发热量校正、燃料主控、给煤机转速控制、磨煤机热风和冷风控制等几个部分组成。

1. 给煤量的测量与发热量校正

每台给煤机的给煤量由给煤机配置的电子秤进行测量，再通过加法器得到总煤量。

如图 5-13 所示，为了提高测量的可靠性，给煤量信号在相应磨煤机停止时，相应给煤量强制为 0，只有当磨煤机运行且给煤机运行 300s 后，才计算给煤量。将 6 台给煤机的给煤量相加，可以得到总煤量信号。

给煤量信号需要进行发热量校正（British Thermal Unit，BTU），其目的是将进入炉膛

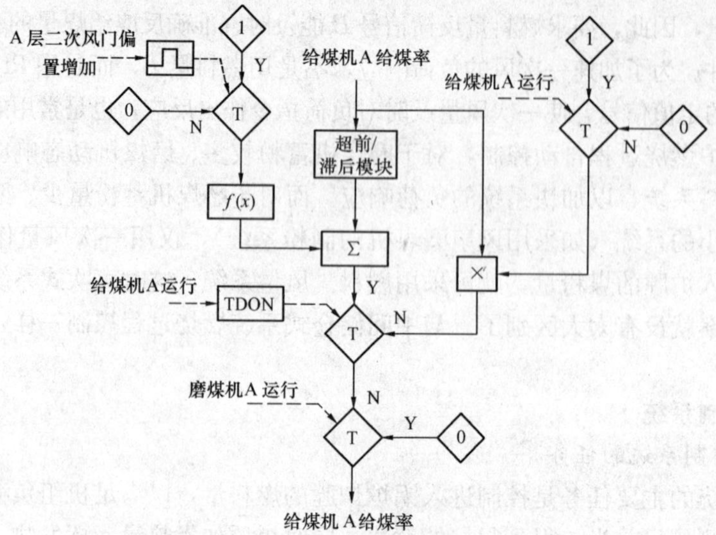

图 5-13 单台给煤机给煤量计算（A 给煤机）

的实际煤种给煤量校正为设计煤种下的给煤量。这样，即使运行中煤的发热量偏离设计值，风煤比和煤水比的设计仍然是合适的，从而减小因燃煤品质的变化给燃料、给水和送风控制系统带来的相互影响。

校正后总煤量原理如图 5-14 所示，系统采用了煤水比信号作为燃煤发热量校正的基本

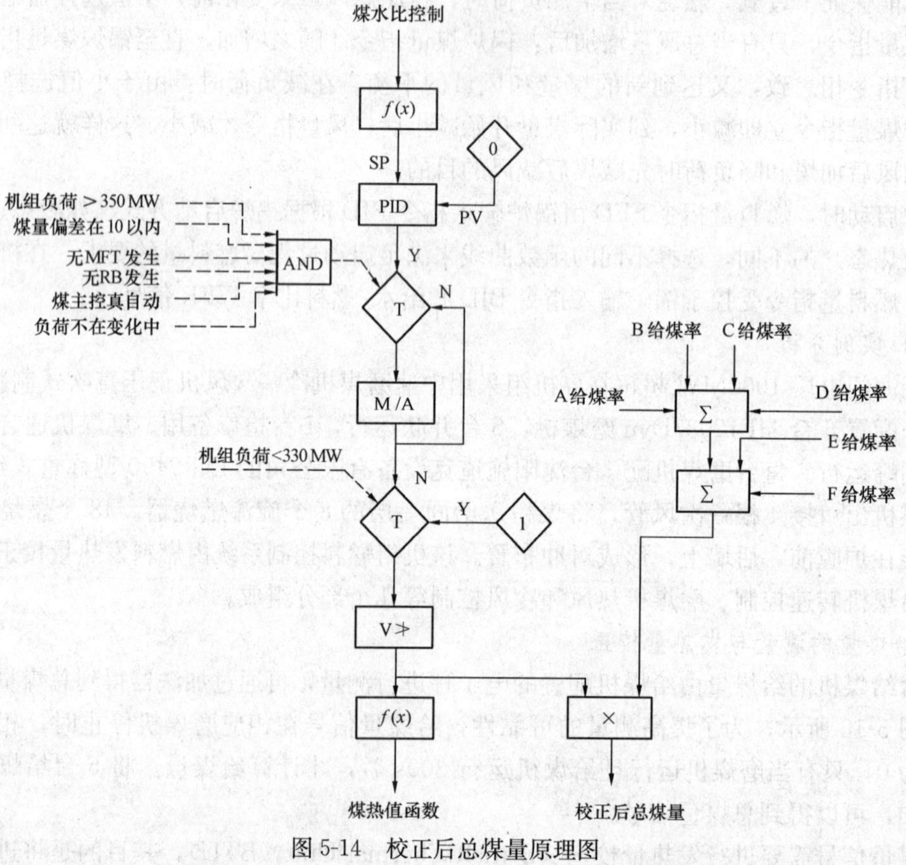

图 5-14 校正后总煤量原理图

依据。煤水比经 PI 调节器、M/A 站和函数发生器 $f(x)$ 运算，输出发热量校正系数。校正系数通过乘法器与总煤量相乘，即得到校正后的总煤量。

M/A 站的作用是当热量信号的测量变送器（如过热器出口蒸汽温度等）故障或锅炉负荷变化过大使校正调节器退出自动时，由运行人员手动给出一个适当的校正值。限速算法块还将调节器输出强制在 0.8～1.2 的范围内，校正系数的初始值为 1。为了防止参数波动影响燃烧控制系统的工作，当机组负荷波动较大时，校正器的输出将自动保持。

当下述条件之一满足时，热量校正回路强制手动：①发生 MFT；②煤主控手动；③煤量偏差大于 30。当 BTU 校正软手操控制站在手动控制方式时，运行人员可以手动操作改变煤质校正系数，BTU 校正器通过 T 切换算法跟踪 BTU 校正软手操控制站的输出，实现手操站手动投自动的无扰切换。

2. 燃料主控回路

燃料主控系统（Fuel Master，FM）也称磨主控（Mill Master，MM），其任务是使进入炉内的总燃料量与锅炉主控负荷指令相适应。将来自负荷控制系统的锅炉负荷指令分配给各台处于运行状态的给煤机给煤量控制系统，作为给煤机给煤量的目标值。燃料主控用于同步各台给煤机之间的出力；当其中部分给煤机处于手动运行方式时，燃料主控将锅炉负荷指令的变化分配给正处于自动方式的给煤机。如图 5-15（a）所示，总燃料指令（燃料主控）是通过一个小值切换器得到的。燃料设定 1 根据锅炉主控指令 p_B 确定不同负荷所需要的燃料量，$f(x)$ 是燃料—风量反函数，确定当前进入炉膛的总风量可经济燃烧的燃料量。通过低选可以实现在升负荷过程中，先加风后加燃料。

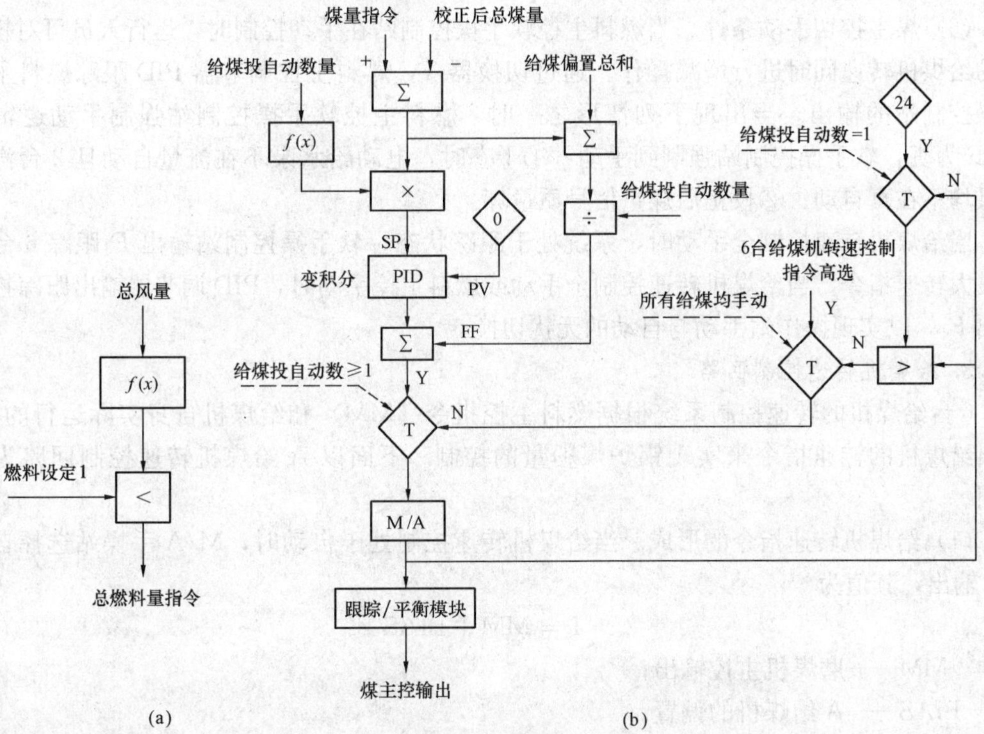

图 5-15　燃料控制回路

（a）燃料主控逻辑回路；（b）煤主控逻辑回路

(1) 正常操作控制。煤量指令是总燃料量信号减去油燃料量得到的，总煤量信号即经BTU校正的总煤量信号。如图5-15（b）所示，当煤主控自动时，总煤量偏差经PID调节器后，经切换器T和操作器M/A，输出煤主控输出作为给煤机转速的设定值，送至所有运行给煤机转速控制回路，调节进入炉膛的给煤量，保证了燃料需求指令（煤量指令）在静态时总是等于入炉实测煤量（校正后总煤量）。

(2) 自动操作时给煤机的数量补偿。根据自动操作时磨煤机的数量，改变对磨煤机指令的反馈、回路增益变化等。在自动时回路增益由给煤机数量程序设置，调整煤量偏差，原因是在自动操作时根据给煤机数量煤量指令要变化。

(3) 煤主控限制回路。

1）在给煤机手动操作时，磨煤机主控P+I控制器按预定值输出。

2）如果一台给煤机切到自动，煤量指令逐渐增加，直到调节位置。当给煤机指令大于调节值时，不进行减小操作。

3）如果1台给煤机真自动，则煤主控切到自动。

(4) 磨煤机指令最大/最小设定回路。每台给煤机的最大给煤量是预先确定的，磨煤机驱动器数量由程序设置，设定磨煤机指令的最大值，使最大煤量不超过磨煤机的驱动能力，同时也限制最小值。

(5) 磨煤机指令增加/减少闭锁操作。根据给煤机一次风量的状态，当磨煤机负荷变化困难时，为了磨煤机的稳定操作，闭锁给煤机煤量指令的增加或减少操作。当自动时给煤机增加或减少闭锁操作出现时，同时闭锁磨煤机指令增加或减少信号。为了机组稳定操作，闭锁负荷增加/减少。

(6) 煤主控切手动条件。当燃料主控软手操控制站在手动控制时，运行人员可对投入自动的给煤机转速同时进行增减操作。通过切换器T，燃料主控调节器PID跟踪燃料主控软手操控制站的输出。当出现下列情形之一时，燃料主控软手操控制站强制手动逻辑信号MRE为真，软手操控制站强制到手动：①干态时，电动给水泵不在流量自动且2台汽动给水泵均不在真自动；②校正后煤量信号质量坏。

当给煤机转速控制全手动时，系统处于跟踪状态，软手操控制站输出F_d跟踪6台给煤机最大转速指令。当给煤机转速控制全手动或燃料主控手动时，PID调节器输出跟踪控制站输出F_d，以实现操作站手动与自动的无扰切换。

3. 给煤机转速控制回路

6台给煤机的转速控制系统根据燃料主控指令（MM）和给煤机自身实际运行的状态，输出给煤机的转速指令来实现锅炉煤粉量的控制。下面以A给煤机转速控制回路为例来说明。

(1) 给煤机转速指令的形成。当给煤机转速控制处于自动时，M/A手操站选择自动信号I输出，其值为

$$I = MM + BIAS$$

式中 MM——磨煤机主控输出；

BIAS——A给煤机的偏置。

A给煤机的偏置有两种，一种是运行人员手动偏置，另一种是给煤机A偏置的PID输出，它们可以通过切换开关进行切换，如图5-16所示。在给煤机刚投自动工况或顺序控制

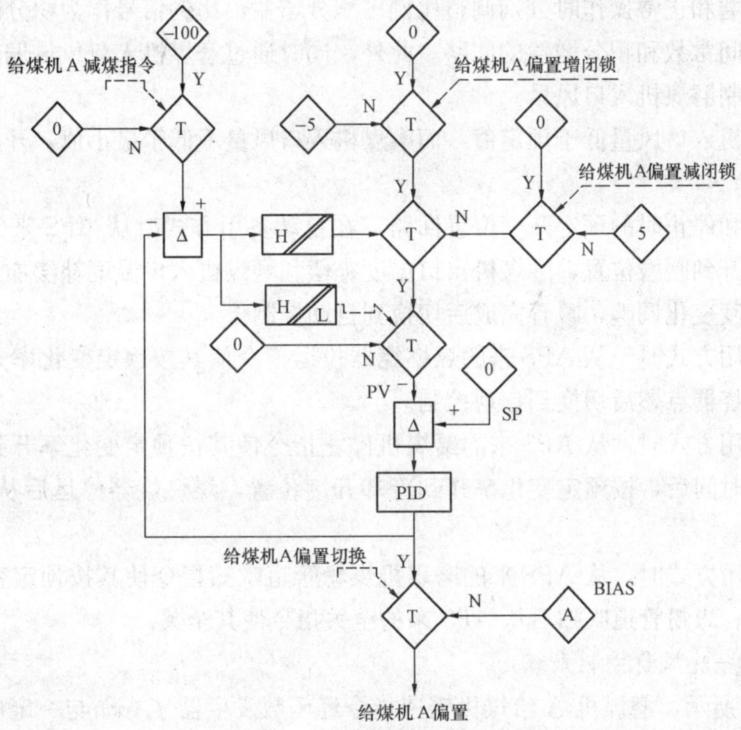

图 5-16　给煤机 A 偏置逻辑图

停磨工况时，给煤机偏置由运行人员手动偏置切换到 PID 控制器输出偏置。

给煤机刚投自动工况的逻辑为：给煤机 A 在自动控制方式且给煤机指令大于最小指令，煤主控在自动控制方式且给煤投自动数大于或等于 2。

顺序控制停磨煤机工况的逻辑为：磨煤机 A 停顺序控制且给煤机 A 转速控制指令大于或等于 42t/h，或程控来减煤指令。

给煤机 A 偏置增闭锁条件为：其余给煤机处于减闭锁状态。

给煤机 A 偏置减闭锁条件为：其余给煤机处于增闭锁状态。

自动指令进入 M/A 手操站前，还要经过限速（设置不同的增减速率）限幅（大于给煤机最小指令），以防转速指令超过允许范围。

（2）手自动切换与跟踪。当磨煤机 A 冷热风挡板软手操站在自动控制方式，给煤机指令大于最小值时，手操站入口为自动信号，否则跟踪手操站出口给煤机 A 指令。

4. 磨煤机出口温度控制系统

（1）磨煤机出口温度设定回路。在磨煤机暖磨完成或煤燃烧器投运后，磨煤机冷风挡板切为自动。

如果暖磨完成后磨煤机冷风挡板在自动，磨煤机出口温度设定值控制在 75℃。

为了防止磨煤机启动时最初投煤使温度下降，在磨煤机出口温度设定值上加 10℃ 偏置。在煤燃烧器投运后由给煤机指令程序确定磨煤机出口温度设定值。

在煤燃烧器停运时，磨煤机出口温度设定值改为 55℃，并按预定变化率下降。

可以由运行员设定偏置。

（2）磨煤机冷风挡板控制。磨煤机冷风挡板由磨煤机出口温度偏差比例＋积分控制，为了在磨煤机暖磨和正常操作时分别调整比例＋积分增益，比例信号作为积分的前馈信号，装有改变比例时间常数和积分增益的回路。此外，同时通过磨煤机入口风量偏差的比例＋积分控制动作来控制磨煤机入口风量。

如果磨煤机入口风量低于预定值，而磨煤机入口风量不低于最小值，开度指令保持，完成最小值限制。

(3) 启动和停止时的预定开度位置回路。在自动备用方式时从APS来的暖磨指令使其按预定变化率开到暖磨位置，磨煤机出口温度补偿和磨煤机入口温度补偿加到这个开度，暖管开度根据温度变化调整，暖管完成后切换到自动控制。

在自动备用方式时，从APS来的煤燃烧器投运指令使其按预定变化率开到煤燃烧器投运位置，煤燃烧器点燃后切换到自动控制。

在自动备用方式时，从APS来的给煤机停止指令使其按预定变化率开到吹扫位置，在吹扫开度预定时间后，按预定变化率开到冷却开度位置，煤燃烧器停运后从APS来的全关指令使其全关。

在自动备用方式时，从APS来的磨煤机煤粉管道吹扫指令使其按预定变化率开到煤粉管道吹扫开度。煤粉管道吹扫后从APS来的全关指令使其全关。

5. 磨煤机一次风量控制系统

如图5-17所示，磨煤机A给煤机转速指令经函数发生器 $f_1(x)$ 与一定值高选后作为磨煤机入口一次风量的给定值。这样当给煤机转速增减时，一次风量的设定值也将自动增减。给煤机A指令还经 $f_2(x)$ 作为前馈信号，在增加给煤量指令时超前增加一次风量。

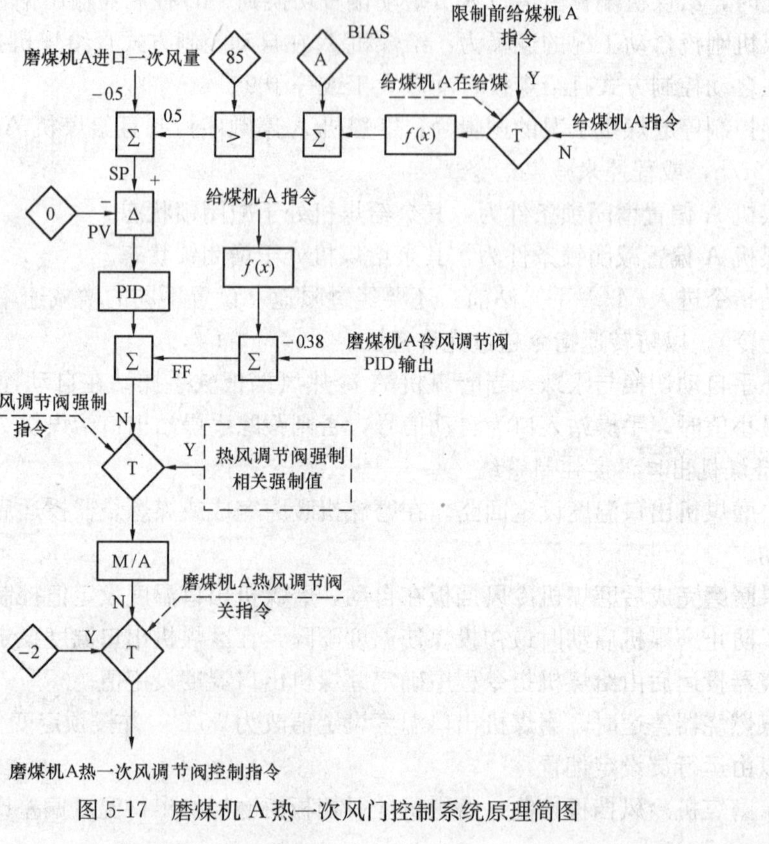

图5-17　磨煤机A热一次风门控制系统原理简图

机组运行过程中，运行人员根据机组的实际运行工况，还可在 $f_1(x)$输出的给定值的基础上手动进行偏置（偏置范围是－20～20）。为防止给定值 SP 超出正常范围，该值也需经过速率限制和上、下限幅的限制。

在磨煤机入口，一次风量与其设定值的偏差经 PID 调节运算后，再加上前馈信号作为热风门自动调节指令。

(1) 磨煤机入口风量设定回路。磨煤机入口风量设定值根据给煤机指令（磨煤机指令＋单独的给煤机偏置）程序设置。在磨煤机入口风设定值中设计给煤机启动时给煤量喷入过大的操作，在磨煤机启动后的预定时间内（180s），设定值在最后一级使用实际的给煤机控制指令。

当相关的磨煤机启动时，磨煤机入口温度下降，磨煤机入口风量不足，燃烧可能不稳。因此，启动相关的磨煤机时，磨煤机入口风量要增加。

(2) 磨煤机热风挡板控制。由磨煤机入口风量偏差的比例＋积分控制来控制磨煤机热风挡板。在磨煤机暖磨和正常操作时，为了能够分别地调整比例＋积分增益，比例信号作为积分的前馈信号输入，安装了能分别改变比例时间常数和积分增益的回路。此外，磨煤机热风挡板前馈信号从给煤机指令程序编制，完成前馈控制。

如果磨煤机入口风量低于预定值，而磨煤机入口风量不低于最小值，开度指令保持，完成最小值限制。

(3) 启动和停止时的预定开度位置（热风调节阀强制指令）。在自动备用方式时从 APS 来的暖磨指令使其按预定变化率开到暖磨位置，磨煤机出口温度补偿和磨煤机入口温度补偿加到这个开度，暖管开度根据温度变化调整，暖管完成后切换到自动控制。

在自动备用方式时，从 APS 来的煤燃烧器投运指令使其按预定变化率开到煤燃烧器投运开度位置。当这时低于磨煤机入口风量预定设定值，而磨煤机入口风量不低于最小值时，闭锁减小操作。煤燃烧器点火完成后切换到自动控制。

在自动备用方式下，从 APS 来的给煤机停止指令使其全关。全关保持到磨煤机吹扫。

上面介绍了直吹式系统锅炉燃料量控制的几个子控制回路。其中燃料主控处于系统的最上层，它根据锅炉主控指令所需的燃料量，输出给煤机转速公共控制指令，送 6 台给煤机的转速控制回路，改变给煤机的转速，以控制进入磨煤机的煤量，最终控制进入炉内的煤粉量。给煤量信号经热量修正后，加上燃油流量作为燃料量信号与锅炉主控指令对应的燃料量指令相平衡。调整给煤机转速控制回路的偏置，可以改变磨煤机之间的负荷分配。磨煤机入口热风门和冷风门控制保证供给与给煤量相适应、温度在正常范围的一次风量，使进入磨煤机原煤能磨成细度合适的煤粉，并安全输送到燃烧器。在负荷指令增加时，通过前馈信号先增加一次风量，吹出磨煤机中储粉，以适应负荷变化的需要。

三、风量控制系统

送风控制系统的基本任务是为保证燃料在炉内的充分燃烧提供足够的风量。在大型单元机组中，常配有一、二次风机各两台。一次风机负责将煤粉送入炉膛，而锅炉的总风量主要由二次风来控制，用于满足炉膛内燃料燃烧所需要的氧量，以保证燃烧的经济性和安全性。二次风一般由两台轴流式送风机供给，用改变送风机入口动叶节距来控制送入炉膛的二次风量大小，用二次风挡板来维持二次风箱与炉膛差压为给定值，从而控制二次风速的大小。所以，送风控制系统包括送风量控制系统和二次风挡板控制系统。

风量控制作为燃烧控制系统的子回路，其作用是根据锅炉的燃料量来调节入炉的风量，以保证合适的风、燃料配比，既要维持锅炉燃烧的稳定，又要保证燃烧的经济性。锅炉燃烧的经济性是以烟气中的含氧量为测算指标的，因此送风调节系统大多设计成带氧量校正的串级调节系统。

为了保证锅炉的富氧燃烧，且在负荷动态变化时能实现增负荷先增风、减负荷先减燃料，防止炉膛中燃料量多于风量的情况发生，控制系统还采用了总风量与总燃料量信号之间的交叉限制。由总风量给出燃料量指令的最大值，由保证锅炉燃烧不熄火及炉膛吹扫所需的风量来决定总风量指令的最小值。

锅炉燃烧所需要的总风量根据总风量指令并通过调节两台送风机动叶开度来控制，去送风机动叶的指令通过方向闭锁回路后送出。方向闭锁回路的作用是为了防止炉膛压力偏差过大时，送风机动叶开度向使调节系统更加恶化的方向变化，而且当检测到送风机快要发生喘振时，方向闭锁功能中的“闭锁增”逻辑会自动防止送风机动叶指令增加，从而避免使送风机发生喘振。

风量控制系统一般设计为串级控制系统，主调节器为氧量校正，副调节器为风煤比。其控制系统的设计构思是副调节器首先保持一定的风煤比，再由主调节器的氧量校正做精确的细调。为了保证锅炉燃烧的安全性，在机组增、减负荷时，保证有充足的风量，保持一定的过量空气，在整个控制过程中始终保持总风量大于或等于总燃料量，系统设计风煤交叉限制回路。在增负荷时，锅炉负荷指令同时加到燃料控制系统和风量控制系统。由于大值选择器的作用，风量随着锅炉负荷指令的增加而增加；而燃料量受到实测的风量经补偿的总风量的闭锁（小值选择器），实际燃料量和热量不会马上增大，等到实际风量上升以后，燃料量才开始增加，这样就达到了增负荷时先增风后加煤的目的。在减负荷时，只有燃料量（或热量信号）减小，风量控制系统才开始动作。当负荷低30%额定负荷时，为了能保证锅炉的安全燃烧，风量保持在30%。

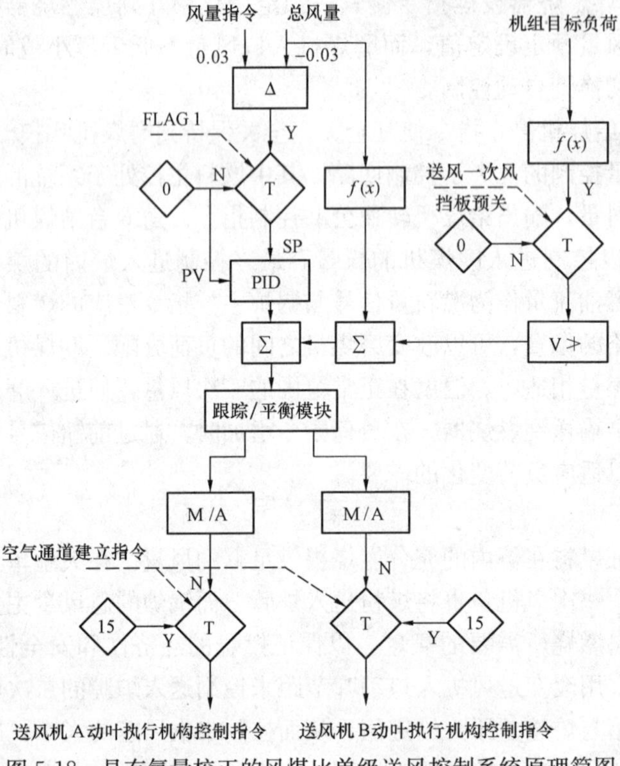

图5-18　具有氧量校正的风煤比单级送风控制系统原理简图

图5-18是具有氧量校正的风燃比单级送风控制系统原理简图。该系统使用烟气氧量校正值修正送风量目标值信号，以保证锅炉的经济燃烧。氧量设定值根据机组负荷自动进行设定，操作员可在氧量控制站上手动设定偏置改变氧量设定值，如图5-21所示为华能海门电厂超超临界单元机组风量指令设计方案。

（一）风量目标设定值的形成

送风控制的主要策略是首先保

证个合理的风煤比，在此基础上再通过氧量校正手段进行细调，同时要具备风煤交叉功能。实现上述策略的关键就在风量需求指令的设计上。氧量补偿加到燃烧率指令，产生风量指令。由煤水比控制产生的燃烧率指令（FRD）加上混合燃料比例和烟气含氧量的修正，通过风煤交叉限制回路和最小风量限制回路，产生控制送风机的风量指令（AFD）。

1. 氧量校正功能

锅炉在不同负荷时，燃料量和送风量的最佳配比是不同的。因此，希望有一个检查燃料量和送风量是否配合适当的指标来校正送风量，这个指标就是烟气中的含氧量。在稳态时，应根据锅炉主控指令的要求协调地控制燃料量和送风量，保持最佳空气/燃料配比和最佳烟气含氧量。

通常炉膛出口过量空气系数 α 是衡量锅炉安全、经济运行的一个重要指标。在锅炉运行中，如果过量空气系数 α 过大，可能使火焰中心上移，引起过热器结焦和超温，且炉内温度降低，燃烧恶化，与此同时由排烟带走的热量损失也增大，锅炉效率降低。如果过量空气系数 α 过小，由于空气扩散，空气和煤粉混合接触机会减小，不完全燃烧损失增大，锅炉效率也将降低。因此，锅炉内过量空气系数应保持适当值。

实验表明，烟气中最佳含氧量与机组的负荷之间存在一定的关系曲线，烟气中最佳含氧量随着机组负荷的增大是减小的。因此，氧量给定值由不同负荷下的燃料指令（FFD）经函数功能块 $f(x)$ 后再叠加上操作员设定的偏置值，模拟含氧量随负荷变化的曲线，形成氧量滑动设定值。

该功能主要是指图 5-19 左半部分，以 PI 控制为主的回路，主要有以下几方面内容。

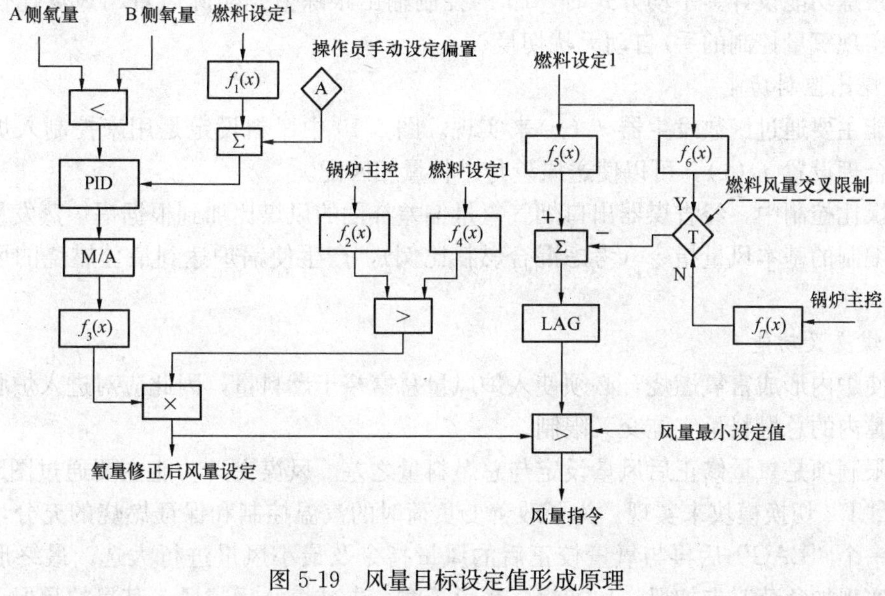

图 5-19　风量目标设定值形成原理

（1）氧量设定值。氧量设定值由两部分相加而成，如图 5-20 所示。

一部分为锅炉输入指令（燃烧设定）编制单烧煤和单烧油的设定值程序，加上混合燃烧率的补偿，计算而得氧量基本设定值；另一部分是运行人员的手动偏置，两者相加作为氧量设定进入 PI 控制器。

（2）氧量测量。氧量信号通常由氧化锆氧量计来测量。一般在两侧设有锅炉尾部烟道出

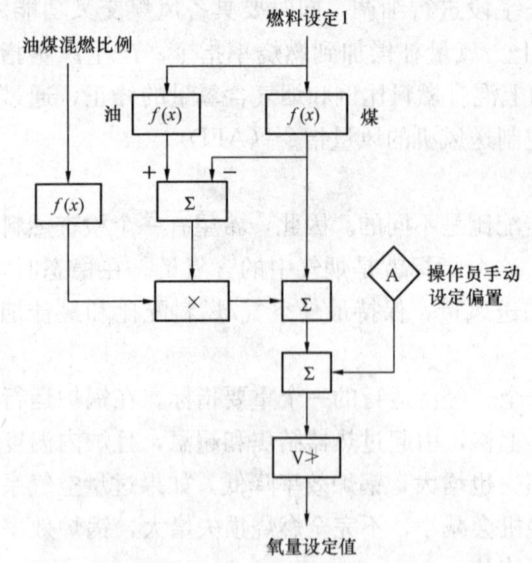

图 5-20 氧量设定值回路

口含氧量测点，两侧取测点的平均值后小选得到氧量小选值，作为实际信号进入PI控制器。

在实测氧量值进入PI控制器之前，要进行品质判断，判断产生的开关量信号用于控制逻辑的设计，主要是用于产生强切手动信号的逻辑。

(3) 氧量控制作用。氧量校正系统采用PI无差控制规律，保持氧量为给定值。氧量设定值与氧量实测值比较后，得其偏差信号，送至氧量校正器经PI运算后的输出信号就是自动氧量校正系数，用来对总风量指令进行校正。该系数在自动方式下经氧量校正系数操作站输出，并经函数发生器 $f_3(x)$ 转换为0.8～1.2变化范围的数值。

因为燃料（煤量）控制系统和风量控制系统在升降负荷过程中能同步协调动作，氧量只起着细调的作用，所以氧量校正应该整定得较慢。

当氧量信号坏或送风控制在手动时，氧量校正操作站被切到手动方式。氧量校正操作站切到手动方式后，氧量校正调节器的输出跟踪氧量操作站的手动输出信号，同时氧量偏置信号跟踪氧量实际测量值和氧量给定值的偏差。

(4) 跟踪功能设计。手动方式时，PI的控制输出跟踪值是实际风量与风煤比作用量的商，可以实现氧量控制的手/自动无扰切换。

2. 风煤比控制功能

该功能主要通过函数发生器 $f_5(x)$ 来实现。图5-19中燃料设定是用来控制入炉燃料量的信号，合理设置 $f_5(x)$，可以使送风量与燃料量相匹配。

在风煤比控制中，经省煤器出口烟气氧量偏差补偿的风煤比加到根据锅炉蒸发量由锅炉输入指令编制的基本风量指令（考虑混合燃料比例），产生使锅炉达到最佳燃烧的风量指令(AFD)。

3. 风煤交叉功能

为了使炉内形成富氧燃烧，必须使入炉风量总富裕于燃料量，因此应对进入炉膛的风量与进入炉膛内的总燃料量实施交叉限制。

交叉限制项是氧量修正后风量设定与总燃料量之差。风煤交叉功能主要通过图5-19中右半部分的“T”切换模块来实现。为了改善变负荷时的汽温控制和保证燃烧的充分，对风量指令进行一个“LAG”后再与氧量校正后的风量指令及最小风量进行大选，最终形成风量设定值。实现加负荷时先加风，后加煤；减负荷时，先减煤，后减风。其目的是保证燃料的充分燃烧及燃烧的经济性。

4. 最小风量控制功能

为保证锅炉运行安全，送风控制系统中都设置最小风量控制功能，风量指令还受到最小空气流量信号或MFT时的吹扫风量的下限限制，最小空气流量信号是为避免炉膛灭火而设置的最小风量值。

图 5-19 中的右下角的“大选”就是实现最小风量控制功能的。最小风量指令量根据实际设置具体值。

（1）送风机叶片控制全部在手动即最小风量设定不允许时，最小风量设定值将根据测量总风量变化。

（2）MFT 复位后，在正常操作下设最小风量为 30％MCR（1100t/h）。可是，在锅炉 MFT 发生 5min 后，最小风量设定为 38％MCR 相等的值（1180t/h）。

（二）风量测量

风量测量是送风控制系统和锅炉保护系统的主要内容之一。风量测量系统设计一般有以下几点：

（1）一般的，锅炉两侧送风量（二次风量）和总一次风量相加得到锅炉总风量。其中，总一次风量是各台磨煤机的入口风量之和。

（2）为了提高风量测量的可靠性，风量变送器一般冗余配置，至少是双变送器二取一或者三变送器取中。

（3）一般常用的送风量测量装置，如机翼式测风装置，变送器的输出要经过温度补偿和开方后，送总加法器。另外，要结合锅炉专业的试验进行校正。

（4）风量单位有体积流量和质量流量之分，实际控制中建议采用质量流量单位。

（5）风量测量系统中还要产生总风量低报警信号，用于送风控制系统逻辑和锅炉保护逻辑。

图 5-21 是一个实际系统的总风量测量 SAMA 图。在图 5-21 中，系统有 6 台磨煤机，将 6 台磨煤机的一次风量相加，得到总一次风量。风量测量采用了双差压变送器，并考虑它们之间的偏差，如果偏差超出某一定值，则发出报警信号，用于送风控制系统强切手动逻辑和其他保护逻辑。差压变送器的输出除以风温度，再对该值开方，这是根据差压计算风量的常规公式，其中要注意温度必须转换成绝对温度，同时注意系数的调整。

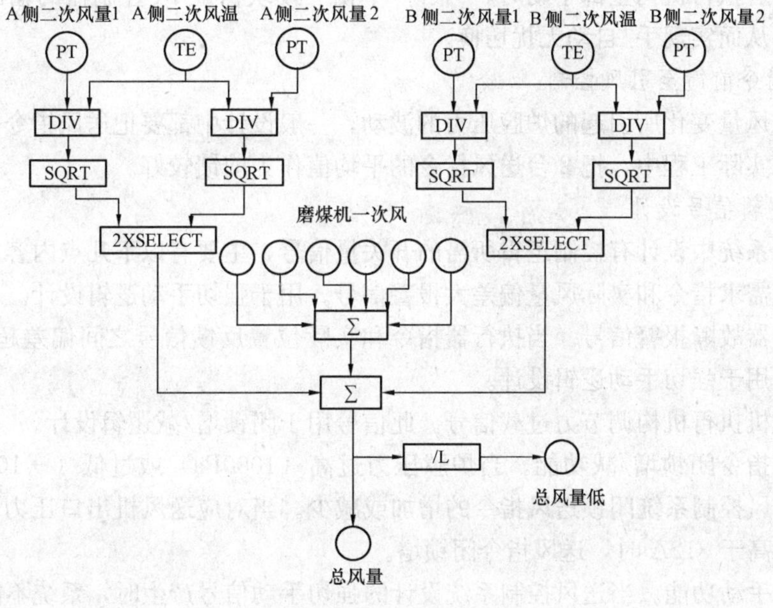

图 5-21 某单元机组总风量测量 SAMA 图

（三）控制回路设计

在风量指令设计完毕后，送风控制回路是一个具有双执行机构的单回路系统，控制规律一般采用 PI 形式。其工程设计可用 SAMA 图（见图 5-18）来说明。

送风机动叶控制方案设计成具有前馈—反馈的特点，风量指令（AFD）通过函数功能块 $f(x)$ 后作为送风机控制的前馈信号，粗调 2 台送风机的动叶，使入炉的风量尽快满足负荷变化的需要。送风调节器的作用则是校正入炉总风量信号（FA）与风量指令（AFD）之间的偏差，作为风量控制的细调。当送风控制投自动，则送风机控制的前馈信号和送风调节器的输出相加，通过平衡与增益调整块“BALANCER”输出，得到 2 台送风机动叶开度的公共指令。在送风控制投自动方式下，公共指令再与操作人员设定的偏置（FDF BIAS）进行综合，最后将分别输出送风机 A 和送风机 B 的动叶控制指令。送风控制投自动时，偏置的大小可以由操作人员来设定，偏置的作用可以调整两台送风机的负荷电流达到平衡，或使 2 台送风机的动叶具有不同的开度差。

1. 双执行机构指令平衡功能

双执行机构指令平衡功能主要是指图 5-18 中的跟踪/平衡模块。关于其具体实现形式，不同的设备有不同的方式，有些 DCS 设备设有专门模块来实现该功能，这样实现起来很方便，而有些设备没有专门模块，要靠设计者自己设计逻辑来实现，相对烦琐一些。

不管实现形式如何，其作用主要体现在以下几个方面：

（1）当执行机构全处于自动状态时，将 PI 控制器的输出指令平均分配到执行机构上。

（2）当一个执行机构处于自动状态，而另一个为手动状态时，将控制器的指令全部加到处于自动状态的执行器上；当手动执行器增（减）时，自动执行器要以相同的幅度减（增）。

说明，在有些机组或者电厂中，没有上述后一部分功能，即当手动执行器增（减）时，自动执行器没有相同幅度的减（增）。这样，手动变化执行机构，要等到被控量（此处为送风量）发生变化后，处于自动的执行机构才反方向动作，实际中这样是不可取的。

（3）当所有执行机构全部手动时，“跟踪/平衡”模块保证 PI 控制器的输出跟踪执行器的实际指令，从而实现手/自动无扰切换。

2. 送风指令前馈至引风控制

为减小送风量变化所引起的炉膛压力的波动，一般设计中都要把送风指令引入到引风控制系统中。在实际工程中，把 2 台送风指令的平均值作为前馈较好。

3. 控制逻辑信号设计

送风控制系统中设计有控制逻辑所需的开关量信号，主要有以下几点内容：

（1）风量需求指令和实际风量偏差大报警信号。用于强切手动逻辑设计。

（2）执行器故障报警信号。当执行器指令和实际位置反馈信号之间偏差超过一定值时，产生该信号，用于强切手动逻辑设计。

（3）送风机执行机构调节力过载信号。此信号用于闭锁增/减逻辑设计。

（4）送风指令闭锁增/减功能。当炉膛压力过高（1000Pa）或过低（－1000Pa），该功能起作用，送风控制系统闭锁送风指令的增加或减少。当对应送风机出口压力高于 3.6kPa，或送风机电流高于 312A 时，送风指令闭锁增。

（5）强切手动功能。当送风控制系统设计的强切手动信号产生时，系统不能投入自动状态，或者将从自动状态切到手动状态。总风量信号故障或相应送风机动叶执行机构故障，产生强切手动信号。送风机动叶接受顺序控制指令时，送风机动叶控制切到手动。

(6) 送风机动叶控制。

1) 在送风机启动时，从 SCS 来的送风机动叶全关指令使其以固定速率全关。

2) 在 FSSS 的自然通风请求时，送风机动叶全开。

四、炉膛压力控制系统

(一) 概述

锅炉炉膛压力控制系统的主要任务是维持炉膛压力在一定范围内变化，保证锅炉设备的安全运行。实践表明，一旦锅炉燃烧系统发生故障，最先反映的就是炉膛压力的变化。特别对于大容量、高参数的锅炉更要求炉膛压力控制系统响应快，并能保持炉内压力不致波动太厉害。因此，大机组炉膛压力控制的设计与以往常规的“前馈—反馈”控制方案相比，还增加了防止炉膛负压过低、防止锅炉发生内爆及防止引风机发生喘振等许多超驰保护措施。

对于采用平衡通风方式的锅炉，炉膛压力控制通常是采取调节两台引风机的导叶角度来控制炉膛压力略低于外界大气压力。为了使炉膛压力尽快稳定，控制系统采用了带送风前馈的单回路控制系统。机组正常运行时，锅炉炉膛压力按传统的“前馈—反馈”方案进行控制。

炉膛压力测量信号的处理为了提高炉膛压力控制系统的可靠性，炉膛压力测量采用三冗余信号取中值。为减少炉膛压力信号的脉动造成对执行机构频繁操作带来的不利影响，取中值后的炉膛压力先经过超前/滞后块滤掉信号中的高频脉动干扰，然后与炉膛压力设定值求偏差，该偏差信号再经过函数功能块 $f(x)$ 作非线性处理后才成为炉膛负压调节器的输入测量值。

引风机公共控制指令形成回路正常情况下，当炉膛压力控制投自动方式，前馈信号 FF (FEED FORWARD) 有两路。一路来自送风控制系统的输出，其作用是使送风控制系统动作的同时，引风控制系统能相应地动作，使引风量随送风量成比例地变化，以减小炉膛压力在变负荷时的动态偏差。此前馈信号取自两台送风机动叶开度指令的平均值（FDFAVGOUT)。另一路前馈信号由炉膛压力的偏差产生，直接将炉膛压力偏差经函数功能块 $f(x)$ 接到加法块的一个输入端。炉膛压力测量值为系统的反馈信号，炉膛压力调节器根据炉膛压力测量值和炉膛压力设定值的偏差输出调节作用，在加法块中与两路前馈信号综合，加法块的输出为 2 台引风机导叶的公共控制指令。公共指令再与操作人员设定的偏置（IDFBIAS）进行综合，最后将分别输出引风机 A 和引风机 B 的导叶控制指令。

炉膛压力控制中，前馈信号对炉膛压力的调节起粗调作用，炉膛负压调节器起校正作用。

当引风机 A 和引风机 B 切到手动方式时，炉膛压力调节器的输出将自动跟踪两台引风机手动指令之和的平均值。由于偏置（IDFBIAS）的反演算，保证了炉膛压力控制由手动切回到自动能实现无扰动切换。

1000MW 超超临界机组的炉膛压力控制除了采用传统的“前馈—反馈”控制方案外，最突出的特点是对炉膛压力控制设计了一些超驰保护回路，使机组运行时更加安全。

MFT 动作时的超驰控制。当锅炉接受到 MFT 动作信号后，通常不到几秒钟就可以导致炉膛灭火。炉膛一旦灭火，炉内温度将急剧下降。从理想气体状态方程式 $pV=RT$ 可知，当炉膛内烟气容积 V 不变时，炉膛压力 p 将随炉内温度 T 的下降而降低，炉内将出现较大的负压。加之炉内燃烧是急剧的化学变化过程，在燃烧后的烟气中除包括一、二次风外，还包括燃烧时产生的CO_2和水蒸气，当锅炉灭火时，CO_2和水蒸气将大大减少，从而使烟气的质量流量大大减少。如果此时引风机导叶仍保持原来的开度，势必造成很大的炉膛负压，如不采取措施锅炉将有产生内爆的危险。为了防止此类事故的发生，炉膛压力控制系统设计有防止锅炉内爆的超驰保护回路。

当MFT动作时，控制系统首先强制关小引风机导叶一个角度，以减少引风机的出力，避免使炉膛压力下降过快。

目前采用分散控制系统的大型机组，在超驰保护回路的设计上略有差别，大致可分为两类：①在任何负荷情况下，MFT动作后，引风机导叶角度固定关小10%左右；②在MFT动作后，引风机导叶角度关小的数值随负荷而变化。

第一种方案认为锅炉在满负荷或接近满负荷运行时，煤燃烧产生的CO_2和水蒸气使引风机增加的出力不会大于10%。因此在MFT动作时，先关闭引风机导叶约10%的角度（开度满量程为100%），然后逐步释放，最终保证引风机出力与空气流量相平衡。这种估算比较粗略，当MFT动作时，恢复炉膛压力到正常值的时间响应比较长。

引风机导叶定向闭锁保护。当引风调节投自动后，如果发现炉膛压力太低或2台引风机导叶均在最大位置，或2台引风机接近喘振区时，引风机控制指令被禁止进一步增加（闭锁增），直至“炉膛压力低”逻辑条件消失。如果炉膛压力太高，则引风机控制指令禁止进一步降低（闭锁减）。

当喘振闭锁功能检测到引风机快要发生喘振时，方向闭锁功能还防止引风机导叶指令的增加（闭锁增），以避免引风机出现喘振。

无论引风机M/A控制站在手动还是在自动方式，当炉膛压力偏差过大时，引风机导叶定向闭锁保护回路都起作用。

MFT超驰保护、炉膛负压低保护、定向闭锁保护等均设计在引风机M/A控制站的下游，从而可以避免运行人员误操作而使炉膛压力继续恶化，保证了锅炉的运行安全。

（二）实例分析

炉膛压力控制系统是一个定值控制系统，其基本结构如图5-22所示。

1. 引风量调节

（1）炉膛压力的给定值和测量。

1）给定值。引风控制系统是一个定值控制系统，即设定值是手动设定，不随工况变化而自动改变。一般，正常运行过程中，炉膛压力给定值在－100～－50Pa之间，具体数值与炉膛压力测点的位置有关。

2）炉膛压力的测量。由于炉膛压力在受到燃料、风变化干扰后，动态响应非常快，波动较大，运行人员难以手动正确操作，而炉膛压力的大幅度波动又会导致燃烧不稳定，甚至灭火或者更大事故，因此炉膛压力的自动控制对于锅炉运行十分重要。规程要求炉膛压力测量要采用多重信号，用于控制的测量信号一般为三重信号，其量程范围相对较小，以提高测量灵敏度，一般另有量程范围较大的测点多个，用于事故分析等DAS显示。

对3个控制用炉膛压力测量值取中间值作为被调量。每两个测量值之间偏差如过大则报警，以确认测量是否正常。测量值品质检测不正常则报警。测量值与设定值偏差大也报警。

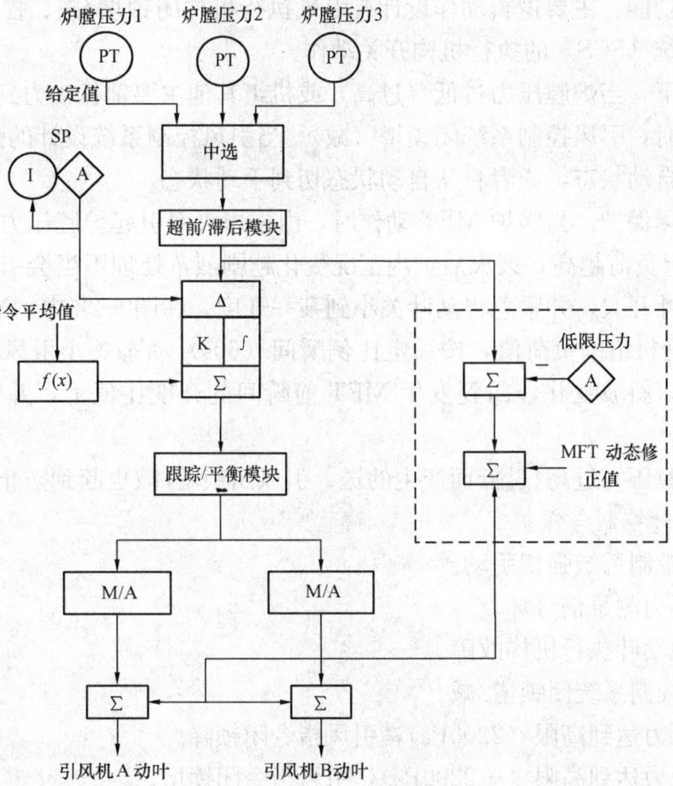

图 5-22　炉膛压力控制系统基本结构图

3）控制规律。引风控制系统采用比例积分控制规律。控制系统的被调量是炉膛压力信号，给定值是运行人员手动设置。当炉膛压力因为某种扰动发生变化时，压力调节器 PI 接受炉膛压力与给定值的偏差信号，并对此进行比例积分控制运算，其运算结果与作为前馈信号的送风机动叶平均指令叠加后，形成引风机的控制指令，分别送至 2 台引风机的软手操站。系统中引入 2 台送风机动叶指令的平均值作为引风机动叶的前馈信号，在机组负荷变化时，能使引风量和送风量同步动作，以减少送风量变化对炉膛压力的影响。

（2）测量值的滤波和死区设计。炉膛压力具有高频小幅度波动的性质，为避免执行机构不必要的频繁动作，工程设计中需要对。炉膛压力实际测量值进行滤波，如图 5-22 中的“LEADLAG”。同时对设定值和实际值的偏差再进入 PI 控制算法进行死区限制，当偏差不超过死区范围时，控制器输出不变，执行器不动作，从而消除由于炉膛压力的正常波动而引起的执行机构频繁动作。一般在 PI 算法模块中设置死区功能。

（3）送风指令前馈。由于影响炉膛压力最主要的扰动信号是送风量，因此工程设计中要取送风指令作为引风控制系统的前馈信号，与引风 PI 控制信号相叠加。当机组负荷变化时，送风量变化，引风量同时跟着按前馈比例增加，这样基本能够维持炉膛压力恒定。引风 PI 闭环反馈回路本身起细调作用。函数发生器 $f(x)$ 用于调整前馈作用的强弱。

（4）双引风执行机构指令平衡功能。引风控制系统具有两个执行机构，两执行机构根据同一开度指令平行调节，当然，通过偏置手段可以实现偏差调节。任一执行机构的手动/自动切换都是无扰动的。上述功能都要通过指令“BALANCER”功能来实现。

(5) 逻辑功能。主要逻辑动作设计有引风执行机构闭锁增/减、控制系统强切手动和配合锅炉程控系统（SCS）的执行机构开关动作。

一般情况下，当炉膛压力过低（过高）或机组其他主要辅机出力到限值而产生机组出力闭锁增（减）时，引风控制系统闭锁增（减）。当引风控制系统设计的强切手动信号产生时，系统不能投入自动状态，或者将从自动状态切到手动状态。

(6) 防内爆保护。当锅炉 MFT 动作时，由于熄火而引起炉膛压力大幅度下降，而且发生 MFT 前机组负荷越高，灭火后炉内工况变化越剧烈，处理不当会引起炉膛内爆。为此应阻止引风机动叶开大，并紧急将动叶关小到某一开度。在图 5-22 中，MFT 动态修正回路根据发生 MFT 前机组的负荷值，按一定比例瞬间（60s）动态关小引风机动叶开度，并保持一段时间后再以斜坡变化，回到发生 MFT 前瞬间的开度比值上，并恢复炉膛压力的正常调节。

另外，炉膛压力过高/过低而产生的送、引风闭锁增/减也起到防止内爆的作用。

2. 风机动叶控制与保护

(1) 引风控制系统强切手动。

1) 炉膛压力测量信号坏。

2) 引风机动叶执行机构故障。

(2) 引风控制系统闭锁增/减。

1) 炉膛压力达到高限（2200Pa），引风指令闭锁降。

2) 炉膛压力达到高限（−2200Pa），引风指令闭锁增。

3) 引风机电动机电流高于 838A，引风指令闭锁增。

4) 任一引风动叶跟不上增（位置与指令偏差大于 5%），引风指令闭锁增。

5) 任一引风动叶跟不上降（指令与位置偏差大于 5%），引风指令闭锁降。

说明，炉膛负压调节是一个快速响应的回路，但动叶的响应速度则较慢，为了使调节速度与动叶响应速度相对应，避免出现调节的剧烈振荡，设计了一个闭锁回路，当动叶开度跟不上指令时，暂时闭锁一个动叶指令，等待一下动叶开度，使指令变化速度与动叶响应相匹配，考虑到动叶开度本身就与指令值不一定偏差，为了防止这个偏差一直存在造成一直闭锁，设计上这个闭锁是一个脉冲信号。

(3) 超驰开关引风机动叶。

1) 两台引风机停止时，FSSS 发出“强制通风信号”，超驰开引风机动叶。

2) 引风机 A 停止，引风机 B 运行，超驰关引风机 A 动叶。

3) 产生相关的开关信号用于其他逻辑。

主要产生下列开关信号：①开引风机出、入口挡板，用于程序控制（SCS）相关逻辑；②两引风执行器出力达到限值，用于 CCS 等其他控制逻辑。

五、一次风压控制系统

(一) 概述

一次风是由一次风机送往磨煤机里去的，一次风机出口的一部分风经过空气预热器变成热风，另一部分不经空气预热器成为冷风，热风和冷风在每台磨煤机的入口处混合，每台磨煤机出口的风粉混合物温度和通过每台磨煤机的一次风量可以由冷、热风挡板共同来调节。

一次风的主要作用是用来干燥煤粉并将磨煤机里的煤粉输送到炉膛里，为了保证磨煤机在相应出力下输粉管内煤粉不会堆积而造成堵粉，必须维持输粉管道内的一次风有一定的速度或具有足够的压力，但是热一次风压力也不能太高，否则会使热一次风流速太快，使磨煤机中的煤没有足够的碾磨时间，因此使得煤粉的颗粒太粗。对于直吹式系统，一次风机增压后分为两路：一路经空气预热器加热后引到磨煤机入口作为制粉系统用热风；另一路从一次风机出口直接引到磨煤机入口作为冷风。直吹式系统的一次风母管在磨煤机之前，要求的一次风压较高，且一次风机容量较大。

为了有效地控制一次风量和风压，需要通过调节一次风机入口挡板将空气预热器出口的热一次风压力控制在适当的设定值上。这里的一次风压控制系统就是指热一次风压控制系统。

一次风量的大小根据磨煤机的负荷大小来决定，为了有效地对磨煤机的一次风流量施加控制，必须保证一次风母管具有一定的压力，该一次风压是通过调节两台一次风机入口挡板的开度来调整的。

（二）实例分析

一次风压控制系统的基本结构，如图 5-23 所示。

1. 热一次风压力设定回路

热一次风压力根据煤量修正［锅炉煤主控经过函数发生器 $f(x)$ 给出］得到基本设定值，由操作员根据燃烧工况需要手动设置磨煤机热风压力设定值偏置。因此，热一次风压力设定值等于基本设定值与偏置的综合结果。

2. 热一次风压力的测量

一次热风母管压力在锅炉 A、B 侧各有一个测点，当两个测点信号都正常时，自动控制用的压力信号可由运行人员在操作员站上手动选择 A、B 侧测量值或平均值作为控制系统的被调量 PV。当某个测点故障时，计算机将自动把正常测点信号引入作为自动控制用信号，并禁止手动切换到故障测点。当故障测点恢复正常时，可由运行人员重新手动选择取两个测点的平均值。

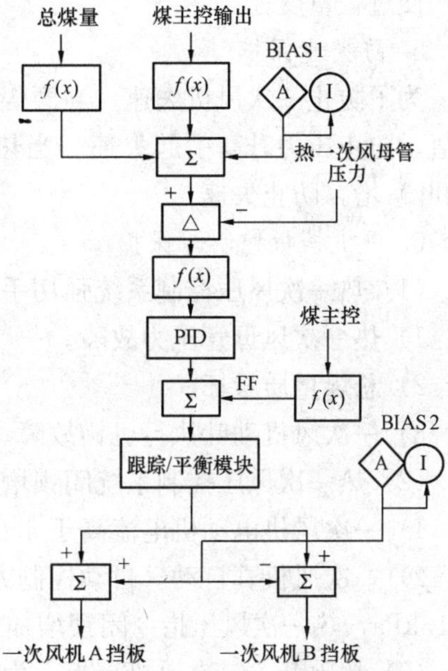

图 5-23　一次风压控制系统的基本结构图

3. 控制规律

当 2 台一次风机都处于在手动方式时，一次风机控制指令由操作站 M/A 上手动给定。此时调节器处于跟踪状态，其输出跟踪 2 台一次风机 M/A 站输出指令的平均值，保证系统在手/自动切换时不会产生扰动。

在自动方式运行过程中，当一次风压发生变化时，一次风压设定值与经选择的测量值的偏差送至 PI 调节器。设计中取煤主控作为热一次风压控制系统的前馈信号，与热一次风压 PI 调节器输出控制指令相叠加，并行地输送到 2 台一次风机导叶（或挡板）的控制回路，与操作员手输偏置信号合成后去控制 2 台一次风机的导叶或挡板开度控制两台一次风机的导叶或挡板开度，使一次风压维持在其给定值附近。

一次风机动叶调节范围在自动方式时为 0%～70%，手动方式时动叶开度为0%～

100%。

为了避免一次风机动叶不必要的操作，在磨煤机热风压力偏差上设有死区。

当任一磨煤机出口挡板关闭时，为了减少冲击，需要尽早减小一次风机动叶位置，设置了一个减小位置并加到前馈信号。

4. 双一次风机挡板指令平衡功能

热一次风控制系统具有两个执行机构，两执行机构根据同一开度指令平行调节，当然，通过偏置手段可以实现偏差调节。任一执行机构的手动/自动切换都是无扰动的，上述功能都要通过动叶平衡回路来实现的。当一台风机跳闸引起另一台风机挡板指令开度大于最大限制的开度时，在出现指令超过高限值时（70%），让 PID 暂时跟踪一下，从而消除调节死区，使过程量受控。

5. 防失速保护

为了防止一次风机失速，当磨煤机停运关闭出口挡板时，一次风压力调节 PID 预关一定值，防止压力升高引起失速。当热一次风母管压力大于 11.5kPa 时，闭锁一次风机挡板（动叶）增，防止失速。

6. 风机挡板控制与保护

（1）热一次风压控制系统强切手动。

1）热一次风母管压力故障。

2）总煤量质量坏。

3）一次风机动叶执行机构故障。

（2）热一次风压控制系统闭锁增减。

1）一次风机电动机电流高于 450A，热一次风压指令闭锁增加。

2）一次风机真自动（自动控制方式，而不是在自动备用方式），且热一次风母管压力高于 13kPa，热一次风压指令闭锁增加。

（3）超驰开关一次风机挡板。为了防止一台一次风机运行时，一次风从未运行的一次风机泄漏，这时未运行的一次风机入口挡板将强制关闭。例如，当一次风机 B 运行，一次风机 A 停止时，超驰关一次风机 A 挡板。

当 2 台一次风机均停止时，一次风机入口挡板强制全开实现锅炉自然通风。

六、辅助风及燃料风控制系统

锅炉采用无分隔墙的前后墙对冲燃烧方式。每台锅炉共设有 48 个旋流燃烧器。燃烧器共分 6 层，每层设 8 个燃烧器，每层燃烧器由同一台磨煤机供给煤粉。在燃烧器上部设有燃尽风，目的是降低 NO_x 的生成量及降低机械未完全燃烧损失和防止燃烧器区域受热面的高温腐蚀。

（一）燃尽风挡板控制

锅炉控制调节燃尽风的方法有两种，一种是独立手动调节，即：根据调试结果，确定一个适合的燃尽风调节阀开度，手动调节其开度，运行中不再改变开度，而运行中的燃尽风量只随着大风箱的压差而自然改变。这种调节方式的特点是燃尽风的开度与锅炉负荷无关。另一种是将燃尽风的挡板开度设为锅炉负荷的函数，运行中则根据负荷自动调节其风门挡板开度，这种方法叫做负荷调节方法。

为减少 NO_x 排放，实现两步燃烧配置燃尽风。考虑由点火燃烧器位置发生器输出程序值，或由操作员在 CRT 上操作，锅炉前/锅炉后的比率在锅炉前的比率设定站上设置，燃尽风入口风量信号作为每一燃尽风（锅炉前/锅炉后）入口风量指令。

1. 燃尽风入口风量设定回路

从风量指令中扣除总一次风量后按照燃尽风与二次风的比率产生燃尽风入口风量设定值。在煤粉管道吹扫或暖管时扣除煤粉入口风量。设定信号由以下修正：①根据煤燃烧器投入数量；②根据混合燃料比例由磨煤机主控；③由操作员设置偏置。

2. 燃尽风入口挡板控制规律

燃尽风入口挡板开指令由从燃尽风风量设定来的前馈信号和燃尽风风量偏差的比例＋积分操作产生，设有单烧煤和单烧油的程序，根据混合燃烧设定比率进行调整，在混合燃烧时作为适当的前馈信号，燃尽风入口挡板开指令由从燃尽风风量设定来的前馈信号和燃尽风风量偏差的比例＋积分操作产生。在送风机启动后燃尽风入口挡板保持当前位置 60s，然后切换到自动控制。在 MFT 时为了防爆，全开 5min。燃尽风入口挡板控制原理如图 5-24 所示。图 5-24 中的氧量平衡回路如图 5-25 所示。

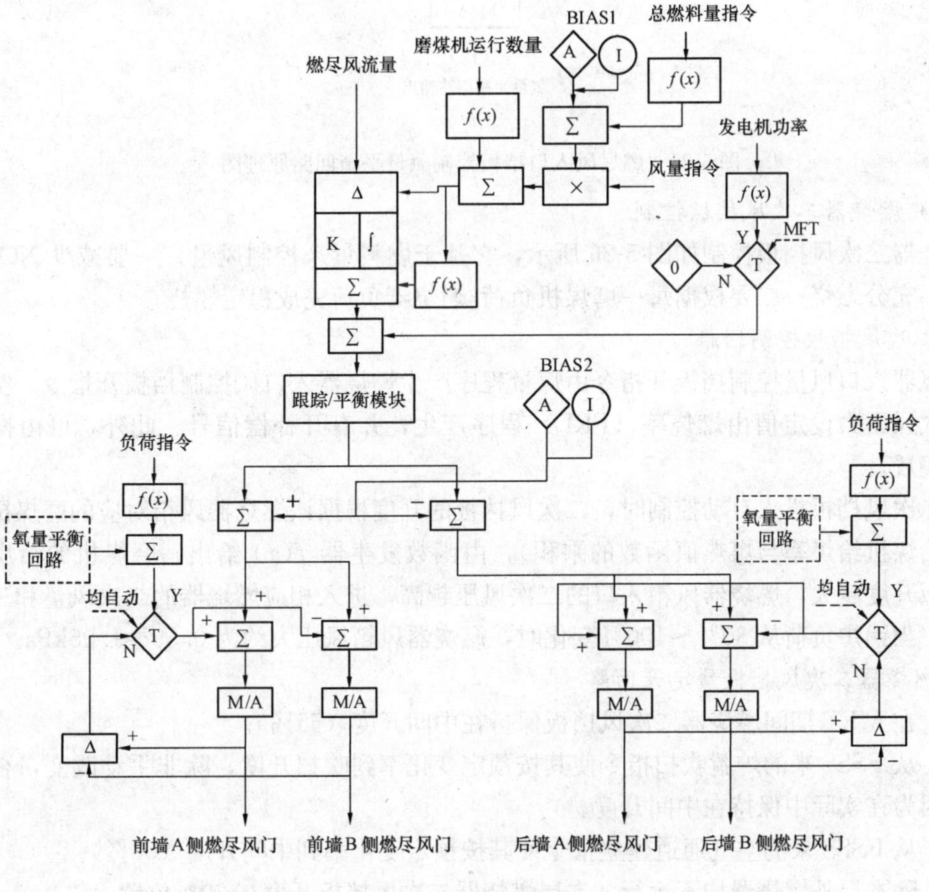

图 5-24　燃尽风入口挡板控制原理图

3. 启动和停止时的控制

在送风机启动后燃尽风入口挡板保持当前位置 60s，然后切换到自动控制。在 MFT 时为了防爆，全开 5min。在锅炉备用时全关。

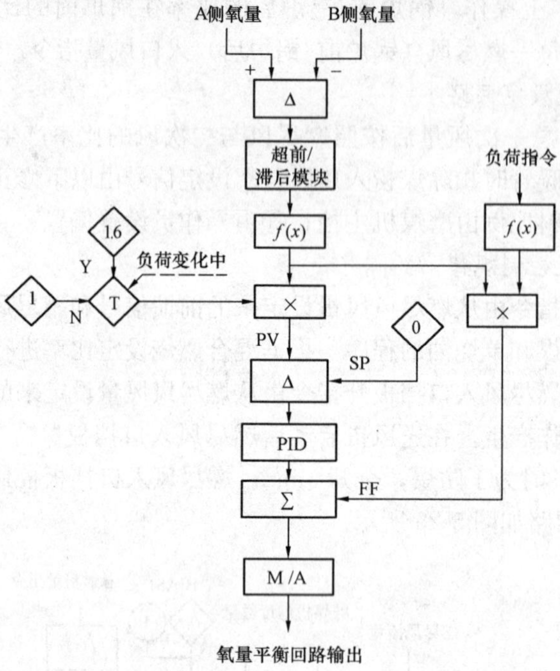

图 5-25　燃尽风入口挡板控制氧量平衡回路原理图

（二）燃烧器二次风挡板控制

燃烧器二次风挡板控制如图 5-26 所示，它基于燃料量来控制风量，一要减少 NO_x 的排放实施不充分燃烧；二要根据每一磨煤机负荷/燃烧器负荷完成稳定燃烧。

1. 二次风挡板控制回路

燃烧器入口风量控制挡板开指令由煤量程序产生燃烧器入口风控制挡板开指令。空气预热器二次风压力设定值由燃烧率（FRD）程序产生，并有开补偿信号。此外，可由操作员设置开偏置。

当二次风挡板投入自动控制时，二次风挡板的开度根据该燃烧器风箱对应的磨煤机负荷指令（给煤机给煤率与煤热值函数的乘积），由函数发生器 $f(x)$ 给出。磨煤机的给煤量越大，挡板开度越大，燃烧器风箱入口的二次风压越高，进入相应燃烧器的二次风量和三次风量越大。当锅炉负荷从 30%～100%变化时，燃烧器风箱风压大约为 0.55～1.05kPa。

2. 燃烧器二次风挡板预定开回路

（1）在 MFT 期间燃烧器二次风挡板保持在中间开度（55%）。

（2）从 FSSS 来的炉膛吹扫指令使其按预定变化率到吹扫开度，除非手动改变，否则不操作。因为在实际中保持在中间开度。

（3）从 FSSS 来的空气通道建立指令使其按预定变化率到中间开度（50%）。

（4）除本层外燃烧器均不运行，本层燃烧器二次风挡板开度在 20%位置。

（5）虽然从 FSSS 来的煤燃烧器点火指令使其按预定变化率开到煤燃烧器点火位置（50%），在高负荷点火操作时，其开度指令设定值如果小于根据负荷指令决定的最小开度位置（5%），则设为最小开度。

（6）煤燃烧器停运后（磨煤机停止），从 FSSS 来的煤粉管道吹扫指令使其按预定变化率开到煤粉管道吹扫开度位置，这时，如果煤粉管道吹扫开度位置小于最小开度，则设为最小开度。在 MFT 操作时使其在自动备用方式，为稳定燃烧保持其开度 5min，以后切到中间开度。

（7）油燃烧器点火指令使其按预定变化率到燃油位置（二次风挡板燃油点火位），本层燃烧器二次风挡板开度在 20%位置。

（8）在炉膛吹扫后按预定变化率到最小开度位置（5%）。

（三）燃烧器中心风挡板控制

燃烧器中心风挡板控制基于油枪燃油量来控制风量，目的是提供油枪稳定燃烧需要的风量。每个油枪的轻油流量由总的轻油流量/投运的油枪数量计算得出，燃烧器中心风箱压力由程序根据油枪的轻油流量设定，与中心风箱测量压力的偏差经 PI 调节控制中心风挡板开度。

1. 燃烧器中心风控制挡板控制规律

（1）根据燃油流量和投运的油枪产生炉膛与风箱的差压设定与实际差压经调节器后产生燃烧器中心风量开指令，如图 5-27 所示。

（2）可由操作员设置开偏置。

2. 燃烧器中心风挡板预定开回路

（1）在 MFT 期间燃烧器中心风挡板保持在中间开度。

（2）从 FSSS 来的炉膛吹扫指令使其按预定变化率到吹扫开度。

（3）在炉膛吹扫后按预定变化率到最小开度位置。

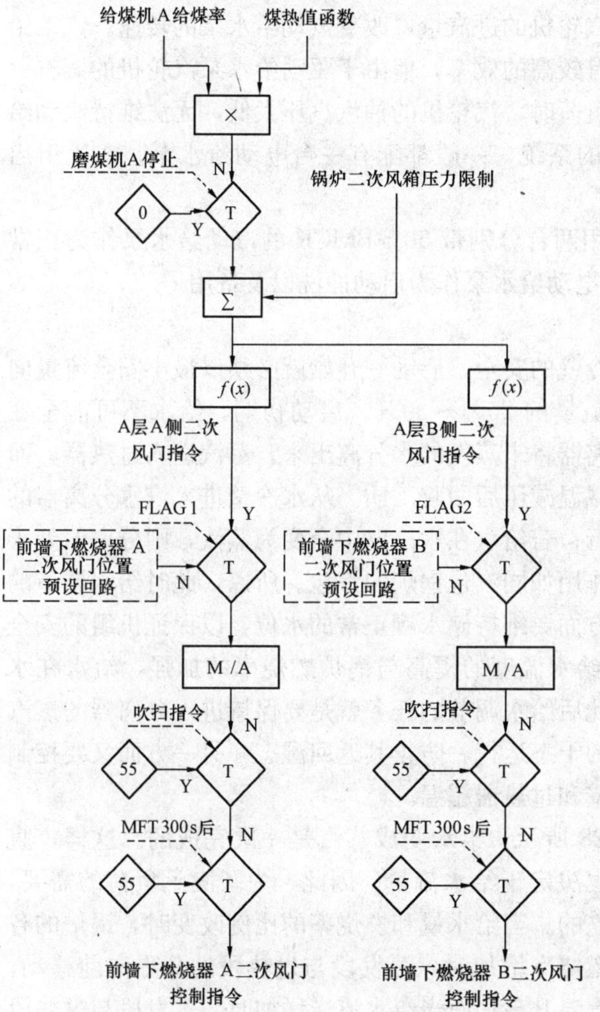

图 5-26 二次风档板控制回路

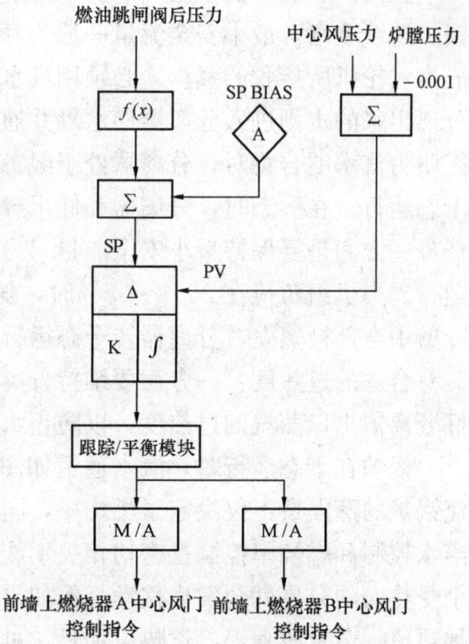

图5-27 （前墙上层）燃烧器中心风控制回路

第四节 给水控制系统

一、直流锅炉给水及其动态特性

超超临界机组的锅炉蒸发量不仅取决于燃烧率，同时也决定于给水流量，因此为了满足负荷变化的需要，给水控制和燃烧率控制是密切相关而不能独立的。当给水流量和燃烧率的比例改变时，由于锅炉各个受热面的分界线发生移动，不但影响锅炉的主蒸汽温度，而且将对机组负荷、主蒸汽压力等重要过程参数产生较大影响。给水控制作为过热汽温调节的基本手段，是超临界锅炉有别于亚临界汽包锅炉的显著特征。

直流锅炉的给水流量基本上等于锅炉的产汽量，所以给水流量调节回路起到了控制锅炉工质平衡和能量平衡（保持恰当的煤水比）的作用。

目前大机组锅炉给水控制系统通常采用 3 台变速泵来控制给水流量，变速泵又分为电动变速泵和汽动变速泵。电动变速泵的驱动电动机经液力联轴器与水泵相连接，通过改变液力联轴器中勺管的径向行程来改变联轴器的工作油量，实现给水泵转速的改变。汽动给水泵由给水泵汽轮机直接驱动，通过控制给水泵汽轮机的进汽量，改变汽动给水泵的转速。汽动给水泵可直接将蒸汽的热能转变为机械能，有较高的效率，但由于驱动给水泵汽轮机的蒸汽一般采用主汽轮机的抽汽，在机组启动和低负荷时，汽轮机的抽汽汽压太低，无法维持汽动给水泵的正常运行。因此，采用汽动给水泵的系统，一般都配有一台电动给水泵，在机组启停、低负荷或汽动给水泵跳闸时使用。

1000MW 机组锅炉给水控制中，常采用两台分别带 50%BMCR 的汽动给水泵作为正常负荷下的供水，设置一台带 30%BMCR 的电动给水泵作为启动冲洗以及备用。

（一）直流锅炉给水控制的特点

直流锅炉没有汽水循环系统，为了水冷壁的安全，启动一开始就必须以最小安全流量向锅炉连续上水。最小安全流量一般为额定流量的 20%～30%。启动初期，给水不可能全变成为汽轮机所接收的蒸汽，必须用汽水分离器将未蒸发的水分离出来。蒸汽进入过热器，而分离出来的水则进入分离器储水罐并通过减温减压后回收工质。从水冷壁进入汽水分离器的工质为汽水混合物时，分离器处于湿态运行；若给水在水冷壁中全变为蒸汽，则分离器处于干态运行。在湿态时，分离器和储水罐的作用如同汽包锅炉的汽包。所以，此时给水调节的任务一方面是要保持最小安全流量，另一方面要维持储水罐正常的水位，以保证机组的安全运行。当机组负荷在 25%～35%时，随着给水温度的提高与锅炉燃烧率的加强，给水在水冷壁中全部被蒸发，分离器转干态运行。此后给水调节的任务就是要保持进入分离器的蒸汽具有合适的过热度：一方面要维持分离器的干态运行，防止其返回湿态；另一方面又要控制好分离器出口蒸汽的过热度，以防止水冷壁和过热器超温。

锅炉在干态运行时，汽水通道如图 5-28 所示，给水变成蒸汽是一次完成的。这样，直流锅炉的蒸发量不仅决定于燃烧率，同时也决定于给水流量。因此，为了满足负荷的需要，给水控制和燃烧率控制是密切相关不能独立的。当给水量和燃烧率的比例改变时，锅炉的各个受热面的分界就会发生移动。例如，当燃烧率增加时，蒸发段与过热段的分界向前移动，加热段、蒸发段缩短，过热段加长，过热汽温升高；而当给水流量增加时，蒸发段与过热段的分界向后前移动，加热段、蒸发段伸长，过热段缩短，过热汽温下降。所以，当给水量和

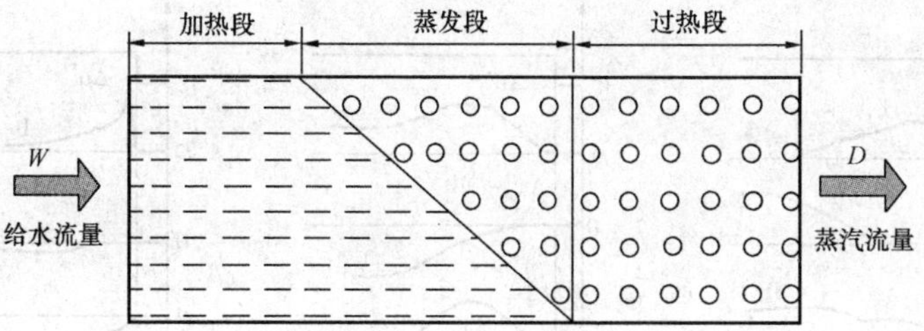

图 5-28 直流锅炉汽水通道示意

燃烧率的比例改变时，过热汽温将有剧烈变化。例如，当给水量不变而燃烧率明显增加时，由于蒸发所需热量不变，因而加热段和蒸发段缩短、过热段增加，增加的燃料量全部用于使蒸汽过热，导致汽温大幅度上升。一般来说，燃烧率和给水流量的比，即煤水比变化 1%，可使过热汽温变化约 10℃。因此，对于直流锅炉来说，控制汽温的基本手段是控制煤水比。也就是说，直流锅炉给水控制必须与燃烧率变化相适应，这不仅是机组负荷控制的需要，也是过热汽温控制的需要。

（二）直流锅炉的动态特性

直流锅炉是一个多输入、多输出的复杂控制对象，锅炉的燃烧率、给水流量、汽轮机调节阀开度的变化会直接影响主蒸汽压力和主蒸汽温度的稳定。下面是几个主要扰动下直流锅炉的动态特性。

1. 燃烧率扰动时的动态特性

正常运行时，进入炉膛的燃料量与风量必须成适当比例，代表这两个成适当比例的变量称为锅炉的燃烧率。燃烧率扰动是锅炉燃料量和风量的扰动，一般可用燃料量 B 代替。燃烧率扰动时，主蒸汽压力 p、主蒸汽流量 D、过热汽温 θ 的过渡过程曲线可用图 5-29（a）表示。

在其他条件不变、燃料量 B 阶跃增加时，蒸发量在短暂延迟后先上升，后下降，最后稳定下来与给水量保持平衡。因为在扰动刚开始时，由于炉内热负荷变化，加热段逐步缩短，蒸发段将蒸发出更多的饱和蒸汽，使过热蒸汽流量 D 增大。当蒸发段和加热段的长度减少到与燃料量相适应时，过热蒸汽流量 D 重新与给水量相等，蒸汽流量 D 趋于稳定，如图 5-29（a）中曲线 1 所示。在这段时间内，由于蒸发量始终大于给水流量，一部分水容积渐渐为蒸汽容积所取代，锅炉内部的工质储存量不断减少，曲线 1 下的面积即代表锅炉工质减少的数量。

燃料量增加，过热段加长，必然引起过热汽温升高。但在过渡过程的初始阶段，经燃料量传输和燃烧迟延后，炉内燃烧中心的热负荷急剧增加，蒸发量与燃烧发热量近乎按比例变化，因为过热器管壁金属储热所起的延缓作用，所以过热汽温要经过一段迟延后才逐渐上升。当燃料燃烧的发热量与蒸汽带走的热量平衡时，过热汽温最终趋于稳定，如图 5-29（a）中曲线 2 所示。

主蒸汽压力如图 5-29（a）中曲线 3 所示，在短暂迟延后逐渐上升，最后稳定在较高的水平。最初的上升是由于蒸发量的增大，后来压力上升是因汽温升高、蒸汽容积增大、汽轮机调节阀开度不变的情况下，蒸汽流速增大使流动阻力增大所致。实际上，为维持给水流量

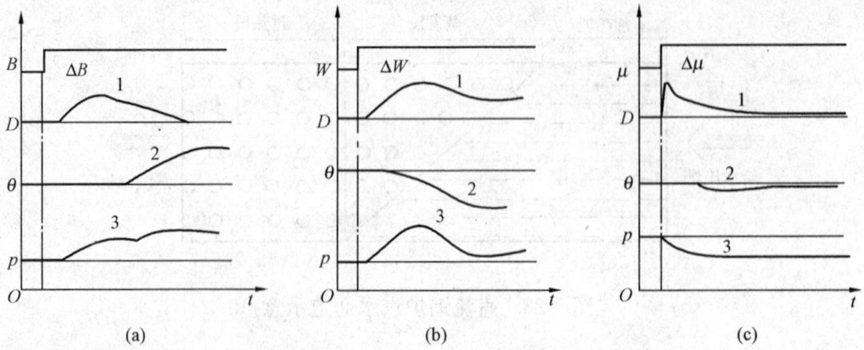

图 5-29 直流锅炉的动态特性

(a) 燃烧率扰动；(b) 给水流量扰动；(c) 负荷扰动

不变，给水压力比扰动前要高。

燃烧率提高使加热段和蒸发段缩短，过热段增长，过热汽温经迟延后上升，是煤水比提高的反映。汽温上升的同时锅炉金属温度也上升，锅炉蓄热增加。

2. 给水流量扰动下的动态特性

给水流量扰动是影响直流锅炉运行的一个主要因素。给水流量 W 扰动时，主蒸汽压力、主蒸汽流量、过热汽温的过渡过程曲线可用图 5-29（b）表示。给水流量 W 阶跃增加时，因为受热面热负荷未变化，故一开始锅炉的加热段和蒸发段都要伸长，从而推出部分蒸汽，使蒸汽流量增加和主蒸汽压力增大，机组输出功率几乎没有迟延地开始增加，蒸汽流量最终等于给水流量。主蒸汽压力开始时由于给水压力的提高和蒸汽流量增加而提高，但后来由于给水流量增加后导致过热汽温下降，容积流量下降，主蒸汽压力又有所下降。实际蒸汽的容积流量比扰动前增加不多，所以主蒸汽压力保持在比初始值稍高的水平。由于给水流量增加导致蒸汽流量的逐渐增大和过热段的减小，过热汽温逐渐下降，再加上汽轮机排出蒸汽带走的热量增加，最终输出功率有所减少。在汽温降低时金属放出蓄热，对汽温变化速度有一定的减缓作用。因此过热汽温经延时后下降，这显然是煤水比降低的反映。

由图 5-29 可看出，当给水量扰动时，蒸发量、汽温和汽压的变化都存在迟延。这是因为自扰动开始，给水从入口流动到加热段末端时需要一定的时间，因而蒸发量产生迟延。蒸发量迟延又引起汽压和汽温的迟延。

3. 负荷扰动时的动态特性

在机组运行过程中，外界负荷需求的变化一般是通过汽轮机调节阀开度的变化来反映的。在调节阀开度扰动下，主蒸汽压力、主蒸汽流量、过热汽温的过渡过程曲线可用图 5-29（c）表示。

当汽轮机调节阀阶跃开大时，蒸汽流量立即增加。过热器出口压力 p 开始有较大的下降趋势。随着汽压下降，饱和温度下降，锅炉工质“闪蒸”、金属释放蓄热，产生附加蒸发量，抑制汽压下降。随后，蒸汽流量因汽压降低而逐渐减少，最终与给水量相等，保持平衡。同时汽压降低速度也趋缓，最后达到稳定值。

调节阀开大减小了汽轮机侧的流动阻力，主蒸汽压力稳定在较扰动前低的水平上。若燃料量和给水流量未变，过热蒸汽的焓值未变，过热汽温随压力下降会略有下降。

实际上，若给水压力不变，由于汽压降低，给水流量是会自发增加的。这样，稳定后给水流量和蒸汽流量会有所增加。在燃料量不变的情况下，这意味着单位工质吸热量必定减小，过热汽温必然会明显下降。

从上面的分析可以看出：

(1) 负荷扰动时，汽压的变化没有迟延，变化很快，且变化幅度较大，这是因为直流锅炉没有汽包，蓄热能力小。若给水流量能保持不变，负荷扰动时汽温变化较小。

(2) 单独改变燃烧率或给水流量时，动态过程中对汽温、汽压、蒸汽流量都有显著影响，尤其是对汽温的影响更加突出。汽温变化的特点是具有很长的迟延时间和很大的变化幅度。若等到汽温已经明显变化后再用改变燃烧率或改变给水流量的方法进行汽温控制，必然引起严重超温或汽温大幅下跌。因此，变负荷过程中，为了使汽温变化较小，且又能有效地改变蒸汽流量、汽压和输出功率，直流锅炉必须在调节给水流量的同时相应地调整锅炉的燃烧率，使给水量与燃料量保持适当比例协调动作。

(3) 过热汽温对燃料量和给水量扰动都有很大的迟延，为了稳定汽温，必须有提前反映燃料量和给水量扰动的汽温信号。煤水比例改变后，汽水流程中各点工质焓值都随着改变，离锅炉末级过热器出口越近，变化越大，同时迟延也越大。所以虽然锅炉末级过热器出口汽温可以反映煤水比例的变化，但由于迟延很大，通常为400s左右，不宜以此作为煤水比的校正信号，即不能采用改变燃料量或给水流量的方法来直接控制锅炉末级过热器出口过热汽温。过渡区出口的微过热汽温（或焓）与过热汽温相比，能较快地反映出燃烧率或给水流量的变化。因此，一般选择锅炉受热面中间位置某点蒸汽温度，称为中间点温度，作为煤水比的校正信号。在超临界锅炉中，一般选汽水分离器出口蒸汽温度作为中间点温度。煤水比例变化之后，中间点汽温变化的迟延（通常小于100s）比过热蒸温度变化的迟延要小得多，这对于稳定过热汽温、提高锅炉调节过程品质是非常重要的。

下面以华能海门电厂为例，介绍超超临界机组直流锅炉给水控制系统。

设计有两台50%汽动给水泵和一台30%启动电动给水泵，为方便实现给水泵出力平衡，设计有锅炉给水流量控制（给水主控）和单台泵的出口流量控制。另外，电动给水泵还设计有给水差压调节回路，用于低负荷时，配合给水旁路阀进行给水流量控制。

低负荷时，电动给水泵调节给水差压，给水旁路阀调节给水流量，实现锅炉升温升压等的给水流量控制。高负荷时，由给水泵控制锅炉给水流量。

二、给水主控

(一) 给水流量的测量

过热器喷水流量包含在省煤器入口给水流量中，与锅炉输入指令相应的给水流量要与主蒸汽流量平衡。因此，使用省煤器入口给水流量作为给水流量反馈信号。由于给水的质量流量与水的密度有关，密度又是温度和压力的函数。因此，为了测量的精确，给水流量测量系统加入了给水温度和给水压力校正信号。

省煤器入口给水流量有三个测点，当两个测点信号都正常时，自动控制用的压力信号可由运行人员在操作员站上手动选择测量值之一或平均值或中值并经滤波环节输出，得到的选择后给水流量（FWFLOW），作为控制系统的被调量PV。

(二) 给水流量指令的形成

给水流量指令由锅炉输入指令（BID）产生，给水泵给水指令由实际给水流量和此指令的偏差产生。给水主控回路图如图5-30所示。在启动时，当给水控制系统在手动，最小给水流量设定值跟踪实际给水流量；当给水控制系统在自动时，最小给水流量设定值将按预定比率升到锅炉最小给水流量（780t/h）。当检测到给水流量大于锅炉最小给水流量时，不再增加。当锅炉进入干态方式运行后，分离器入口蒸汽过热度控制、主蒸汽温度控制、一级减温水控制等会对给水流量指令进行校正，与煤水比（校正给煤量）共同控制维持分离器入口过热度在设计的范围内，防止锅炉管道金属壁温度超温，稳定煤水比，维持主蒸汽温度稳定，保证一、二级减温调节有足够的调节余量等，给水流量控制与一、二级减温调节相互协调，共同完成主蒸汽温度的控制。

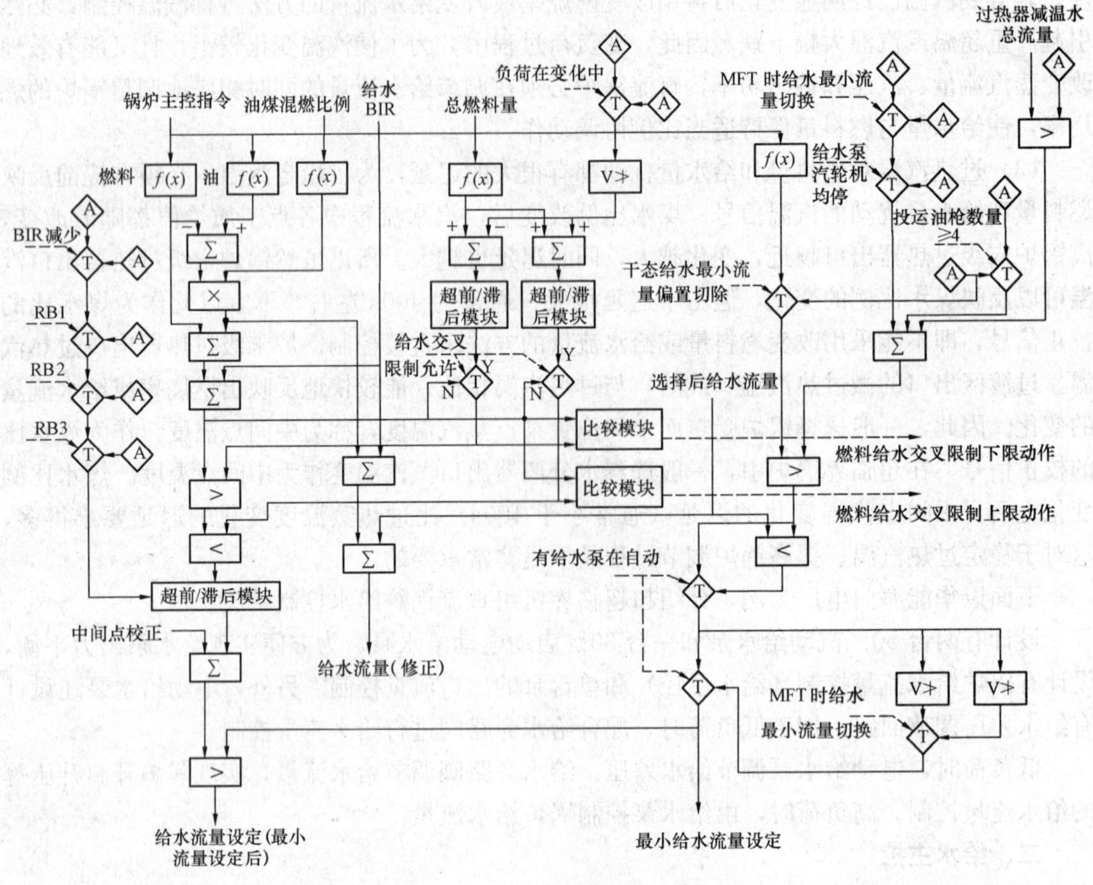

图 5-30 给水主控回路图 1

给水流量指令由以下修正：

1. 防止省煤器沸腾回路

因为这台锅炉为变压运行单元机组，当减负荷时压力从全压（临界压力）状态快速下降，省煤器流体温度超过此压力下的饱和温度，省煤器里的流体有可能蒸发。如果省煤器出口温度高于“分离器储水箱压力下的饱和温度—偏置值（10℃）”，为了防止沸腾，需要增加给水流量来降低省煤器流体温度。另外，省煤器沸腾防止操作时，为了避免情况恶化，负荷减少闭锁。

2. 分离器储水箱液位补偿给水回路

在锅炉循环操作（湿态方式）下，锅炉循环水流量的快速下降将对给水流量控制产生扰动，给水流量有可能低于最小给水流量。因为锅炉循环水流量是根据汽水分离器储水箱水位来程控的，可以通过检测汽水分离器储水箱水位的变化来防止给水流量的下降，给水流量指令增加补偿。

3. 最小给水流量设定

在锅炉上水及开式清洗时，给水流量为 300t/h；进入冷态循环冲洗后，给水流量为 780t/h，直到锅炉进入干态运行前，保持 780t/h 给水流量不变；最小给水流量会受减温水流量、投运油枪数量、省煤器防沸腾回路、分离器水位动态补偿等回路的修正。

并/退泵控制时，给水主控输出设计有指令平衡回路，将给水指令分配到各台给水泵中，实现总的给水泵出口流量之和保持不变，从而实现并/退泵过程给水流量无扰控制；另外还设计有给水泵自动台数增益补偿回路；设计有给水流量平衡回路，实现无扰的给水泵并入/退出控制。

并/退泵时，在给水主控 PID 前馈切换时会发生极大的扰动，因此在前馈信号进行切换时，给水主控 PID 先暂停运算一下（采用跟踪的方式进行保持），等前馈信号切换完成后，再进行 PID 运算。同理，在给水泵投自动的数量发生变化时，对给水主控 PID 也会产生一个微小的扰动，采用同样的方法来消除这个扰动。

三、给水泵流量再循环控制

给水泵再循环阀的主要作用是保证给水泵工作在安全区，同时协助给水泵进行给水流量控制。给水泵再循环阀的控制是给水全程控制系统，尤其是实现全自动并/退泵控制的关键，同时给水泵再循环阀的控制也是给水流量调节稳定的前提。由于给水泵再循环系统特性原因，造成给水再循环调节的不稳定，使得给水再循环调节一直以来投运的效果不佳。因此，必须采用一种稳定可靠的控制策略，来实现给水泵再循环的控制。

给水泵最小流量控制系统仅工作在给水泵启动和低负荷阶段；锅炉给水流量只要大于最小流量定值，给水再循环调节阀门就关闭。

（一）给水泵最小流量控制回路

图 5-31 所示为给水泵最小流量控制回路。

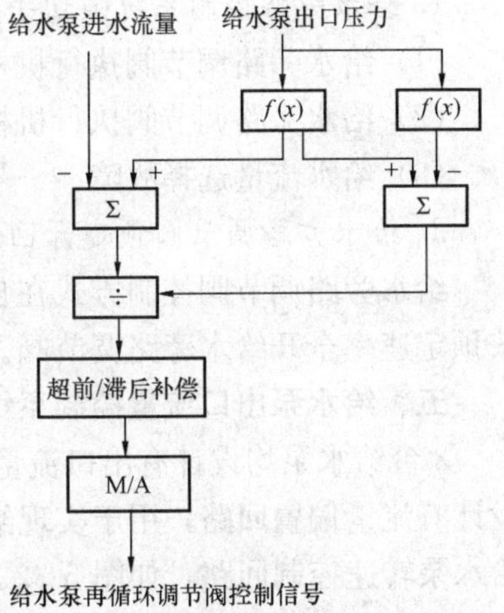

图 5-31 给水泵最小流量控制回路

给水泵最小流量控制回路为一单回路控制系统。汽动给水泵 A、汽动给水泵 B 和电动给水泵 C 的再循环流量控制系统互相独立，结构完全相同，下面以汽动给水泵 A 再循环流量控制系统为例加以说明。

如图 5-31 所示，给水泵再循环阀采用曲线形的比例控制结构，根据给水泵出口压力决定给水泵的最小流量值，同时根据既保证安全又有最佳经济性的最大流量值，然后根据当前给水泵的入口流量在此最小流量值和最大流量值的百分比，作为再循环门的开度指令，从而保证给水泵工作在安全区域，同时又保证有最佳的经济性，为了防止给水流量的剧烈扰动，阀位指令经过一个 60s 的滞后补偿后，再送到控制输出，从而保证给水流量的平稳控制，保证系统的稳定控制。

（二）再循环调节阀控制与保护

（1）当汽动给水泵 A 转速高于 100r/min，入口流量低于 500t/h 时，再循环调节阀控制指令为100%。

(2) 当给水泵入口流量信号质量坏时，再循环调节阀控制由自动切为手动。

(3) 最小流量给水再循环调节阀常设计为反方向动作，即控制系统输出为0时，阀门全开；输出为100%时，阀门全关。这样在失电或失去气源时，阀门全开，可保证设备的安全。

四、给水旁路控制系统

(一) 旁路控制规律

在锅炉上水及开式清洗时，由于此时给水流量信号还未稳定，并不是采用PID的方法来实现给水流量的控制，而是采用给水差压来估算给水流量，控制给水流量在300t/h左右。

采用变积分的方法，实现给水流量的稳定控制，当给水差压偏差较大时，采用较快的积分回路，使给水流量不受差压变化的影响，使流量控制稳定；正常运行时，若给水流量较设定值低于某一程度，则加快积分调节回路，实现给水流量尽快恢复，防止给水流量过低引发MFT，这种情况下，同时需要加快电动给水泵给水差压的调节，以配合旁路调节阀，尽快提高给水流量。

在进行给水管路切换时，给水旁路阀需要配合完成全开或全关的动作，此时开关速率由给水流量偏差来决定，当给水流量偏差大时，降低开关速率，甚至暂时停止，以稳定给水流量控制。当主给水门全开后，则旁路阀以较快的速率进行开关，因为此时旁路阀的开关对给水流量不会产生任何影响了。

给水旁路阀设计有“自动备用”和“自动控制”回路，全程投入自动，实现给水全程自动控制。

(二) 给水旁路调节阀控制与保护

1. 给水旁路控制系统强切手动

(1) 给水旁路调节阀执行机构电源故障。

(2) 给水旁路调节阀执行机构保护动作。

(3) 给水流量选择故障。

2. 给水旁路调节阀预定开回路

给水旁路调节阀控制方式在自动时，当任一汽动给水泵调节真自动后一段时间（120s），按预定速率全开给水旁路调节阀。

五、给水泵出口流量控制系统

3台给水泵均设计有出口流量控制系统，其出口流量指令来自给水主控的输出。各台泵设计有流量偏置回路，用于实现给水泵的并入/退出自动控制。给水泵出口流量控制系统的给水泵转速控制回路，如图5-32所示。

(一) 给水泵出口流量设定值（指令）

由给水流量设定与选择后给水流量偏差经PI调节（给水主控回路见图5-33），加上负荷平衡功能产生基本给水指令。由操作员根据实际工况需要手动设置对应泵的给水流量设定值偏置。因此，给水泵出口流量设定值等于基本设定值与偏置的综合结果。设定值偏置还设置了限速功能。

说明，为了使3台给水泵可以承担不同的负荷分配，并使3台泵分别投自动时能实现无扰动切换，每台给水泵都可以进行各自的偏置设定。

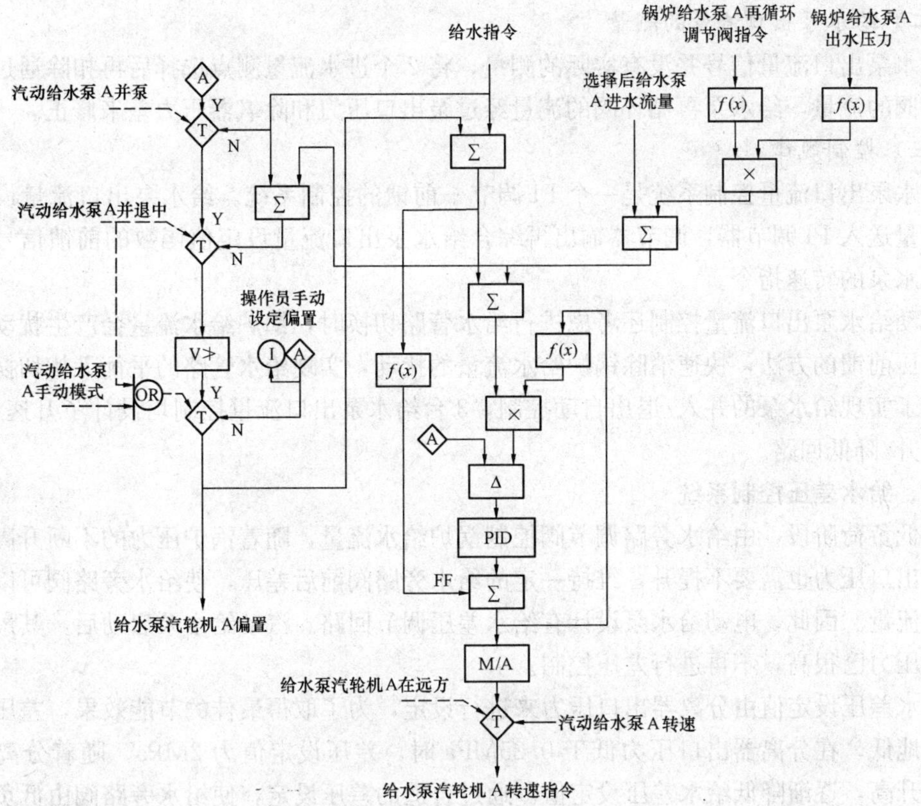

图 5-32 给水泵转速控制回路图

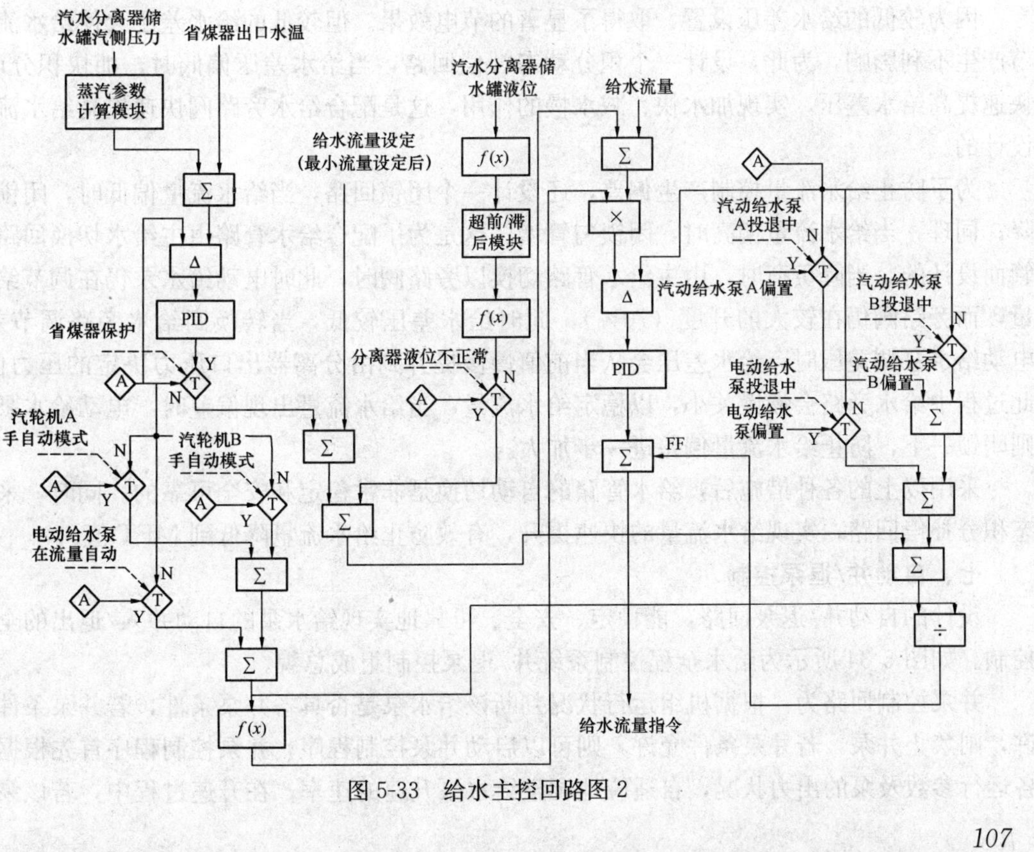

图 5-33 给水主控回路图 2

（二）给水泵出口流量的测量

给水泵出口流量信号并没有实际的测量，将2个进水流量测点选择后再扣除通过给水泵再循环阀的流量，给水泵再循环阀的流量经过泵出口压力和除氧器压力差来修正。

（三）控制规律

给水泵出口流量控制系统是一个PI调节＋前馈的控制系统。给水泵出口流量设定值与给水流量送入PI调节器，调节器输出再综合给水泵出口流量设定值函数的前馈信号，最终产生给水泵的转速指令。

电动给水泵出口流量控制还考虑进行给水管路切换时，锅炉给水流量会产生扰动，采用给水差压前馈的方法，快速消除锅炉给水流量的扰动，实现给水管路的平衡无扰切换。

为了实现给水泵的并入/退出自动控制，3台给水泵出口流量控制均设计了升速/降速和流量提升/降低回路。

六、给水差压控制系统

在低负荷阶段，由给水旁路调节阀控制锅炉给水流量，随着锅炉压力的不断升高，电动给水泵出口压力也需要不提升，维持一定的给水旁路阀前后差压，使给水旁路阀可以正常调节给水流量。因此，电动给水泵设计有给水差压调节回路。汽动给水泵启动后，其最低转速下出口压力已很高，不再进行差压控制。

给水差压设定值由分离器出口压力来进行设定，为了取得最佳的节能效果，差压设定值尽可能地低，在分离器出口压力低于0.25MPa时，差压设定值为2MPa，随着分离器出口压力的升高，逐渐降低给水差压设定值。通过合适的差压设定，使给水旁路阀由低负荷到给水管路切换时，开度由30％到60％，实现给水泵节电效果显著。

因为较低的给水差压设置，取得了显著的节电效果。但较低的给水差压会使给水流量调节产生不利影响，为此，设计一个积分动态补偿回路，当给水差压偏低时，加快积分调节，快速提高给水差压，实现加水快、减水慢的作用，这是配合给水旁路阀快速提高给水流量而设计的。

为了防止给水流量控制产生偏差，还设计一个闭锁回路，当给水流量偏低时，闭锁勺管降；同理，当给水流量偏高时，闭锁勺管增。这是为了配合给水管路由主给水切换回路旁路管而设计的，当降负荷时，由主给水管路切换以旁路阀时，此时电动给水泵仍在调节给水流量，而旁路阀仍在较大的开度（70％），此时给水差压较低，当转换回给水旁路调节差压、电动给水泵调差压时，给水差压会从当前值慢慢提升到由分离器出口压力决定的压力值上，此过程中给水旁路会慢慢关小，以稳定给水流量，当给水流量出现偏差时，电动给水泵勺管则闭锁一下，防止给水流量偏差进一步加大。

采用以上的各种措施后，给水管路的自动切换是非常稳定和安全可靠的。同时，采用动态积分补偿回路，实现给水流量的快速提升，有效防止给水流量降低到MFT值。

七、自动并/退泵控制

设计的自动并/退泵回路，能稳定、安全、可靠地实现给水泵的自动并入/退出的全自动控制。如图5-34所示为给水全程控制系统并/退泵控制组成总貌。

并泵控制回路为：根据机组运行状况判断该给水泵是否具备并泵条件，若并泵条件未允许，则禁止并泵，若并泵条件允许，则可以启动并泵控制程序；并泵控制程序首先根据机组各运行参数及泵的出力状况，自适应地调整给水泵升速的速率；在升速过程中，若该泵出力

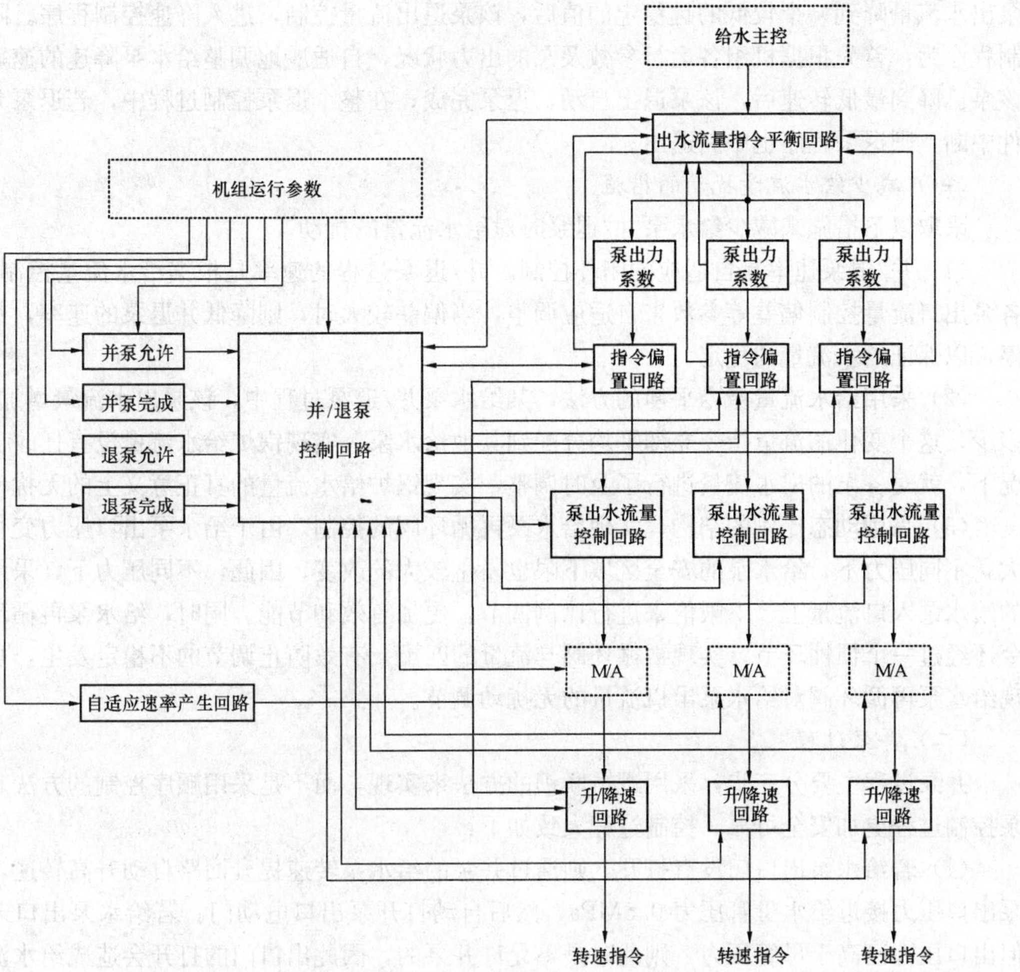

图 5-34 给水全程控制系统并/退泵控制组成总貌

已与其他在运行泵出力平衡时，将该泵投入自动，并泵结束，否则继续升速；在升速过程中该泵的出力流量指令偏置值始终处于跟踪状态，使该泵的出水流量指令值与该泵实际出水流量值相等；当给水泵升速到该泵出水流量稳定的一个值时，将该泵投入自动，此时该泵进入出水流量平衡控制程序；出水流量平衡控制程序为泵已投入自动控制，该泵出水流量指令偏置值由原来的跟踪状态退出；该泵出水流量指令偏置值慢慢向零靠近，偏置值的变化速率同样由机组各运行参数自适应地调整；在出水流量平衡控制过程中，该泵出水流量指令增加多少，就平均将其他泵的出水流量减少多少，实现总的出力流量指令始终保持不变；当偏置到达零后，并泵完成；在整个并泵控制过程中，若并泵允许条件中断，则并泵程序也中断退出。

退泵控制回路为：根据机组运行状况判断该给水泵是否具备退泵条件，若退泵条件未允许，则禁止退泵，若退泵条件允许，则可以启动退泵控制程序；退泵控制程序首先减小该泵出水流量至一个较低的且稳定的值，在降低该泵出水流量过程中，根据机组各运行参数及泵的出力状况，自适应地调整速率；在降低该泵出水流量过程中，该泵出水流量指令减少多少，就平均将其他泵的出水流量指令增加多少，实现总的出力流量指令始终保持不变；当该泵出水流量降到一个较低的且稳定的值后，该泵退出流量控制，进入降速控制程序。降速控制程序为：首先根据机组各运行参数及泵的出力状况，自适应地调整给水泵降速的速率；当该泵已降到最低转速后，该泵退出自动，退泵完成；在整个退泵控制过程中，若退泵允许条件中断，则退泵程序也中断退出。

（一）减少给水流量扰动的措施

采取以下措施来减少给水泵并/退泵时对给水流量的扰动。

（1）并/退泵速率是自适应的闭环控制。并/退泵过程的速率是根据给水流量控制偏差、各泵出口流量控制偏差等参数来自适应调整，当偏差较大时，则降低并退泵的速率，甚至暂停，以保证给水流量的稳定。

（2）采用给水流量指令平衡的方法，某给水泵并/退泵过程中，该泵出水流量增加/减少多少，这个变化的流量指令立即平均分配到其他给水泵，实现锅炉给水流量没有任改变的情况下，就对各泵的出水流量进行了及时调整，实现锅炉给水流量的真正意义上的无扰动。

（3）采用动态比例的结构，实现给水泵再循环阀的控制。由于给水泵出口压力变化量较大，不同压力下，给水泵的安全区域下限也发生较大的改变。因此，不同压力下，采用不同的给水泵入口流量上、下限值来进行比例调节，更加有效和节能。同时，给水泵再循环阀指令还经过一个惯性环节，实现再循环阀与流量的匹配，有效防止调节的不稳定发生，真正实现给水泵再循环阀对给水泵出口流量的无扰动调节。

（二）并泵过程

并泵过程主要分三步，采用逻辑联锁的方法来实现，而不是采用顺序控制的方法，使并泵控制过程更加安全可靠，控制过程大致如下：

（1）若给水泵出口门没有打开，则通过并泵的给水泵转速提升回路自动升高转速，使该泵出口压力接近给水母管压力0.5MPa，然后自动打开泵出口电动门。若给水泵出口未打开但出口压力已高于母管压力，则此时是不允许并泵的，因此出口门的打开会造成给水流量的扰动。

（2）出口门打开后，继续提高给水泵转速，当给水泵快要出水时，降低提速的速率，使该给水泵慢慢地出水。当该泵出水稳定后，继续提升给水泵转速，当该泵出水流量达到一个稳定值（300t/h）后，进入泵出力平衡回路。

（3）进入泵出力平衡回路后，慢慢提升该泵的出水流量，在平衡回路的作用下，该泵升高多少流量，其他在自动的泵就减少多少流量，使锅炉给水流量保持不变。当该泵出口流量与其他泵平衡时，并泵完成。

（4）在整个并泵过程中，当泵有出水时，提速的速率、流量提升的速率，都是根据给水流量控制偏差、各台泵的出水流量控制偏差等参数自适应调整，保证整个并泵过程中对给水流量的扰动最小。

（三）退泵过程

退泵过程主要分三步，采用逻辑联锁的方法来实现，而不是采用顺序控制的方法，使退泵控制过程更加安全可靠，控制过程大致如下：

（1）通过泵出力平衡回路，慢慢减少该泵的出水流量，当减少到一个较小的值（300t/h）时，进入降速回路。

（2）降速回路继续降低给水泵转速，当该泵不出水后，以较快的速率降低到最小转速，该泵切换到手动方式，退泵完成。

(3) 在整个退泵过程中，当泵有出水时，提速的速率、流量提升的速率，都是根据给水流量控制偏差、各台泵的出水流量控制偏差等参数自适应调整，保证整个并泵过程中对给水流量的扰动最小。

八、给水管路自动切换控制

锅炉给水系统设计有25%的旁路给水管道和100%主给水管道，主给水管道设有主给水电动门，旁路给水管道设有给水旁路调节阀。低负荷时，由旁路给水管道供水，给水流量由电动给水泵和给水旁路调节阀共同来控制；高负荷时，由主给水管道供水，给水流量由给水泵控制。

主给水管道和旁路给水管道的相互切换，由于主给水管道设置的是电动门，切换时给水管路的特性变化非常大，对给水流量扰动较大，如在旁路给水时，给水差压2MPa的情况下，切换到主给水管道后，同样的给水流量下，给水差压只有不足0.1MPa。因此，必须采用一个有效的、可靠的控制方案，实现给水管路的无扰切换。

(一) 减少给水流量扰动的措施

采取以下措施来减少给水管道切换时对给水流量的扰动。

(1) 通过合理的给水差压设定，使升负荷到切换点时，给水旁路调节阀基本上处于全开位，减少切换时的给水差压变化量，从而减少给水流量的扰动。

(2) 升负荷到切换点时，先切换到电动给水泵调节给水流量，而给水旁路调节阀慢慢全开，给水旁路调节阀慢慢全开的速率由给水流量偏差来决定，当给水流量偏差偏大时，降低给水旁路阀开大的速度，抑或暂停，以保证给水流量的稳定。

(3) 当给水旁路阀全开后，开始打开主给水电动门。由于主给水电动门为全开/全关型的闸阀，没有调节的作用。因此，在主给水电动门打开的过程中，给水通道是瞬间打开的，对给水流量的扰动非常大，单靠给水流量控制的PID调节是很难消除这种扰动的。为了减小这种扰动，将能最早反映这种扰动的给水差压信号送到电动给水泵出口流量控制回路，通过观察给水差压的变化迅速调节电动给水泵勺管，从而在给水流量还没有发生变化时，就提早消除了扰动，实现给水流量的无扰动控制。给水差压变化对电动给水泵出口流量控制回路的作用，只是在主给水电动门打开/关闭过程中才起作用，平时是不起作用的，以防止给水差压波动对给水流量造成额外的影响。另外，为了稳定给水流量控制，在切换过程中给水差压发生大幅度变化时，暂时加快给水流量的PID调节作用，从而加快偏差的消除调节过程，稳定给水流量，之后，给水PID恢复正常的调节速度，以防止调节系统的不稳定。

(4) 降负荷到切换点时，先打开给水旁路阀及其前后电动门（保证给水旁路阀已通），然后关闭主给水电动门。在主给水电动门过程中，主给水管道也是瞬间被关闭的，对给水流量的扰动非常大，此时仍由电动给水泵出口给水流量控制回路观察给水差压的变化，迅速开大电动给水泵勺管，从而在给水流量还没有发生变化时，就提早消除了扰动，实现给水流量的无扰动控制。为了防止切换过程中给水流量降低过多，对电动给水泵出口流量控制回路也进行改动，使其在加/减方向的调节速度不相同，增加方向的调节速率调高，而减少方向的调节速率不变，这样就能很好地防止给水流量过低，同时由于减少方向的调节速率没有提高，不会引起给水调节的不稳定。

(5) 主给水阀全关后，转由给水旁路阀调节给水流量，电动给水泵调节给水差压。此时，给水差压设定值会慢慢增大，向由分离器出口压力决定的设定值靠近，给水旁路阀也会慢慢关小，控制给水流量不变。在此过程中，为了减小电动给水泵开大过程对给水流量的扰动，当给水流量偏差大时，暂时闭锁，以稳定给水流量。

采用以上几项措施后，给水管路切换过程中，给水流量基本无扰动。

（二）给水旁路管道自动切换到主给水管道

给水管路的自动切换由给水旁路阀和给水泵的状态来决定，当两者都在自动时，则自动进行给水管道的切换，否则只能由运行人员手动进行切换，即使是手动进行切换，电动给水泵流量控制中也考虑了给水差压的变化，流量扰动也是非常小的。

采用电动给水泵启动机组时，由给水旁路管道自动切换到主给水管道的控制过程大致如下：

（1）升负荷到 130MW，或负荷高于 90MW 而主给水电动不在全关位时，或主给水电动门在全开位时，则电动给水泵流量控制允许，此时电动给水泵进入给水流量控制。

（2）当有给水泵在自动调节给水流量后，给水旁路阀慢慢全开，打开过程的速率受给水流量控制偏差的限制，当给水流量偏差增大时，降低打开的速率直到停止，以保证给水流量控制的稳定。

（3）等给水旁路阀全开后，打开主给水电动门。在主给水电动门打开的过程中，给水差压会迅速降低（由 0.8MPa 降到 0.1MPa），这个差压的变化迅速作用到电动给水泵给水流量调节回路，迅速减小勺管的控制输出，从而稳定给水流量。

（4）当主给水电动门全开后，由给水旁路管道切换到主给水管道结束。

为了实现机组启动的经济性，机组启动有时可直接采用汽动给水泵来启动，而不需要启动电动给水泵。若机组启动采用汽动给水泵（电动给水泵不开启），由于汽动给水泵最低转速下其出口压力比较高，因此不适合设计给水差压调节。机组启动初期，汽动给水泵则处于最低转速位置运行，给水流量由给水旁路调节阀进行控制。随着锅炉升温升压的过程，分离器出口压力慢慢升高，此时给水旁路阀会慢慢全开。此时转由汽动给水泵调节给水流量，给水旁路阀则保持全开不变。当升负荷到给水管路切换点时，则主给水门打开，完成给水旁路到主给水管道的切换。

另外，为了实现灵活的机组启动方式，也可以先由电动给水泵调节给水流量，直到锅炉升压到 8MPa 后，并入汽动给水泵，退出电动给水泵，此时升负荷过程中给水管路的切换与单由汽动给水泵启动过程一致。

（三）主给水管道自动切换到给水旁路管道

采用电动给水泵配合完成机组停机时，由主给水管道自动切换到给水旁路管道的控制过程大致如下：

（1）切换前，先保证给水旁路调节阀在自动位置，此时给水旁路调节阀会自动全开。

（2）降负荷到 150MW 时，若给水旁路阀自动且全开、有给水泵在自动调节给水流量，则关闭主给水电动门。在主给水电动门关闭的过程中，给水差压会迅速升高（由 0.1MPa 升到 0.8MPa），这个差压的变化迅速作用到电动给水泵给水流量调节回路，迅速开大勺管的控制输出，从而稳定给水流量。

（3）主给水电动门全关后，若是电动给水泵在调节给水流量，则切换到给水旁路阀调节给水流量，电动给水泵进入给水差压调节；若是汽动给水泵在调节给水流量，则保持给水旁路阀全开不变。此时，由主给水管道切换到给水旁路管道结束。

为了实现机组的经济性，机组停机过程有时可直接由汽动给水泵来完成，而不需启动电动给水泵。当降负荷到给水管路切换点时，先打开给水旁路阀及其前后门（保证管道已通），然后关闭主给水门，此过程始终由汽动给水泵完成给水流量的控制。完成由主给水管路到给水旁路的切换。随着机组负荷的继续降低，汽动给水泵降到最低转速，若此时给水流量仍偏高，则转由给水旁路调节给水流量，汽动给水泵保持最低转速位置不变，否则，由汽动给水泵完成给水流量的控制（由于机组停运后，分离器出口压力为10MPa左右，由汽动给水泵完成给水流量的控制是合适的）。

九、干/湿态转换自动控制

锅炉干态方式和湿态方式运行时，对给水流量的控制是不同的。在湿态方式下运行时，给水控制与汽包炉相似，锅炉给水控制的主要任务是维持最小给水流量，分离器液位由361阀和BCP再循环流量调节阀共同完成。进入干态方式后，锅炉进入直流状态，原来的分离器成为锅炉管道的一部分，不再是一个中间缓冲环节。因此，锅炉给水控制的主要任务是维持锅炉煤水比，保证锅炉主蒸汽温度稳定和防止锅炉管道金属管道壁温超温。

在刚由湿态转换为干态时，若锅炉给水流量控制不好，极易造成干/湿态反复切换，或造成分离器入口温度过高引发锅炉壁温超温等异常情况。在实际运行中，为了快速过渡到干态，往往加快燃料的增加速率，防止再度回到湿态方式。加快燃料的速率，能非常有效地快速进入干态，但若过程中给水流量配合不好，极易造成分离器入口过热度超温（该过热度正常运行范围为10～20℃，超过25℃就容易造成金属壁温超温）。为此，设计给水全程控制时，采用给水流量控制配合干/湿态转换的需要，实现分离器入口过热度的稳定控制，维持过热度在正常的范围内。

在干态方式下，过热度控制作用允许。由于机组干态转换的状态信号有不定期定延时，因此在主蒸汽压力大于9MPa，机组负荷大于200MW，分离器入口过热度高于10℃延时30s，过热度控制作用也允许。过热度的控制在给水流量回路采用的是曲线函数的比例调节，最终过热度的无差调节由煤水比控制回路实现，在实际运行过程，只要保证过热度在正常范围即可。另外，过热度的控制还要配合一级减温水控制，当一级减温水阀门开度较小（<20%）时，提高过热度设定值；相反，若一级减温水阀门开度较大（>80%），则降低过热度。这种给水控制与减温水相互协调的控制策略，对于保持主蒸汽温度稳定非常有效，实际运行效果显著。

十、汽水分离器储水罐水位控制系统

锅炉湿态运行时，分离器和储水罐的作用相当于汽包锅炉中的汽包。与汽包水位控制有所不同，储水罐水位允许有一个变化范围，这是因为储水罐罐体较长（通常高20m左右）。但是，当运行工况发生变化时，也同样会产生虚假水位，且由于罐体截面积较小（直径在1m以内），当给水流量迅速增加、汽压迅速下降，或者升温升压过程中炉水开始蒸发使其体积膨胀时，很容易使储水罐满水。所以，分离器储水罐水位是锅炉湿态运行时必须监控的一个重要参数。

启动系统中最主要的部件是汽水分离器，其进出口分别与水冷壁和炉顶过热器相连接。其作用类似汽包，将汽水混合物进行分离，并建立水位，防止锅水冲入过热器系统，也防止蒸汽带到水侧的系统中。在最低直流工况35%BMCR以上运行时，进入分离器的介质，可以达到干饱和状态，使分离器从有水位（湿态）切换到无水位（干态）运行。一旦锅炉启动结束，该系统就失去原来作用而作为连接水冷壁与过热器之间的汽水通道。该分离器被称为内置式汽水分离器。

锅炉在湿态运行时，根据锅炉分离器储水罐水位，按比例控制 360 阀开度，如图 5-35 所示；当水位进一步上升，分离器储水箱水位通过 361 阀进行控制，如图 5-36 所示。通常由电动给水泵出口流量和锅炉再循环流量之和保证省煤器入口的最低安全流量。

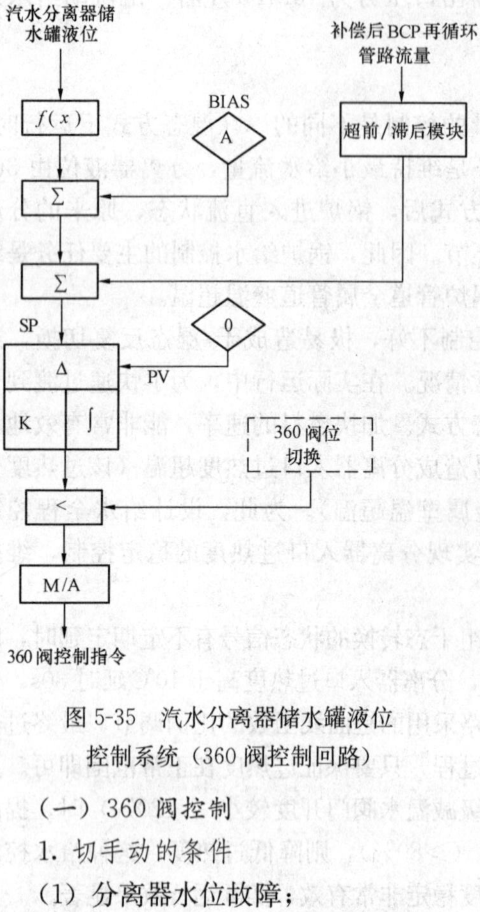

图 5-35　汽水分离器储水罐液位控制系统（360 阀控制回路）

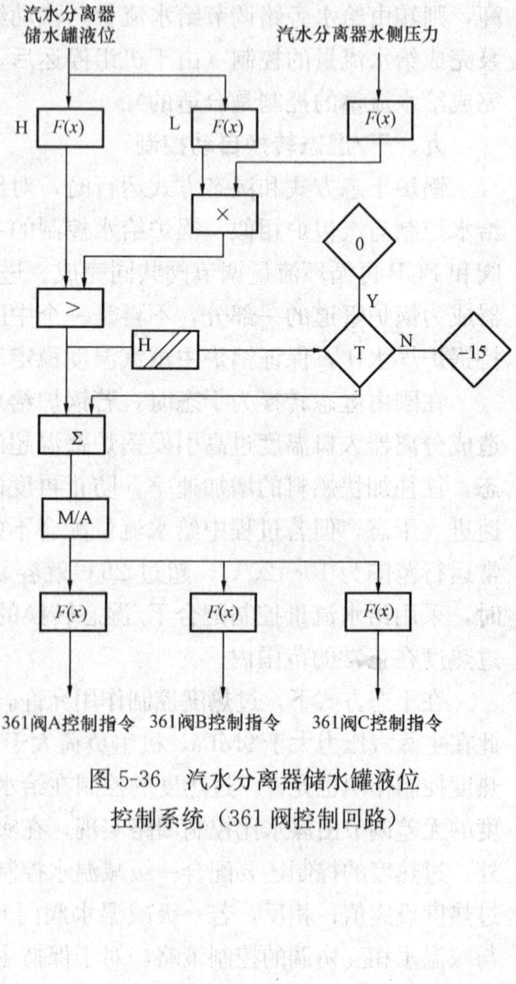

图 5-36　汽水分离器储水罐液位控制系统（361 阀控制回路）

（一）360 阀控制

1. 切手动的条件

（1）分离器水位故障；

（2）360 阀执行机构故障；

（3）BCP 再循环管路流量故障。

2. 预设值

预设值即 360 阀位切换，如图 5-35 所示。

（1）如果给水泵启动时，炉水循环泵运行，MFT 且 130℃＜分离器入口温度＜270℃，则在随后的 8min 内监视分离器水位，如果水位剧增超过一定值，则开 360 阀到 18％位；

（2）锅炉再循环泵停运时关 360 阀至 0％位；

（3）锅炉冷态循环清洗时，置 360 阀 40％位。

3. 自动刚投入时的动作过程

如果炉水循环泵启动时，再循环流量小于 30t/h，360 阀将以一定的速率逐渐开大，最大开度到 15％位，再循环流量大于 30t/h 后阀位高限为 100％。

热态冲洗时流量调节回路设定值自动减 300 t/h 流量，热态冲洗完自动恢复。

（二）361 阀控制

1. 切手动的条件

分离器液位故障。

2. 预设值

361 阀出口至锅炉启动排污扩容器电动门和 361 阀出口至凝汽器启动疏水装置电动门全关时，关 361 阀。

3. 自动刚投入时的动作过程

用汽水分离器储水箱水位来完成程序控制。

为了防止水位控制阀快速的开操作引起水位的突然变化，限制在上升方向上的变化率。

第五节 汽温控制系统

一、汽温控制系统概述

锅炉过热蒸汽温度是影响锅炉生产过程安全性和经济性的重要参数。过热蒸汽温度的控制任务是：维持过热器出口蒸汽温度在生产允许的范围内，一般要求过热蒸汽温度的偏差不超过额定值（给定值）的－10～5℃。

生产过程当中，被控对象除了具有容积迟延之外，还不同程度地存在着纯迟延，一般认为纯迟延时间 τ 与过程的时间常数 T 之比大于 0.3 时，则该过程是具有大迟延的工艺过程。用常规的 PID 算法很难达到预期的控制效果。过热汽温系统的被控对象是典型的具有大迟延、大惯性时间的系统。另外，影响过热汽温的因素有很多，如锅炉负荷、烟气扰动、过量空气系数、炉膛火焰中心位置等。稳定、准确、快速地对过热汽温进行有效的控制一直是现场工作人员和科研人员努力的方向。

1000MW 机组大多采用一次中间再热。汽温控制系统包括过热蒸汽温度控制系统和再热蒸汽温度控制系统。汽温控制系统的控制策略如下：

（1）过热汽温喷水控制，常为二级或三级喷水减温控制。

（2）摆动火嘴的摆动角度或烟气旁路挡板作为再热器出口汽温的正常调节手段，喷水减温作为辅助调节手段。

汽温调节是一个大延时环节，加上锅炉设计中对喷水减温器、摆动火嘴及烟道挡板配置可控能力的不足，往往使调节回路很难投好，因此在常规方法的基础上有许多人研究提出了加入史密斯预估器，或者采用人工神经网络等先进汽温控制策略来改善调节品质，收到了较好效果。

二、过热汽温控制

（一）直流锅炉过热汽温调节控制对象的特性

1. 煤水比

直流锅炉运行时，为维持过热汽温在允许范围内，锅炉的燃料量 B 与给水量 W 必须保持适当的比例。如图 5-29 所示，若 W 不变而增大 B，由于受热面热负荷 q 成比例增加，受热面中的水、汽分界面前移，过热汽温就会升高；若 B 不变而增大 W，由于 q 并未改变，受热面中的水、汽分界面后移，过热汽温就会降低。因此直流锅炉主要是靠调节煤水比来维持过热汽温的。若汽温变化是由其他因素引起（如炉内风量），也可用改变煤水比的方法来调节。因此，直流锅炉不能像汽包锅炉那样只用减温水就能控制好汽温，而是要以调节煤水比作为基本的调温手段。否则，一旦燃烧率与给水量比例不当，过热汽温的变化可能大大超过允许范围，煤水比严重失配时，会危及受热面的安全。

2. 给水温度

机组高压加热器因故障停运时，锅炉给水温度就会降低。在同样给水量和煤水比的情况下，受热面中的水、汽分界面后移，过热汽温随之降低；再热器出口汽温则随汽轮机高压缸排汽温度的下降而降低。因此，当给水温度降低时，必须改变原来设定的煤水比，适当增加燃料量，才能保持额定汽温。

前面已经分析，给水控制系统可以自动维持中间点温度。若高压加热器切除后给水控制系统能自动提高煤水比，保持中间点温度等于高压加热器切除前的数值，则过热汽温会比高压加热器切除前高。

3. 受热面沾污

在煤水比不变的情况下，炉膛结焦会使过热汽温降低。这是因为炉膛结焦使锅炉传热量减少，排烟温度升高，锅炉效率降低。对流式过热器和再热器的积灰都不会明显改变炉膛出口烟温，而只会使相应部件的传热热阻增大，因而传热量减小，使过热汽温和再热汽温降低。在调节煤水比时，若为水冷壁结焦，可直接增大煤水比；但若过热器结焦，则增大煤水比时应注意监视水冷壁出口温度，在其不超温的前提下来调整煤水比。

4. 过量空气系数

当增大过量空气系数时，炉膛出口烟温基本不变，但炉内平均温度下降，水冷壁的吸热减少，致使过热器进口蒸汽温度降低，虽然对流式过热器的吸热量有一定的增加，但前者的影响更强些。在煤水比不变的情况下，过量空气系数增大时，过热器出口温度将降低；过量空系数减小时，过热器出口温度将升高。若要保持过热汽温不变，也需要重新调整煤水比。

5. 火焰中心高度

当火焰中心升高时，炉膛出口烟温显著上升，再热器出口汽温升高。此时，水冷壁受面的下部利用不充分，致使工质在锅炉内的总吸热量减少，加热段与蒸发段伸长，过热段短。煤水比不变时，过热汽温降低。

由上述分析可见，直流锅炉的给水温度、过量空气系数、火焰中心位置、受热面沾污程度对过热汽温的影响与汽包锅炉有很大的不同，有些影响是完全相反的。这是因为没有汽包分界，炉内任何部分传热量的增加（或减少），都会使汽温上升（或下降）。对于直流锅炉，在水冷壁温度不超限的条件下，后4种影响过热汽温的因素都可以通过调整煤水比来消除。所以，只要控制、调节好煤水比，在相当大的负荷范围内，直流锅炉的过热汽温可保持在额定值。此优点是汽包锅炉无法比拟的；但煤水比的调整，只有自动控制才能可靠完成。所以，对于直流锅炉，煤水比调节是汽温控制的基本手段，当外部条件不变时，要保持合适的煤水比；当上述某些条件发生变化时，要适当调整煤水比。

（二）直流锅炉过热汽温调节的基本原则

1. 以煤水比调节作为主要的汽温调节的基本手段

煤水比失调造成的温度偏差，是不能仅靠喷水减温的方法来校正的。例如，若煤水比过大使汽温上升时，维持过热汽温不变需要大量的减温水，这将进一步加剧煤水比例失调，喷水点前的受热面，尤其是水冷壁中的工质流量必然减小，引起喷水点前各段受热面金属和工质温度升高，其结果不仅起不到调节汽温的作用，而且还会加剧水冷壁的超温，影响锅炉安全运行。

因此对于直流锅炉，从静态角度来讲，要保证过热汽温为额定值，必须首先保持适当的煤水比。

2. 用汽水分离器蒸汽温度来预测过热汽温的变化，实现过热汽温"粗调"

当运行工况发生变化时，根据中间点温度调整煤水比，不仅可减小汽温调节的滞后时间，还可以及时控制水冷壁的工质温度，防止水冷壁发生传热恶化。在给定负荷下，与主蒸汽焓值一样，中间点的焓值（或温度）也受煤水比的影响。只要煤水比稍有变化，就会影响中间点温度。而中间点温度对煤水比的反映，显然要比过热蒸汽温度的反映快得多。因此，可以选择位置接近过热器进口的中间点温度来控制煤水比，它可以比过热蒸汽汽温更快地反映煤水比的变化，起提前调节的作用。选择分离器入口作中间点，亚临界压力运行范围的中间点温度始终高出饱和温度（或超临界压力下的相变点温度）10～20℃左右，使温度信号可靠反映煤水比。维持过热度是为了留有余地，防止其返回湿态。中间点温度的稳定是十分重要的，运行经验表明：中间点温度每变化1℃，过热汽温将变化5～10℃。

当机组负荷或者运行工况变化时，通过调整煤水比保持中间点温度的稳定，且保持适当的过热度，能使直流锅炉和汽包锅炉具有类似的过热汽温特性。例如，给水温度提高后，加热段和蒸发段缩短，分离器汽温提高，若要保持中间点温度不变，在燃料量不变的条件下必须增加给水流量，导致过热汽温下降。相反，若高压加热器切除，给水温度降低，将导致加热段和蒸发段增长。若要保持中间点温度不变，在给水量不变的前提下必须增加燃料量，这将使过热段的吸热量增加，使过热汽温升高。保持中间点温度有不大且稳定的过热度，实际上相当于通过煤水比调节将中间点至过热器出口之间的过热段固定，类似于汽包炉有固定的过热段一样。工质在分离器前主要吸收液体热和汽化热，分离器后吸收过热热。显然，这就是给水控制系统中，主调节器根据中间点温度校正煤水比的结果。

所以，在给水控制系统正常投入的情况下，直流锅炉可以像汽包锅炉那样，用喷水减温来微调过热汽温。

3. 以喷水减温作为过热汽温的"细调"手段

在中间点温度基本稳定后，过热汽温就不会出现太大的偏差，适当喷水就能维持过热汽温在允许范围。所以，直流锅炉可以采用与汽包锅炉类似的喷水减温汽温控制系统。

（三）过热汽温控制系统

过热器汽温控制在锅炉处于湿态运行时，采用喷水减温控制；在锅炉处于干态运行时，以控制煤水比为主，喷水减温为辅。

（1）过热汽温粗调（煤水比的调节）。煤水比调节主要温度参照点是中间点（即内置式分离器出口处）焓值（或温度）。锅炉负荷大于40%BMCR时，分离器呈干态，中间点温度为过热温度。具体控制思路见锅炉给水控制系统部分。

（2）过热汽温细调（喷水减温）。由于锅炉调节中受影响的因素很多，只靠煤水比的粗调是不够的；而且，还可能出现过热器出口左、右侧温度偏差。因此，在后屏过热器的入口处和高温过热器（末级过热器）的入口处分别布置了一级和二级减温水（每级左、右各一）。喷水减温器调温惰性小、反应快，从开始喷水到喷水点后汽温开始变化只需几秒钟，可以实现精确的细调。必须注意的是，要严格控制减温水总量，以保证有足够的水量冷却水冷壁；

投用时，尽可能多投一级减温水，少投二级减温水，以保护屏式过热器。

目前普遍采用喷水减温作为控制汽温的手段，将过热器分为导前区和惰性区，减温器前为导前区，减温器后为惰性区。由于大型锅炉过热器管道加长，结构复杂，滞后和惯性加大，这时汽温控制应采用两级喷水分段控制。

对采用二级喷水减温的过热蒸汽温度控制系统，如果仅从锅炉出口蒸汽温度的调节效果来考虑，则一级减温相当于粗调，二级减温相当于细调。对于每级减温控制系统，最常见的典型组态都采用串级控制系统，控制器采用 PID 规律，二级减温器入口蒸汽温度定值随负荷改变，锅炉出口蒸汽温度为定值控制。也有控制系统设计考虑了机组负荷等前馈信号。

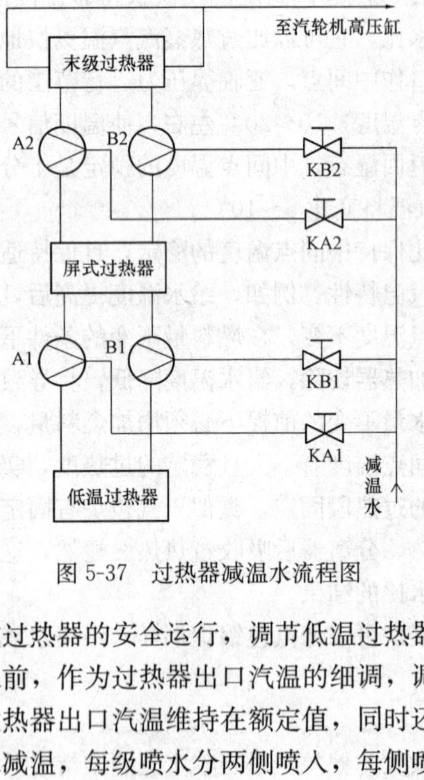

图 5-37 过热器减温水流程图

过热蒸汽的流程为：汽包→顶棚过热器→尾部后墙包覆过热器→悬吊管及尾部侧墙包覆过热器→前屏过热器→第一级喷水减温器→后屏过热器→第二级喷水减温器→高温对流过热器→集汽器联箱→汽轮机高压缸。在后屏过热器进口和高温对流过热器进口管道上布置有两级喷水减温器。图 5-37 所示为过热器减温水流程。第一级喷水减温器是保护后屏不超温，第二级喷水减温器主要调节过热器出口汽温，使之维持额定值。在第二级喷水减温中，蒸汽实现了一次左右交叉混合，以消除热力和水力造成的两侧汽温偏差。整个过热器系统采用辐射和对流组合式，具有较好的汽温特性。

某超超临界单元机组采用两级喷水，总喷水量为锅炉额定负荷的 5%～8%。第一级布置在屏式过热器前，作为整个过热器汽温的粗调，还可保证屏式过热器的安全运行，调节低温过热器左、右侧的蒸汽温度偏差；第二级布置在末级过热器之前，作为过热器出口汽温的细调，调节高温过热汽温度及其左、右侧汽温的偏差，使末级过热器出口汽温维持在额定值，同时还可保证末级过热器的安全运行。锅炉设有两级四点喷水减温，每级喷水分两侧喷入，每侧喷水均可单独控制，通过喷水减温可有效减小左右两侧蒸汽温度偏差。

1. 一级过热蒸汽温度控制系统

原先设计为一级过热汽温度的被控对象为一级减温水流量，实际投运效果并不理想，当汽温发生较大变化时，仅仅保持一定的减温水流量，并不能控制好汽温，经常导致屏式过热器管壁金属温度超温，有时主蒸汽温度不好控制。

为此，将一级过热喷水减温改为 A、B 侧分别控制同侧的屏式过热器出口汽温，采用串级的结构。屏式过热器出口温度控制系统又称一级减温控制系统。

当一级减温水的阀位开度太大或太小时，则通过修正煤水比的方法，始终保持减温水阀位开度在一个比较合适的位置，保证足够的调节裕量，达到最好的调节效果。

(1) 屏式过热器出口汽温设定值。屏式过热器出口汽温设定值由两部分组成，一个是屏式过热器出口温度目标值，一个是二级减温水开度修正。屏式过热器出口温度目标值的基本部分是负荷的函数，并由单烧煤、单烧油或油煤混烧来决定。根据汽轮机启动方式加上负荷变化率限制。二级减温水开度修正的目的是使一级减温水调节阀与二级减温水联动。

（2）屏式过热器出口汽温过程值。屏式过热器出口汽温，分 A、B 两侧，每侧有 2 个测点，二选后作为各侧过热器一级喷水减温控制系统的主调节器的被调量。

过热器一级减温器后蒸汽温度分 A、B 两侧，每侧有 2 个测点，二选后作为对应侧的副调节器的被调量。

（3）控制规律。采用串级控制系统，副调节器的主要任务是迅速消除各种扰动，控制高温过热器入口温度，即二级喷水减温器出口温度为适当值；主调节器的主要任务是稳定锅炉出口主蒸汽温度在允许范围内。

主调节器采用动态变比例变积分＋前馈控制，其目的是当负荷变化引起烟气侧扰动时能及时调整喷水量，消除负荷扰动，减少过热汽温波动。

副调节器采用变比例变积分＋前馈控制，前馈信号是负荷指令的函数，当屏式过热器出口温度高时屏蔽此前馈信号。同时，为了保证机组的经济性，防止过多喷水，系统还设置了过热度限制，由一级减温器后蒸汽温度与分离器出口饱和温度偏差控制产生。过热度限制与副调节器 PID 输出取小值作为过热器一级减温水调节阀指令。

（4）过热器一级减温水调节阀控制与保护（以 A 侧为例）。当出现下列条件时，二级减温水系统切手动：①选择后给水流量坏；②A 侧屏式过热器出口蒸汽温度信号故障；③减温水调节阀超驰关。

当发生 MFT 或汽轮机跳闸时，一级减温水调节阀超驰关。

2. 过热器二级喷水减温

华能海门电厂的末级过热蒸汽温度控制系统（二级减温控制系统）也由结构相似的 A（左）侧和 B（右）侧 2 套系统构成，采用典型的串级汽温控制方案，左末级过热器出口温度为被控量，主调节器的输出作为副调节器的给定值，过热器左二级减温器出口温度为副调节器的被调节量，形成串级调节系统。副调节器产生的指令去调节左二级减温器入口水调节门，改变左二级喷水减温器的喷水量。

（1）主、副调节器设定值。主调节器设定值为末级过热器出口蒸汽温度（高温过热蒸汽温度）设定值。末级过热器出口温度设定值 SP 的基本部分是负荷的函数，根据汽轮机启动方式和负荷变化率限制。根据运行情况，运行人员可在此基础上，利用软手操作器给出手动偏置信号，如图 5-38 所示。

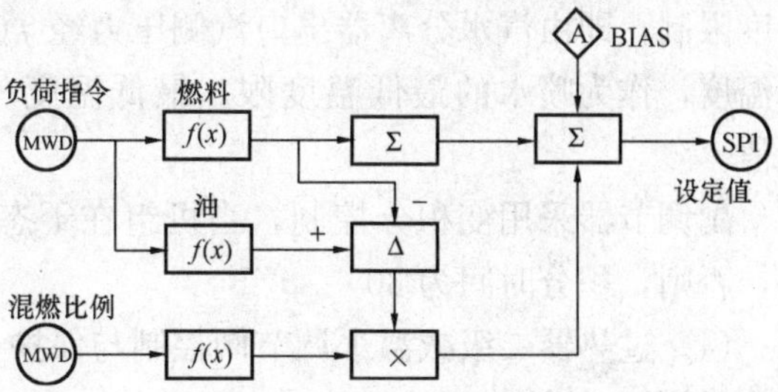

图 5-38　末级过热器出口蒸汽温度设定值回路

（2）主、副调节器的过程值。末级过热器出口温度分 A、B 两侧，每侧有 3 个测点，中选后作为各侧过热器二级喷水减温控制系统的主调节器的过程值。

高温过热器进口联箱温度分 A、B 两侧，每侧有 2 个测点，二选后作为对应侧的副调节器的过程值。

（3）控制规律。采用串级控制系统，如图 5-39 所示为 A 侧末级过热蒸汽温度控制系统，PID1 为主调节器，PID2 为副调节器。副调节器的主要任务是迅速消除各种扰动，控制高温过热器入口温度，即二级喷水减温器出口温度为适当值；主调节器的主要任务是稳定锅炉出

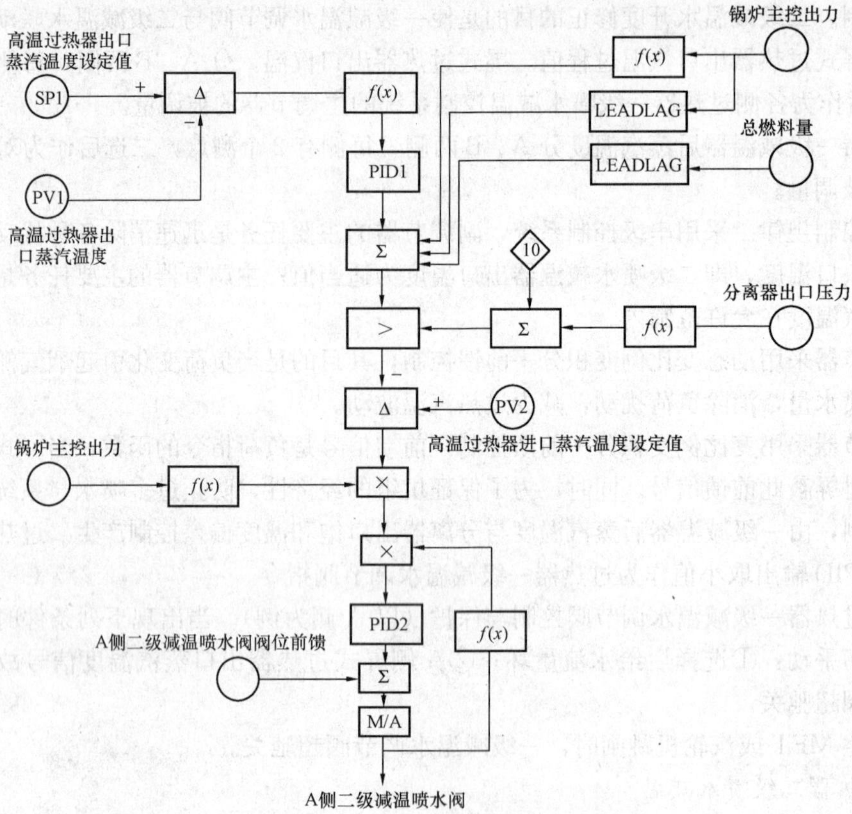

图 5-39 二级减温控制系统原理（A 侧）

口主蒸汽温度在允许范围内。

主调节器采用动态变比例变积分控制，前馈信号由锅炉主控、锅炉主控的微分及燃料的微分三路组成，其目的是当负荷变化引起烟气侧扰动时能及时调整喷水量，消除负荷扰动，减少过热汽温波动。同时，为了保证机组的经济性，防止过多喷水，系统还设置了最低喷水温度限制，即由汽水分离器出口汽侧压力经 $f(x)$ 再加上 10℃的过热度后形成分离器出口饱和温度，作为喷水的最低温度限。最低温度与主调节器 PID 输出取大值作为副调节器设定值。

副调节器采用变积分控制，当机组在干态方式下运行且在变负荷时，积分时间加大为 85，否则，积分时间为 30。

（4）过热器二级减温水调节阀控制与保护（以 A 侧为例）。当出现下列条件时，二级减温水系统切手动：

1）选择后给水流量坏；

2）A 侧或 B 侧高温过热蒸汽信号故障；

3）高温过热器进口联箱 A 侧温度故障；

4）减温水调节阀超驰关。

当发生 MFT 或汽轮机跳闸时，二级减温水调节阀超驰关。

3. 具有减温水与给水协调控制功能的主蒸汽温度控制技术

由于超临界机组运行参数与机组金属材料极限参数间的余地很小，同时又由于机组的材料导热、壁厚等方面的特殊性，使得热应力问题变得十分突出，维持主蒸汽温度的稳定十分重要。超超临界机组锅炉采用直流炉，工质一次通过预热、蒸发、过热各受热面，工质流和能量流相互耦合，锅炉蓄热非常小，对外界的扰动响应较快，系统具有多变量的特征，各参数间的耦合程度强烈，任何扰动都将导致汽温、压力和流量同时发生变化，锅炉给水、燃烧、汽温控制之间密切相关。

在华能海门电厂1000MW机组的汽温控制策略中，原先给出的调节方案为：二级减温水采用串级三冲量结构，主调节器控制A、B侧过热器出口汽温的平均值，主调节器输出分别送到A、B侧副调节器，控制A、B侧减喷水后温度。这种控制方式在A、B两侧燃料不平衡时，造成A、B两侧的温差较大，而采用平均值的控制方式，减温水无法修平两侧汽温差。一级减温水为控制一级减温水流量为设定值。给水流量控制完全由锅炉主控BID来设定，与减温喷水没有任何的联动，给水控制也没有参与任何的汽温调节或中间点温度调节。屏式过热器出口汽温由煤水比控制。按照原设计方的控制思想，锅炉煤水平衡完全由给煤量来进行调节，在保证一级减温水流量在设计值上时，只要通过调节给煤量将屏式过热口出口汽温控制在设计值上，就能保证锅炉的煤水平衡，完成主蒸汽温度的粗调，二级减温水则完成主蒸汽温度的精调。

在实际投运过程中，由于通过给煤量来调节屏式过程器出口温度响应太慢，经常造成屏式过热器管壁温度超温，同时，由于减温喷水只控制两侧平均温度，在燃烧出现偏差时，控制效果不理想。为此，通过实际运行的摸索和实际试验，总结出一种给水、减温水相互协调的直流炉汽温控制策略。这种采用给水、减温水相互协调的控制策略，无论在何种工况，始终保持一、二级减温水喷水阀在有效的调节范围内，从而使汽温始终受控，取得了很好的实际运行效果，在变负荷和各个负荷段内，汽温控制都非常稳定，汽温控制偏差在±5℃以内。

由于采用了给水和锅炉给煤量协同调节稳定分离器入口过热度在正常的范围内，未出现过屏式过热器温度超温的现象。因此在进行RB试验时，分离器入口过热度始终保持稳定，实际运行效果非常理想。

三、再热汽温控制

1000MW机组再热汽温控制系统，大多采用摆动火嘴的摆角位置或烟气旁路挡板作为再热器出口汽温的正常调节手段；减温喷水作为辅助调节手段和事故情况的调节手段。

再热蒸汽温度在定压和滑压运行方式时，在不同的负荷下有不同的设定值，即再热汽温的设定值是负荷的函数。再热蒸汽温度的主要控制手段是摆动火嘴的摆角位置或烟气旁路挡板的开度，辅助控制手段为微量喷水。喷水减温和主蒸汽温度喷水减温控制一样常采用串级调节系统，以再热器出口汽温为被调量，以再热器减温器出口汽温为超前信号，分左、右两侧分别控制。

为克服来自燃烧方面的扰动，再热器出口汽温控制系统引入送风量作为前馈信号，以改善控制系统的动态品质。

为防止再热蒸汽温度过高，引起再热器超温，设置了保护性的事故喷水调节，用再热汽温设定值加上一定的偏置（如5、6℃）后作为其设定值。因为定值高于正常控制的定值，所以正常情况下不工作，保持事故喷水阀关闭，一旦再热汽温偏高，超过设定值加偏置时，喷水即自动投入。

喷水减温控制常有以下两种设计方案：

(1) 微量喷水作为再热汽温的辅助控制手段，另设事故喷水调节；

(2) 只设一组喷水减温调节，既作为再热汽温控制的辅助手段，又作为保护性的事故喷水调节。

对再热蒸汽喷水会降低机组效率，作为辅助手段，应尽量减少再热蒸汽的喷水量。

1. 烟气挡板控制

过热烟气挡板和再热烟气挡板设有单独的调节器，两调节器作用方向相反，过热烟气挡板控制为正向，再热烟气挡板控制为反向。当再热汽温降低时，再热烟气挡板调节器输出增大，再热烟气挡板开大，再热通道烟气压力损失减少；同时，过热烟气挡板调节器输出减小，过热烟气挡板关小，过热通道烟气压力损失增大，这样总体上就增大了再热对流面上的烟气流量和再热汽温。反之，当再热汽温增大时，再热烟气挡板关小，过热烟气挡板开大。

再热器蒸汽温度控制采用烟气分配挡板系统，通过调节烟气分配挡板的位置来改变每一部分的吸热偏差，从而实现稳定控制。

(1) 再热蒸汽温度设定回路。再热蒸汽设定值由 MWD 信号产生，并由单烧煤、单烧油或油煤混烧来决定。再热蒸汽温度设定偏置由手动设置。

(2) 烟气挡板控制指令。烟气挡板控制指令为负荷设定值的函数，以加快对负荷变化的响应，并根据再热器出口蒸汽温度偏差的比例＋积分控制进行修正。

过热烟气挡板和再热烟气挡板相互之间有闭锁，当再热通道烟气挡板开度小于 75%时，过热通道烟气挡板被禁止关闭；当过热通道烟气挡板开度小于 80%时，再热通道烟气挡板被禁止关闭。过热烟气挡板和再热烟气挡板均为气关式，控制指令 4mA 时，门全开；控制指令 20mA 时，门全关。为此，在过热烟气挡板和再热烟气挡板 M/A 站输出上利用函数发生器 $f(x)$ 对输出指令进行反向和限制。

2. 再热减温喷水控制

微量喷水控制采用 A、B 侧分离的串级调节结构，温度设定由逻辑自动设置，运行无法手动设置。为防止喷水后汽温出现饱和，内回路设计有大选回路，防止喷水后汽温饱和。

第六节 其他典型控制系统

其他控制系统包括除氧器压力控制系统、除氧器水位控制系统、凝汽器水位控制系统等。这些控制系统多为单冲量、单回路调节系统，系统结构比较简单。

一、除氧器压力控制系统

除氧器压力控制系统，根据除氧器的运行方式是定压还是滑压，有不同的设计：

(1) 除氧器定压运行。除氧器压力控制系统是以除氧器压力为被调量的定值控制的单回路调节系统。

(2) 除氧器滑压运行。机组正常运行时，除氧器内压力随抽汽压力变化而变化。

在机组启、停和低负荷运行时，需用辅助蒸汽向除氧器供汽，以维持除氧器最低允许压力。此时用辅助蒸汽供汽管道上的压力控制阀来控制除氧器压力，使其不低于最低允许压力。当抽汽压力超过此最小压力定值时，系统自动切换到抽汽。除氧器压力控制系统一般为单回路调节系统。

当出现“除氧器压力信号故障”条件时，强制切除 M/A 站自动。

预设值：①辅汽压力限制开度；②压力高于 1.2MPa 强关；③若水温低于饱和温度一定值，则开大阀门以控制温度。

投自动后，控制除氧器压力为设定值，但当除氧器水温低于饱和温度 x 度（具体数值待定），侧转入温度调节，以提升温度。

高负荷段，除氧器进入滑压方式运行，压力升高，调节阀关闭。

二、除氧器水位控制系统

除氧器水位控制通常设计为全程控制系统，通过控制进入除氧器的主凝结水流量来维持除氧器水位。

在机组启动和低负荷运行时，给水流量小，由单冲量调节系统控制除氧器水位；当给水流量超过一定数值后，则由三冲量调节系统控制。三冲量分别为除氧器水位、给水流量、除氧器入口凝结水流量。以华能海门电厂为例，当机组负荷低于 250MW 时采用单冲量水位调节系统，当机组负荷高于 250MW 时切换到三冲量水位调节系统。

华能海门电厂工艺系统设计有 3 台凝结水泵，其中 2 台 50%的变频泵，1 台 50%工频泵。凝结水流量调节阀设计有 30%副调节阀（简称副阀）和 100%主调节阀（简称主阀）各 1 个，45%的凝结水再循环调节阀 1 个。

在 0%～25%负荷段，采用凝结水流量副调节阀单冲量调节除氧器水位，主调节阀保持全关的调节方式。在机组负荷 25%～45%负荷段，采用凝结水流量主调节阀三冲量调节除氧器水位，副调节阀保持全关的调节方式。机组负荷高于 45%后，为了达到最佳的节能效果，此时由 2 台凝结水泵三冲量调节除氧器水位，而凝结水流量主调节阀则采用一个 PID 闭环调节凝结水压力，负荷指令对应阀门开度的函数引入 PID 的前馈。

（一）水位设定

（1）正常情况下，水位设定由运行手动设定；

（2）手动方式下，水位设定值跟踪实际水位，当有设备在自动时（主调节阀、副调节阀、变频泵），设定值以一定速率慢慢过渡到设定值。

（二）主调节阀控制

除氧器水位主调节阀即凝结水流量主调节阀，控制原理如图 5-40 所示。

1. M/A 站手自动方式

由运行手动投入 M/A 站自动。

当出现以下条件，强制切除除氧器水位主调节阀 M/A 站自动：①负荷指令大于 25%时，给水流量故障或除氧器入口凝结水流量故障；②MFT 发生（只是一个脉冲）；③除氧器水位故障。

2. 预设值

（1）所有凝泵均停或阀前后电动门关闭，则关闭主调节阀；

（2）自动方式下，若变频泵跳闸联启备用泵，则跟踪一下负荷指令的函数；

（3）变频泵在调节水位时，主调节阀为闭环 PID 调节凝结水压力；

（4）MFT 发生时，产生一个脉冲，关闭主调节阀；

（5）除氧器水位高高高，优先关主调节阀；

（6）负荷指令小于 25%时，若主、副调节阀均在自动方式，则强关至零位。

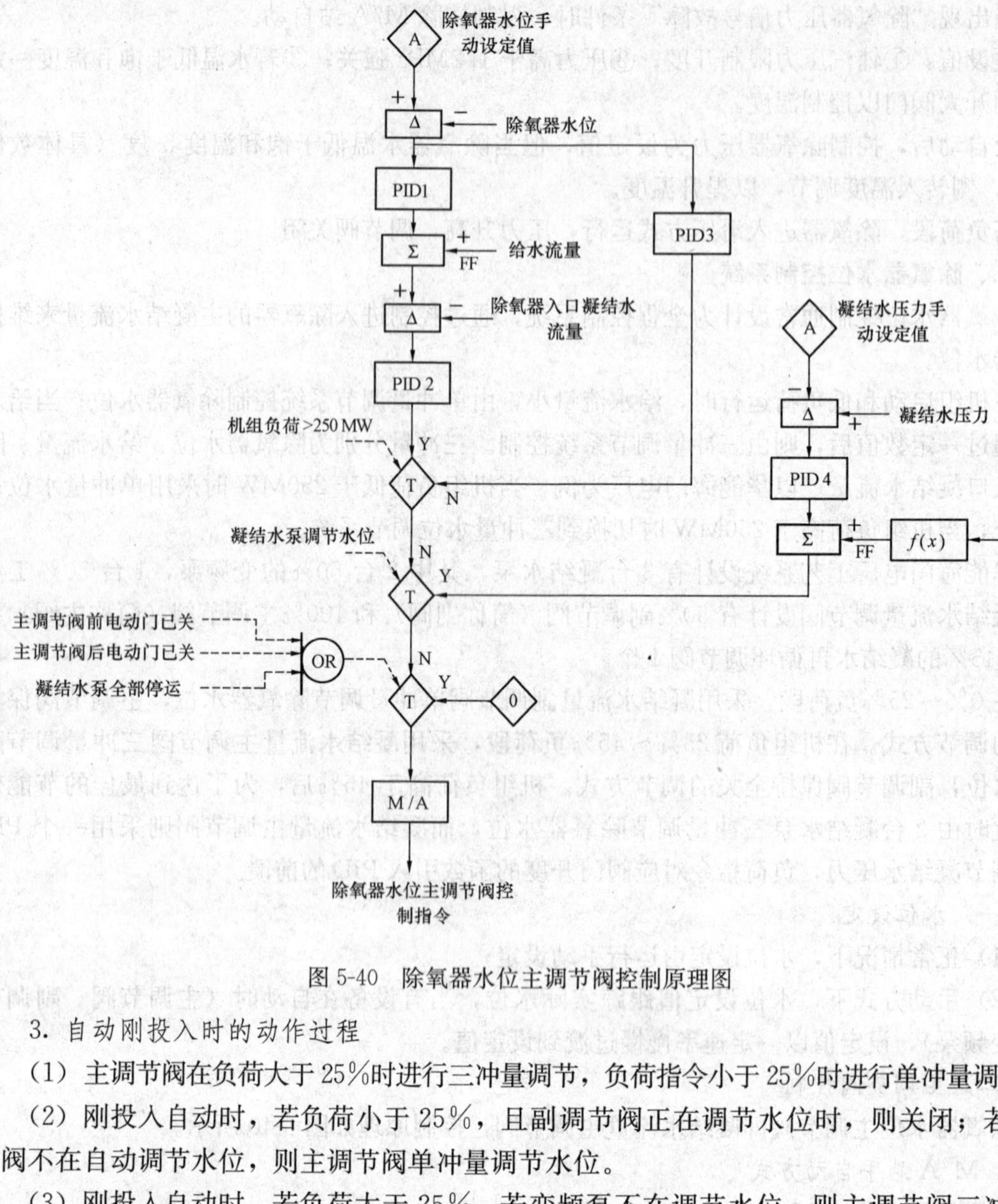

图 5-40　除氧器水位主调节阀控制原理图

3. 自动刚投入时的动作过程

（1）主调节阀在负荷大于 25%时进行三冲量调节，负荷指令小于 25%时进行单冲量调节。

（2）刚投入自动时，若负荷小于 25%，且副调节阀正在调节水位时，则关闭；若副调节阀不在自动调节水位，则主调节阀单冲量调节水位。

（3）刚投入自动时，若负荷大于 25%，若变频泵不在调节水位，则主调节阀三冲量调节水位，若变频泵在调节水位，则主调节阀为闭环 PID 调节压力。

（三）副调节阀控制

除氧器水位副调节阀即凝结水流量副调节阀，控制原理如图 5-41 所示。

1. M/A 站手自动方式

由运行手动投入 M/A 站自动。

当出现以下任一条件，强制切除除氧器水位副调节阀 M/A 站自动：①MFT 发生（只是一个脉冲）；②除氧器水位故障。

2. 预设值

（1）MFT 发生时，产生一个脉冲，关闭副调节阀。

（2）除氧器水位高高高，优先关副调节阀。

（3）负荷指令大于25%时，若主、副调节阀均在自动，则关闭副调节阀。

3. 自动刚投入时的动作过程

（1）刚投入自动时，若负荷小于25%，单冲量调节。

（2）负荷大于25%时，若主、副调节阀均在自动，则关闭副调节阀。

（四）凝结水泵变频器

凝结水泵变频器控制原理如图5-42所示。

1. M/A站切手动的条件

（1）凝结水泵在工频状态。

（2）出现凝结水泵变频器超驰条件。

2. 预设值

（1）变频泵停运，则置最小值。

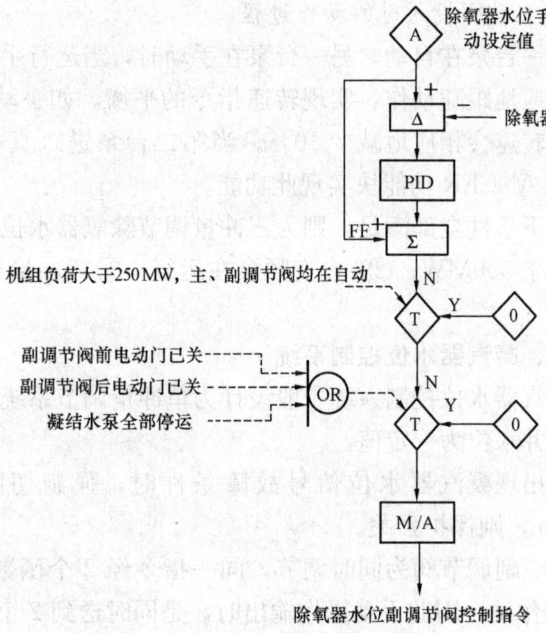

图5-41 除氧器水位副调节阀控制原理图

（2）当工频泵在运行时，变频泵运行后即开至最大转速，以实现出力平衡。

（3）除氧器水位高高高时，强置到最低转速。

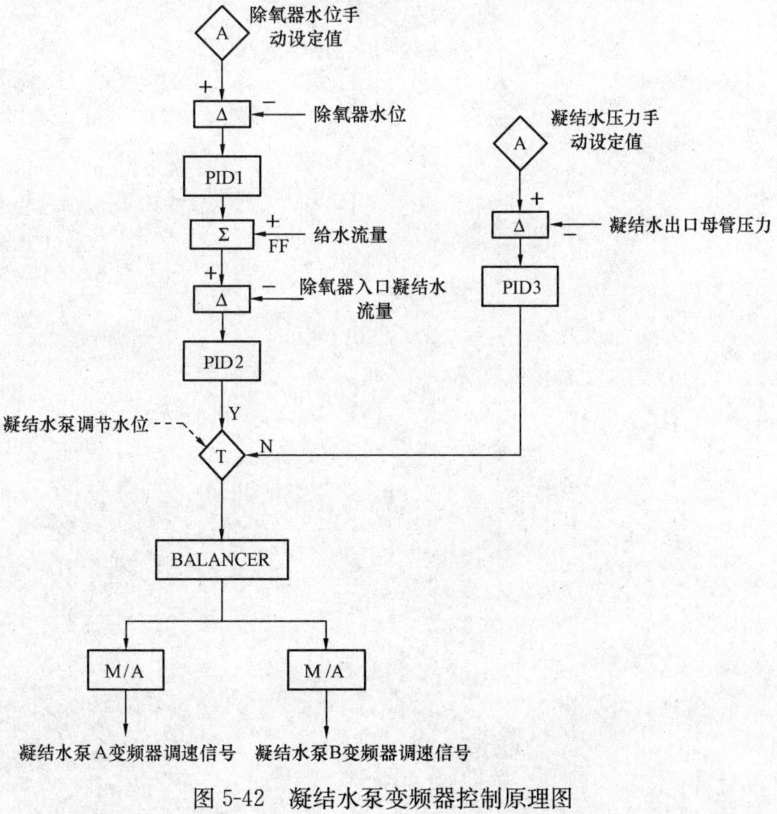

图5-42 凝结水泵变频器控制原理图

3. 自动刚投入时的动作过程

当一台泵在自动，另一台泵在手动时，当运行手动操作变频转速时，在自动的那台泵转速会相应地跟随动作，实现转速指令的平衡。如手动增加转速指令 10%，则在真自动位的那台泵转速会相应地减少 10%。当第二台泵进入真自动后，两台泵转速指令会慢慢调平。由 BALANCER 功能块实现此功能。

以下条件全部满足，则为三冲量调节除氧器水位，否则为调节凝结水母管压力：①负荷指令大于 550MW；②2 台变频泵在运行；③三冲量相关信号没有故障；④2 台变频泵均在自动。

三、凝汽器水位控制系统

凝汽器水位控制系统一般设计为单冲量调节系统，通过调节凝汽器补水调节阀来控制凝汽器热井水位为一定值。

当出现凝汽器水位信号故障条件时，强制切除 M/A 站自动。当凝汽器水位高于 1300mm，则保护强关。

主、副调节阀为同时调节，同一指令经 2 个函数分别送到 2 个阀，这 2 个阀共用一个 M/A操作站，因此手动操作输出时，是同时送到 2 个阀门，而不是单独某个门。

未有自动时，水位设定跟踪实际水位，进入自动后，设定值以一定速率升到 1050mm。由于 OVATION DCS 系统的特点，当出现预设指令时，设定值也会跟踪实际水位，预设指令消失后，设定值又会以一定速率升到 1050mm。

机组自启停控制系统（APS）

第一节 APS 概 述

一、APS系统功能

机组自启停控制系统 APS（Automatic Power Plant Startup And Shut Down）是机组自动启动和停运的控制中心，为了实现机组的自启停，它按规定好的程序发出各个设备/系统的启动或停运命令，并由以下系统协调完成：模拟量自动控制系统（MCS）、协调控制系统（CCS）、锅炉炉膛安全监视系统（FSSS）、汽轮机数字电液调节系统（DEH）、锅炉给水泵汽轮机调节系统（MEH）、汽轮机旁路控制系统（BPC）、锅炉汽轮机顺序控制系统（SCS）、给水全程控制系统、燃烧器负荷控制系统及其他控制系统（如电气控制系统 ECS、电压自动调节系统 AVR 等），以最终实现发电机组的自动启动或自动停运。

APS 对电厂的控制是应用电厂常规控制系统与上层控制逻辑共同实现的。在没有投入 APS 的情况下，常规控制系统独立于 APS 实现对电厂的控制；在 APS 投入时，常规控制系统给 APS 提供支持，实现对电厂机组的自动启/停控制。

在设计有 APS 功能的机组时，MCS、CCS、FSSS、MEH、DEH 等系统均要围绕 APS 进行设计，协调 APS 完成机组自启动功能。在机组启动过程中，随着机组负荷的增加，MCS 与 FSSS 相互协调自动完成燃烧器的投切功能，以满足全程燃料自动控制功能，正是要实现这样的功能，APS 下面的功能组的设计就不能是单纯的顺序控制，而是一个能自动完成一定功能的功能组，功能组具有很强的管理功能，作为中间的连接环节，向下协调有关的控制系统（如 MCS）按自启停系统的要求控制相关的设备，向上尽量减少和 APS 的接口，成为功能较为独立的一块，这样就减轻了上一级管理级 APS 的负担，同时也提高了机组的自动化水平。即使在 APS 不投运的情况下，运行人员仍然可调用该功能组，实现某些可以自动控制自动管理的功能。例如在给水全程自动控制中，APS 与 MEH、SCS 等系统相互协调，自动完成电动给水泵、汽动给水泵之间的启动、停止、并泵、倒泵等功能，以满足全程给水自动控制功能。

APS 是一个机组级的顺序控制系统，充分考虑机组启停运行特性、主辅设备运行状态和工艺系统过程参数，并通过相关的逻辑发出对其他顺序控制功能组、FSSS、MCS、汽轮机控制系统、旁路控制系统等的控制指令来完成机组的自启停控制。

APS 功能包括机组自动启动与自动停止。其中自动启动有冷态、温态、热态和极热态 4 种启动方式，对于汽轮机来说，其区别主要在于汽轮机自动开始冲转时对主蒸汽参数的要求不同，因而汽轮机冲转前锅炉升压时间不同。对于锅炉来说，区分以上 4 种启动方式，主要由锅炉壁温、分离器压力和停炉时间等来决定。

二、APS研究意义

机组自启停控制系统的研究和应用是个复杂的课题，涉及范围比较广，启动过程从循环水泵开始运转到机组带到一定的负荷，停止过程从当前负荷减负荷到真空破坏、风烟系统停运。因此，真正实现机组自启停控制，对机组的控制和运行具有重要意义。

1. 机组自启停控制系统提高了机组的控制和自动化水平

机组自启停控制是一种先进的控制理念，它涉及多种复杂控制策略。APS对电厂的控制是通过电厂底层控制系统与上层控制逻辑共同实现的。在没有投入APS的情况下，常规控制系统独立于APS实现对电厂的控制；在APS投入时，由常规控制系统执行APS的控制策略，实现对电厂的自动启/停控制。它将模拟量控制和顺序控制等各个控制系统整合起来，共同完成设备启停任务。

百万千瓦超超临界机组是典型的多输入多输出控制系统，参数之间耦合较强，而且控制对象动态特性的延迟时间和惯性时间比较大，非线性比较严重，这些都对自动控制系统提出了更高的要求。另外，为了实现机组自启停控制，就必须实现风烟系统的全程自动、全程给水自动、燃料的自动增减、燃烧器负荷全程控制、主蒸汽压力全程控制及主蒸汽温度的全程控制。这些控制策略的实施和应用，从本质上提高了机组整体的自动化水平和运行效率。

2. 机组自启停控制系统提高了电厂的管理水平和经济效益

机组自启停控制系统实质上是对电厂运行规程的程序化，它的应用保证了机组主、辅机设备的启停过程严格遵守运行规程，减少运行人员的误操作，增强设备运行的安全性。

机组自启停控制系统的研发过程，既是对主设备运行规范优化的过程，也是对控制系统优化的过程。APS的设计和应用不但要求自动控制策略要更加完善和成熟，机组运行参数及工艺准确翔实，而且对设备的管理水平也提出了更高的要求。快速准确的机组启动缩短了机组启、停设备时间，节省了燃料，同时，优化的控制策略降低了启停过程中的煤耗和油耗，提高了机组运行经济效益。

3. 百万千瓦超超临界机组自启停控制技术研究成果具有广泛的推广和应用价值

百万千瓦超超临界机组是目前国内单机容量最大的火电机组，也是今后国内电力系统的主导机组。百万机组自启停控制系统的研究和应用提高了机组的自动控制水平，丰富了热工自动控制的内容，对热工控制先进理论的应用和研究起到了积极的推动作用。同时在百万千瓦超超临界机组自启停控制系统设计和调试中积累的经验对其他机组同类型机组自启停控制系统的设计和调试具有重要的参考价值。

第二节 APS总体结构

一、APS的总体架构

APS的总体结构采用金字塔形的分层结构，其结构如图6-1所示。总体上是四层结构，即机组控制级、功能组控制级、功能子组控制级和设备控制级。

机组控制级执行最高级的控制任务，包括启动方式的预先选择和协调，可有冷态、温态、热态、极热态4种启动方式；运行整个电厂的“启动”和“停止”程序；基于CRT的操作；运行方式的切换。机组控制级是整个机组启停控制管理中心，它根据系统和设备运行情况及既定的控制策略，向底层功能组及功能子组发出启动和退出的指令，保证机组的安全运行。

功能控制级又可细分为功能组控制、功能子组控制两个层次，它和机组控制系统相连，接受上级或同级控制系统的指令自动启动或以手动方式启动。其中功能组接受来自机组控制级的激励信号，决定什么时间哪个功能子组需投运和进入备用状态，运行本功能组内设备的“启动”和“停止”程序。功能子组接受来自功能组的激励信号，决定什么时间哪个子回路需投入运行，运行本功能子组内所控设备的“启动”和“停止”程序。功能子回路接受功能子组来的命令，将子回路控制设定为要求的运行方式，运行设备的“启动”和“停止”程序。功能组控制的操作方式可以手动操作，也可以接受自动指令。

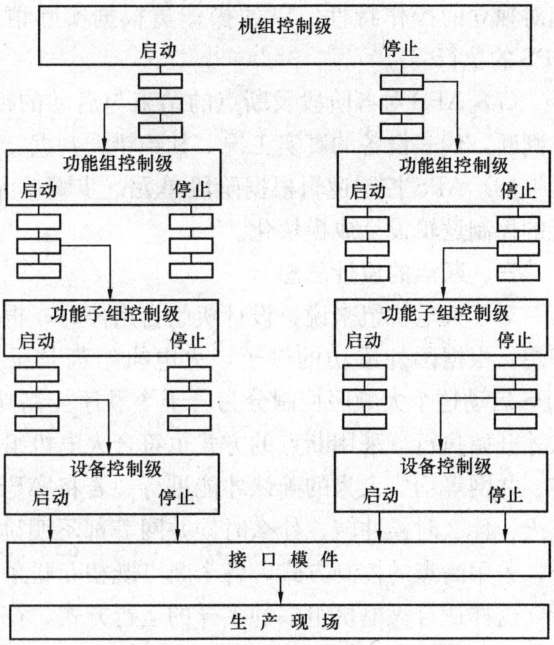

图 6-1 机组自启停系统的层次结构

单个设备控制级接受功能组或功能子组控制级来的命令，与生产过程直接联系。它的任务是：接受生产过程的各种模拟量和开关量信号，并进行信号处理和分配；进行报警等限值的监视、计算功能；单个设备的控制包括开环控制和闭环控制；过程和设备的保护及联锁；所有执行机构以及控制操作信号的产生和转化等。

采用上述分层控制方式，每层的任务明确、界限分明，同时 4 层之间联系密切可靠。这种分层的结构将机组复杂的控制系统分成若干个功能相对独立和完善的功能组，减轻了机组控制级统筹全厂控制的压力，简化了控制系统的设计。机组控制级主要完成各功能组和系统的衔接，减少了和具体设备的连接，方便了各系统的设计。

二、APS 总体设计思想

（1）逻辑模块化。根据阶段单元、步骤单元、信号单元、状态显示等各种完成特定功能的控制逻辑设计成模块化。

（2）步骤阶段化。大型汽轮发电机组的启停自动化是一个综合性很强的复杂的顺序控制系统，通过合理而有效地控制设备程序的阶段和步骤，以及对危及机组安全的反向判据的连续监视，使机组的启停程序综合考虑了安全性和经济性，从而使 APS 不仅是启停装置，同时也是安全装置。

（3）判据条理化。一次判据、二次判据、反向判据、指令时间、允许时间、等待时间、判断条件在有效区及其对程序重定位的影响，都是 APS 充分考虑的因素。

（4）程序试验和顺序控制装置投自动所引发的程序重定位功能，可使顺序控制装置跟踪机组的实际工况，使控制装置在任何工况下投自动均能适应机组当前状态，不会误发指令。

（5）要求 MCS、CCS、SCS、FSSS、DEH、MEH、BPC、ECS 等系统均根据 APS 系统的程序进行设计，并能与 APS 系统进行良好的接口。在 APS 的协调控制下，上述各系统能实现必要的相互协调功能。

（6）根据机组启、停过程各断点的设置情况，APS 能将各工况步骤阶段化，使其具有相对独立的操作特性，以便操作员根据实际情况及时进行人工干预，但不影响其他步骤APS的执行。

（7）APS对各阶段及断点的结束与启动的判据必须全面、充分，根据设备各种工况进行判断，代表设备的真实工况，杜绝错误判据。

（8）APS控制逻辑根据阶段单元、步骤单元、信号单元、状态显示等各种完成特定功能的控制逻辑设计成模块化。

三、断点的设计思想

对于火电机组来说，设计机组自启停时，根据机组的运行方式采用断点控制的方式较为理想，根据国外成功的例子，火电机组都是采用断点的控制方式的。断点方式，就是将APS启动这个大顺序控制分为若干个顺序控制功能来完成，每个断点的执行均需要人为确认才开始执行。采用断点的方式也符合火电机组的运行工艺要求，对于火电机组的点火、冲转、并网等均要人为的确认才能进行。若将APS设计为一个大顺序控制，则机组什么时候点火、什么时候冲转、什么时候并网等都不明确，这样的APS逻辑很难在现实中采用。另外，采用断点的控制方式，各个断点既相互联系，又相互独立，只要条件满足，均可独立执行，这样适合火电机组多种多样的运行方式，符合电厂生产过程的工艺要求。例如机组启动定速后，有时需要打闸再冲转，有时要进行超速试验等，采用断点方式时，只需从汽轮机升速断点开始执行即可继续用APS执行下去，而不用从头开始。

APS使用断点方式进行机组自启停控制，可实现从机组启动准备到带50%MCR负荷，以及由减负荷至停炉的自动控制。APS分启动模式和停止模式，其中自动启动模式有冷态、温态、热态和极热态4种启动方式，有关APS断点的设置，应根据现场设备的实际情况，满足各常规控制系统运行要求，即可给APS提供支持，实现机组的自动启/停控制，也可以满足操作员对各单独运行工况及过程的操作要求。

第三节 APS 的断点设计

一、APS设计范围

华能海门电厂机组自启停控制系统APS启动过程起点从凝补水系统启动开始，终点至机组带500MW负荷（高压加热器投入完成、第二台汽动给水泵并泵完成、至少3台磨煤机投入，协调投入），投入给煤机自动管理系统，设定1036MW负荷，退出自启停控制启动模式。APS停止过程从机组当前负荷开始减负荷至投汽轮机盘车结束、风烟系统停运。

二、APS启动过程的断点

依据华能海门电厂一期1、2号机组的实际情况，APS启动过程设置6个断点，停止过程设置3个断点。只有在上一断点启动完成后，运行人员才能通过所提供的按钮确认启动下一断点，在每一断点的执行过程中，均设计“GO/HOLD”逻辑。启动过程包括以下6个断点：

（1）机组启动准备断点。

（2）冷态冲洗断点。

（3）锅炉点火及升温断点。

（4）汽轮机冲转断点。

（5）并网及初负荷控制断点。

（6）升负荷断点。

投入APS前，必须投入相关的外围系统，包括工业水系统、化学凝补水系统等，且灰处理系统具备投入条件，发电机充氢等已准备好。

机组启动准备断点，APS投入凝补水系统启动功能组、闭冷水系统启动功能组、循环水系统启动功能组、磨煤机油站和旁路油站、汽轮机油系统启动功能组（主机润滑油、顶轴油系统、密封油系统及盘车）、机组辅汽系统、炉底水封及渣水系统。

冷态冲洗及真空建立断点，APS启动凝结水系统、用凝结水上水功能组进行凝结水系统清洗，凝结水水质合格后，除氧器上水，炉水泵注水、投辅汽系统、锅炉疏水排气、管道静态注水、启动投轴封、抽真空、除氧器加热、锅炉上水、冷态循环清洗。

锅炉点火及升温断点，APS投入锅炉风烟系统，启动火检冷却风机、给水投自动维持省煤器入口给水流量25%BMCR，等离子点火装置点火准备，进行燃油泄漏试验、炉膛吹扫、开始高压缸预暖、等离子点火装置点火或采用油枪点火、投汽轮机旁路系统、启动EH油，投定子冷却水系统，当启动分离器进口温度达到190℃开始热态清洗直至Fe≤100μg/L锅炉继续升温升压，当主蒸汽温度高于271℃，调节阀（CV）蒸汽室内壁或外壁温度低于150℃时，高压主汽阀、调节阀室预暖，直至调节阀室预暖完成，主蒸汽参数达到冲转参数。

汽轮机冲转阶段，汽轮机冲转采用ATC冲转，在冲转过程中汽轮机转速大于1500r/min将低压加热器随机投入。

机组并网断点，APS投入电气同期装置，并网及带初始负荷暖机。

升负荷断点，APS以一定的速率升负荷，旁路调节主蒸汽压力，逐渐退出运行；机组负荷升至150MW时投入第二套制粉系统；负荷到180MW时将给水上水旁路调节阀切到主路运行，维持给水流量稳定；升负荷至200MW第一台汽动给水泵开始冲转升速暖机（若临炉供汽，开始升负荷时第一台汽动给水泵就开始冲转升速暖机）；升负荷到230MW并入第一台汽动给水泵，退出电动给水泵并维持电动给水泵回水循环运行；由湿态转为干态升负荷到300MW，投第三台磨煤机；升负荷到350MW冲转第二台给水泵汽轮机进行暖机，投入高压加热器；升负荷到400MW启第二台变频凝结水泵运行，将第二台给水泵汽轮机并入运行，停电动给水泵、退油枪、退等离子点火装置；升负荷至500MW启动第四套制粉系统，投入磨煤机管理自动，设定目标负荷1036MW，完成APS启动过程。

三、APS系统停机过程断点

机组停运前的各项试验及操作由运行人员进行，此部分可作为机组投入APS前的断点内容，停运过程的设计主要包括以下内容：

（1）降负荷断点，设定目标负荷450MW，以一定的速率减负荷，机组负荷到450MW时第一台汽动给水泵SERVICEOUT并停运，降负荷至400MW；若A磨煤机运行，将等离子点火装置投入运行，否则投入两层油枪助燃；停运第三台磨煤机；降负荷至350MW，退出CCS模式，降负荷至250MW由干态转湿态，启动电动给水泵将第二台汽动给水泵退出，停运一台凝结水泵，停运倒数第二台制粉系统，减少最后一台给煤机出力，将最后一台制粉系统退出运行，启动TOP、MSP运行，检查其运行正常。

（2）机组解列断点，汽轮机跳闸、发电机解列。

（3）机组停运断点，停运燃烧器，锅炉风烟系统停运，停运底渣系统，关闭高中压主汽阀前疏水，启动真空停运功能组子组，破坏真空，启动轴封停运功能组，停运一台循环水泵。

四、APS机组控制级框架

从APS的软件逻辑上分析，机组自启停系统机组控制级的框架可分为三层。第一层为操作管理逻辑。其作用为选择和判断APS是否投入，选择启动模式还是停止模式：选择哪个断点及判断该断点允许进行条件是否成立，如果条件成立则使断点进行。从断点的选择逻辑上分析，可以直接选择最后一个断点（如升负荷断点），其产生的指令会判断前面的6个断点是否已完成，如没有完成则先启动最前面的未完成断点，即具有判断选择断点功能，从而实现机组的整机启动。显示启动的状态，是冷态启动、温态启动、热态启动或还是极热态启动。

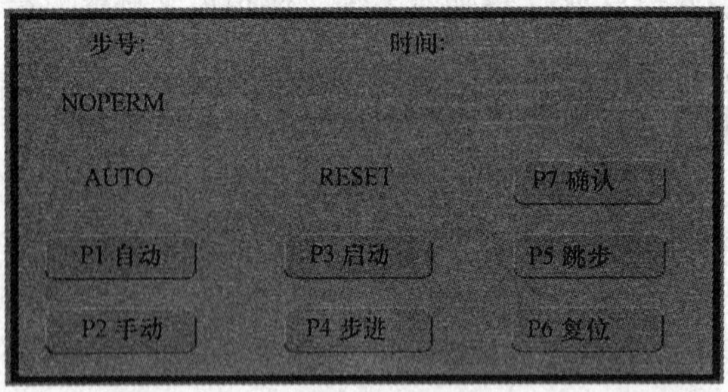

图6-2　顺序控制操作界面

第二层为步进程序。是APS机组控制级构成的核心内容，每个断点都具有逻辑结构大致相同的步进程序（STEP SEQUENCE），步进程序操作界面如图6-2所示。

程控操作有两种模式，一种是自动模式，在程控操作允许条件满足的情况下可按自动和启动按钮开始顺序控制程序，如顺序控制某一步执行过程中反馈信号没有及时返回，则出故障报警中断顺序控制操作的执行。在故障处理完毕后可按确认按钮确认故障，按自动按钮继续顺序控制操作的执行；也可按跳步按钮，跳过这一步的故障，执行下一步的操作。在顺序控制开始执行后也可按手动和步进按钮，单步执行顺序控制操作。在各断点投运时建议采用单步操作的方式进行调试。另一种是复位模式，选择复位模式复位顺序控制步序，程控禁止信号也复位顺序控制步序。

第三层为各步进行时产生的指令，即产生送至各个控制系统的功能组命令。当该功能组启动完毕，则由锅炉顺序控制系统返回该步完毕信号到APS。

功能组的完成反馈条件一定要严密周到，一些不重要设备的状态不要作为功能组的完成条件，所取状态反馈条件应能反映工艺系统的实际投运状态，这样不会因为某些设备状态信号反馈不到位，造成断点重新启动时，一些已投运的功能组会再发一次启动的指令，出现不应有的混乱现象。

机组级控制系统在条件满足的情况下向功能组发出启动或停止指令，而对功能子组和相关设备的控制由功能组来完成，功能组实现启动和停止功能后再反馈一个准确的状态信号到机组级控制级，机组级控制再依据设备的运行状况执行下一步的操作。要实现强大的机组自启停功能，底层功能组的功能越完善，能把各个子系统内的设备有效地组织到一起，实现机组自启停要求的功能，就越能减少机组级控制系统的压力，提高机组的自动控制水平，减少环路通信的工作量。

五、APS人机接口

因机组启停涉及的系统和设备数量多，同时现场的设备运行状况变化大，因此，APS设计了灵活的运行方式。在操作员控制站OPS的APS操作画面上可以进行机组的自动启、停操作，也可以单独进行断点的操作，各断点执行过程中功能组的状态在CRT上均有显示。同时通过点击还可进入到相应的功能子组画面。APS操作执行的过程及相应的子功能组执行过程一目了然，当APS执行过程中遇到故障时，操作画面能直观地显示故障出现的子功能组及相应的执行步，就能立即找到故障所在的部位，以便消除故障使APS继续执行下去。

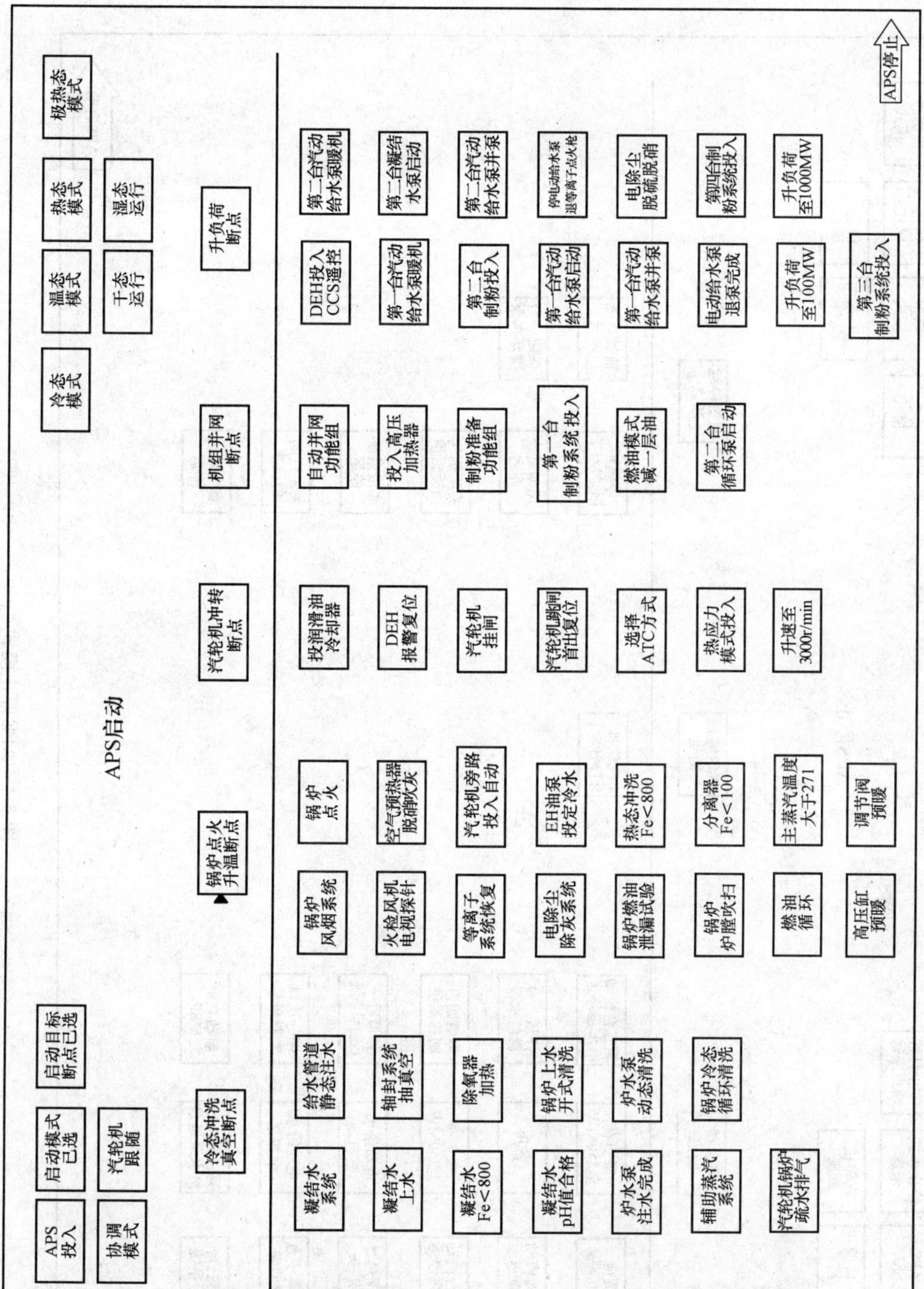
APS投入允许
APS投入
启动模式已选
启动目标断点已选
协调模式
汽轮机跟随
冷态模式
温态模式
热态模式
极热态模式
干态运行
湿态运行
APS启动
启动断点准备
冷态冲洗真空断点
锅炉点火升温断点
汽轮机冲转断点
机组并网断点
升负荷断点
凝补水系统
闭冷水系统
凝汽器上水
循环水系统
磨煤机给水泵旁路油站
汽轮机油系统
锅炉底渣系统
凝结水系统
凝结水上水
凝结水Fe＜800
凝结水pH值合格
炉水泵注水完成
辅助蒸汽系统
汽轮机锅炉疏水排气
给水管道静态注水
轴封系统抽真空
除氧器加热
锅炉上水开式清洗
炉水泵动态清洗
锅炉冷态循环清洗
锅炉风烟系统
火检风机电视探针
等离子系统恢复
电除尘除灰系统
锅炉燃油泄漏试验
锅炉炉膛吹扫
燃油循环
高压缸预暖
锅炉点火
空气预热器脱硝吹灰
汽轮机旁路投入自动
EH油泵投定冷水
热态冲洗Fe＜800
分离器Fe＜100
主蒸汽温度大于271
调节阀预暖
投润滑油冷却器
DEH报警复位
汽轮机挂闸
汽轮机跳闸首出复位
选择ATC方式
热应力模式投入
升速至3000r/min
自动并网功能组
投入高压加热器
制粉准备功能组
第一台制粉系统投入
燃油模式减一层油
第二台循环泵启动
DEH投入CCS遥控
第一台汽动给水泵暖机
第二台制粉投入
第一台汽动给水泵启动
第一台汽动给水泵并泵
电动给水泵退泵完成
升负荷至100MW
第三台制粉系统投入
第二台汽动给水泵暖机
第二台凝结水泵启动
第二台汽动给水泵并泵
停电动给水泵退等离子点火枪
电除尘脱硫脱硝
第四台制粉系统投入
升负荷至1000MW
APS停止

图 6-3 APS启动模式

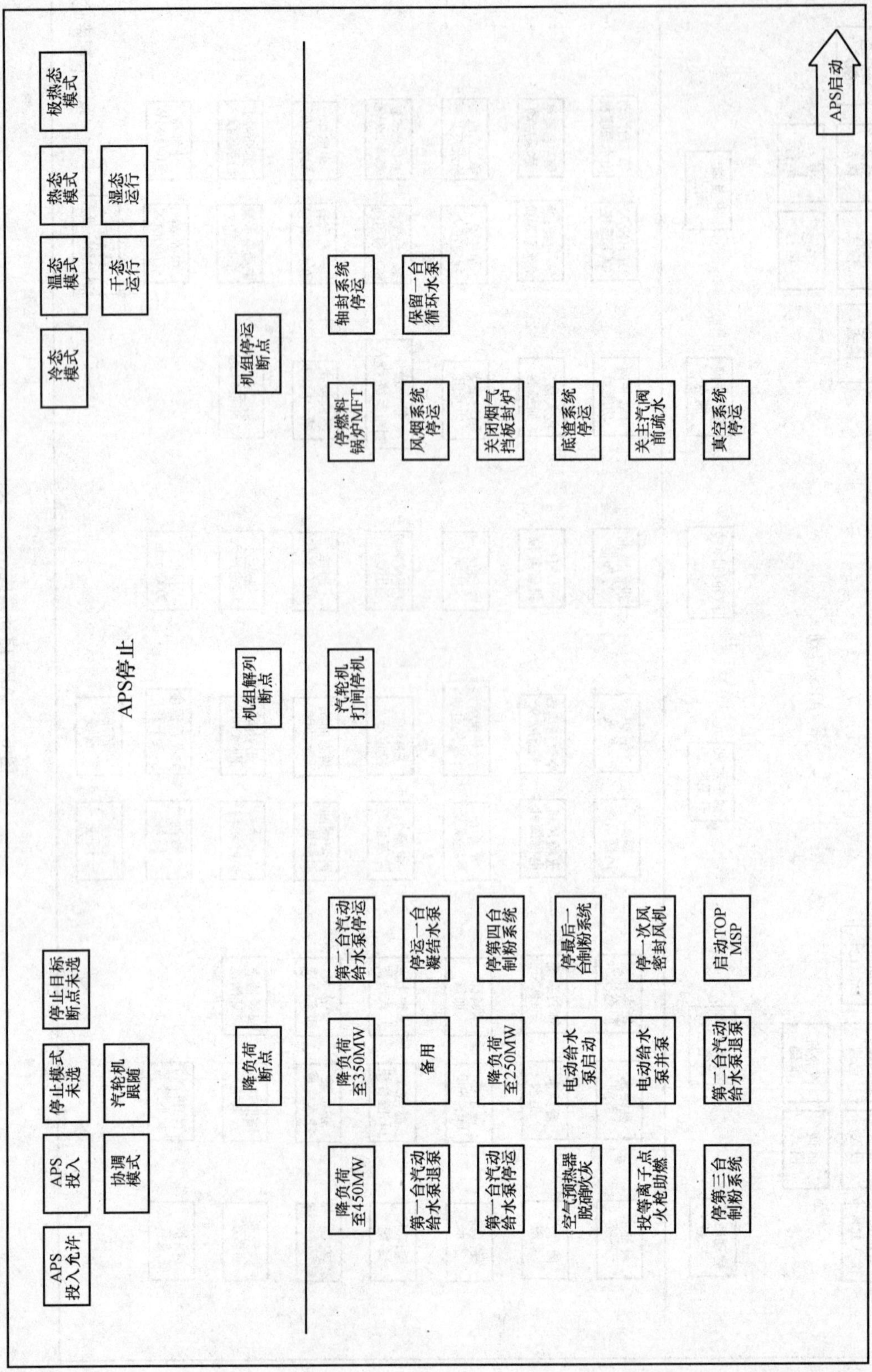
APS投入允许
APS投入
停止模式未选
停止目标断点未选
冷态模式
温态模式
热态模式
极热态模式
协调模式
汽轮机跟随
APS停止
干态运行
湿态运行
降负荷断点
机组解列断点
机组停运断点
降负荷至450MW
降负荷至350MW
第二台汽动给水泵停运
汽轮机打闸停机
停燃料锅炉MFT
轴封系统停运
第一台汽动给水泵退泵
备用
停运一台凝结水泵
风烟系统停运
保留一台循环水泵
第一台汽动给水泵停运
降负荷至250MW
停第四台制粉系统
关闭烟气挡板封炉
空气预热器脱硝吹灰
电动给水泵启动
停最后一台制粉系统
底渣系统停运
投等离子点火枪助燃
电动给水泵并泵
停一次风密封风机
关主汽阀前疏水
停第三台制粉系统
第二台汽动给水泵退泵
启动TOP MSP
真空系统停运
APS启动

图 6-4 APS停止模式

APS操作画面不仅是运行操作画面，同时还是运行操作指导的画面，当机组主、辅机系统有缺陷时，利用APS的操作画面可以很方便，有条理地进行单个功能组系统的自动投入，大大简化了操作人员的工作，减少了出现误操作的可能，缩短了启动时间，同时也提高了经济效益。

为便于运行人员操作以及检修人员维护，APS人机接口提供了多种信息便于监视机组启停过程中的系统进展情况和设备、系统异常状态。CRT上会显示下列状态及报警数据：

（1）各断点及相关子回路的进展情况。

（2）各断点及相关子回路的完成条件。

（3）各断点的超时报警信息。

（4）子回路的异常报警。

APS启动过程的操作画面如图6-3所示，APS停止过程的画面如图6-4所示。

第四节　APS与其他系统接口

APS与MCS、FSSS、SCS、DEH、MEH、ECS等系统的接口信号全部采用通信的方式实现。APS作为基于MCS、FSSS、SCS、DEH、MEH、ECS、BPS之上的机组级指令管理、调度系统，实现APS与这些底层系统的无缝连接是实现APS自启停的关键。这些系统与APS接口功能设计的好坏将直接影响APS功能的实现。如MCS如何实现调节方式自动转换（在Stand-by方式下，当不具备投自动条件时，系统处于等待状态，一旦条件具备就从等待状态转至自动调节，以下简称自动备用）和调节初始化以及定值随动能力，旁路系统如何在冷态、温态、热态、极热态等各种方式下配合机组的启停，在APS自启停方式下FSSS如何油枪自动投切、负荷自动增减等问题。

一、APS与MCS的接口

每一个调节回路都设置有自动备用的功能，MCS将根据机组各工况、各系统设备的运行状态，与取自工艺系统的温度、压力、流量、负荷等过程参数进行综合判断，实现自动调节系统的自动备用功能。在调节设备无故障和相关的调节测点无故障的情况下，调节回路均处于自动状态，调节回路的PID调节功能是否有效依据系统的状态而定，只有当系统具备投自动条件，即具备投真自动条件时，调节回路的PID调节才起作用。当超驰开、关信号或置某一位信号有效时，超驰PID调节功能，调节回路被置到一定位置。当调节回路切为手动时，手动操作优先，当由手动操作模式切换到自动模式，而调节回路不具备投真自动条件且无其他超驰条件时，调节回路输出维持手动模式时的输出值。另外根据各启动方式按主设备厂商提供的参数、曲线和以往的经验曲线、参数实现模拟量调节系统的设定值的自动给定，自动调节。

APS的成功应用，离不开各个功能组和MCS的协调动作、密切配合，各个系统共同完成。MCS与APS的接口设计关系到APS成功与否的关键。因此，为了实现APS，对MCS的控制策略进行优化和完善，使之实现全程稳定调节，共同完成机组的启动和停止控制，成为APS应用的一个重要组成部分。

在对APS进行研究和应用过程中，为了实现与APS的接口，提出自动自举的概念，即无论机组在运行状态还是停机状态，MCS所有调节系统都在自动位，等待工艺系统满足需要调节时，控制系统才进行PID调节（自动控制方式，Auto Control），否则处于预置值的跟踪状态（自动备用方式，Stand-by），这种由控制系统自动进入PID调节需无需任何人为干预的控制方式转换，称为自动系统的自动自举。自动系统处于自动方式后，不论其在自动控制方式还是自动备用方式，都无需人为的干预，系统能自动满足机组运行的需要。实现与APS接口后，自动系统有纯手动方式、自动备用方式（Stand-by）和自动控制方式（Auto Control）三种状态。结合国内实际情况，APS启动、停止机组时，不一定要先将所有自动系统都打到自动状态。APS的顺序控制运行到相应的步骤时，也会发出投入自动的指令，这种设计的目的是为了提高APS的适应性、灵活性。

M/A站在自动位，就一定是Stand-by，M/A站自动/手动可由运行人员在操作画面上手动投入和退出。M/A站的自动也可由顺序控制功能组自动投入，当系统相关的过程参数或执行机构故障时，自动退出M/A站自动。真自动（Auto Control，为与M/A站的Auto区别，以下用真自动或Auto Control），则是在Stand-by的基础上，当运行条件满足后，自动进入PID调节的模式。

对于有两台设备同时调节一个参数时（如送风机、引风机等），第二台设备进入真自动时，则系统会缓慢将执行机构调平，在调平的过程中同时联系过程控制量，若过程量偏差大则暂停，以实现系统平稳的过渡过程控制。

针对给水泵控制的特殊性，研究了针对给水泵的自动并泵/退泵控制策略，当给水泵需要并入或退出时，由并泵/退泵回路自动完成，而不是直接投入自动。并泵完成后自动投入M/A站自动，退泵完成后自动退出M/A站自动。

针对控制参数偏差大的情况，对于部分重要的自动调节回路，对偏差进行了限幅，当控制偏差太大时，自动调节回路会变缓，防止出现由于系统鲁棒性不强而引起的发散性振荡；对于一些有特殊要求的控制调节回路，设计成上行/下行两个方向不同的调节速度，以达到满足安全运行要求的需要，同时又避免出现不稳定情况的发生。

1. 启动准备断点中自动投入的调节回路

（1）从化学水来凝结水补充水调节阀控制。

（2）凝汽器水位主调节阀控制。

（3）凝汽器水位副调节阀控制。

（4）1、2号渣浆泵变频器调速控制。

（5）捞渣机远方调速控制。

（6）前置过滤器旁路阀控制。

（7）混床系统旁路阀控制。

2. 冷态冲洗断点中自动投入的调节回路

（1）锅炉启动给水泵再循环调节阀控制。

（2）锅炉启动给水泵转速控制。

（3）给水旁路调节阀控制。

（4）低温再热蒸汽至辅汽联箱压力调节阀控制。

（5）辅汽至除氧器压力调节阀控制。

（6）凝结水最小流量再循环调节阀控制。

（7）除氧器水位主调节阀控制。

(8) 除氧器水位副调节阀控制。
(9) 除氧器高水位放水调节阀控制。
(10) 给水泵汽轮机轴封蒸汽压力调节阀控制。
(11) 汽动给水泵A、B前轴承密封水温度调节阀控制。
(12) 汽动给水泵A、B后轴承密封水温度调节阀控制。
(13) 电动给水泵工作油冷却器温度调节阀控制。
(14) 缓冲水箱凝结水补水调节阀控制。
(15) 汽封减温器喷水调节阀控制。
(16) 辅助汽源站调节阀控制。
(17) 辅汽至轴封减温器喷水调节阀控制。
(18) 锅炉启动排污扩容器冷却水调节阀控制（投辅汽之前）。
(19) 凝汽器A、B水幕喷水阀控制（投轴封之前）。
(20) 疏水扩容器A、B喷水阀控制（投轴封之前）。
(21) 低压缸排汽喷水调节阀控制（投轴封）。
(22) 锅炉启动疏水消能装置A、B喷水阀控制。

3. 锅炉点火升温断点中自动投入的调节回路

(1) 给煤机A转速控制（A、B、C、D、E、F）。
(2) 磨煤机A动态分离器转速控制（A、B、C、D、E、F）。
(3) 回油管路调节阀控制。
(4) 送风机A、B动叶执行机构控制。
(5) 引风机A、B入口导叶执行机构控制。
(6) 一次风机A、B动叶执行机构控制。
(7) 前墙A、B侧燃尽风门执行机构控制。
(8) 后墙A、B侧燃尽风门执行机构控制。
(9) 前墙上、中、下层燃烧器A、B侧二次风门执行机构控制。
(10) 前墙上、中、下层燃烧器A、B侧中心风门执行机构控制。
(11) 后墙上、中、下层燃烧器A、B侧二次风门执行机构控制。
(12) 后墙上、中、下层燃烧器A、B侧中心风门执行机构控制。
(13) 旁路减温喷水调节阀控制。
(14) 高压旁路阀控制。
(15) 发电机定子冷却水温度调节阀控制。
(16) 发电机定子冷却水压力调节阀控制。
(17) 高压缸预暖蒸汽调节阀控制。
(18) 360阀控制。
(19) 361阀A、B、C控制。
(20) 吹灰系统温度调节阀控制。
(21) 吹灰系统压力调节阀控制。
(22) 辅汽至锅炉供汽减温器喷水调节阀控制。
(23) 凝汽器二级减温减压器A、B喷水阀控制。

4. 汽轮机冲转断点
(1) 5 号低压加热器水位调节阀控制。
(2) 5 号低压加热器危急疏水调节阀控制。
(3) 6 号低压加热器水位调节阀 1、2 控制。
(4) 6 号低压加热器危急疏水调节阀控制。
(5) 7 号低压加热器 A、B 水位调节阀控制。
(6) 7 号低压加热器 A、B 危急疏水调节阀控制。
(7) 8 号低压加热器 A、B 水位调节阀控制。
(8) 8 号低压加热器 A、B 危急疏水调节阀控制。
(9) 汽轮机润滑油冷却器温度调节阀控制（冲转前投）。
5. 并网断点中自动投入的调节回路
发电机氢气冷却器温度调节阀控制。
6. 升负荷断点中自动投入的调节回路
(1) 锅炉给水泵 A 再循环调节阀控制。
(2) 给水泵汽轮机 A 转速指令。
(3) 锅炉给水泵 B 再循环调节阀控制。
(4) 给水泵汽轮机 B 转速指令。
(5) 再热器 A、B 侧减温水调节阀控制。
(6) 过热器 A、B 侧一级减温水调节阀控制。
(7) 过热器 A、B 侧二级减温水调节阀控制。
(8) 过热器/再热器烟气挡板控制控制。
(9) A、B 侧省煤器出口调温挡板执行机构 1 控制。
(10) A、B 侧低温再热器出口调温挡板执行机构 2 控制。
(11) A、B 侧省煤器出口调温挡板执行机构 2 控制。
(12) 1、2、3 号高压加热器 A 水位调节阀控制。
(13) 1、2、3 号高压加热器 A 危急疏水调节阀控制。
(14) 1、2、3 号高压加热器 B 水位调节阀控制。
(15) 1、2、3 号高压加热器 B 危急疏水调节阀控制。
(16) 凝结水泵 A、B 电动机变频器调速信号。
(17) 给水泵汽轮机 A 冷油器温度调节阀控制。
(18) 给水泵汽轮机 B 冷油器温度调节阀控制。
(19) 轴封主汽站调节阀控制。
(20) 轴封溢流站调节阀控制。
7. 降负荷断点中自动投入的调节回路
(1) A 侧热风再循环风门执行机构控制。
(2) B 侧热风再循环风门执行机构控制。
(3) 凝结水加氧电磁调节阀远控给定。
(4) 给水加氧电磁调节阀远控给定。

二、APS 与 CCS 的接口

进入升负荷断点后，APS 发出 DEH 投遥控指令，DEH 切遥控，接受 CCS 汽轮机主控的指令。在升负荷过程中，APS 向锅炉主控发出目标负荷的设定指令和升负荷速率，逐渐增加燃料量和制粉系统投运的数量，负荷到达 350MW 投入协调锅炉和汽轮机协调控制，由协调控制继续升负荷。

减负荷的过程和升负荷的过程相反。负荷由当前负荷降到 350MW 之前，由 CCS 控制按一定的负荷率降负荷，负荷降到 500MW 时一台汽动给水泵退出运行，APS 依次向锅炉主控发送目标负荷的设定指令，锅炉侧逐渐地减少燃料量和磨煤机投运的数量，当负荷达到各个目标负荷设定值后，APS 依据负荷的多少设定下一目标值，并依次停运一台凝结水泵、投入电动给水泵、进行主给水阀和旁路给水调节阀切换，直至低负荷。

三、APS 与 FSSS 的接口

在风烟系统启动与锅炉点火阶段，FSSS 接受 APS 来的指令，自动完成炉膛吹扫、油系统检漏、锅炉点火工作。

在升温升压阶段，FSSS 根据锅炉升温升压曲线自动完成燃料的增加，配合汽轮机旁路系统完成锅炉升温升压。

在升负荷阶段，FSSS 根据 APS、CSS 的负荷请求，增加燃料量，依次增加磨煤机的投运数量。

四、APS 与 SCS 的接口

SCS 功能组的合理划分，步序的正确编排，功能组启动允许条件、步完成条件以及功能组最后的完成条件的准确界定是 APS 自启停投入的重要基础。根据 APS 的整体启停要求，SCS 功能组需要进行调整、步序要求优化，功能组完成与各步完成条件须准确反映设备、系统或子系统的已投运及已切除情况。

五、APS 与 DEH 的接口

在 APS 自动启机过程，DEH 将在 APS 的调度下自动完成汽轮机复位、挂闸、冲转、低速检查、中速暖机、3000 转定速、并网带初始负荷、升负荷到 50%、然后投入协调。APS 与 DEH 接口信号如表 6-1 所示。

表 6-1　　APS 与 DEH 接口信号

序号	测点名称	接口方式	DEH 侧信号类型
1	APS 复位 DEH 报警	通信	DI
2	APS 复位跳闸首出	通信	DI
3	APS 挂闸指令	硬接线	DI
4	APS 开始调节阀预暖指令	通信	DI
5	APS 停止调节阀预暖指令	通信	DI
6	APS 结束调节阀预暖指令	通信	DI
7	APS 投入 ATC 指令	通信	DI
8	APS 退出 ATC 指令	通信	DI
9	APS 投入热应力方式指令	通信	DI
10	APS 选择升速至 3000r/min	通信	DI

续表

序号	测点名称	接口方式	DEH侧信号类型
11	APS增阀位指令	硬接线	DI
12	APS减阀位指令	硬接线	DI
13	汽轮机调节阀预暖结束	通信	DO
14	汽轮机调节阀预暖开始	通信	DO
15	热应力相关参数及DEH控制器和网络正常	通信	DO
16	ATC投入	通信	DO
17	ATC退出	通信	DO
18	热应力方式投入	通信	DO
19	APS投入同期指令	通信	DI
20	同期请求	通信	DI
21	同期启动	通信	DO
22	减小负荷限制设定	通信	DI

六、APS与汽轮机旁路系统的接口

旁路系统在APS自启停过程中也起着十分重要的作用，在锅炉点火后、汽轮机冲转、机组并网后，旁路系统根据启动方式（冷态、温态、热态、极热态）自动设定主蒸汽压力，配合锅炉完成升温升压，机组升负荷。

七、APS与MEH的接口

MEH与APS的接口主要在APS与给水功能组、MEH与汽动给水泵功能组、MEH与MCS中实现。给水功能组接收APS来的启动指令后，发出汽动给水泵前置泵启动、进/出口阀开关指令、然后复位给水泵汽轮机、给水泵汽轮机冲转、暖机、直到给水泵汽轮机冲转完成，交付MCS遥控，MCS自动完成并泵功能。

MEH接收来自汽动给水泵功能组的接口信号主要有APS ON状态、目标转速、升速速率、给水泵汽轮机挂闸指令、冲转指令、给水泵汽轮机遮断指令、远方ETS复位指令。

MEH向汽动给水泵功能组和MCS发送的信号主要有给水泵汽轮机转速、给水泵汽轮机复位信号、给水泵汽轮机遮断信号、给水泵汽轮机冲转允许、MEH处APS控制方式、给水泵汽轮机主汽阀全开、冲转完成。

APS向汽动给水泵功能组发出启动、并泵、切泵、停泵的指令，汽动给水泵功能组向APS发送的信号有汽动给水泵启动完成、汽动给水泵并泵完成、汽动给水泵切泵完成、汽动给水泵停运完成的信号。APS向汽动给水泵功能组发出指令后，汽动给水泵功能组协调MCS及SCS完成汽动给水泵启停和并切泵的功能。

第五节　APS启动过程所实现的功能

投入APS前，必须投入相关的外围系统，包括工业水系统、压缩空气系统、化学精处理系统、灰处理系统、凝汽器胶球清洗系统、凝汽器铜管造膜系统均具备投入条件，发电机充氢等已准备好。

一、机组启动准备断点所实现的功能

机组启动准备断点主要完成补给水系统、闭冷水系统、循环水系统、汽轮机油系统及炉底水封及渣水系统的启动，目的是完成水系统启动为其他 6kV 提供密封水系统。

1. 机组启动准备断点启动允许条件

（1）凝补水系统检查卡检查完毕。

（2）闭冷水系统检查卡检查完毕。

（3）循环水系统检查卡检查完毕。

（4）磨煤机油站检查卡检查完毕。

（5）电动给水泵油站、给水泵汽轮机油站（润滑油站）、旁路油站检查卡检查完毕。

（6）氢气系统检查卡检查完毕。

（7）炉底水封及渣水系统检查卡检查完毕。

（8）渣水回用系统检查卡检查完毕。

（9）汽轮机润滑油箱油位正常。

（10）给水泵汽轮机 A、B 主油箱油位正常。

（11）闭冷水箱凝补水调节阀在自动备用状态。

（12）凝汽器水位主、副调节阀在自动备用状态。

（13）凝补水箱补水调节阀在自动备用状态。

（14）1、2 号渣浆泵变频调速在自动备用状态。

2. 机组启动准备断点所实现的功能

（1）启动凝补水系统功能组。

1）若凝补水箱水位小于 3500mm，则开补水旁路阀；若凝补水箱水位小于 4200mm，则关补水旁路阀、凝补水调节阀投自动。

2）关补给水至闭冷水系统注水门、关补给水至除氧器电动门、关凝补水水位主调节阀和副调节阀、开补给水泵再循环电动门。

3）关补给水泵出口电动门。

4）启动工作位补给水泵、联锁开补给水泵出口电动门。

（2）启动闭冷水系统功能组。

1）开补给水至闭冷水系统注水门 15s。

2）开闭冷水泵 A 进水电动蝶阀、冷水泵 A 出水电动蝶阀、冷水泵 B 进水电动蝶阀、冷水泵 B 出水电动蝶阀、冷水器 A 和 B 闭冷水侧进出口门，开汽轮机润滑油冷却器 A 和 B 进出口门、汽轮机润滑油温度调节阀旁路门，直至缓冲水箱水位大于 1500mm。

3）缓冲水箱凝结水补水调节阀投自动、关补给水至闭冷水系统注水门，人工确认注水排气完成。

4）关闭冷水泵 A、B 出水电动蝶阀、非工作位闭冷器闭冷水侧进出口电动蝶阀、电动给水泵冷油器温度调节阀、给水泵汽轮机 A 冷油器温度调节阀、给水泵汽轮机 B 冷油器温度调节阀、氢气冷油器温度调节阀、汽轮机润滑油 A 和 B 闭冷器进出口门、汽轮机润滑油温度调节阀旁路门。

5）启动工作位闭冷水泵及开出口门。

（3）凝汽器上水冲洗，置凝汽器水位副调节阀 30%位置。

（4）启动循环水系统功能组。

1）启动选择工作位循泵对应的旋转滤网两次并结束后投入联锁。

2）打开凝汽器A和B循环水出口电动门。

3）打开凝汽器A和B循环水进口电动门至10%。

4）打开闭冷器A和B海水出口电动门。

5）打开闭冷器A和B海水进口电动门。

6）启动循环水二次旋转滤网。

7）启动首台循环水泵功能组。

8）继续打开凝汽器A和B循环水进口电动门至15%。

9）启动水室真空泵并投入联锁。

10）延时10min继续打开凝汽器A和B循环水进口电动门至20%。

11）延时10min继续打开凝汽器A和B循环水进口电动门至25%。

12）全开凝汽器A和B循环水进口电动门。

13）关闭备用位闭冷器出口门。

（5）启动磨煤机油站、启动电动给水泵和给水泵汽轮机油站。

（6）启动汽轮机油系统功能组。

1）启动排油烟机，关汽轮机润滑油A和B闭冷器进口门、汽轮机润滑油温度调节阀旁路门，开运行位汽轮机润滑油出口门。

2）启动润滑油辅助油泵TOP、MSP泵。

3）投直流油泵备用。

4）启动处于工作位的顶轴油泵，投另1台顶轴油泵备用。

5）启动密封油泵功能组。

6）启动盘车电动机，投入盘车联锁。

（7）投入炉底水封及渣水系统功能组。

1）开捞渣机及渣泵房冲洗水电动门。

2）开渣仓仪用空气进气电动门。

3）置捞渣机液压马达调速信号最小。

4）启动捞渣机液压马达油泵。

5）开渣浆泵A或B反冲洗电动门。

6）启动渣浆搅动机A或B。

7）开动渣浆泵A或B进口电动门。

8）开动渣浆泵A或B出口电动门。

9）启动渣浆泵A或B。

10）关渣浆泵A或B反冲洗电动门，置渣浆泵变频器自动位。

11）若选择投渣浆泵投备用，则开备用泵进出口及反冲洗水电动门并投备用。

3. 机组启动准备断点的结束条件

（1）凝补水系统投入：任意一台凝补水泵运行，出口门开，凝补水泵出口母管压力大于0.5MPa，或凝汽器真空小于－75kPa。

（2）闭冷水系统投入：任意一台闭冷水泵运行且出口电动蝶阀开，任意一侧闭冷器入口、出口电动门全开，闭冷水出口母管压力大于0.5MPa。

（3）循环水系统投入：凝汽器A或B循环水进水压力大于0.06MPa，任意循环水泵运行且出口门开，凝汽器A循环水出口蝶阀反馈大于50%或凝汽器B循环水出口蝶阀反馈大于50%或凝汽器A和B循环水出口蝶阀反馈大于50%，闭冷器A或B海水进出口电动门均开。

（4）汽轮机油系统投入：汽轮机润滑油温度调节阀旁路门全关，A、B润滑油闭冷器在运行且出口门开或A、B润滑油闭冷器未运行且出口门关，交流润滑油泵TOP运行，MSP运行，汽轮机润滑油母管压力大于0.18MPa，任意一台顶轴油泵运行，汽轮机润滑油箱油位大于500mm，汽轮机转速小于200r/min时盘车电动机电流大于15A或汽轮机转速大于2900r/min。

（5）汽轮机密封油系统投入。

（6）炉底水封及渣水系统投入。

（7）至少4台磨煤机油站运行且油压正常。

（8）A、B给水泵汽轮机任意一台交流润滑油泵运行且油压正常。

（9）电动给水泵润滑油压正常。

（10）汽轮机旁路油泵运行、无故障报警。

二、冷态冲洗及抽真空断点

冷态冲洗及抽真空断点主要完成凝结水系统启动、除氧器上水加热、锅炉上水及炉水泵动态清洗及循环冷态清洗。

1. 冷态冲洗及抽真空断点启动允许条件

（1）凝结水系统检查卡检查完毕。

（2）低压加热器水侧系统启动检查卡检查完毕。

（3）精处理系统启动检查卡检查完毕。

（4）锅炉汽水系统启动阀门系统检查卡检查完毕。

（5）辅汽系统启动检查卡检查完毕。

（6）给水系统启动前检查卡检查完毕。

（7）启动给水泵启动前检查卡检查完毕。

（8）除氧器加热检查卡检查完毕。

（9）加氨系统启动前检查卡检查完毕。

（10）高压加热器水侧系统检查卡检查完毕。

（11）轴封系统检查卡检查完毕。

（12）抽真空系统启动检查卡检查完毕。

（13）凝汽器水位正常（800～1350mm）。

（14）任意一台循环水泵运行。

（15）任意一台闭冷水泵运行。

（16）机组启动准备断点完成。

（17）凝结水最小流量调节阀在自动备用状态。

（18）汽动给水泵A前、后轴承密封水温度调节阀在自动备用状态。

（19）汽动给水泵B前、后轴承密封水温度调节阀在自动备用状态。

（20）轴封溢流站调节阀在自动备用状态。

（21）低压缸排气喷水阀在自动备用状态。

（22）辅汽至轴封减温水调节阀在自动备用状态。

(23) 给水泵汽轮机轴封压力调节阀在自动备用状态。

(24) 辅汽站轴封压力调节阀在自动备用状态。

(25) 低压轴封喷水调节阀在自动备用状态。

(26) 电动给水泵勺管在自动备用状态。

(27) 给水旁路调节阀在自动备用状态。

(28) 360 阀在自动备用状态。

(29) 361 阀在自动备用状态。

2. 冷态冲洗及抽真空断点所实现的功能

(1) 凝结水系统功能组。

1) 关闭凝结水精处理进出口电动门，打开凝结水精处理旁路阀。

2) 关凝结水再循环调节阀。

3) 关辅汽至轴封减温喷水调节阀、汽封减温喷水调节阀、辅汽至锅炉减温调节阀。

4) 打开除氧器上水副调节阀及其进出口电动门、除氧器启动排气电动门 1 和 2，启动低压加热器水侧投入顺序控制。

5) 打开凝补水至除氧器电动门 10s 注水，当凝结水出口母管压力大于 0.22MPa 后关门。

6) 关闭除氧器上水副调节阀及其进出口电动门、除氧器上水旁路门。

7) 启动凝结水泵功能组。

8) 关闭电动给水泵前置泵进口电动门、汽动给水泵 A 前置泵进口电动门、汽动给水泵 B 前置泵进口电动门、除氧器至凝汽器放水电动门、除氧器至凝汽器放水调节阀、除氧器至锅炉排污电动门。

9) 凝汽器水位调节阀投自动，凝结水泵变频调速系统投自动。

10) 打开除氧器上水副调节阀进出口电动门、除氧器上水主调节阀进出口电动门。

(2) 凝结水上水功能组。若凝结水水质不合格，执行步序 (1) ～ (5)。

1) 6、7、8 号低压加热器切至旁路运行，轴封加热器切至旁路运行。

2) 关闭 5 号低压加热器出口电动门、旁路门，打开 5 号低压加热器进口电动门。

3) 打开 5 号低压加热器出口放水电动门。

4) 开除氧器上水旁路电动门 8s，延时 5min 后切至主调节阀开至 15%并关旁路，再 5min 后切至副调节阀开至 30%并关主路。

5) 6、7、8 号低压加热器切至主路运行，轴封加热器切至主路运行；确认凝结水水质合格后，进行下一步。

6) 5、6、7、8 号低压加热器切至主路运行。

7) 置除氧器水位副调节阀至 30%。

8) 关闭 5 号低压加热器出口放水电动门。

9) 除氧器水位主、副调节阀投自动。

(3) 打开除氧器至锅炉排污扩容器电动门，关闭除氧器至凝汽器放水电动门，确认凝结水水质合格 Fe<800ppb，执行下一步。

(4) 关闭除氧器至锅炉排污扩容器电动门，打开除氧器至凝汽器放水电动门，投入精处理装置，除氧器溢流调节阀投自动，确认凝结水水质合格电导率小于 10μS，pH 值 8～9.5。

（5）提示炉水泵注水。

（6）辅汽系统功能组。

1）开辅汽上水扩容器冷却水电动门。

2）关闭冷段再热至辅汽电动门、调节阀，关闭4抽至辅汽电动门。

3）关闭辅汽至轴封预暖电动门、辅汽至给水泵汽轮机A/B电动门、除氧器加热用汽电动门、除氧器再沸腾用汽电动门、辅汽至除氧器压力调节阀、空气预热器吹灰用辅汽关断门、等离子点火装置暖风器辅汽关断门、锅炉房点火油管路辅汽关断门。

4）打开2号机组启动蒸汽进汽门5s，延时10min，反复继续以开5s停10min的速度打开。

（7）打开锅炉疏水电动门和排气电动门，投锅炉启动排污扩容器冷却水，打开汽轮机疏水阀。

（8）给水管道注水功能组。

1）汽动给水泵A、B前、后轴承密封水温度调节阀控制投自动。

2）打开汽动给水泵A/B入口电动门，打开电动给水泵入口电动门20s，注水10min。

3）打开给水泵出口电动门。

4）高压加热器切旁路。

5）打开给水旁路调节阀30%，开给水旁路调节阀前、后电动门。

6）高压加热器切主路。

7）全开电动给水泵入口、出口电动门，等待500s。

8）关闭给水旁路阀、主给水阀。

9）关闭给水泵出口电动门，开给水泵再循环调节阀。

10）启动给水泵汽轮机A/B盘车。

（9）轴封和抽真空功能组。

1）关闭主蒸汽至轴封供汽电动门及调节阀、冷段再热至轴封供汽电动门，关闭轴封辅汽站供汽电动门、调节阀及旁路门，关闭回汽至8号低压加热器电动门溢流调节阀旁路门、高压缸预暖电动门，开给水泵汽轮机轴封溢流至凝汽器电磁阀，关给水泵汽轮机轴封溢流至本体电磁阀。

2）打开辅汽回汽至凝汽器电动门，溢流调节阀投自动，压力设定30kPa。

3）打开真空破坏门。

4）低压缸喷水调节阀自动。

5）点动开启辅汽至轴封和暖缸供汽总门至全开。

6）点动开启辅汽至轴封供汽电动门5%，待轴封辅汽站前温度大于300℃或冷态时轴封辅汽站前温度大于150℃，轴封主汽管道上下壁温差小于10℃。

7）开辅汽至轴封供汽电动门，辅汽至轴封减温水调节阀投自动，开辅汽至轴封减温水调节阀前电动门。

8）缓慢开大轴封供汽调节阀（开始慢），压力到2kPa，给水泵汽轮机轴封压力调节阀投自动，压力设定为8kPa，投轴封加热风机，压力到10kPa。

9）辅汽站轴封压力控制投自动，压力设定为10kPa，汽封减温器喷水调节阀投自动，温度设定150℃，开汽封减温器喷水调节阀前电动门。

10）关闭真空破坏门。

11）关闭冷段再热、热段再热排气门。

12）启动处于工作位1的真空泵。

13）启动处于工作位2的真空泵，开给水泵汽轮机排气蝶阀，真空大于－75kPa。

14）打开冷段再热、热段再热疏水阀。

（10）除氧器加热功能组。

1）打开除氧器至凝汽器放水电动门。

2）除氧器溢流调节阀将除氧器水位控制在1900mm，除氧器副调节阀投自动，水位控制1900mm，除氧器水位到1900mm，进行下一步。

3）关闭除氧器至凝汽器放水电动门、除氧器溢流调节阀，开4个除氧器排气电动门。

4）关闭除氧器溢流门前电动门。

5）开启辅汽至除氧器电动门。

6）置辅汽至除氧器调节阀5%，5min后开至10%，直至温度到80℃。

7）关除氧器启动排气电动门。

（11）启动锅炉上水功能组。选择上水方式，采用电动给水泵上水或汽动给水泵前置泵上水。

1）关闭BCP泵进口电动门、出口电动门、再循环电动门、过冷水电动门，开启BCP泵进口管道疏水门A、B，开启BCP泵过冷管路疏水阀A、B，开启BCP泵出口电动门前后疏水阀A、B，开启361阀至锅炉排污扩容器电动门，关闭361阀至凝汽器电动门。

2）启动电动给水泵顺序控制。

3）置给水旁路调节阀30%位，开给水旁路调节阀前后电动门。

4）开选定给水泵出口电动门，关主给水电动门。

5）选定启动电动给水泵，将电动给水泵勺管投自动，压差设定为1.5MPa，将给水旁路调节阀投自动，上水流量设定为300t/h。

6）关闭省煤器进口管道疏水门A/B、省煤器出口联箱排气阀、锅炉水冷壁进出口联箱疏水阀（下水分配头疏水门）A/B、A/B侧螺旋水冷壁出口混合联箱排气阀、烟道底部出口联箱疏水门A/B、垂直水冷壁出口混合联箱排气阀、垂直水冷壁出口混合联箱疏水阀A/B、361阀进口疏水阀。

水质合格指标（分离器水质）：Fe＜800ppb，冷态开式清洗结束。

（12）提醒进行炉水泵动态清洗。

（13）冷态循环清洗功能组。

1）开启361阀至凝汽器电动门。

2）开启BCP泵进口电动门，关闭BCP泵出口电动门，开启BCP泵最小流量阀、BCP泵过冷水电动门，关闭BCP泵和361阀暖管电动门，关闭至锅炉疏水扩容器电动门，关闭BCP泵进口管道疏水门、BCP泵进口管道排气门。

3）启动BCP泵。

4）将BCP泵出口360阀投自动。

5）关闭BCP泵过冷管道疏水门、BCP泵出口疏水门、360阀进口疏水门。

6）置省煤器入口流量为25%BMCR进行循环冲洗。

3. 冷态冲洗及抽真空断点完成条件

（1）凝结水系统启动：任一凝结水泵运行且进出口门全开，除氧器上水主调节阀前、后电动门开，除氧器上水副调节阀前、后电动门开。

（2）凝除氧器水位 2300mm，5、6、7、8 号低压加热器水侧投入，除氧器水位主调节阀或副调节阀在自动位，任一凝结水泵运行且进出口门全开。

（3）辅汽系统投入：辅汽联箱压力大于 0.5MPa，辅汽联箱温度大于 250℃，2 号机组启动蒸汽进汽门全开或 4 抽至辅汽电动门全开或冷段再热至辅汽电动门全开。

（4）轴封、真空系统投入：冷段再热、热段再热疏水门开，轴封蒸汽母管压力大于 10MPa，任一台轴封加热风机运行，真空破坏门关，真空泵运行且真空泵入气门开，凝汽器真空大于－75kPa，轴封母管温度大于 300℃或冷态时轴封母管温度大于 180℃。

（5）除氧器加热完成：除氧器启动排气门关，除氧器水温大于 80℃，除氧器压力大于 0.05MPa。

（6）锅炉上水完成：主给水流量大于 280t/h，汽水分离器水位大于 5m，关闭省煤器进口管道疏水门 A/B、省煤器出口联箱排气阀、锅炉水冷壁进出口联箱疏水阀（下水分配头疏水门）A/B、A/B 侧螺旋水冷壁出口混合联箱排气阀、烟道底部出口联箱疏水门 A/B、垂直水冷壁出口混合联箱排气阀、垂直水冷壁出口混合联箱疏水阀 A/B、361 阀进口疏水阀。

（7）冷态清洗完成：BCP 运行，主给水流量大于 772t/h。

（8）确认省煤器入口水质合格 Fe＜100ppb。

三、锅炉点火升温断点

锅炉点火升温断点完成锅炉点火升温过程。

1. 锅炉点火升温断点启动允许条件

（1）锅炉风烟系统检查卡检查完毕。

（2）三大风机油站检查卡检查完毕。

（3）炉前油系统检查卡检查完毕。

（4）等离子点火装置恢复备用检查卡检查完毕。

（5）A 磨煤机启动前检查卡检查完毕。

（6）电除尘投运检查卡检查完毕。

（7）除灰系统检查卡检查完毕。

（8）汽轮机疏水系统启动前检查卡检查完毕。

（9）锅炉吹灰系统检查卡检查完毕。

（10）脱硫、脱硝烟气系统检查卡检查完毕。

（11）定子冷却水系统检查卡检查完毕。

（12）EH 油系统启动前检查卡检查完毕。

（13）汽水系统取样检查卡检查完毕。

（14）省煤器入口流量大于 23%BMCR。

（15）火检冷却风机处于远方控制。

（16）等离子点火装置电源正常。

（17）冷态冲洗及抽真空断点完成。

(18) 除氧器水位副调节阀在自动。
(19) 给水旁路调节阀在自动。
(20) 引风机入口导叶在自动备用状态。
(21) 送风机动叶在自动备用状态。
(22) 燃油调节阀在自动备用状态。
(23) 高压缸预暖蒸汽调节阀在自动备用状态。
(24) 一次风机动叶在自动备用状态。
(25) A磨煤机动态分离器在自动备用状态。
(26) A磨煤机冷风调节阀在自动备用状态。
(27) A磨煤机热风调节阀在自动备用状态。
(28) 高压旁路压力调节阀在自动备用状态。
(29) 高压旁路温度调节阀在自动备用状态。
(30) 发电机定子冷却水温度调节阀在自动备用状态。
(31) 发电机定子冷却水压力调节阀在自动备用状态。

2. 锅炉点火升温断点所实现的功能

(1) 锅炉风烟系统功能组。

1) 启动空气预热器A功能组。
2) 启动空气预热器B功能组。
3) 启动引风机A功能组。
4) 引风机A投自动。
5) 启动送风机A功能组。
6) 若送风机B未运行，置送风机动叶15%并投送风机A自动；若送风机B运行，置送风机A/B动叶10%并投送风机A自动。
7) 启动引风机B功能组。
8) 引风机B投自动。
9) 启动送风机B功能组。
10) 若送风机A未运行，置送风机动叶15%并投送风机B自动；若送风机A运行，置送风机A/B动叶10%并投送风机B自动。

(2) 启动一台火检冷却风机，投入火焰电视和烟温探针。

(3) 如果采用等离子点火装置点火，启动等离子点火装置恢复功能组，开暖风器进汽电动阀。

1) 启动工作位冷却水泵，另一台冷却水泵投备用。
2) 启动工作位火检风机，另一台火检风机投备用。
3) 启动工作位载体风机，另一台载体风机投备用。

(4) 提示投入电除尘、除灰输送系统。
(5) 燃油泄漏试验未旁路时进行油泄漏试验。
(6) 炉膛吹扫。
(7) 开燃油跳闸阀和回油跳闸阀，回油管路调节阀投自动。
(8) 投高压缸预暖。

1）开一抽止回阀前疏水阀，高压调节阀后主汽管疏水阀从100%关至20%，高压缸内缸疏水门从100%关至20%，A/B侧中联门前疏水从100%关至20%，开冷段再热汽疏水阀（2个），关冷段再热到2号高压加热器的疏水阀、冷段再热到给水泵汽轮机的疏水阀（2个）。

2）关闭高压缸一抽止回阀前的疏水阀，开高压缸预暖蒸汽电动门，关闭通风阀。

3）开高压缸预暖蒸汽调节阀，每开10%延时20min，直至55%，高压缸调节级后内壁温度大于150℃。

4）高压缸预暖蒸汽调节阀投自动，闷缸计时，人工确认闷缸结束。

5）开高压调节阀后主汽管疏水阀、高压缸内缸疏水门、A/B侧中联门前疏水门、高压缸一抽止回阀前的疏水阀，慢关高压缸预暖蒸汽调节阀至10%位，等待20min。

6）关高压缸预暖蒸汽调节阀至0%位，关高压缸预暖蒸汽电动门。

7）开通风阀。

（9）等离子模式时启动制粉准备功能组，燃油模式时启动油枪点火。

1）启动一次风机A功能组。

2）启动一次风机B功能组。

3）启动密封风机。

4）启动等离子点火装置。

5）一次风机动叶投自动，等离子模式时建立A磨煤机一次风通道，非等离子模式时建立F磨煤机一次风通道。

6）启动A制粉系统。

（10）投入空气预热器连续吹灰、脱硝吹灰。

（11）开汽轮机旁路减温水隔离阀，高压旁路压力和温度调节阀投自动，开凝汽器二级喷水。水幕喷水阀50%。

（12）启动定子冷却水泵和EH油泵，定子冷却水温度、压力调节阀投自动。

（13）开361阀至锅炉启动排污扩容器电动门，关361阀至凝汽器启动疏水电动门，确认分离器水质合格。

（14）关361阀至锅炉启动排污扩容器电动门，开361阀至凝汽器启动疏水电动门。

（15）锅炉升温升压。

（16）高压调节阀预暖。

1）设定DEH负荷限制为0。

2）汽轮机挂闸。

3）开高压主汽阀上阀座疏水阀、高压调节阀上阀座疏水阀、高压调节阀后主汽管疏水阀。

4）CV阀壳内外壁温差小于70℃时发出开调节阀预暖指令，CV阀壳内外壁温差大于80℃时发出停止调节阀预暖指令，当CV阀壳内壁温大于180℃、CV阀壳外壁温大于180℃、CV阀壳内外壁温差小于50℃时，执行下一步。

5）停止调节阀预暖。

6）提示手动打闸汽轮机。

3. 锅炉点火升温断点完成条件

（1）风烟系统启动完成。空气预热器A运行且出口一次和二次风门开且入口烟门开，空气预热器 B 运行且出口一次和二次风门开且入口烟门开，引风机 A 运行且入口出口门开，引风机 B 运行且入口出口门开，送风机 A 运行且出口门开，送风机 B 运行且出口门开。

(2) 吹扫完成。

(3) 高压缸预暖完成。高压缸调节级后内壁温度大于 150℃，高压缸预暖蒸汽调节阀和电动门全关延时。

(4) A 磨煤机点火完成且确认电除尘除灰输送系统投入或油枪点火完成。

(5) 任意一台定子冷却水泵运行。

(6) 定子冷却水流量正常。

(7) 定子冷却水泵出口压力不低。

(8) 确认分离器水质合格 Fe<100ppb。

(9) 主蒸汽温度高于 271℃。

(10) 高压缸预暖完成。CV 阀壳内壁温高于 180℃，CV 阀壳外壁温高于 180℃，CV 阀壳内外壁温差低于 50℃，汽轮机跳闸或高压主汽门全关或汽轮机转速大于 100r/min。

四、汽轮机冲转断点

汽轮机冲转断点完成汽轮机冲转过程。

1. 汽轮机冲转断点启动允许条件

(1) 汽轮机冲转前系统检查卡检查完毕。

(2) 发电机转热备用操作票执行完毕。

(3) 低压加热器系统汽侧启动前检查卡检查完毕。

(4) 确认汽水品质化验合格。

(5) 确认氢气纯度大于 97%。

(6) 氢气压力 0.36～0.48MPa。

(7) 机组未并网。

(8) 汽轮机跳闸。

(9) 主蒸汽温度满足汽轮机冲转条件。

(10) 汽轮机调节阀预暖完成。

(11) 主蒸汽压力满足 9.5～9.9MPa。

(12) 汽轮机旁路投自动且开度大于 30%。

(13) 再热器出口压力低于 0.03MPa。

(14) 汽轮机润滑油压力正常。

(15) 汽轮机润滑油温度正常，27～40℃。

(16) 汽轮机润滑油油箱油位正常。

(17) EH 油压力正常，11～11.9MPa。

(18) EH 油温度正常，40～50℃。

(19) 任意真空泵运行且真空泵入气门开。

(20) 凝汽器压力低于－85kPa。

(21) 任意一台轴封加热器风机运行。

(22) 轴封蒸汽母管压力正常，9～119kPa。

(23) 低压轴封蒸汽温度正常，145～155℃。

（24）任意一台定子冷却水泵运行。
（25）定子冷却水流量正常。
（26）定子冷却水泵出口压力不低。
（27）汽轮机盘车投入。
（28）转子偏心小于 0.075mm。
（29）高压缸差胀正常。
（30）中压缸差胀正常。
（31）低压缸差胀正常。
（32）轴向位移正常。
（33）汽轮机振动正常。
（34）轴承回油温度正常。
（35）推力瓦金属温度正常。
（36）轴瓦金属温度正常。
（37）高压主汽阀金属温度高于 300℃。
（38）高压外缸上、下缸温差低于 50℃。
（39）高压排汽室上、下缸温差低于 50℃。
（40）疏水阀开。
（41）锅炉点火升温断点完成。
（42）凝补水箱补水调节阀在自动。
（43）闭冷水箱凝补水调节阀在自动。
（44）凝汽器水主副调节阀在自动。
（45）除氧器水位主副调节阀在自动。
（46）给水旁路调节阀在自动。
（47）电动给水泵勺管在自动。
（48）360 阀在自动。
（49）361 阀在自动。
（50）引风机入口导叶在自动。
（51）送风机动叶在自动。
（52）轴封溢流站调节阀在自动。
（53）辅汽至轴封减温水调节阀在自动。
（54）辅汽至轴封压力调节阀在自动。
（55）低压轴封喷水调节阀在自动。
（56）发电机定子冷却水温度调节阀在自动。
（57）发电机定子冷却水压力调节阀在自动。
（58）高压旁路压力调节阀在自动。
（59）高压旁路温度调节阀在自动。
（60）润滑油冷却器温度调节阀在自动备用状态。
（61）5 号低压加热器水位调节阀在自动备用状态。
（62）5 号低压加热器危急疏水调节阀在自动备用状态。

(63) 6号低压加热器水位调节阀1、2在自动备用状态。

(64) 6号低压加热器危急疏水调节阀在自动备用状态。

(65) 7号低压加热器A水位调节阀在自动备用状态。

(66) 7号低压加热器A危急疏水调节阀在自动备用状态。

(67) 7号低压加热器B水位调节阀在自动备用状态。

(68) 7号低压加热器B危急疏水调节阀在自动备用状态。

(69) 8号低压加热器A水位调节阀在自动备用状态。

(70) 8号低压加热器A危急疏水调节阀在自动备用状态。

(71) 8号低压加热器B水位调节阀在自动备用状态。

(72) 8号低压加热器B危急疏水调节阀在自动备用状态。

2. 汽轮机冲转断点所完成的功能

(1) 开运行侧润滑油冷却器入口电动门及两侧润滑油冷却器出口电动门，关润滑油冷却器温度调节阀旁路门，投润滑油冷却器温度调节阀自动。

(2) 复位DEH报警。

(3) 汽轮机挂闸。

(4) 复位汽轮机跳闸首出。

(5) 选择ATC方式。

(6) 投入热应力方式。

(7) 选择升速至3000r/min。

3. 汽轮机冲转断点启动完成条件

(1) 汽轮机已挂闸。

(2) 升速至3000r/min（2990～3010r/min），延时60s。

五、机组并网断点

机组并网断点实现机组自动并网功能。

1. 汽轮机冲转断点启动允许条件

(1) 机组并网前系统检查卡检查完毕。

(2) 机组未并网。

(3) 汽轮机冲转断点完成。

(4) 任意一台定子冷却水泵运行。

(5) 定子冷却水流量正常。

(6) 定子冷却水泵出口压力不低。

(7) 定子线圈进水电导率不高。

(8) 发电机汽端检漏计水位不高。

(9) 发电机励汽端检漏计水位不高。

(10) 密封油回油扩大槽液位不高。

(11) 高压旁路压力调节阀在自动。

(12) 高压旁路温度调节阀在自动。

(13) 凝补水箱补水调节阀在自动。

(14) 闭冷水箱凝补水调节阀在自动。

(15) 凝汽器水主、副调节阀在自动。
(16) 除氧器水位主、副调节阀在自动。
(17) 给水旁路调节阀在自动。
(18) 电动给水泵勺管在自动。
(19) 360 阀在自动。
(20) 361 阀在自动。
(21) 引风机入口导叶在自动。
(22) 送风机动叶在自动。
(23) 轴封溢流站调节阀在自动。
(24) 辅汽至轴封减温水调节阀在自动。
(25) 辅汽至轴封压力调节阀在自动。
(26) 低压轴封喷水调节阀在自动。
(27) 发电机定子冷却水温度调节阀在自动。
(28) 发电机定子冷却水压力调节阀在自动。
(29) 润滑油冷却器温度调节阀在自动。
(30) 5 号低压加热器水位调节阀在自动。
(31) 5 号低压加热器危急疏水调节阀在自动。
(32) 6 号低压加热器水位调节阀 1、2 在自动。
(33) 6 号低压加热器危急疏水调节阀在自动。
(34) 7 号低压加热器 A 水位调节阀在自动。
(35) 7 号低压加热器 A 危急疏水调节阀在自动。
(36) 7 号低压加热器 B 水位调节阀在自动。
(37) 7 号低压加热器 B 危急疏水调节阀在自动。
(38) 8 号低压加热器 A 水位调节阀在自动。
(39) 8 号低压加热器 A 危急疏水调节阀在自动。
(40) 8 号低压加热器 B 水位调节阀在自动。
(41) 8 号低压加热器 B 危急疏水调节阀在自动。
(42) 1 号低压加热器 A 水位调节阀在自动备用状态。
(43) 1 号低压加热器 A 危急疏水调节阀在自动备用状态。
(44) 1 号低压加热器 B 水位调节阀在自动备用状态。
(45) 1 号低压加热器 B 危急疏水调节阀在自动备用状态。
(46) 2 号低压加热器 A 水位调节阀在自动备用状态。
(47) 2 号低压加热器 A 危急疏水调节阀在自动备用状态。
(48) 2 号低压加热器 B 水位调节阀在自动备用状态。
(49) 2 号低压加热器 B 危急疏水调节阀在自动备用状态。
(50) 3 号低压加热器 A 水位调节阀在自动备用状态。
(51) 3 号低压加热器 A 危急疏水调节阀在自动备用状态。
(52) 3 号低压加热器 B 水位调节阀在自动备用状态。
(53) 3 号低压加热器 B 危急疏水调节阀在自动备用状态。

2. 机组并网断点所完成的功能

(1) 加燃料。

(2) 自动并网功能组。

1) AVR 投自动方式。

2) 合励磁系统灭磁开关。

3) 励磁系统已投入。

4) ASS 装置投入自动。

5) 向 DEH 发出“ASS 请求调速”。

6) 合 1TK/DTK，启动同期装置。

7) ASS 装置复归。

(3) 燃油模式时启动制粉准备功能组。

(4) 燃油模式时启动第一台制粉系统。

(5) 燃油模式时减一层油。

(6) 升负荷至 50MW，启动第二台循环水泵。

3. 汽轮机冲转断点启动完成条件

(1) 励磁开关已合闸。

(2) 发电机出口断路器已合闸。

(3) 第一台制粉系统投入，延时 3min。

(4) 两台循环水泵启动完成。

六、升负荷断点

升负荷断点实现升负荷过程中负荷、燃料、给水的自动增加，满足机组升负荷曲线的要求。

1. 升负荷断点启动允许条件

(1) 制粉系统启动前检查卡检查完毕。

(2) 高压加热器汽侧系统检查卡检查完毕。

(3) 机组并网断点完成。

(4) 任意一台给水泵在运行。

(5) DEH 允许 CCS 自动。

(6) 高压旁路压力调节阀在自动。

(7) 高压旁路温度调节阀在自动。

(8) 凝补水箱补水调节阀在自动。

(9) 闭冷水箱凝补水调节阀在自动。

(10) 凝汽器水主、副调节阀在自动。

(11) 除氧器水位主、副调节阀在自动。

(12) 给水旁路调节阀在自动。

(13) 电动给水泵勺管在自动。

(14) 360 阀在自动。

(15) 361 阀在自动。

(16) 引风机入口导叶在自动。

（17）送风机动叶在自动。

（18）轴封溢流站调节阀在自动。

（19）辅汽至轴封减温水调节阀在自动。

（20）辅汽至轴封压力调节阀在自动。

（21）低压轴封喷水调节阀在自动。

（22）发电机定子冷却水温度调节阀在自动。

（23）发电机定子冷却水压力调节阀在自动。

（24）润滑油冷却器温度调节阀在自动。

（25）一次风机动叶在自动。

（26）5号低压加热器水位调节阀在自动。

（27）5号低压加热器危急疏水调节阀在自动。

（28）6号低压加热器水位调节阀1、2在自动。

（29）6号低压加热器危急疏水调节阀在自动。

（30）7号低压加热器A水位调节阀在自动。

（31）7号低压加热器A危急疏水调节阀在自动。

（32）7号低压加热器B水位调节阀在自动。

（33）7号低压加热器B危急疏水调节阀在自动。

（34）8号低压加热器A水位调节阀在自动。

（35）8号低压加热器A危急疏水调节阀在自动。

（36）8号低压加热器B水位调节阀在自动。

（37）8号低压加热器B危急疏水调节阀在自动。

（38）1号低压加热器A水位调节阀在自动备用状态。

（39）1号低压加热器A危急疏水调节阀在自动备用状态。

（40）1号低压加热器B水位调节阀在自动备用状态。

（41）1号低压加热器B危急疏水调节阀在自动备用状态。

（42）2号低压加热器A水位调节阀在自动备用状态。

（43）2号低压加热器A危急疏水调节阀在自动备用状态。

（44）2号低压加热器B水位调节阀在自动备用状态。

（45）2号低压加热器B危急疏水调节阀在自动备用状态。

（46）3号低压加热器A水位调节阀在自动备用状态。

（47）3号低压加热器A危急疏水调节阀在自动备用状态。

（48）3号低压加热器B水位调节阀在自动备用状态。

（49）3号低压加热器B危急疏水调节阀在自动备用状态。

2. 升负荷断点所完成的功能

（1）DEH切为CCS遥控，汽轮机主控投自动，机组升负荷至150MW。

（2）投高压加热器，机组升负荷至150MW，汽轮机高压旁路已关闭。

1）开一段抽汽止回阀前疏水阀、1号高压加热器A进汽管道疏水阀、二段抽汽止回阀前疏水阀、2号高压加热器A进汽管道疏水阀、三段抽汽止回阀前疏水阀、3号高压加热器A进汽管道疏水阀。

2）关闭1号高压加热器A侧抽汽电动门、2号高压加热器A侧抽汽电动门、3号高压加热器A侧抽汽电动门。

3）开一段抽汽止回阀、1号高压加热器A进汽止回阀、二段抽汽止回阀、2号高压加热器A进汽止回阀、三段抽汽止回阀、3号高压加热器A进汽止回阀。

4）1、2、3号高压加热器A水位调节投自动，置正常100mm，事故200mm。

5）开3号高压加热器A进汽电动门（每开5s，然后停180s直至全开），3号高压加热器A进汽电动门阀位大于15%，后关3号高压加热器A进汽管道疏水阀，关三段抽汽止回阀前疏水阀。

6）开2号高压加热器A进汽电动门（每开5s，然后停180s直至全开），2号高压加热器A进汽电动门阀位大于15%，后关2号高压加热器A进汽管道疏水阀，关二段抽汽止回阀前疏水阀。

7）开1号高压加热器A进汽电动门（每开5s，然后停180s直至全开），1号高压加热器A进汽电动门阀位大于15%，后关1号高压加热器A进汽管道疏水阀，关一段抽汽止回阀前疏水阀。

(3）启动第二台制粉系统。

(4）启动第一台汽动给水泵，升负荷至250MW。

1）投入汽动给水泵主泵密封水调节阀自动调节。

2）投入给水泵汽轮机冷油器温度控制阀自动。

3）关闭冷段再热至给水泵汽轮机供汽电动门、4抽至给水泵汽轮机供汽电动门，打开四段抽汽至给水泵汽轮机A管道疏水阀、辅汽至给水泵汽轮机A管道疏水阀、冷再至给水泵汽轮机A管道疏水阀、高压速关阀阀体疏水。

4）所有泵均不运行时，关闭汽动给水泵主泵中间抽头至锅炉再热器喷水电动门。

5）打开辅汽至给水泵汽轮机供汽电动门，给水泵汽轮机阀前温度大于320℃。

6）全开汽动给水泵再循环调节阀（开度大于90%），关闭汽动给水泵出口门，全开入口门，关闭倒暖门。

7）启动汽动给水泵前置泵。

8）启动给水泵汽轮机启动程控。

9）开启轴封汽至给水泵汽轮机五级后排汽电磁阀，关闭给水泵汽轮机轴封汽至凝汽器电磁阀。

(5）并入第一台汽动给水泵。

(6）退出电动给水泵。

(7）升负荷至300MW。

(8）启动第三台制粉系统，升负荷至350MW。

(9）启动第二台汽动给水泵。

(10）升负荷至400MW，启动第二台凝结水泵。

(11）并入第二台汽动给水泵。

(12）停电动给水泵，退油枪，退等离子点火装置。

(13）升负荷至500MW，提示投电除尘、脱硫、脱硝，提示投入空气预热器间隙自动控制。

(14) 启动第四台制粉系统。
(15) 升负荷至1000MW。
3. 升负荷断点完成条件
(1) 汽轮机高压旁路已关闭。
(2) CCS控制。
(3) 机组负荷大于500MW。
(4) 所有油枪停运。
(5) 等离子点火装置退出。
(6) 至少4台制粉系统启动完成。
(7) 两台汽动给水泵投自动。

第六节 APS停止过程所实现的功能

一、降负荷断点

1. 降负荷断点启动允许条件
(1) 高压加热器汽侧系统检查卡检查完毕。
(2) 机组处于CCS控制模式。
(3) 机组负荷大于40MW。
(4) 燃油跳闸阀开。
(5) 高压旁路压力调节阀在自动备用状态。
(6) 高压旁路温度调节阀在自动。
(7) 凝补水箱补水调节阀在自动。
(8) 闭冷水箱凝补水调节阀在自动。
(9) 凝汽器水主、副调节阀在自动。
(10) 除氧器水位主、副调节阀在自动。
(11) 给水旁路调节阀在自动备用状态。
(12) 电动给水泵勺管在自动备用状态。
(13) 汽动给水泵控制在自动。
(14) 360阀在自动备用状态。
(15) 361阀在自动备用状态。
(16) 引风机入口导叶在自动。
(17) 送风机动叶在自动。
(18) 轴封溢流站调节阀在自动。
(19) 辅汽至轴封减温水调节阀在自动。
(20) 辅汽至轴封压力调节阀在自动。
(21) 低压轴封喷水调节阀在自动。
(22) 发电机定子冷却水温度调节阀在自动。
(23) 发电机定子冷却水压力调节阀在自动。
(24) 润滑油冷却器温度调节阀在自动。

(25) 一次风机动叶在自动。
(26) 5 号低压加热器水位调节阀在自动。
(27) 5 号低压加热器危急疏水调节阀在自动。
(28) 6 号低压加热器水位调节阀 1、2 在自动。
(29) 6 号低压加热器危急疏水调节阀在自动。
(30) 7 号低压加热器 A 水位调节阀在自动。
(31) 7 号低压加热器 A 危急疏水调节阀在自动。
(32) 7 号低压加热器 B 水位调节阀在自动。
(33) 7 号低压加热器 B 危急疏水调节阀在自动。
(34) 8 号低压加热器 A 水位调节阀在自动。
(35) 8 号低压加热器 A 危急疏水调节阀在自动。
(36) 8 号低压加热器 B 水位调节阀在自动。
(37) 8 号低压加热器 B 危急疏水调节阀在自动。
(38) 1 号低压加热器 A 水位调节阀在自动备用状态。
(39) 1 号低压加热器 A 危急疏水调节阀在自动备用状态。
(40) 1 号低压加热器 B 水位调节阀在自动备用状态。
(41) 1 号低压加热器 B 危急疏水调节阀在自动备用状态。
(42) 2 号低压加热器 A 水位调节阀在自动备用状态。
(43) 2 号低压加热器 A 危急疏水调节阀在自动备用状态。
(44) 2 号低压加热器 B 水位调节阀在自动备用状态。
(45) 2 号低压加热器 B 危急疏水调节阀在自动备用状态。
(46) 3 号低压加热器 A 水位调节阀在自动备用状态。
(47) 3 号低压加热器 A 危急疏水调节阀在自动备用状态。
(48) 3 号低压加热器 B 水位调节阀在自动备用状态。
(49) 3 号低压加热器 B 危急疏水调节阀在自动备用状态。
(50) 除氧器水位副调节阀在自动备用状态。

2. 降负荷断点所完成的功能

(1) 降负荷至 450MW。
(2) 第一台汽动给水泵退出运行。
(3) 停运第一台汽动给水泵，降负荷至 400MW。
1) 开给水泵再循环调节阀（以一定速率）。
2) 置给水泵转速最小。
3) 关出口门。
4) 提示脱扣汽动给水泵。
5) 投盘车电动机。
6) 开启汽轮机轴封汽至凝汽器电磁阀。
7) 关闭汽至给水泵汽轮机五级后排汽电磁阀。
(4) 投入空气预热器、脱硫、脱硝连续吹灰。
(5) 若 A 制粉系统运行，层启等离子点火装置，投油助燃。

（6）停运第三台制粉系统，降负荷至350MW。
（7）停第三台磨层油枪。
（8）退出CCS，投TF，降负荷至250MW。
（9）启动电动给水泵，降负荷至200MW。
（10）并入电动给水泵。
（11）退出第二台汽动给水泵。
（12）降负荷至180MW，停第二台汽动给水泵。
（13）停一台凝结水泵。
（14）停倒数第二台制粉系统，减少最后一台给煤机出力。
（15）若有油枪投入则停运最后一台磨煤机，高压加热器退出。
（16）停一次风机、密封风机。
（17）启动TOP、MSP。
3. 降负荷断点完成条件
（1）机组负荷小于50MW。
（2）汽轮机启动油泵运行。
（3）汽轮机交流油泵运行。
（4）有油枪投运且最后一台磨煤机停运完成或无油枪投运时，最后一台磨煤机运行。
（5）一次风机均停且密封风机均停或无油枪投入。

二、机组解列断点

1. 机组解列断点启动允许条件
（1）机组解列前检查卡检查完毕。
（2）机组降负荷断点已完成。
（3）高压旁路压力调节阀在自动。
（4）高压旁路温度调节阀在自动。
（5）凝补水箱补水调节阀在自动。
（6）闭冷水箱凝补水调节阀在自动。
（7）凝汽器水主、副调节阀在自动。
（8）除氧器水位主、副调节阀在自动。
（9）给水旁路调节阀在自动备用状态。
（10）电动给水泵勺管在自动备用状态。
（11）汽动给水泵控制在自动。
（12）360阀在自动备用状态。
（13）361阀在自动备用状态。
（14）引风机入口导叶在自动。
（15）送风机动叶在自动。
（16）轴封溢流站调节阀在自动。
（17）辅汽至轴封减温水调节阀在自动。
（18）辅汽至轴封压力调节阀在自动。
（19）低压轴封喷水调节阀在自动。

2. 机组解列断点所完成的功能

提示汽轮机打闸停机。

3. 机组解列断点完成条件

（1）发电机出口开关断开。

（2）汽轮机跳闸。

三、机组停运断点

1. 机组解列断点启动允许条件

（1）发电机出口开关断开。

（2）汽轮机跳闸。

（3）高压旁路压力调节阀在自动。

（4）高压旁路温度调节阀在自动。

（5）凝补水箱补水调节阀在自动。

（6）闭冷水箱凝补水调节阀在自动。

（7）凝汽器水主、副调节阀在自动。

（8）除氧器水位主、副调节阀在自动。

（9）给水旁路调节阀在自动备用状态。

（10）电动给水泵勺管在自动备用状态。

（11）汽动给水泵控制在自动。

（12）360 阀在自动备用状态。

（13）361 阀在自动备用状态。

（14）引风机入口导叶在自动。

（15）送风机动叶在自动。

2. 机组解列断点所完成的功能

（1）有油枪投入停运油枪，否则停磨煤机。

（2）启动风烟停运功能组。

1）停运送风机 A 功能组。

2）停运引风机 A 功能组。

3）停运送风机 B 功能组。

4）停运引风机 B 功能组。

（3）关闭各风烟挡板。

（4）停运底渣系统。

1）关捞渣机机渣泵冲洗水电动门。

2）停捞渣机动力站油泵电动机，捞渣机调速信号至最小。

3）渣浆泵变频器转速至最小。

（5）关闭高、中压主汽阀前疏水。

（6）启动真空停运功能组。

1）解除真空泵备用。

2）停运 A 真空泵。

3）停运 B 真空泵。

4）停运C真空泵。

5）开凝汽器真空破坏门。

（7）启动轴封停运功能组。

1）关闭辅汽至轴封减温器喷水调节阀。

2）关闭汽封减温器喷水调节阀、辅汽至轴封减温器喷水调节阀前电动门、汽封减温器喷水调节阀前电动门。

3）关主蒸汽至轴封供汽调节阀、轴封辅汽站供汽调节阀。

4）关主蒸汽至轴封供汽电动门、轴封辅汽供汽电动门及旁路门、辅汽至轴封和暖缸供汽总门。

5）解除轴封风机备用。

6）停运轴封风机。

7）关轴封溢流站旁路电动门、轴封溢流站至8号低压加热器电动门。

（8）停运一台循环水泵。

3. 机组解列断点完成条件

（1）风烟系统停运完成。送风机A、B跳闸，引风机A、B跳闸。

（2）底渣系统停运完成。捞渣机机渣泵冲洗水电动门关，捞渣机动力站油泵电动机停运，捞渣机调速信号至最小，渣浆泵合闸位置且渣浆泵变频器转速至最小。

（3）真空停运完成。真空泵均停，凝汽器真空大于−2kPa。

（4）轴封停运完成。主蒸汽至轴封供汽电动门全关，轴封辅汽供汽电动门全关，轴封辅汽供汽旁路门全关，轴封蒸汽母管压力小于3kPa，轴封风机均停，真空破坏门全开。

（5）只有一台循环水泵运行。

第七节 APS调试和试验技术

APS实现从机组启动准备到带满负荷全过程的自动控制和从满负荷减到零以至机组完全停止的全过程自动控制。实现机组级自启/停要通过一个渐进的过程来实现。如何在较短时间内高水平实现APS功能且不影响DCS其他功能的实现，对APS的调试和投运工作提出了较高的要求。自启停控制系统的调试和试验工作按工作内容分为仿真试验和测试、静态调试、动态调试及投运3个不同阶段。

一、APS调试的环境和特殊要求

实现机组级自启/停要通过一个渐进的过程来实现。如何在较短时间内不但较高水平地完成DCS各个功能，又能实现APS功能且不影响DCS其他功能的实现，APS的结构方案成了关键。机组级自启停（APS）采用多层级功能组结构，最高层为机组级自启停功能组。这样做不但使APS对下层DCS功能的影响较小，而且还可以把APS拆开分步试投。

APS的调试要尽早进入，在APS设计阶段应对APS的方案进行审查，对APS逻辑进行深入分析研究，不断优化逻辑，APS是建立在其他控制系统（如MCS、SCS、FSSS、MEH、DEH等）的基础上的一种高级控制系统，也是一种运行管理系统，在DCS复原后，满足以下条件即可逐渐开始进行APS的静态试验调试：

（1）DCS的操作员站、控制站、通信网络工作正常。

（2）系统单体校验已经完成，系统线路经查核正确，主设备没有运行。就地设备已完成就地启、停或开、关试验。

（3）控制装置到现场设备的电缆已经连接完毕。

（4）复原工作已结束，相关卡件已插入。

（5）APS投运试验时，MCS、SCS、FSSS、DEH、MEH、给水全程控制等各个控制系统均调试好，并能满足APS的启动要求。

二、自启停控制系统仿真试验和测试

自启停控制系统逻辑和画面组态完成后要进行系统仿真试验和测试，仿真试验的目的是检查逻辑设计的合理性和画面组态及连接的正确性，华能海门电厂的仿真试验和测试包括以下内容：

（一）上层公用逻辑的仿真试验

通过在画面中操作确认和强制APS启动允许条件中不满足的条件，在画面中操作APS的投入/退出按钮，检查画面上设备逻辑动作的正确性和设备状态动态变化是否正确，检查APS的启停模式、断点选择、条件确认等开关动作的正确性。

（二）断点的仿真试验

对启动允许条件中的每一条件进行变位，测试画面显示动态变化是否正确；检查全部允许条件满足后断点状态的启动允许显示是否正确。

将断点各步序的指令强制为“0”，保证仿真断点执行功能过程中不会误启设备，按照断点操作执行顺序，测试断点的自动执行、手动执行操作按钮，通过手动执行方法启动断点，检查断点画面中和APS总画面中执行步序的闪烁动态是否与步序号对应及断点的各种状态显示是否正确，步序监视时间是否与逻辑中对应；模拟断点的步序完成条件，依次测试各步序，当完成条件在监视时间内没有完成时，会出现超时报警，检查画面中FAIL闪烁情况，测试确认按钮动作是否正确；通过步进按钮操作继续本步序，当某步序完成条件没有完成时可测试通过跳步使步序跳入下一步没有完成的步序，指令并不发出，只有再次按步进按钮时才会发出本步序的指令，测试选择自动执行时与手动执行不同的是当某步序完成时步序是否会自动进入下一步，并且下一步没完成时指令就会发出。

关于断点各步序指令的测试要在保证不误启设备的情况下进行，调用功能组的测试和试验可以在功能组中自动启动即可；启动设备的测试到设备的自动启动输入，与CCS和MCS的接口信号测试可以传到CCS和MCS，并且完成设定值的自动设定或自动将调节回路投入自动。

三、自启停控制系统静态调试

机组断点的静态调试是和仿真试验同时进行的，功能的静态调试是把相关设备（泵和风机等）打到试验位置，电动门、调节阀尽量实际开关，不能实际开关的要做好隔离措施，保证能实际开关电动门和调节阀，强制不满足的条件，启动功能组，模拟功能组的启动过程，试验每一步是否能够正常进行下去。

四、自启停控制系统动态调试及投运

动态调试阶段是控制系统的实际投运过程，在调试工程中必须密切关注设备的动作和系统的状态，根据实际情况对APS进行了进一步的修改和完善，确保了机组的安全运行。

在动态调试时，机组断点投运前必须保证断点中的相关设备的传动正确，联锁保护试验完成，设备能够正常启停和投运，断点中所涉及的功能组完成静态试验并可实际投运或已经实际投运过，才能确保 APS 控制动作的正确性和整个机组的可靠运行。在动态调试过程中我们还对投入和使用的控制策略进行了进一步优化和调整，确保了控制的稳定性和准确性。

（1）建议首次整组启动 APS 的断点调试不采用顺序控制连续执行的方式，可以采用单步执行的方式进行机组启动/停止，第二次及以后的启动中均采用顺序控制连续执行启动。首次整启动时，收集机组启动/停止的各个步骤及每步的等待时间等参数，进一步完善和优化 APS 逻辑，为 APS 顺利投运做好准备。

（2）APS 单步执行时，每一步启动完毕，进行详细的检查，检查是否有遗漏的项目还没有启动或没有考虑进 APS 的逻辑里面，确保条件的确满足后，才能继续执行下一步，并做好记录，为 APS 的逻辑优化和完善做好准备。

（3）APS 投运时需要各个专业互相协调，做足安全措施和反事故措施。

（4）在 APS 投运前，先详细罗列 APS 的执行步骤和过程，使所有参与试验的人员心中有数。

（5）MCS、SCS、FSSS、DEH、MEH 等系统的负责人要密切配合 APS 的投运试验。

（6）初步设置 APS 系统的各步的等待时间、超时时间等有关参数并确认。

（7）在指挥组的统一指挥下，投入 APS 启动/停止，由 APS 启动/停止机组。

（8）密切监视系统的动作情况。如系统没有按预定的程序动作，则应迅速将系统切回手动，并重新检查系统的有关参数及系统的接线；如系统的故障能迅速消除，则将系统障碍消除后，将系统继续投运；如系统的障碍无法迅速消除，则将系统退出。

第七章 锅炉炉膛安全监控系统

随着电力工业的迅速发展，我国电力工业已经进入大机组、高参数、高度自动化时代，目前新建或扩建电厂多采用1000MW超超临界机组，对运行的安全性、经济性和自动化程度要求日益提高，需要控制的与锅炉燃烧有关的设备和系统越来越多。因此，百万千瓦级机组必须具备安全、可靠、完善的锅炉炉膛安全监控系统（Furnace Safeguard Supervisory System，FSSS），以保障机组设备及人身的安全，并将其作为火电机组自动保护和自动控制系统的一个重要组成部分，对锅炉燃烧器进行自动投切控制，以满足机组启停及增减负荷的要求；对锅炉的运行状态进行监视，并确保锅炉安全运行。FSSS系统主要包括两部分内容：①燃烧器控制系统（Burner Control System，BCS），完成锅炉燃烧器的自动投切控制；②锅炉安全保护系统（Furnace Safeguard System，FSS），在锅炉正常工作和启停等各种运行工况下，持续监视燃烧系统及机组的状态，进行逻辑判断和运算，必要时发出动作指令，通过各种顺序控制和联锁装置，使燃烧系统中的有关设备严格按照一定的逻辑顺序进行操作以保证锅炉燃烧系统的安全。

第一节 锅炉炉膛安全监控系统的配置

百万千瓦级机组都采用DCS，FSSS作为火电厂控制系统中的重要组成部分，也在DCS中实现其控制逻辑。

FSSS系统控制范围主要是外围燃烧设备，包括油燃烧器、煤燃烧器、等离子点火装置等。FSSS还有独立于DCS的MFT硬件跳闸回路和后备硬手操MFT按钮，火焰监测装置等。

等离子点火系统作为一个比较新的推广技术，它具有以下优点：①在启动过程中能稳定、高效地点燃，确保启动过程的安全；②在正常运行中，确保原主燃烧器的基本性能不变，使等离子燃烧器能满足正常运行的要求；③有效的监控和保护。

FSSS配置有7对控制处理机，分别为DROP9、DROP10、DROP11、DROP12、DROP13、DROP14、DROP15。配置图如图7-1所示。

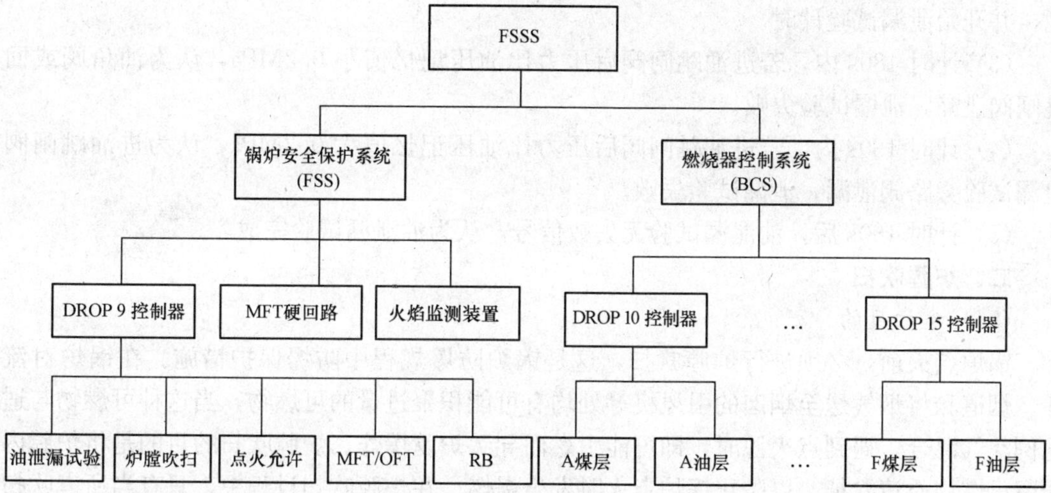

图 7-1 FSSS 系统配置图

第二节 FSSS 的主要功能

目前，FSSS 产品较多，实现方式也有多种，不同的系统在设计思想和设计方法上不尽一致，但功能大同小异。总体而言，FSSS 的功能是确保锅炉安全、经济、稳定地运行，可分为燃烧器控制功能以及锅炉安全监控功能。具体将 FSSS 的基本功能归纳为以下几个方面。

一、油泄漏试验

（一）概述

为防止供油管路泄漏（包括漏入炉膛），油系统泄漏试验是针对主跳闸阀及单个油角阀的密闭性所做的试验。启动炉膛吹扫控制时自动启动泄漏试验，也可由操作员在 LCD 上直接发出启动油泄漏试验指令。油泄漏试验不成功将终止炉膛吹扫程序。

（二）试验过程

1. 试验允许条件

以下条件全部满足，认为油母管泄漏试验条件允许：

（1）燃油跳闸阀全关；

（2）所有油角阀关闭；

（3）风量大于 30%；

（4）燃油进油母管压力大于或等于 3MPa；

（5）泄漏试验未旁路。

2. 试验步序

若允许条件满足，将在 LCD 上指示“油泄漏试验允许”，这时可以从 LCD 上发出“启动油泄漏试验”指令或者由“炉膛吹扫请求”来自动进行下列步序。

（1）首先关闭燃油回油跳闸阀，同时开启泄漏试验旁路阀进行充油；当燃油进油跳闸阀后油压大于或等于 3MPa 后，认为充油成功。

（2）充油成功后关闭燃油泄漏试验旁路阀，旁路阀关闭后，对进油跳闸阀后压力进行记忆，并开始泄漏试验计时。

(3) 计时180s内，若进油跳闸阀后压力比油压记忆值小0.2MPa，认为油角阀或回油跳闸阀泄漏，泄漏试验失败。

(4) 计时180s内，若进油跳闸阀后压力比油压记忆值大0.2MPa，认为进油跳闸阀或泄漏试验旁路阀泄漏，泄漏试验失败。

(5) 计时180s后，油泄漏试验无失败信号，认为油泄漏试验完成。

二、炉膛吹扫

(一) 吹扫目的

锅炉点火前，必须进行炉膛吹扫，这是锅炉防爆规程中防爆保护措施。在锅炉对流烟井、烟道和将烟气送至烟囱的引风机等处均有可能积聚过量的可燃物，当这种可燃物与适当比例空气混合，遇到点火源时，即可能引燃而导致炉膛爆炸。炉膛吹扫的目的是将炉膛内的残留可燃物质清除掉，以防止锅炉点火时发生爆燃。在炉膛吹扫过程中，只有当所有吹扫许可条件都持续满足一段时间（一般为5min，华能海门电厂为10min），才能成功地完成吹扫任务，否则吹扫过程中断，必须重新进行吹扫。这些吹扫许可条件的扫描实际上是从多个方面检查锅炉是否能投入运行。为了防止运行人员的疏忽，炉膛吹扫设置了大量的联锁，锅炉如果不经过吹扫，就无法进行点火。进行炉膛吹扫时，持续5min的吹扫时间必须满足，如果在吹扫过程中吹扫许可条件失去而引起吹扫中断，必须等待吹扫条件重新满足后，再次启动一次5min的吹扫，否则，锅炉无法点火。

(二) 吹扫条件

吹扫条件应根据锅炉容量和制粉系统的型式确定。由于锅炉吹扫不仅仅吹走炉膛中的可燃性混合物，而且需要检查锅炉启动条件是否完全准备好，以便吹扫完成后直接点火。因此，一般应根据锅炉具体情况设置数个吹扫许可条件构成“吹扫允许”信号。

1. 一次吹扫条件

当下列条件全部具备时，炉膛一次吹扫条件满足：

(1) 全部进油角阀关。

(2) 任一引风机运行。

(3) 任一送风机运行。

(4) 任一空气预热器运行。

(5) 燃油泄漏试验阀关（泄漏试验充油时旁路）。

(6) 燃油跳闸阀全关。

(7) 磨煤机出口挡板全关。

(8) 磨煤机、给煤机全停。

(9) 一次风机全停。

(10) 一次风机出口门全关。

(11) 任一火检冷却风机运行。

(12) 泄漏试验无失败信号。

(13) 无MFT条件。

2. 二次吹扫条件

(1) 炉膛总风量适合（30%＜总风量＜40%）。

(2) 二次风箱挡板开。

(三) 吹扫过程

当一次吹扫允许条件满足后，自动产生吹扫请求信号，并发出“吹扫准备好”信号提示运行人员。运行人员在LCD上发出启动炉膛吹扫指令或由机组自启停系统（APS）发出启动命令后，炉膛吹扫开始，LCD上指示“吹扫进行”，吹扫计时器开始倒计时，时间为600s，在界面上指示器以递减方式指示吹扫计时。为了使炉膛吹扫彻底、干净，吹扫过程必须在30%以上额定风量下持续10min。在吹扫过程中，FSSS逻辑连续监视吹扫允许条件。当一次吹扫条件或二次吹扫条件之一不满足时，自动中止炉膛吹扫程序，发出吹扫中断信号。当所有吹扫条件全部满足并且持续600s时，吹扫完成，在LCD上指示“吹扫完成”，吹扫结束。“炉膛吹扫成功”信号是复位MFT的必要条件。MFT发生时，通过一个MFT脉冲信号清除“炉膛吹扫成功”信号。另外，炉膛吹扫指令也可复位“炉膛吹扫成功”信号。

三、主燃料跳闸

(一) 主燃料跳闸概述

主燃料跳闸（Main Fuel Trip，MFT），是锅炉安全保护的核心内容，是FSSS中最重要的安全功能。当出现任何危及锅炉安全运行的危险工况时，MFT动作将快速切断所有进入炉膛的燃料，即切断所有油和煤的输入，以保证锅炉安全，避免事故发生或限制事故进一步扩大，并指示引起MFT的第一原因。FSSS设计时应该遵循最大限度地消除可能出现的误动作及完全消除可能出现的拒动作的设计原则。可触发MFT的信号都应该冗余设置，或采用三选二逻辑进行优选。当机组正常运行时MFT逻辑应处于待机状态，机组出现异常时，要求MFT逻辑能迅速正确动作。MFT逻辑要求有高度的可靠性和最高权威性，应能排除其他系统和运行人员的干扰，确保设备及人身安全。

MFT保护逻辑由跳闸条件、保护信号、跳闸继电器及首出记忆等组成。保护逻辑是根据机组特点而设计的，可靠的保护系统必须以可靠的信号为基础，保护系统中所用信号必须由专用检测元件及变送器送来，独立于其他保护系统。为了取得较高的可靠性，保护系统必须尽量选用转换环节少、结构简单而工作可靠的变送器。对重要信号，要采用多个检测信号优选后再输入保护系统。

MFT设计成软、硬两路冗余，当MFT条件出现时软件会送出相应的信号来跳闸相关的设备，同时MFT继电器也会向这些重要设备送出一个硬接线跳闸信号。例如，MFT发生时逻辑会通过相应逻辑输出信号来关闭主跳闸阀，同时MFT硬接点也会送出信号来直接关闭主跳闸阀。这种软硬件互相冗余的方式有效地提高了MFT动作的可靠性，此功能在FSSS跳闸继电器柜内实现。

(二) MFT条件分析

1. MFT的触发条件

应该依据相关的标准和规范设计，并与锅炉的具体情况相适应。华能海门电厂1000MW机组MFT的触发条件分析如下：

(1) 再热器保护。

(2) 主蒸汽压力高于29.1MPa。

(3) 给水泵全停。

(4) 给水流量低跳闸。

(5) 锅炉风量低。

(6) 发电机功率大于或等于150MW时，汽轮机跳闸。

(7) 引风机全停。

(8) 送风机全停。

(9) 炉膛压力高高。

(10) 炉膛压力低低。

(11) 失去全部火焰。

(12) 失去全部燃料。

(13) 临界火焰。

(14) 运行人员手动MFT（MFT按钮）。

(15) 火检冷却风机全停延时1800s。

(16) 延时点火。

为了防止内爆，在MFT发生同时，送一个超前信号给引风机控制系统，使炉膛熄火后炉膛压力不致下降得太低，引风机控制系统接到这个MFT动作的超前信号后，立即将引风机控制挡板关小到一给定开度，并保持数十秒钟后再释放到自动控制状态。

2. MFT联动设备

在MFT信号生成以后，即送往各个执行机构，实现锅炉和机组的全面跳闸，当MFT发生后，以下设备联锁动作：

(1) 联关锅炉主给水电动门。

(2) 超驰关闭电动给水泵勺管。

(3) 联关过热器减温水总门及一级、二级减温水调节阀及调节阀前后电动门。

(4) 联关再热器减温水总门及再热器减温水调节阀及调节阀后电动门。

(5) 跳闸一次风机。

(6) MFT动作20s后，如果炉膛压力低低，跳闸引风机。

(7) MFT动作20s后，如果炉膛压力高高，跳闸送风机。

(8) 跳闸OFT。

(9) 跳闸燃油进油快关阀及所有油枪。

(10) 跳闸等离子点火装置。

(11) 跳闸所有磨煤机及出口挡板和给煤机。

(12) 跳闸汽动给水泵。

(13) 跳闸所有吹灰器。

(14) 跳闸电除尘。

(15) 跳闸脱硝装置及脱硝吹灰器。

3. MFT复位

以下条件全部满足，复位MFT继电器：

(1) 炉膛吹扫完成。

(2) 无MFT跳闸条件存在。

（三）MFT逻辑分析

华能海门电厂MFT逻辑中同时实现了MFT以及MFT首出记忆逻辑，当MFT诸多触发条件中任一条件出现，通过“或”运算块，输出“1”，使得 RS 触发器置位，输出 MFT 指令，该指令产生多个分支送到其他控制系统，协调地完成机组的 MFT 处理。MFT 指令通过“非”运算块、脉冲块输出 MFT 复位信号。当吹扫完成且 MFT 触发条件不存在时 MFT 指令复位。

MFT 首出记忆功能实现。当其中一个条件（以 MFT 按钮为例）最先出现时，通过“与”门使 RS 触发器置位为 1，通过“非”门输出 0，将所有“与”门全部闭锁。其他 MFT 触发信号都不能触发，这样就形成了首出原因。

（四）MFT 可靠性分析

MFT 动作分为误动、拒动和正确动作。非危及设备的保护原因引起的保护动作称为误动；出现了危及设备安全的保护原因，而保护没有动作称为拒动；由危及设备安全的保护原因引起的保护动作称为正确动作。从目前机组运行的实际情况来看，保护拒动很少发生，但保护误动却比较频繁，这是当前机组运行所亟需解决的问题。

MFT 保护系统由保护信号输入回路、保护逻辑运算回路和保护输出动作回路三部分组成。保护信号输入回路一般由信号源（如温度开关、压力开关、行程开关、继电器接点、其他系统输出等）、输入模件和连接电缆组成；逻辑运算回路由控制器完成，机组 FSSS 的保护逻辑通常由 DCS 的 DPU 或专用 PLC 来完成；保护输出回路一般由输出模件通过中间继电器跳闸被保护的设备。从保护系统的组成可见，压力开关、温度开关、行程开关等信号源故障、接线松动或短路、模件故障、保护动作回路故障、控制电源故障等都会引起保护的误动。

四、油燃料跳闸（OFT）

油燃料跳闸逻辑检测油母管的各个参数，当有危及锅炉炉膛安全的因素存在时，产生 OFT。关闭燃油跳闸阀，迅速切断所有油枪的燃料，切除所有正在运行的油燃烧器。

1. OFT 触发条件

下列任一条件成立，均引发 OFT 信号：

（1）MFT 动作。

（2）燃油跳闸阀全关。

（3）有油角阀开启时燃油压力低低。

（4）燃油跳闸阀故障。

（5）手动 OFT。

2. OFT 联动设备

OFT 发生后，自动进行下列动作：

（1）跳闸燃油跳闸阀。

（2）跳闸燃油泄漏旁路阀。

（3）关闭所有油角阀。

3. OFT 复位

当下列条件全部存在时，OFT 可以复位：

（1）MFT 已复位。

（2）燃油泄漏试验完成。

（3）全部油角阀关闭。

(4) 无 OFT 跳闸条件。

可以通过复位按钮复位，也可以通过手动开启燃油跳闸阀指令复位 OFT。

五、点火允许条件判断

FSSS 的基本功能之一就是对燃烧器的投入许可条件进行判断。锅炉的类型、燃烧器布置等方面的差异使得机组的点火允许条件不尽相同。这里以华能海门电厂 1000MW 机组锅炉的点火运行条件为例来进行说明。

1. 油层点火允许

以下条件全部满足，产生"油点火允许"信号。

(1) MFT 已复位。

(2) OFT 已复位。

(3) 以下条件满足任一：

1) 任一油燃烧器投运；

2) 任一煤层投运；

3) 无点火故障。

(4) 燃油压力正常。

(5) 燃油跳闸阀全开。

(6) 火检冷却风出口母管压力不低。

(7) 吹扫蒸汽压力不低。

2. 煤层点火允许

以下条件全部满足，产生"煤层点火允许"信号。

(1) 任一引风机运行。

(2) 任一送风机运行。

(3) MFT 已复位。

(4) 火检冷却风机出口母管压力不低。

(5) 一次风机运行（下列任一条件满足即可）：

1) 小于等于三台磨煤机运行时，要求至少一台一次风机运行；

2) 大于三台磨煤机运行时，要求两台一次风机运行。

六、点火油层控制

以煤粉为主燃料的锅炉，在点火工况和低负荷运行时，需投运油燃烧器，以利于点火、助燃并稳定煤粉燃烧。锅炉经过炉膛吹扫，并且所有油点火条件全部满足后，锅炉才能点火启动，点火从油燃烧器开始，由下往上逐层点火。油燃烧器的启/停及其有关设备的启/停，由 FSSS 系统的燃油控制逻辑来进行控制。锅炉各个油燃烧器只能依靠自己所属的高能点火枪进行点火，不允许依靠其他煤燃烧器的火焰进行点火。油燃烧器的控制逻辑分为油层控制、单独油燃烧器控制。华能海门电厂 1000MW 机组提供单个油枪控制、层油枪控制等多种控制方式。

（一）层油枪控制方式

油层控制表示以"层"为单位进行油燃烧器的控制。无论是四角切圆的燃烧器布置方式还是前后墙对冲的燃烧器布置方式，一个油层都包括多个油燃烧器。这种控制方式就是将属于同一油层的多个燃烧器编成一组来进行控制，这样可以提高燃烧器控制系统的自动化程度，减少运行人员的操作点和监视点，降低劳动强度。对油燃烧器的控制，最终还是表现为对具体燃烧器设备，如油枪、点火枪、阀门等的控制，这部分控制功能由成对或单个油燃烧器控制逻辑来完成。油层控制在燃油系统控制逻辑中处于“承上启下”的中间位置，接收上层控制逻辑的控制指令，编排本层多个燃烧器的启动/停止顺序，然后按照逻辑要求分别向各个油燃烧器发出启动/停止指令，并发出油层操作的结果。

当油点火允许时，启动油层指令可由操作人员手动操作按钮、RB信号、煤层顺序控制步序置位，当有MFT、OFT、油层停运指令时复位启动油层指令。各燃烧器的顺序为31→22→42→11→32→21→41→12，31启动指令发出后10s发出22启动指令，以此类推，12启动指令发出时复位启动油层指令。

操作人员通过操作按钮可以置位停止油层指令，当有MFT、OFT、油层启动指令时复位停止油层指令。各燃烧器的顺序为11→12→21→22→31→32→41→42，11停止指令发出后10s发出12停止指令，以此类推，42停止指令发出时复位停止油层指令。

（二）单个油枪控制方式

油层控制逻辑处于承上启下的位置，在燃油系统控制逻辑中编排启停顺序、实现时间间隔，再把控制信号下发到单个油燃烧器控制逻辑。油燃烧器相关设备的具体操作是由单个油燃烧器控制逻辑完成，例如油枪的推进/退出、点火枪的推进/退出、油枪的吹扫等。下面介绍单个油燃烧器部分控制逻辑。

1. 点火油枪正常启动过程

（1）关闭吹扫阀，推进点火枪，开始打火，打火时间为20s。

（2）推进点火油枪。

（3）开启油角阀。

（4）火检检测有火，油枪程控启动完成。

（5）开启旋流风至燃油位。

2. 点火油枪投运中正常切除过程

（1）推进点火枪，开始打火，打火时间15s。

（2）延时4s，关闭油角阀。

（3）开启吹扫阀，延时170s，关闭旋流风挡板。

（4）吹扫180s。

（5）关闭吹扫阀。

（6）退出点火油枪。

（7）程控停止完成。

七、等离子点火控制

燃油石油已成为影响我国能源和经济安全的战略物资。采用等离子点火及低负荷稳燃技术，实现无油点火，节能效益明显，近年来不断在电厂投运，技术上是成熟可靠的。等离子点火技术的设计思想是在确保安全前提下，保持原主燃烧器的基本性能不变，使等离子燃烧器能满足正常运行的要求。等离子点火的特点是逐级点火，以小点大，直接点燃煤粉。

等离子燃烧技术的基本原理是大功率电弧直接点燃煤粉。等离子点火装置利用直流电流（300A左右）在介质气压0.03～0.06MPa的条件下通过阴极和阳极接触起弧，并在强磁场下获得稳定功率的直流空气等离子体。一次风粉送入等离子点火煤粉燃烧器经浓淡分离后，使浓煤粉进入等离子火炬中心区，在 0.1s 内迅速着火，并为淡相煤粉提供高温热源，使淡相煤粉也迅速着火燃烧，最终形成稳定的燃烧火焰。等离子点火器结构如图 7-2 所示。

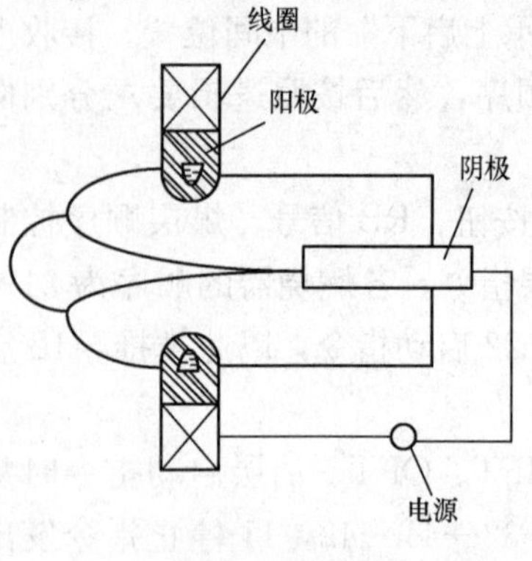

图 7-2 等离子点火器结构图

等离子燃烧器兼主燃烧器一般安装在下数第一层或第二层。单独设立等离子燃烧器一般安装在下二次风道内。

等离子点火系统由点火系统和辅助系统两大部分组成。点火系统由等离子燃烧器、等离子发生器、电源控制柜、隔离变压器、控制系统等组成；辅助系统由压缩空气系统、冷却水系统、图像火检系统、A 磨煤机入口一次风道蒸汽暖风器、一次风在线测速系统等组成。

（一）等离子点火装置与 DCS、FSSS 的接口

为了确保安全，等离子点火装置还设计与 DCS、FSSS 的接口。

（1）在 DCS 设计磨煤机“正常运行模式”与“等离子运行模式”，并可切换。

（2）“正常运行模式”运行时，磨煤机维持原有的 FSSS 逻辑。

（3）“等离子运行模式”运行时，按等离子运行设置保护。

（4）等离子点火装置的控制可进入 DCS 也可独立设置控制盘。

（二）等离子点火模式投入允许条件

当下列条件全部具备时，等离子点火模式允许投入：

（1）MFT 复位。

（2）任意一台一次风机运行。

（3）等离子点火装置无故障。

（三）等离子点火模式退出允许条件

当发电机功率大于 120MW 且 A 磨煤机给煤量大于 35t/h 时，等离子点火模式允许退出。

（四）等离子点火模式自动退出条件

当下列任意条件存在时，等离子点火模式自动退出：

（1）A 磨煤机跳闸。

（2）等离子点火装置断弧联锁。

（3）A 磨煤机已运行且在等离子点火运行模式下，8 个等离子点火装置已运行，如果只有一个等离子点火装置断弧，启动对应燃烧器油枪，且延时 6s 再次启动该等离子点火装置拉弧，如果断弧后 20s，油枪未投运且煤火检无火且拉弧未成功，则关闭对应燃烧器出口门。

（五）单个等离子点火控制

1. 启弧允许

当下列条件全部具备时，允许单个等离子点火装置启弧：

（1）电源柜遥控位。

（2）电源柜正常。

（3）点火器水压满足。

(4) 点火器风压满足。

(5) 等离子点火模式已投入。

2. 跳闸条件

当下列任一条件存在时，单个等离子点火装置跳闸：

(1) 锅炉 MFT。

(2) A 磨煤机停止。

(3) 等离子点火器水压不满足，延时 2s。

(4) 等离子点火器风压不满足，延时 2s。

(六) 层启等离子点火控制

层启等离子点火指令可由操作人员手动操作键盘、RB 信号、顺序控制步序置位，当有 MFT、磨煤机跳闸指令时复位层启动等离子点火指令。各燃烧器的顺序为 31→22→42→11→32→21→41→12，31 启动指令发出后 3s 发出 22 启动指令，以此类推，12 启动指令发出时复位启动油层指令。另外，当磨煤机投运且有某等离子点火装置断弧延时 6s 后自动启动此等离子点火装置。

操作人员通过键盘可以置位层停止等离子点火指令，各燃烧器的顺序为 11→12→21→22→31→32→41→42，11 停止指令发出后 2s 发出 12 停止指令，以此类推，42 停止指令发出时复位停止油层指令。

八、煤层顺序控制

煤层控制逻辑是对磨煤机、给煤机等制粉系统设备的启动、停止的顺序控制，并在正常运行时密切监视各煤层的重要参数，必要时切断进入炉膛的煤粉，以保证炉膛安全。因此，它不仅考虑到煤粉爆燃的性质，还与磨煤机、给煤机的工作要求密切相关，有些保护逻辑和操作步骤不是为了防爆，而是为了保证磨煤机的正常运行，如润滑油系统等。由于现在投入的直吹式制粉系统比较多，本节主要叙述直吹式制粉系统机组的控制逻辑。直吹式制粉系统包括磨煤机、给煤机、磨煤机出口阀门、有关风门挡板、磨油系统、磨煤机密封空气系统等。当煤层的点火能量建立起来之后，操作员就可以进行煤层投入的操作。煤点火的允许条件适用于所有煤层。如果煤点火的条件不满足，则任何煤层均不允许点火，煤燃烧器投入以层为单位进行。

本节结合华能海门电厂 1000MW 机组的燃煤系统来进行介绍，华能海门电厂配置了 6 台 HP1163/Dyn 磨煤机，采用旋转分离器，磨辊加载方式为弹簧变加载，采用固定基础。100%BMCR 时 5 台投运，1 台备用。煤粉燃烧器共 48 个，布置于前后墙上，形成前后墙对冲方式。

(一) 煤层顺序控制

煤层控制以层为单位进行，每层煤的控制逻辑基本相同，以 A 层煤控制逻辑为例来进行说明。

1. A 煤层自动启动步序

(1) 指令：启动 A 磨煤机润滑油泵。反馈：A 磨煤机润滑油泵运行。

(2) 指令：打开 A 磨煤机密封风电动挡板。反馈：A 磨煤机磨碗密封风电动挡板开。

(3) 指令：打开 A 磨煤机出口阀和给煤机 A 密封风门。反馈：A 磨煤机出口阀和给煤机 A 密封风门开。

（4）指令：打开A磨煤机入口冷风调节阀，关闭A磨煤机入口热风调节阀，置冷热风调节阀开度。反馈：A磨煤机入口冷风调节阀开，A磨煤机入口热风调节阀关，A磨煤机入口冷风调节阀开度大于7%，A磨煤机入口热风调节阀开度小于5%。

（5）指令：启动A磨煤机及动态分离器，开磨煤机热风调节阀密封风门。反馈：A磨煤机和动态分离器运行，磨煤机热风调节阀密封风门开。

（6）指令：打开A磨煤机入口热风调节阀，置冷热风调节阀暖磨位。反馈：A磨煤机入口热风调节阀开，磨煤机出口温度65～75℃，磨煤机进口一次风压大于2.5kPa，磨煤机进口一次风量大于40t/h。

（7）指令：打开A给煤机出口电动煤阀，A给煤机转速置最小位。反馈：A给煤机出口电动煤阀开，A给煤机给煤率小于10t/h。

（8）指令：启动A给煤机，磨煤机分离器投自动，磨煤机冷热风调节阀置点火位。反馈：A给煤机运行，磨煤机分离器在自动。

（9）指令：开A给煤机入口电动煤阀。反馈：A给煤机入口电动煤阀开。

煤层顺控启动完成条件：给煤机运行，磨煤机运行，磨煤机出口门开，煤层有火数量大于或等于6，给煤机入口闸阀开。

2. A煤层自动停止步序

（1）指令：置A给煤机转速最小。反馈：A给煤机转速置于最小值。

（2）指令：关A给煤机入口电动煤阀。反馈：A给煤机入口电动煤阀关。

（3）指令：开磨煤机入口冷风调节阀，关A磨煤机入口热风调节阀。反馈：磨煤机入口冷风调节阀大于95%，A磨煤机入口热风调节阀小于5%。

（4）指令：关磨煤机热风关断门。反馈：磨煤机热风关断门关。

（5）指令：给煤机给煤率小于10t/h延时10s。反馈：给煤机给煤率小于10t/h延时10s。

（6）指令：停A给煤机。反馈：A给煤机不运行。

（7）指令：关给煤机出口煤阀。反馈：给煤机出口煤阀关。

（8）指令：停磨煤机。反馈：磨煤机停运，给煤机密封风门关。

煤层顺序控制停止完成条件：给煤机未运行，磨煤机停运，磨煤机热风关断门关闭，给煤机出口闸板门关，给煤机入口闸板门关，给煤机密封风门关闭。

（二）磨煤机与给煤机

以设备A为例，说明磨煤机与给煤机控制部分内容。

1. 磨煤机启动允许条件

当下列条件全部具备时，磨煤机A允许启动：

（1）磨煤机A润滑油条件满足。

（2）任一一次风机运行且热一次风母管压力大于或等于8kPa。

（3）磨煤机A出口挡板全开。

（4）任一密封风机运行。

（5）磨煤机A密封风门与磨碗下部差压大于或等于2kPa。

（6）磨煤机A入口一次风压大于或等于2.0kPa。

（7）煤层A点火能量满足。

(8) 煤层点火允许。

(9) 磨煤机 A 冷风关断门全开。

(10) 磨煤机 A 密封风门全开。

(11) 无磨煤机 A 跳闸条件。

2. 磨煤机保护跳闸条件

当下列任一条件存在时，磨煤机 A 跳闸：

(1) 煤层 A 灭火。

(2) 两台一次风机全停。

(3) 磨煤机 A 运行且出口挡板全关（四取二）。

(4) 给煤机 A 运行且磨煤机 A 入口一次风压力小于或等于 1.5kPa，延时 3s。

(5) 磨煤机 A 润滑油条件不满足。

(6) 磨煤机 A 出口温度大于或等于 120℃，延时 15s。

(7) 给煤机 A 点火能量不满足。

(8) MFT 动作。

(9) RB 动作跳闸磨煤机 A。

(10) 磨煤机 A 事故按钮动作。

3. 给煤机启动允许条件

当下列条件全部具备时，给煤机 A 允许启动：

(1) 磨煤机 A 运行。

(2) 煤层 A 点火能量满足。

(3) 给煤机 A 出口闸门开启。

(4) 磨煤机 A 出口挡板全开（四取三）。

(5) 磨煤机 A 冷风关断门全开。

(6) 磨煤机 A 热风关断门全开。

(7) 给煤机 A 密封风门全开。

(8) 60℃≤磨煤机 A 出口温度≤90℃。

(9) 无给煤机 A 出口堵煤信号。

(10) 无给煤机 A 保护跳闸信号。

4. 给煤机保护跳闸条件

当下列任一条件存在时，给煤机 A 跳闸：

(1) 给煤机 A 运行，磨煤机 A 停运。

(2) 给煤机 A 运行，出口闸阀全关，延时 5s。

(3) MFT 动作。

九、RB

当机组主要辅机故障跳闸造成机组实发功率受到限制时（协调控制系统在自动状态），为适应设备出力，协调控制系统强制将机组负荷减到尚在运行的辅机所能承受的负荷目标值。协调控制系统的该功能称为辅机故障减负荷（RB）。

RB 功能设计用在下述工况上：如果在机组正常运行时出现锅炉或汽轮机重要辅机事故跳闸的工况，锅炉输入指令将会按照预先设定的速率快速下降，下降速率根据跳闸辅机的种类不同而有所不同。锅炉输入指令将一直下降到剩余运行辅机所能允许的负荷水平为止。如果不作上述处理，机组将不能继续稳定运行。为了达到锅炉输入指令快速下降的目的，锅炉侧的相应子控制回路均应在自动控制方式，这些子控制回路包括给水、燃料量、送风和炉膛压力。此外，为了达到快速稳定压力控制以防止由于锅炉输入指令变化造成主蒸汽压力波动的目的，还需要使汽轮机主控处于自动运行方式。RB发生后，锅炉输入指令将在锅炉输入方式下以预先设定的目标值和变化率来减少，这时机炉协调控制方式切换到TF方式。当发生RB时，FSSS公用逻辑能选择最佳的燃烧器运行层数和组合，并快速切除部分燃烧器，根据锅炉的运行状态决定是否投入油燃烧器来稳定燃烧。为了实现RB功能，要求CCS和FSSS两大系统协调动作。

通过RB试验，整定RB控制参数，保证发生RB工况时，自动系统能自动快速减负荷，并保证机组安全运行。

华能海门电厂1000MW机组的RB处理逻辑考虑了送风机、引风机、一次风机、高压加热器退出、给水泵和磨煤机等辅机。机组共设有送风机RB、引风机RB、一次风机RB、汽动给水泵RB、高压加热器RB和磨煤机RB共6种辅机RB功能。

CCS产生RB信号，以至少4层煤投运为基本判据，依次切除煤层顺序为E→B→D→C→F→A。RB处理的具体过程如下：当至少4层煤投运，并且有RB To FSSS信号时，自动跳闸E煤层延时10s自动跳闸B煤层，以此按顺序跳磨煤机，直到剩3台磨煤机运行为止。

第三节 FSSS的调试及试验

FSSS的调试过程包括以下几个部分。

一、硬件及接线检查

（1）按硬件厂家要求检查机柜地、电源地与屏蔽地，检查电源分配柜到FSSS子系统之间的电源接线，完成对电源系统的接线检查。检查机柜内部模件，发现模件缺损的及时通知硬件厂家的技术人员更换。检查机架总线的地址跳线和状态开关，将不正确的改正过来。

（2）按施工设计图纸对DCS的PCU机柜、电动机控制中心（MCC）、给煤机盘、就地端子箱、MFT继电器柜、火检柜及主控室紧急跳闸操作盘、一次元件等设备之间的电缆接线进行检查，将部分不正确的改正，确保接线正确无误。

（3）机柜通电后检查系统电源，确保电源正常。逐排逐块插入模拟量I/O模件，检查其工作状态是否正常。插入所有开关量I/O模件，逐排接通电源检查其工作状态正常，确保模件处于正常工作状态。

（4）模件I/O通道检查。对AI通道，在机柜端子加上相应信号，在CRT检查显示及量纲是否准确；对AO通道，在CRT通过强制给出相应指令，在机柜端子后测量输出信号；对DI通道，在机柜端子短接与断开，在CRT检查状态变化是否一致；对DO通道，尽可能通过强制给出和取消输出指令，在机柜端子检查通道输出状态是否一致。

（5）电源冗余检查，轮流断开一路机柜输入电源，进行输入电源切换试验，系统工作正常。轮流停掉一路电源模件，进行电源模件切换试验，系统工作正常。

（6）通信冗余检查，轮流停止一个PCU，另一个PCU工作正常即系统通信正常。

（7）控制器切换试验，在主控制器与备用控制器之间来回切换，系统工作正常，没有故障与扰动发生。

(8) 按照逻辑功能图，逐项逐条进行机柜功能模拟传动检查。FSSS联调前在PCU的I/O插件输入/输出端子侧解除全部外接线，并再一次确认电缆接线无误后将线全部恢复。模拟传动操作范围由I/O插件端子排到就地设备。操作按钮使用工程实物。

二、FSSS外围设备调试

1. 现场设备通电及试验

在查线、检查接地等工作的基础上，设备绝缘合格后，对现场设备再进行手动试验，检查其动作的可靠性、灵活性，动作是否到位，限位开关是否发出正常信号，动作时间是否正常。手动试验完成后，对不合格的设备进行处理。然后设备通电，在现场接线盒加信号，检查电磁阀等设备情况，确保其可靠正常。

2. 联动试验

从现场模拟实际运行信号（无条件的可在电子室中加模拟信号），在电气和机务人员配合下对油枪、磨煤机、给煤机等辅机设备进行实际启动或模拟试验，并填写联锁试验记录。

3. 火焰探测器调试

在查线和送电等基础工作完成，且火焰检测柜的各种初始状态都满足时，可进行火焰检测器调试。火焰检测器的强度上、下限及频率设定值是在试运中观察试验确定的。通常每种火焰检测器都有一个经验值，初次调试一般设定在保证着火的最低值。例如AB公司生产的火焰检测器，它的油枪频率设定由15Hz起始，燃煤频率设定在5Hz起始，强度上限设定在55%左右，下限设定在40%左右。

三、FSSS静态试验

(1) 驱动级及子功能组的逻辑组态检查。对照设计院提供的逻辑图，在工程师站调出相应组态。逐个检查驱动级及子功能组的逻辑组态。对不合理的组态进行修改，以确保组态正确无误。对就地压力、差压开关元件整定值及机柜内组态高/低报警值进行检查，均符合设计给定值。

(2) 外部设备无工质传动操作试验，传动试验在组态检查完成后进行。应达到最终组态逻辑正确，显示正确。

(3) 驱动级的传动试验系统在线无工质传动联调，先进行外部设备单体调试，完成就地控制箱的就地操作功能。

(4) 系统在线无工质传动联调，全部使用实际设备。当达不到启动参数逻辑条件时，则在一次元件侧加载模拟信号（短路和断路）。对于烟风、油、煤、粉的电动门、挡板、电磁门等380V以下低电压转动机械，一律带设备完成试验核对启停时间参数。

(5) 对于6kV高压电动机的操作对象，仅传动到高压开关柜，高压开关柜处于试验位置参与传动操作试验，并力求操作次数少。

(6) 火检的传动检查。在锅炉安放油、煤火检探头处，拔下探头用打火机或手电在探头前进行晃动，初调灵敏度，将损坏的探头交厂家更换。

(7) 按照逻辑原理框图，逐条逐项进行FSSS系统全过程无工质系统联调传动操作试验，直到符合设计要求为止。

四、FSSS动态调试

(1) 系统在线带工质（无燃料）移交操作及MFT保护动作试验。在对驱动级传动完毕的基础上，进行子功能组的传动试验。检查子功能组所涉及的驱动级的启停允许条件和自动/

手动模式，检查子功能组的执行模式及允许条件，保证能进行传动试验。通过传动试验检查，使子功能组可正常投入运行。

(2) 系统移交操作及MFT保护传动试验。按机组总体调试要求，在锅炉首次点火前，锅炉运行人员和锅炉调试专业人员进行FSSS在线操作及锅炉保护设备传动试验，由锅炉专业主持，热控专业配合。在与锅炉人员配合进行传动实验时，应尽可能按锅炉实际运行工况进行试验。对因故不能实现的跳闸因素，则在一次元件侧加信号的方法来实现。在传动试验过程中，对照逻辑原理图，对组态逐条逐项进行传动试验。特别是对联锁与保护，必须通过做条件或加信号进行逐项传动试验，并作记录。

(3) 在整个工程期间，FSSS进行一次系统在线带工质移交试验。此时除不进燃油和煤粉之外，其他热力主系统如给水和烟风主系统全部投入，全部工程用正式设备参与操作和保护传动试验，并通过验收。

(4) 按照逻辑原理图，进行逐项传动，并请有关人员验收。对MFT和磨煤机保护进行逐项传动，有条件的如水位保护、炉膛负压保护等进行实际动作，并进行逐项验收，全部保护均正确动作无误。

(5) 联锁保护验收。

(6) 锅炉点火后对所有火检进行动态调整试验。

第八章

顺序控制系统

第一节 概 述

一、顺序控制系统功能

在超超临界火电机组控制系统中，顺序控制系统主要用于对热力系统和辅机，包括电动机、阀门、挡板等进行启、停或开、关自动控制，是不可缺少的一个控制系统。它与数据采集系统（DAS）、模拟量控制系统（MCS）等系统有机结合，实现数据共享，从而节省大量的检测元件和信号转换装置。

由于机组容量的增大和参数的提高，辅机数量和热力系统的复杂程度大大增加。顺序控制系统需要控制数量众多的设备和系统，涉及面很广，有大量的输入、输出信号和逻辑判断。例如，1台1000MW机组的I/O点为11 000～12 000点，比600MW机组多3000～4000点。在这些I/O点中大部分是开关量信号，用于为顺序控制系统提供测量信号和反馈信号。

由此可见，超超临界火电机组比一般的火电机组具有更为复杂的热力系统、更为众多的辅机设备以及多变的操作模式。若手动完成机组的操作，操作人员很难胜任。特别当机组启停和事故处理过程中，需要进行判断和操作的项目非常多，而且操作失误引起的后果非常严重。在超超临界火电机组中，必须使用更为安全可靠的顺序控制系统来对这些设备和系统进行自动顺序控制。由于在顺序控制系统设计中，各个设备的动作都设置了严密的安全联锁条件。无论自动顺序操作，还是单台设备手动，只要设备的操作条件不满足，将闭锁设备，从而避免了操作人员的误操作，保证了设备的安全。

采用顺序控制系统后不仅可以减少运行人员的操作次数、减轻运行人员的劳动强度，同时可以缩小监视面，更重要的是可以防止因对象多和运行方式多变而引起的误操作事故，有利于机组的安全经济运行。实际上，顺序控制系统采用的控制策略是机组运行客观规律的要求，也是操作人员长期运行经验的结晶，它相当于把热力系统和机的运行规程用逻辑顺序控制系统来实现。

超超临界机组顺序控制系统的控制范围非常广，导致了控制系统复杂化，最终形成了整个机组顺序控制的分级分层控制结构。

二、顺序控制系统控制分级

顺序控制系统（以下简称为SCS）大致可分为3～4级控制，图8-1所示为顺序控制系统示意图。

1. 机组级控制

机组级控制也称机组自启停系统（APS）为最高一级控制。当顺序控制系统接收到机组级

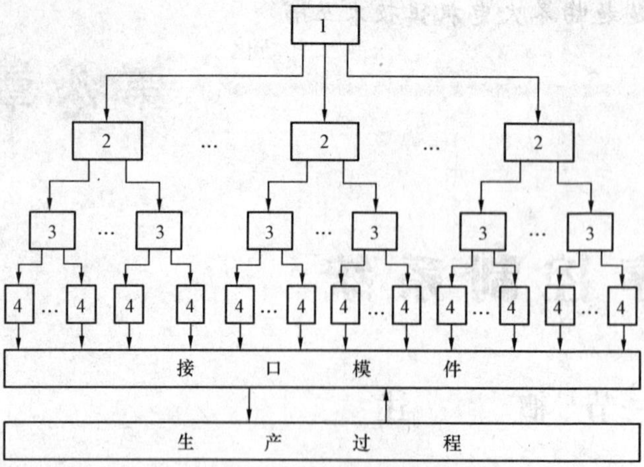

图 8-1 SCS控制级示意

1—机组控制级；2—功能组控制级；

3—功能子组控制级；4—设备控制级

启动指令后，将使机组从起始状态按程序控制步序启动至某一负荷，其启动过程只需在控制程序中设置少量断点，由运行人员确认并按下操作钮后自动进行。当机组启动控制功能执行完毕后，发出完成信号至主控系统，即APS控制结束。机组级控制并不表示机组启停全部为自动控制，它需要必要的人工干预。在国内多家大型火电厂在顺序控制系统中均设计了机组级控制，基本上实现了整套机组的“一键启动”。机组级控制的控制功能包括：①机组启动方式的预选择和协调，可有极热态、热态、温态、冷态4种机组启动控制方式；②运行方式的预选择和协调，可选协调方式、汽轮机跟随方式、锅炉跟随方式、手动方式；③运行机组的启动和停机程序；④必要的控制操作；⑤运行方式切换；⑥机组运行过程控制，如机组协调功能、机组定值控制、热应力校正、压力设定值设定、频率前馈及快速减负荷等。

APS给功能组自动控制方式提供控制信号。因此，APS也叫功能组自动方式控制，而功能组接受运行人员指令为功能组手动方式，也叫功能组控制。

2. 功能组控制

功能组级是一种以一个工艺流程为主，包含有关设备在内的顺序控制。它将同一系统的有关设备按控制逻辑集合在一起，形成一个独立的整体，相对集中地进行启动或停止。如风烟系统的风烟挡板、油泵组的启停控制等。功能组级控制与机组级控制相连，其接收来自机组级控制的指令信号，并判断功能子组投运或备用。功能组级控制的操作方式可以选择自动，也可以选择手动，其控制功能包括：①接收各种模拟量信号和开关量信号，并进行信号处理和分配；②报警等限值的监视、计算；③单个设备的控制；④过程和设备的保护以及联锁；⑤所有执行机构以及控制操作信号的生成和转换等。

功能组级控制系统设计时，必须对属于这一组的全部设备的操作顺序、相互关系、关联条件、异常情况时的程序返回和人工干预等情况作出准确的分析和划分。

有些电厂还将顺序控制功能组分成锅炉顺序控制系统（BSCS）和汽轮机顺序控制系统（TSCS）两个部分。BSCS包括锅炉烟风系统、锅炉辅机设备及系统的控制、联锁、保护功能；TSCS包括汽轮机侧的主要辅机设备及系统的控制、联锁、保护功能。

使用功能组启停的优点是大大减少了操作员的操作项目，提高了控制的自动化水平和启停效率。功能组控制要求相关设备性能良好，工作正常。如果某一个环节（如设备动作的反馈信号或发信开关）出故障，则功能组就进行不下去并送出“功能组启动（停止）失败”信号。因此在设备选型、保管、安装和调试阶段，都应该严格保证质量。

3. 功能子组控制

功能子组控制级将大功能组控制分为若干个小的控制功能组，如左侧和右侧风烟系统都可以作为一个独立的功能组进行顺序控制，而每一侧功能组中又包括送风机、引风机、空气预热器等相对独立的被控设备，这些相对独立的被控设备可作为一个功能子组进行启停顺序控制。有的功能子组比较大，包括很多被控设备，流程很复杂，这样的功能子组可以分为几个子回路控制系统（Subloop Control，SLC）。

4. 设备级控制

设备级控制是顺序控制系统的基础级，接收功能子组来的命令，运行设备的控制程序，对设备进行启停控制。不通过功能组也能对属于同一功能组的若干设备分别进行操作，设备级控制是一对一的操作，即一个启/停操作指令对应一个驱动级，如操作一个截流阀。这种单一性控制操作，也可称为组件控制。一个工艺系统中包含了若干个这样的组件，对它们都可以进行操作，可由计算机键盘、鼠标通过CRT监视进行操作或在BTG盘上设置遥控硬手操。

三、超超临界机组顺序控制系统实现方式

随着DCS、PLC技术的发展，以及两种技术的结合与交融，在大型火电机组顺序控制系统中，顺序控制系统的实现方式有两种：①与机组主设备密切相关的设备或工艺系统的顺序控制基本在DCS中实现，一般称为电厂的SCS；②全厂辅助系统的顺序控制基本上由PLC来实现，一般称为辅助系统的程序控制系统，由PLC网络构成辅网来实现。这种实现模式是常规设计思路，但并不绝对。譬如，由于热工自动化今后的发展方向是监控系统一体化，即全厂用一套分散控制系统，那么全厂辅助系统的顺序控制也可以由DCS实现。

在火电厂中，顺序控制的应用范围可以从局部顺序控制直到整个单元机组的自启停顺序控制，不同顺序控制系统的控制范围差别很大。小型的顺序控制系统只有几个被控对象，操作也比较简单，基本上是联动控制，大型顺序控制系统的被控对象可达一两百个，操作步可达到几十步甚至上百步。

总的来说，在大型火电机组的顺序控制中，可以按照系统的工艺流程将顺序控制系统的被控对象分成两类：①与机、炉、电主设备运行密切相关的设备，这类设备的顺序控制基本由机组级控制、功能组级控制以及功能子组级控制实现；②相对独立的全厂辅助系统（车间），这类控制对象在火电机组中必不可少，但与主设备的关系不如第一类被控对象与主设备的关系那么密切，主要包括补给水系统、淡水系统、废水处理系统、循环水加氯系统、制氢站、输煤系统、全厂空调系统等。

根据1000MW机组全厂监控、信息共享、过程数据处理智能化、生产指导系统专家化的要求，在进行系统设计时，可将全厂监控分析系统规划为由厂级监控信息系统（SIS）、DCS、电气全厂网控系统（NCS）、全厂辅助车间监控网（简称辅网）以及脱硫分散控制系统（FGD-DCS）五部分，并与全厂管理信息系统（MIS）联网，实现过程控制功能分散、信息集中管理、数据分类处理、生产指导信息的智能化和知识化。

考虑到运行人员监控范围和辅网容量的优化，原属于机组辅助车间控制的除灰（渣）、电除尘系统由机组运行人员进行控制管理。锅炉吹灰、除灰（渣）、电除尘、等离子点火系统采用PLC控制并与DCS通信，与机组DCS共用操作员站。

为了满足1000MW机组全厂集中监控要求，厂内主要辅助车间取消就地值班员，只保留就地调试维护站和个别短期就地控制室（用于基建调试）。主要有两种做法：①对那些与机炉主系统关系密切的辅助车间，监控可以纳入单元机组的DCS，如烟气脱硫脱硝控制系统；②那些相对独立的外围辅助车间，则可以合并同类，以大规模辅网替代传统的水、煤、灰独立监控网，辅网由PLC网络构成。

由PLC构成的辅网控制系统，成本比采用DCS远程I/O控制要低得多，而且控制系统集成简单、调试方便。全厂辅助车间控制由传统的就地相对集中控制模式过渡到全厂集中控制。由PLC实现辅助系统控制，采用统一PLC硬件和一体化监控软件组成辅网控制，在集控室集中控制。控制范围包括补给水系统、淡水系统、废水处理系统、循环水加氯系统、制氢站、输煤系统、全厂空调系统等。输煤车间在输煤综合楼内可以设就地控制室；其他各辅助车间设就地操作站（或就地调试维护站），仅用于基建调试、生产调试和故障处理，同时也可作为就地临时巡检室，投产时均全部过渡到辅网上集中控制。在外部管理条件满足和设备稳定运行后，全厂设备的控制最终将过渡到全厂集中控制（包括输煤系统）。

虽然用PLC组网的方案可以实现各系统的一体化，但DCS无疑更具有先进性，在统一控制系统设备、便于维护管理等方面具有明显的优越性。目前由于工程造价上的因素，全部采用DCS组成辅网的方案有待进一步地发展提高。

第二节 机组级顺序控制（APS）

一、APS发展历程

DCS的发展及其在火电机组中的成熟应用，为热工自动化技术的发展提供了广阔的空间。而改进火电机组的自动控制系统，在保证机组运行安全性的基础上，提高运行的经济性，增强电力企业的市场竞争能力，始终是热工自动化发展的方向。APS作为提高自动化水平行之有效的方法，受到越来越多的关注和重视。APS是实现机组启动和停止过程自动化的系统，其优势在于可以提高机组启停的正确性和规范性，大大减轻运行人员的工作强度，缩短机组启停时间，从整体上提高机组的自动化水平。

几年前，国产机组一般未设计机组自启停系统，主要原因是国产机组主辅机的可控性无法满足机组自启停功能的要求，而且由国内公司供货、组态的电厂分布式控制系统缺少机组自启停功能的经验。随着国产机组主辅机可控性的不断提高，近几年来一些大容量国产机组也逐步开始应用机组自启停功能。比较典型的如华能玉环电厂4×1000MW机组、国电江苏泰州电厂2×1000MW机组、国电双鸭山电厂2×600MW机组、阳城一厂二期2×600MW机组等项目均按照机组自启停功能进行了设计。但国内目前设计的机组自启停功能还未达到一键启停的程度，以上几个项目的机组顺序控制系统基本上也是按照机组级、功能组级和子组级、驱动级进行的设计，并采取设置若干断点的方式实现机组自启停功能。华能海门电厂2号机组（1000MW）在2009年9月投产，机组自启停系统成功投运，极大地提高了机组的控制水平。

国内设计的机组自启停功能未考虑一键启停的功能，其主要原因如下：一方面，根据目前的国情，火电机组的整体控制水平和运行管理水平尚未达到如此高的程度，以前的进口机组即使设计了此功能也很少在实际中应用，即一键启停功能在目前并不是国产机组所必须要的功能；另一方面，国产机组的可控性和设计经验，还未达到一键启停应具备的条件。

APS是机组自动启动和自动停运的信息控制中心，它按规定好的程序发出各个设备/系统的启动或停运命令，并由以下系统协调完成：机组自动控制系统、模拟量自动调节控制系统、协调控制系统、锅炉炉膛安全监视系统、汽轮机数字电液调节系统、锅炉给水泵汽轮机调节系统、汽轮机旁路控制系统、锅炉汽轮机顺序控制系统、给水全程控制系统、燃烧器负荷程控系统及其他控制系统（如电气控制系统 ECS、电压自动调节系统 AVR 等）。以最终实现发电机组的自动启动或自动停运。

二、APS 的构成

APS 是机组的最高管理级，其作用是机组在冷态、温态（机组停运不足 36h）、热态（机组停运不超过 10h）或极热态等方式下启动，直到机组带一定负荷（如满负荷），以及在任何负荷下，将机组负荷降到零。

在 DCS 中自启停系统一般作为 DCS 的一个独立结点，占有 DCS 一个单独的过程控制单元（Process Control Unit，PCU）。它与就地设备没有直接地输入、输出（I/O）联系，仅与网上的其他控制站进行数据传递交换。它相当于机组启停信息控制中心，其控制对象是机组的各控制系统，这些系统主要有机组自动控制系统（MCS）、燃烧管理控制系统（BMC）、数字电液调节系统（DEH）、锅炉给水泵汽轮机控制系统（MEH）、锅炉顺序控制系统（BSCS）、汽轮机顺序控制系统（TSCS）以及其他控制系统。它按规定好的程序发出各个设备系统启动的命令，同这些设备一起协调完成机组自启停的任务。

APS 的控制动作并不都是自动完成的，它还需要一定的人工干预。在系统中，人工干预的介入是采用断点程序设计方式来完成的，即对机组启动和停止过程进行阶段划分，设置断点。程序执行到断点处暂停执行，在断点处需继续执行时，需运行人员点击“断点完成”，程序执行下一阶段任务。用 APS 进行机组自启停控制，可以实现从机组启动准备到带最小稳燃负荷或满负荷，以及由减负荷至停炉的自动控制。

一般来说，APS 设计冷态启动、温态启动、热态启动、极热态启动 4 种启动方式，方式的判断根据 DEH 热应力计算结果确定，冲转参数以机侧为准。停机方式设计两种，即滑参数停机和额定参数停机。

三、APS 层次与断点设计

需要说明的是，各台机组的 APS 在实现方式上大体相同，但因为电力设计和研究单位以及分散控制系统供货厂家在设计理念上存在一些差别，故 APS 的具体实现有多种不同的方案，下面以其中之一进行分析。

在实际功能设计中，APS 采用分级控制结构，将热力系统按工艺流程分解成若干局部的独立过程。分级控制使系统结构清晰严谨，有利于提高设计、组态及调试的工作效率。同时，分级控制在同级之间相互独立，具有很大的灵活性，有利于投运后的运行管理和热工维护，运行人员可以根据具体情况选择各种控制方式。总体而言，机组自启停系统总体架构分为 3 层。

1. 第一层——操作管理逻辑

操作管理逻辑的作用是选择和判断 APS 是否投入，选择启动模式还是停止模式，选择哪个断点及判断该断点允许进行条件是否成立。如果条件成立则产生使断点进行的信号。

2. 第二层——步进程序

步进程序是 APS 的核心内容，如何保障步序指令的发送及反馈信号的准确、及时接收，是设计时需要重点考虑的问题。每个断点都具有逻辑结构大致相同的步进程序。步进程序结构分为允许条件判断、步复位条件产生及步进计时。当该断点启动命令发出而且该断点无结束信号，则步进程序开始进行，每一步需确认条件是否成立，当该步开始进行时同时使上一步复位。如果发生步进时间超时，则发出该断点不正常的报警。

3. 第三层——使各步进行的指令

指令送到各个顺序控制功能组实现各个功能组的启动/停止，各个组启动/停止完毕后，均返回一完毕信号到 APS。

APS 在控制基本思想上使用断点方式进行机组自启停控制，可以实现从机组启动准备到带上 100%MCR 负荷的机组启动以及由减负荷至停炉的自动进行。

APS 分启动模式和停止模式。根据某超超临界单元机组启停工艺要求，APS 启动过程设置 6 个断点，停止过程设置 3 个断点。只有在上一断点启动完成后，运行人员才能通过操作启停控制画面上的按钮启动下一断点。

启动模式断点：①机组启动预准备断点；②冷态冲洗断点；③锅炉点火升温断点；④汽轮机冲转断点；⑤并网及带初负荷断点；⑥升负荷断点。机组启动模式框架如图 8-2 所示。详细内容参见第六章机组自启停控制系统。

停止模式断点：①降负荷断点；②解列断点；③真空破坏及停炉断点。机组停运模式框架如图 8-3 所示。详细内容参见第六章。

图 8-2 APS启动模式

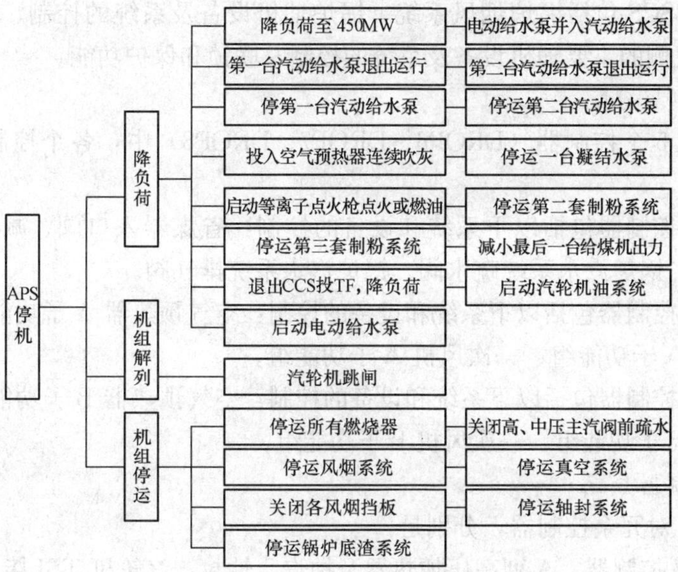

图 8-3　APS停机模式

第三节　功能组级/功能子组级顺序控制

一、功能组控制概述

如前所述，功能组级控制被定义为电厂的多个设备子组及相关设备的顺序控制，包括多个“元件”功能子组。功能组级控制的特点和实施原则是把在工艺流程上有相互关系的设备集中作为一个整体来控制，一般将大功能组控制分为若干个小的控制功能子组。功能组级控制/功能子组级控制与机组级控制一样，也是在DCS中实现，占用DCS中的相关站点和控制柜。应该按照系统、设备的工艺特点和操作方式，将功能组合理分摊到各个站点实现。

（一）功能组的控制方式

完整的功能组一般具有以下三种控制方式。

（1）功能组启停的自动/手动切换。自动时，功能组可接受自动启动功能组和自动停止功能组信号；手动时，按启动按钮和停止按钮可以启动和停止功能组。

在机组级控制时要求所有的功能组处于自动方式。

（2）中止、解除和超驰操作。中止操作时，控制程序暂停执行；解除操作时，功能组继续进行启停操作；超驰操作时，停止功能组的启停过程。

（3）有两台以上冗余设备时，选择某一台设备为启动操作的“首台设备”，并有自动/手动切换开关。当第一台设备启动完成后，便会自动选择第二台设备作为首台设备的备用设备为启动做好准备。

功能组处于各种状态时，有相应的指示显示。

（二）控制器分配

下面以华能海门电厂百万千瓦超超临界单元机组功能组级控制/功能子组级控制的具体实现方式为例进行说明。顺序控制系统分成锅炉顺序控制系统（BSCS）和汽轮机顺序控制系统（TSCS）。BSCS包括锅炉烟风系统、锅炉辅机设备及系统的控制、联锁和保护功能。TSCS包括汽轮机侧的主要辅机设备及系统的控制、联锁和保护功能。

1. BSCS控制器分配

BSCS分布在5个控制器（DROP6、DROP7、DROP8）中，各个控制器中的BSCS系统具体分配如下：

（1）DROP6控制器包括以下系统和设备的控制：省煤器入口阀、减温水隔离阀、361阀疏水及暖管阀、锅炉汽水系统疏水阀、锅炉汽水系统排气阀。

（2）DROP7控制器包括以下系统和设备的控制：空气预热器A子功能组、引风机A子功能组、送风机A子功能组、一次风机A子功能组。

（3）DROP8控制器包括以下系统和设备的控制：空气预热器B子功能组、引风机B子功能组、送风机B子功能组、一次风机B子功能组。

2. TSCS控制器分配

TSCS配置8对冗余控制器，分别是：

（1）DROP17控制器：A列高压加热器及抽汽，轴封，汽轮机TSI接口。

（2）DROP18控制器：B列高压加热器及抽汽，疏水，汽轮机本体温度。

（3）DROP19控制器：给水除氧，低压加热器及抽汽。

（4）DROP20控制器：凝结水泵A，给水泵汽轮机A，真空泵A，凝汽器A。

（5）DROP21控制器：凝结水泵B，给水泵汽轮机B，真空泵B，凝汽器B，补水系统。

（6）DROP22控制器：凝结水泵C，电动给水泵，真空泵C，发电机氢、水、油系统。

（7）DROP23控制器：汽轮机油系统，工业水泵，热交换器。

（8）DROP24控制器：凝结水精处理系统。

另外，循环水A、B远程功能组在公用DCS的远程I/O柜。为了分析功能组级控制/功能子组级控制，下面分别列举锅炉顺序控制系统和锅炉顺序控制系统几个例子进行说明。

二、锅炉顺序控制系统功能组

（一）风烟系统功能组

为锅炉连续地送风和排出烟气的过程，称为锅炉通风，由此组成的系统称为风烟系统。风烟系统结构复杂，它与制粉系统共同维系燃烧系统的正常工作。

华能海门电厂超超临界单元机组的风烟系统主要包括以下设备：两台三分仓回转式空气预热器、两台轴流式送风机、两台轴流式引风机、两台轴流式一次风机以及它们各自的附属设备（电动机、润滑油及油系统等）和风烟道挡板等。

二次风由两台轴流式送风机送出，经空气预热器加热，送至炉膛两侧风箱，通过各层二次风调节挡板和二次风喷嘴进入炉膛。二次风总风量由CCS通过调节送风机导叶开度以及热风门开度来实现。

一次风由一次风机出来分成两路，一路通过空气预热器加热为热一次风，另一路不经过空气预热器为冷一次风，两路风分别经过调节挡板后混合至适当温度，进入磨煤机。磨煤机出口的煤粉由一次风输送，经过制粉系统管路，分别送至8个燃烧器，吹入炉膛。正常运行时，一次风总风量由CCS通过调节一次风机导叶开度以及热风门开度来实现。

两台引风机为锅炉提供抽吸烟气的动力。从炉膛出来的高温烟气经过过热器、再热器、省煤器和空气预热器释放热量后，进入电除尘器除尘，再经引风机排出烟囱。烟气流量由

CCS通过调节引风机导叶开度来实现。风烟系统在整个锅炉系统中占有重要地位，它是能量的输入源，和其他系统存在着有机的联系。

为适应机组自启停控制系统的要求，往往需要按工艺流程划分功能组。按风烟系统的流程，可将空气预热器、引风机、送风机、一次风机等辅机设备构成风烟系统功能组。

风烟通道分为A、B两个通道。连接送风机A、空气预热器A和引风机A的风烟通道称为A通道，连接送风机B、空气预热器B和引风机B的风烟通道称为B通道。A通道和B通道是完全相同的两个烟道，在通道A（或B）上，所有的风机入口、出口和空气预热器烟侧、风侧入口、出口以及除尘器入口均装设有截止挡板或调节挡板。在送风机出口，空气预热器二次风出口均分别装设有连通风道的挡板。空气预热器烟道出口设有A、B侧连通烟道和挡板。上述这些风烟截止挡板、风烟调节挡板及连通挡板，在锅炉运行或停止中都应该放在适当位置或进行适当组合，以满足单侧空气预热器、送风机、引风机运行或交叉运行的需要。

各个功能组的启/停顺序根据风烟系统的设备特点和运行要求，必须遵循一定的启/停顺序，满足规定的安全联锁条件。一般情况下，风烟系统投入运行时，首先开通整个风烟通路，把A、B侧风烟系统的所有截止挡板和调节挡板均打开，然后依次启动空气预热器子功能组、引风机子功能组、送风机子功能组和一次风机子功能组。风烟系统退出运行时，则依次停一次风机子功能组、送风机子功能组、引风机子功能组和空气预热器子功能组，最后打开A、B两侧风烟通道的所有的截止挡板和调节挡板。

风烟系统功能组级控制主要包括风烟系统的顺序启动和顺序停止。

1. 风烟系统的启动

(1) 启动许可条件。

1) 风烟系统已选择A侧或B侧运行。

2) 无风烟系统启动APS完成条件。

(2) 顺序控制启动步序。

1) 指令：启动空气预热器A侧功能组。反馈：空气预热器A侧功能组启动完成或未选择A侧空气预热器且空气预热器单边运行。

2) 指令：启动空气预热器B侧功能组。反馈：空气预热器B侧功能组启动完成或未选择B侧空气预热器且空气预热器单边运行。

3) 指令：启动引风机A功能组。反馈：引风机A功能组启动完成或未选择A侧风机。

4) 指令：引风机A投自动。反馈：引风机A静叶在自动位或未选择A侧风机。

5) 指令：启动送风机A侧功能组。反馈：送风机A功能组启动完成或未选择A侧风机。

6) 指令：若送风机B侧未运行则置送风机A侧动叶15%，并投送风机A动叶自动；若送风机B侧运行则分别置送风机A和B侧动叶10%，并投送风机A动叶自动。反馈：送风机B未运行且送风机A侧动叶在15%～18%位或送风机B运行且送风机A侧和B侧均在8%～12%位或送风机A侧动叶在自动位或未选择A侧风机。

7) 指令：启动引风机B功能组。反馈：引风机B功能组启动完成或未选择B侧风机。

8) 指令：引风机B投自动。反馈：引风机B静叶在自动位或未选择B侧风机。

9) 指令：启动送风机B侧功能组。反馈：送风机B功能组启动完成或未选择B侧风机。

10）指令：若送风机A侧未运行则置送风机A侧动叶15%，并投送风机B动叶自动；若送风机A侧运行则分别置送风机A和B侧动叶10%，并投送风机B动叶自动。反馈：送风机A未运行且送风机B侧动叶在15%～18%位或送风机A运行且送风机A侧和B侧均在8%～12%位或送风机B侧动叶在自动位或未选择B侧风机。

2. 风烟系统的停止

（1）停止许可条件：MFT已触发。

（2）顺序控制停止步序。

1）指令：停运送风机A功能组。反馈：送风机A已停止，送风机A出口门全关或送风机B已停运。

2）指令：停运引风机A功能组。反馈：引风机A已停止，引风机A入口门及出口门全关或引风机B已停运。

3）指令：停运送风机B功能组。反馈：送风机B已停止。

4）指令：停运引风机B功能组。反馈：引风机B已停止，允许停运空气预热器A（烟温不高）。

5）指令：停运空气预热器A功能组。反馈：空气预热器A主、辅电动机均停，允许停运空气预热器B（烟温不高）。

6）指令：停运空气预热器B功能组。反馈：空气预热器B主、辅电动机均停。

3. 空气预热器子功能组（以A侧为例）

空气预热器是利用锅炉尾部烟气热量来加热燃烧所需空气的一种热交换装置，回收了烟气热量，降低了排烟温度，因而提高了锅炉效率（据计算，锅炉排烟温度每降低4.4℃，锅炉效率提高1%）；还由于空气的预热强化了燃料的着火和燃烧过程，减少了燃料的不完全燃烧热损失。空气预热器已成为现代锅炉的一个重要组成部分。

某超超临界机组每台锅炉配备两台三分仓式回转式空气预热器。空气预热器主轴垂直布置，烟气和空气以逆流方式换热。空气预热器采用中心驱动方式，主、辅驱动马达采用变频调节。每台空气预热器除配备可相互切换的主电动驱动马达和辅助电动驱动马达（接保安电源）外，还配有辅助气动驱动马达，该驱动马达带有电磁空气阀的自动离合器，能进行远控或自动操作。空气预热器采用径向、轴向和环向密封系统。

（1）顺序启动。

允许条件：A空气预热器停止且无跳闸条件存在。

1）指令：置A空气预热器在自动，置A空气预热器在远控，启动空气预热器导向轴承润滑油泵。反馈：A空气预热器在自动，A空气预热器在远控，油泵运行且油压合适。

2）指令：启A空气预热器主驱动电动机。反馈：A空气预热器驱动电动机运行，延时2min。

3）指令：开A侧热一次风门，开A侧热二次风门。反馈：A侧热一次风门已开，A侧热二次风门已开。

4）指令：开A空气预热器入口门。反馈：A空气预热器入口门全开。

（2）顺序停止。

允许条件：A空气预热器入口烟气温度小于150℃。

1）指令：关A侧空气预热器入口门。反馈：A空气预热器入口门已关。

2）指令：关A空气预热器出口一次风挡板，关A侧热二次风挡板。反馈：A空气预热器出口一次风挡板全关位置，A侧热二次风挡板全关位置。

3）指令：停A空气预热器驱动电动机。反馈：A空气预热器主电动机、辅助电动机均停。

4. 引风机子功能组

烟气系统的作用是将燃料燃烧生成的烟气经各受热面传热后连续并及时地排至大气，以维持锅炉正常运行。

锅炉烟气系统主要由两台静叶可调轴流式引风机、两台容克式空气预热器和两台电除尘器构成。锅炉采用平衡通风，炉膛保持一定的负压。负压是通过调节引风机静叶的角度，改变风机的流量实现的。引风机的进口压力与锅炉负荷、烟道通流阻力有关。其流量决定于炉内燃烧产物的容积及炉膛出口后所有漏入的空气量。

烟气系统流程：炉膛中的烟气经过尾部受热面、脱硝装置（预留）、空气预热器、静电除尘器、引风机、脱硫装置和烟囱后排向大气。在除尘器后设有两台静叶可调轴流式引风机。华能海门电厂两台引风机间的烟道没有设置烟气联络通道和挡板，运行时必须注意两台引风机出力是否平衡，单侧风机运行时更应严密监视风烟系统挡板状态是否正确。

（1）顺序启动。允许条件：A引风机停止；B引风机停止或B引风机运行且任送风机运行；无FSSS自然通风请求。

1）指令：启A引风机润滑油泵，启A引风机冷却风机，建立空气通道。反馈：A引风机润滑油泵A或者B运行，A引风机电动机润滑油压正常，A引风机冷却风机A或者B运行，空气通道建立。

2）指令：开A引风机出口门，关A引风机入口门，关A引风机入口导叶。反馈：A引风机入口门全关，A引风机出口门全开，A引风机入口导叶关。

3）指令：启动A引风机。反馈：A引风机启动且延时15s。

4）指令：开A引风机入口门。反馈：A引风机入口门全开。

5）指令：A引风机润滑油泵投备用。反馈：A引风机冷却风机A在备用或A引风机冷却风机B在备用。

（2）顺序停止。允许条件：送风机均停或一台送风机停且B引风机运行，少于四层煤层运行。

1）指令：关A引风机动叶。反馈：A引风机动叶全关状态。

2）指令：停A引风机。反馈：A引风机已停。

3）指令：关A侧引风机出口门，关A侧引风机入口门。反馈：A侧引风机出口挡板、A侧引风机入口挡板全关或B引风机已停。

（3）引风机跳闸条件。

1）引风机A电动机润滑油压低低且润滑油压小于或等于0.06MPa，延时8s。

2）引风机A运行60s后入口挡板全关。

3）引风机A运行60s后出口挡板全关。

4）空气预热器A停运（主电动机及辅助电动机均停，延时60s），延时8s。

5）MFT动作20s后，炉膛压力低低延时2s。

6）事故按钮动作。

7）引风机A温度高高保护。

5. 送风机子功能组

送风机的作用是向炉膛内提供燃烧所需的二次风及磨煤机所需的干燥用风。华能海门电厂送风机为沈阳鼓风机有限公司按引进丹麦NOVENCO公司VARIAX轴流风机专有技术制造的动叶可调轴流风机。

两台送风机出口各引一路风供前、后墙油枪冷却风。为使两台风机出口风压平衡，并可以单台风机运行，在送风机出口风门后设有联络风管和电动隔离风门。加热后的二次风，经热二次风总管分配到炉膛的前后墙的8个燃烧器风箱（每层燃烧器对应一个风箱再加燃尽风箱）后，被分成多股三种空气流，一是通过各二次风喷嘴的二次风（中心风）；二是通过一次风喷嘴周边入炉的周界风；三是通过燃烧器顶部燃尽喷嘴的燃尽风。燃尽风可以减少炉膛内形成NO_x、降低NO_x的排放量，有利于减轻大气污染。锅炉油燃烧器是布置在二次风喷嘴内的，因此没有独立的供风通路。

(1) 顺序启动。允许条件：A送风机停止。

1）指令：启A送风机油站油泵。反馈：A送风机A油泵运行或者B油泵运行，无A送风机调节油压力低，延时3min。

2）指令：关A送风机动叶；关A送风机出口挡板。反馈：A送风机出口挡板全关位置；A送风机动叶全关状态。

3）指令：启动A送风机。反馈：A送风机运行。

4）指令：开A送风机出口挡板。反馈：A送风机出口挡板全开位置。

(2) 顺序停止。允许条件：少于四层煤层运行。

1）指令：关A送风机动叶。反馈：A送风机动叶全关状态。

2）指令：停A送风机。反馈：A送风机已停。

3）指令：关A送风机出口挡板。反馈：A送风机出口挡板全关位置。

(3) 送风机跳闸条件。

1）送风机A运行60s后出口挡板全关。

2）空气预热器A停运，延时5s。

3）两台引风机运行且两台送风机运行，引风机A停运。

4）两台引风机停运。

5）MFT动作20s后，炉膛压力高高，延时2s。

6）送风机A润滑油压力低低且润滑油压力小于或等于0.06MPa，延时3s。

7）事故按钮动作。

8）送风机A温度高高保护。

6. 一次风机子功能组

一次风的作用是供给磨煤机干燥燃煤和输送煤粉所需的热风、磨煤机调温风（冷风），用来输送和干燥煤粉，并供给燃料燃烧初期所需的空气。

大气经滤网、消声器垂直进入两台轴流式一次风机，经一次风机提压后分成两路；一路进入磨煤机前的冷一次风管；另一路在经空气预热器的一次风分仓，加热后进入磨煤机前的热一次风管，热风和冷风在磨煤机前混合。在冷一次风和热一次风管出口处都设有电动挡板和调节挡板来控制冷热风的风量，保证磨煤机总的风量要求及合适的出口温度。合格的煤粉经煤粉管道由一次风送至炉膛燃烧。

一次风系统设两台动叶可调轴流式一次风机，其进口装有消声器。两台一次风机出口各分出一路向冷一次风母管供风，另一路通过空气预热器加热后汇入热一次风母管。

(1) 顺序启动。允许条件：A一次风机停止，A空气预热器运行。

1) 指令：启动A一次风机润滑油泵，启动A一次风机调节油泵。反馈：A一次风机任一调节油泵运行状态，A一次风机任一润滑油泵运行状态，A一次风机调节油压力正常，A一次风机润滑油压力正常。

2) 指令：关A一次风机动叶，关A一次风机出口挡板，开A侧热一次风门，开A侧冷一次风门。反馈：A一次风机动叶位置最小，A一次风机出口挡板全关位置，A空气预热器出口一次风挡板全开位置，A侧冷一次风门全开位置。

3) 指令：启动A一次风机。反馈：A一次风机已启，延时20s。

4) 指令：开A一次风机出口门。反馈：A一次风机出口挡板全开位置。

5) 指令：A一次风机入口导叶投自动。反馈：A一次风机动叶在自动。

(2) 顺序停止。

允许条件：少于4台磨煤机运行且B一次风机运行或所有磨煤机停。

1) 指令：关A一次风机动叶。反馈：A一次风机动叶位置最小。

2) 指令：停A一次风机。反馈：A一次风机已停。

3) 指令：关A一次风机出口挡板。反馈：A一次风机出口挡板全关位置。

(3) 一次风机跳闸条件。

1) 两台引风机停运。

2) 一次风机A运行60s且出口挡板全关。

3) 两台送风机停运。

4) MFT动作。

5) 空气预热器A停运且A侧冷一次风门全关且空气预热器A出口热一次风门全关。

6) 一次风机A润滑油压力小于或等于0.06MPa且润滑油压力低低，延时8s。

7) 事故按钮动作。

8) 一次风机A温度高高保护。

(二) 直吹式制粉系统功能组

在直吹式制粉系统中，磨煤机磨好的煤粉全部直接送入炉膛内燃烧。因此，在任何时候磨煤机的制粉量均等于锅炉的燃料消耗量，直吹式制粉系统一般都是配中速或高速磨煤机，由于中速磨煤机直吹式制粉系统具有系统简单、操作方便、控制灵敏、易实现发电厂自动化以及投资低、单位电耗低、检修周期短等特点而被广泛运用于大中型机组。

中速磨煤机直吹式制粉系统按磨煤机所处的压力条件可分为正压系统和负压系统。若排粉机装在磨煤机之后使整个制粉系统处于负压下工作，这样的制粉系统称为负压直吹式制粉系统；若排粉机装在磨煤机之前或装在空气预热器之前，整个制粉系统就处在正压下工作，这样的制粉系统统称为正压直吹式制粉系统。

一次风机可放在空气预热器的前面，也可以放在它的后面，显然，一次风机相对空气预热器的位置不同，输送的空气温度也不相同，所以正压直吹制粉系统又有带热一次风机和冷一次风机之分，近年来，国内已投运和兴建的大中型机组锅炉所采用的直吹式制粉系统主要采用正压冷一次风机。

某电厂1000MW机组的制粉系统采用中速磨煤机直吹式系统，共配置6台中速磨煤机，每台磨煤机供同一层的8个煤粉燃烧器，每台磨煤机配一台给煤机。

煤粉制备和输送用的一次风经冷热风调节挡板调节至适当温度送入磨煤机磨环下部。煤从原煤仓经漏斗管进入给煤机，再经过落煤管进入磨煤机磨环中央部位，经磨煤机磨辊碾碎后，被高温一次风干燥并吹入上部分离器分离，细度合格的煤粉通过分离器出口4根煤粉管送至炉膛同一层的8个煤粉燃烧器。细度不合格的粗粉回到磨环再度碾碎。在磨煤机出口煤粉管道上均装有关断阀（磨煤机出口阀），磨煤机停运时关闭该阀，以防止炉膛高温烟气倒流入磨煤机。在原煤仓与给煤机之间的下煤管及给煤机出口管均装有隔离阀（给煤机进口阀和出口阀），用于切断和隔绝煤源。磨煤机一次风入口装有隔离阀和控制阀（磨煤机一次风隔离阀和控制阀），分别用于隔离器进入磨煤机一次风和调节一次风量。

对直吹式制粉系统的控制要求有：

（1）设备要求。

1）空气预热器的要求：要采用带冷一次风机的正压直吹式制粉系统，并保护其较高的运行经济水平，需要将空气预热器的空气侧分开，一部分用以接纳冷一次风机，另一部分接纳二次风机供给的冷空气。

2）一次风机的要求：一般每台锅炉配两台冷一次风机；介质温度低，体积流量小，风机容量也相对小，可采用高效风机；风机叶片不要保护，外壳不保湿；结构简单，耗钢量小；运行条件好，空气温度低，干净，磨损小。

3）密封机的要求：可用一次风机兼供密封空气。

（2）密封要求。因为采用正压直吹式制粉系统，故磨煤机处于正压运行，为防止系统中有关转动部分中侵入粉尘而损坏或煤粉外逸，要采用高压空气，即密封空气对有关部分进行气密封。

因为磨煤机处于正压状态运行，制粉系统会向外漏粉，热风外漏污染周围环境，而且磨煤机不严密处也会向外漏粉，还会进入转动部件的间隙间，造成润滑部润滑油脂劣化。所以正压制粉系统中磨煤设备都要加装密封设备。

密封风来源于两种气源，磨煤机磨辊组件的轴承和设置于磨煤机一次热风道上的滑动闸板和热风控制门以及磨碗转轴的轴承，由于该部位的压力高，转动及滑动部分结构精密，因而要求压力高且清洁的密封空气。这部分密封空气由一次风机出口经过滤器并经增压风机（密封风机）增压，分别引至上述各部位。磨煤机顶部出口阀及给煤机导轮，因该处压力低，结构精密性要求低，因此其密封风直接取自一次风机出口的冷一次风道。600MW机组中一台中速磨煤机就装备有两台增压密封机，每台增压密封机的容量均可以满足100%的密封风量的要求，在正常运行时，只投运其中一台，另一台作为备用。该系统是采用从一次风机出口冷风道上引出的一路风，经过专用滤网除杂物后，经两台增压风机增压后引入轴承及其有关的需要密封部位，这就保证了磨煤机和整个制粉系统运行的安全性和经济性。

华能海门电厂单元机组配置6台磨煤机，于锅炉前零米层呈一排布置，投运5台磨煤机即可保证锅炉的最大连续蒸发量，其中一台作为备用。下面以磨煤机A组（A煤层）为例说明直吹式制粉系统的顺序控制过程。

1. A煤层启动

(1) 启动许可条件。

1) 任一次风机合闸;

2) 热一次风母管压力大于8kPa;

3) 冷一次风母管压力大于8kPa;

4) 任一密封风机合闸;

5) 密封风压力大于8kPa;

6) A煤层点火能量满足或等离子模式已选且等离子点火系统已恢复或等离子模式未选且燃油母管压力大于2.5MPa。

(2) 顺序启动步序。

1) 指令:启动磨煤机A润滑油泵,点火能量不满足时且已选等离子点火系统则层启等离子点火装置,否则启动油层,投A层二次风门自动。反馈:磨煤机A润滑油泵启动,煤层点火能量满足,A层A侧二次风挡板自动状态,A层B侧二次风挡板自动状态。

2) 指令:开磨煤机A密封风门。反馈:磨煤机A密封风门全开。

3) 指令:开磨煤机A出口门,开给煤机A密封风门。反馈:磨煤机A出口门开,给煤机A密封风门全开,磨煤机A出口密封风门全关,燃烧器冷却风门全关(8取8)。

4) 指令:开磨煤机A冷风关断门,关磨煤机A热风关断门,开磨煤机A冷风调节阀,关磨煤机A热风调节阀。反馈:磨煤机A冷风关断门全开,磨煤机A热风关断门全开,磨煤机A冷风调节阀位置大于7%,磨煤机A热风调节阀位置小于5%,磨煤机A启动条件满足。

5) 指令:启动磨煤机A动态分离器,开磨煤机A热风密封风门,启动磨煤机A。反馈:磨煤机A动态分离器运行,磨煤机A热风密封风门全开,磨煤机A运行。

6) 指令:开磨煤机A热风关断门,置磨煤机A冷风调节阀暖磨位,置磨煤机A热风调节阀暖磨位。反馈:磨煤机A热风关断门全开,磨煤机A出口温度大于65℃,磨煤机A进口一次风压大于2.5kPa,磨煤机A进口一次风量大于40t/h。

7) 指令:开给煤机A出口闸阀。反馈:给煤机A出口闸阀全开,给煤机A给煤率小于10t/h,给煤机A启动允许条件满足。

8) 指令:启动给煤机A,置动态分离器转速控制自动,置磨煤机A冷风调节阀点火位,置磨煤机A热风调节阀点火位。反馈:给煤机A运行,动态分离器转速控制自动。

9) 指令:开给煤机A入口闸阀。反馈:给煤机A入口闸阀全开。

2. A煤层停止

(1) 停止许可条件:无。

(2) 顺序停止步序。

1) 指令:减给煤机A给煤率至24t/h,层启等离子点火装置。反馈:给煤机A给煤率22~26t/h,煤层点火能量满足。

2) 指令:关给煤机A入口闸阀。反馈:给煤机A入口闸阀全关。

3) 指令:开磨煤机A冷风调节阀,关磨煤机A热风调节阀。反馈:磨煤机A冷风调节阀位置大于95%,磨煤机A热风调节阀位置大于95%。

4) 指令:关磨煤机A热风关断门。反馈:磨煤机A热风关断门全关。

5）指令：给煤机给煤率小于10t/h后延时10s。反馈：给煤机A给煤率小于10t/h延时10s。

6）指令：停止给煤机A。反馈：给煤机A未运行。

7）指令：关给煤机A出口闸阀。反馈：给煤机A出口闸阀全关，磨煤机A出口温度小于66℃。

8）指令：停止磨煤机A。反馈：磨煤机A停止，给煤机A密封风门全关。

三、汽轮机顺序控制系统功能组

（一）高压加热器子功能组

高压加热器系统共3台高压加热器，均采用U形管双列卧式布置，高压加热器水侧分别设有大旁路。双列高压加热器共设置两路给水旁路，共用一路给水旁路管，旁路加装节流孔板，以便一列高压加热器压热器解列。抽汽分别来自高压缸、高压缸排汽和中压缸，疏水逐级自流进入除氧器，每台加热器均设有事故疏水分别接至凝汽器。

高压加热器子功能组包括进、出水阀、抽汽电动门、抽汽止回阀、正常疏水阀、紧急疏水阀、抽汽管道疏水阀门等。

1. 加热器投、停操作原则

（1）加热器投运时，应先投水侧再投汽侧；低压加热器在凝结水系统注水时应投运水侧，高压加热器在锅炉上水时应投水侧。

（2）低压加热器在机组冲转时启动，高压加热器在机组负荷大于25%时投入，高压加热器投用原则应该遵循从低压到高压的顺序，停运时相反。

（3）严禁泄漏的加热器投入运行。

（4）投运加热器时，必须确认水位计完好、报警信号及保护装置动作正常。

（5）加热器投、停过程中，应该严格控制低压加热器温度变化率不大于2℃/min，高压加热器温度变化率不大于3℃/min。

（6）低压加热器进出水门开启，全开后，旁路门关闭，低压加热器水侧投入。

（7）高压加热器进出水门的旁路全开后，高压加热器水侧进出水门三通阀开启，然后高压加热器进出水门的旁路关闭，高压加热器水侧投入。

（8）高、低压加热器水侧停运步骤与投运步骤相反。

2. 1号高压加热器顺序启动

（1）启动允许条件：无。

（2）顺序启动步序。

1）指令：开一段抽汽止回阀前疏水阀，开1号高压加热器A进汽管道疏水阀，开二段抽汽止回阀前疏水阀，开2号高压加热器A进汽管道疏水阀，开三段抽汽管止回阀前疏水阀，开3号高压加热器A进汽管道疏水阀，开A列高压加热器进水三通阀平衡阀。反馈：一段抽汽止回阀前疏水阀已开（或1号高压加热器B进汽电动门阀位大于15%），1号高压加热器A进汽管道疏水阀已开，二段抽汽止回阀前疏水阀已开（或2号高压加热器B进汽电动门阀位大于15%），2号高压加热器A进汽管道疏水阀已开，三段抽汽止回阀前疏水阀已开（或3号高压加热器B进汽电动门阀位大于15%），3号高压加热器A进汽管道疏水阀已开，A列高压加热器进水三通阀平衡阀已开，A列高压加热器进出口差压小于一定值。

2）指令：开A列高压加热器出口电动门。反馈：A列高压加热器出口电动门全开。

3）指令：开A列高压加热器进水三通阀，关A列高压加热器进水三通阀平衡阀。反馈：A列高压加热器进水三通阀全开，A列高压加热器进水三通阀平衡阀已关。

4）指令：开一段抽汽止回阀，开1号高压加热器A进汽止回阀，开二段抽汽止回阀，开2号高压加热器A进汽止回阀，开三段抽汽止回阀，开3号高压加热器A进汽止回阀，1号高压加热器A水位调节投自动，2号高压加热器A水位调节投自动，3号高压加热器A水位调节投自动。反馈：一段抽汽止回阀已开，1号高压加热器A进汽止回阀已开，二段抽汽止回阀已开，2号高压加热器A进汽止回阀已开，三段抽汽止回阀已开，3号高压加热器A进汽止回阀已开，1号高压加热器A水位调节在自动，2号高压加热器A水位调节在自动，3号高压加热器A水位调节在自动。

5）指令：开3号高压加热器A进汽电动门（每开10s，然后停60s直至全开，若开的过程中3号高压加热器A进汽压力对应的饱和温度或3号高压加热器A出水温度变化率大，也会中间停，下同），3号高压加热器A进汽电动门阀位大于15%后关3号高压加热器A进汽管道疏水阀，关三段抽汽止回阀前疏水阀。反馈：3号高压加热器A进汽电动门已开，三段抽汽止回阀前疏水阀已关，1号高压加热器A进汽管道疏水阀已关。

6）指令：开2号高压加热器A进汽电动门（每开10s，然后停60s直至全开），2号高压加热器A进汽电动门阀位大于15%后关2号高压加热器A进汽管道疏水阀，关二段抽汽止回阀前疏水阀。反馈：2号高压加热器A进汽电动门已开，二段抽汽止回阀前疏水阀已关，2号高压加热器A进汽管道疏水阀已关。

7）指令：开1号高压加热器A进汽电动门（每开10s，然后停60s直至全开），1号高压加热器A进汽电动门阀位大于15%后关1号高压加热器A进汽管道疏水阀，关一段抽汽止回阀前疏水阀。反馈：1号高压加热器A进汽电动门已开，一段抽汽止回阀前疏水阀已关，1号高压加热器A进汽管道疏水阀已关。

3. 1号高压加热器顺序停止

（1）停止允许条件：无。

（2）顺序停止步序。

1）指令：关1号高压加热器A进汽电动门。反馈：1号高压加热器A进汽电动门已关。

2）指令：关2号高压加热器A进汽电动门。反馈：2号高压加热器A进汽电动门已关。

3）指令：关2号高压加热器A进汽电动门。反馈：2号高压加热器A进汽电动门已关。

4）指令：关1号高压加热器A进汽止回阀，关2号高压加热器A进汽止回阀，关3号高压加热器A进汽止回阀。反馈：1号高压加热器A进汽止回阀已关，2号高压加热器A进汽止回阀已关，3号高压加热器A进汽止回阀已关。

5）指令：关A列高压加热器进水三通阀。反馈：A列高压加热器进水三通阀已关。

6）指令：关A列高压加热器出口电动门。反馈：A列高压加热器出口电动门已关。

（二）低压加热器子功能组

华能海门电厂低压加热器系统共有4台低压加热器，均采用U形管卧式布置，5号低压加热器布置在15.5m层，6号低压加热器布置在7.1m层，7、8号低压加热器布置在凝汽器喉部。其中7、8号低压加热器一体设计，设计有两台7、8号低压加热器，疏水逐级自流进入凝汽器。每台加热器均设有事故疏水分别接入凝汽器。

具体设备包括低压加热器进、出水阀，旁路阀，低压加热器疏水阀，抽汽管道疏水阀门等。该机组有四级低压加热器，其中五、六两级低压加热器均设有各自的加热器进水电动门、出水电动门及旁路电动门。5号低压加热器与6号低压加热器分别设计顺序启停控制。下面以5号低压加热器为例说明其步序。

1. 5号低压加热器顺序启动

(1) 启动允许条件：无。

(2) 顺序启动步序。

1) 指令：开五段抽汽管止回阀前疏水阀，开五段抽汽管电动门后疏水阀。反馈：五段抽汽管止回阀前疏水阀全开，五段抽汽管电动门后疏水阀全开。

2) 指令：开5号低压加热器进水电动门，开5号低压加热器进水电动门。反馈：5号低压加热器进水电动门全开，5号低压加热器出水电动门全开。

3) 指令：关5号低压加热器旁路电动门。反馈：5号低压加热器旁路电动门全关。

4) 指令：开五段抽汽止回阀，5号低压加热器危急疏水调节投自动。反馈：五段抽汽止回阀全开，5号低压加热器危急疏水调节在自动。

5) 指令：开五段抽汽电动门（每开10s，然后停60s直至全开，若开的过程中5号低压加热器进汽压力对应的饱和温度或5号低压加热器出水温度变化率大自动停），五段抽汽电动门阀位大于15%后关三段抽汽止回阀前疏水阀。反馈：五段抽汽电动门全开，五段抽汽管止回阀前疏水阀全关，五段抽汽管电动门后疏水阀全关。

2. 5号低压加热器顺序停止

(1) 停止允许条件：无。

(2) 顺序停止步序。

1) 指令：关五段抽汽电动门。反馈：五段抽汽电动门全关。

2) 指令：关五段抽汽止回阀。反馈：五段抽汽止回阀全关。

3) 指令：开5号低压加热器旁路电动门。反馈：5号低压加热器旁路电动门全开。

4) 指令：关5号低压加热器进水电动门，关5号低压加热器出水电动门。反馈：5号低压加热器进水电动门全关，5号低压加热器出水电动门全关。

（三）电动给水泵功能子组

华能海门电厂1000MW单元机组配置30%BMCR容量的电动给水泵一台。在机组启动、给水泵检修或事故状态下，向锅炉连续供水并向锅炉过热器、再热器及汽轮机高压旁路提供减温水。给水泵主泵通过液力耦合器与电动机连接。液力耦合器油系统由工作油泵、润滑油泵、辅助油泵、工作油冷油器、润滑油冷油器、油过滤器、勺管电液控制器及其有关监控仪表组成。

电动给水泵子组项包括电动给水泵、电动给水泵耦合器润滑油泵、给水泵出口门、前置泵进口阀、再循环门等设备。

1. 电动给水泵顺序启动

电动给水泵顺序控制启动控制逻辑，采用MASTERSEQ和DEVICESEQ算法块来实现。顺序启动步序为：

1) 指令：启动电动给水泵耦合器润滑油泵，关电动给水泵出口电动门，关给水调节关断阀1、2。反馈：电动给水泵耦合器润滑油泵已经运行，电动给水泵出口电动门已关，给水调节关断阀1、2已关。

2）指令：开电动给水泵前置泵入口电动门，开电动给水泵再循环阀。反馈：电动给水泵前置泵入口电动门已开，电动给水泵再循环阀在已开，电动给水泵启动条件满足。

3）指令：启动电动给水泵。反馈：电动给水泵已经运行。

4）指令：电动给水泵再循环阀投自动，开给水调节关断阀1、2。反馈：电动给水泵再循环阀在自动，给水调节关断阀1、2已开。

2. 电动给水泵顺序停止

（1）停止允许条件：电动给水泵入口给水流量小于200t/h。

（2）顺序停止步序。

1）指令：开电动给水泵再循环阀。反馈：电动给水泵再循环阀已开。

2）指令：关电动给水泵出口电动门，关给水调节关断阀1、2。反馈：电动给水泵出口电动门已关，给水调节关断阀1、2已关。

3）指令：停止电动给水泵。反馈：电动给水泵停止。

3. 电动给水泵跳闸逻辑

（1）电动给水泵润滑油压力低低。

（2）除氧器水位低低延时3s。

（3）电动给水泵温度保护跳闸。

（4）电动给水泵运行且最小流量保护。

（5）电动给水泵运行且前置泵入口门关。

（6）电动给水泵润滑油冷油器出口温度高高。

（7）电动给水泵工作油冷油器出口温度高高。

（8）电动给水泵推力轴承回油温度大于一定值。

（四）循环水系统启动功能组

华能海门电厂机组冷却水采用单元制海水直流供水系统，海水通过自流引水明渠引水至汽机房前循环水泵房，经循环水泵升压后向机组供水。其供水流程为：取水口→引水明渠→进水箱涵→进水前池→循环水泵房→循环水压力进水管→冷凝器/水—水热交换器→循环水排水管→虹吸井→排水管→海水法脱硫区→炉后排水明渠→排水箱涵（排水口）。

具体设备包括循环水泵、循环水泵出口液动蝶阀、循环水泵冷却水泵、冲洗水泵、旋转滤网等。

1. 启动许可条件

（1）闭冷水出口母管压力大于0.5MPa；

（2）循泵冷却水进口母管压力大于0.3MPa；

（3）闭冷水泵A运行或闭冷水泵B运行；

（4）循环水泵A停止；

（5）循环水泵B停止；

（6）循环水泵C停止。

2. 启动步序

（1）指令：启动选择工作位循泵对应的旋转滤网两次并结束后投入联锁。反馈（以下条件为或的关系）：旋转滤网A前后水位差不高且旋转滤网A联锁投入，旋转滤网B前后水位差不高且旋转滤网B联锁投入，旋转滤网C前后水位差不高且旋转滤网C联锁投入。

（2）指令：打开凝汽器A和B循环水出口电动门。反馈：凝汽器A循环水出口电动门全开，凝汽器B循环水出口电动门全开。

（3）指令：打开凝汽器A和B循环水进口电动门至10%。反馈：凝汽器A循环水进口电动门开度大于9%，凝汽器A循环水进口电动门开度大于9%。

（4）指令：打开闭冷器A和B海水出口电动门。反馈：闭冷器A循环水出口电动门全开，闭冷器B循环水出口电动门全开。

（5）指令：打开闭冷器A和B海水进口电动门。反馈：闭冷器A循环水进口电动门全开，闭冷器B循环水进口电动门全开。

（6）指令：启动循环水二次旋转滤网。反馈：指令发出后延时60s。

（7）指令：启动首台循环水泵功能组。反馈：任一台循泵已运行（延时600s）。

（8）指令：继续打开凝汽器A和B循环水进口电动门至15%。反馈：凝汽器A循环水进口电动门开度大于15%，凝汽器A循环水进口电动门开度大于15%。

（9）指令：启动水室真空泵并投入联锁。反馈：水室真空泵已运行，水室真空泵联锁已投入。

（10）指令：延时10min继续打开凝汽器A和B循环水进口电动门至20%。反馈：凝汽器A循环水进口电动门开度大于20%，凝汽器A循环水进口电动门开度大于20%。

（11）指令：延时10min继续打开凝汽器A和B循环水进口电动门至25%。反馈：凝汽器A循环水进口电动门开度大于25%，凝汽器A循环水进口电动门开度大于25%，需要运行人员手动确认注水排汽完成。

（12）指令：全开凝汽器A和B循环水进口电动门。反馈：凝汽器A循环水进口电动门全开，凝汽器B循环水出口电动门全开。

（13）指令：关闭备用位闭冷器出口门。反馈：工作位闭冷器进出门全开，备用位闭冷器出口门关。

（五）闭式冷却水系统启动功能组

闭式循环冷却水系统的功能是向汽轮机、锅炉和发电机的辅助设备提供冷却水。该系统为一闭式回路，用循环水流经闭式循环冷却水热交换器来冷却闭式循环冷却水系统中的冷却水。

华能海门电厂1000MW机组配置2台100%容量的闭式循环冷却水泵和2台100%容量最大换热面积的钛钢复合板热交换器，设计满足全年一台运行，一台备用的要求。系统设有一高位布置的膨胀水箱，其作用是对系统起到稳定压力，消除流量波动和吸收水的热膨胀等作用，并且给冷却水泵提供足够的正吸入水头。闭式循环冷却水系统的补水和启动前对系统的充水都通过膨胀水箱进行。在运行时，膨胀水箱的水位由补水调节阀进行控制，补水自凝结水系统中凝结水精处理设备出口接出。启动前系统的充水来自凝补水箱，由凝补水泵输入。

具体设备包括闭式冷却水泵（即工业水泵）、闭式冷却水泵进水阀、出水阀、水—水交换器除盐水进水门、出水门等。

1. 启动许可条件

（1）补给水泵出口母管压力大于0.3MPa；

（2）闭式冷却水泵A已停止；

(3) 闭式冷却水泵B已停止；

(4) 闭式冷却水泵工作位已选。

2. 启动步序

(1) 指令：开补给水至闭冷水系统注水门15s。反馈（以下条件为“或”的关系）：补给水泵至闭冷水系统注水门未关；缓冲水箱水位大于1600mm。

(2) 指令：开闭冷水泵A进水电动蝶阀，开闭冷水泵A出水电动蝶阀，开闭冷水泵B进水电动蝶阀，开闭冷水泵B出水电动蝶阀，开闭冷水器A和B闭冷水侧进、出口门，开汽轮机润滑油冷却器A和B进、出口门，开汽轮机润滑油温度调节阀旁路门。反馈：闭冷水泵A进水电动蝶阀全开，闭冷水泵A出水电动蝶阀全开，闭冷水泵B进水电动蝶阀全开，闭冷水泵B出水电动蝶阀全开，闭冷水器A和B闭冷水侧进、出口门全开，开汽轮机润滑油冷油器A和B进、出口门全开，开汽轮机润滑油温度调节阀旁路门全开，缓冲水箱水位大于1500mm。

(3) 指令：缓冲水箱凝结水补水调节阀投自动，关补给水至闭冷水系统注水门。反馈：缓冲水箱凝结水补水调节阀在自动位，补给水泵至闭冷水系统注水门已关，需要人工确认注水排气完成。

(4) 指令：关闭冷水泵A出水电动蝶阀，关闭冷水泵B出水电动蝶阀，关非工作位闭冷器闭冷水侧进出口电动蝶阀，关电动给水泵冷油器温度调节阀，关给水泵汽轮机A冷油器温度调节阀，关给水泵汽轮机B冷油器温度调节阀，关氢气冷油器温度调节阀，关汽轮机润滑油A和B闭冷器进出口门，关汽轮机润滑油温度调节阀旁路门。反馈：闭冷水泵A出水电动蝶阀全开，闭冷水泵B出水电动蝶阀全开，工作位闭冷器进口门全开且备用位闭冷器进出口门全关，电动给水泵冷油器温度调节阀开度小于3%，给水泵汽轮机A冷油器温度调节阀开度小于3%，给水泵汽轮机B冷油器温度调节阀开度小于3%，氢气冷油器温度调节阀开度小于3%，汽轮机润滑油A和B闭冷器进出口门全关，汽轮机润滑油温度调节阀旁路门已关。

(5) 指令：启动工作位闭冷水泵及开出口门。反馈：闭冷水泵母管出口压力大于0.5MPa，任一台闭冷水泵运行且出口蝶阀打开。

第四节 设备级控制

一、设备级控制功能

设备级控制是对生产过程中的基础设备实施的一对一操作，具备下列控制功能。

1. 手动/自动控制

设备级控制在自动方式下接受功能组的启停指令；手动方式下，运行人员在操作员站或者操作台上发出启停指令。

2. 联锁保护功能

当具备启动或停止运行条件时应自动启动或停止设备的运行。

二、实例说明

以1号高压加热器A进口蒸汽管道疏水阀为例，其控制逻辑图如图8-4所示。设备级控制逻辑可根据不同功能要求重新设计，图8-4中的控制逻辑是没有经过封装的，封装的典型电动阀门控制逻辑如图8-5所示。

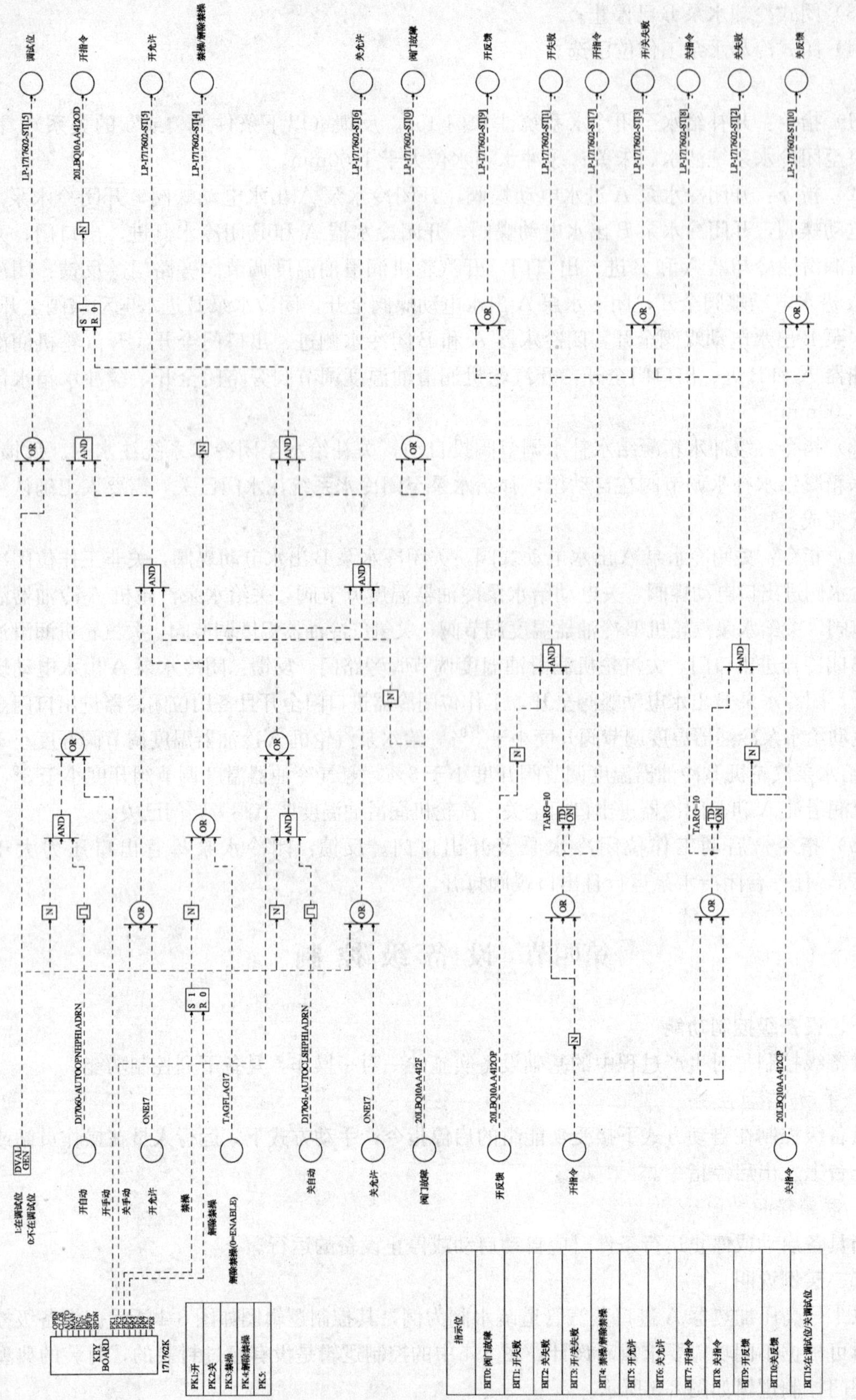

图 8-4 1号高压加热器A进口蒸汽管道疏水阀控制逻辑图

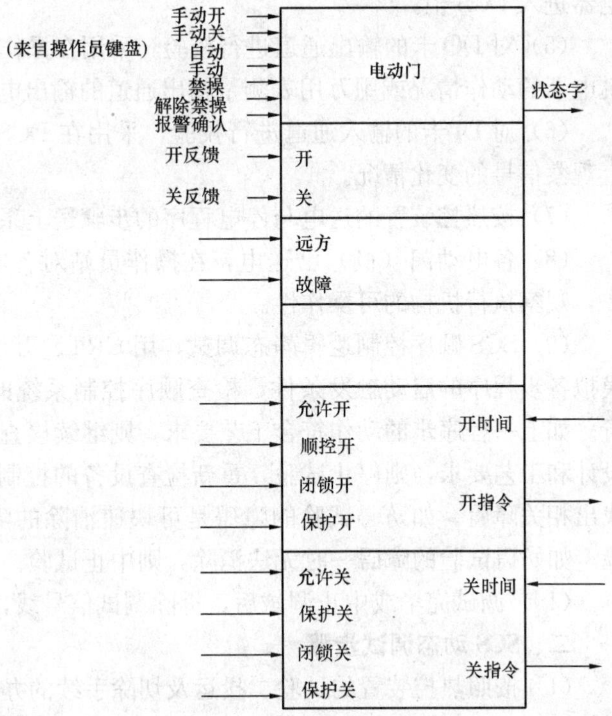

图 8-5　典型电动阀门控制逻辑示意

图 8-4 中，DVALGEN 模块置一，表示该设备置调试位，不受联锁保护条件限制，一般用于设备单体调试。正常运行时，DVALGEN 模块需要恢复零位。

1 号高压加热器 A 进口蒸汽管道疏水阀没有启停允许条件，所以启停允许连接的是置一的 DVALGEN 模块。OPENED、CLOSED、VLV FAULT 连接的是开关量输入测点，分别是开反馈、关反馈以及阀门故障反馈。

在操作员站上通过 KEY BOARD 对设备进行手动开（MANUAL OPEN）、手动关（MANUAL CLOSE）、置禁操位（TAG）、解禁操位（TAGOUT）。图 8-4 中，禁操只能实现禁止开而不能禁止关。

联锁保护条件逻辑编制也是通过使用功能模块搭建起来的。自动开关条件编制在另外的逻辑页中。

自动开条件为（以下条件为“或”的关系）：①高压加热器疏水阀置自动位，手动成组开高压加热器疏水阀；②高压加热器疏水阀置自动位，发电机功率低于 70MW；③高压加热器疏水阀置自动位，发电机跳闸或汽轮机跳闸；④1 号高压加热器水位高于 254（三取二），延时 2s；⑤2 号高压加热器水位高于 230（三取二），延时 2s；⑥1 号高压加热器水位高于 205（三取二），延时 2s；⑦功能组打开命令。

自动关条件为（以下条件为“或”的关系）：①高压加热器疏水阀置自动位，手动成组关高压加热器疏水阀；②发电机汽轮机均无跳闸，发电机功率高于 120MW，延时 2s。

设备级控制还可以在 PLC（可编程控制器）中实现，编制逻辑使用梯形图。具体内容不再详述。

第五节　SCS　调　试

一、SCS 静态调试步骤

（1）调试前试验人员应熟悉 SCS 的每个程序的工作顺序和工作过程。

（2）对提供的 SCS 流程图进行检查，确保设计的正确性，并对设计不完善的地方会同设计院进行修改。

（3）对 DCS 内组态的与 SCS 有关的逻辑进行检查，确保其符合设计要求，并对其中不完善的地方会同厂家现场服务工程师进行修改。

（4）对 DCS 机柜至扩展继电器柜间接线进行校验，确保接线正确，防止强电经中间继电器进入DCS柜。

(5) 对DO卡的输出通道进行校验，采用在操作员站对通道加强制开关信号，观察中间继电器的动作情况或用万用表测量输出通道的输出电阻。

(6) 对DI卡的输入通道进行校验，采用在DCS端子侧短接，模拟现场信号，在CRT上观察信号的变化情况。

(7) 按热控装置的送电与停电程序的步骤送上系统电源。

(8) 各电动门（机）已送电，在操作员站对各电动门（机）进行开（启）关（停）操作，观察执行机构的可操作性。

(9) SCS顺序控制逻辑静态调试，用CRT、万用表，逐步用短路线或程序步控制开关模拟各步程序的启动触发条件，检查顺序控制系统的每一个程序步是否可按预定的步骤进行。如上一程序步的动作符合工艺要求，则继续检查下一程序步。如程序的动作结果不符合设计和工艺要求，则停止试验，重新检查设备的控制逻辑、外围接线和所加的模拟信号等，找出相关障碍。如妨碍试验的障碍是可快速消除的障碍，则将这些障碍消除后继续进行试验。如妨碍试验的障碍一时无法消除，则中止试验。

(10) 调试完毕或中止调试后，拆除调试信号线，恢复系统接线。

二、SCS动态调试步骤

(1) 按照热控装置的试验、投运及切除手续的办理程序，办理相关系统的投运手续。

(2) 重新检查系统输入、输出信号和系统逻辑是否正确。如正确，则进行下一步工作；如不正确，则需检查外围设备、系统接线和系统的内部逻辑，消除有关障碍；如与该系统有关的所有障碍能快速消除，则将其消除，并继续进行系统的投运；如与该系统有关的障碍未能快速消除，则中止系统投运。

(3) 初步设置系统的有关参数并确认。

(4) 将系统的有关的切投开关打至“投入”位置或“自动”位置并确认系统已经投入。

(5) 密切监视系统的动作情况。如系统没有按预定的程序动作，则应迅速将系统切回手动，并重新检查系统的有关参数及系统的接线；如系统的故障能迅速消除，则将系统障碍消除后，将系统继续投运；如系统的障碍无法迅速消除，则将系统退出。

(6) 系统投运正常后，填写热控设备（系统）校验记录表。

汽轮机数字电液控制系统和给水泵汽轮机电液控制系统

第一节　汽轮机数字电液控制系统

一、概述

（一）DEH 的发展及其特点

生产力的发展使各行各业以及人们的日常生活对电能的需求量越来越大，供需间的矛盾促使了大型火电站，核电站的诞生和不断发展。高参数、大容量的锅炉汽轮发电机组投入运行，以及输电线路的加长和电网容量的增大，对相应的监控手段和控制系统性能均提出了越来越高的要求。特别是厂、网分家，竞价上网以后，对机组控制性能的灵活性提出了更高的要求。

随着机组容量的增加，转子的转动惯量的增加量远远低于机组功率的增加量，因此动态过程中，特别是机组甩负荷时，机组的动态超速将会更加严重。为了防止机组超速，要求机组的控制器具有快速响应的调节特性。另外，随着大型设备的各个单元部件数目越多，成分也更加复杂，其操作运行大都采用智能控制器和计算机实现自动控制，这对于系统更加复杂、更先进，而且可靠性要求更高的汽轮发电机组，更是如此。因此，以计算机为核心的数字电液控制系统是（电力）生产力发展的产物。

自 1784 年瓦特发明蒸汽机至今已有 200 多年的历史。他发明的离心调速器不仅为自动调节理论的诞生奠定了物质基础，也为其他调节器的产生和发展创造了良好的开端。回顾汽轮发电机组调节器的发展历史，它大致经历了 5 个发展阶段，最初是以弹簧式离心调速器为代表的机构式调速器，在此基础之上从提高转速和增大负载能力出发，到 20 世纪二三十年代出现了以旋转阻尼和脉冲泵为代表的机械液压式调速器（Mechanical-Hydraulic Governor，MHG）；50 年代后随着控制论的形成和电子技术的产生和广泛应用以及生产的不断发展，将固态电子技术与高压油动机系统相结合形成了模拟式电液调节系统（Analogous Electro-Hydraulic Control System，AEH）；70 年代至今，控制理论和计算机技术相结合形成了当今的数字式电液控制系统（Digital Electro-Hydraulic Control System，DEH）。

与常规的机械液压调节器（MHG）相比较，电液调节器（DHG）有其独立的阀门驱动单元，因此使其结构更加紧凑，加上 DEH 使用了高压油，其动态响应特性大大地得到了改善，此外采用了先进的微处理计算机技术，所构成的数字电液控制系统（DEH），除了能完成各种复杂的控制与操作功能以外，还拥有下述优越性。

1. 高可靠性

系统的可靠性提高，一方面是因为系统硬件本身的可靠性提高；另一方面是在软件上采取了相应的措施，如通过采用冗错控制和自诊断。如果系统出现了故障，控制器能自动诊断出故障点，并无扰地切换到热备用控制器，以保证系统的正常工作。

2. 灵活的控制功能

DEH 拥有丰富的基本功能供用户选择，如转速调节、负荷控制、加速度控制等。由于采用了数字控制器，借助界面友好的软件进行编程、组态，可以很容易、很方便、很灵活地实现控制功能，改变系统的结构和编制非常友好的人机界面，借助通信网络可进行远程监控。

3. 易于维修测试和参数调整

与常规的调节器不同，DEH 因为采用数据设定的方式，使得维修测试更加简单、方便、快速，并配匹有专用的仿真器，可进行在线仿真试验，调整系统参数。

除了上述特征外，采用了以计算机为核心的控制器，使得生产过程监控的自动水平程度更高，劳动强度得以改善，系统更安全、更经济。

（二）DEH 的组成

目前火力发电厂多采用单机容量为 600～1000MW 的超临界和超超临界压力的单元机组。随着电网自动化程度和单元制运行水平的不断提高，对汽轮机控制系统提出了更高的要求。一个完善的汽轮机控制系统包括以下功能系统。

1. 监视系统

监视系统是保证汽轮机安全运行的必不可少的设备，它能够连续监测汽轮机运行中各参数的变化。属于机械量的有汽轮机转速、轴振动、轴承振动、转子轴位移、转子与汽缸的相对胀差、汽缸热膨胀、主轴晃度、油动机行程等；属于热工量的有主蒸汽压力、主蒸汽温度、凝汽器真空、高压缸速度级后压力、再热蒸汽压力和温度、汽缸温度、润滑油压、调节油压、轴承温度等。汽轮机的参数监视通常由 DAS 实现，测量结果同时送往调节系统作限制条件，送往保护系统作保护条件，送往顺序控制系统作控制条件。

2. 保护系统

保护系统的作用是，当电网或汽轮机本身出现故障时，保护装置根据实际情况迅速动作，使汽轮机退出工作，或者采取一定措施进行保护，以防止事故扩大或造成设备损坏。大容量汽轮机的保护内容有超速保护、低油压保护、位移保护、胀差保护、低真空保护、振动保护等。

3. 调节系统

汽轮机的闭环自动调节系统包括转速调节系统、功率调节系统、压力调节系统等。闭环调节是 EHC 的主要功能，调节品质的优劣将直接影响机组的供电参数和质量，并且对单元机组的安全运行也有直接影响。

4. 热应力在线监视和计算系统

汽轮机是在高温高压蒸汽作用下的旋转机械，汽轮机运行工况的改变必然引起转子和汽缸热应力的变化。由于转子在高速旋转下已经承受了比较大的机械应力，因此热应力的变化对转子的影响更大，运行中监视转子热应力不超过允许应力显得尤为重要。热应力无法直接测量，通常是用建立模型的方法通过测取汽轮机某些特定点的温度值来间接计算热应力的。

热应力计算结果除用于监视外，还可以对汽轮机升速率和变负荷率进行校正。

5. 汽轮机自启停控制系统

汽轮机自启停控制系统（Automatic Turbine Control System，ATC）是一个牵涉面很大的系统，其功能随设计的不同而有很大差别。原则上讲，汽轮机自启停控制系统应能完成从启动准备直至带满负荷或者从正常运行到停机的全部过程，即完成盘车、抽真空、升速并网、带负荷、带满负荷以及甩负荷和停机的全部过程。可见实现汽轮机自启停的前提条件是各个必要的控制系统应配备齐全，并且可以正常投运。这些系统为自动调节系统、监视系统、热应力计算系统以及旁路控制系统等。

6. 液压伺服系统

液压伺服系统包括汽轮机供油系统和液压执行机构两部分。供油系统向液压执行机构提供压力油。液压执行机构由电液转换器、油动机、位置传感器等部件组成，其功能是根据电调系统的指令去操作相应阀门的动作。

由上述汽轮机控制所涉及的内容可以看出，现代大型单元机组的汽轮机控制系统涉及面很广，系统复杂，技术要求高，既包括了模拟量的反馈调节，又包括开关量的逻辑控制，是集过程控制、顺序控制、自动保护、自动检测于一体的复杂控制系统。

（三）DEH 研究的内容

1. 自动检测

控制汽轮发电机组的前提是及时掌握机组运行特征与运行状态，机组的运行状态由相应的特征参数描绘。因此，完善、可靠、精确的自动检测系统是保证汽轮发电机组安全经济运行必不可少的先决条件。随着机组容量的不断增大，新蒸汽的温度和压力越来越高，需要检测的项目也越来越多，如发电机功率、汽轮机转速、主蒸汽温度和压力、凝汽器真空、调节级的温度和压力、润滑油油压和油温、调节级压力与温度、转子轴向位移、转子与汽缸相对膨胀、汽缸热膨胀、汽缸与转子的热应力、汽轮机幌度与振动、轴承温度、推力轴承油膜压力、油箱油位与油温、上下汽缸温差、发电机氢气压力与纯度、励磁机状态等许多项目。这些参数若采用常规的电动仪表进行检测与监视将使监控台面太宽，操作人员劳动强度增大。目前以计算机为核心的数据采集子系统（Data Acquisition System，DAS），可自动完成参数的巡回检测、越限报警、制表打印、CRT 画面显示、趋势判断和事故追踪记录等功能，及时反映机组的状态和严密监视机组的运行工况。其中对汽轮机振动量的检测与监视借助于 TSI 系列仪表完成，状态信息可在人机接口 HMI 中显示。

2. 自动保护

汽轮机是处在高温高压状态下的高速旋转机械，维护其安全运行和电网稳定是衡量控制系统是否切实可行的一个重要指标。因此，在控制系统设计中必须有一套功能完善、动作迅速可靠的自动保护系统，严密监视反映机组安全运行的重要参数。当锅炉主、辅机或电力系统出现部分故障后，自动保护系统一方面能及时地发出报警信息，提醒运行人员采取相应的紧急措施；另一方面能遮断汽轮发电机组，以保证机组及运行人员安全，避免事故的进一步扩大。在机组自动保护的设计中，应全面考虑、选择那些能及时反映机组安全性能的状态参数作为保护项目。此外，对重要的参数往往采取双重或多重保护措施。如机组的转速是反映机组安全的重要指标，高速旋转的转子产生很高的离心力，离心力直接与材料承受的应力有关，与转速的平方成正比。有关资料表明，当转速增加 10%时，应力将增加 21%；转速增加20%时，应力将增加44%。在设计时，转动零件的材料强度裕量是有限的，叶轮等紧力配合的旋转件和松动转速，通常是按高于额定转速的20%考虑的。尤其随着机组参数的提高和单机功率的增大，机组飞升时间常数越来越小，甩负荷后飞升速度更大，因此防止汽轮机超速就显得非常重要。为此DEH系统设计有超速保护控制系统（Overspeed Protection Control，OPC）和危急遮断系统（Emergence Trip Systems，ETS）。

3. 自动调节

汽轮发电机组自动控制系统，在保让机组安全运行的前提下，还必须维护其经济运行，即系统能够在额定功率和额定转速下运行。因此，控制系统应具有良好的静态特性与动态特性，此外，系统还应具有灵活多样的控制方式，因为目前大功率机组，大都采用单元制中间再热式，且与电网并列运行，一台独立机组除受控于操作员之外，还应能接受锅炉协调控制系统来的协调信号，同时，也应能接受电网自动调度系统来的远方遥控命令，参与电网的调频与调峰。在被控量上，除有机组的功率、转速、主蒸汽压力以外，对于保证机组安全运行的热应力，汽封汽压、旁路系统、凝汽器水位等均应实现自动控制，这些需求构成了DEH控制功能，其中功—频调节是其最基本的控制功能。

4. 自动启停

汽轮发电机组的启停控制相当复杂。机组容量越大，需监视和操作的项目越多，误操作的概率越大，机组启动时间长，经济损失大，操作员的劳动强度也大。如何在保证机组安全的前提下，缩短启停时间，提高运行的经济性，实现最优化的自动启停，是DEH的一项重要功能。在数字控制器诞生之前，采用的是固定逻辑程序控制启停法。它是通过总结人工操作的经验，模拟人工手操的启停过程，编出启停时顺序操作步骤，由模拟电子线路实现固定逻辑的程序化启停。目前，大功率机组多采用机组寿命管理法，根据转子应力确定升速率，由计算实现自动启停。由此充分发挥了计算机的数据处理能力来计算转子应力，利用计算机的逻辑判断能力，识别机组的状态，根据进程选择控制策略，保证启停中的安全性、经济性和实现最优化启停。这些特征构成了DEH中的自动汽轮机程序控制功能（ATC）。

从上述4个方面分析和研究汽轮机的控制问题，只是一种处理复杂问题的方法。事实上DEH所研究的内容从单一的功频调节逐步过渡到混合控制问题——既包含有连续量的控制，又包含有离散量控制，顺序控制和机组的保护；控制的层面从汽轮机延伸到锅炉发电机组以及整个电网，是一个相当复杂的多输入、多输出、相互耦合的多变量控制系统。

二、DEH组成

（一）DEH的基本组成

作为数字电液控制器的DEH，它实际上主要由具有微处理器的控制器和控制对象的执行机构两部分构成。其中控制器又分为硬件和软件，硬件应该说是控制系统的基础，软件是控制系统的灵魂。DEH的硬件是由带微处理器的主机、接口电路及外部有关设备构成，其典型配置为控制机柜（包括CPU、I/O板件、手操盘、专用电缆等）、操作员站、工程师站、网络服务器、打印机和网络电缆等，具体硬件配置一般是根据系统设计要求确定。软件分为系统软件和应用软件组成，系统软件是用来使用和管理微机本身的程序，应用软件是用于完成控制系统要求需要开发的程序，它分为过程监视程序、过程控制程序、公共程序等。

图 9-1 和图 9-2 是典型的 300MW 汽轮机的控制系统配置图，其中图 9-1 为采用 INFI-90 系统的 DEH 配置图，图 9-2 为采用 OVATION 分散控制系统的配置原理图。

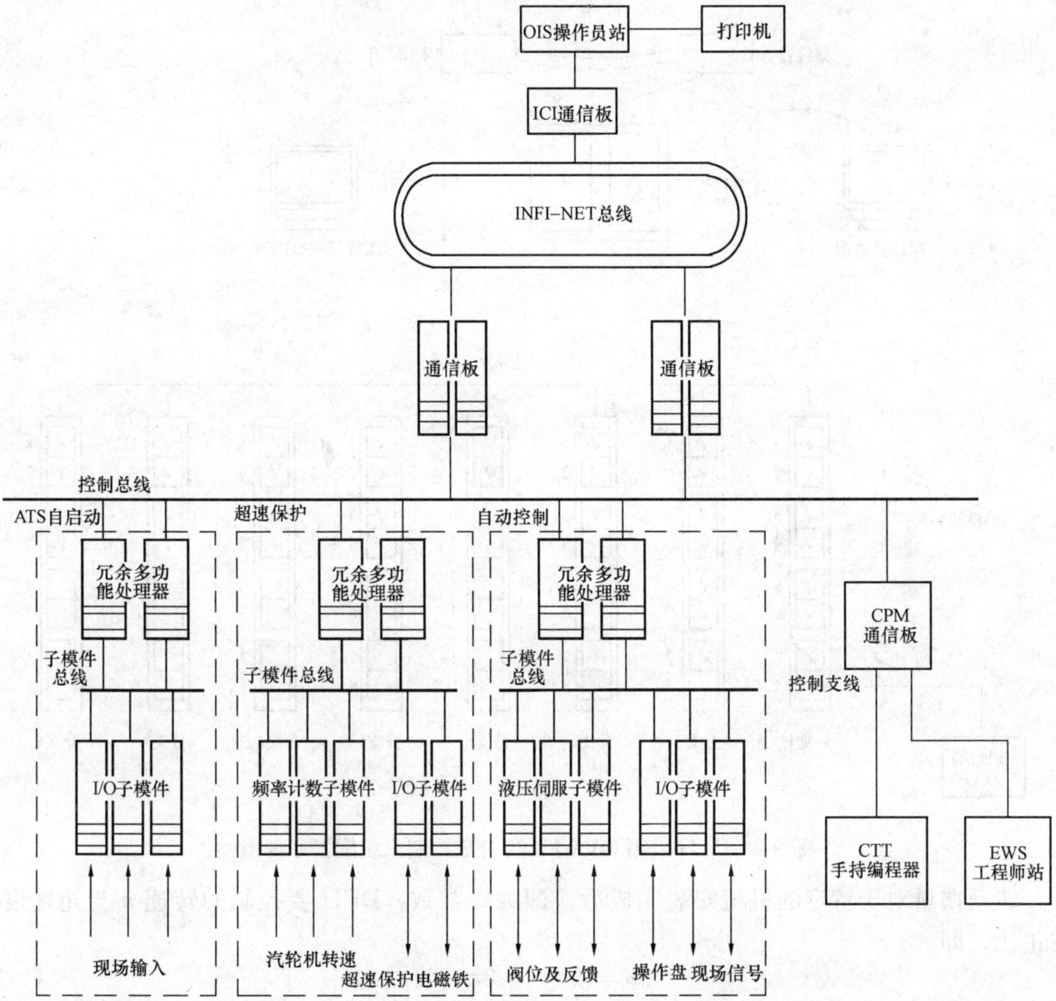

图 9-1 DEH 采用 INFI-90 系统配置原理图

（二）DEH 的原理

DEH 的主要任务就是调节汽轮机的蒸汽转矩，使之维持等转速运行，与外界负荷相适应。在讨论汽轮发电机组的控制控制系统时，通常将汽轮发电机轴系看作一个整体旋转刚体，建立一个系统较为完善的数学模型，然后对该系统进行较准确的分析和设计。汽轮机控制系统设计的依据就是转子的能量平衡方程式，转子的转动方程为

$$J \times d\omega/dt = M_T - M_G - M_f \tag{9-1}$$

式中 J——汽轮发电机组转子的转动惯量，kg · m · s^2；

ω——转子的旋转角速度，s^{-1}；

M_T——汽轮机蒸汽转矩，N · m；

M_G——发电机电磁转矩，N · m；

M_f——各种阻力矩，N · m。

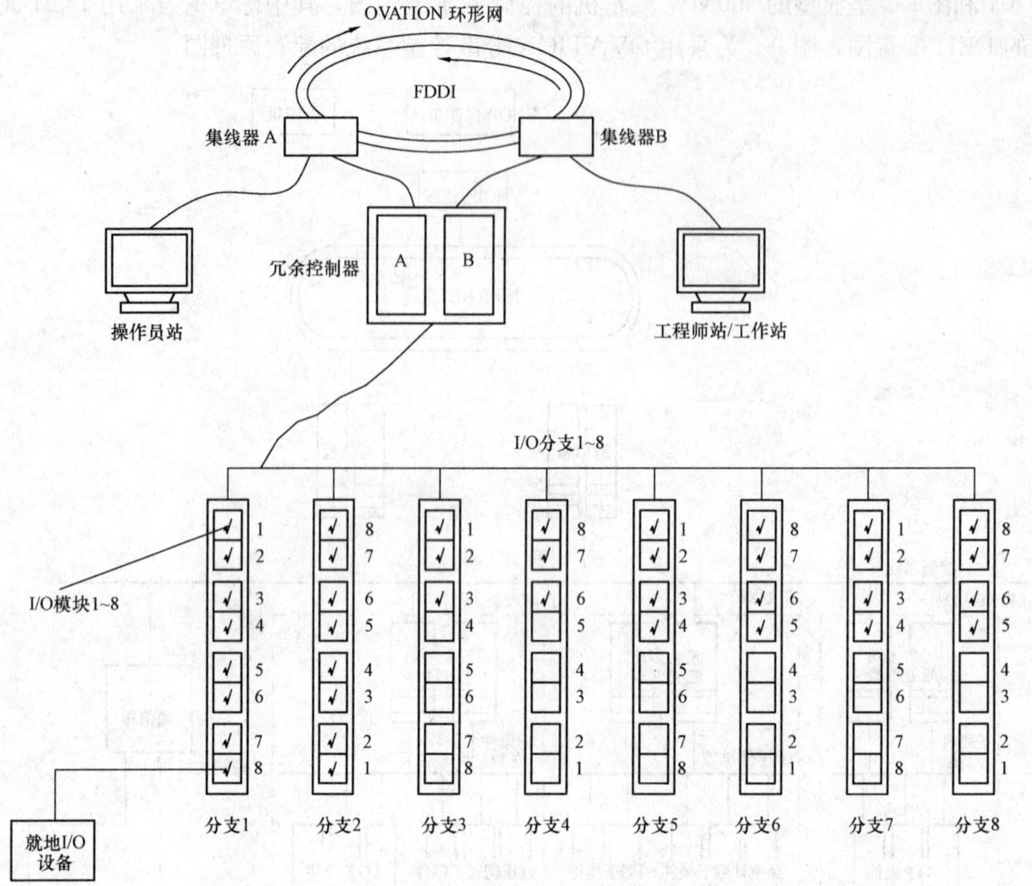

图 9-2　DEH 采用 OVATION 分散控制系统配置原理图

转动惯量对于特定的机组安装完成后，即为一常数，DEH 要控制的转速 n 与角速度 ω 成正比，即

$$\omega = 2\pi f = 2\pi n/60 \tag{9-2}$$

式中　f——频率，s^{-1}；

n——转速，r/min。

由汽轮机工作原理知，蒸汽转矩 M_T 为

$$M_T = 4.73 \times D \times H_0 \times \eta_{0e}/n \tag{9-3}$$

式中　D——进入汽轮机的蒸汽流量，kg/h；

H_0——绝热焓降，kJ/kg；

η_{0e}——汽轮机相对效率；

n——转速，r/min。

发电机电磁转矩 M_G，它主要取决于负载的特性，可表示为

$$M_G = K_1 + K_2 \times n + K_3 \times n^2 \tag{9-4}$$

式中　K_1、K_2、K_3——随机变量，且均为正值。

各种阻力矩 M_f 与转速、真空、轴系油温等很多因素有关，可视随转速增大的随机变量。

图 9-3 表示汽轮机和发电机的转矩特性，其中曲线 M_{T1} 及曲线 M_{T2} 表明了汽轮机转矩和转速的关系曲线，称为汽轮机的内特性。曲线 M_{T1} 及曲线 M_{T2} 对应于两个不同的进汽量。其

中曲线 M_{G1} 及曲线 M_{G2} 表明了发电机阻力转矩和转速的关系曲线，称为发电机的特性。曲线 M_{G1} 及曲线 M_{G2} 对应于两个不同的电负载。曲线 M_{T1} 和曲线 M_{G1} 的交点 a 即为汽轮机带发电机运转，在转速 n_a 时一个稳定状态。

首先从图 9-3 和式（9-1）可知，汽轮发电机组具有一定的自平衡能力，比如当发电机的阻力矩 M_{G1} 变为 M_{G2} 时，若汽轮机进汽量保持不变，新的平衡工况点则为 b，即汽轮发电机组以 n_b 转速稳定运行，也就是说汽轮发电机组具有一定的自平衡能力，此时工作转速 n_b 和 n_a 相差较大。但汽轮机、发电机和电网负载是不允许网频（汽轮机转速）有大幅度变化的，这就要求当发电机的阻力矩 M_{G1} 变为 M_{G2} 时，汽轮机进汽量能跟随变化，那么新的平衡工况点就可变为 c，汽轮发电机组以 n_c 转速稳定运行，此时工作转速 n_c 和 n_a 相差不大，这是电气设备允许的，而这只有靠汽轮机调节系统才能实现。

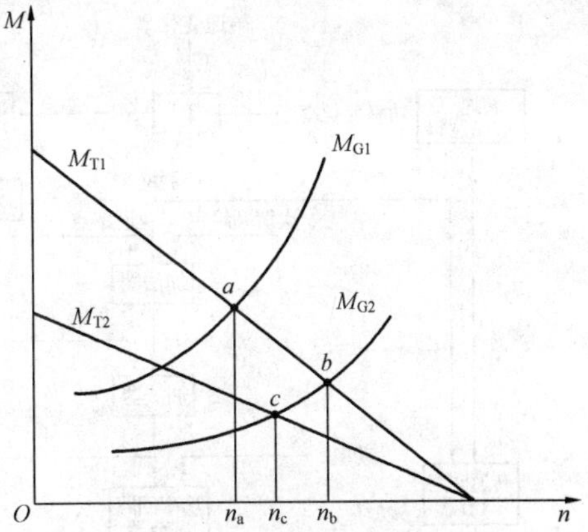

图 9-3 汽轮机和发电机的转矩特性

汽轮机调节系统控制汽轮机的 D，即能改变 M_T，使 M_T 始终跟随 M_G 变化，以维持转速 n 即供电频率在规定的范围内，满足国家对供电品质的要求。

实际汽轮机控制系统都是通过执行机构（油动机）来控制安装在进汽口上的调节阀来改变 M_T，以调节汽轮机的转速和功率的。汽轮机控制流程框图如图 9-4 所示，其表示的是汽轮机控制的整个过程及整个控制过程中各个物理对象的数学描述，是做系统稳定性分析的基础。汽轮机控制原理图见图 9-5，图 9-5 是根据上述原理进行 DEH 设计的依据。

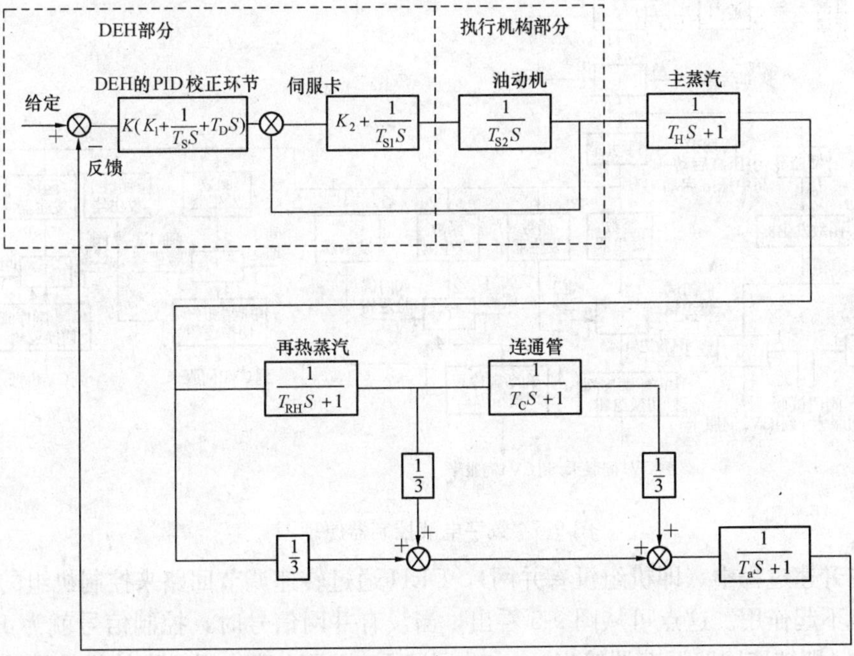

图 9-4 汽轮机控制流程框图

从图 9-5 可以看出机组在启动和正常运行过程中，DEH 接收到操作人员通过人机接口所发出的增、减指令、CCS 指令、汽轮机发电机组的转速和功率以及调节阀的位置反馈信号等进行分析处理，综合运算，输出控制信号到伺服阀，改变调节阀的开度，以控制机组的运行。

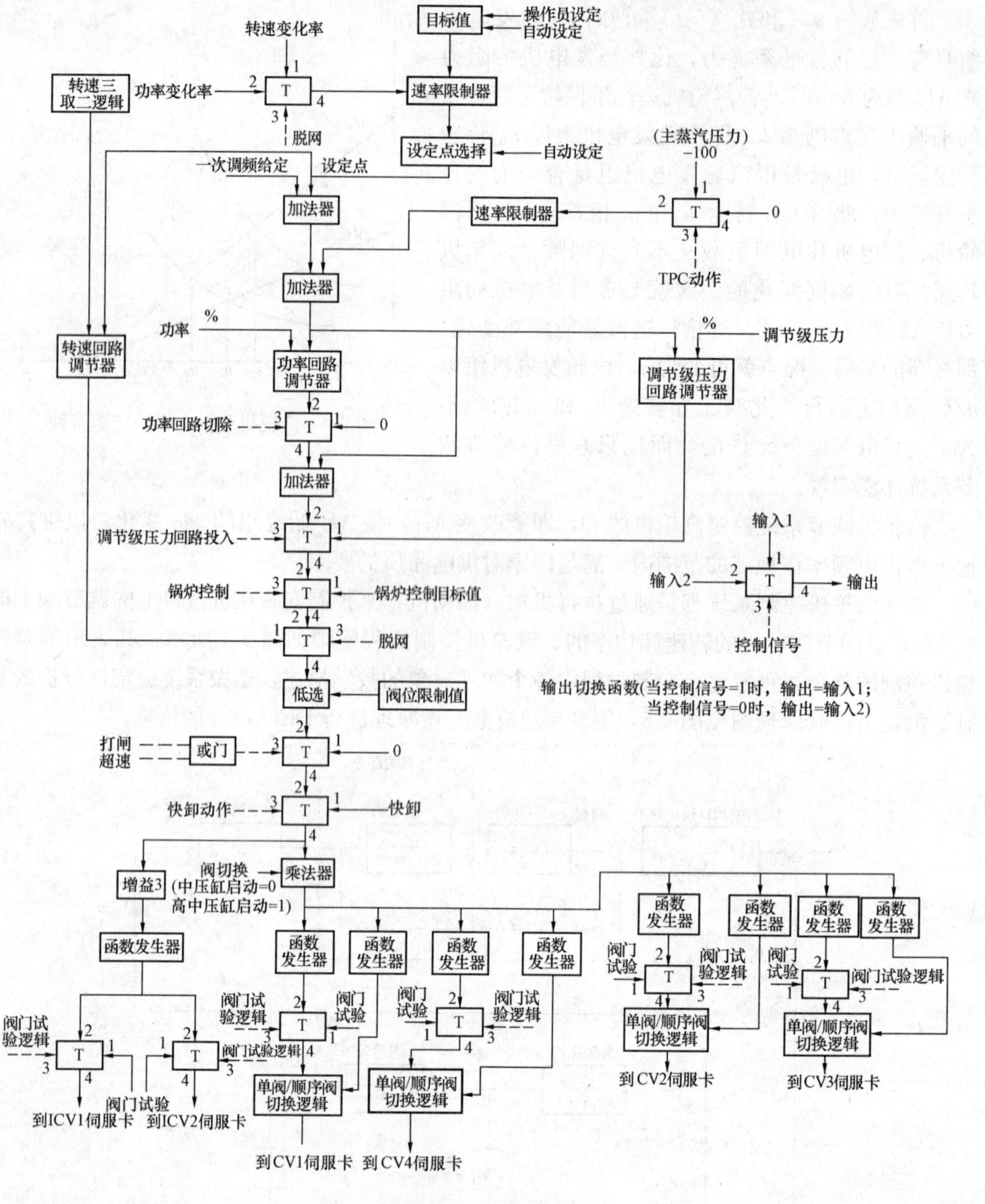

图 9-5　数字电液控制器原理图

机组在升速过程中（即机组没有并网），DEH 通过转速调节回路来控制机组的转速，功率控制回路不起作用。这点可从图 9-5 看出，当没有并网信号时，控制信号就为 1，则输出等于输入 1（即转速回路调节器输出）。在此回路下，DEH 接收现场汽轮机的转速信号，经 DEH 三取二逻辑处理后，作为 DEH 的反馈信号。此信号与 DEH 的转速设定值进行比较后，送到转速回路调节器进行偏差计算和 PID 调节，然后输出油动机的开度给定信号到伺服卡。此给定信号在伺服卡内与现场 LVDT 油动机位置反馈信号进行比较后，输出控制信号到伺服阀，控制油动机的开度，即控制调节阀的开度，从而控制机组转速。升速时，操作人员可设置目标转速和升速率。

机组并网后，DEH 便切到功率控制回路，转速调节回路便不起作用。这点可从图 9-5 看出：当有并网信号时，控制信号就为 0，则输出等于输入 2（即功率控制回路的输出）。在此回路下有三种调节方式（此三种模式下一次调频回路始终存在）。

1. 负荷反馈不投入，调节级压力反馈也不投入

在这种情况下，阀门开度直接由操作员设定进行控制。设定所要求的开度后，DEH 输出阀门开度给定信号到伺服卡，与阀位反馈信号进行比较后，输出控制信号到伺服阀，从而控制阀门的开度，以满足要求的功率。

2. 负荷反馈投入

这种情况下，负荷回路调节器起作用。DEH 接收现场功率信号经 DEH 三取二逻辑处理后与给定功率进行比较后，送到负荷回路调节器进行差值放大合综合运算，PID 调节输出阀门开度信号到伺服卡，与阀位反馈信号进行比较后，输出控制信号到伺服阀，从而控制阀门的开度，满足要求的功率。

3. 调节级压力反馈投入

在这种情况下，调节级压力回路调节器起作用。DEH 接收汽轮机调节级压力信号与给定信号进行比较后，送到调节级压力回路调节器进行差值放大、综合运算，PID 调节输出阀门开度信号到伺服卡，与阀位反馈信号进行比较后，输出控制信号到伺服阀，从而控制阀门的开度，满足要求的功率。

上述三种模式下，一次调频回路始终存在与每一个回路中，只是有死区而已，在网频（汽轮机转速）波动较小时，它不产生作用。运行时，操作人员可设置目标值和升负荷率。DEH 逻辑设定负荷反馈投入方式和调节级压力投入方式不能同时投入，投入一种反馈时另一种反馈自动切除。

机组启动时可选用高中压联合启动方式和中压缸启动方式里的任何一种方式。当选择高中压联合启动方式时，阀切换系数等于 1，阀门开度信号同时输出到高压调节阀和中压调节阀。当选择中压缸启动方式时，阀切换系数等于 0，则阀门开度信号送高压调节阀的指令乘系数 0，值为 0，则高压调节阀开度为 0。因此，阀位开度信号便送到中压调节阀控制回路，从而控制中压调节阀的开度，满足中压缸启动方式。在阀切换过程中，阀切换系数由 0 逐渐变到 1，机组便转换为高中压联合进汽形式。对汽轮发电机组来讲，由于调节阀的开度同蒸汽流量存在非线性，因此要进行阀门的线性修正，DEH 设计了阀门修正函数 $f(x)$ 来进行阀门的线性修正。

（三）EH 组成

汽轮机的 EH 主要由液压伺服系统、液压遮断系统和抗燃油供油系统组成。EH 接受数字电液控制系统（DEH）发出的指令，完成机组的挂闸、阀门驱动、遮断等任务，确保机组的安全、稳定运行。

1. 液压伺服系统

液压伺服系统是 DEH 的重要组成部分，它主要由操纵座、油动机、LVDT 组件等构

成。液压伺服系统的关键部件是油动机。油动机是汽轮机调节保安系统的执行机构，它接受DEH发出的指令，操纵汽轮机阀门的开启和关闭，从而达到控制机组转速、负荷以及保护机组运行安全的目的。

(1) 液压系统主要特点。

1) 系统简洁、明了，便于维护。

2) 重要部件具有在线试验功能。

3) 在线可更换油动机上的控制块，可维护性好。

4) 重要部件采用冗余设计原则，如LVDT冗余、遮断通道冗余、泵组冗余等。

5) 互换性好。

(2) 液压伺服系统组成。液压伺服系统由油动机、操纵座及LVDT等部件和部分组成。

1) 调节阀操纵座及油动机。调节阀油动机直接压缩操纵座上的弹簧，拉起阀门，阀门开启方向与油动机方向一致。阀门的关闭由操纵座弹簧紧力来完成。高、中压调节阀油动机分别控制各个高、中压调节阀，每个油动机都采用伺服阀控制方式控制汽阀的开闭，由LVDT进行位置反馈，并且能接受机组遮断信号快速关闭汽轮机调节阀，每个油动机都可独立实现快关功能。快关方式为遮断电磁阀带电动作，阀门关闭时间常数为不大于0.15s（汽轮机无蒸汽进入时）。

调节阀油动机有两个功能：一是控制阀门的开度；二是快速卸载，即阀门的快关功能。对于阀门的开度控制是一个典型的闭环位置控制系统。当遮断电磁阀失电时，控制油通过遮断电磁阀进入卸载阀上腔，在卸载阀上腔建立起安全油压，卸载阀关闭，油动机工作准备就绪。计算机送来的阀位控制信号通过伺服驱动卡传到伺服阀，使其通向负载的阀口打开，高压油进入油缸下腔，使活塞上升并在活塞端面形成与弹簧相适应的负载力。因为位移传感器的拉杆与活塞刚性连接，所以活塞的移动便由位移传感器产生位置信号，该信号反馈到伺服驱动卡的输入端，直到与阀位指令相平衡时活塞停止运动。此时蒸汽阀门已经开到了所需要的开度，完成了电信号至液压力机械位移的转换过程。随着阀位指令信号有规律的变化，油动机不断地调节蒸汽阀门的开度。

当需要单个油动机做快关试验时，可以通过遮断电磁阀的带电来实现，其过程同安全系统动作类似。

当需要重新建立工作状态时，油路的设置保证了先建立安全油，卸载阀关闭，使油动机活塞下腔与回油通道切断，油动机就可以再次实现位置伺服控制。

2) 主汽阀操纵座及油动机。受控主汽阀包括4个高压主汽阀和2个中压主汽阀。其中MSV2、MSV3采用伺服阀连续控制型（如调节阀油动机），MSV1、MSV4及RSV1、RSV2采用电磁阀开关控制型。

主汽阀操纵座采用直接驱动方式，即油动机开启直接压缩弹簧，提起汽阀。阀门开启方向与油动机方向一致，阀门的关闭由操纵座弹簧紧力来完成。油动机采用二位开关控制方式控制阀门的开闭，由限位开关指示阀门的全开、全关及试验位置，并且都能在机组安全油失压时，迅速关闭各自的汽阀，每个油动机都可以单独实现快关功能，快关方式为遮断电磁阀带电动作，自身关闭时间常数不大于0.15s（汽轮机无蒸汽进入时）。主汽阀油动机遮断电磁阀失电，安全油压建立，卸载阀关闭，油动机工作准备就绪。油动机在压力油作用下使阀门打开。当安全油失压时，卸载阀在活塞下油压作用下打开，油动机活塞下油与回油相通，阀门操纵座在弹簧紧力的作用下迅速关闭高压主汽阀。当阀门进行活动试验时，试验电磁阀带电，将油动机活塞下的油压经节流与回油相通，阀门活动试验速度由节流孔来控制。当单个阀门需做快关试验时，只需使遮断电磁阀带电，油动机和阀门在操纵座弹簧紧力作用下迅速关闭。

3）油动机的构成和类型。油动机由油缸、位移传感器和一个控制块相连而成。在控制块上，对于高压调节阀油动机和中压调节阀油动机装有伺服阀、隔离阀、卸载阀、遮断电磁阀和单向阀及测压接头等。而高、中压主汽阀油动机则装有遮断电磁阀、隔离阀、卸载阀、试验电磁阀、节流孔和单向阀及测压接头等。

油动机由油缸、位移传感器和一个控制集成块相连而成，两者之间由O形密封圈实现静密封按照其控制方式的不同，油动机分为连续型（主要用于调节阀油动机）和开关型（主要用于主汽阀油动机）两类。连续控制型油动机及开关控制型油动机工作原理图如图 9-6 和图 9-7 所示。按照其结构方式的不同，则可分为单作用缸和双作用缸两类。

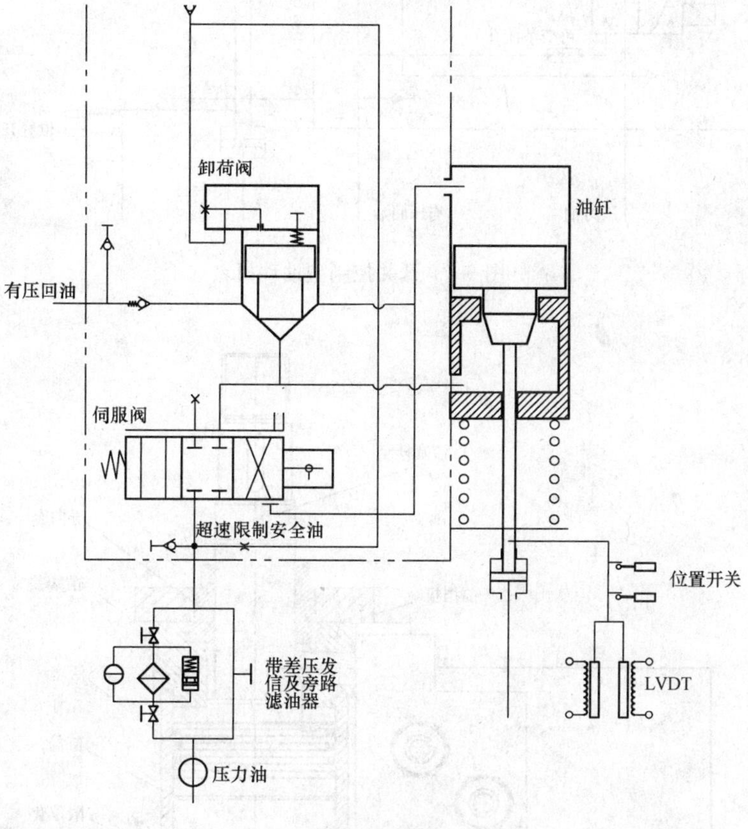

图 9-6　连续控制型油动机

a）油缸。汽轮机 EH 中最常用的油缸为单作用缸，其开启由抗燃油驱动，而关闭是靠弹簧紧力，属单侧进油的油缸。为保证油缸快速关闭时，蒸汽阀碟对阀座的冲击力在允许的范围内，在油缸活塞的尾部采用了缓冲装置，它可在活塞到达行程末端时迅速减速。

油缸为活塞式液压伺服缸，主要由活塞、活塞杆、前端盖、后端盖、缸筒、缓冲装置、防尘导向环、活塞杆串联密封、活塞密封和相应的连接件构成。所有的密封件对于膦酸酯抗燃油都具有优良的理化适应性，其结构见图 9-8。其特点是：①采用防尘导向环；②活塞杆采用唇形串联密封提高杆密封的可靠性；③活塞密封采用活塞环密封；④液压缸缓冲采用圆锥形缓冲。

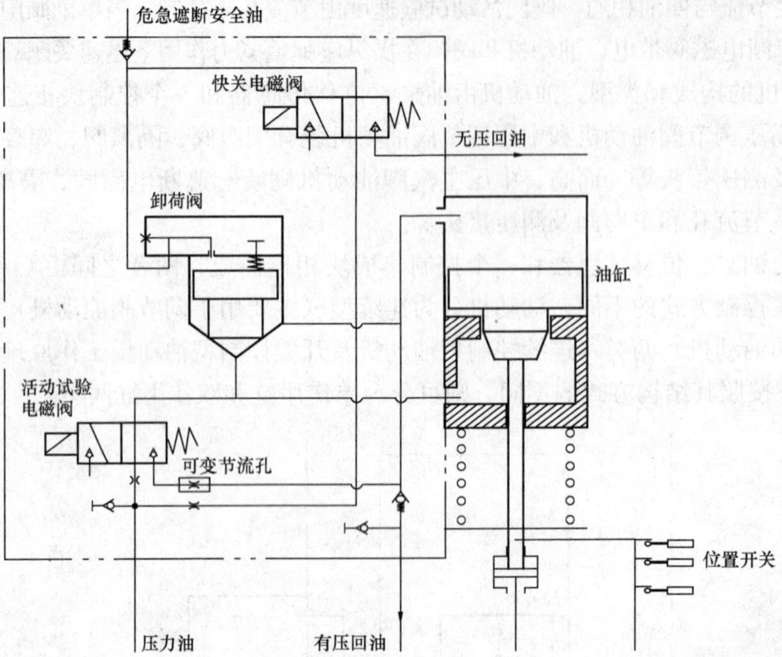

图 9-7 开关控制型油动机

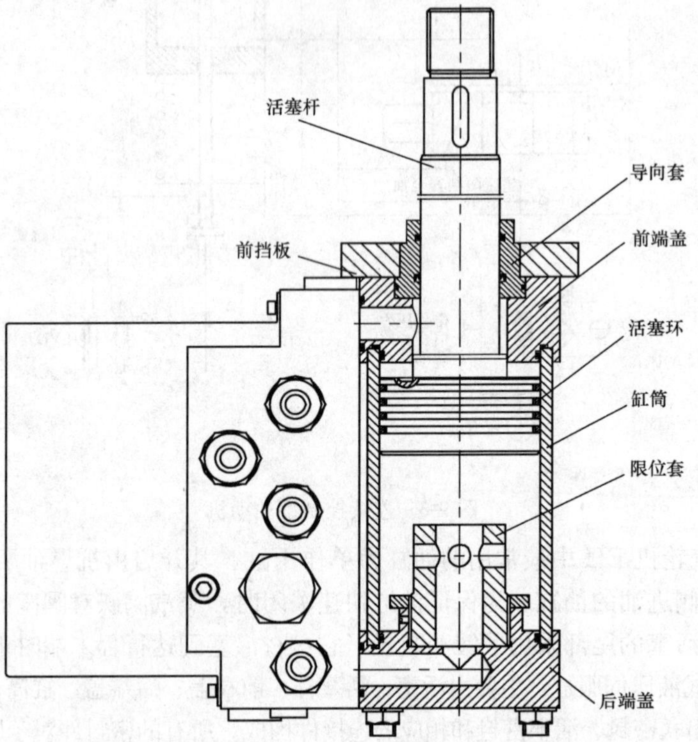

图 9-8 油动机结构简图

b）控制集成块。控制集成块的作用是将所有的液压部件安装连接在一起。由于采用了油路块，大大减少了系统中元件之间相互连接的管子和管接头，消除了许多潜在的泄漏点。

油动机的控制块上装有伺服阀（或电磁阀）、卸荷阀、遮断电磁阀、单向阀及测压接头等。所有O形密封圈均采用氟橡胶材料。

4）油动机的工作原理。液压伺服系统有两个功能：一是控制阀门的开度；二是伺服机构、阀门系统的快速卸载，即阀门的快关功能。对于连续型油动机，其阀门的开度控制是一个典型的闭环位置控制系统；对于开关型油动机，其阀门的开度控制则是一个开环控制系统。现以连续型（调节阀）油动机为例加以说明，其液压原理如图9-9所示。如当遮断电磁阀失电时，控制油通过遮断电磁阀进入卸载阀上腔，在卸载阀上腔建立起安全油压，卸载阀关闭；同时在安全油的作用下，切断阀打开，将压力油接通至伺服阀，此时油动机工作准备就绪。计算机送来的阀位控制信号通过伺服放大器传到伺服阀，使其通向负载的阀口打开，高压油进入油缸下腔，使活塞上升并在活塞端面形成与弹簧相适应的负载力。因为位移传感器的拉杆与活塞连接，所以活塞的移动便由位移传感器产生位置信号，该信号通过解调器反馈到伺服放大器的输入端，直到与阀位指令相平衡时，伺服阀回到零位，遮断其进油口和排油口，活塞停止运动。此时蒸汽阀门已经开到了所需要的开度，完成了电信号—液压力—机械位移的转换过程。随着阀位指令信号有规律的变化，油动机不断地调节蒸汽阀门的开度。

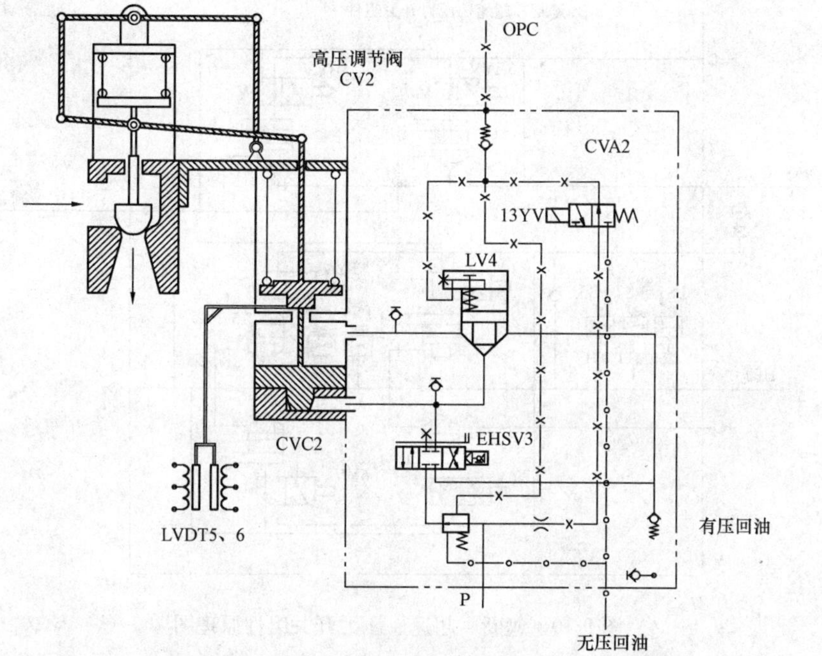

图9-9 油动机液压原理图

卸载阀装在油动机的控制集成块上。正常工作时，阀芯将负载压力、回油压力和安全油压力分开，当汽轮机机组遮断时，安全系统动作，安全油压泄压，卸载阀在油动机活塞下油压的作用下打开，这时油动机活塞下油腔的压力迅速降低，活塞在阀门操纵座弹簧紧力下迅速下降。油动机活塞下的油液通过卸载阀向油动机活塞上腔转移，多余的油液则通过单向阀流回油箱，使阀门快速关闭。油动机自身关闭时间常数为 0.15s。

当需要油动机做快关试验（如 OPC 动作）时，可以通过每个油动机上的遮断电磁阀（或 OPC 母管上的 OPC 电磁阀）带电来实现。其过程同安全系统动作类似。

当需要重新建立工作状态时，油路的设置保证了先建立安全油，使卸载阀关闭，油动机活塞下腔与回油通道切断，油动机就可以再次实现位置伺服控制。

2. 高、低压遮断系统

（1）高压遮断系统。高压遮断系统由高压遮断集成块、超速限制集成块和隔膜接口阀等组成，其作用是当需要遮断机组时，迅速开启由其控制的高压安全油排油口，使各油动机在弹簧力作用下快速关闭，保护机组安全。高压遮断集成块主要由 4 个电磁阀（四取二冗余配置）及相应的单向阀、压力开关及集成块等构成。正常运行时，4 个电磁阀处于关闭状态，高压安全油处于非排油状态，所有汽阀执行机构的高压安全油能够建立起来。此时如果低压安全油卸压或者远方停机信号作用于 4 个电磁阀（或串联的两组电磁阀中，每一组中任一个电磁阀动作），则高压安全油失压，所有汽阀快速关闭从而使汽轮机停机。高压遮断电磁阀组的任一个电磁阀可在线试验（只能单个进行），当需要试验时，使需要试验的电磁阀带电动作，通过相应的油压开关反馈油压的变化，油压升或降到位发信表示试验成功与否，如图 9-10 所示。

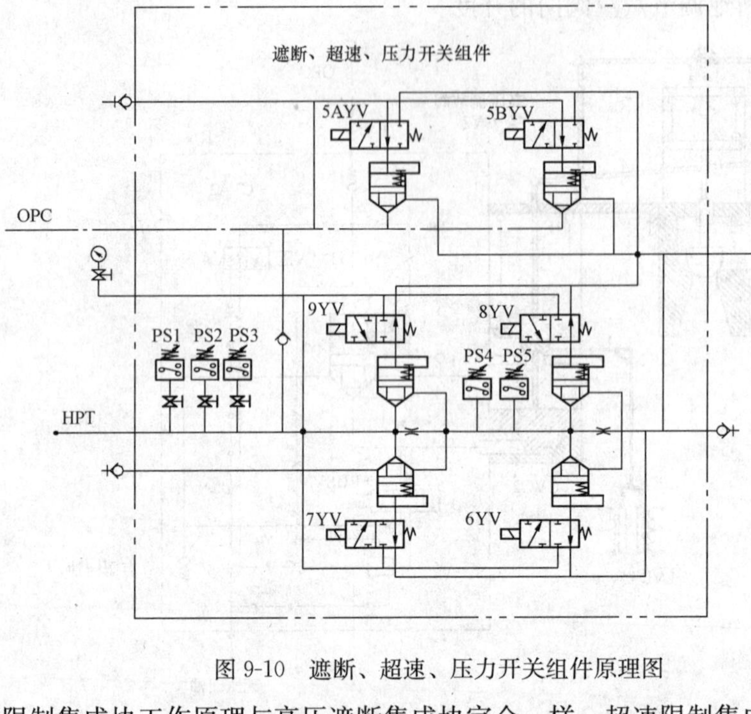

图 9-10　遮断、超速、压力开关组件原理图

超速限制集成块工作原理与高压遮断集成块完全一样。超速限制集成块控制的是调节阀油动机的超速限制安全油的排放（动作时控制调节阀油动机的开关）。两组集成块通过一个单向阀连接，单向阀的作用是高压安全油的卸压将联动超速限制安全油的卸压。而超速限制安全油的卸压不影响高压安全油。

高、低压遮断系统之间，用隔膜阀连接起来。隔膜接口阀用于高、低压遮断系统液压信号的传递。

(2) 低压遮断系统。低压透平油遮断系统一般采用汽轮机厂传统的成熟结构，只是为了使系统控制更方便、更安全，增加必要的冗余低压遮断模块及遮断状态远传信号组件。低压遮断模块与隔膜阀组成冗余配置，即使其中一路故障也可以使遮断信号传递至伺服执行机构。

(3) 手动脱扣装置。用于汽轮机出现危急情况时就地手动遮断汽轮机。

3. 供油系统

供油系统装置（以下称供油装置）为整套液压系统的正常工作提供合格的高压工作油。其工质采用具有良好抗燃性和流体稳定性的膦酸酯抗燃液压油。供油装置将根据各电厂的实际情况布置在 0m 层或 6m 层，其基本原理如图 9-11 所示。

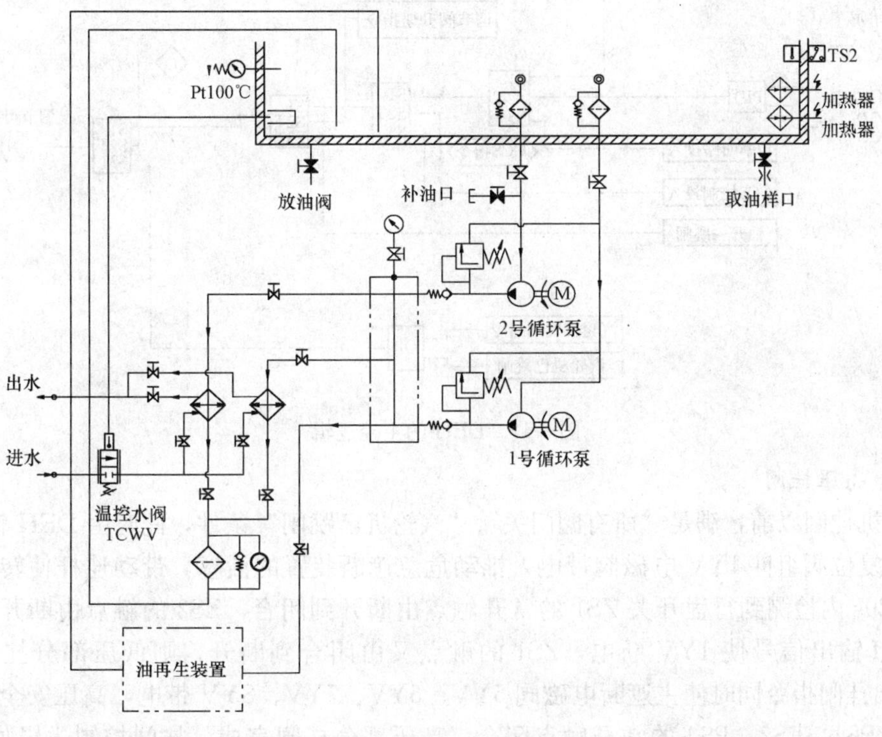

图 9-11 供油装置原理图

供油装置设有先导式溢流阀作为系统的安全阀，当系统压力由于某种原因高于设定值时，溢流阀动作，使系统不至于承受过高压力的冲击。供油装置还设有几个压力开关，能分别对系统压力过低、过高作出报警，并在系统压力低于设定值时，启动备用泵组。供油装置设有自成体系的滤油和冷油系统。通过专门的油泵（循环泵）将油从油箱吸出进行冷却和过滤，在油温过高和油质不佳时，可进行油液的冷却和过滤。

供油装置设有油加热器，可在系统油温过低时启动，满足冬季寒冷天气运行的要求。为了与膦酸酯抗燃油理化性能相适应，该装置所有密封件均采用氟橡胶，蓄能器皮囊采用丁基橡胶，油漆采用专用的聚酯漆。并且所有非金属外壳的外购元件都加装金属外壳防护，所有外露的电线、电缆均穿套管，以保证不受抗燃油的损害。

为保证系统可靠运行，系统的关键部件，如主泵、压力传感器等采用进口件。为保证抗燃油的性能，供油装置中设置了油再生系统，作为保证液压控制系统油质合格的必不可少的部分，当油液的清洁度、水分和酸值不符合要求时，启用油再生装置，可改善油液的品质，也可以按运行规程定期投运。

油再生装置主要由硅藻土过滤器、脱水过滤器和精密滤油器组成。每个滤油器上装有一个压力表，当压力表指示不正常的高压时，就表示滤油器需要检修了。硅藻土滤油器、脱水过滤器以及精密滤油器均为可调换滤芯的型式，当管路上的阀门关闭时，滤油器盖可以拆去，以便调换滤芯。

三、DEH的主要功能

本部分主要论述了DEH所完成的主要功能，DEH的主控逻辑如图9-12所示。

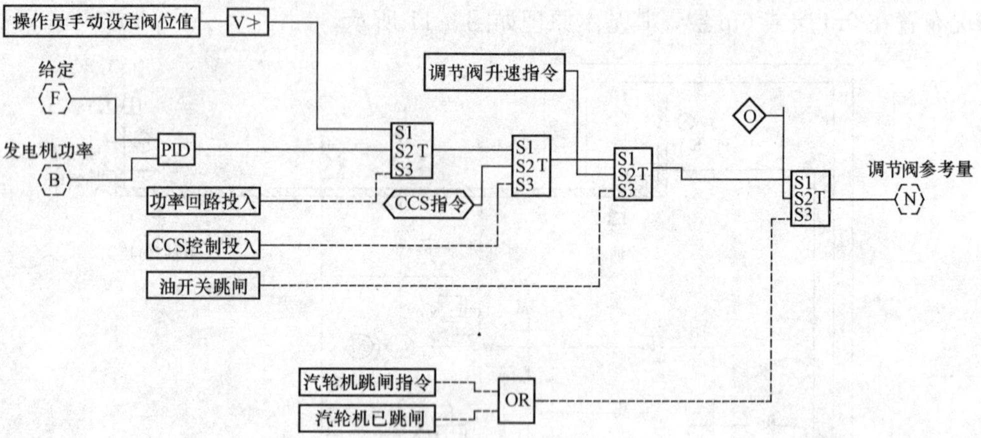

图9-12 DEH的主控逻辑

（一）高压挂闸

汽轮机挂闸以前，满足"所有阀门关"、"汽轮机已跳闸"条件，此时由DEH输出挂闸指令，使复位阀组件1YV电磁阀带电，推动危急遮断装置的活塞，带动连杆使转块转动，DEH在20s内检测到行程开关ZS1的常开触点由断开到闭合，ZS2的触点由断开到闭合，此时DEH输出信号使1YV断电，ZS1的触点又由闭合到断开，则低压部分挂闸完成。DEH发出挂闸指令同时使主遮断电磁阀5YV、6YV、7YV、8YV带电，高压安全油建立，压力开关PS1、PS2、PS3的常开触点闭合，高压部分挂闸完成，挂闸控制逻辑如图9-13所示。

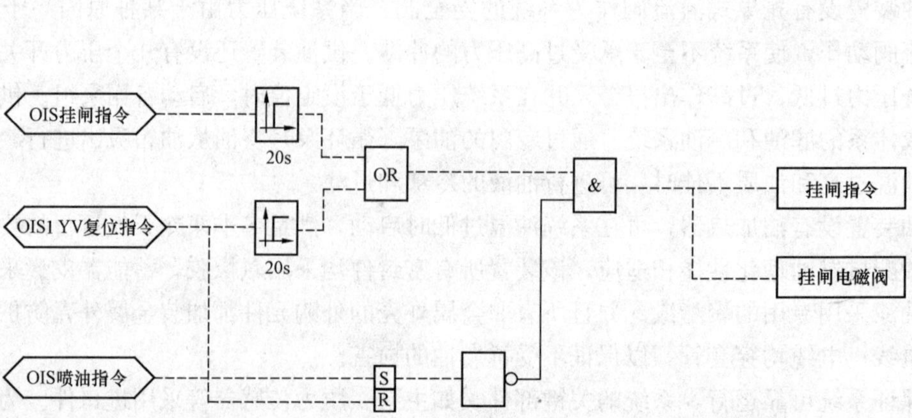

图9-13 挂闸控制逻辑

（二）启动前的控制

1. 自动判断热状态

汽轮机的启动过程，对汽轮机、转子是一个加热过程。为减少启动过程的热应力，对于不同的初始温度，应采用不同的启动曲线。HP启动时，自动根据汽轮机调节级处高压内缸壁温的高低划分机组热状态。如图9-14所示为高压缸启动方式和中压缸启动方式下机组热状态的判断。

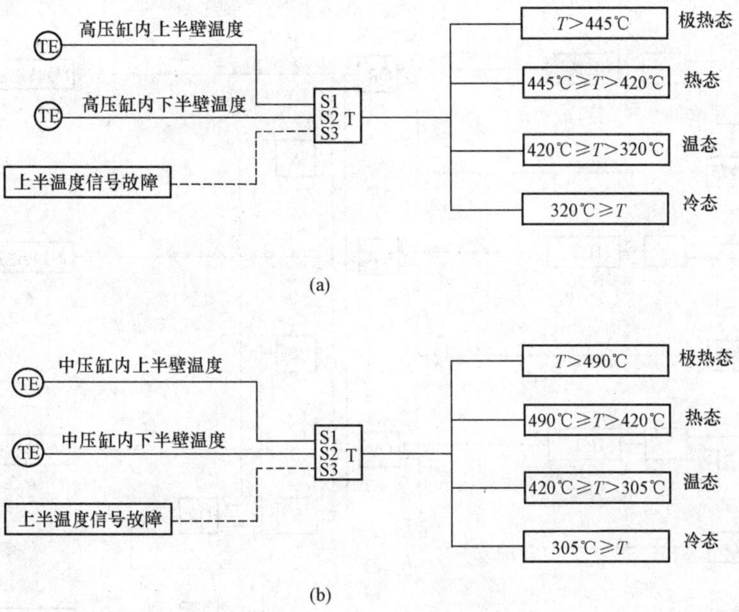

图9-14 DEH热状态判断逻辑

(a) 高压缸启动方式；(b) 中压缸启动方式

2. 高压调节阀阀壳预暖

汽轮机冲转前，可以选择对高压调节阀阀壳预暖。当高压调节阀阀壳预暖功能投入时，2、3号高压主汽阀微开，可同时对4个高压调节阀阀壳进行预暖。

（三）转速控制

在汽轮发电机组并网前，DEH为转速闭环调节系统。转速控制器计算产生阀门的流量指令，该指令通过阀门流量曲线分配以产生每一个CV及ICV的开度指令。高压缸启动时，中压调节阀一开始就接近全开，依靠高压调节阀进行转速调节。

比例加积分控制器用以实现转速加速度控制，通过比较设定升速率与实际升速率来完成，当实际转速接近目标转速时，目标转速与实际转速之间的偏差变小，这个小偏差信号被小值选择器选中，实际上相当于目标升速率逐渐变小，结果使实际转速控制在目标转速上，DEH系统的转速控制回路如图9-15所示。

1. 目标转速

运行人员可通过操作员站CRT上的按钮设置目标转速，该目标转速有200、700、1500、3000r/min四挡。在自启动方式时，目标转速由DEH产生。

2. 升速率

冷态启动时速率为100r/min，温态启动时速率为150r/min，热态、极热态启动时速率

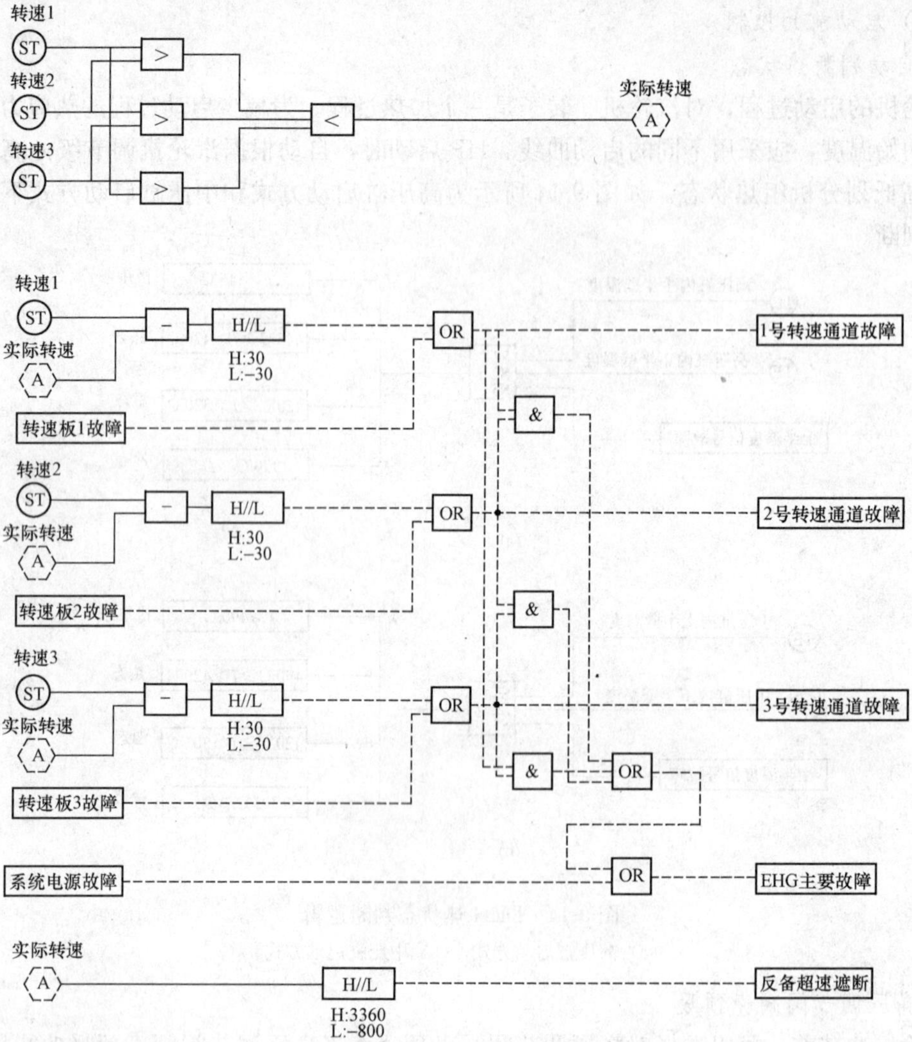

图 9-15 转速控制回路

为 300r/min。

注：机组过临界转速区时，速率保持不变。

3. 临界转速

轴系临界转速当前设定值为（该值为参考值，可根据实际情况进行修改）：

第一阶：910～1113r/min。

第二阶：1541～1946r/min。

4. 摩擦检查

当实际转速达到 200r/min 时，操作 CRT 上的“ALL VALVE CLOSE”按钮，汽轮机转速逐渐下降，进行摩擦检查，完后再设定相应的升速率及目标转速，机组重新升速。

5. 并网

机组并网前，当 DEH 接收到自同期投入信号时，汽轮机转速根据同期增减信号在 3000r/min 附近摇摆，当满足同期条件时，油开关闭合，机组并网加初负荷。

（四）负荷控制

油开关合闸以后，机组自动加初负荷直到实际负荷升到 2%为止。此后，可通过设定阀位指令继续升负荷，到达一定负荷之后可投入 CCS 控制，也可通过设定阀位指令进行增、减负荷。

（五）一次调频

汽轮发电机组在并网运行时，为保证供电品质对电网频率的要求，通常应自动投入一次调频功能。当实际转速和额定转速有差时，一次调频动作，频率调整给定按不等率随转速变化而变化。例如若转速不等率为 4.5%，额定转速为 N_r，实际转速为 N_a，则下列关系成立（这里，蒸汽参数稳定且处于额定状态）

$$\Delta L = (N_r - N_a)/N_r \times 1/0.045$$

也就是说，当实际转速上升 4.5%时，负荷减少 100%以保持系统频率的稳定。

实际转速在额定转速附近时（3000r/min ± 15r/min），局部不等率较大，给定变化量随转速变化很小，当实际转速不在以上范围时，转速不等率较小，给定变化量随转速变化较大。一次调频曲线如图 9-16所示。

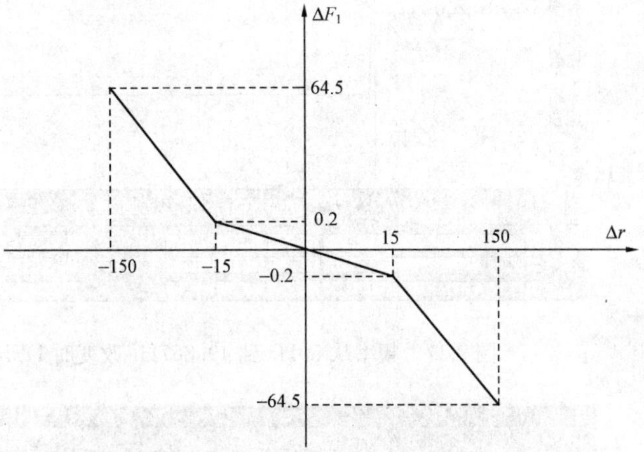

图 9-16 一次调频曲线

华能海门电厂 CCS 方式下的一次调频特性试验（一次调频功能由 DEH 和 CCS 共同完成），频率从 50Hz 到 49.867Hz 改变时 DEH+CCS 调频响应记录曲线如图 9-17 所示。

对机组完成机组一次调频响应特性试验后，实际投入一次调频功能一段时间，观察一次调频动作的结果及一次调频动作对机组的正常运行的影响情况是否正常。如图 9-18 所示，投入 DEH+CCS 联合一次调频后，在 10min 内电网频率有 3 次超过 2r/min，其中两次较为明显，一次调频动作及时，机组运行稳定，参与一次调频调节时，对机组没有什么不利影响。

（六）负荷限制控制

独立于转速控制与负荷控制功能，汽轮机的高压调节阀（CV）与中压调节阀（ICV）可通过操作员站的 CRT 画面实现从全开到全关的限制。

（七）加速度限制

当汽轮机转速大于 3060r/min、加速度大于 49r/s 时，加速度限制回路动作，快速关闭中压调节阀，抑制汽轮机的转速飞升。

（八）功率—负荷不平衡（PLU）

当甩负荷情况发生时，这个回路用来避免汽轮机超速。当汽轮机功率（用再热器压力表征）与汽轮机负荷（用发电机电流表征）不平衡时，会导致汽轮机超速。PLU 回路检测到这一情况时，迅速关闭高、中压调节阀（CV 与 ICV），抑制汽轮机的超速。

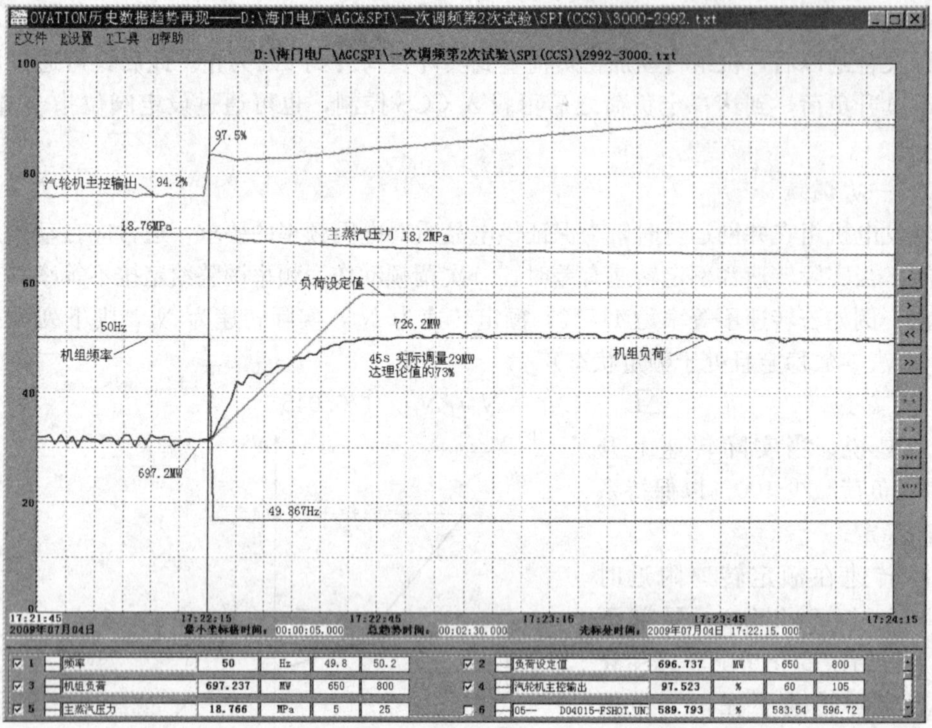

图 9-17 频率从 50Hz 到 49.867Hz 改变时 DEH+CCS 调频响应记录曲线

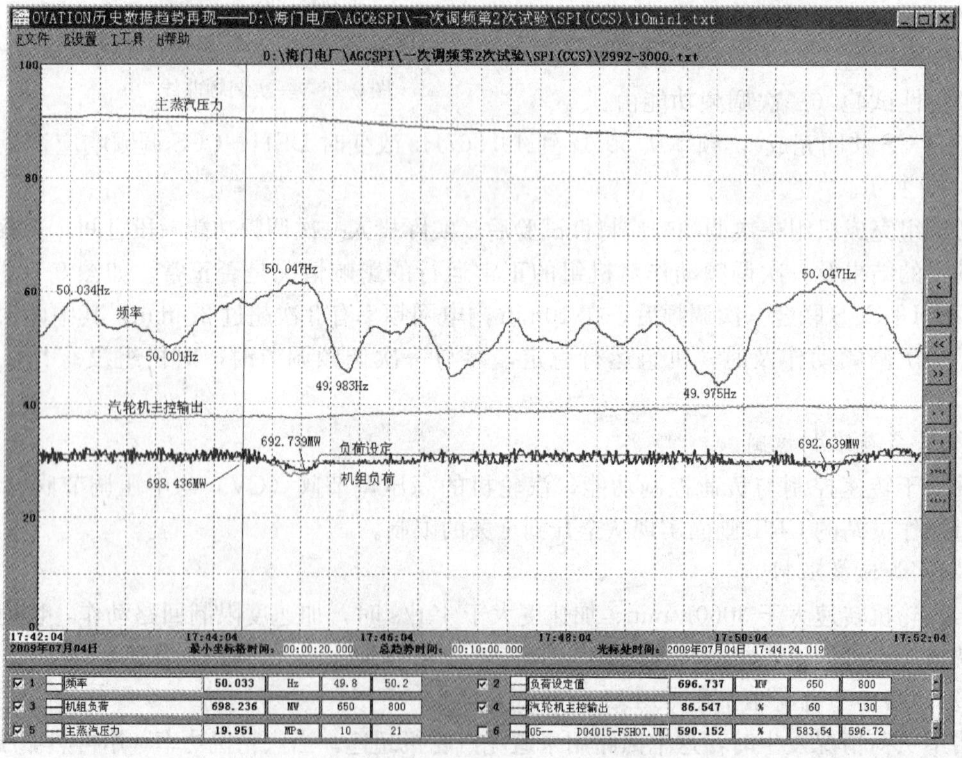

图 9-18 DEH+CCS 一次调频投入参与电网频率调节时的调频动作记录曲线

当再热器压力与发电机电流之间的偏差超过设定值并且发电机电流的减少超过 40%/10ms 时，功率—负荷不平衡继电器动作，快速关闭高压和中压调节阀。

功率—负荷不平衡回路采用三取二逻辑以提高可靠性，因此在正常带负荷运行时可对每一个回路进行试验检查。

（九）后备超速保护

当汽轮机转速超过设定值（112%额定转速）时，后备超速保护动作，跳闸继电器动作，使汽轮机跳闸。

后备超速保护为三取二回路，因此在额定转速、正常运行时，每一回路可逐一进行试验。

（十）锅炉—汽轮机协调控制

此时汽轮机负荷目标值受锅炉控制系统控制，CCS 给定信号与目标及总阀位给定的对应关系为 4～20mA 对应 0%～100%，CCS 给定信号代表总的阀位给定，协调投入的控制逻辑如图 9-19 所示。

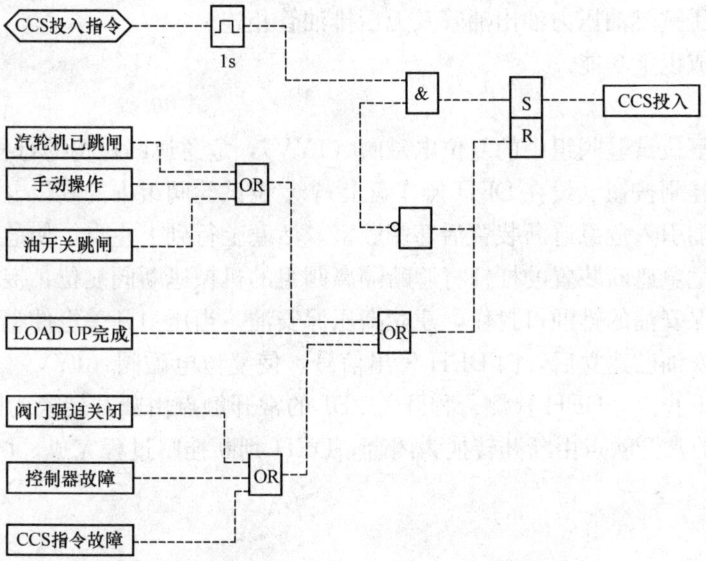

图 9-19　协调投入逻辑

（十一）甩负荷

由于大容量汽轮机的转子时间常数较小，汽缸的容积时间常数较大。在发生甩负荷时，汽轮机的转速飞升很快，若仅靠系统的转速反馈作用，最高转速有可能超过 110%，而发生汽轮机遮断。为此必须设置一套甩负荷超速限制逻辑。

在机组甩负荷≥15%额定负荷且≤40%额定负荷时，DEH 加速度继电器动作，迅速关闭中压调节阀，同时使目标转速及给定转速改为 3000r/min，一段时间后，中压调节阀恢复由伺服阀控制，最终使汽轮机转速稳定在 3000r/min，以便事故消除后能迅速并网。

当机组甩负荷≥40%额定负荷时，DEH 功率—负荷不平衡继电器动作，迅速关闭高压调节阀和中压调节阀，同时使目标转速及给定转速改为 3000r/min，一段时间后，高压调节阀和中压调节阀恢复由伺服阀控制，最终使汽轮机转速稳定在 3000r/min，以便事故消除后能迅速并网。

四、调节保安系统功能

调节保安系统是高压抗燃油数字电液控制系统（DEH）的执行机构，它接受 DEH 发出的指令，完成挂闸、驱动阀门及遮断机组等任务。汽轮机调节保安系统是保证汽轮机安全可靠运行的重要组成部分。机组的调节保安系统按照其组成可划分为低压保安系统和高压抗燃油系统两大部分。而高压抗燃油系统由液压伺服系统、高压遮断系统和抗燃油供油系统三大部分组成。

（一）低压保安系统功能

低压保安系统由危急遮断器、危急遮断装置、危急遮断装置连杆、手动停机机构、复位试验阀组、机械停机电磁铁（3YV）和导油环等组成。

润滑油分两路进入复位电磁阀，一路经复位电磁阀（1YV）进入危急遮断装置活塞腔室，接受复位试验阀组 1YV 的控制；另一路经喷油电磁阀（2YV），从导油环进入危急遮断器腔室，接受喷油电磁阀阀组 2YV 的控制。手动停机机构、机械停机电磁铁、高压遮断组件中的紧急遮断阀通过危急遮断装置连杆与危急遮断器装置相连，高压保安油通过高压遮断组件与油源上高压抗燃油压力油出油管及无压排油管相连。

系统主要完成以下功能。

1. 低压挂闸

系统设置的复位试验阀组中的复位电磁阀（1YV），危急遮断机构的行程开关 ZS1、ZS2 供挂闸用。按下挂闸按钮（设在 DEH 操作盘上），复位试验阀组中的复位电磁阀（1YV）带电动作，将润滑油引入危急遮断装置活塞侧腔室，活塞上行到上止点，使危急遮断器装置的撑钩复位，通过危急遮断装置的杠杆将遮断隔离阀组的机械遮断阀复位，接通高压保安油的进油同时将高压保安油的排油口封住，建立高压保安油。当压力开关组件中的三取二压力开关检测到高压保安油已建立后，向 DEH 发出信号，使复位电磁阀（1YV）失电，危急遮断器装置活塞回到下止点，DEH 检测行程开关 ZS1 的常开触点由断开转换为闭合，再由闭合转为断开，ZS2 的常开触点由断开转换为闭合，DEH 判断挂闸过程完成，DEH 的挂闸逻辑如图 9-13 所示。

2. 遮断

从可靠性角度考虑，低压保安系统设置有电气、机械及手动三种冗余的遮断手段，DEH 的跳闸逻辑如图 9-20 所示。

（1）电气停机。实现该功能由机械停机电磁铁和高压遮断组件来完成。系统设置的电气遮断本身就是冗余的，一旦接受电气停机信号，ETS 使机械停机电磁铁（3YV）带电，同时使高压遮断组件电磁阀（5YV、6YV、7YV、8YV）失电。机械停机电磁铁（3YV）通过危急遮断装置连杆的杠杆使危急遮断装置的撑钩脱扣，危急遮断装置连杆使机械遮断阀动作，将高压安全油的排油口打开，泄掉高压安全油，快速关闭各主汽阀、调节阀，遮断机组进汽。而高压遮断组件中的遮断电磁阀失电，直接泄掉高压安全油，快速关闭各阀门。因此危急遮断装置的撑钩脱扣后，即使遮断隔离阀组的机械遮断阀拒动，系统仍能遮断所有调节阀、主汽阀，以确保机组安全。

（2）机械超速保护。由危急遮断器、危急遮断装置、高压遮断组件和危急遮断装置连杆组成。动作转速为额定转速的 110%～111%（3300～3330r/min）。当转速达到危急遮断器设定值时，危急遮断器的飞环击出，打击危急遮断装置的撑钩，使撑钩脱扣，通过危急遮断

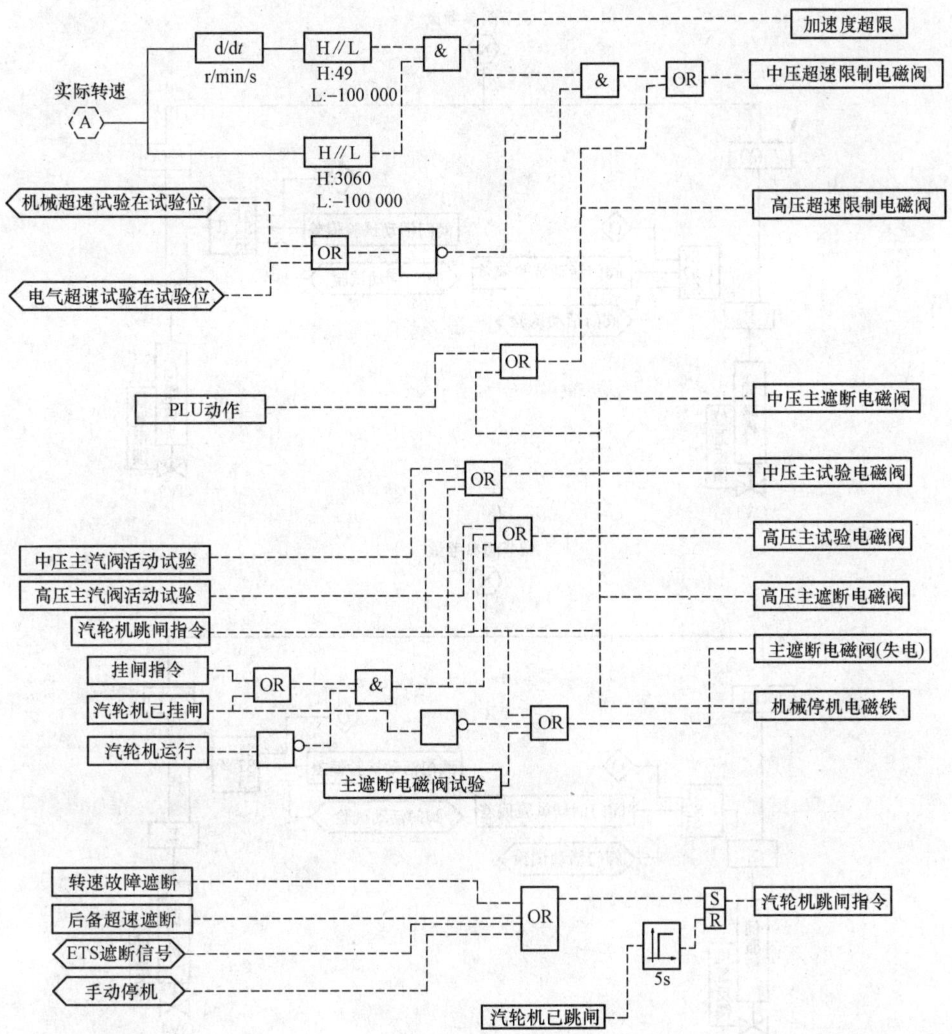

图 9-20 DEH遮断逻辑

装置连杆使遮断隔离阀组中的机械遮断阀动作，切断高压保安油的进油并泄掉高压保安油，快速关闭各进汽阀，遮断机组进汽。

(3) 手动停机。系统在机头设有手动停机机构供紧急停机用。转动并拉出手动停机机构手柄，通过危急遮断装置连杆使危急遮断装置的撑钩脱扣，后续过程同机械超速保护。

(4) 系统设置了复位试验阀组，供危急遮断器作喷油试验及提升转速试验用。

(二) 液压伺服系统功能

液压伺服系统由阀门操纵座及油动机两部分组成，主要完成以下功能。

1. 控制阀门开度

系统设置有 4 个高压调节阀油动机、4 个高压主汽阀油动机、2 个中压主汽阀油动机和 2 个中压调节阀油动机。其中高、中压调节阀及 2、3 号高压主汽阀油动机由电液伺服阀实现连续控制，1、4 号高压主汽阀油动机、中压主汽阀油动机由电磁阀实现二位控制，CV1～CV4 及 ICV1～ICV2 的控制逻辑如图 9-21 所示。

在纯冷凝工况下，机组挂闸，高压保安油建立后，DEH 自动判断机组的热状态，根据

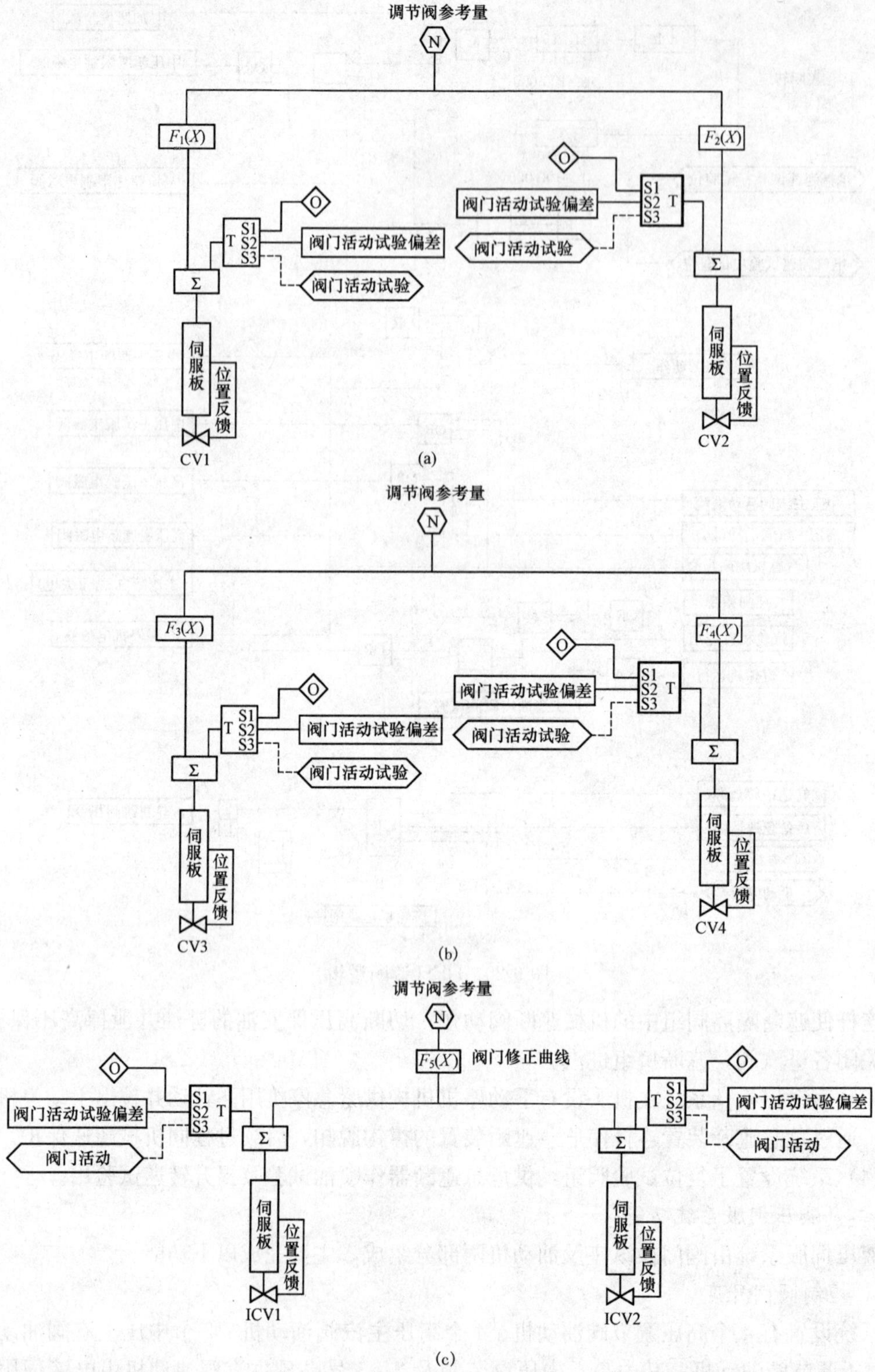

图 9-21 阀门控制逻辑

(a) 高压调节阀 CV1 与 CV2 控制逻辑；(b) 高压调节阀 CV3 与 CV4 控制逻辑；
(c) 中压调节阀 ICV1 与 ICV2 控制逻辑

需要可完成阀门预暖。预暖开始时，DEH 首先控制 2、3 号高压主汽阀油动机的电液伺服阀，使高压油进入油缸下腔，使活塞上行并在活塞端面形成与弹簧相适应的负载力。由于位移传感器（LVDT）的拉杆和活塞连接，活塞移动便由位移传感器产生位置信号，该信号经解调器反馈到伺服放大器的输入端，直到与阀位指令相平衡时活塞停止运动。此时蒸汽阀门已经开到了所需要的开度，完成了电信号—液压力—机械位移的转换过程。DEH 控制 2、3 号高压主汽阀的开度，使蒸汽进入主汽阀并达到高压调节阀前，完成阀门预暖。然后 DEH 发出开主汽阀指令，并送出阀位指令信号分别控制 2、3 号高压主汽阀油动机的电液伺服阀及 1、4 号高压主汽阀和中压主汽阀油动机的试验电磁阀失电使主汽阀门全开。再控制各高、中压调节阀油动机的电液伺服阀使调节阀开启，随着阀位指令信号变化，各调节阀油动机不断地调节蒸汽调节阀的开度。

2. 实现阀门快关

系统所有蒸汽阀门均设置了阀门操纵座，阀门的关闭由操纵座弹簧紧力来保证。机组正常工作时，各油动机集成块上安置的卸载阀阀芯，将负载压力油、回油和安全油分开。停机时，保护系统动作，高压安全油压被卸掉，卸载阀在油动机负载压力作用下打开，油缸负载腔通过卸载阀与油缸无负载腔相连，油动机负载腔油一部分油回到油缸无负载腔，另一多余部分油回油源。阀门在操纵座弹簧紧力作用下迅速关闭，具体动作原理如图 9-22 和图 9-23（见文后插页）所示。

五、汽轮机自启动系统（ATC）

ATC 以汽轮发电机组运行参数为依据，汽轮机转子热应力和寿命管理为核心实现启停及变负荷全过程自动控制。当汽轮机处于盘车阶段，运行人员按下 ATC 按钮，ATC 能够根据机组现行状态及实际运行参数，自动判别是否具备升速条件，并选择合适的升速率。ATC 能够自动记录低速检查时间，待低速检查时间到，自动进行升速。在中速暖机阶段，自动判别暖机是否结束，是否具备升速条件。在暖机转速下，若参数符合要求，具备升速条件，可自动逾越中速暖机阶段。在高速暖机阶段，选择合适的暖机时间，使其汽轮机转子顺利度过低温脆性转变温度（FATT）。在转子临界转速区自动选择高的升速率，使其机组顺利通过临界转速区。在临界转速区，若振动超过一定限度，ATC 能自动降速，并避开临界转速区，维持转速恒定。总之，ATC 能够控制机组平稳、均匀地升至额定转速。在额定转速下 ATC 控制自动退出，自动同期投入，DEH 根据自动同期的的指令微调汽轮发电机组的转速以适应发电机并网的要求。机组并网后自动接带 2%～5%负荷。此后 ATC 自动方式投入，ATC 可根据 ADS 或 CCS 的负荷要求，自动选择升负荷率、暖机负荷、暖机时间，尽快达到负荷要求或接带满负荷。在正常运行工况下，ATC 可以投入，也可以切除。在 ATC 投入情况下，一旦系统有新的负荷指令，ATC 可自动选择升降负荷率，尽快满足系统的要求。此外，ATC 还具有启动和运行中的监视功能，OIS 还能提供彩色图面，以系统图、棒形图、趋势图、数据图表形式生动形象地显示机组当前运行状态，提供运行操作指导。

ATC 所监视的参数除具有数据采集和报警功能外，还可以由逻辑设定，根据参数状态的变化暂停自启动或自动切除 ATC 方式。同样，由于某个参数不满足自启停条件而使 ATC 暂停的话，运行人员可将其超驰，使 ATC 继续下去。另外，一些监视参数还可以请求汽轮机跳闸，运行人员可根据这些参数的重要性与否决定直接触发汽轮机跳闸或者仅仅是报警，提醒运行人员机组处于不安全状态。ATC 主要完成以下功能。

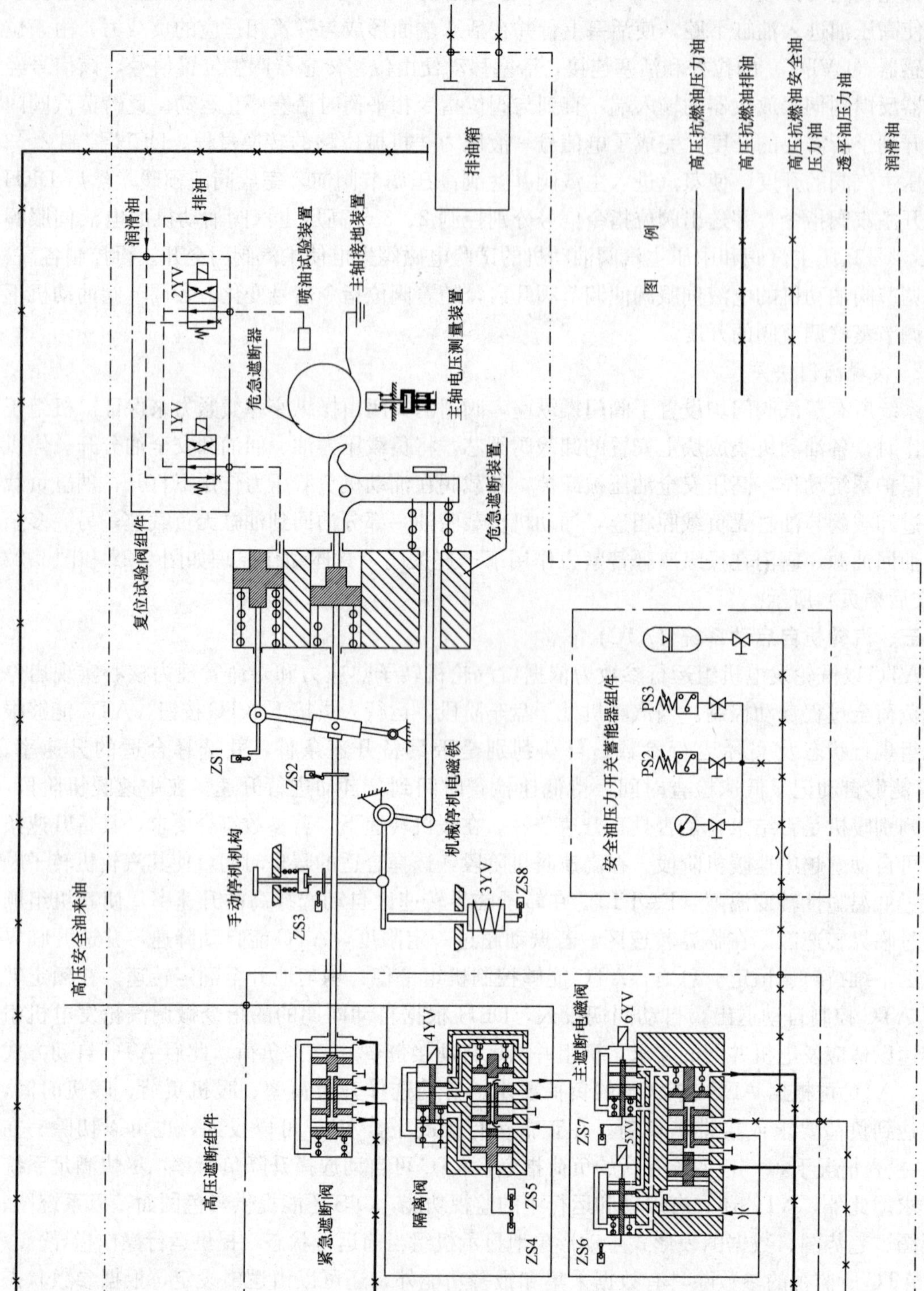

图 9-22　低压保安系统构成

（一）参数检测

ATC完成数据采集，对参数进行监视和报警，并记录趋势。当有测点故障时，可由运行人员进行旁路，DEH自动以一合适值进行计算，以便ATC程序能继续运行。ATC采集的参数包括汽缸金属温度、轴承温度、各段进汽和排汽温度、真空、TSI的振动、差胀、轴向位移、偏心等。

（二）转子应力计算

转子应力监视是大型汽轮发电机组启停控制中不可缺少的重要组成部分。DEH中的ATC模块可通过编写的1000MW机组的应力计算程序，计算高压和中压转子的热应力。

高压转子温度变化最大的地方是调节级所在的轴段，应力计算程序将根据调节级金属温度和汽轮机转速计算出该段有效转子表面/中心孔温度和应力、转子平均温度、表面应力系数以及中心孔的离心应力。

通过接收汽轮机第一级金属温度，由中压缸第一级上、下外壁的温度经计算所得到的再热汽温度、汽轮机转速三个信号，进行计算得到：①高、中压转子平均温度；②高、中压转子表面温度；③高、中压转子轴心温度；④高、中压转子表面应力系统；⑤高、中压转子轴心热应力；⑥高、中压转子离心应力。

高压转子表面温度和平均温度相减，若大于2℃且机组负荷在增加，则表明高压转子在加热；反之，若小于2℃且机组负荷在减小，则表明高压转子在冷却。在加热或冷却过程中，转子表面的应力将发生变化，ATC控制程序根据转子应力的变化，适时修正机组的升负荷率。

由轴心计算温度得到允许的转子轴心热应力，再与实际的转子轴心热应力相比，即得到转子轴心热应力；转子表面热应力与允许的高压转子表面热应力相比，得到转子表面应力比。由转子表面热应力比、转子轴心应力比决定升速过程中的升速率，以及刚并网时带初负荷的升负荷率。

由中压排汽口应力计算得到中压排汽口转子的平均温度及中压排汽口转子的轴心温度。若轴心温度低于其限值，将发出保持命令，停止升速或升负荷。

（三）ATC控制

ATC控制根据机组的启动状态和转子热应力等，完成汽轮机从盘车启动到同期并网，带初负荷的控制。

1. 冲转允许

当机组挂闸运行并投入ATC控制时，若冲转条件允许，则自动设置目标转速为500r/min，开始进行升速控制，否则目标转速为0r/min。

2. 自动目标值设定

自动改变目标值的逻辑如图9-24所示，在ATC方式下，ATC通过条件判断，自动确定各个阶段的目标值，不需运行人员干预。

（1）冲转允许未允许且汽轮机转速小于5r/min时，目标转速为0r/min。

（2）冲转条件允许后，目标转速为500r/min，转速达到500r/min时进行TSI检查。

（3）当TSI检查通过后，目标转速设为第一暖机转速1200r/min。

（4）当第一暖机转速暖机后，目标转速设为第二暖机转速2000r/min。

（5）当第二暖机转速暖机后，目标转速设为额定转速3000r/min。

3. 自动投入自动同期

当转速进入2995～3005r/min范围内时，ATC自动投入DEH的自动同期。但由于DEH的自动同期投入条件有时可能会不满足（如电气未投入同期允许等），且ATC的投入指令只是一个短暂脉冲，自动同期不一定能投入成功，因此需要由运行人员投入。

4. 自动设设置升速率

在ATC方式下，升速自动设为120、180、360r/min中之一，如图9-24所示。

(1) 在转速小于或等于1150r/min时。

1) 若最大应力比大于或等于0.5，则为120r/min；

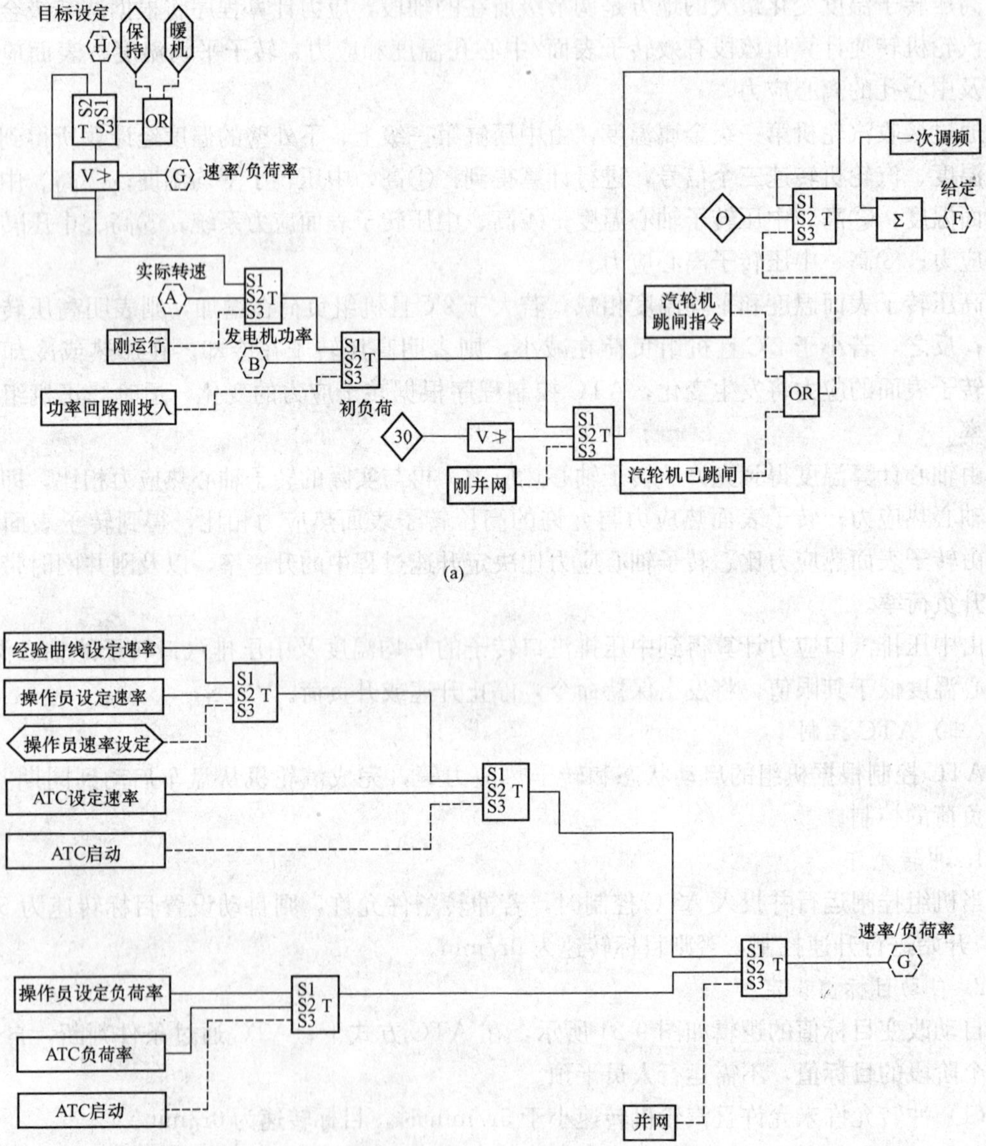

图9-24 AST控制逻辑

(a) 阀位设定值生成逻辑；(b) 速率/负荷率设定控制逻辑

2）若最大应力比小于0.5，则为180r/min。

（2）在转速大于1150r/min时。

1）若最大应力比大于或等于0.5，则为120r/min；

2）若最大应力比在0.05～0.5之间，则为180r/min；

3）若最大应力比小于0.05，则为360r/min。

在第一暖机或第二暖机没有完成时，升速率保持不变。

（四）超速保护控制系统（OPC）

在汽轮发电机组控制系统中，机组的转速是一个非常重要的参量。它不仅仅体现在升速过程中作为唯一的被调量，在并网运行中它体现了机械功率与电功率的平衡关系，反映了供电质量，而且也是衡量机组安全运行的重要指标。大型机组常采取多种保护措施，对转速进行严密的监视与控制，超速保护控制就是其中之一。不同机组的OPC其实现上有其差异。

汽轮机超速保护控制系统（OPC）由一对冗余的独立MFP完成。汽轮机超速保护控制系统采用了三冗余转速输入方式、三选二保护逻辑、及在线试验的能力，以提高可靠性。对快速的保护可达到20ms内作出反应。保护动作信号通过继电器输出至液压集成块上的每一相关电磁阀，同时通过控制总线把汽轮机转速、功率、中压缸排汽压力、功率负荷不平衡、超速预警、超速保护、汽轮机状态及油开关状态等信号，传送至其他多功能处理器，以便其他功能部件协同控制。

1. 转速三选二逻辑

转速信号的特别重要性，使它无论是用于“速度与负荷控制”，还是用于“超速保护控制”，都采取了“三选二”的逻辑处理，以提高整个系统的可靠性。采用三个相互独立的转速测量传感器及其输入回路，以获得三个独立的转速信号，每一个转速信号与其上、下限制进行比较，以判断其前向通道工作是否正常，然后三个转速信号两两进行等值比较，以判断信号处理通道是否正常，只有在确认转速信号可靠时，它才被DEH系统所采用。

2. 转速信号判断逻辑

在给定转速大于200r/min以上时，每一路转速与三取二决策得到的系统转速进行比较，通常采用如下的比较逻辑。

（1）若转速大于一定值（现设为10r/min）时，判断为此路转速信号故障。

（2）若两路转速信号故障，则判断为转速通道全部故障。

（3）若机组并网前、转速信号故障，DEH除报警外，同时还输出跳机信号。

（4）若并网后转速信号出现故障，除报警外还通过控制总线传输到别的多功能处理器，并切除调频功能。

（5）若给定转速大于实际转速（一般设为500r/min）时，除输出故障报警信号外，同时输出跳机信号。

3. 103%超速预警功能

汽轮机若出现超速，对其寿命影响较大。除对汽轮机进行超速试验时，转速可超过103%外，其他任何时候均不允许超过103%（因网频最高到50.5Hz即101%）。未做超速试验时，一旦转速超过103%，则迅速动作超速限制电磁阀，关闭高、中压调节阀，待转速低于103%时，超速限制电磁阀失电，调节阀恢复由伺服阀控制。一般让油动机保持全关2s后，恢复控制。OSP限制值是可调的参数，一般定为额定转速的103%（3090r/min）。

注意：做超速试验，103%超速限制功能应旁通失效，以便机组超过设定转速值，检测保护系统能否及时动作。

4. 甩负荷超速预警功能

由于大容量汽轮机的转子时间常数较小，汽缸的容积时间常数较大，在发电机油开关跳闸—甩负荷时，汽轮机的转速飞升很快，若仅靠系统转速反馈的作用，转速很可能超过110%而发生跳机。为避免跳机的出现，在中排压力大于某设定值（一般为满负荷的15%）时，超速预警保护迅速输出信号至超速限制电磁阀使其动作，关闭高、中压调节阀；同时将目标转速和给定转速设定为3000r/min，待2s后，超速电磁阀失电，调节阀恢复由伺服阀控制。同时转速闭环自动投入，最终使汽轮机转速稳定3000r/min，等待事故消除后重新并网。

5. 加速度预警功能

当DEH测出汽轮机转速加速度太大时（通过前后周期的数字比较），认为机组转速失控，超速预警保护迅速输出信号至超速限制电磁阀，使其动作，关闭高、中压调节阀；待2s后，超速电磁阀失电，调节阀恢复由伺服阀控制。超速限制集成块的设计允许每一个电磁阀作在线试验。在试验进行中，超速限制功能仍能在线监视机组转速，并在需要的时候动作。集成块配有4个电磁阀，采用双重二选一的逻辑设计和执行保护功能。应注意的是，当提及液压集成块电磁阀时，“启动”一词是指把阀门打开。按照不同的电磁阀，它是通过把电磁阀线圈带电、失电完成的。

六、DEH的可靠性设计

可靠性的定义是某一系统或产品在使用环境中及预定使用寿命期内成功地完成规定任务的能力。

DEH是电站汽轮机实时控制系统，因此要求它必须有较高的可靠性，才能保证电站的安全、经济运行。无论是哪种系统，系统的可靠性一直是用户选择系统的主要依据之一。判断DEH的可靠性，主要有以下几个准则。

（1）DEH不易发生故障，所使用的电气部件、EH液压部件有较高的MTBF。

（2）DEH不受故障影响，系统是否采取了有效的冗余设计和容错设计。

（3）DEH具有在线诊断、故障定位功能，系统易于维修，能迅速排除故障。

（4）DEH的超速控制与保护必须单独配置，必须与基本控制分开。

（5）基本控制与ATC必须是互相独立的冗余DPU。

（6）EH必须有单独的滤油系统，在线循环。

（7）生产厂家是否有仿真及闭环调试，电液联调的能力。

DEH设计中采取的可靠性措施极大地提高了系统的可靠性，但是不可能完全防止系统偶然失效，因此在评估DEH时，除考虑其可靠性高低外，还必须考虑一旦出现失效，系统是否具有安全措施，如双DPU之间的切换、系统降级使用、手动/自动切换、报警及使液压执行机构处于安全位置等。

（一）DEH部件的可靠性设计

DEH是由多个部件组成的。这些部件构成了DEH系统的硬件，硬件是系统工作的基础，是影响可靠性的关键。从可靠性的角度来看，这些部件通过串联、并联、冗余等方式构成了DEH。因此，为了提高DEH的可靠性，首先必须提高组成DEH的各部件的可靠性。

DEH的主要部件有分布式处理单元、I/O部件、电源部件及人机接口部件，必须综合考虑可靠性。

分布式处理单元（DCS中称为DPU），结构必须简单、易于维护，在发生故障时便于及时发现故障位置，迅速更换，缩短系统的平均维修时间MTTR，提高系统的利用率，并必须考虑在较恶劣的环境下长期稳定运行，采用低功耗器件。

电源部件中的交流电源必须两路，在电源切换过程中，不能影响DPU的正常工作，DPU及I/O卡件使用的电源必须是高可靠的电源，能在恶劣环境中长时间稳定运行，DEH中这类电源都作冗余处理。

生产工艺对系统可靠性影响较大，个别焊点的虚焊就会导致整个卡件乃至整个系统不能正常工作，因此必须提高系统的工艺水平。电路板的布局必须合理，走线与器件的排列应考虑线路间的相互干扰、元器件的散热。印刷电路板的制造工艺水平也非常重要，印刷线路不能断线，走线之间不能有粘连，金属化孔的工艺便于焊接，焊接后应有足够的强度，焊点不能脱落。电路板安装工艺应严格控制，通常采用SMT表贴工艺安装或波峰焊接的电路板，能确保焊点的质量。安装流水线，应有接地装置及防静电措施。卡件的包装与储存环境也应符合要求。

（二）元件的可靠性设计

元件是构成DEH的最小单位，元件的可靠性很大程度上决定了部件的可靠性，提高元件的平均故障间隔时间是提高系统可靠性的重要措施。因此，DEH在选择元件时，必须以元件的可靠性为依据。

1. 元件的选择

元件在偶然故障期内工作时，其失效率A为一常数，A值越小，可靠度越高。因此，在设计时应尽量选用具有低A值的元器件。DEH中有大量的元器件，单个元器件的A值的降低就可以大幅度降低部件及整个系统的A值，从而提高系统的可靠性。电阻、电容、集成电路是常用的元器件，应根据适用场合合理选择，会提高电子部件的可靠性。

低功耗的元器件发热量比较少，故障率相对比较低。采用低功耗元器件可以减轻电源的负担，提高电源的可靠性。

（1）电阻的选择。选用电阻器件时应根据系统的工作情况和要求，选用合适的类型，如选型不当，超过它的阻值、额定功率、误差、稳定性等指标的范围，就会严重影响其可靠性。

（2）电容的选择。与电阻器件一样，电容器也有各种类型和各自不同的参数和规格。由于电容失效或规格不符会造成短路，引起系统故障。因此对电容器，必须认真选型，采用高品质的产品。

（3）集成电路。DEH中大量使用各种集成电路芯片，使用时必须根据工作条件、电源要求、逻辑特性、负载能力与指标综合考虑，正确使用。必须遵守降额使用的原则，不能超过电源、电压、功耗等最大额定值。集成电路芯片互联时，必须考虑芯片的驱动能力，也应符合降额使用原则。

（三）汽轮机超速保护控制系统OPC可靠性设计

汽轮发电机组带负荷运行时，如突然从电网中解列出来，这时汽轮发电机组将以相当于额定功率的能量作用在转子上，使转子加速，转速将上升超过额定转速。当转速超过一定数值时，将会损坏汽轮机。例如一台300MW机组并入电网，带上额定负荷，转速维持3000r/min，如果甩掉全负荷时，汽轮机转速以大于300r/min的速率上升。这时，如果没有OPC功能，调节系统已无法对此进行正常控制。转速过高，对汽轮机寿命有影响，控制不了转速，将造成重大事故，甚至飞车。为了防止超速引起汽轮机损坏，DEH配备了汽轮机超速保护控制系统OPC。

DEH OPC的转速测量采用三重冗余，其超速信号输出到EH伺服系统，伺服系统中的伺服阀和OPC电磁阀构成二重冗余。系统中的遮断电磁阀再配置2个，设计成并联运行。这样，当转速达103%额定转速时，2个OPC电磁阀和伺服阀同时控制阀门。这类多重冗余设计，使汽轮机主汽阀、高压调节阀与中压调节阀按OPC输出的信号动作，确保汽轮机安全运行。实际使用的OPC还有甩负荷预关调节阀和瞬间甩负荷快控功能，为了实现这功能，DEH接受负荷信号和油开关信号，这些信号也都是三路信号通过3个卡件，采用三重冗余。

（四）紧急停机系统ETS可靠性设计

为了防止汽轮机在运行中因部分设备工作失常可能导致的汽轮机发生重大损坏事故，汽轮机都配有危急遮断系统（ETS）。

ETS设计了两个冗余通道（通道1与通道2），配置了4个自动停机遮断AST电磁阀。4个AST电磁阀多重冗余，构成串并联布置，具有多重保护性。每个通道中至少须有1个AST电磁阀打开，汽轮机将紧急停机。4个AST电磁阀中任意1个损坏或拒动均不影响停机。汽轮机110%超速信号和测速信号构成冗余，输入到ETS，紧急停机。此外，紧急停机系统（或称紧急遮断系统、紧急跳闸系统）还监视汽轮机下列参数的状况：推力轴承磨损、轴承油压过低、冷凝器真空过低、抗燃油EH油压过低。当这些参数超过各自的运行限制值时，该系统关闭全部汽轮机主汽阀、汽轮机紧急停机。

（五）EH液压部件的可靠性设计

EH液压部件，如油泵、马达、各类电磁阀、蓄能器、滤油器、管道、接头的选型与电气元件的选型一样，必须考虑规格、参数，也应符合降额使用的原则。

DEH的EH液压部分造成故障的原因中有一部分是油的污染及密封引起的。提高液压系统的清洁度及改进密封结构是提高EH部件可靠性的关键，防止油的污染可大大提高可靠性。在EH中一般采取下列措施来提高油的清洁度。

（1）油箱及管道均采用不锈钢，采用氩弧焊或加套管焊接。

（2）油箱为全封闭式，并通过空气滤清器与大气相通。

（3）油系统安装后进行严格的清洗。

（4）新的抗燃油经过精密过滤后再装入油箱，要建立新油并不清洁的概念。

（5）供油系统中采用过滤精度各为5μm及10μm的二级精过滤器及再生过滤器。

EH液压系统造成故障的另一原因是密封件损坏，决定密封工作好坏的因素有油的性质及工作温度、密封面结构及间隙、密封件材料、密封面的相对运动速度等。根据实践经验，在动密封和静密封中均选用O形密封圈，并按航空标准进行设计对提高可靠性是很有效的。由于工作液为磷酸酯抗燃油，一般橡胶不能使用，而选用了耐抗燃油的氟橡胶。一般O形密封圈作为静密封使用可靠性是很好的，作为动密封时由于橡胶与金属表面经常不断地摩擦，O形密封圈极易磨损，造成渗漏，同时密封圈磨损使油污染，橡胶直接与金表面接触，摩擦力较大，降低了油动机的灵活度。为了提高动密封的可靠性，减少油动机的摩擦力，有时也可在O形密封圈外面加了一层聚四氟乙烯环，使橡胶不与金属表面接触，聚四氟乙烯强度高、耐磨，与金属之间的摩擦系数比橡胶小得多。这样提高了动密封的可靠性，减少了密封圈污染油的可能性，而且还提高了油动机的灵敏度。同时在动密封中还可采用了余度设计来进一步提高可靠性。

七、华能海门电厂DEH功能实现情况

华能海门电厂的控制系统采用日本日立公司具有世界先进水平的HIACS-5000M系统。

（一）海门电厂DEH的硬件配置

DEH硬件配置主要由以下几部分组成：①标准机柜；②电源分配系统；③HIACS-5000M模板；④OIS操作员接口站；⑤EWS工程师站；⑥通信接口装置。

该系统采用日立公司生产的标准机柜。在5个机柜中分别装有电源、EHG系统的模板、HITACS系统的模板、MODBUS通信模板、继电保护回路、ETS系统的模板、RTB模板等。控制系统的模件都安装在机柜中。模件的结构形式相同，在安装单元中占一个槽位，通过2个印制接插件与总线相联，CPU模板LPU100在机箱中占2个槽位。整个控制系统的架构如图9-25所示。

（二）系统软件组成

1. 系统软件

日立HIACS-5000M控制系统的软件是一套适应过程控制专门开发的软件，该软件使用方便，易于调试，使用户能进一步开发系统。系统软件包含以下几部分：①OIS站应用软件；②EWS站应用软件；③系统通信软件。

（1）OIS站应用软件。OIS站应用软件是为了方便电厂工程师等没有软件开发经验的人员而专门开发的系统应用软件，该软件方便易学、容易掌握。该软件能完成以下工作：①数据库组态；②性能计算组态；③CRT操作端组态；④CRT画面组态；⑤报表组态；⑥趋势组态等。

（2）EWS站应用软件。EWS站应用软件是为了方便电厂工程师等没有软件开发经验的人员而专门开发的系统应用软件。该软件能完成以下工作：①对PCU、模件等进行组态；②运用图形组态工具（宏命令）对控制策略进行组态；③历史数据、趋势组态；④文件管理、日常功能管理等。

（3）系统通信软件。系统通信软件是为了使OIS站、EWS站与DEH控制器之间通信以及DEH与DCS之间通信而开发的系统软件。

（三）华能海门电厂DEH系统操作说明

该DEH配置有操作员接口站（OIS），对汽轮机的控制可通过OIS站实现。这里主要介绍OIS站的各项操作功能。

1. 挂闸

如图9-26所示，在“TURBINE SAFETY DEVICE PANEL”画面中，用鼠标点击“MASTER RESET”按钮，在弹出的操作端中，选择“RESET”，按“执行”，“RESET”指示灯亮，表示挂闸成功。

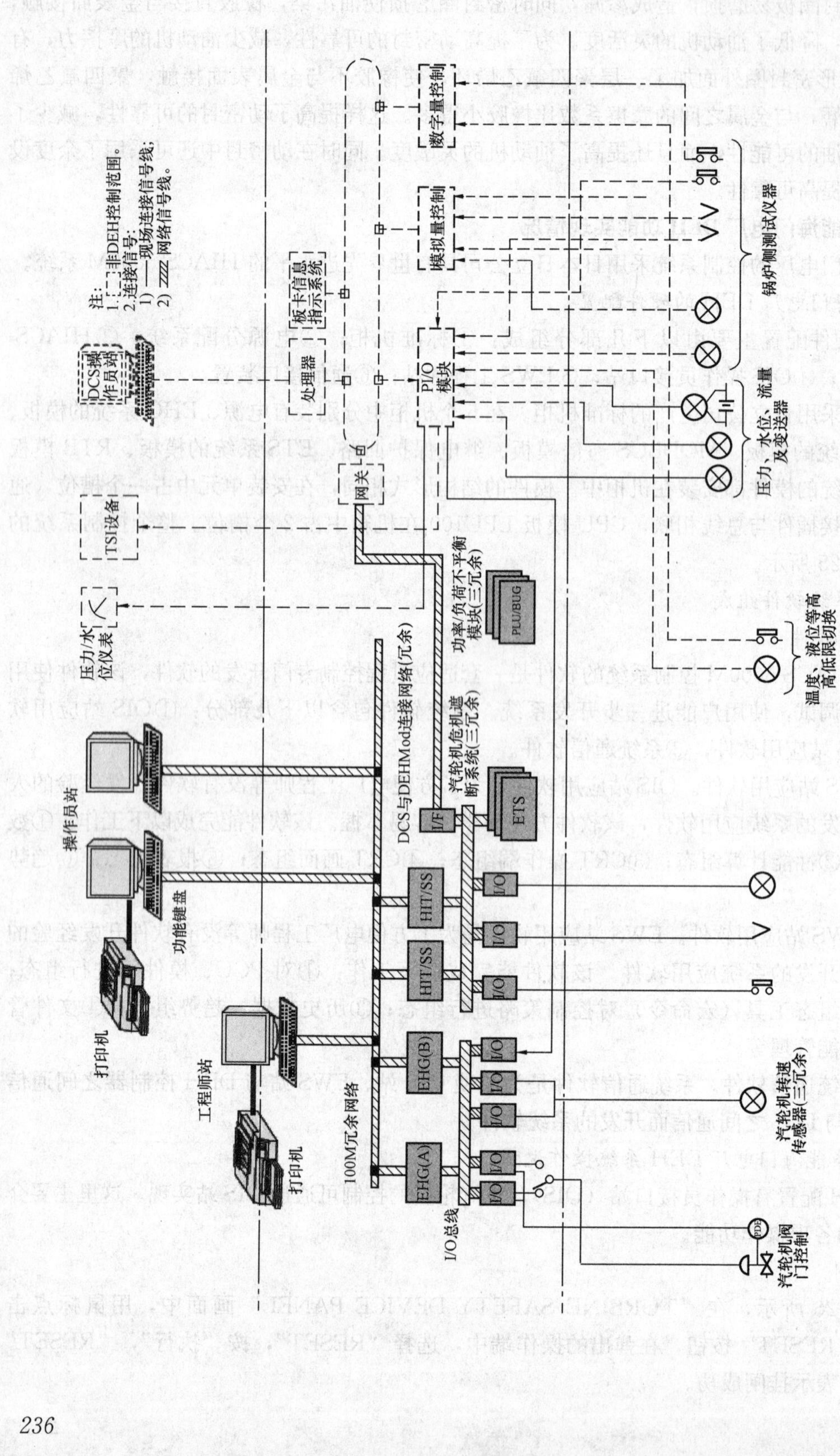
注：
1.□非DEH控制范围。
2.连接信号：
1) —现场连接信号线；
2) ZZZ网络信号线。
DCS操作员站
TSI设备
压力/水位仪表
操作员站
功能键盘
打印机
工程师站
打印机
100M冗余网络
DCS与DEHMod连接网络(冗余)
网关
处理器
板卡信息指示系统
PI/O模块
模拟量控制
数字量控制
EHG(A)
EHG(B)
HIT/SS
HIT/SS
I/O
I/F
ETS
PLU/BUG
I/O总线
汽轮机危机遮断系统(三冗余)
功率/负荷不平衡模块(三冗余)
汽轮机阀门控制
汽轮机转速传感器(三冗余)
温度、液位等高低限切换
压力、水位、流量及变送器
锅炉侧测试仪器

图 9-25 DEH结构图

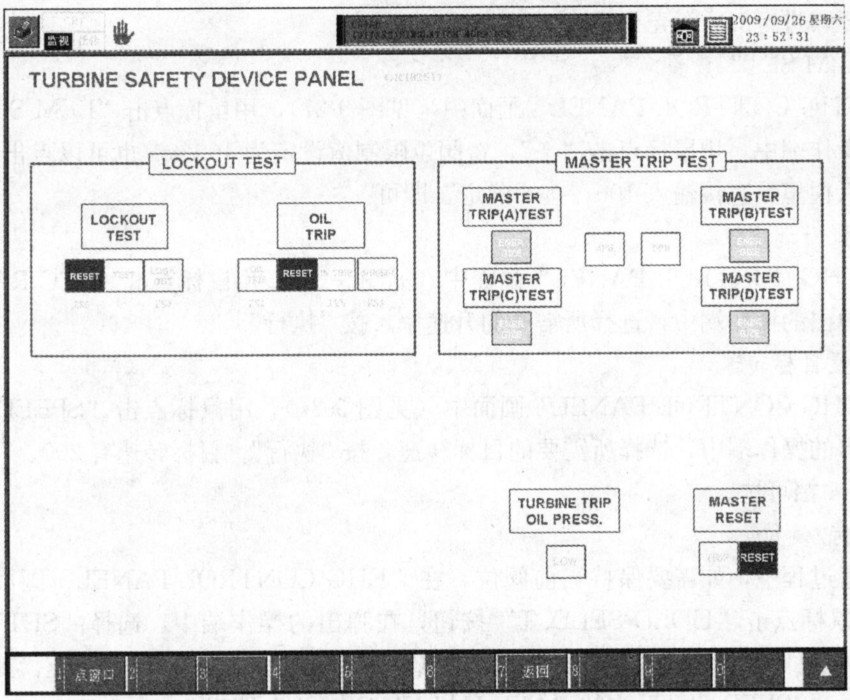

图 9-26 TURBINE SAFETY DEVICE PANEL 画面

2. CV 阀壳预暖

在“EHG CONTROL PANEL”画面中（见图 9-27），用鼠标点击“CV CHEST WARMING”按钮，在弹出的操作端中，选择“OPEN”，按“执行”即可。此时，MSV2、

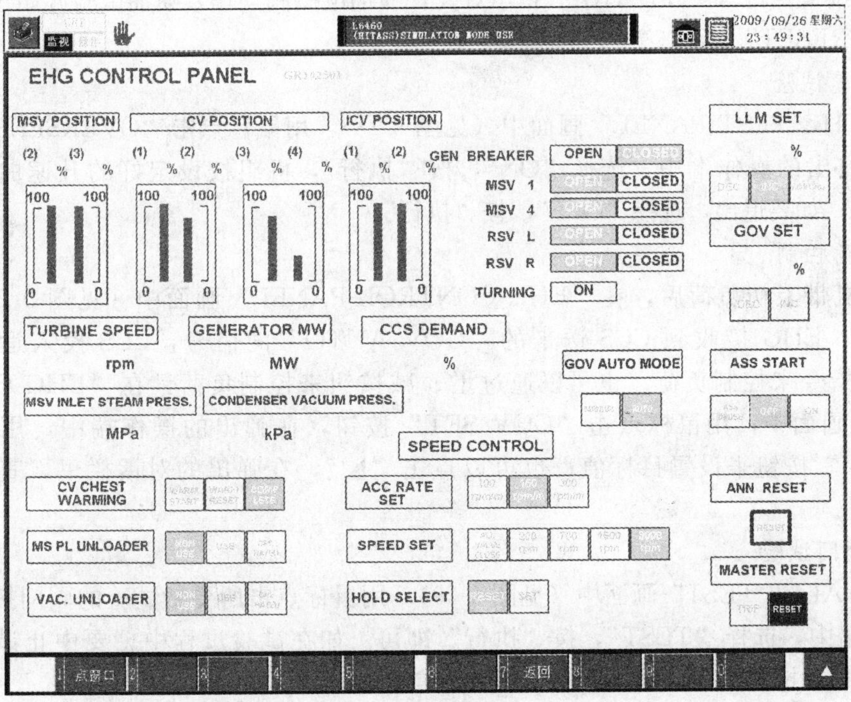

图 9-27 EHG CONTROL PANEL 画面

MSV3 微开，进行 CV 阀壳预暖。

3. “LLM SET” 设置

在 “EHG CONTROL PANEL” 画面中（见图 9-27），用鼠标点击 “LLM SET” 按钮，在弹出的操作端中，用鼠标点击 “↑”，将阀位限制值设定为 100%。也可以点击 “◣”，在弹出的对话栏里，直接输入 100，按 “确定” 即可。

4. 设置升速率

在 “EHG CONTROL PANEL” 画面中（见图 9-27），用鼠标点击 “ACC RATE SET” 按钮，在弹出的操作端中，选择所需要的升速率，按 “执行”。

5. 设置目标转速

在 “EHG CONTROL PANEL” 画面中（见图 9-27），用鼠标点击 “SPEED SET” 按钮，在弹出的操作端中，选择所需要的目标转速，按 “执行”。目标转速有 200、700、1500、3000r/min 4 挡可选。

6. 保持/复位

在升速过程中，如需要保持当前阀位，在 “EHG CONTROL PANEL” 画面中（见图 9-27），用鼠标点击 “HOLD SELECT” 按钮，在弹出的操作端中，选择 “SET”，按 “执行”；如不需要保持，选择 “RESET”，按 “执行”，汽轮机按原速率继续升速。如需要降转速，可选择 “SPEED SET” 中的 “ALL VALVE CLOSE” 按钮。

7. 喷油试验

在 “TURBINE SAFETY DEVICE PANEL” 画面中（见图 9-26），用鼠标点击 “LOCKOUT TEST” 按钮，在弹出的操作端中，选择 “TEST”，按 “执行”，“TEST” 指示灯亮，隔离电磁阀动作；然后用鼠标点击 “OIL TRIP” 按钮，在弹出的操作端中，选择 “TRIP”，按 “执行”，“OIL TRIP” 指示灯亮，喷油电磁阀动作，喷油试验开始进行。试验完成后，“RESET” 指示灯亮。

8. 超速试验

在 “EHG TEST PANEL” 画面中（见图 9-28），用鼠标点击 “OVERSPEED TEST” 按钮，在弹出的操作端中，选择 “ON”，按 “执行”，机组按设定好的升速曲线上升到 3390r/min；如要退出，选择 “OFF”，按 “执行”。

9. 负荷控制

汽轮机带上初负荷后，在 “EHG CONTROL PANEL” 画面中（见图 9-27），当条件满足时，EHG 接收到 CCS 送来的 “GOV AUTO” 的信号，CCS 投入运行，通过 CCS 负荷指令来控制负荷。也可以通过增、减按钮来控制负荷，在 “EHG CONTROL PANEL” 画面中，用鼠标点击 “GOV SET” 按钮，在弹出的操作端中，用鼠标点击 “↑”、“↓” 按钮来设置目标值；也可以点击 “◣”，在弹出的对话栏里，直接输入目标值。

10. 阀门试验

在 “VALVE TEST” 画面中（见图 9-29），用鼠标点击所要做试验的阀门按钮，在弹出的操作端中，选择 “TEST”，按 “执行” 即可。如在试验过程中想要中止试验，选择 “UNLOCK”，按 “执行”，阀门将恢复到试验前位置。

注：当有阀门在做试验时，其他阀门不能同时做试验。

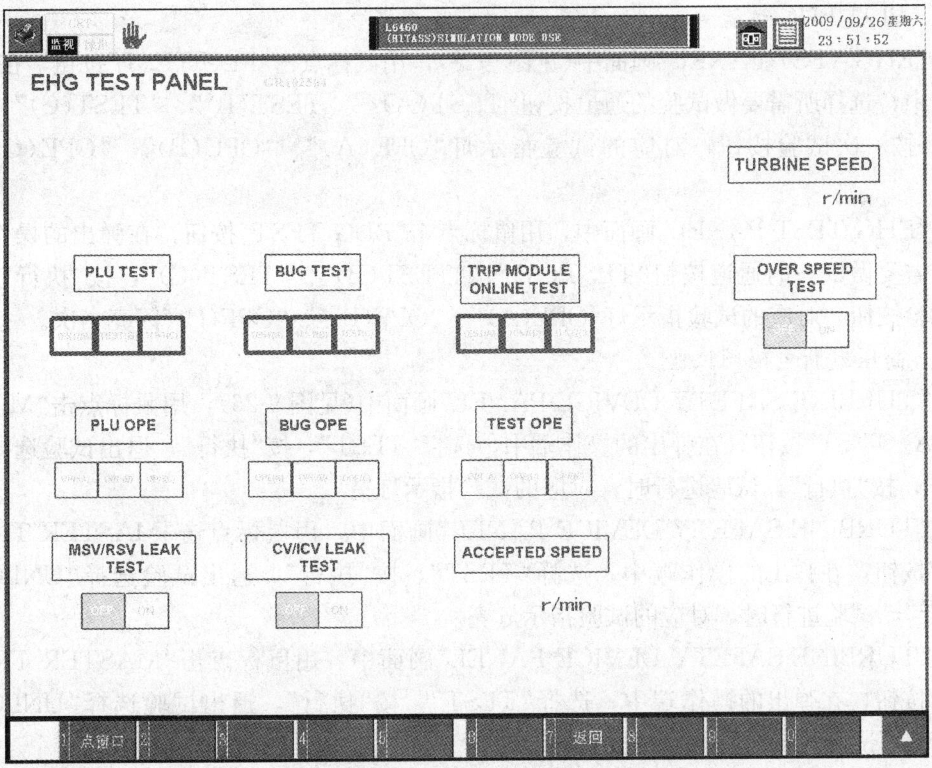

图 9-28 EHG TEST PANEL 画面

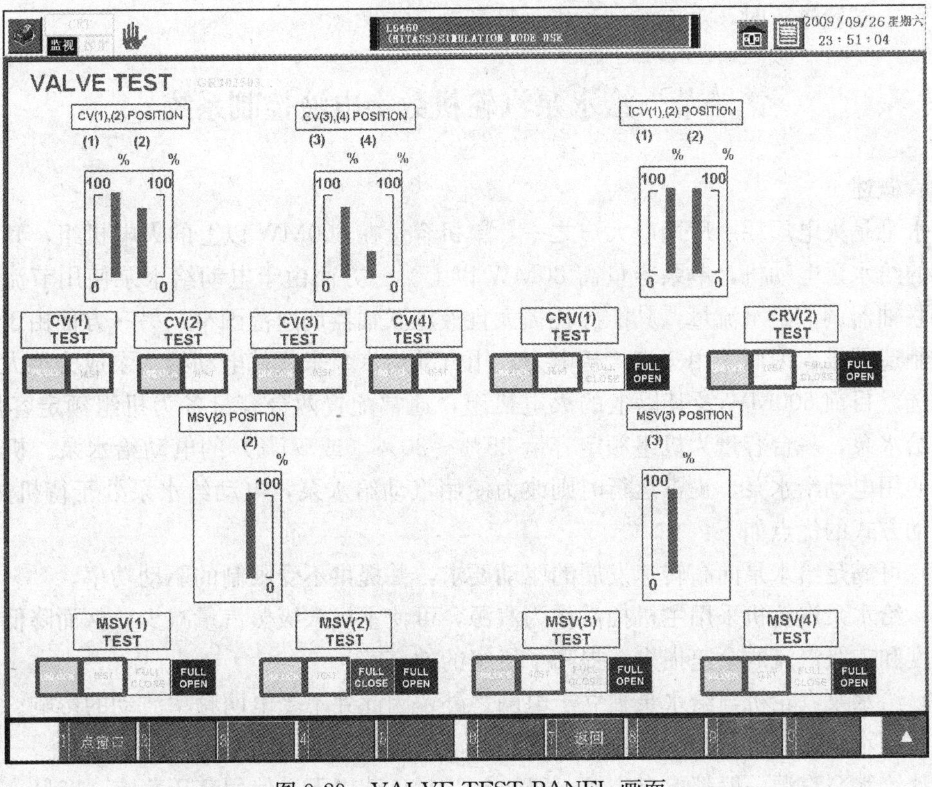

图 9-29 VALVE TEST PANEL 画面

11. PLU/BUG 试验

在“EHG TEST PANEL”画面中(见图 9-28)，用鼠标点击“PLU TEST”按钮，在弹出的操作端中，选择所需要做试验的通道按钮“TEST(A)”、“TEST(B)”、“TEST(C)”，按“执行”，每按一次试验按钮，对应的试验指示灯“OPE(A)”、“OPE(B)”、“OPE(C)”闪亮一次。

在“EHG TEST PANEL”画面中，用鼠标点击“BUG TEST”按钮，在弹出的操作端中，选择所需要做试验的通道按钮“TEST(A)”、“TEST(B)”、“TEST(C)”，按“执行”，每按一次试验按钮，对应的试验指示灯“OPE(A)”、“OPE(B)”、“OPE(C)”闪亮一次。

12. 高压遮断电磁阀试验

在“TURBINE SAFETY DEVICE PANEL”画面中(见图 9-26)，用鼠标点击“MASTER TRIP(A) TEST”按钮，在弹出的操作端中，选择“TEST”，按“执行”，退出试验选择“UNLOCK”，按“执行”，试验进行时，对应的试验指示灯亮。

在“TURBINE SAFETY DEVICE PANEL”画面中，用鼠标点击“MASTER TRIP(B) TEST”按钮，在弹出的操作端中，选择“TEST”，按“执行”，退出试验选择“UNLOCK”，按“执行”，试验进行时，对应的试验指示灯亮。

在“TURBINE SAFETY DEVICE PANEL”画面中，用鼠标点击“MASTER TRIP(C) TEST”按钮，在弹出的操作端中，选择“TEST”，按“执行”，退出试验选择“UNLOCK”，按“执行”，试验进行时，对应的试验指示灯亮。

在“TURBINE SAFETY DEVICE PANEL”画面中，用鼠标点击“MASTER TRIP(D) TEST”按钮，在弹出的操作端中，选择“TEST”，按“执行”，退出试验选择“UNLOCK”，按“执行”，试验进行时，对应的试验指示灯亮。

第二节 给水泵汽轮机数字电液控制系统

一、概述

给水泵是火电厂耗用厂用电大户之一，单机容量在600MW以上的火电机组，其带液压联轴节的给水泵电动机，单泵容量需80MW以上。一方面由于电动给水泵使用节流调节阀或液压联轴器调节给水流量，其能源耗损大且液压联轴器调速范围窄；另一方面由于大容量电动机制造困难，因而采用蒸汽代替电力，用汽动给水泵来代替电动给水泵成为绝大多数电厂的首选。目前600MW及其以上的火电机组，通常配置两台容量各为机组额定容量50%的汽动给水泵，一台容量为机组额定容量25%～30%（或50%）的电动给水泵。机组冷态启动时使用电动给水泵，正常运行时则改为使用汽动给水泵，电动给水泵处于待机热备用。这种驱动方式的优点如下：

(1) 可满足给水泵向高转速发展的驱动要求，并提供不受限制的驱动功率。

(2) 给水泵汽轮机采用主机抽汽作为汽源，可使主机末级蒸汽量减少，从而降低了末级叶片温度和末级汽流的余速损失，提高了机组的效率。

(3) 给水泵汽轮机与给水泵独立于电网之外，因此并不受电网频率波动的影响。

(4) 给水泵汽轮机与给水泵直接连接，传动效率高于液力联轴器。

汽动给水泵汽源一般都取自主机，25%～30%负荷以下，使用高压蒸汽；30%～40%负荷阶段，高压蒸汽和主机抽汽同时供汽；40%负荷以上，全部使用主机抽汽。

目前给水泵转速一般在4000～6000r/min，个别到7000r/min，最高有到12 000r/min。采用变速调节比调节阀节流调节，减小能耗约15%。采用汽动给水泵变速调节比电动给水泵液压联轴器变速调节，因无变速箱损失和改善了主机末级排汽温度，可再提高效率0.3%～0.6%。

如图9-30所示，驱动给水泵汽轮机的蒸汽设计有两路汽源：一路是高压汽源，采用锅炉输出的新蒸汽；另一路是主机四段抽汽。在每路上设有主汽阀和调节阀各一个，当主汽轮机在25%负荷以下时，因为抽汽压力太低，故全部用高压汽源，由高压调节阀HPGV来控制进入给水泵汽轮机的蒸汽流量，从而改变给水泵汽轮机的转速，以控制给水泵的出水流量，满足锅炉给水流量要求。在主汽轮机负荷25%～40%时，由高压汽源和抽汽汽源同时供汽，主要由高压调节阀控制，低压调节阀全开。在40%负荷以上时，全部用抽汽汽源，由低压调节阀控制汽轮机的转速。

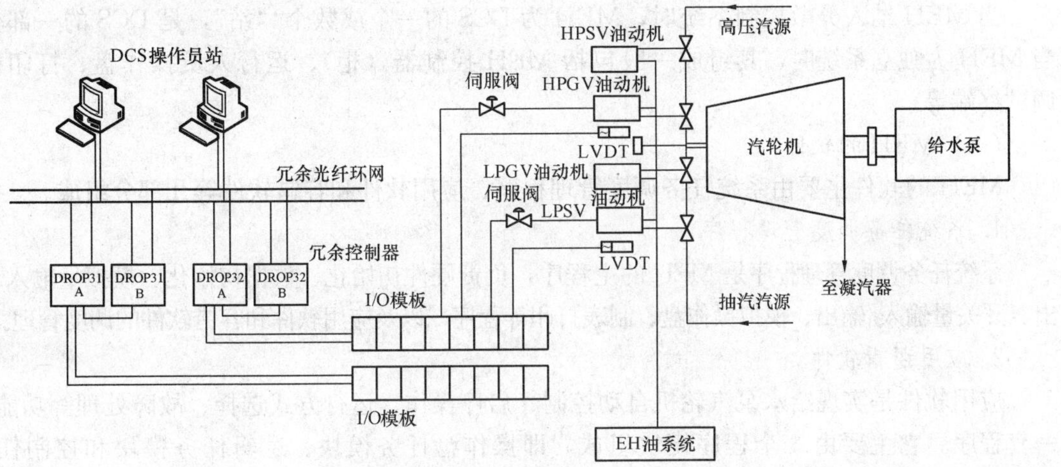

图9-30 MEH的组成原理图

事实上在实际运行过程中，30%以下负荷时基本上利用电动给水泵的给水流量需求，30%以上负荷才开始启动汽动给水泵。故较多是直接利用低压汽源，即采用四段抽汽对给水泵汽轮机进行冲转，较少采用高压汽源。给水泵汽轮机排汽进入主汽轮机凝汽器。

对汽动给水泵和给水泵汽轮机的控制远比对电动给水泵电动机和液压联轴器的控制复杂得多，给水泵汽轮机调节系统与主机调节系统一样，经历了机械—液压式控制系统、纯液压式控制系统、模拟电液控制系统、电调—液调并存控制系统、纯电调电液控制系统等发展过程。随主机单机容量的增大，单液压式控制系统已不能适应锅炉给水流量自动调节的要求。随着计算机技术的发展和普及，当前300MW以上火电机组大都配置基于微处理机的电液控制系统MEH。

由于汽动给水泵是通过控制汽动给水泵转速来实现锅炉给水流量控制的，给水泵汽轮机的转速控制贯穿于机组运行全部过程中。从这个意义上说，它比主汽轮机转速控制具有更重要的地位。同主汽轮机DEH一样，给水泵汽轮机转速控制系统也是一种数字电液控制系统，为区别于DEH称为MEH，是Micro-processor-based Electro Hydraulic Control System的简称。MEH是以微处理器为基础的数字电液转速控制系统，它接受来自CCS的锅炉给水自动控制系统的转速控制信号，直接控制给水泵汽轮机进汽调节阀，改变进汽量以满足锅炉所需要的汽动给水泵转速。

二、MEH的基本组成

MEH的基本组成和DEH的基本组成大致相同，它由控制系统（包括数字部分、模拟部分）、液压伺服回路以及接口部件组成。数字部分主要包括中央处理单元和过程I/O通道，是MEH的核心。数字控制系统连续采集、监视给水泵汽轮机当前的运行参数，并通过逻辑运算和调节运算对给水泵汽轮机的转速进行控制，模拟部分是将现场来的模拟量信号进行预处理后送给数字控制系统，并将数字系统输出的阀位需求转换为相应的模拟量信号送到阀门驱动回路。液压伺服回路则包括电液伺服系统和油系统（供油系统、蓄能器组件和油管路系统）。MEH的电子控制系统可以是独立的系统，也可以是机组DCS的一个组成部分。MEH的供油系统可以是独立的供油系统，也可以来用主汽轮机的DEH的供油，这时MEH也采用高压抗燃油系统。

当MEH纳入分散控制系统时，MEH为DCS的一个或数个"站"，是DCS的一部分。当MEH为独立系统时，其组成一般包括MEH控制器（柜）、运行人员操作盘、打印机、调试终端等。

（一）MEH的软件

MEH的软件主要由系统任务调度管理程序、应用软件和容错软件等几部分组成。

1. 系统任务调度管理程序

系统任务调度管理程序是MEH的主程序，负责硬件初始化、数据初始化、模拟量输入/输出、开关量输入/输出、模拟操作盘、制表打印等程序，以及应用软件和容错软件的调度管理。

2. 应用逻辑软件

应用软件是实现给水泵汽轮机自动控制、启停操作、运行方式选择、故障处理等功能的一套程序。它主要由3个程序模块组成，即操作盘任务模块、逻辑任务模块和控制任务模块。

3. 容错软件

容错软件主要用来对A、B双机系统进行校核、监视以及错误检测并进行切换、包括双机通信、双机CPU自诊断、出错处理等程序模块。

（二）MEH的伺服机构

MEH的伺服执行机构分为两类，开关型执行机构和控制型执行机构。高压主阀和低压主汽阀属于开关型执行机构；高压调节阀伺服机构和低压调节阀伺服机构为控制型执行机构。

1. 开关型执行机构

阀门工作在全开或全关位置，其组成部件有油缸、二位四通电磁阀、卸荷阀、节流孔以及液压集成块等。电磁阀接受控制信号，接通或关闭其油路。当电磁阀接通时，从油系统来的高压油经过节流孔进入油缸活塞下腔，使活塞杆上移，通过杠杆机构打开汽阀；当电磁阀关闭时，油缸中不再有高压油进入，电磁阀通过回油管路排油，弹簧力使汽阀关闭。另外，卸荷阀接收危急遮断信号，使进入油缸的高压油通过卸荷阀迅速释放，汽阀在弹簧力作用下迅速关闭。

2. 控制型执行机构

控制型执行机构可以将汽阀控制在任意位置上，成比例地调节给水泵汽轮机的进汽量，从而达到控制给水泵流量的目的。该伺服机构由电液伺服阀、油缸、滤网、线性位移传感器（LVDT）以及液压集成块组成。MEH 控制器按照给水控制系统来的指令和采集的给水泵汽轮机转速信号，经运算处理以后输出一个电信号（即阀位控制信号）到伺服放大器，被放大后的电信号送入电液伺服阀，而电液伺服阀则将电信号转换成液压信号，使得伺服阀的主调节阀（即滑阀）移动。滑阀移动的结果，就使系统传递力的主回路接通，高压油进入活塞的上腔或下腔，活塞杆就向上或向下移动，并经过杠杆机构带动调节阀使之开启或关闭。当活塞杆移动时，同时带动线性位移传感器（LVDT）一起运动，位移传感器输出的信号经过一个与之配套使用的变送器，使机械位移信号转换成电气反馈信号，并送入控制器的伺服放大器，伺服放大器把这个信号与阀位指令相比较，以调整、控制调节阀的开度。如果输入伺服阀的阀位信号与伺服放大器负反馈信号相加后为零，则伺服阀的滑阀回到零位，油缸活塞上下腔处于压力平衡状态，活塞杆停止移动，调节阀则停留在该工作位置，直到新的阀位指令进来。其电液伺服阀由一个力矩马达和两级液压放大及机械反馈系统组成，其结构和工作原理与 DEH 系统的电液伺服阀基本相同。

三、MEH 的功能

MEH 的主要功能是通过控制给水泵汽轮机的转速来达到控制锅炉给水流量的目的，MEH 的数字式控制系统通常都具有的数据通信、CRT 显示、打印记录等功能，此外，还具有给水泵汽轮机的超速保护功能。

MEH 通常有以下 3 种运行方式：

（1）锅炉自动。根据锅炉给水控制系统来的给水流量要求信号来控制汽轮机的转速。

（2）转速自动。根据操作员在控制盘上给出的转速定值信号来控制汽轮机的转速。

（3）手动。根据操作员在控制盘上给出的调节阀阀位增加或减小信号直接操作调节阀开度，控制汽轮机的转速。

MEH 的核心是转速自动控制回路。在稳定工况下，转速与转速定值是相等的。当转速定值变化后，当前转速与转速定值间产生一个差值，经过差值放大和运算后，得到一个控制量输出送到伺服放大器，经功率放大后，操纵伺服阀使调节阀开度发生变化，改变进汽量，使转速与转速定值相等。系统设有手动和自动相互跟踪回路，为无扰切换。MEH 系统控制器承担正常的超速保护功能，当汽轮机转速达 110%时超速保护动作，使主汽阀和调节阀全部关闭，汽轮机脱扣。同时机械超速保护动作，使汽轮机脱扣。为确保超速保护功能的可靠，系统设有另一通道的汽轮机转速达 120%时的超速保护。这样就保证使汽轮机转速不会超过最大极限转速（120%），以满足汽轮机和给水泵的安全运行要求。

（一）MEH 的转速控制

为了提高给水泵汽轮机控制系统的安全性和可靠性，MEH 控制器为冗余 CPU。A 机和 B 机都设有转速自动控制回路，逻辑图以 OVATION 分散控制系统为例进行说明，如图 9-31 和图 9-32 所示，转速自动控制回路分成转速设定值形成与转速自动控制两个部分。转速设定值形成回路由两个逻辑判别块和一个速率限制器组成。逻辑判别块起选择转速指令的作用，当 MEH 处于遥控方式时，目标转速取来自 CCS 的遥控指令；当 MEH 处于转速自动方式时，目标转速取运行人员设定的转速指令。目标转速经速率限制器限速处理，形成转速给定值。

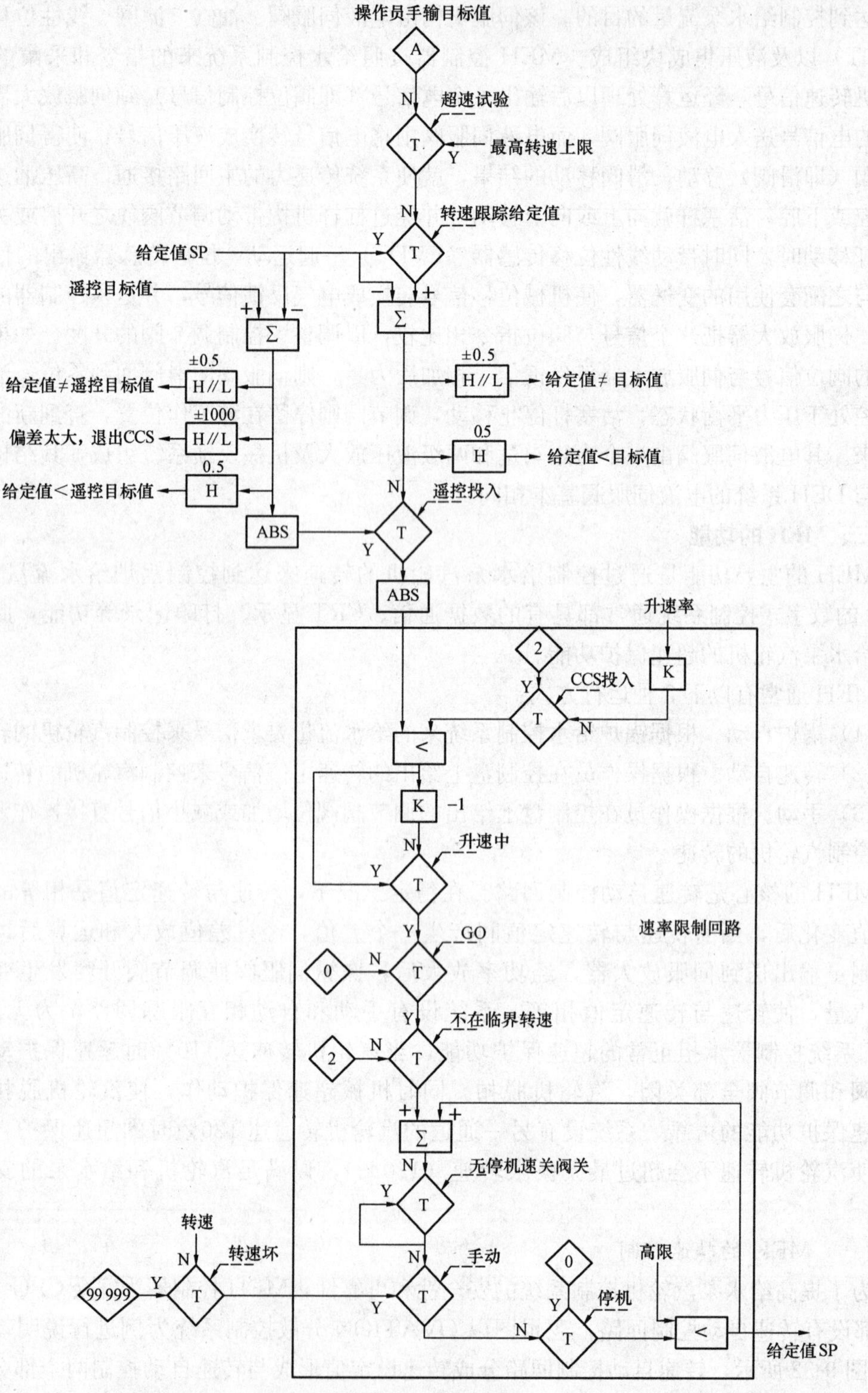

图 9-31 给水泵汽轮机转速设定值形成回路

转速控制回路是一个单回路闭环控制系统。在稳定工况下，实际转速与转速定值是相等的。当转速定值或实际转速发生变化时，其偏差信号经 PI 运算后，得到一个控制信号送到

LPGV 和 HPGV 伺服放大器，操纵伺服阀改变调节阀 LPGV 与 HPGV 的开度，使给水泵汽轮机的实际转速回到与转速定值相等的稳定工况。

（二）运行方式及其切换

1. 手动方式

为了保证 MEH 控制器的可靠运行，在双机故障或计算机电源失去时，要确保锅炉给水泵能继续运行，设计了以硬件来实现的手动控制回路。手动方式下，在操作盘上按下“阀位增加”和“阀位减小”按钮，手动直接改变阀位，控制给水泵汽轮机的转速。

手动方式是 MEH 的后备操作方式，正常运行情况下，转速控制范围为 600r/min 以下。当运行中发生双机故障、失去电源、转速通道故障、实际转速与转速定值偏差大、给水泵汽轮机脱扣等异常情况时，系统强制转为手动方式，运行人员也可选择手动方式。

在手动方式下，MEH 的转速定值跟踪实际转速。

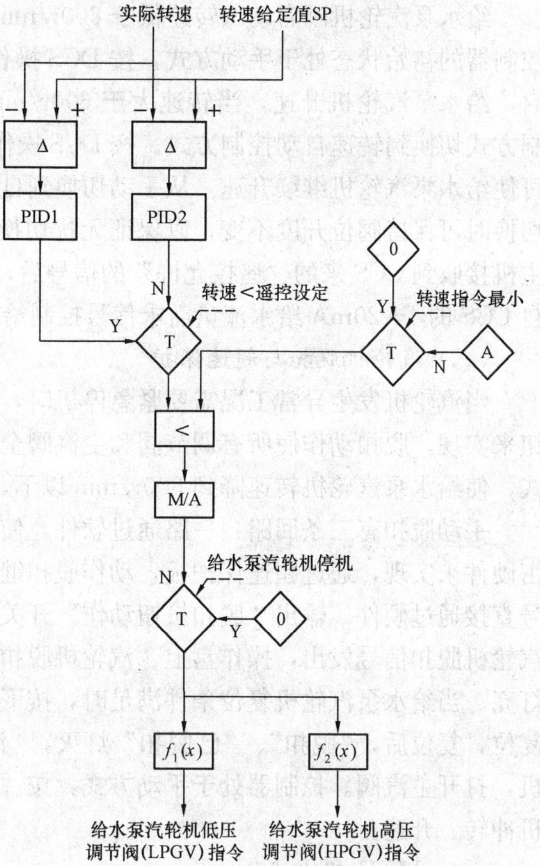

图 9-32 给水泵汽轮机转速自动控制回路

2. 转速自动方式

当手动升速到转速大于 600r/min 时，若无双机故障信号，运行人员在 DCS 画面上按下“转速自动”按钮时，即可投入转速自动。在转速自动方式下，运行人员在 DCS 操作上按下“转速增加”、“转速减少”按钮，可设定转速目标值。

3. 遥控方式

MEH 进入遥控方式的条件：

（1）MEH 目标转速在 2600～6250r/min；

（2）给水泵汽轮机已挂闸（速关阀已打开）；

（3）MEH 给定转速在 2600～6250r/min；

（4）给水泵汽轮机实际转速在 2600～6250r/min；

（5）没有出现汽轮机跳闸条件；

（6）MEH 给定转速与 CCS 给定转速相差不超过 1000r/min；

（7）MEH 不在进行超速试验状态；

（8）MEH 处于转速自动状态；

（9）遥控转速指令在 2600～6250r/min。

当上述条件全满足时，在 MEH 画面上按下“遥控”按钮，MEH 进入遥控方式。在遥控方式下，MEH 接受锅炉给水控制系统的汽动给水泵转速指令，使给水流量满足机组负荷需求。

给水泵汽轮机刚启动（转速低于600r/min）或脱扣后复位，以及计算机电源刚合上时，控制器的初始状态处于手动方式，按DCS操作画面上上的“阀位调整”按钮，使调节阀开启，给水泵汽轮机升速，当转速大于600r/min时，按“转速自动”按钮，MEH从手动控制方式切换到转速自动控制方式。按DCS操作画面上“转速增加”按钮，增加转速目标值，可使给水泵汽轮机继续升速。从手动切换到自动时，由于切换前转速定值跟踪实际转速、故切换时可保持阀位开度不变，以保证无扰切换。在转速自动方式下，转速达3100r/min时，主机接收到CCS来的“遥控允许”的信号后，按“遥控”系统切换至遥控方式，MEH以来自CCS的4～20mA给水流量需求信号控制给水泵汽轮机的转速。

（三）汽轮机脱扣与超速保护

当汽轮机发生异常工况需要紧急停机时，可在操作盘上按下“汽轮机脱扣”带罩带灯按钮来实现。脱扣动作使所有调节阀和主汽阀全部关闭，MEH控制器自动切换到手动控制方式，使给水泵汽轮机转速降到600r/min以下，直到盘车转速。

手动脱扣有三条回路：一路通过软件，使控制板输出脱扣信号动作脱扣继电器；另一路由硬件来实现，通过超速保护板，动作脱扣继电器，输出开关量；第三路是手动脱扣按钮信号直接通过硬件，输出“脱扣按钮动作”开关量信号，可以直接到就地盘实现汽轮机脱扣。汽轮机脱扣信号发出，操作盘上“汽轮机脱扣”指示灯亮，当确已脱扣时，“已脱扣”指示灯亮。当给水泵汽轮机复位条件满足时，按下“汽轮机复位”按钮，所有阀门都在关闭状态复位，复位后，“脱扣”、“已脱扣”灯灭，“汽轮机复位”灯亮，此时即可启动给水泵汽轮机，打开主汽阀。控制器处于手动方式，按“阀位增加”按钮，使调节阀开启，给水泵汽轮机冲转、升速。

（四）MEH超速试验

在DCS操作画面上可进行电超速试验和机械超速试验。

正常超速保护动作转速为110%额定转速，即6325r/min。给水泵汽轮机运行过程中，实际转速到达动作转速6325r/min时，测速板发出信号，通过超速保护板使主汽阀和调节阀全部关闭，控制器软件超速保护动作转速定为6300r/min，到此转速后输出脱扣开关量。为确保安全，如果额定转速脱扣信号发生故障，当汽轮机转速达120%额定转速（6900r/min）时，再次发出脱扣信号，不管是否是在进行超速试验，立即脱扣。遇到紧急情况需立即脱扣时，可手按“脱扣”按钮。

1. 电气超速保护试验

电气超速保护试验钥匙开关处于“电气”位置，MEH控制器切换到转速自动方式时，可用“转速增加”键使汽轮机升速，直到电气超速保护动作。在试验过程中，需要到就地盘上操作机械超速保护闭锁阀，屏蔽机械超速保护动作。一次试验后，应按汽轮机复位的操作步骤，使汽轮机复位到正常工况，才可进行第二次试验。试验结束时，超速试验钥匙开关置正常位置，并将机械超速闭锁阀复位。

2. 机械超速保护试验

超速保护试验钥匙开关置“机械”位，MEH处于转速自动方式，机械超速试验指示灯亮，110%额定转速动作脱扣转速信号被隔离。按“转速增加”按钮进行升速试验。为确保安全，120%额定转速脱扣转速信号仍然有效。试验结束，钥匙开关闭到正常位。电超速隔离撤销，110%额定转速脱扣信号有效，“电超速隔离”指示灯灭。

四、MEH可靠性设计

为了保证MEH运行的可靠性，MEH在设计上采取了许多措施，主要有以下几方面：

（1）采用双主机冗余系统，双机并列运行，双机由容错程序检测并进行无扰切换。

（2）转速输入和伺服输出采用双通道（冗余）。

（3）采用不间断电源UPS供电。

（4）采用机内、机外两组独立电源，实现输入/输出信号内、外隔离。

（5）为保证给水泵汽轮机给水泵的安全，采用110%和120%两套超速脱扣信号，脱扣来自控制器和测速回路的电气及手动信号。此外还有机械脱扣装置等多路控制脱扣，以确保安全性。

（6）计算机失去电源后自动从自动方式切换到手动控制，手动与自动相互跟踪，无扰切换。

（7）可进行在线维修。

五、华能海门电厂MEH功能实现情况

华能海门电厂每台机组共配置3台给水泵，其中汽动给水泵组为2×50%，电动给水泵组为1×30%BMCR。给水泵汽轮机正常工作汽源采用四段抽汽，备用和启动用汽源采用再热冷段蒸汽/辅助蒸汽。该工程锅炉采用东方锅炉股份有限责任公司生产的超超临界锅炉，锅炉最大连续出力3033t/h，过热器出口压力26.25MPa，锅炉允许最低稳燃负荷（不投油）小于或等于30%BMCR。汽轮机为东方汽轮机厂制造的汽轮机。

华能海门电厂的MEH由给水泵汽轮机生产厂配套提供，并根据电厂机组DCS制造厂商采用与机组DCS相同的硬件和软件产品进行MEH设计，采用艾默生公司OVATION系统。整个系统由DROP31和DROP32两对冗余控制器构成。MEH系统的调节装置具备锅炉自动、转速自动和在DCS画面上手动控制给水泵汽轮机组升速及升降负荷的功能，且它们之间的切换是无扰的，给水泵汽轮机转速超过3000r/min后，根据锅炉给水控制信号控制给水泵汽轮机转速，控制精度为1‰。

（一）海门电厂MEH的基本功能要求

（1）MEH的主要任务是通过控制给水泵汽轮机的转速来控制锅炉的给水流量。

（2）所供MEH在机组的下列运行方式下均应具有良好的性能：①机组启/停机；②机组正常运行；③滑压运行；④定压运行；⑤速降负荷。

（3）控制系统满足下述性能指标要求：闭环转速控制范围：①不小于10%～120%NH（NH为给水泵最高工作转速）；②转速控制精度小于0.1%NH；③转速定值精度小于0.1%NH；④静态特性：死区小于0.1%NH；⑤动态特性：汽轮机转速跟踪转速定值滞后小于0.1%NH；⑥控制系统执行速度：⑦主汽阀跳闸全行程时间不大于1s。

（4）通过采用冗余的处理器通信电源模块和可诊断到模件级的自诊断技术保证了MEH高可靠性，任何个别元件故障不影响整个系统的工作。

（5）控制系统应按“失效保护”和“安全自锁”的原则进行设计。

（6）所有进入控制系统的重要模拟量信号均采用三重冗余。

（二）系统功能

1. 挂闸

当汽动给水泵启动允许条件满足后，在CRT上操作“复位”，复位电磁阀带电10s，速

关油压建立，速关阀打开。

2. 自动升速控制

（1）升速率设定（0～1200r/min）。

（2）目标值设定（0～6250r/min）。

（3）转速自动控制（PID 调节）。

（4）转速 HOLD/GO 控制。

（5）自动升速控制。

以操作人员预先设定的升速率自动地将汽轮机转速自最低转速一直提升到预先设定的目标转速。

3. 给水泵转速控制

在遥控方式下，接受来自锅炉模拟量控制系统的给水流量需求信号，MEH 转速设定值按 CCS 控制给定要求，控制汽动给水泵转速与 CCS 给定值相等，实现给水泵汽轮机转速的自动控制。

满足以下所有条件，可以投入 MEH 遥控：

（1）MEH 目标转速在 2600～6250r/min。

（2）给水泵汽轮机已挂闸（速关阀已打开）。

（3）MEH 给定转速在 2600～6250r/min。

（4）给水泵汽轮机实际转速在 2600～6250r/min。

（5）没有出现汽轮机跳闸条件。

（6）MEH 给定转速与 CCS 给定转速相差不超过 1000r/min。

（7）MEH 不在进行超速试验状态。

（8）MEH 处于转速自动状态。

（9）遥控转速指令在 2600～6250r/min。

当以上条件都满足时，可以 CRT 上按“投入遥控”，投入 MEH 遥控方式。

当出现以下条件，则自动退出 MEH 的锅炉自动控制方式：

（1）MEH 投入遥控条件不满足。

（2）进行超速试验。

（3）MEH 处于手动控制方式。

（4）汽动给水泵跳闸。

当退出锅炉自动后，必须先将 MEH 再度投入转速自动，才能再投入锅炉自动。

4. 超速试验功能

给水泵汽轮机转速高于 6300r/min 时，给水泵汽轮机超速跳闸。进行电超速试验时，当转速大于 5400r/min 时，可以升速进行电超速试验，MEH 的目标转速高限值自动改为 6600r/min。

5. 汽动给水泵打闸功能

（1）当在 CRT 下按下“跳闸”按钮，METS 输出指令，使汽动给水泵两个停机电磁阀带电，跳闸汽动给水泵，同时 MEH 进入停机状态，高、低压调节阀关闭。

（2）当 MEH 收到 METS 的跳闸汽动给水泵信号，MEH 进入停机状态，高、低压调节阀关闭。

(3) 当给水泵汽轮机转速大于6300r/min时，MEH进入停机状态，高、低压调节阀关闭，同时输出“汽泵电超速”信号到METS，让METS跳闸汽动给水泵。

(4) 存在切手动条件且“无停机信号且速关阀关”，MEH进入停机状态，高、低压调节阀关闭。

METS和MEH均在DCS内实现，当出现汽动给水泵保护条件时，输出两路DO点，使两个汽动给水泵遮断电磁阀带电，速关油压泄掉，速关阀关闭。给水泵汽轮机ETS动作的同时，输出一路DO点到MEH，MEH软逻辑保护动作，关闭高、低压调节阀。

6. 系统故障切手操功能

当发生系统内部故障时，MEH自动地切换至手操，隔断系统输出，发出故障报警信号。

(三) MEH运行方式

1. 基本要求

(1) MEH应设计成汽动给水泵能以自动方式或手动方式进行启动，使转速从0r/min升至3000r/min。超过3000r/min，给水泵的控制可切换至由DCS的给水控制系统进行控制。

(2) 启动和运行方式的选择和操作，通过机组DCS操作员站上的MEH画面进行。

(3) 系统设计有跟踪回路，以实现手动/自动运行之间的无扰切换。

2. 手动转速控制方式（软手动）

(1) 在此方式下，由操作员通过转速增、减按钮控制HP（高压）和LP（低压）调速阀的位置（或者对于某些汽轮机是通过一个执行器去控制一个多阀组）。

(2) 调速阀依次打开。

(3) 在下述情况下，系统进入此种方式：

1) 手动操作按钮进行切换；

2) 两个转速通道均故障；

3) 紧急手操；

4) 汽轮机跳闸；

5) 调速阀通信出错；

6) 进汽阀均未打开。

3. 操作员自动转速控制方式

(1) 在此方式下，由操作员在控制画面上给出目标转速，MEH应能自动地将转速提升到目标值。

(2) 任何一个转速通道故障都不应影响转速的自动控制。

(3) 两个转速通道均发生故障，则系统将自动切至手动方式。

4. 远方转速自动控制方式（接受给水控制系统指令）

(1) 在此方式下，MEH接受来自机组DCS的指令进行转速自动控制。

(2) 对于MEH，来自机组DCS模拟信号指令或脉冲信号指令都应是可接受的。

(四) MEH调试

1. 系统初步检查

包括模件安装、查线、接地等工作。

2. 上电

在初步检查完成以后，可以对MEH上电，包括监控计算机和通信网络。监控计算机即工程师站，可以用来实时监测系统数据，修改下载组态，调用历史数据等。机柜上电以后，初步应达到模件工作正常，网络通信正常，操作盘显示操作正常。

3. 通道校验

对于系统重要的输入信号，应在就地加信号，在监控计算机监视是否正确。对于重要的输出信号，应在计算机上模拟，在就地观察是否正确。

4. 电液伺服阀和数模转换卡

当液压油系统建立起来以后，就可以对调节阀进行调试。首先要调好位置反馈装置 LVDT；调节 LVDT 的零点和增益，使反馈的直流电压信号与阀门实际开关位置相对应。

当 LVDT 调好后，调整数模转换卡上的位置反馈增益电位器，把 LVDT 的反馈信号转换为 0～10V 直流电压，对应阀位从全关到全开。

5. 系统投运试验

（1）手操高、低压调节阀，检验行程和阀位。

（2）用信号发生器模拟转速信号，做自动控制方式的试验。

（3）在自动的基础上，模拟给水控制信号切换到遥控方式，做给水控制方式的试验。

（4）做给水泵汽轮机手动、自动、遥控各种运行方式的切换试验，确保在相互切换时，调节阀阀位无扰。

（5）做高、低压主蒸汽阀试验。

（6）做电超速试验。

（7）配合做给水泵汽轮机保护试验。

第三节 DEH 的功能试验和性能测试

由于 DEH 控制逻辑比较复杂，且汽轮机首次冲转启动过程中需解决机组本身的振动等主、辅机的一系列问题，要求 DEH 投自动，并能稳定、可靠地控制机组转速，不能出现由于 PID 参数、阀门曲线不符等造成的转速控制不稳。机组启动中也没有时间给 DEH 进行大规模的组态修改和参数整定。因而，要求在机组启动前对 DEH 的控制逻辑、保护逻辑、基本控制功能进行实验验证，初步确定 PID 参数等，同时验证液压系统动作灵活、可靠，满足 DEH 控制要求，以保证机组一次启动成功。因此，在 DEH 投入实际运行之前，一定要对系统进行功能试验和性能测试，以检验 DEH 所有功能是否能可靠实现，系统功能的性能是否符合要求。

一、静止试验

（一）阀门快关试验

（1）测定油动机自身动作时间，要求所有油动机从全开到全关的快关时间常数小于 0.15s。

（2）测定总的关闭时间，要求从打闸到油动机全关时间小于 0.5s。

（二）打闸试验

（1）各阀门处于全开状态，手拉机头手动停机机构，所有油动机应迅速关闭。

（2）重新挂闸，全开各阀门，手打集控室停机按钮，所有油动机应迅速关闭。

(3) 重新挂闸，全开各阀门，汽轮机保护（ETS）给 DEH 送停机信号，所有油动机应迅速关闭。

(4) 汽轮机保护（ETS）停机。

二、在线试验

（一）喷油试验

喷油压出试验是在机组正常运行时及做提升转速试验前，将低压透平油注入危急遮断器飞环腔室，依靠油的离心力将飞环压出的试验，其目的是活动飞环，以防飞环可能出现的卡涩。在不停机的情况下，通过给高压遮断组件的隔离阀带电，使进入主遮断的高压安全油由紧急遮断阀提供转换成由隔离阀提供，以避免飞环压出引起的停机，此时高压遮断组件的主遮断电磁阀处于警戒状态。

喷油试验程序如下。按下“飞环喷油试验”按钮，将“试验钥匙”开关旋到“试验”位置。此时高压遮断组件的隔离阀 4YV 带电（见图 9-23），使进入主遮断的高压安全油由紧急遮断阀提供转换成由隔离阀提供，隔离阀上设置的行程开关 ZS4 的常开触点断开、ZS5 的常开触点闭合，并对外发信号，DEH 检测到该信号后，使复位试验阀组中的喷油电磁阀 2YV 带电，透平油被注入危急遮断器飞环腔室，危急遮断器飞环击出，打击危急遮断装置的撑钩，使危急遮断装置撑钩脱扣，行程开关 ZS2 常开触点由闭合转为断开。DEH 检测到上述信号使复位试验阀组的喷油电磁阀 2YV 失电。当飞环复位后，使复位电磁阀 1YV 带电，使危急遮断装置的撑钩复位。在检测到机械遮断机构上设置的行程开关 ZS1 的常开触点闭合、ZS2 的常开触点闭合的信号后，使复位电磁阀 1YV 失电。当 ZS1 的常开触点断开时可使高压遮断组件的隔离阀 4YV 失电。将“试验钥匙”开关旋到“正常”位置。飞环喷油试验完毕。

（二）机械超速试验

将 ETS 超速保护线解除，将集控室 DEH 面板上超速试验钥匙开关旋到电气位，DEH 自动将电气保护值由原来的 3300r/min 改为 3330r/min。按下“超速试验”按钮，DEH 将转速目标值设为 3330r/min，将升速率设置为 10～15r/s，使机组升速到危急遮断器动作，危急遮断器指示灯亮，各主汽阀、调节阀迅速关闭。记录其动作转速，连续三次试验并合格，机械超速试验转速上升曲线如图 9-33 所示。

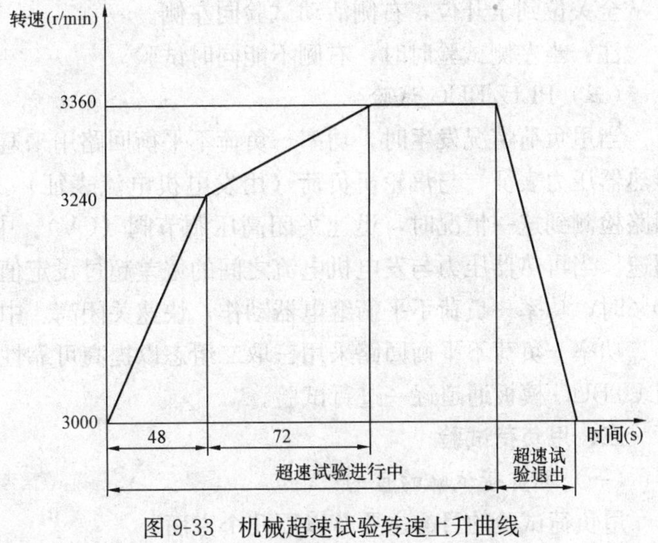

图 9-33 机械超速试验转速上升曲线

在冷态启动时，汽轮机在机组带负荷大于等于 25％的条件下最少运行 3h，之后才能做超速试验，这是因为汽轮机在初次运行时，其转子中心温度低于材料的脆性转变温度。高温运行的汽轮机转子采用了合金钢，当温度高于它的脆性转变温度时，具有较高的余度，来承受因超速而增加的应力。当汽轮机从冷态启动升速到额定转速时，高、中压转子的中心温度达不到其脆性转变温度。在升速和传递给转子的热量达到额定值过程中不带负荷，汽轮机的进汽压力低，不能满足把转子的中心温度提升到脆性转变温度以上的要求。而在转子的材料温度不能达到或高于其脆性转变温度时，冷态启动的转子不能承受超速附加应力。为了转子中心温度升高到一定水平，提高韧性，因此机组带负荷运行一段时间是很有必要的。带25%的负荷运行3h将达到加热的目的。

（三）高压遮断电磁阀试验

在高压遮断集成块上有4个高压遮断电磁阀5YV、6YV、7YV、8YV及压力开关PS4和PS5。当进行5YV或7YV的试验时，中间油压将升高，压力开关PS5发信号，表明被试验的电磁阀已有效动作；当进行6YV或8YV的试验时，中间油压将降低，压力开关PS4发信号，表明被试验的电磁阀已有效动作。

（四）阀门活动试验

为确保阀门活动灵活，需定期对阀门进行活动试验，以防止卡涩。

（1）MSV阀活动试验。MSV2及MSV3开始试验时，选中的阀门以10%/s的速度从全开位到全关位，当关到10%时，对应的快关阀带电，全关到零位，然后快关阀失电，阀门以10%/s的速度从全关位到全开位；MSV1及MSV4开始试验时，选中的阀门试验电磁阀带电，阀门从全开位到全关位，当关到10%时，对应的阀门快关阀带电，全关到零位，然后试验电磁阀及快关阀失电，阀门从全关位到全开位。

注：每个阀门不能同时试验。

（2）CV阀活动试验。CV1试验时，CV1以10%/s的速度从全开位到全关位，当关到10%时，快关阀带电，全关到零位，然后CV1快关阀失电，CV1以10%/s的速度从全关位到全开位。CV2、CV3、CV4活动试验同CV1。

注：当有一个CV阀试验时，其他CV阀不能同时试验。

（3）ICV及RSV活动试验。左侧试验时，ICVL以10%/s的速度从全开位到全关位，当关到10%时，快关阀带电，全关到零位，接着RSVL试验电磁阀带电，RSVL从全开位到全关位，当RSVL关到10%时，RSVL快关阀带电，全关到零位，然后RSVL试验电磁阀及快关阀失电，RSVL从全关位到全开位，接着ICVL快关阀失电，ICVL以10%/s的速度从全关位到全开位，右侧活动试验同左侧。

注：当左侧试验时时，右侧不能同时试验。

（五）PLU/BUG试验

当甩负荷情况发生时，功率—负荷不平衡回路用来避免汽轮机超速。当汽轮机功率（用再热器压力表征）与汽轮机负荷（用发电机电流表征）不平衡时，会使汽轮机超速。PLU回路检测到这一情况时，迅速关闭高压调节阀（CV）、中压调节阀（ICV），抑制汽轮机的超速。当再热器压力与发电机电流之间的偏差超过设定值并且发电机电流每10ms减少超过40%时，功率—负荷不平衡继电器动作，快速关闭高、中压调节阀。

功率—负荷不平衡回路采用三取二组态以提高可靠性，因此在正常带负荷运行时可以对PLU/BUG模板通道逐一进行试验。

三、甩负荷试验

（一）甩负荷试验的目的

甩负荷试验的目的主要有以下几个方面。

(1) 测定控制系统在机组突然甩负荷时的动态特性。包括：①甩负荷后的最高动态飞升值应小于超速保护装置动作值；②甩负荷后的转速过渡过程应是衰减的，其转速振荡数次后趋于稳定，并在 3000r/min 左右空转运行。

(2) 测定控制系统中主要环节在甩负荷时的动态过程。

(3) 检查主机和各配套设备对甩负荷的适应能力及相互动作的时间关系。

(二) 试验条件

必须完成说明书所规定的试验，它们主要有：

(1) 阀门活动试验。

(2) DEH、TSI、ETS 甩负荷前必须完成的检查。

(3) 检查高压抗燃油系统供油装置的两台 EH 主泵互相切换正常，油压 10.7～11.7MPa、油位正常、油温 35～54℃、高压蓄能器充氮压力 8.0MPa。

(4) 提升转速试验合格。

1) 危急遮断器动作整定值符合要求，其值为 110%～111%额定转速；

2) 电超速保护整定值符合要求，其值为 110%额定转速。

(5) 各主汽阀、调节阀在掉闸时的总关闭时间测定完毕且符合要求。

(6) 各主汽阀、调节阀严密性试验符合要求。

(7) 空负荷试验、带负荷试验，本系统及汽轮机主、辅机运转正常，操作灵活正常。

(8) 各主要监视仪表指示正确，主、辅机设备无缺陷。

(9) 汽轮机抽汽回热系统，蒸汽旁路系统等工作正常，保护联锁可靠，尤其是抽汽止回阀动作正常。

(三) 试验所需测定的项目

试验所需测定项目如表 9-1 所示。

表 9-1　　甩负荷试验所需测定项目

序号	名　称	符 号	试验前后稳定值及过程中的极值	仅记试验前后稳定值	录 波
1	时间	t			√
2	发电机油开关跳闸信号				√
3	发电机电功率	N		√	√
4	转速	n	√		√
5	高压调节阀油动机 CV1 行程	M_{11}			√
6	高压调节阀油动机 CV2 行程	M_{12}			
7	高压调节阀油动机 CV3 行程	M_{13}			
8	高压调节阀油动机 CV4 行程	M_{14}			
9	中压调节阀 ICV1 油动机行程	M_{21}			
10	中压调节阀 ICV2 油动机行程	M_{22}			
11	抗燃油系统油压	P_{GH}			

续表

序号	名　　称	符号	试验前后稳定值及过程中的极值	仅记试验前后稳定值	录波
12	各段抽汽止回阀行程	h_{1n-}			
13	高压主汽阀油动机行程（左）	H_{11}			
14	高压主汽阀油动机行程（右）	H_{12}			
15	中压主汽阀油动机行程（左）	H_{21}			
16	中压主汽阀油动机行程（右）	H_{22}			
17	高压缸排汽止回阀行程	h_{10}			
18	主蒸汽压力（主汽阀前）（左）	p_{01}			
19	主蒸汽压力（主汽阀前）（右）	p_{02}			
20	主蒸汽温度（主汽阀前）（左）	T_{01}			
21	主蒸汽温度（主汽阀前）（右）	T_{02}			
22	调节级后压力（高压缸）	p_{KP}			
23	再热器热端蒸汽压力（左）	p_{R1}			
24	再热器热端蒸汽压力（右）	p_{R2}			
25	再热器热端蒸汽温度（左）	T_{R1}			
26	再热器热端蒸汽温度（右）	T_{R2}			
27	主蒸汽流量	G			
28	高压缸排汽温度	T_{10}			
29	凝汽器真空	p_G			
30	调节油温（透平油）	T_t			
31	调节油温（抗燃油）	T_g			
32	旁路系统阀门开度	H_P		✓	
33	轴向位移				
34	胀差（高、低）				
35	各轴承振动				
36	主油泵出口油压				

（四）试验方法

由于该试验涉及机、炉、电全套设备及与之相配合的系统，因此试验时必须根据具体情况制订详尽的试验措施，纯冷凝工况甩负荷的方法如下。

1. 试验方法

试验方法如表 9-2 所示。

表 9-2 甩负荷试验方法

序号	甩前负荷（MW）	主蒸汽参数	甩负荷方式
1	500	额定值	用“甩负荷按钮”使油开关跳闸，发电机脱网，进行转速过渡过程录波
2	1000	额定值	用“甩负荷按钮”使油开关跳闸，发电机脱网，进行转速过渡过程录波

2. 试验要领

试验步骤可分为试验前、试验进行和试验后三方面工作。

(1) 试验前。

1) 应对系统中用于防卡涩的活动试验装置进行操作，以防试验中发生拒动。

2) 应对测试仪器、仪表进行检查、保证完好可靠。

3) 应将妨碍试验的一些联锁解除。

4) 应调整运行工况，保证在额定的蒸汽参数，额定真空和规定的负荷点上运行，并在稳定后全面记录转速、压力、位移（行程）等重要参数。

(2) 进行试验。

1) 由总指挥根据各分项负责人的汇报下令甩负荷。

2) 在甩负荷前约 1s 录波器必须启动。

3) 应严密监视机组转速飞升情况，若转速达到 3330r/min 时，应立即打闸停机。

4) 应严密监视机组各主汽阀、调节阀和抽汽止回阀动作情况，如有异常应立即采取措施。

5) 应严密监视机组轴承振动情况，以确保安全。

6) 转速、压力、位移（行程）等重要参数应有记录值，必须记录试验过程中的最大（最小）值。

(3) 试验后。

1) 转速稳定后全面记录一次转速、压力、位移（行程）值。

2) 对第一、二次试验，机组在额定转速，由总指挥决定机组何时并网。

3) 试验结束后，必须恢复机组正常运行状态，恢复为试验而解除的各种联锁。

4) 整理录波图及手抄记录，并及时撰写出试验报告。

第四节　1000MW 机组 DEH 调试及问题处理

1000MW 超超临界机组是目前国内火电机组中单机容量最大的机组，其 DEH 调试相对于超临界和亚临界机组来说有其不同的特点。在装置投运之前，对系统各部分进行全面的检测与调试是必要的。要对整个系统进行通电试验，检查装置硬件、软件有无故障、系统功能是否正常运作，这是保证保证系统正常投运的必要手段之一。本节以华能海门电厂为例，对 1000W 机组的调试和问题处理进行说明。

一、DEH 的调试

(一) DEH 上电复原

当控制机柜安装完成，工程师站、操作员站就位，系统各预制电缆连接完成后，需要对 DEH 进行上电复原。

1. 各项安装验收的检查

对安装单位的机柜安装验收报告、机柜绝缘检测报告、接地系统安装验收报告进行检查。DEH所用的220V交流电源由双路电源供电，交流电源一路取自热控UPS电源，另一路取自保安段电源。这样，两路电源相互独立，以防止其中一路电源消失导致保护系统失灵和误动作。在DEH内部，由PD6000提供各种类型的电源输入，PD6000电源装置输入、输出部分采用模块化结构，最大输出功率为600W，可向计算机控制装置和一般设备提供直流电源，是晶体管开关式的模块化直流稳压电源装置。

首先，应检查DEH的外部供电线路，并测量外部的供电电压等级。然后对24V DC及±15V DC电源进行上电，看电压是否满足要求。其次，检查DEH的内部供电线路，即CPU、各卡件的的供电回路，在正确无误后，将外部信号均与系统隔离，逐一对电源进行了恢复。最后对电源切换装置的接线进行检查，正确后将其上电。

2. 工程师站、操作员站软件恢复

在工程师站、操作员站的电源系统正常后，由厂家对其进行软件恢复。

3. DEH I/O通道测试

在整个DEH的软、硬件恢复后，对DEH的I/O通道进行的校验，通过施加不同的类型的模拟信号及对DEH的输出点进行强制，检测了DEH I/O通道的精度及I/O卡件至接线端子排的接线正确性。校验记录参照DEH通道校验记录表。

（二）DEH冷态调试

1. 接线检查

在DEH长途运输过程及在电厂安装过程中，DEH控制柜内的接线及电缆可能会产生一些松动，因此在信号检测和调试之前，进行接线检查是必须的。

（1）机柜与机柜之间或机柜内部连线应根据厂家提供的内部连线图逐个检查，紧固有松动的端子。

（2）电缆检查。所有电缆完好无破损，电缆内信号线两端均导通，且线与线之间以及线与电缆屏蔽层之间绝缘良好，所有电缆的空余芯和屏蔽层均按需接地要求在控制屏内接地，并且接地良好。

（3）检查各电缆的连接，需正确无误。

（4）根据机柜接线端子图，检查了所有外部信号接线，对有问题和错误的接线进行改正。

（5）检查机柜内原有接线是否松动，并根据端子号将松动的线接紧。

2. 电源地线检测

装置上电前，需对电源、地线的安装连接进行全面仔细的检测。

（1）接地电极检测。在装置上电前对接地电极的阻抗进行测试，接地电阻的阻抗需小于5Ω。

（2）电源测量。电源测量包括电流测试、电压测试和阻抗测试。

1）电压测试：用万用表测量PD6000电源输入盘处的AC电压输入值及电源输出模板的DC电压输入值，电压需符合系统要求。

2）阻抗测试：测量设备接地线或零线的输入阻抗，电阻需小于5Ω，符合对人体和设备的保护要求。

(3) 屏蔽层校验。屏蔽层的校验可以在机柜中进行。如果装置未上电，则可将接地导线拆开，测量机柜与绝缘公共接地线之间的阻值，测量值需小于1Ω。

3. 阀门调整

(1) 需测量伺服阀及LVDT的电阻，防止线圈有问题。

(2) 确定各阀门的开启行程。

(3) 检查高压主汽阀、中压主汽阀限位开关的动作正确性。

(4) 将DEH油系统开启至正常，通过DEH的阀门手动调整画面，强制阀门的指令，对高压调节阀和中压调节阀LVDT的零位和满度进行校正和调整。

(三) 仿真试验

在DEH的控制逻辑检查修改完毕后，对照厂家的控制技术要求，需要对DEH进行纯仿真功能试验和带阀门仿真试验，以验证DEH的各项控制功能符合要求。

(四) 与其他系统联调

在静态试验时，对遮断电磁阀动作、机组挂闸、机组跳闸、喷油试验、超速试验、负荷不平衡等功能都需要进行静态联调试验，直至最后所有功能均正常，可以将DEH投入运行。

二、EH调试

(一) 系统恢复

当两台EHC泵停止，供油压力表读数为零后，可将冲洗板（阀）拆下，装上节流孔、伺服阀、电磁阀等，应特别注意避免漏装节流孔、O形圈等。

(二) 系统耐压试验

(1) 短暂地置1号EHC泵控制开关于“运行”位置。缓慢开启供油管的隔离阀，并打开所有油动机进口压力油滤油器（或油路）上的阀门，向系统设备供油。

(2) 将1号泵出口一溢流阀的设定压力提高，然后调整泵体上的压力补偿器螺杆，使其出口压力缓慢地由4MPa升至10～14MPa，检查整个系统有无泄漏，如有泄漏应采取措施。

(3) 继续调整压力补偿器，提高系统压力至18～20MPa，检查整个系统管路、焊缝、管接头、安装接合面等处，确保无泄漏。注意：在高压区段（14MPa以上）停留的时间应少于5min。

(4) 试验完成后，重新设定安全溢流阀于17MPa，然后再调整泵体上的压力补偿器，将1号EHC泵出口压力调定在14MPa，停1号EHC泵。

(5) 开启2号EHC泵，重复上述设定工作。

(6) 停2号EHC泵。

(三) 供油装置试验

1. 就地操作试验

操作就地控制箱上的开关或按钮分别进行两台EHC主泵和两台循环泵的启、停操作，加热器投、切操作等，确认其动作正常，各信号指示灯显示正确。

2. 远方操作试验

在DCS（或DEH）操作员站上，进行两台EHC主泵和两台循环泵的启、停操作，确认其动作正确，各种状态显示正确。

3. 泵联锁试验

(1) 启动1号EHC泵，使2号EHC泵处于备用位。停1号EHC泵，当泵出口油压降至11.2MPa以下时，2号EHC泵可自启动。

(2) 保持2号EHC泵运行，使1号EHC泵处于备用位。停2号EHC泵，当泵出口油压降至11.2MPa以下时，1号EHC泵可自启动。

(3) 在就地或远方操作泵联锁试验电磁阀，备用泵能迅速启动。

(四) 冷却系统调试

(1) 将电厂冷却水（水压通常为2～6kgf/cm^2）接入供油装置冷油器，适当开启进口水阀，拧松冷油器壳体上的放气螺塞，当有水溢出时，再将螺塞拧紧。

(2) 供油装置中的冷却水阀为自励式温控水阀，调整冷却水阀上部的螺母，改变水阀中调节弹簧的预紧力，从而改变不同温度下水阀的开度。在运行中可通过调整，使系统正常油温控制在40～45℃。

(五) 电液系统联调试验

1. 系统挂闸试验

通过DEH发出挂闸指令，确认危急遮断装置、高压遮断模块等均处于警戒位置，系统安全油压建立，各压力开关、位置开关指示信号正确。

2. 开关型执行机构试验

通过DEH发出开主汽阀指令，确认各主汽阀开启正常，各位置开关指示正确，发出关主汽阀指令，各主汽阀可受控关闭。

3. 连续型执行机构校验（阀门校验）

通过DEH发出阀门校验指令，确认各调节阀可自动完成阀门校验。通过DEH给出阀位控制指令，各调节阀可受控并迅速运动至指定阀位。

4. 系统打闸试验

系统挂闸，各阀门开启，分别完成就地手动和远方打闸试验，各阀门应迅速关闭，各压力开关、位置开关指示信号正确。

5. OPC动作试验

系统挂闸，各阀门开启，通过DEH模拟OPC动作指令，各调节阀应迅速关闭。

6. 辅助性试验

辅助性试验包括危急遮断器喷油试验、高压遮断模块电磁阀活动试验、主汽阀活动试验等。分别逐项进行，并确认各压力开关、位置开关等反馈指示信号正确。

三、DEH的故障诊断及分析

在运行过程中，DEH进行定时在线自诊断，对发生故障的环节进行报警显示和打印故障内容，以指导热控人员进行有针对性的在线或离线维修，以使DEH尽快恢复正常。

DEH要想长期、稳定地运行，必须定期地进行维护和检修。

(一) 在线自诊断

DEH在运行过程中，对重要的硬件设备、重要的输入/输出信号进行自我检测和诊断，如发现故障则进行报警显示，打印报表。

1. 转速通道诊断及处理

当三路转速通道中任一路转速信号丢失，或当转速设定点大于200r/min时，转速信号快速变化，则该转速通道故障。

当三路转速通道中任一路，在转速设定点大于200r/min时与中间值之差大于10r/min，该转速通道故障。

当三块测速模板中任一块在板微处理器故障，则该转速板故障。

当有两个通道故障或当转速设定值与转速之差大于500r/min时，产生转速系统故障信号，该信号将产生汽轮机跳闸信号。

2. 系统监视

打开OIS站进入“系统监视画面”，该画面可对DEH整个系统（包括网络、模板等）进行监视和报警。任一站的主控制器故障，则系统将自动切至备用主控制器，同时将在“系统监视画面”中产生报警信息。

DEH网络包括以太网、MODBUS总线及各系统专用网，当不同的网络故障出现时会系统会出现不同的报警信息。

（二）故障分析及维护

DEH装置在进行控制时，系统内部同时进行在线诊断，对发生故障的单元将进行报警、指示并打印。根据操作员站站及模板前面板上的报警内容可进行有针对性的在线或离线维修，以使DEH尽快恢复正常。

(1) 转速通道故障。短暂的单通道故障将不会影响系统的正常运行，但若是长时间故障或转速系统故障，则应由热工进行维修处理，首先用示波器检查故障通道转速是否正常若不正常则应检查测速发信头接线是否正确，安装是否符合要求。若转速信号正常而出现转速通道故障，则有可能是测速板本身有故障。

(2) 功率、主蒸汽压力、调节级压力等参数与实际情况不符，则应作以下检查：一是检查相应变送器信号是否正常，输出信号范围中是否与设计值相符，如条件允许，对变送器可重新检验；二是检验变送器接线是否正确、可靠；三是检验模入板。

（三）伺服卡的故障诊断

伺服卡是控制器与现场执行机构的接口，来往信号复杂，伺服卡工作的正确性决定了控制的可靠性。

(1) 在伺服模板校验、调整、启动时出现的故障称作离线故障。产生的原因多为模板安装校验时不正确或不完全。

1) 伺服放大器没有伺服驱动信号：如果伺服板的驱动电流信号正确，检查输出至伺服阀的电缆，如果电缆没问题，则需更换伺服阀。

2) LVDT初级没有激励信号：如果伺服板的激励信号正确，检查输出至LVDT的电缆，如果电缆没有问题，则需更换LVDT。

3) LVDT次级没有响应输出：改变伺服板的输出电流，LVDT两个次级间的电压差应该变化，如果没有变化，检查连接电缆，如果电缆没问题，则需更换LVDT。

(2) 伺服板在运行中出现故障时，称作在线故障。

在运行中出现故障是由连线引起的应该是很少的（定期检查条件下），一般是机柜内部或子模板有故障，可通过模板上的指示灯的状态确定故障具体内容，如果出现执行机构位移报警信号，应检查LVDT的初级或次级。如果初级激励电压小于1.0V RMS，则LVDT初级故障，如果该值大于1.0V RMS，则检查LVDT次级电压，如果次级没有正弦波输出，则次级线圈故障，如果两个次级输出正确，则检查其他部件。

四、华能海门电厂 DEH 调试中出现的问题及处理

华能海门电厂 1000MW 机组在 DEH 调试过程中发现了许多问题，这些问题均一一解决，确保了机组的安全稳定运行。在华能海门电厂调试过程中发现和解决的问题主要有：

（1）MSV(1)～MSV(4)及 RSV(1)～(2)的速关电磁阀线接错，导致高、中压主汽阀无法动作，接线工作还是需要重视的。

（2）由于汽轮机主汽阀在开度指令大于 93%时容易引起汽流激振，从而导致汽轮机振动增大，并且由于此原因导致了一次跳机。经过与东方汽轮机有限公司（简称东汽）商量，在 DCS 中将主汽阀开度限制到了 93.3%以下，成功地解决了此问题。

（3）在系统一次调频动作时，调节阀开度频繁抖动，从而引起 CCS 负荷控制不稳，经过与东汽商量和分析，对原一次调频曲线进行了适当的修改，解决了该问题。

（4）由于原来的 CV4 阀位曲线不合理，经过与东汽技术人员协商，由东汽重新提供了经过优化的 CV4 阀位曲线，并在 DEH 中进行了修改。

（5）DEH 柜中模块端子到现地主汽阀试验电磁阀线接地，导致了系统无法挂闸，经过仔细排查，成功解决了该问题。

（6）在调试时，EH 油泵的电流总是显示为 0。经检查，DEH 柜中的模拟量输入模块接线和设置均没有问题，现地到控制柜的线路也正常，并没有接地和其他故障。后来经过排查，发现为现场变送器输入和 DEH 柜模块输入信号类型不匹配所致，经过修改，电流信号显示恢复正常。

总之，在华能海门电厂 2 号机组整组启动过程及 168h 试运期间，DEH 功能逐一投运及试验，达到设计要求。经过 168h 满负荷试运行，证明华能海门电厂 2 号汽轮机与其配套的 DEH 能可靠地对机组进行控制与保护，满足生产运行要求。

旁路控制系统

第一节 概　　述

百万千瓦级火电机组都采用中间再热式热力系统，按一机一炉的单元配置。因为汽轮机和锅炉特性不同而带来机、炉运行匹配的问题。例如汽轮机空负荷运行，蒸汽流量仅为额定流量的5%～8%，而锅炉最低稳定负荷为额定负荷的15%～50%，一般在30%左右，负荷再低的话，锅炉就不能长时间稳定运行。另外，启动工况要回收锅炉多余蒸汽，避免对空排汽造成工质损失；有的再热器位置在锅炉较高温度的烟温区，要求有一定流量的蒸汽冷却管道，最小冷却流量为额定的14%左右。所以机组启动时和机组空载时，要解决再热器的保护问题。在中间再热机组上设置旁路系统，就可以解决单元机组机、炉运行不匹配等问题。除了回收汽水和保护再热器外，还可适应机组的各种启动方式（冷态、热态、定压、滑压）、带厂用电、低负荷运行以及甩负荷等工况的要求。

一、旁路系统的主要功能

汽轮机旁路系统是为汽轮机提供的一条旁路通道，用它来适时地平衡锅炉的产汽量和汽轮机的耗汽量，稳定锅炉和汽轮机的运行。汽轮机旁路系统有多种构成形式，如高压旁路串联低压旁路、再并联大旁路的三级旁路、高低压两级串联旁路、一级大旁路等。现在大型单元机组大多都采用一级大旁路和高、低压两级串联的旁路形式。高压旁路把来自锅炉过热器的蒸汽排到再热器，低压旁路把再热器的蒸汽排到凝汽器。现在高参数、大容量带中间再热的汽轮发电机组，都配置了功能完善的旁路系统，旁路系统对提高机组运行的安全性和经济性起着重要作用。

典型的1000MW机组两级串联旁路系统结构如图10-1所示。高压旁路连接主蒸汽管道和再热器入口管道（再热器冷段），可以使流经高压汽轮机（高压缸）的蒸汽旁路。低压旁路连接再热器出口管道（再热器热段）和凝汽器，旁路流经汽轮机中、低压缸的蒸汽。高压旁路系统布置有高压旁路减压减温站（高压旁路减温减压阀）、高压旁路喷水控制阀、高压旁路喷水截止阀等。低压旁路系统布置有低压旁路站，由低压旁路减压阀、低压旁路截止阀、低压旁路喷水控制阀以及低压旁路减温器等组成。

根据各机组的不同情况，汽轮机旁路系统的旁路容量有多种选择，目前百万千瓦级机组旁路系统多采用30%～40%旁路容量的系统，个别对安全性要求更高的机组（如核电机组）也有采用100%旁路容量的系统。100%旁路容量的机组，锅炉可以不装设过热器安全门，当机组发生FCB工况时，蒸汽全部排入凝汽器，不用对空排汽。

汽轮机旁路系统一般具有以下主要功能：

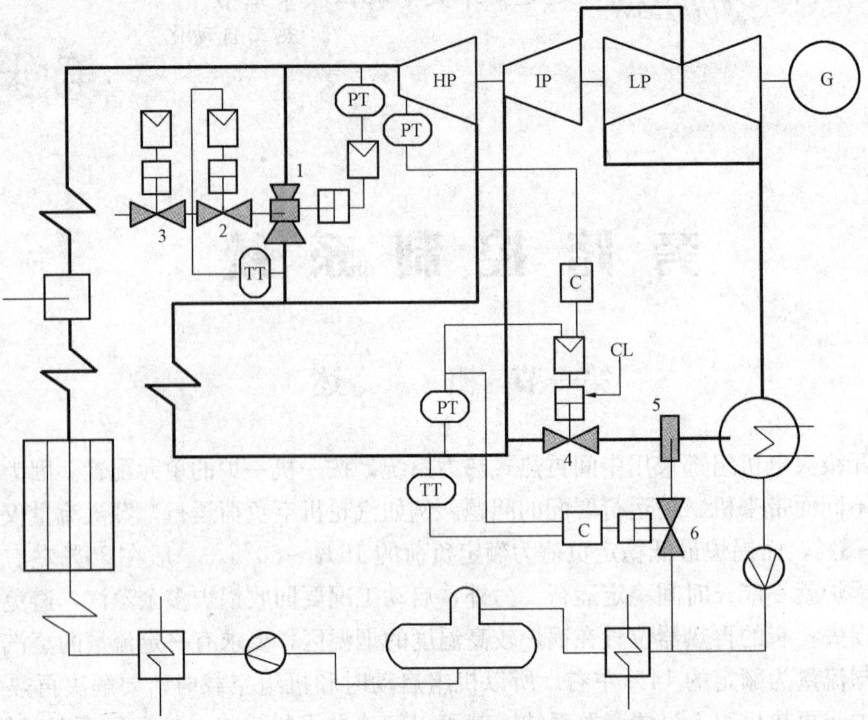

图 10-1 典型的1000MW机组两级串联旁路系统结构示意
1—高压旁路调节阀；2—高压旁路喷水调节阀；3—喷水隔离阀；4—低压旁路调节阀；5—减温器；6—低压旁路喷水调节阀

(1) 实现单元机组的滑压启动和滑压运行。单元机组滑参数启动过程应严格按照启动曲线的要求进行，单元机组提供4种启动方式，即冷态启动、温态启动、热态启动和极热态启动，并提供了相应的启动特性曲线，启动过程中，旁路系统配合汽轮机控制系统DEH共同满足这一要求。冷态启动时，旁路系统投入后可以加快锅炉升温、升压过程，缩短启动时间。热态启动时，可以用旁路系统控制蒸汽温度，使主蒸汽温度尽快与汽轮机金属温度匹配，减小机组热应力，加快启动速度，对于采用中压缸启动的机组，启动过程中必须投入旁路系统，以旁路汽轮机高压缸蒸汽流量，控制中压缸进汽温度和压力，满足启动参数要求。当机组由定压运行转入滑压运行时，如果机组负荷变化幅度较大，可以用旁路系统协助锅炉来调节蒸汽流量，控制蒸汽压力，满足机组滑压运行的要求。

(2) 保护再热器。正常运行时，汽轮机高压缸排汽送入锅炉再热器进行再次加热，在工质再热的同时，又冷却了再热器。若运行中发生汽轮机跳闸或FCB工况而大幅度甩负荷时，汽轮机高、中压汽阀迅速关闭，高压缸没有蒸汽排出，使再热器处于干烧状态。为了保护再热器，避免干烧，要快速开启旁路系统，让蒸汽进入再热器，对其进行冷却。对于发生FCB工况时要维持带厂用电运行的机组，由于蒸汽负荷的大幅度下降，旁路系统快开后，可以保护再热器不使其超温。

(3) 改善锅炉的运行条件。当机组发生FCB工况，汽轮发电机只带厂用电运行时，旁路系统应快速全开，旁路过量的蒸汽，使锅炉能逐渐地调整负荷，能保持在最低负荷下稳定运行，为锅炉提供一个相对独立的运行环境。一旦故障排除，机组可迅速恢复发电。在发生

RB工况时，旁路的开启也能排出锅炉产生的余量蒸汽，协助锅炉快速调整负荷。

(4) 回收工质，减少对空排气，提高运行的经济性。在启动过程中，旁路系统除了可以通过热力循环加快工质参数的提高，缩短启动过程的时间外，同时也起到了回收工质的作用。另外，当运行中发生锅炉出口蒸汽压力过高时，旁路开启可以降低蒸汽压力，避免锅炉安全门频繁开启，回收部分蒸汽，减少汽水损失。

旁路系统功能的发挥除了与旁路系统自身的性能有关外，还与汽轮机、锅炉以及附属设备的性能有关。

二、旁路系统的形式

旁路系统一般分为高压旁路、低压旁路及大旁路等型式。

(1) 高压旁路（Ⅰ级旁路）。它可使主蒸汽绕过汽轮机高压缸，蒸汽的压力和温度经Ⅰ级旁路降至再热器入口处的蒸汽参数后直接进入再热器。

(2) 低压旁路（Ⅱ级旁路）。它可使再热器出来的蒸汽绕过汽轮机中、低压缸，通过减压降温装置将再热器出口蒸汽参数降至凝汽器的相应参数后直接引入凝汽器。

(3) 大旁路。即整机旁路，它将过热器出来的蒸汽绕过整个汽轮机经减压降温后直接引入凝汽器。

旁路型式选取主要取决于锅炉的结构布置、再热器材料及机组运行方式。若再热器布置在烟气高温区，在锅炉点火及甩负荷情况下必须通汽冷却时，宜用Ⅰ、Ⅱ级旁路串联的二级旁路系统或者用Ⅰ级旁路与大旁路并联的双级旁路系统。若再热器所用的材料较好或再热器布置在烟气低温区，允许干烧，则可采用大旁路的单级旁路系统。对于要求有较大灵活性的机组，如调峰运行机组、两班制运行机组，为了热态启动时迅速提高再热汽温，低负荷时也能保持较高的再热汽温，且再热器布置在烟气高温区，此时必须选用Ⅰ、Ⅱ级旁路串联的二级旁路系统。

近年来，我国投产的大型机组许多采用了进口的旁路装置，600～1000MW 机组多采用CCI公司的旁路装置。这些旁路装置的阀门无漏流、动作可靠，具有快速开、闭功能，控制系统设计较为合理、功能齐全、工作可靠，图10-2所示为CCI公司的某电厂1000MW机组的旁路控制系统。

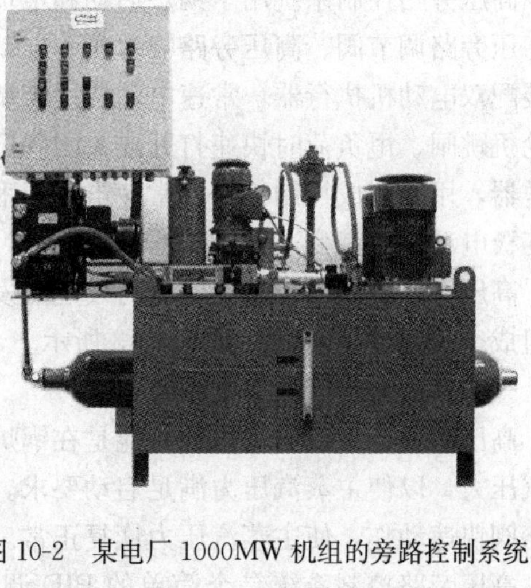

图 10-2 某电厂 1000MW 机组的旁路控制系统

三、旁路系统的组成

在旁路系统中，没有做功的主蒸汽和再热蒸汽将要分别旁通到再热器和凝汽器，为了防止再热器超压、超温和凝汽器过负荷，必须对旁通蒸汽进行减温、减压。因此汽轮机旁路系统主要由三部分组成，第一部分是高、低压两级旁路管道和阀门；第二部分是高、低压旁路站的执行机构系统，对于采用电液执行机构的系统还包括高压抗燃油供油系统；第三部分是高、低压旁路站的自动控制系统，这部分目前均采用DCS控制。

目前国内大型火电机组旁路系统多采用两种引进型设备，即CCI-SULZER公司的旁路系统和SIEMENS公司旁路系统。前者采用电液执行机构，后者以电动执行机构为典型，现在也生产电液执行机构系统。采用电动执行机构，它较液压系统调试维护方便，不需要复杂的液压系统，但动作时间稍长。电液执行器的优点是体积小、推力大、动作快、惯性小、定位准。

旁路调节阀和执行机构两大部分构成了旁路系统的执行单元，若采用电液执行机构，还应考虑高压抗燃油供油系统。

1. 旁路调节阀

旁路调节阀是旁路系统中完成减压、减温和流量调节的主要部件，旁路系统的调节阀主要有：①高压旁路调节阀（BP）；②高压旁路喷水调节阀（BPE）；③高压旁路喷水隔离阀（BD）；④低压旁路调节阀（LBP）；⑤低压旁路喷水调节阀（LBPE）。

根据需要，有些机组的旁路系统还设计有低压旁路喷水隔离间（LBD）、低压旁路三级减温喷水阀（TSW）。

2. 执行机构

旁路系统的执行器应用最多的是电动执行器和电液执行器。电动执行器基本原理与过程控制系统中常用的电动执行器相似，控制系统输出的控制脉冲经动力开关组件直接控制交流电动机的转动，再经机械传动机构转换为阀杆的位移，带动阀芯运动完成调节任务。电液执行器是将控制系统输出的电流信号经电液伺服阀（电液转换器）转换为液压控制信号，经放大后以高压动力油驱动油动机活塞运动，再带动调节阀阀杆和阀芯移动完成调节作用。

百万千瓦级机组的旁路控制系统都采用 DCS 控制，属于电厂 DCS 的一个子系统，其控制策略的实施完全按照 DCS 处理的方式进行。

第二节 高压旁路控制系统

高压旁路控制系统用于锅炉启动和甩负荷时，将主蒸汽排入再热器。高压旁路系统主要由高压旁路调节阀、高压旁路喷水阀、电动执行器和有关的测量与控制设备组成，蒸汽变换阀装配双电动机执行器，常速电动机用于调节主蒸汽压力，高速电动机用于紧急情况下，如汽轮机跳闸、甩负荷时快速打开或关闭阀门。执行器内装有行程开关、力矩开关和电子位置变送器，用于完成控制任务。常速电动机和高速电动机的转速比为 1∶8；喷水控制阀装配有变极电动机，其变速比为 1∶8。

高压旁路控制系统主要由压力设定点发生器、压力控制器、温度控制器和喷水隔离控制器组成，其整体控制回路如图 10-3 所示。

一、高压旁路压力控制系统

高压旁路压力控制系统的功能是在锅炉启动过程中通过调节高压旁路阀的开度，调节主蒸汽压力，以使主蒸汽压力满足启动要求。在机组正常运行中，当主蒸汽压力超压时，高压旁路阀快速动作，使主蒸汽压力恢复正常。

高压旁路控制系统是个简单的 PID 调节系统，测量值和设定值比较，形成控制偏差，通过调节器对偏差进行比例积分运算输出控制信号，通过动力转换单元转换使电动机带动阀杆移动改变阀门的开度，从而使主蒸汽压力改变。但由于旁路系统的特殊工作方式，旁路压力设定值形成需要考虑较多因素。

压力设定值的控制设计为定压模式和滑压模式两种运行模式，可在控制台上选择这两种模式之一。压力设定值形成原理如图 10-4 所示。

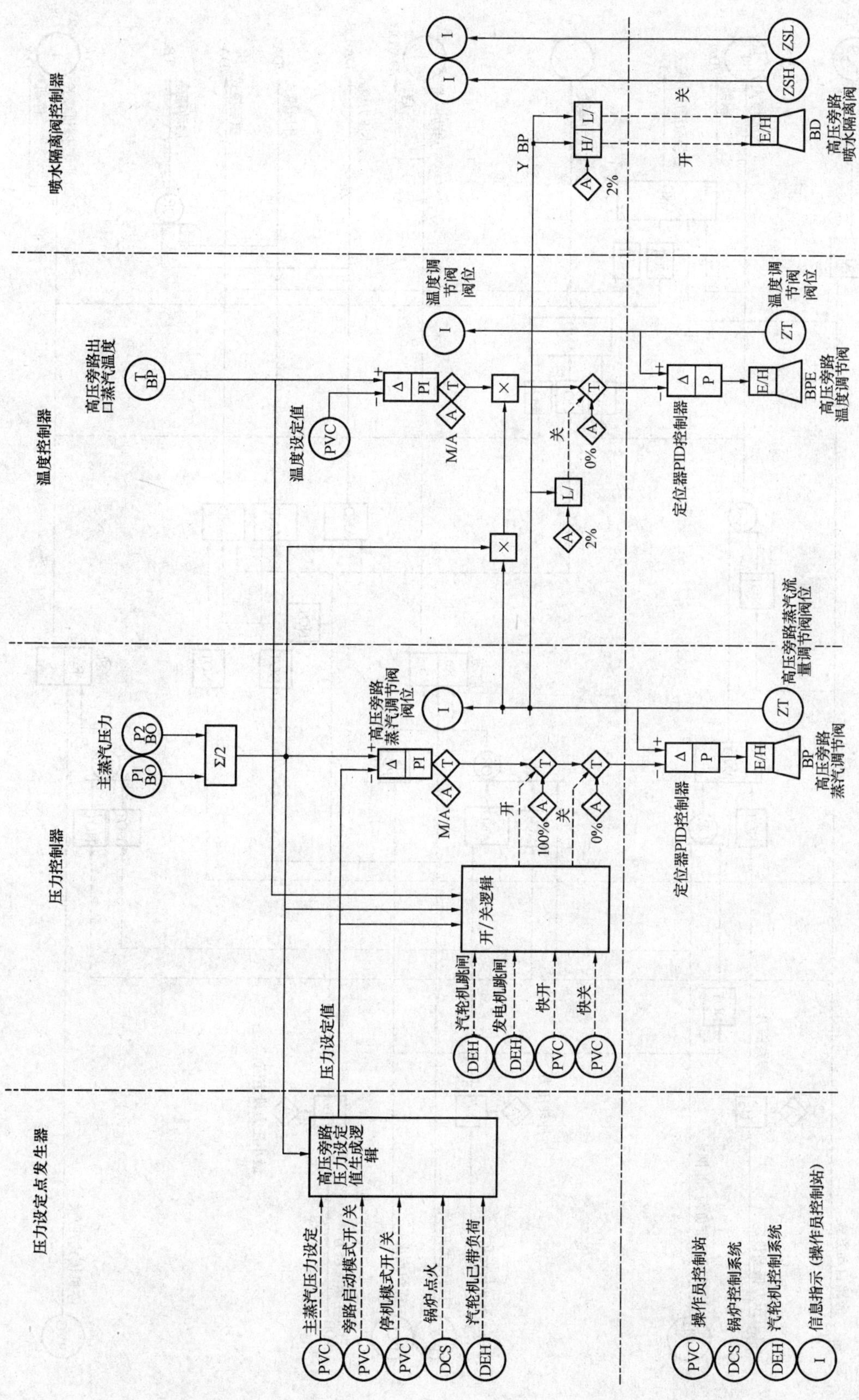

图 10-3 高压旁路控制系统整体控制回路

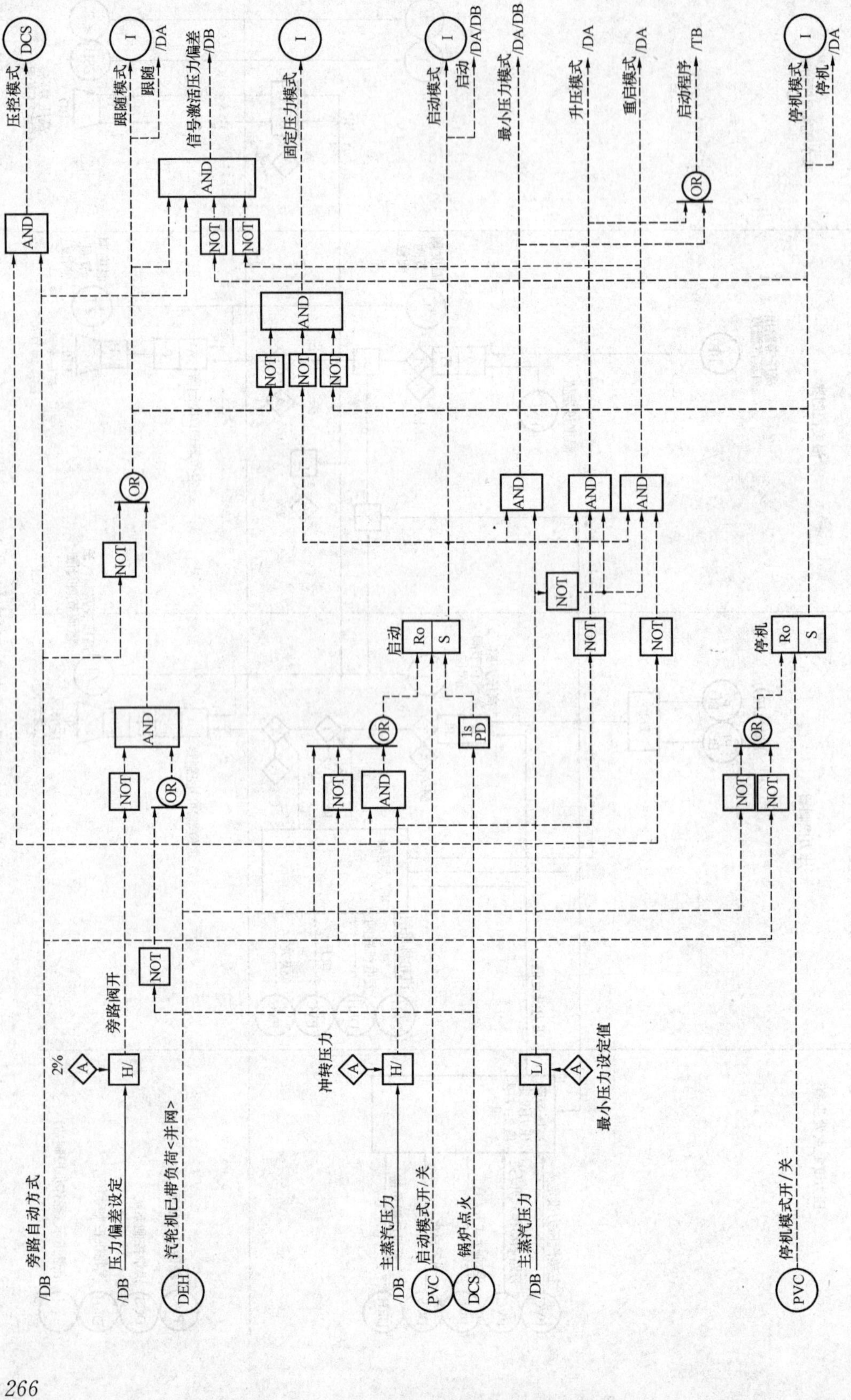

图 10-4 压力设定点发生器逻辑图 1

(一) 压力设定点发生器

1. 启动

(1) 模式选择。

1) 启动模式。“启动模式”由操作人员或由来自 DCS(数据通信系统)的信号“锅炉点火”来设置。当“启动模式”被选定后，设定点发生器可处于三种不同的状态下：①“最小压力”模式；②“升压”模式；③“重新启动”模式。

如图 10-4 所示，只要主蒸汽压力低于“Pmin”，设定点发生器处于“最小压力”状态。压力设定点是最小压力 Pmin。当主蒸汽压力高于“Pmin”而低于冲转压力“Psync”时，设定点发生器处于“升压”模式。当压力高于“Pmin”并且旁路阀关闭时，设定点发生器处于“重新启动”模式。“最小压力”或“升压”模式启动后，压力设定器会生成开关量信号“启动程序”。压力一达到“Psync”且旁路阀开启时，“启动模式”将被取消选定。另外，当接到“汽轮机已带负荷”的信号或当压力控制器被打到“手动”位置时，“启动模式”也将被取消选定。

2) 定压模式。当系统未处于“启动模式”、“跟随模式”和“停机模式”下时，旁路控制处于“定压模式”。

3) 跟随模式。有 3 种状态使旁路控制处于跟随模式。

a) 当旁路阀关闭且接到 DEH 信号“汽轮机已带上负荷”时；

b) 当旁路阀关闭且锅炉没有点火时；

c) 当某种原因旁路阀控制器从自动模式切到手动模式时。

(2) 设定点发生器。如果启动时锅炉中没有任何压力，设定点发生器将处于“最小压力”状态。压力设定点“Ps actual”被设置为压力值“Pmin”，且压力控制器将旁路阀开启到最小位置值“Ymin”处，如图 10-5 所示。

主蒸汽压力一旦超过“Pmin”，设定点发生器即进入“升压”状态。只要旁路阀位“Yset”超过位置值“Ym”，压力设定点“Ps demand”即增大。压力设定点的增大受梯度限制器的制约且在“升压”状态下只允许正的压力梯度，同样在这种操作模式下，减小压力设定点“Ps actual”是不允许的。

一旦主蒸汽压力达到“Psync”，“启动模式”将被取消选定，“定压模式”将被激活。压力设定点“Ps demand”被设定为当前最新的压力设定点“Ps actual”。在“定压模式”下，操作人员可对压力设定点加以调节。

汽轮机主汽阀开启后，由于压力下降，旁路阀将逐渐关闭。旁路阀一关闭和汽轮机带负荷信号使设定点发生器将立即切换到“跟随模式”。在此模式下，压力设定点“Ps actual”将跟随主蒸汽压力而变。

如果启动时锅炉中已经加压，且发生器进入“重新启动”状态而旁路阀将被关闭。在“重新启动”状态下，压力设定点“Ps actual”是实测的主蒸汽压力，但这时只允许负的压力梯度。一旦锅炉点火压力开始增加，旁路阀将开始开启。当旁路阀打开时，如果压力仍然低于“Psync”，则设定点发生器将进入“升压”状态；如果启动时的压力已经高于“Psync”，则设定点发生器将进入“定压模式”。

旁路阀开度与主蒸汽流量和压力对照关系如图 10-6 所示。

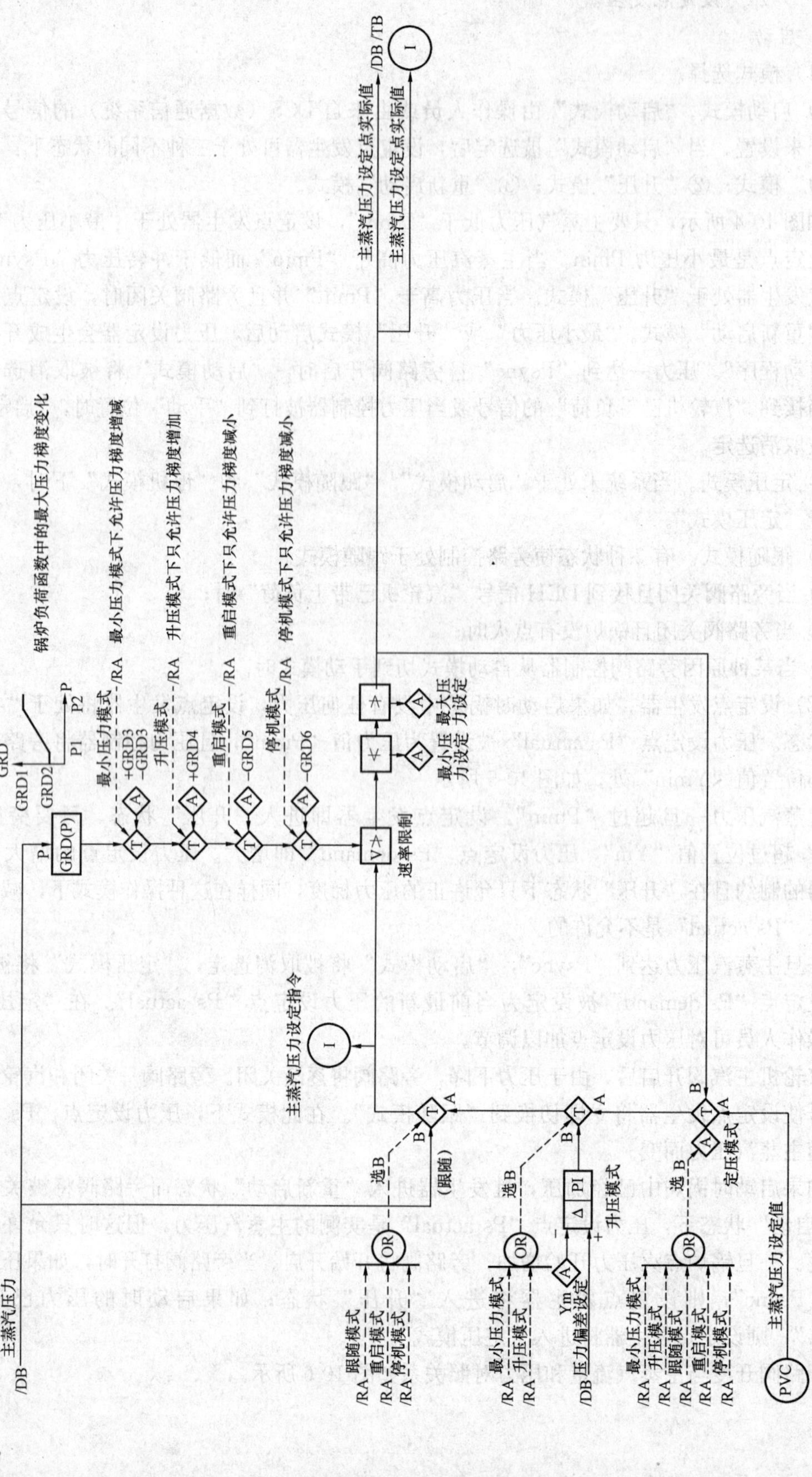

图 10-5 压力设定点发生器逻辑图 2

2. 带负荷运行

在机组带负荷上后，这时汽轮机接受了锅炉所产生的全部蒸汽，高压旁路阀已经关闭，旁路系统进入“跟随模式”。

在“跟随模式”下，压力设定点“Ps actual”将跟随实际的主蒸汽压力而变。最大压力梯度受到限制，取决于实际的主蒸汽压力。一个差压“dP”将被加到压力设定点“Ps actual”上，以使旁路阀保持关闭状态。

如果主蒸汽压力增至旁路控制器设定点（“Ps actual ＋ dP”）以上时，旁路阀将开始开启。设定点发生器将被切换到“定压模式”，旁路阀开启与负荷和压力关系曲线如图 10-7 所示。

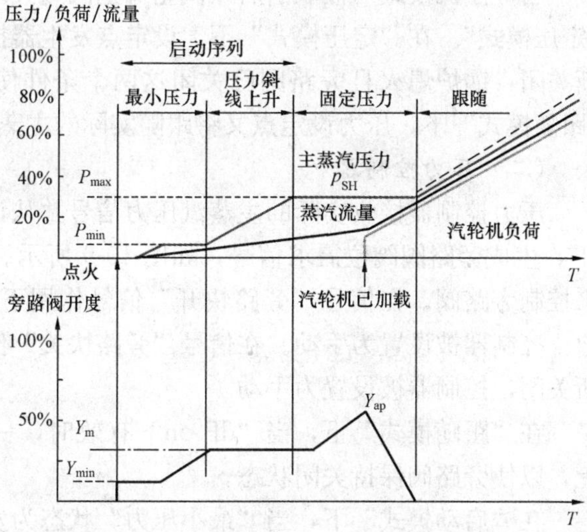

图 10-6 旁路阀开度与主蒸汽流量和压力对照关系

3. 停机

当工厂计划停机时，操作人员可选择“停机模式”。只有当 DEH 信号“汽轮机已带负荷”在作用中且旁路阀控制器处于自动位置时，才可选择“停机模式”。一旦 DEH 信号“汽轮机已带负荷”被撤销，“停机模式”将被取消选定，且设定点发生器将变到“定压模式”。

当锅炉停机时，DCS 信号“锅炉已点火”失去，旁路阀将关闭，且设定点发生器将切换到“跟随模式”，旁路阀开度与汽轮机不同运行阶段关系曲线如图 10-8 所示。

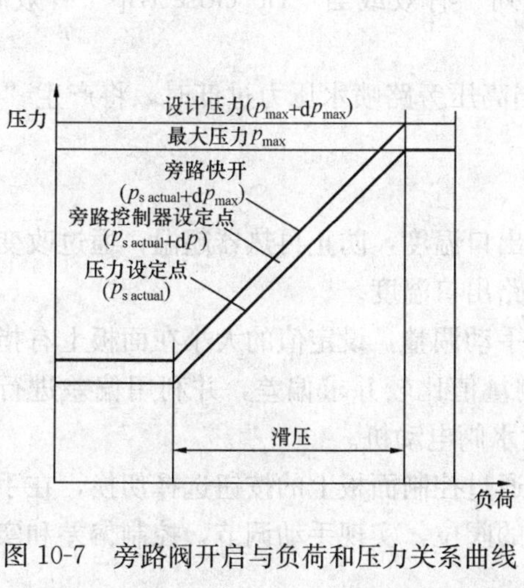

图 10-7 旁路阀开启与负荷和压力关系曲线

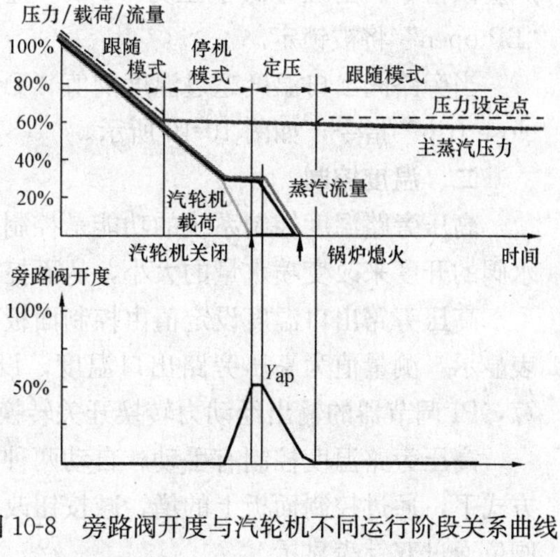

图 10-8 旁路阀开度与汽轮机不同运行阶段关系曲线

4. 设定点发生器

在“停机模式”下，压力设定点“Ps actual”将跟随主蒸汽压力而变，但这时只允许负的压力梯度。一旦锅炉压力开始增加，旁路阀开始开启。

当“停机模式”被取消后（汽轮机主汽阀关闭但锅炉尚未熄火），设定点发生器将处于“定压模式”。在“定压模式”下，设定点发生器控制着实际压力。当锅炉熄火后，旁路将逐渐关闭，锅炉熄火且旁路阀已关闭这两个条件使设定点发生器将切换到“跟随模式”。在“跟随模式”下，压力设定点又将跟随实际的主蒸汽压力。

（二）压力控制器

压力控制器接收实际的主蒸汽压力信号并从设定点发生器处取得压力设定点“Ps actual”，生成旁路阀阀位需求信号，如图 10-9 所示。压力控制器有一个手动/自动（M/A）站来控制旁路阀。在信号“旁路快开”信号作用下，旁路阀将由发给电磁阀的开启指令所开启，控制器被设置为手动。在信号“旁路快关”作用下，旁路阀将由发给电磁阀的关闭指令所关闭，控制器被设置为手动。

在“跟随模式”下，当“dP on”有效时，一个差压将被加到压力设定点“Ps actual”上，以使旁路阀保持关闭状态。

在“启动模式”下，当“最小压力”状态为发生器的状态时，旁路阀将开启到一个最小位置“Ymin”。当阀位超过“Ymin”后，“Ymin on”将被取消选定。

（三）快开/快关逻辑

为防止事故或甩负荷时机组超压，高压旁路阀和高压旁路喷水阀设有快速动作回路。

在没有保护关条件 CLOSE/B2、高压旁路出口温度高且高压旁路压力控制为自动、高压旁路温度控制为自动时，出现以下任一条件，将使高压旁路快开：

(1) 汽轮机跳闸；

(2) 发电机甩负荷；

(3) 控制偏差大。

控制旁路阀的“BP open”指令由 DEH 信号“汽轮机跳闸”或“发电机开关跳闸”产生；当主蒸汽压力达到压力设定点“Ps actual”之上的快开压力阈值“dP max”时，也将产生该指令。当压力低于压力“Pfo”且“启动序列”有效或当“BP close trip”有效时，“BP open”将被锁定。

当旁路阀出口温度超过温度阈值“Tmax”或当高压旁路喷水压力过低时，将产生“BP close trip”指令，如图 10-10 所示。

二、温度控制

高压旁路温度控制系统的功能是控制高压旁路出口温度，防止再热器超温，通过改变喷水阀的开度来改变喷水量的大小，从而控制高压旁路出口温度。

高压旁路出口温度设定值由控制面板上的按钮手动调整，设定值的大小在面板上有指示表显示。测量值为高压旁路出口温度，设定值和测量值比较并求偏差，并利用偏差进行运算，PI 调节器的输出经动力转换开关转换后控制喷水阀电动机。

高压旁路温度控制有手动、自动两种方式，可通过控制面板上的按钮选择切换，在手动方式下，通过控制面板上的增、减按钮改变喷水阀的阀位，实现手动调节，控制偏差和实际阀位通过双针表显示。

高压旁路压力调节为自动时，高压旁路喷水调节由联锁切到自动。

高压旁路压力调节为自动时，高压旁路喷水调节由联锁切到自动。

高压旁路调节阀起到闭锁高压旁路喷水阀的作用。当高压旁路阀不开时，高压旁路喷水

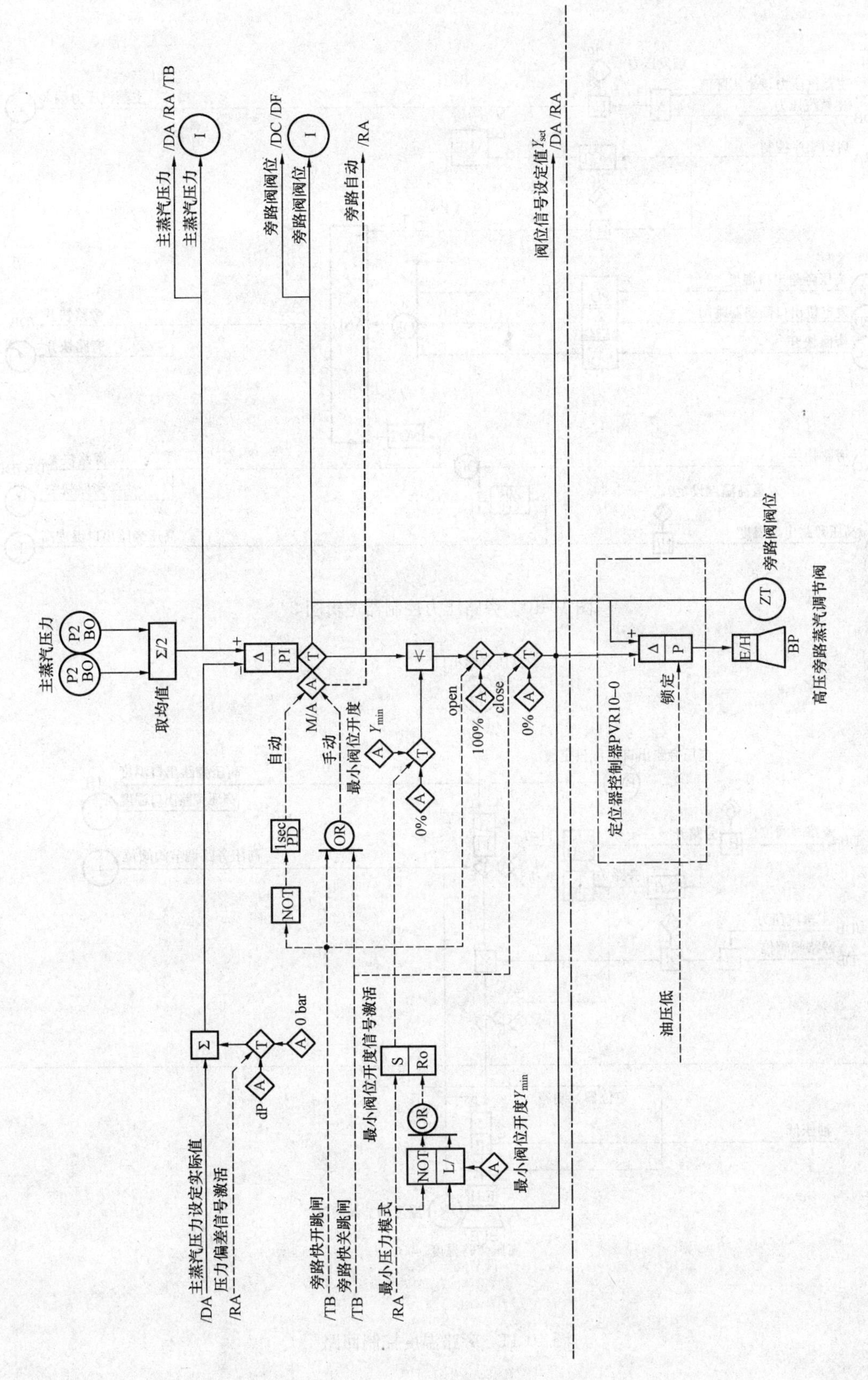

图 10-9 旁路压力控制器逻辑图1

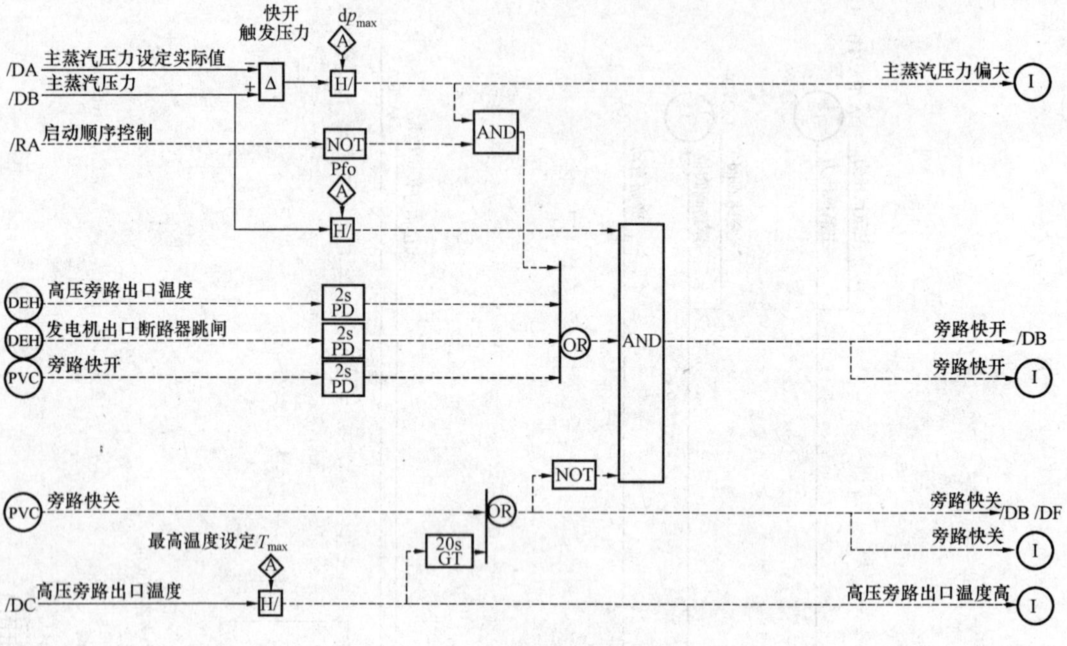

图 10-10　旁路压力控制器逻辑图 2

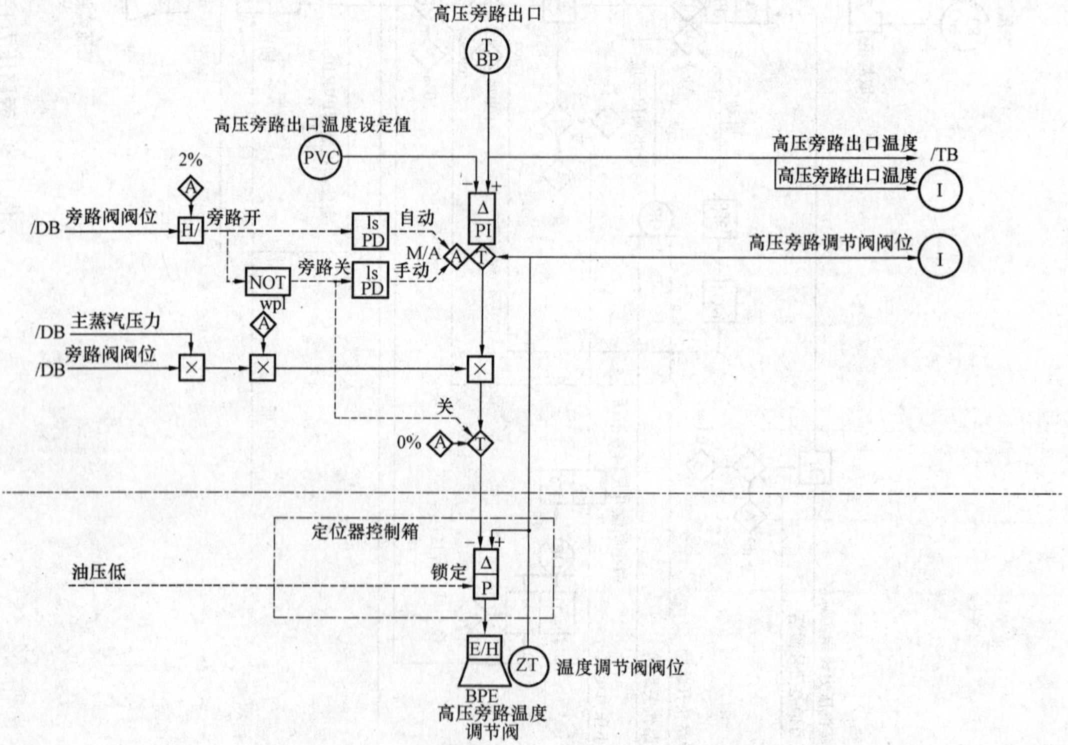

图 10-11　旁路温度控制回路

阀也不开；高压旁路阀开时，高压旁路喷水阀才能打开，从而防止高压旁路阀未开就喷水的误操作发生。

在高压旁路喷水管道上装有喷水隔离阀，为两位式控制，只有开、关两种状态，可以选择手动/自动两种运行方式。在自动方式下，高压旁路阀关闭，喷水隔离阀也关闭，高压旁路阀打开，喷水隔离阀也打开。温度控制器从变送器处接收实际信号“高压旁路出口温度”并取得操作人员设定的“温度设定点”，生成喷水阀阀位需求信号。前馈信号产生自“主蒸汽压力”和旁路阀阀位，并被加到阀位需求信号上。温度控制器有一个 M/A 站来控制喷水减温阀，旁路阀一开启，温度控制器即被设置为自动模式。当旁路阀关闭时，喷水阀也关闭，温度控制器被设置到手动，如图 10-11 所示。

三、喷水隔离阀控制器

旁路阀一开启，喷水隔离阀即开启。当旁路阀关闭时，喷水隔离阀又重新关闭，其控制逻辑如图 10-12 所示。

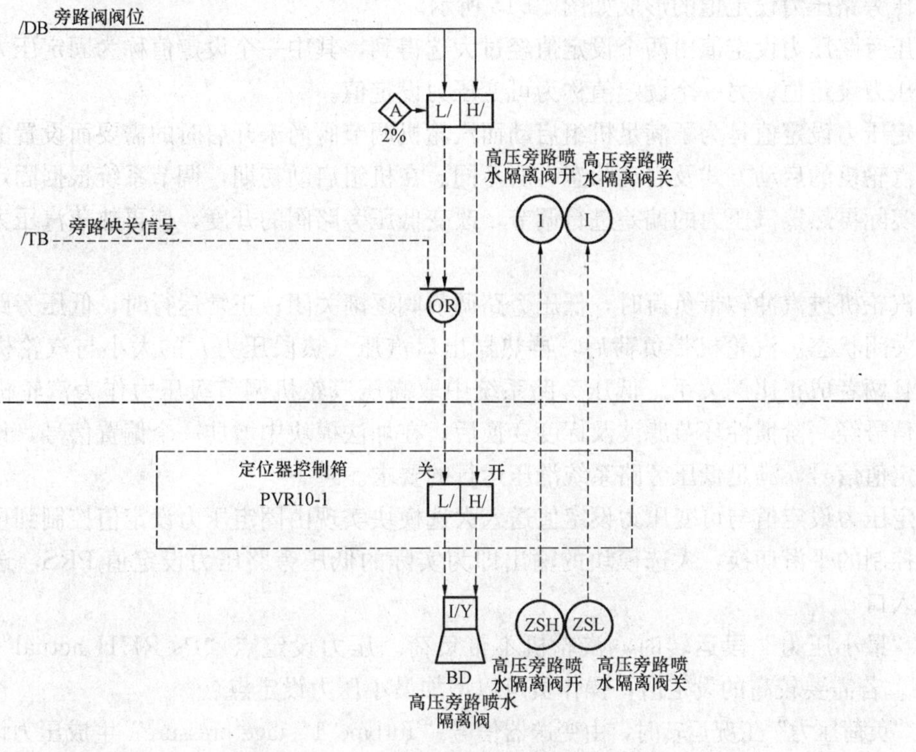

图 10-12 喷水隔离阀控制回路

第三节 低压旁路控制系统

低压旁路控制系统在机组启动或甩负荷时，将再热器的蒸汽排入凝汽器，低压旁路站装有带电动执行器的蒸汽变换阀和喷水阀，变换阀用来降低蒸汽压力，喷水阀用来控制减温用的冷却水量；在凝汽器入口，设置有另一个低压喷水控制阀，进行三级减温。

低压旁路调节阀的执行器为双电动机结构，常速电动机用于正常的压力调节；快速电动机用于快开、快关控制；低压旁路喷水阀的执行机构为变极的双速电动机，三级减温阀为两位式控制，低压旁路调节阀开启或关闭时，联锁三级减温阀开启或关闭。

低压旁路控制系统包括低压旁路压力调节系统，低压旁路喷水调节系统及低压旁路阀、低压旁路喷水阀的快开、快关控制。低压旁路压力控制系统在机组启动期间，通过调节低压旁路减压阀开度来调节再热汽压力，使之满足启动特性要求。低压旁路温度控制系统用于控制低压旁路阀后的汽温，使之达到汽轮机低压缸排汽温度，低压旁路温度调节范围比高压旁路的大，在机组故障快开低压旁路时，会有高温再热蒸汽经低压旁路直接排入凝汽器，故低压旁路喷水减温的幅度是比较大的。低压旁路控制系统中考虑快开、快关功能，快开是为了保护再热器，快关是为了保护凝汽器。

低压旁路控制系统的整体结构图如图 10-13 所示。

低压旁路阀开度与主蒸汽流量和压力对照关系如图 10-14 所示。

一、低压旁路压力控制系统

（一）低压旁路压力设定值的形成

低压旁路压力设定值的形成如图 10-15 所示。

低压旁路压力设定值由两个设定值经过大选得到，其中一个设定值称为固定压力设定值或最小压力设定值；另一个设定值称为可变压力设定值。

固定压力设定值是为了满足机组启动而汽轮机调节阀尚未开启时的需要而设置的，该值又根据汽轮机的启动方式及启动状态有所不同。在机组启动初期，调节系统根据固定压力设定值和实际再热蒸汽压力的偏差进行调节，改变低压旁路阀的开度，使再热蒸汽压力与设定值相等。

当汽轮机进汽冲转带负荷时，低压旁路调节阀逐渐关闭；正常运行时，低压旁路调节阀应保持关闭状态。汽轮机带负荷后，再热器出口汽压（热段压力）的大小与汽轮机负荷有关，而且两者成正比例关系。低压旁路系统中取高压汽轮机调节级压力作为汽轮机负荷信号，该信号经一阶惯性环节滤波及标度变换后，在加法模块中增加一个偏置信号，作为可变压力设定值信号，满足低压旁路系统滑压运行的要求。

固定压力设定值与可变压力设定值送入大选模块实现由固定压力设定值控制到可变压力设定值控制的平滑切换，大选模块的输出即为实际的低压旁路压力设定值 PRS，送入压力调节器入口。

在“最小压力”段运转时，汽轮机不带负荷。压力设定点“Ps RHH actual”设置为“Pmin”。若需要较高的设定值，操作员可以增加最小压力设定点。

在“负荷压力”工况运转时，由变送器信号“Turbine 1st stage pressure”生成压力设定点的“Ps RHH actual”。压力设定点的“Ps RHH actual”变化量为装置的汽轮机负荷的函数。

（二）低压旁路压力调节回路

低压旁路压力调节回路的逻辑图如图 10-16 所示。压力控制器接收热再热蒸汽压信号（有两个变送器信号，二选一）以及设定点生成器的压力设定点“Ps RHH actual”。它生成 LBP 阀位需求的信号。

每个 LBP 阀有一个 M/A 站。自动方式下，再热蒸汽压力与设定值相减后送到 PID 调节模块，从而改变低压旁路阀的开度，最终使实际再热蒸汽压力与设定值相等；手动方式下，可通过控制台上的增、减按钮改变低压旁路阀的阀位，实现手动调节。出现冷凝器保护的信号“LBP 跳闸关闭”时，由阀门关闭命令关闭 LBP 阀，控制器设置为手动模式。当两个

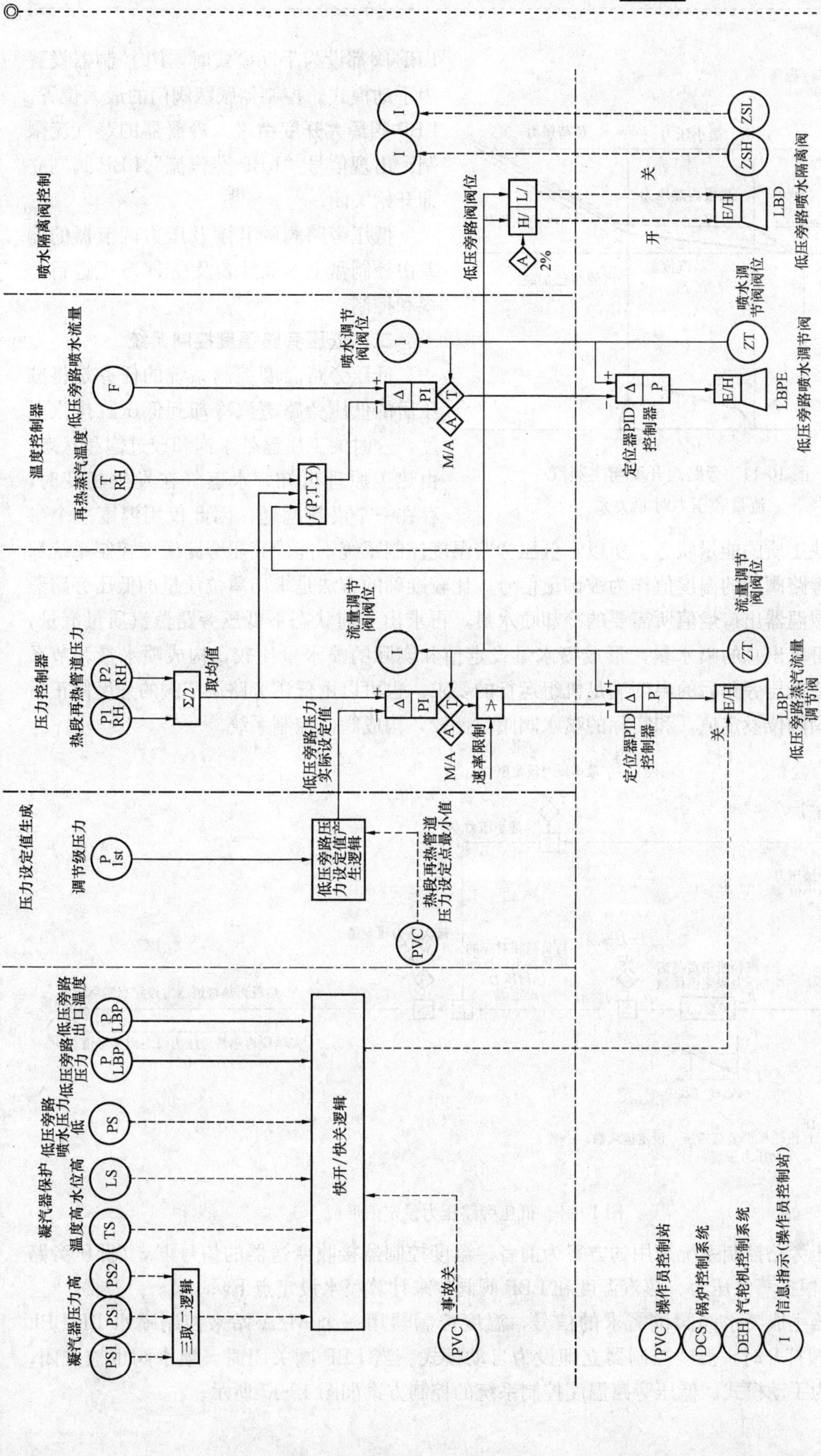

图10-13 低压旁路控制系统结构图

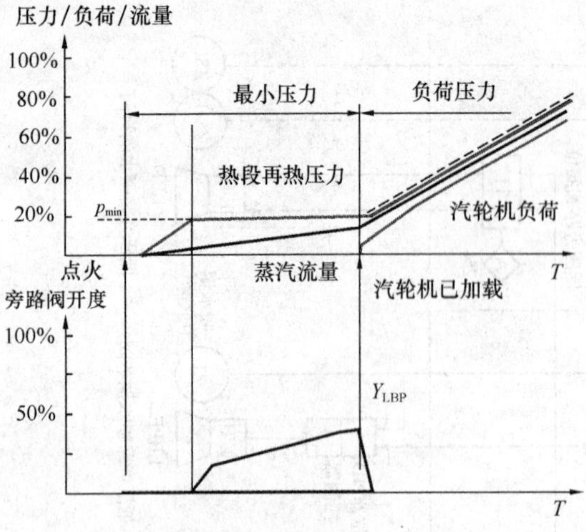

图 10-14　旁路阀开度与主蒸汽流量和压力对照关系

LBP 阀都设为手动模式时，PI 控制器设置为手动模式。控制器跟踪阀门的最大位置。LBP 阀最大开度由进入冷凝器的蒸汽流限制。出现信号“LBP 蒸汽流”LBP 阀则立即开始关闭。

低压旁路阀的开度及压力调节器的偏差由控制盘上的双针表及在 DCS 上进行监视和控制。

二、低压旁路温度控制系统

低压旁路温度控制系统的任务是将减压后的低压旁路蒸汽冷却到低压缸排汽温度，这时的工质已处于饱和或过饱和状态。由热工原理可知，水蒸气在发生相变时，存在一个潜热问题，因此仅用温度一个参数不能反映工质的能量状态。所以，低压旁路温度控制系统不能像高压旁路温度控制系统那样取低压旁路阀后的温度值作为被调量信号。比较准确的方法是求出单位质量的低压旁路蒸汽冷却到减温器出口焓值所需要的冷却喷水量，再求出当前状态下低压旁路蒸汽质量流量，两者相乘可求出总的喷水量，形成喷水量设定值和实际的喷水量比较，构成喷水量调节系统，最终使低压旁路后的温度满足机组运行的要求。也可以由低压旁路调节阀的开度修正后求出喷水阀阀位设定值，和实际的喷水阀阀位比较，构成阀位控制系统。

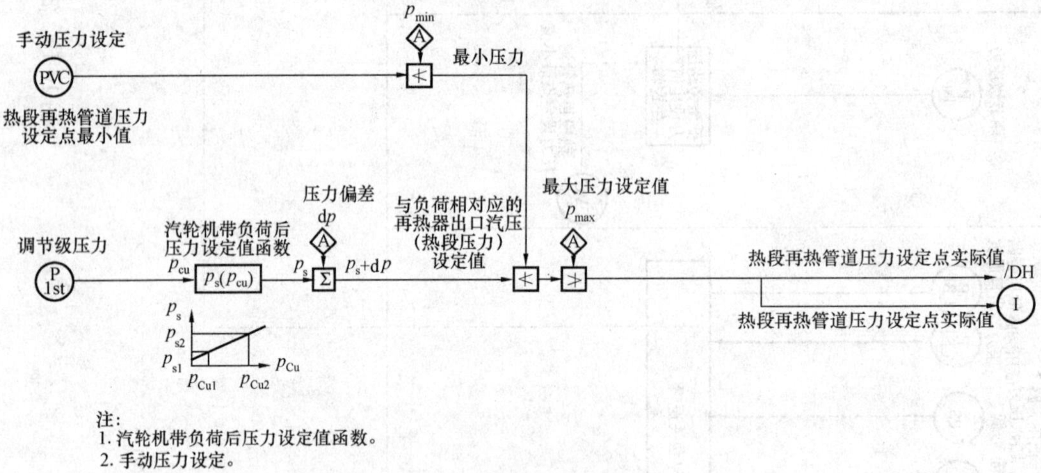

图 10-15　低压旁路压力设定值形成

该低压旁路控制系统采用的方案为前者。温度控制器接收变送器的信号 Fw（低压旁路喷水流）。根据蒸汽压力、蒸汽温度和 LBP 阀阀位来计算喷水设定点 Fws。

控制器生成喷水阀阀位需求的信号，温度控制器用一个 M/A 站来控制喷水 LP-BPE 阀。LBP 阀打开时，温度控制器立即设为自动模式。当 LBP 阀关闭时，喷水阀也被关闭，控制器设为手动模式。低压旁路温度控制系统的控制方案如图 10-17 所示。

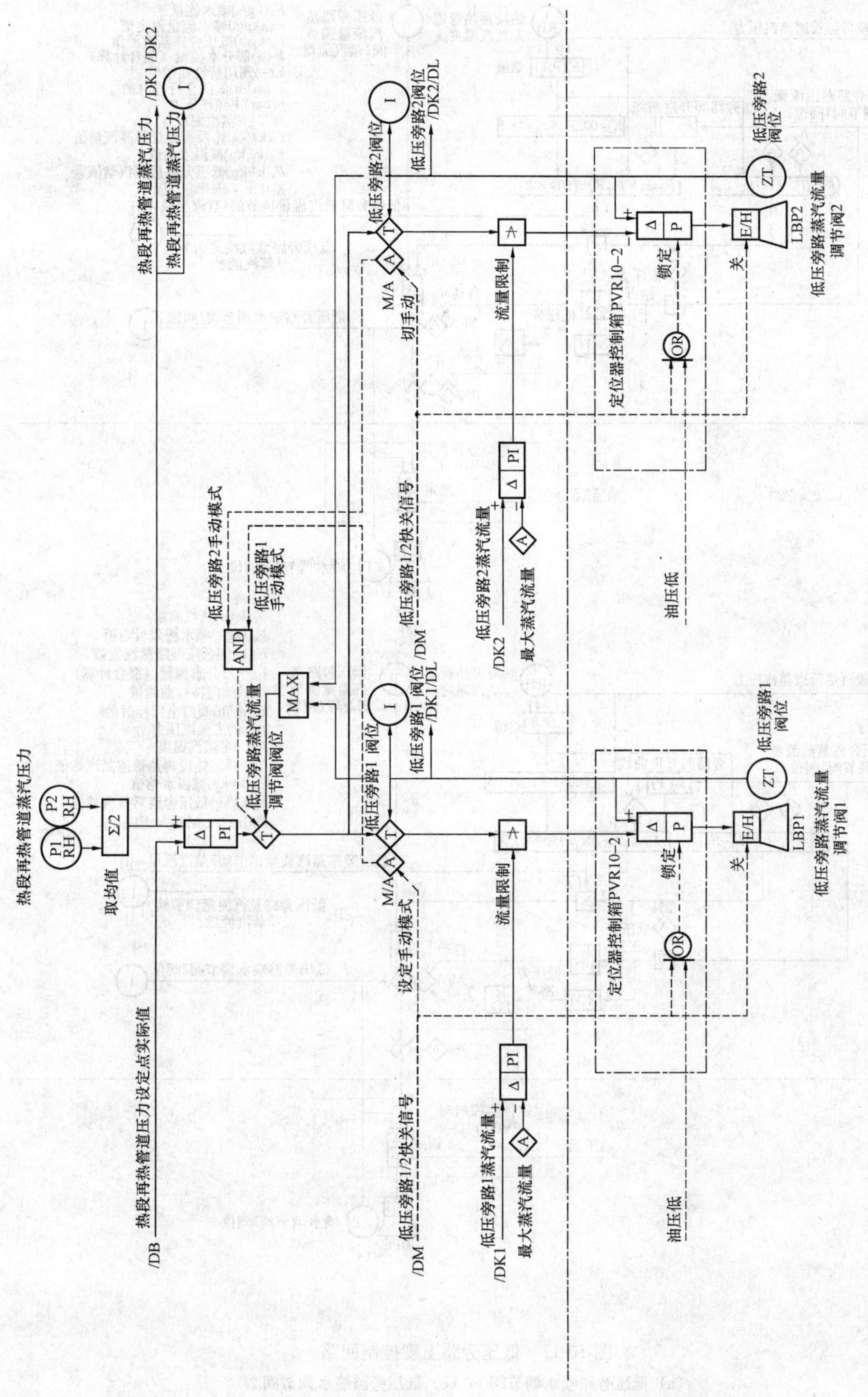

图 10-16 低压旁路压力调节回路

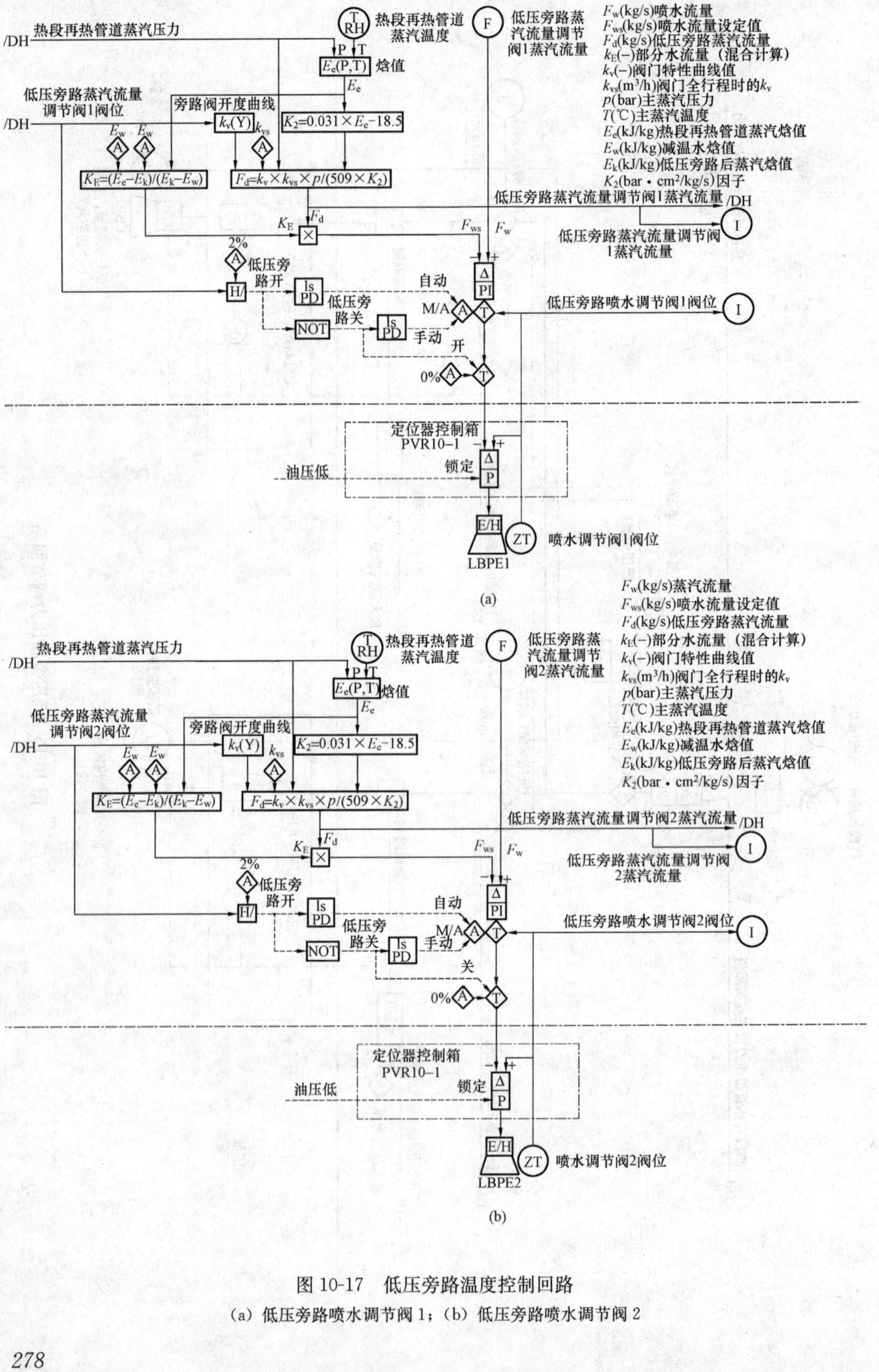

图 10-17 低压旁路温度控制回路

（a）低压旁路喷水调节阀 1；（b）低压旁路喷水调节阀 2

三、低压旁路阀快开、快关控制

(一)低压旁路阀快开逻辑

低压旁路阀快开主要是为了保护再热器，防止再热器超压。当控制偏差大于规定值时，且没有保护关条件，并且低压旁路喷水控制为自动、低压旁路压力调节为自动时，使低压旁路快开。

(二)低压旁路阀快关条件

低压旁路阀快关是为了保护凝汽器，当出现下列任一条件时，发出低压旁路阀快关指令：①冷凝器压力高（3 选 2）；②冷凝器温度高；③冷凝器液位高；④LBP 喷水压力低。其控制逻辑如图 10-18 所示。

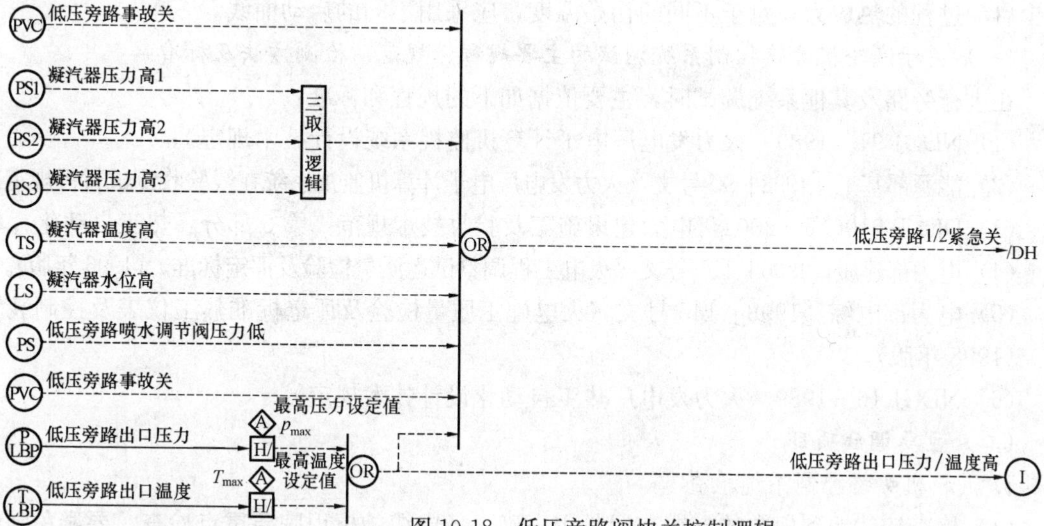

图 10-18 低压旁路阀快关控制逻辑

(三)低压旁路喷水隔离阀快开条件

当低压旁路喷水控制为自动时，若 LBP 阀快开，则低压旁路喷水隔离阀快开；当 LBP 阀关闭时，喷水隔离阀再次关闭，其控制逻辑如图 10-19 所示。

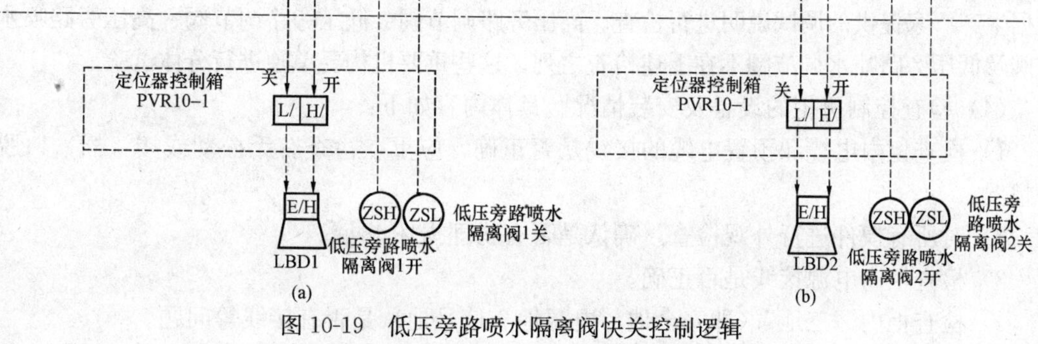

图 10-19 低压旁路喷水隔离阀快关控制逻辑

（a）低压旁路喷水隔离阀 1；（b）低压旁路喷水隔离阀 2

第四节 旁路及其控制系统调试及运行

一、汽轮机高、低压旁路系统调试

当前百万千瓦级中间再热式火电机组，几乎都采用单元制系统。把两种不同结构型式和运行特性的锅炉、汽轮机，强制性地统一在一个单元制中，会出现众多不适配的矛盾。对于锅炉不容许干烧再热器的火电机组，高、低压旁路系统是机炉必不可少的相互协调系统。

百万千瓦级机组高、低压旁路系统的容量在我国目前有30%的锅炉额定容量类型，为减少启动过程的热应力，对于不同的初始温度，应采用不同的启动曲线。

（一）关于汽轮机旁路控制系统调试的主要规程、规范、检测方法及标准

在进行旁路及其他系统调试时，主要依据如下的规程和标准：

（1）NDGJ 91—1989《火力发电厂电子计算机监视系统设计技术规定》。

（2）能源部基工［1992］90号文《火力发电厂电子计算机监视系统在线验收测试暂行规定》。

（3）DL/T 5190.5—2004《电力建设施工及验收技术规范　第5部分：热工自动化》。

（4）电力部建质［1996］111号文《火电工程调整试运质量检验及评定标准》(1996年版)。

（5）电力部电综［1998］145号文《火电施工质量检验及评定标准热工仪表及控制装置篇》(1998年版)。

（6）NDGJ 16—1989《火力发电厂热工自动化设计技术规定》。

（二）主要调试项目

1. 汽轮机旁路控制系统检查

（1）检查从就地到柜内的电缆布置是否正确，各电缆的标识牌要重点检查。要避免强电串入信号线内，否则有可能烧坏模件。另外，还要检查所有信号电缆的屏蔽线是否接好。

（2）对旁路控制系统的安全运行有至关重要影响的信号，应该进行特别抽查。首先检查这些信号的变送器或传感器是否完好，然后检查这些信号的就地接线盒内接线及到机柜的接线是否正确。若有从其他控制系统机柜来的信号，应与这些系统的调试负责人员核对该信号的量程及其他有关情况。若采用了硬接线方式，还要检查接线的正确性。

（3）检查各电动、气动、液动执行机构和阀门的安装和调试情况，检查这些设备的安装是否正确、设备的外部接线是否正确，对这些执行机构或阀门进行就地手动操作试验。然后，可用热工现场校验仪、信号源和万用表等工具在现场进行调试，检查机构可否动作、动作方向是否正确、控制信号与反馈信号与机构实际位置是否一一对应等。对一些有特殊要求的机构，则根据生产厂家提供的调试说明进行检查。高压旁路调节阀、低压旁路调节阀、高压旁路喷水调节阀及低压旁路喷水调节阀不在上述检查之列，这些重要机构要单独进行分体试验。

（4）检查控制机柜的设备及安装情况。具体内容如下：

1）检查柜内电缆和预置电缆的接线是否正确，应重点检查有无松动或接（插）口脱落等情况。

2）对所有模件进行外观检查，确认是否有物理损坏。

3）检查柜内电源接线是否正确。

4）检查柜内“三地”（即安全地、电源地、信号地）是否有接线等问题。

5）检查模件的安装情况，主要应查看其安装是否符合要求，安装位置是否与设计图纸

一致等。

6）检查各模件的内部 DIP 开关和跳线等的设置是否正确，特别是通信模件、过程处理模件的总线地址和冗余设置等情况，及输入/输出模件的信号制式设置等。

2. 重要设备的分体调试

严格按照设备供应厂的技术试验规范，对高压旁路调节阀、低压旁路调节阀、高压旁路减温水调节阀及低压旁路减温水调节阀进行分体调试。对各阀进行开、关调试，并调校各阀位置反馈变送器及行程开关等。根据高、低压旁路各阀门要求的正常开、正常关及快开、快关时间，调整各阀门动作时间。

3. 模拟试验

（1）对可以进行冷态离线试验的项目，在可以保证安全的基础上，进行实动作试验，测试各项报警整定值、逻辑回路、输入信号与输出信号是否正确。对不具备冷态离线试验的项目，可以用热工现场校验仪或信号源在就地加模拟信号，测试各项报警整定值、逻辑回路等是否正确。各项模拟报警试验，要严格按照《火电工程启动调试工作规定》的具体规定和设备供应商的技术规范来进行。

（2）对可以进行冷态离线试验的项目，在可以保证安全的基础上，进行实动作试验，测试各项保护整定值、保护回路、输入信号与输出信号是否正确。对不具备冷态离线试验的项目，可以用热工现场校验仪或信号源在就地加模拟信号，测试各项保护整定值、保护回路等是否正确。各项模拟保护试验，要严格按照《火电工程启动调试工作规定》的具体规定和设备供应商的技术规范来进行。

（3）根据 SULZER 或 SIEMENS 等公司的技术规范，对他们的控制机柜进行模拟试验。

4. 整体联调

高压旁路控制系统和低压旁路控制系统的整体联调，应由安装公司人员、设备供应商的现场工程师、机务调试人员和热工调试人员共同来完成。在试验之前，必须根据高、低压旁路控制系统的技术规范制订出详细、周密的试验计划。该计划主要由设备供应商的现场工程师、机务调试人员和热工调试人员共同制订，经调试委员会批准后方可执行。计划中应包括试验条件、试验步骤及安全措施等部分。机务调试人员和热工调试人员还要根据整体的试验计划分别制订自己的试验计划。该项试验的具体时间、规程由调试委员会制订安排，调试人员必须服从统一安排，不得私自进行试验。

5. 热态调试

因为旁路可投入是机组整体启动的必要条件，所以旁路控制系统在整机启动之前必须可以达到手动操作的状态。在整机启动之前，必须制订旁路的启动计划，做好对各项意外事件的准备工作，并报请启动委员会批准，与运行人员协商旁路控制系统的操作规程，重新复查关键组态和参数的设定情况。

在整机启动过程中，调试人员要严格监视控制系统的状态，通过工程师站或专用调试工具来监视控制组态中各关键参数。在发生突发事件时，严格按照启动委员会批复的处理规程进行处理，对旁路控制系统的操作由运行人员来完成，调试人员不可私自操作。

在整机启动后，应对旁路控制系统进行各项必要的热态试验，考察保护回路、联锁逻辑、调节参数是否正确或合适。根据高、低压旁路运行要求，对高、低压旁路压力调节回路及温度调节回路的 PID 参数进行动态整定，以满足旁路控制系统调节品质的要求。试验前，要制订周密的试验计划和意外处理措施，并报调试委员会批准。在试验过程中，要求与机务调试人员积极配合，对调节参数（如P、I、D）的整定必须进行整定计算。如有条件，要进行仿真试验。在修改参数之前和之后，必须通知运行人员和调试委员会。在修改过程中，要求运行人员积极配合并事先通告运行人员紧急情况的处理办法。旁路控制系统是否投自动，要严格按照《火电工程启动调试工作规定》和调试委员会的规定来执行，调试人员不得私自投切自动。

二、调试及运行中易出现的故障及防止措施

初次启动开机时，容易出现高压缸排汽止回阀打不开的情况。这是由于高压旁路阀开得太大而低压旁路阀开得太小造成的，这样使得止回阀后压力高于阀前压力，所以打不开。适当关小高压旁路开大低压旁路，使高压缸排汽止回阀前后压力相等就可打开了。

再热蒸汽管道充汽前，必须打开管道下部的疏水门，进行暖管；否则发生水冲击，可能造成管道损坏，支、吊架严重变形。

此外，还要防止冷汽倒进高压缸，以确保机组安全运行。曾经发生过这样的事故，主蒸汽阀关闭后高压旁路打开，由于高压缸排汽止回阀关不严，高压旁路后减了温的蒸汽就从止回阀倒回高压缸，使高压缸不均匀收缩，形成拱背，造成大轴弯曲的事故。为了防止此类事件出现，可在旁路控制装置上采取以下措施：

(1) 高压旁路闭锁高压喷嘴，高压旁路不开则高压喷嘴打不开，高压旁路开了高压喷嘴才能开，从而防止没开高压旁路就喷水的误操作发生。

(2) 300MW以上机组的旁路控制系统加装了高压旁路减温水截止阀，高压喷嘴不开时截止阀关死，高压喷嘴要开时截止阀快速打开，防止高压喷嘴关不严造成事故。

针对机组运行过程中易出现的故障，热控专业人员可以从以下几个方面努力：

(1) 将高压旁路后的汽温设定值设高一些，以免高压喷嘴过早开启。

(2) 应将低压旁路投入自动，一旦高压旁路打开时，低压旁路能相应动作，以免再热蒸汽母管憋压，憋得比高压缸排汽压力还高，潜伏下隐患。

(3) 开机之前检查高压缸排汽止回阀，配合汽轮机检修人员进行调整，使之能关闭严密。

通过认真调试和精心运行，可以使旁路保护装置为确保机组安全发挥出重要作用，也可在系统出事故后让机组能较快地恢复发电，以带来最佳的经济效益。

第五节 华能海门电厂旁路功能实现情况

华能海门电厂一期2×1000MW等级超超临界燃煤发电机组采用的旁路方式为一级旁路方式，旁路容量为35%BMCR。华能海门电厂的旁路设计主要遵循了如下原则：

(1) 工程机组主要承担基本负荷，并具有一定的调峰能力。

(2) 机组设计年运行小时为6500h。

(3) 机组滑压运行范围为30%BMCR～90%BMCR负荷；定压运行范围为小于30%MCR或大于90%BMCR负荷。

(4) 机组旁路系统型式：一级旁路。

(5) 机组启动方式：高压缸启动。

(6) 旁路容量应考虑适当的裕量。

一、华能海门电厂旁路系统装置构成及技术参数

华能海门电厂汽轮机采用CCI公司的一级大旁路系统，由旁路阀、喷水调节阀、喷水隔离阀等组成，如图10-20所示。旁路系统装置的构成和技术参数，如表10-1和表10-2所示。

表 10-1　　旁路装置性能参数表

	技术参数名称	单位	设计工况	冷态启动	温态启动	热态启动	极热态启动
旁路阀	入口蒸汽压力	MPa（a）	25.0	9.70	9.70	9.70	9.70
	入口蒸汽温度	℃	600	415	440	480	510
	入口蒸汽流量	t/h	1062	273	273	304	304
	出口蒸汽压力	MPa（a）	0.8	0.8	0.8	0.8	0.8
	出口蒸汽温度	℃	175.4	175.4	175.4	175.4	175.4
	出口蒸汽流量	t/h	1350	311	319	367	376
	阀门行程（Stroke）	mm	60	35	36	41	42
	进/出口管道设计压力	MPa（a）	27.56/1.6				
	进/出口管道设计温度	℃	610/200				
喷水调节阀	计算压力	MPa（a）	2.3～3.2	2.3～3.2	2.3～3.2	2.3～3.2	2.3～3.2
	计算温度	℃	35.5	35.5	35.5	35.5	35.5
	计算流量	t/h	288	38	46	63	72
	减温水管道设计压力	MPa	4.5				
	减温水管道设计温度	℃	100				

表 10-2　　旁路装置执行机构表

类别 \ 旁路组成				旁路阀	喷水调节阀	喷水隔离阀	备注
型号				HBSE280-250	840H-4″	840G-5″	
型式				角型	直通	直通	
驱动方式				液动	液动	液动	
失电后状态				保持原位	保持原位	保持原位	
阀前		压力	MPa	25	2.11	2.5	
		温度	℃	600	35.5	35.7	
阀后		压力	MPa	0.8	1.4	2.11	
		温度	℃	175.4	35.5	35.5	
关闭最大压差			MPa	25	2.5	2.5	
流量		额定值	t/h	1062	288	288	
		最大值	t/h	1262	322	开/关	
额定流量			%	84	89	—	
阀门有关参数		流量特性		线性	Eq%	开/关	
		阀座直径	mm	154.7	101.6	127	
		需要转矩（推力）	N·m（kN）	57.9	28.4	28.4	
		阀杆行程	mm	105	50	71	
		阀体材料		A-182F92	WCB	WCB	
		泄漏率或等级		MSS-SP61	CLASSV	CLASS V	
	接口	连接方式		对焊	对焊	对焊	
		材质		F92 / F22	WCB	WCB	
		进口	mm	ID 260×66	OD 219×6.5	OD 219×6.5	
		出口	mm	OD 1168×16	OD 219×6.5	OD 219×6.5	
		质量	kg	1750	260	260	

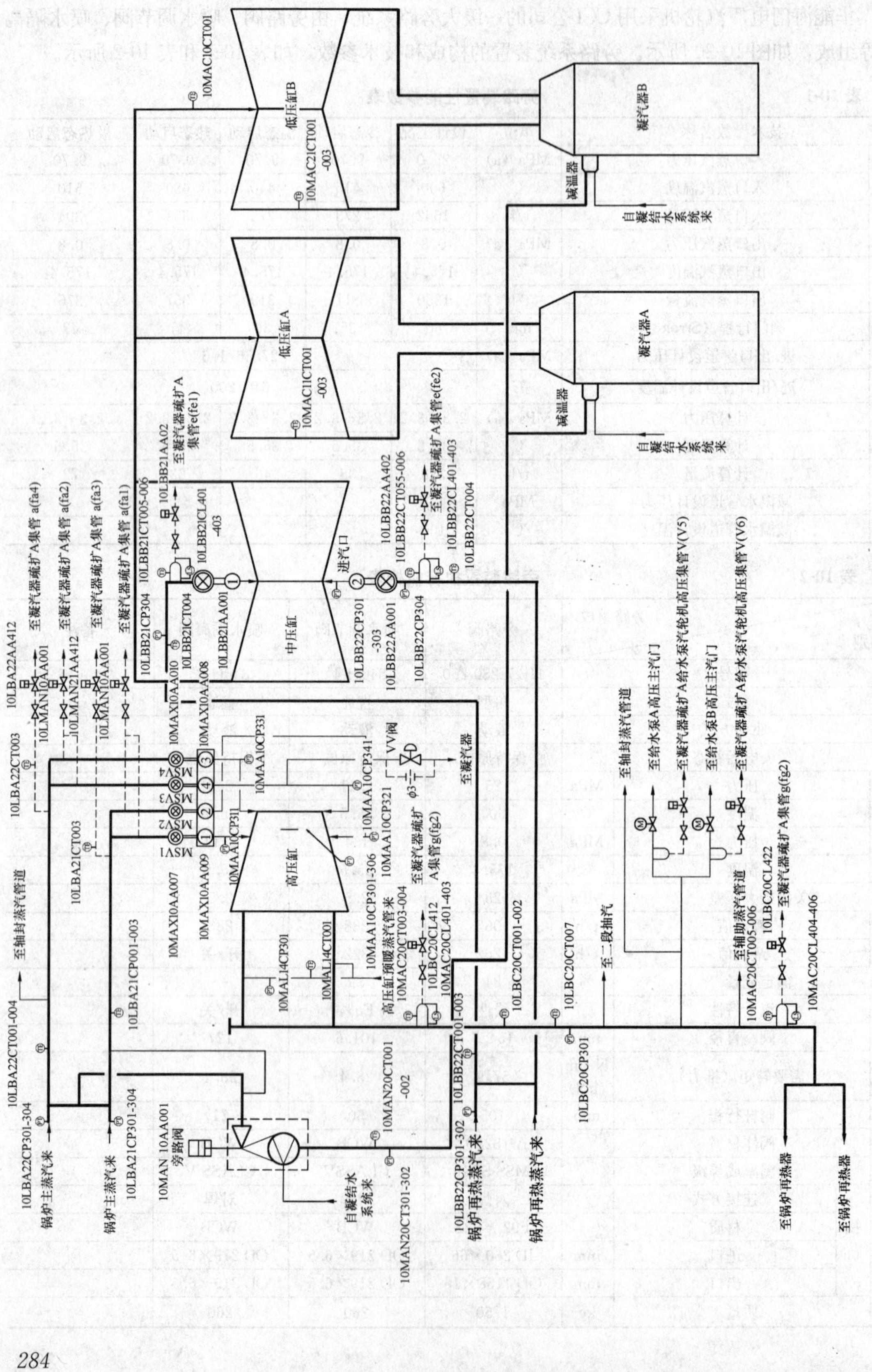

图 10-20　海门电厂旁路系统结构示意

二、华能海门电厂旁路系统设备性能

华能海门电厂采用的CCI公司的一级大旁路控制系统具有结构简单和性能优良的特点，基本满足机组启动和安全保护的需要。

（一）旁路系统设备性能

旁路控制系统具有机组在各种启动工况下能自动或手动（遥控操作）进行启动的功能。旁路阀采用液动控制，在正常情况下，旁路系统从全关到全开的一次行程时间为 8～15s；在紧急情况下，旁路系统能在 3s 内快速开启。

（二）旁路装置具备的保护功能

1. 旁路对新蒸汽管系的安全保护功能

当机组在运行中有下列情况之一发生时，旁路能够自动快速开启：①主蒸汽压力超过设定值，当压力恢复到额定值及以下时，旁路阀自动关闭；②汽轮机跳闸，自动主汽阀关闭；③发电机油开关跳闸；④发电机甩负荷在旁路装置容量相应的负荷及以上时；⑤实际压力比设定压力的偏差太大；⑥压力上升率太快。

当出现下列信号，旁路阀紧急关闭：①旁路阀出口温度超过设定值；②汽机超速；③汽轮机排汽压力高过设定值。

2. 旁路对凝汽器的安全保护功能

当机组在启动或运行中有下列情况之一发生时，旁路能够自动快速关闭：①凝汽器真空下降到设定值；②凝汽器温度高于设定值；③凝汽器热井水位高于设定值；④旁路出口压力或温度高于设定值；⑤旁路减温水的压力低于设定值。

（三）旁路装置的调节功能

旁路系统能够保证当主蒸汽运行压力、温度超过设定范围时，旁路装置能自动打开或关闭，并按机组运行情况进行压力、温度自动调节，直至恢复至正常值。系统具体的调节功能为：①主蒸汽压力定值设定；②主蒸汽压力调节；③旁路阀后蒸汽温度调节。

（四）旁路装置的联动保护手段

（1）旁路喷水调节阀打不开，则旁路阀应关闭。

（2）旁路喷水阀不是超前旁路阀开启，而是稍滞后开启。

（3）当旁路阀快速关闭时，其喷水调节阀则应同时或超前关闭，并应自动闭锁温度自控系统。

三、华能海门电厂旁路控制系统

华能海门电厂旁路控制系统主要由压力控制回路和温度控制回路组成，汽轮机的启动和停机曲线如图 10-21 和 10-22 所示。

（一）旁路压力控制回路

压力控制回路接收实际的主蒸汽压力信号并从设定点发生器根据锅炉主控或负荷生成的压力设定点值偏差信号，压力调节阀偏差信号经过 PID 控制器运算后产生压力调节阀的阀位控制信号，如图 10-23 所示。压力控制器有一个手动/自动（M/A）站来控制旁路阀。在主蒸汽压力信号坏质量、旁路减压调节阀及旁路减压阀电源故障时，控制器被设置为手动。

在如下条件满足时，将快关旁路压力调节阀：①凝汽器真空高于－74kPa；②凝结水泵A、B、C 全停；③高压旁路减温器后温度高于 240℃。

在发电机功率大于 150MW，高旁压力调节阀阀位指令小于 5%并且汽轮机主控和旁路调节阀在自动状态时，将自动切除高压旁路系统。

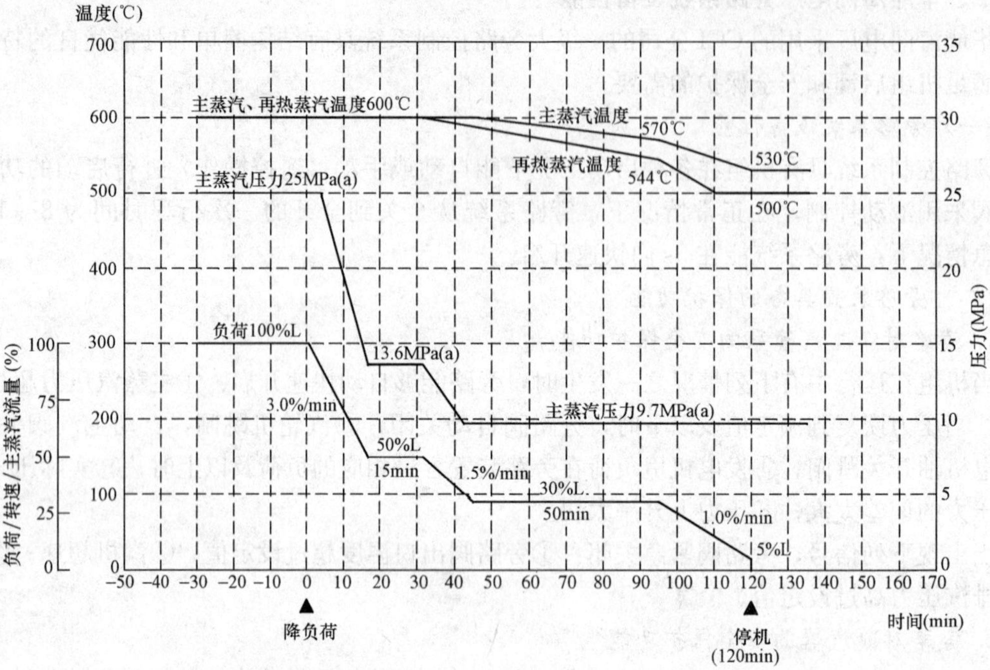

图 10-21 华能海门电厂 1000MW 机组汽机正常停机曲线

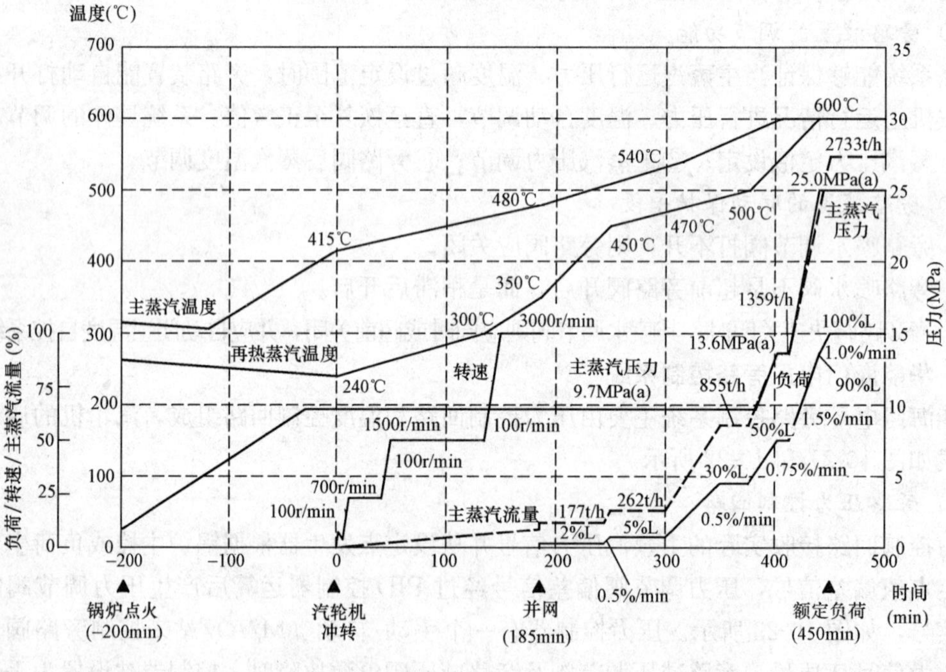

图 10-22 华能海门电厂 1000MW 机组冷态启动曲线

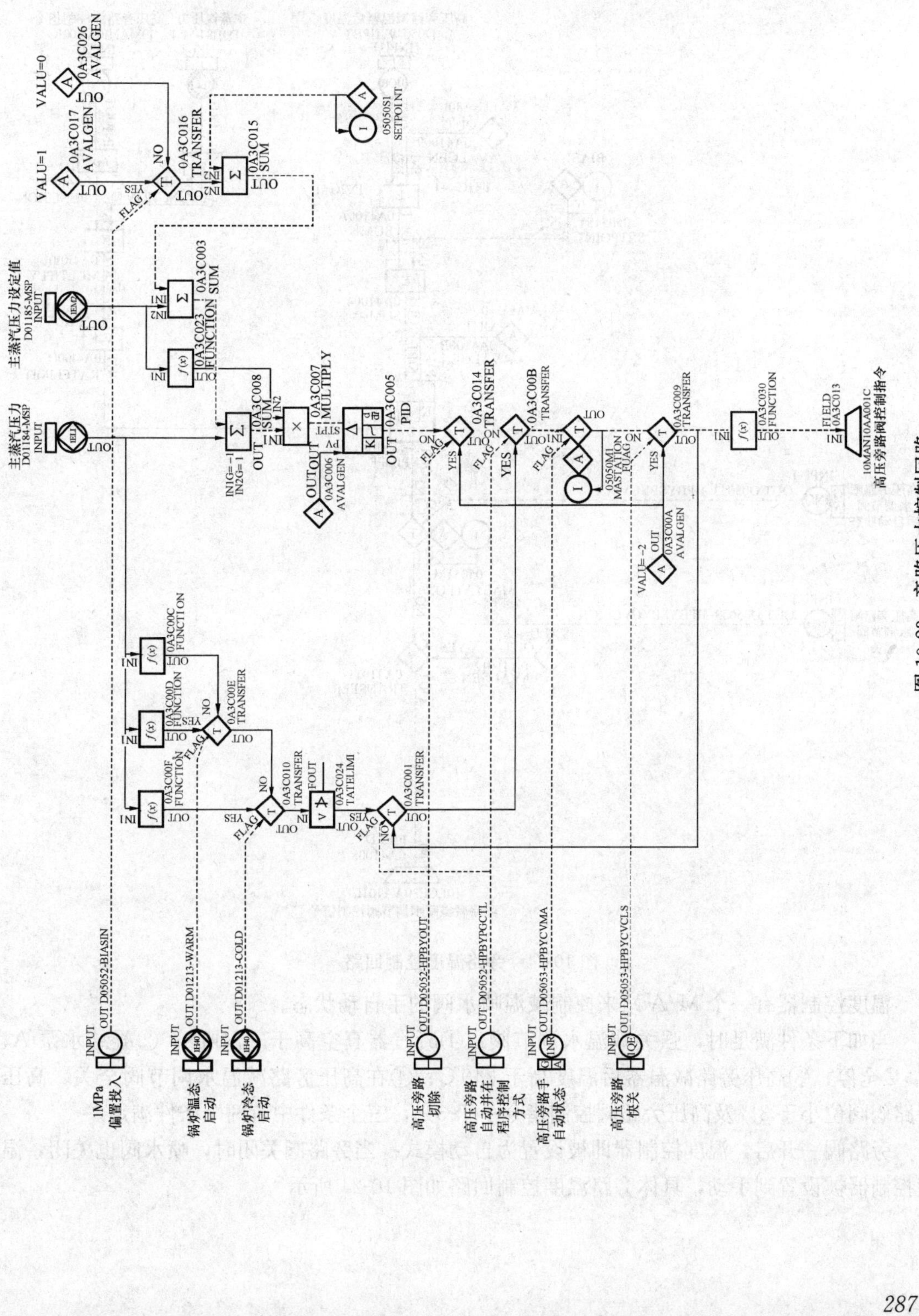

图 10-23 旁路压力控制回路

（二）温度控制

温度控制器从变送器处接收实际信号“高压旁路出口温度”并取得操作人员设定的“温度设定点”，生成减温水调节阀阀位需求信号，如图 10-24 所示。PID 调节器前馈信号产生自“主蒸汽压力”和旁路阀阀位，并被加到阀位需求信号上。

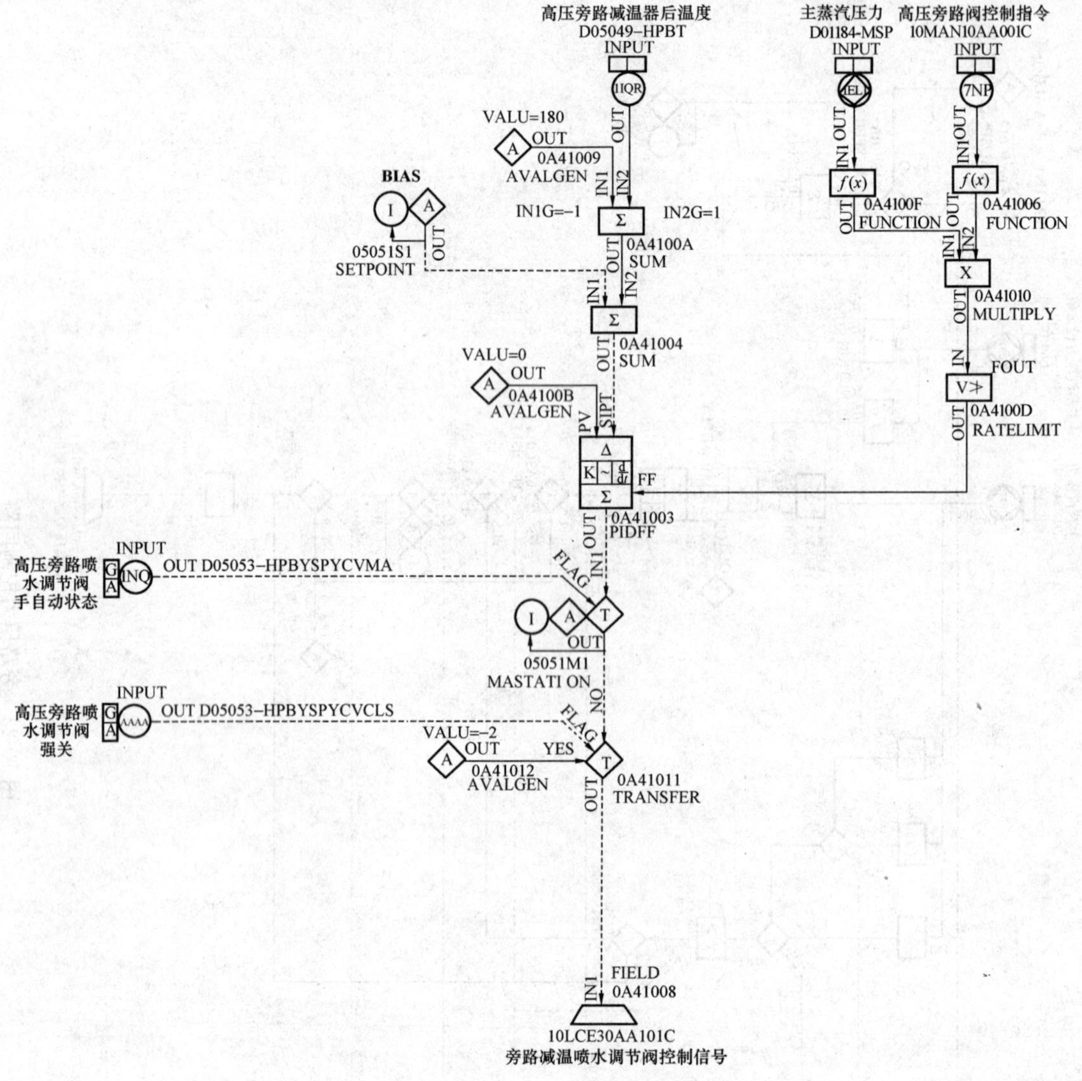

图 10-24　旁路温度控制回路

温度控制器有一个 M/A 站来控制减温喷水阀的手自动状态。

当如下条件满足时，强关减温水调节阀：①凝汽器真空高于－74kPa；②凝结水泵 A、B、C 全停；③高压旁路减温器后温度高于 240℃；④在高压旁路减温水调节阀全关、高压旁路阀阀位小于 3%及高压旁路阀控制指令小于 3%，三个条件中有两个条件满足。

旁路阀一开启，温度控制器即被设置为自动模式。当旁路阀关闭时，喷水阀也关闭，温度控制器被设置到手动，具体旁路温度控制回路如图 10-24 所示。

第十一章

汽轮机监测仪表和紧急跳闸系统

第一节　汽轮机监视仪表系统（TSI）

一、概述

由于随着科学技术的不断发展，电能需求的日益增加，单机容量的不断扩大等原因，大型发电机组要求有更高的可靠性和自动化水平，否则它的事故将给电网造成巨大的损失，因此，在大型机组中，汽轮机监视仪表系统（Turbine Supervisory Instrumentation，TSI）和紧急跳闸保护系统（Emergency Trip System，ETS）是非常重要的。它不仅可以提高劳动生产率和电能质量，还能降低发电成本，改善劳动条件，并为大型机组的安全、经济运行提供了可靠的保证。TSI 能连续地监测汽轮机的各种重要参数，例如可对转速、超速保护、偏心、轴振、盖（瓦）振、轴位移、胀差、热膨胀等参数进行监测，帮助运行人员判明机器故障，使机器能在不正常工作引起的严重损坏前遮断汽轮发电机组，保护机组安全。另外 TSI 监测信息提供了平衡和在线诊断数据，维修人员可通过诊断数据的帮助，分离可能的机器故障，减少维修时间，TSI 还能帮助提出机器预测维修方案，预测维修信息能推测出旋转机械的维修需要，使机器维修更有计划性，其结果减少了维修费用及提高了汽轮机组的可用率。

目前，汽轮机主要热工监视和保护的项目有凝汽器真空低保护、润滑油压低保护、转速监视与超速保护、转子轴向位移监视与保护、高压加热器水位监视与保护、转子与汽缸的相对胀差监视、汽缸热膨胀监视、汽轮机热膨胀监视、大轴弯曲（偏心度）监视、油箱油位监视、轴承温度与润滑油温度监视、推力瓦温度监视、汽缸应力监视、汽轮机各部件温差监视。

其中汽轮机轴系监视保护项目主要包括汽轮机振动的监测、转子轴向位移监测、转速监测、缸胀及胀差监测、偏心监测等。

由于汽轮机的型式、结构以及组成不尽相同，因而各种型式汽轮机所配置的监视和保护装置的项目和要求也不尽相同。有的监测项目，如轴向位移，当被测参数超过允许极限值时，保护装置动作，立即关闭主汽阀和调速汽阀，实行紧急停机，与此同时发出声光报警信息。而对于另外一些监测项目，如相对胀差，当被测参数超过允许极限值时，保护装置只发出声光报警信息，提醒运行人员注意。

国内，汽轮机监视仪表系统（TSI）一般采用较多的是美国本特利公司的 3500 系统和 3300 系统、德国 EPRO 公司的 MMS6000 系统以及瑞士 VIBRO METER 公司的 VM600 系统。在 1000MW 级超超临界机组上应用较多是美国本特利公司的 3500 系统，例如华能海门电厂一期工程 2×1000MW 机组、华电国际邹县电厂四期工程 2×1000MW 机组采用的均是本特利 3500 产品；而华能玉环电厂 4×1000MW 机组汽轮机监视仪表系统采用的是瑞士 VIBRO METER 公司的 VM600 系统。汽轮机安全监视仪表系统硬件主要包括监控装置和现场探头两部分，图 11-1 所示为典型 TSI 探头布置图。

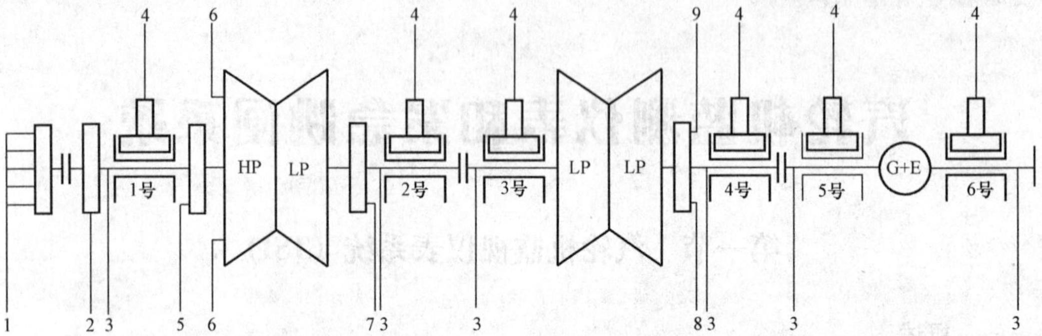

图 11-1 TSI 的典型探头布置图

1—转速；2—键相；3—轴的相对振动（X/Y）；4—轴承座振动；5—高中压胀差；6—高压缸膨胀；7—大轴偏心；8—低压用胀差；9—轴向位移

无论采用哪种汽轮机安全监视仪表系统，为了保证汽轮机组正常运行，能够随时地、准确地了解机组运行，汽轮机状态监测的基本参数必须保证精确。

二、TSI 的主要原理及功能

因为 TSI 主要由传感器及智能卡件组成。首先应该知道传感器是将机械振动量、位移、转速转换为电量的机电转换装置。根据传感器的性能和测试对象的要求，利用电涡流传感器，对汽轮机的转速、偏心、轴位移、轴振动、胀差进行测量，利用速度传感器对盖振进行测量，利用线性可变差动变压器（LVDT）对热膨胀进行测量。

（一）电涡流传感器

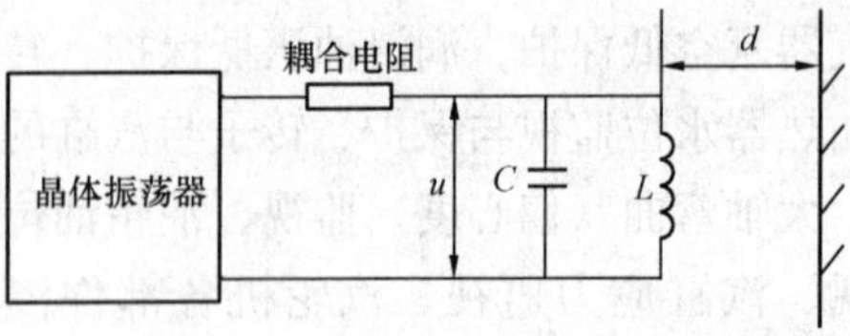

图 11-2 涡流传感器并联谐振电路

涡流传感器利用高频磁场与被测物体间的涡流效应原理而制成的非接触式监测仪表。涡流传感器的线圈 L 与一个电容 C 并联，构成一个并联谐振电路，如图 11-2 所示。由前置器内的晶体振荡器供给稳定的高频电流来激励，在线圈周围产生高频交变磁场。当被测主轴靠近此交流磁场作用范围时，在被测主轴表面产生电涡流，而此电涡流又产生一个新的交变磁场来阻碍主磁场的变化，这一过程将消耗能量，因而是线圈的 Q 值发生变化。在被测主轴和传感器之间的间隙 d 改变时，传感器线圈的 Q 值也随之变化。

在电路中，线圈 Q 值与线圈电感量之间的关系是

$$Q=XL/R$$

式中 L——线圈电感量；

R——电路中耦合电阻。

上式说明，线圈电感量随 Q 值变化而变化，也即随间隙 d 的变化而变化。而线圈电感量的变化，使线圈的输出电压 u 发生变化。这样涡流传感器便将间隙 d 的变化转变成电压

的变化。信号经前置放大器放大以后为 0～24V DC 信号进仪表框架。从前置器输出电压是正比于间隙电压，它可分两部分：一为直流电压，对应于平均间隙（或初始间隙）；二为交流电压，对应于振动间隙。

电涡流传感器，由探头、延长电缆（高频电缆）和前置器三部分组成。

电涡流式仪表测量系统通常由探头、前置器、监视器和稳压电源组成，如图 11-3 所示。

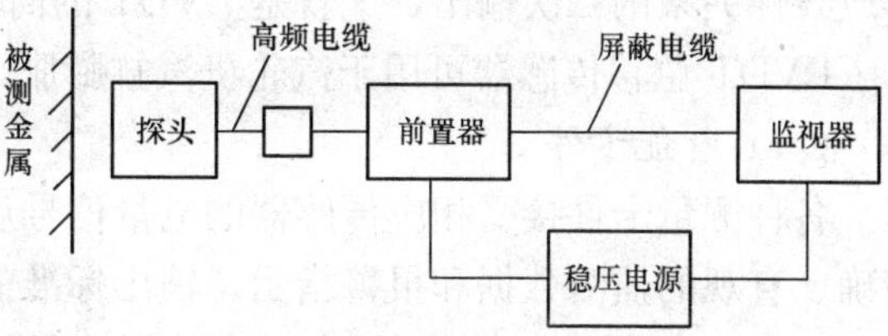

图 11-3 电涡流式仪表的组成

涡流探头可用于测量轴向位移、胀差、轴振、键相、偏心、转速、反转速等。根据涡流探头不同的使用方法，其校验方式及验收的标准会有所不同。轴向位移、胀差探头校验方法相同，只需使用涡流位移校验台静态校验，轴振、键相、偏心、转速、反转速除涡流位移校验台静态校验外，还需动态校验。

（二）速度传感器

速度传感器系统的工作原理是基于一个惯性质量和移动壳体，传感器有一个磁铁，它被固定在传感器壳体上，围绕磁铁的是一个惯性质量线圈，通过弹簧连在壳体上。当机器的振动频率在惯性质量线圈的谐振频率以上时，线圈相对于空间没有运动，因为传感器是刚性接地固定在机壳上，所以磁铁与机壳的振动是完全一样的。磁铁在线圈内运动，因而在线圈内产生电压，该电压正比于机壳的速度。

速度探头分为线圈速度探头和压电速度式探头，因为线圈速度探头比压电速度式灵敏度高，所以经常是线圈速度探头用于汽轮机、汽动给水泵的瓦振，压电速度式探头用于风机的瓦振。线圈速度探头工作时不用卡件供电，压电速度式探头需要卡件提供 24V 电源，压电速度式探头有内置的对压电加速度有积分作用的固态电路。

速度传感器系统应用于轴承盖振动的测量。

（三）LVDT 传感器

LVDT（Linear Variable Differential Transducers）是线性可变差动变压器式位移传感器的缩写，工作原理简单地说是铁芯可动变压器。它由一个初级线圈、两个次级线圈、铁芯、线圈骨架、外壳等部件组成。当铁芯由中间向两边移动时，次级两个线圈输出电压之差与铁芯移动成线性关系。

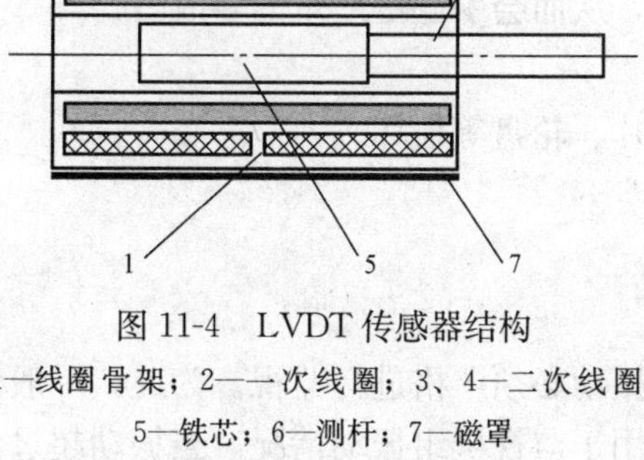

图 11-4 LVDT 传感器结构

1—线圈骨架；2—一次线圈；3、4—二次线圈；5—铁芯；6—测杆；7—磁罩

LVDT 位移传感器的原理比较简单。它就是在一个线圈骨架上均匀绕制一个一次线圈作励磁。再在两侧绕制两个二次线圈，与线圈同轴放置一个铁芯，通过测杆与可移动的物体连接。线圈外侧还有一个磁罩作屏蔽，如图 11-4 所示。

在未引入铁芯以前，一次线圈通入交流电流后产生一个左右对称的沿轴向分布的交变磁场。交变磁场在两个对称放置的二次线圈上产生的感应电动势当然相等，引入铁芯后，铁芯在一次交变磁场的激励下，产生沿铁芯中心轴（当然也是线圈的中心轴）分布并与铁芯对称的交变磁场。这样，线圈中心轴上的磁感应强度就成为铁芯位置的轴向分布函数，于是两个二次线圈的感应电动势也成了铁芯位置的函数。

如果设计得当，两者可成为线性函数关系。将两个二次线圈差接后，即可获得与铁芯位移成线性关系的二次输出，这就是 LVDT 的简单工作原理。

LVDT 位移传感器可用于汽轮机汽缸膨胀，阀位开度位移测量。

（四）智能卡件

各种测量卡件接受相应传感器的电量信号后进行整形、计算、逻辑处理等以后，显示出精确、直观的监测数据和报警指示。输出标准的模拟量信号和继电器接点。智能板件可对传感器连线和自身的运行情况进行检测，具有计算机通信接口，可对测量范围和逻辑输出进行组态，具有缓冲传感器信号输出等功能。

三、TSI 监视的主要参数

（一）汽轮机振动监视

1. 机组振动的原因、危害及采取的措施

汽轮机在启动和运行中产生不正常的振动是比较普遍的现象，而且是一个严重的问题，产生振动的原因是多种多样的，可以是某一个因素引起的，也可以是多方面因素引起的。一般来说，有以下几个方面的原因：

（1）由于机组运行中中心不正而引起振动；

（2）由于转子质量不平衡而引起振动；

（3）由于转子发生弹性弯曲而引起振动；

（4）由于轴承油膜不稳定或受到破坏而引起振动；

（5）由于汽轮机内部发生摩擦而引起振动；

（6）由于水冲击而引起振动；

（7）由于发电机内部故障而引起振动；

（8）由于汽轮机机械安装部件松动而引起振动。

汽轮机运行中振动过大，可能造成以下危害和后果：

（1）端部轴封磨损，低压端部轴封磨损，密封作用被破坏，空气漏入低压汽缸中，因而破坏真空；高压端部轴封磨损，自高压缸向外漏气增大，会使转子轴颈局部受热而发生弯曲，蒸汽进入轴承中使润滑油内混入水分，破坏了油膜，进而引起轴瓦乌金熔化，同时，漏汽损失增大，还会影响机组的经济性。

（2）隔板汽封磨损，严重时，将使级间漏汽增大，除影响经济性外，还会增加转子上的轴向推力，以致引起推力瓦乌金熔化。

（3）滑销磨制，严重磨损会影响机组的正常膨胀，从而会引起更严重的事故。

（4）轴瓦乌金破裂，紧固螺钉松脱、断裂。

（5）转动部件材料的疲劳强度降低，进而引起叶片、轮盘等损坏。

（6）调速系统不稳定，将引起调速系统事故。

（7）危急遮断器误动作。

（8）发电机有励磁机部件松动、损坏。

因此，在汽轮机启动和运行中，对轴承和大轴的振动必须严格进行监视。为此，一般汽轮机都装设轴承振动测量装置和大轴振动测量装置，用于监视机组振动情况。当振动超过允许极限时，应发出声光报警信号，以提醒运行人员注意，或者同时发出脉冲信号去驱动保护控制电路，自动关闭主汽阀等。实行紧急停机，以保护机组安全。

2. 轴振动测量

汽轮机振动监视的主要内容为监测振动体在选定点上的振动幅值、振动频率、相位等。位移、速度和加速度是表征振动的三个重要参量，因为它们之间只要通过微分或积分运算就可以相互转换，所以在实际测量中可用多种方法进行振动测量。

汽轮机组的振动按照监测体的相对位置，可分为轴承座的绝对振动、轴与轴承座的相对振动和轴的绝对振动 3 种。

（1）轴的相对振动的测量。在测轴振时，常常把探头装在轴承壳上，探头与轴承变成一体，因而所测结果是轴相对于轴承壳的振动。由于轴在垂直方向与在水平方向的振动并没有必然的内在联系，即在垂直方向的振动已经很大，而在水平方向的振动却可能是正常的，因此在垂直与水平方向各装一个探头，用以分别测量垂直和水平方向的振动。为了安装方便，实际上两个探头不一定非装在垂直和水平方向不可，很多安装都为复合安装，每个探头与铅垂线各成 45°角，按惯例，垂线右面探头认为是水平探头，左面为垂直探头，上述测振方式用得十分普遍。

在轴振动的测量中，涡流传感器是固定在轴承座上的，即以轴承座为参考坐标系。由于轴承本身也在振动，因此所测得的轴振动是相对于轴承座而言的。对于油膜轴承来说，轴颈与轴瓦之间有比较大的间隙，视油膜轴承的型式不同，这一间隙约为直径的千分之几。因此在轴颈处的轴的相对振动比之轴承座本身的振动一般来说要大。究竟大多少，取决于旋转机械的类型、油膜轴承的型式、轴颈的直径、支承及基础的动力特性等。有的可以大几十倍，有的可能在同一数量级含义下的稍大。有的资料认为，当轴的相对振动幅值比轴承座的振动幅值大 3～4 倍以上时，轴的相对振动信息足以提供分析振动问题和故障的依据，而不必去测定轴的绝对振动。否则的话，为了可靠和全面地分析问题和故障，还必须要求测定轴的绝对振动。

（2）轴的绝对振动测量。本特利公司采用复合式探头，用来测量轴的绝对振动。在这一装置中，用涡流传感器测量轴的相对振动，用速度传感器测量轴承座的绝对振动，然后将这两路信号在合成线路中按时域相加（或相减，视信号的极性而定）。这样，从合成线路输出的信号即为轴的绝对振动信号。在合成线路中将不同传感器的信号按时域进行相加之前，首先要处理传感器的相移问题，否则这种合成是毫无意义的。一般来说，涡流传感器系统输出的信号与实际振动是没有相移的或相移甚小，但速度传感器加积分线路在低频段有较大的相移。一种解决这一相移差别的方法是在合成线路上的涡流传感器系统的输入端设置一个高通线路。高通线路的参数应当选择：使其在有关的低频段的相移与速度传感器系统的相移尽可能一致，而在幅值上基本上不衰减。这样，人为地使两路传感器系统具有相同相移。然后，再在合成线路中进行时域相加，最后得到轴的绝对振动信号。但是，输出的轴的绝对振动信号具有与速度传感器系统相同的相移，在处理时再根据速度传感器系统的相位曲线进行修正。

除了一些特殊情况之外，认为轴绝对振动测量总是必须或明显优于轴相对振动测量的看法是不正确的，特别是仅在一个方向用复合探头测量轴的绝对振动比 X-Y 两方向轴相对测量或 X-Y 两方向轴绝对测量的作用或效果都要差得多。

在理想情况下，希望在汽轮发电机每个主轴承的 X-Y 两个方向上安装复合探头，测量轴的绝对振动，为机器的监测和防护提供全面的信息。但在多数情况下，仅用电涡流探头进行 X-Y 的相对测量就足够了。

(3) 轴承振动的测量。在有的情况下，如果汽轮机转轴能将大部分振动传到轴承座上，轴承座振动值能明确在指示正常和不正常的工作状态，则轴承振动的测量是必要的。另外，为了全面分析汽轮机的振动状态，轴承振动也能提供某些有益的信息。

轴承振动的测量可采用安装于轴承上的加速或速度传感器来实现。需要注意的是，加速度或速度传感器输出的是轴承振动速度信号，要想得到振动幅值信号，还必须经过积分。

(4) 汽轮机振动监视分析。TSI 的测点布置是汽轮机制造厂家依照长期运行的经验和汽轮机的具体结构特点而设，目的是为了有效地监测汽轮机启停和正常运行中的状态参数，保证汽轮机安全、经济运行。

理想的振动监视应是对每一支持轴承的绝对振动及其对应的轴的绝对振动进行测量，若轴的相对振动幅值比轴承座大 3～4 倍时，可以将轴的相对振动测量（X-Y 两方向）作为提供分析振动问题和故障的信息。

对电厂汽轮机轴系统测量而言，在同一方向，复合探头获得的信息最为全面，趋近式探头获得的信息可靠，但反映的信息较复合探头少，速度探头对频率高的振动具有较高的灵敏度。

(二) 轴向位移的监视

1. 汽轮机产生轴向位移的原因、危害及采取的措施

汽轮机在启停和运动中，转子有可能发生向前或向后的窜动。

(1) 转子发生向前窜动是由以下两方面的原因引起的：

1) 机组突然甩负荷，出现反向轴向推力；

2) 高压轴封严重损坏，调节级叶轮前因凝汽器抽吸作用而压力下降时，出现反向轴向推力。

(2) 汽轮机转子向后窜动是由以下两方面的原因引起的：

1) 转子轴向推力增大，推力轴承过负荷，使油膜破坏，推力瓦块乌金被烧熔。

2) 润滑油系统由于油压过低、油温过高等缺陷，使油膜破坏，推力瓦块乌金被烧熔。

一般来说，汽轮机转子向前窜动的故障不大容易发生，转子向后窜动的故障却比较容易发生。

汽轮机转子轴向推力增大，将使推力轴承过负荷，破坏油膜，致使推力瓦块乌金烧熔。这时，转子发生窜动，轴向位移增大，汽轮机内部转动部件与静止部件之间的轴向间隙消失，因而动、静部件发生摩擦和碰撞，将造成严重损坏事故，如大批叶片折断、大轴弯曲、隔板和叶轮碎裂等。如转子发生向前窜动，也会造成同样的危害。

因此，一般汽轮机都装设汽轮机轴向位移监视保护装置。它的作用是在汽轮机运行时，用于监视转子的轴向位移变化情况，也就是监视推力瓦块乌金磨损情况。一旦由于轴向推力突然增大或润滑油膜破坏推力轴承发生烧瓦故障，转子轴向位移超过允许极限值时，轴向位移保护装置动作，发出灯光音响报警信号，与此同时，立即关闭主汽阀、调速汽阀和抽汽止回阀（对于中间再热式汽轮机，还应关闭再热主汽阀、中间截止旁路阀和中间截止阀），实行紧急停机，以保护机组的安全。

在汽轮机启动和增负荷过程中，转子的轴向位移会随之变化，这时，不是推力瓦块有磨损，而是由于推力盘和工作推力瓦块后的轴承座、垫片、瓦架等，在汽轮机负荷增大、轴向推力增加时，发生弹性变形引起的。这种随着负荷变化而引起的轴向位移称为转子的轴向弹性位移。如汽温、汽压、真空、使用回热抽汽等情况不变时，汽轮机在不同负荷下有一定的轴向弹性位移。由于各种类型汽轮机的推力轴承的构造不相同，各类机组的轴向弹性位移值也不相同，一般为0.2～0.4mm。各种汽轮机通过试验都将求出的负荷和轴向位移的关系曲线作为标准值。在运行中，将轴向位移监视表的指示值和标准值作比较，就可以鉴别出推力瓦是否有磨损。

为了监视汽轮机推力轴承的工作状况，一般在推力瓦块上装有温度测点，在推力瓦回油处装有回油温度表等。为了监视汽轮机转子的轴向位移变化情况，一般都装有轴向位移监视保护装置。当轴向位移达到限值时，保护装置即发出报警信号，提醒运转人员及时采取措施加以处理。当轴向位移达到危险值时，保护装置动作，汽轮机跳闸，立即停机，以保障汽轮机设备的安全。

2. 轴向位移的测量

非接触式的涡流探头能够成功地应用于推力位置的精确测量。

(1) 探头的位置。一个主要应遵循的规则是：使得测量尽可能地靠近推力轴承。推力盘与推力测试点之间的距离越大，失真的因素也就越大。失真是由热温度上升及各种在转轴和机壳上的压力应变引起的，所有这些失真在推力盘和测试点之间的地方都可能产生，每米可能出现有几个毫米的温度偏移，这将会引起监视器读数的严重偏移。

总之，应将轴向位移探头装入推力轴承一块托板之内的地方，并且是在同一结构上。测量的最好方法是使轴向位移探头装在能够直接观察到推力盘的地方，测量探头顶端与被观察表面的轴间距的平均值。

应该避免将推力探头安装在薄壳形端盖上，轴的位置随着日光、压力及许多小的干扰会很快偏移。而将探头安在刚度大的端罩上是很理想的，这样测量的结果应该与有关的振动没有关系。

轴在运行中，由于各种因素，诸如载荷、温度等的变化会使轴在轴向有所移动。如果轴往右移动，间隙消除后，会碰到轴承，两者发生摩擦，则其后果将不堪设想。由于这一参数十分重要，因而API670（美国石油协会）标准要求用两个探头同时探测一个对象，以免发生误报警现象。两个探头要能实时探测一个平面，该平面和轴应是一个整体。

(2) 探测探头的零点预置。一般来说，确定推力探头范围的精确零点是不可能的。推力探头的初始缝隙总是建立在一个猜想基础上。我们的意愿是使探头总的线性范围的中点位置定在机器通常的推力位置。所有的推力位置保护监视器通道都有一个零点预置电位器以用来补偿初始预置的误差，零点预置可以通过使用电位器来调节，但零点预置不能以一个绝对的基准来选择，必须根据当机器正处于标准运转条件下时的推力的缝隙值。

报警和危险状态，正常和非正常状态应事先定好，检查之，并在零点预置以后进行检查。

(3) 正常的和反向的推力报警。对于汽轮机和其他轴向流向的机器，轴的推力方向一般来说并不是唯一的，所以机器有工作和非工作的推力瓦块。实际运行经验表明，在汽轮机变负荷运行过程中，完全可能产生正向的轴向位移或反向的轴向位移，如果不设置正向/反向轴位移双方向监视器，就会发生重大的故障。

（4）轴向位移的测量。一般应当采用两个探头，采用双选式安排，两个探头要能同时探测一个平面，该平面和轴是一个整体。探头应能直接探测止推法兰或者其他垂直于轴水平方向的平面。

（三）偏心的监视

1. 汽轮机主轴发生弯曲的原因、危害

汽轮机组启动、停机或运行过程中的主轴弯曲现象是经常发生的，这是由于转子和汽缸各部件的加热或冷却程度不同，形成一定的温差。转子暂时性的热弯曲称弹性弯曲，这种弯曲一般通过正确盘车和暖机是可以消除的。但是，转子与汽封之间产生严重径向摩擦、汽缸进水、上下缸温差过大、轴封或隔板汽封间隙调整不当、汽缸加热装置使用不当等，都会使主轴产生永久性弯曲，即转子完全冷却后仍存在弯曲。此时，只能停机进行直轴。如果仍继续运行，则会造成设备的严重损坏，所以在机组启停和运行过程中应严格监视主轴的弯曲情况。

在汽轮机启动、运行和停机过程中，主轴弯曲一般有以下几个原因：

（1）由于主轴与静止部件发生摩擦引起弯曲；

（2）由于制造或安装不良引起轴弯曲；

（3）由于检修不良引起轴弯曲；

（4）由于运行操作不当引起轴弯曲。

汽轮机在启动、运行和停机过程中，主轴发生弯曲的原因是多种多样的，当主轴发生弯曲时，其重心偏离机组运转的中心，于是在转子运转时就会产生离心力的振动。当轴弯曲严重时，汽封径向间隙将消失，就会引起动、静部件相碰，以致造成损坏机组事故。若轴弯曲过大会形成永久弯曲，事故就严重了，这时就得进行直轴，因此汽轮机在启动、运行和停机过程中，必须严格监视主轴的弯曲情况。

2. 偏心的测量

偏心实际上就是轴的弯曲。通过偏心测量可以知道由于受热或重力所引起的轴弯曲的幅度。探测偏心的探头装在机器的什么地方，这一点应该考虑。一般情况下，偏心探头的最好安装位置是沿轴向，在两个轴承跨度中间，即远离轴承，监视器上所指示的数值大小，取决于探头安装位置，越接近轴承，其指示偏心的读数越小。但实际上，装在两个轴承之间往往很困难，因此经常是把涡流传感器装在轴承的外侧。

传统的方法是在汽轮机轴承以外测量偏心。因为在缸体内部测量偏心很困难（由于环境和安装的原因），故经常在高压缸轴承前部轴的外伸段测量偏心。

偏心探测器必须具有低到零转速的频率响应，而电涡流探头则能够满足这种要求。在许多情况下，调速器端的轴承座结构允许在需要时，在机器带负荷的情况下更换探头。

目前典型的TSI均有能指示偏心峰—峰值的偏心监视器，其转速范围为1～600r/min。这种监视器采用专门研制的“采样和保持”技术，使之随时都能指示转子实际的峰—峰值偏心量。此外，还需要安装一个轴转速探头（键相器），轴每转一圈，该探头发出一个脉冲信号，以便在轴转速变化时控制监视器的采样电路。安装相键器探头对于振动监视和分析来说也是必需的，因此它可以同时用于这两个目的。

（四）缸胀与胀差的监视

1. 机组热膨胀的原因、危害及采取措施

汽轮机在启动、停机过程中，或在运行工况发生变化时，都会由于温度变化而产生不同程度的热膨胀。

汽缸受热膨胀时，由于台板滑销系统死点位置的不同，可能向高压侧伸长或向低压侧伸长，也可能向左侧或向右侧膨胀。为了保证机组的安全运行，防止由于汽缸热膨胀不均，发生卡涩或动静摩擦事故，必须对汽缸的热膨胀进行监视。缸胀监视仪表指示汽缸受热膨胀变化的数值，也称为汽缸的绝对膨胀值。

转子受热时也要发生膨胀，因为转子受推力轴承的限制（相对死点），所以只能沿轴向往高压侧或低压侧伸长。

对于大容量的汽轮机来说，汽缸的体面比常常大于转子的体面比，当机组启动，也就是说转子的温度大于汽缸的温度，对于某一区段而言，转子的轴向膨胀值比汽缸大，即它们之间存在着膨胀差，一般称为相对膨胀差，简称胀差。

转子轴向膨胀大于汽缸的膨胀时，称为正胀差；反之，称为负胀差。因为汽轮机转子的轴向位置是由推力轴承固定的，所以胀差是以推力轴承为起点的某一处转子和汽缸总的膨胀差。

汽轮机在启动、暖机和升速、停机过程中，或在运行中工况发生改变时，都会由于温度变化而引起转子、汽缸不同程度的热膨胀。

（1）正胀差过大的一般原因：

1）暖机时间不够，升速过快；

2）增负荷速度过快。

（2）负胀差过大的一般原因：

1）减负荷速度过快，或由满负荷突然甩到空负荷；

2）空负荷或低负荷运行时间过长；

3）发生水冲击（包括主蒸汽温度过低时）；

4）停机过程中，用轴封蒸汽冷却汽轮机速度太快；

5）真空急剧下降，排汽温度迅速上升时，使低压缸负胀差增大。

汽轮机轴封和动、静叶片之间的轴向间隙很小，若汽轮机启停或运行中胀差变化过大，超过了轴封以及动、静叶片间的正常轴向间隙时，就会使动、静部件发生摩擦，引起机组强烈振动，以致造成机组损坏事故。为此，一般汽轮机都规定有胀差允许的极限值。它是根据动静叶片或轴封轴向最小间隙来决定的，即当转子与汽缸相对胀差达到极值时，动、静叶片或轴封轴向最小的间隙仍留有一定的合理间隙。

因此，为了在汽轮机启动、暖机和升速过程中，或在运行、停机过程中，一旦缸胀或胀差值达到允许极限值时，立即发出声光报警信号，以便运行人员及时采取相应措施，保护机组的安全。有的大型机组还装设了胀差保护装置。在胀差超限时，不仅发出声光报警信号，也可令机组停机。停机保护一般只在机组启停过程中及低负荷运行时投入。因为正常运行时，胀差一般变化不大。

2．缸胀与胀差的测量

（1）相对膨胀（胀差）的测量。胀差是轴和机器壳体之间的相对增长。当热增长的差值超过允许的间隙时，便可能产生摩擦。对于高速运转的汽轮机，表面与旋转面相摩擦会导致空难性事故，为防止这种事故的发生，就需要用电涡流探头探测转子与机壳之间的间隙。一般情况下，可把探头安装在机壳上来测量轴的端面与机壳之间的距离。

因为胀差的变化范围较大，所以测量时多采用补偿式测量方法。在轴端法兰的两端各安装一个探头，在热膨胀过程中，当被监视法兰的移动超出第一个探头测量范围后，紧接着就进入第二个探头监测范围。由监测器的微处理机选择一个传感器线性范围转换到另一个传感器的线性范围。这种补偿装置仅多用一个探头就可将系统的量程提高一倍。

（2）机壳膨胀（缸胀）的测量。汽轮机在开机过程中，由于受热使其膨胀。

机壳膨胀一般在机壳两侧各设置一个测点，监测两侧的膨胀速率是否一样，不均匀的膨胀说明机壳变斜或翘起。为了探测由于滑动表面卡住和不均匀膨胀可能产生的“偏斜”，应该在汽轮机两侧测量壳体的膨胀。

（五）速度监视

1. 超速的原因、危害及采取措施

汽轮机运行中的转速是由调速器自动控制并保持恒定的，当负荷变动时，汽轮机转速将发生变化。这时调速器便动作，高速汽阀随之开大或关小，改变进汽量，使转速维持在额定的转速。

汽轮机发生超速的原因，主要是调速系统工作不正常，不能起到控制转速的作用。在下列情况下，汽轮机转速上升很快，如果这时调速系统工作不正常，则会发生超速现象：

（1）汽轮发电机运行中，由于电力系统线路故障，使发电机油断路器跳闸，汽轮机负荷突然甩到零；

（2）单个机组带负荷运行中，负荷骤然下降；

（3）正常停机过程中，解列的时候或解列后空负荷运行时；

（4）汽轮机启动过程中，闯过临界速度后定速时或定速后空负荷运行时；

（5）危急保安器作超速试验时；

（6）运行操作不当，如运行中同步器加得太多，远远超过高限位置，开启升速主汽阀，开得太快，或停机过程中带负荷解列等。

调速系统工作不正常造成超速的原因较多，包括以下几个方面：

（1）调速器同步器的下限太高，当汽轮机甩负荷时，致使调速汽阀不能关小；

（2）调速变动率过大，当负荷骤然由满负荷降至零时，转速上升速度太快以致超速；

（3）调速系统迟缓率过大，在甩负荷时，调速汽阀不能迅速关闭，立即切断进汽；

（4）调速系统连杆卡涩或调速汽阀卡住，失去控制转速的作用。

汽轮机是高速旋转机械，转动时各转动件会产生很大的离心力。这个离心力直接与材料承受的应力有关，而离心力与转速的平方成正比。当转速增加10%时，应力将增加21%；转速增加20%，应力将增加44%。因设计时转动件的强度裕量是有限的，与叶轮等紧力配合的旋转件，其松动转速通常是按高于额定转速的20%考虑的，尤其随着机组参数的提高和单机功率的增大，机组时间常数越来越小，甩负荷的飞升加速度更大。因此，运行中若转速超过这个极限，就会发生严重损坏设备事故。严重时，甚至会造成飞车事故。所以，一般制造厂规定汽轮机的转速不允许超过额定转速的110%～120%，最大不允许超过额定转速的115%。

因此，为了保护机组的安全，必须严格监视汽轮机的转速并设置超速保护装置。对大功率机组，为了在发生超速时能可靠地实现紧急停机，一般都装设3套超速保护装置，即危急保安器（也叫危急遮断器）超速保护装置、附加超速保护装置和电气式超速保护装置。另外，有的机组还装设汽轮机危急遮断器电指示装置，用以指示危急遮断器是否动作。

当汽轮机转速超过允许极限时，超速保护装置动作，立即关闭主汽阀、调速主汽阀和抽汽止回阀，实行紧急停机，同时还发出声光报警信号。这时，注意监视转速表和周波表的指示值。如果其指示值超过允许极限并继续上升时，说明主汽阀和调速主汽阀关闭不严，应尽快关闭隔离汽阀（或汽阀），确实切断进汽，以保护机组的安全。

转速的测量方法有很多种，常用的有离心式、测速发电机式、磁阻式、电涡流式等。

2. 键相器

所谓键相器，即在轴上开一键或在轴上装一个键，即凸出一块。用一普通测振探头，对准槽或者台（两者选一），这样，当探头伸到键槽时，前置器即输出一负脉冲，如探头探到凸台，则前置器输出一正脉冲。无论正负，两个脉冲之间即为一转，因而可用测振探头探测轴的转数。当然如果只是为了测量转数，不一定非要一个键槽（或一个凸台）不可，探测带有多个牙齿的齿轮也可以。

如果可能，应将键相器探头装在机组的驱动部件上。这样，当机组的驱动部分与载荷脱离时，探头也可以给前置器提供一个输入信号。

对于键相器的尺寸要求：一个凹槽或一个凸台一定要足够大，以产生一个至少有 5V 峰—峰值的脉冲，API670 要求有 7V 峰—峰值的脉冲。这样，这一凹槽或凸台一定要至少有 7.6mm（0.31in）宽，1.55mm（0.60in）深以及 10.2mm（0.41in）长。凹槽或凸台的长度一定要足够长，以满足任何可能的轴在轴向的运动。在所有的运行温度以及机器的转速范围内，探头顶部一定要对着凹槽或凸台。

凹槽和凸台的区别只是产生脉冲电压不同，一为负脉冲，一为正脉冲，当用键槽时，探头的安装、调整应该以轴的表面为准；当用凸台时，应以凸台的表面为准，若仍以轴表面为准，则会把探头打坏，因此建议用键槽更好些。

四、常用汽轮机监视仪表系统

前已述及，超超临界机组 TSI 采用较多的是美国本特利公司的 3500 系统、瑞士 VIBRO-METER 公司的 VM600 系统和德国 EPRO 公司的 MMS6000 系统。下面对 3 种系统的模块进行简要介绍。

（一）本特利 3500 系统

本特利 3500 系统的汽轮机监测仪表（TSI）为汽轮发电机组和其他关键设备提供所需要的监测、诊断和预测性维修的信息。

3500 系统除了配备常规的 3500/15 电源模件、3500/05 框架、3500/92 通信网关、3500/20 框架接口模块外，还有 3500/42、3500/53、3500/50、3500/25、3500/32、3500/33、3500/45 等监视器。3500 监视器所有的报警均在专用的继电器模件上来完成，它能提供 4～20mA 信号给用户，也能与 DCS 等进行通信，可采用 TCP/IP 或 ModBus 协议通信。

本特利 3500 系统的硬件主要包括监控装置和现场探头两部分。其中，现场测量探头采用了电涡流探头，与监控装置框架内相应的模块配合使用，用来监测来自机组的振动、位移等状态信号。监控装置在结构上为上、下两层框架结构，在上层框架中，布置的模块有电源模块、框架接口模块、振动监测模块及继电器模块；在下层框架中，布置的模块有电源模块、框架接口模块、位移监测模块、转速模块、键相模块、偏心模块以及继电器模块等，各模块的主要功能介绍如下。

1. 电源模块 3500/15

电源模块 3500/15 是整个监控系统的电源部分，有交流和直流两种形式，在框架内可使用单电源或者在不允许电源中断的情况下使用冗余电源，冗余电源分别位于框架最左端插槽的上部和下部。可以在框架中安装一个或两个电源模块。每个模块均可独自对整个框架供电。3500/15 电源模块具有自检功能，可监测所有的输入电压是否规范，并通过电源模块前面板上绿色的“Supply OK”指示。

2. 框架接口模块 3500/20（RIM）

框架接口模块 3500/20（RIM）是 3500 框架与组态、显示与状态监测软件的主要接口，每个框架要求单独配置一个框架接口模块，安装在与电源模块紧邻的框架插槽中，可通过专门的软件对框架各模块进行组态以及当前状态参数的提取。框架接口模块是一个全高（从框架顶部到框架低部）型模块，它的主要功能是与主计算机、一个本特利公司的通信处理器以及框架中其他模块通信。框架接口模块 RIM 为各独立的监测器、通信、继电器及其他模块提供了“自检”功能，通过其前面板设置的 4 个 LED 来表征，各指示状态的含义如下：

(1) OK：表征框架接口模块（RIM）及其他模块工作状态正常。

(2) TX/RX：当 RIM 模块与其他框架模块通信时闪烁。

(3) TM：指示框架处于报警倍增模式。

(4) CONFIG OK：指示框架内某一模块未正确组态；或者预存组态与框架物理组态不匹配；或不符合安全选项要求。

3. 转速监测模块 3500/50（Tachometer Monitor）

转速监测模块（3500/50）是一个两通道模块，接收来自涡流传感器的信号，用来确定轴的转速，其状态指示通过前面板上的 LED 表征。3500/50 使用 ϕ8mm 传感器，进行零转速及转速测量。

4. 振动监测卡 3500/42（Proximitor/Seismic Mon）

轴承振动监测模块（3500/42）为一个四通道的速度/加速度监测器，可接收来自位移、速度、加速度传感器的信号。监测器模块（3500/45）用于轴向位移、偏心度、振动、胀差、膨胀监测。监测偏心、轴振时使用传感器为 ϕ8mm，测盖振时使用传感器为 9200，它也可以采用 ϕ11mm 传感器来测轴位移。3500/45 可采用 ϕ25mm 和 ϕ50mm 涡流传感器对胀差进行测量，也可采用 LVDT 来进行壳胀的测量。

5. 位移监测模块（3500/40）

在本系统中，位移监测模块选用了本特利系统 3500/40 位移监测器，它是一个四通道位移监测器，根据监控系统的设计，每个位移监测器（3500/40）第一个通道定义为轴向位移通道，第三、四个通道定义为差胀及绝对膨胀通道。

6. 键相模块 3500/25（Keyphasor Module）

3500/25 改进的键相器模块是一个半高度、两通道模块，使用 ϕ8mm 涡流传感器。它向键相传感器提供电源，调节键相位信号，并将此信号传送到框架中的其他模块。键相位信号来自旋转轴或齿轮每旋转一次的脉冲信号，用来精确指示如相位等向量信号。

7. 继电器模块（3500/32）/（3500/33）（Standard Relay Module）

继电器模块是一个全高型模块，每个继电器模块可以提供 4 个继电器输出量，继电器模块可布置在框架接口模块右边的任何一个插槽内，模块内每一个通道都可以独立编程，以执行所需要的逻辑表决。3500/33 为 16 通道继电器模块。该模块可为 3500 系统的其他模件提供报警用的继电器。

8. 超速保护模块（3500/53）

用于超速保护监测。3500/53 可以通过 3 个 ϕ8mm 传感器输入三路信号对超速进行三取二表决，输出停机信号。

9. 通信接口模块（3500/92）

通信接口模块是一个全高型模块，它允许外部设备（如一个 DCS 或一个 PLC 系统）从框架中取得信息并可对部分框架组态进行设置，然后再与 DCS 或 PLC 系统连接。

（二）VIBRO METER 公司的 VM600 系统

瑞士 VIBRO METER 公司的 VM600 系统，对机组的转速、位移、差胀、轴振、瓦振及偏心进行监测。整个 VM600 汽轮机监系统硬件组成有框架、电源模块、CPU 通信模块、网关 I/O 模块、监测保护模块、I/O 模块，传感器、前置器、工业安装盒、电缆等。

具体模件有以下几种。

1. 网关通信模块 CPU-M

CPU-M 是 VM600 机械保护、状态和运行监测系统的网关通信模块。它占用 VM600 框架上的 0 号和 1 号插槽。不占用可容纳的监测卡件的数量。它提供以下几种功能：①通道参数显示；②串口通信；③自动组态。

2. 机器监测保护模块 MPC4

MPC4 监测保护卡是 VM6OO 系统的中心元件。这种卡件能够同时监测 4 个动态信号输入和 2 个转速/相位信号输入。它的特点为：①具有完全与 VME 兼容的从属接口；②具有 4 个可编程输入（如振动、位移等）和 2 个可编程的转速/相位输入；③具有可编程的宽带和跟踪滤波器；④在阶频跟踪模式下同时实现振幅和相位监测；⑤前面板 BNC 接口方便原始信号分析；⑥为加速度、速度、涡流传感器提供工作电源。

3. 输入、输出卡件 IOC4T

输入、输出卡件 IOC4T 是 VM600 系列 MPC4 卡的信号接口卡件。每个 IOC4T 直接安装在 MPC4 卡件的背面。IOC4T 以从属方式工作，从 MPC4 上读取数据和时钟信号。IOC4T 的端子排连接传感器/前置器的传送电缆，同时用于信号的输入和输出。

4. 继电器卡 RLC16

继电器卡 RLC16 在 IOC4T 上的 4 个继电器不够用或需要更多的继电器时采用。

5. 电源卡 RPS6U

TSI 有两路 220VAC 电源，分为主电源和副电源。主电源正常时，系统由主电源供电，当主电源故障时，系统将快速切换为副电源，保证系统的正常工作。当主电源又恢复正常时，系统电源又切换到主电源工作，而副电源又处于备用状态。系统切换后的电源经处理后进入两块 RPS6U 电源模块，为框架中的所有其他卡件提供电源（+5V 和±12V），形成冗余，互为备用，其中任一块 RPS6U 故障均有电源故障指示，且不会影响系统正常工作。

（三）EPRO 公司的 MMS6000 系统

MMS6000 系统是一种智能系统，系统除了配备常规的电源模件 UES815、19″机箱 IMR011 及通信模件 MMS6831 以外，还有 MMS6312、MMS6220、MMS6120、MMS6110、

MMS6410 等监视器。这些监视器都是双通道的，每个通道均可单独使用。每个通道均有独立的报警和相应的 4～20mA 和 0～10V 输出。具有输出连到总线，可通过总线接口进行 485 或 232 通信。

1. MMS6312 转速监视器

MMS6312 可用来测转速、零转速及鉴相，当然还用来作超速板件。可以输出鉴相信号、零转速信号、超速停机信号。它使用的传感器为 PR9376 或PR6423。

2. MMS6220 偏心监视器

MMS6220 可用来监测转子的径向位置，即偏心量。使用的传感器为 PR6423。

3. MMS6210 位移监视器

MMS6210 可用来测转子的轴向位移，使用的传感器为 PR6424，轴位移一般使用两个传感器、两个通道来监视。MMS6210 也可用来监测转子与汽缸的膨胀差值即胀差，使用的传感器为 PR6426。

4. MMS6120 轴承振动监视器

MMS6120 可用来监测轴承盖的振动，使用的传感器为 PR9268。

5. MMS6110 轴振监视器

MMS6110 可用来监测大轴的振动，每个点分 X、Y 两个方向，使用的传感器为 PR6423。

6. MMS6410 热膨胀监视器

MMS6410 可用来监测汽缸的热膨胀，即绝对膨胀，使用的传感器为 PR9350。

第二节　汽轮机紧急跳闸系统（ETS）

一、概述

（一）汽轮机危急跳闸系统原理和信号

汽轮机危急跳闸系统（ETS）是汽轮机保护最重要的一环，它是汽轮机电跳闸的出口，其运行安全与否直接影响到汽轮机的安全运行。在汽轮机启停和正常运行时，对轴向位移、转速、轴振动、轴承振动、轴承温度、润滑油压、控制油压、凝结器真空、主蒸汽温度、汽缸温度等相关参数进行实时监视，当被监视的参数超过报警值时，发出报警信号；当监视参数超过极限值时 ETS 保护装置动作，输出跳闸信号到跳闸电磁阀，跳闸电磁阀卸掉保安系统的保安油，使汽轮机的主汽阀和调节阀迅速关闭，完成汽轮机跳闸的功能，使汽轮机紧急停机，处于安全状态，以避免发生严重的后果。同时将汽轮机跳闸信号送出，联跳锅炉和发电机（机、炉、电大联锁），安全地将机组停运，目的是不扩大事故范围，把损失降至最低，保护主设备。

ETS 组成原理如图 11-5 所示。由图 11-5 可知，当汽轮机某项重要参数越限时，经逻辑运算，驱动四个跳闸电磁阀动作。其中，1 号跳闸电磁阀和 3 号跳闸电磁阀只要有一个动作，则 1 号跳闸通道动作；2 号跳闸电磁阀和 4 号跳闸电磁阀只要有一个动作，则 2 号跳闸通道动作；当 1、2 号跳闸通道均动作时，汽轮机跳闸。

常见的汽轮机保护逻辑图见图 11-6。

通常情况下用主汽阀关闭信号作为进入 FSSS、电气保护的汽轮机跳闸信号。由图 11-6

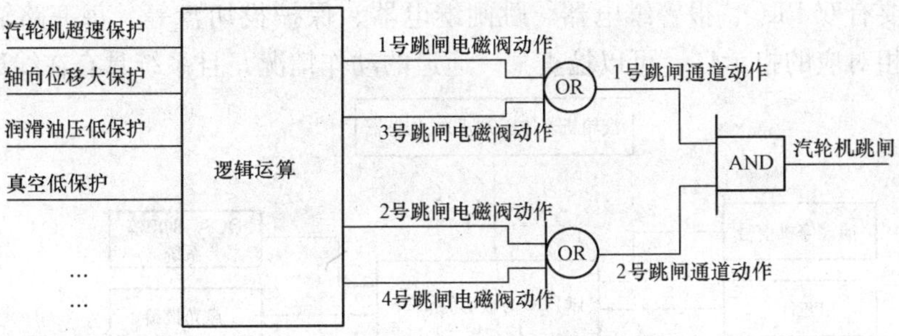

图 11-5 ETS组成原理图

可见，汽轮机保护跳闸信号主要有以下几种：①汽轮机真空压力低；②润滑油压低；③抗燃油压低；④轴承温度高；⑤轴承振动大；⑥锅炉 MFT；⑦汽轮机超速；⑧轴向位移大；⑨手动打闸；⑩DEH 失电。

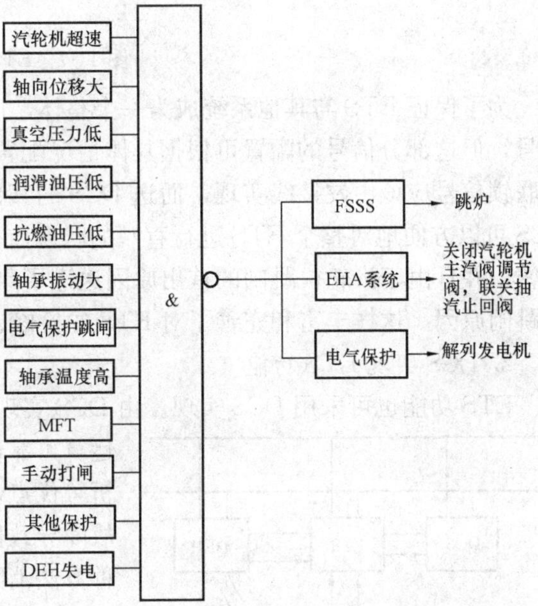

图 11-6 汽轮机保护逻辑图

（二）汽轮机危急跳闸系统实现方式

ETS的实现，已经从传统的继电器系统发展到计算机控制系统。其实现方式目前主要是可编程逻辑控制器（PLC）和分散控制系统（DCS）。

1. PLC 实现 ETS 功能

用 PLC 代替传统继电器逻辑控制已成为实现 ETS 的主流方式。在此前提下，进一步提升 ETS 的整体性能水平，应从以下方面入手。

现有大多数所配置的 ETS 一般不具备事故追忆功能，为分清跳机信号动作先后，以及事故责任，ETS 需另配事故记录装置。因此，将事故记录功能与 ETS 进行一体化设计十分必要。仅由 PLC 实现的 ETS 除完成控制功能外，其他显示、存储、追忆、报表功能，常常用工控机（上位机）完成，专门为此配置上位机作为 ETS 的显示管理平台又显资源浪费，并且上位（工控机部分）与下位（ETS 部分）常分两地安装，而 ETS 应充分体现结构紧凑、集中安装使用的特点。在许多情况下，完全可以将 TSI 与 ETS 进行一体化设计。

为确保 ETS 动作的可靠性，逻辑控制部分采用进口 PLC 作为控制处理的核心部件，按冗余配置设计。系统所有输入、输出信号均为双通道，PLC 采用双机同时工作方式，当一个 PLC 出现故障，可以在不影响系统运行的前提下，进行更换和维修。电源系统采用双电源同时工作，互为备用，同时配置 UPS 电源确保供电不中断。配置嵌入式，大屏液晶壁挂触摸式显示管理器，从而建立起良好的人机界面，同时使信息化处理水平大幅提高。

ETS 功能可以由可编程逻辑控制器实现，整个系统由可编程逻辑控制器 PLC 为核心的控制柜、执行机构、声光报警和一次、二次外围元件组成，系统装置如图 11-7 所示。ETS

控制柜里主要有双PLC、报警继电器、跳闸继电器、保护投切盘等。每一路输入、输出通道都有与之相对应的指示灯，可以检查某一通道的动作情况，且系统具有在线试验功能。

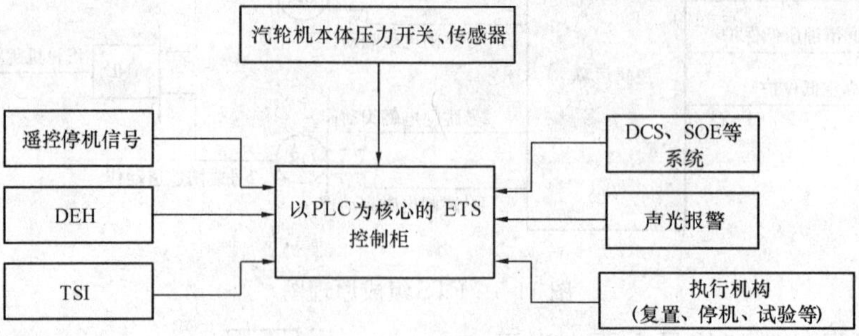

图 11-7 ETS装置图

为了保证ETS与其他系统成为一个整体，还应该向DCS、SOE等系统提供必要的输出信号，但这部分信号的配置可根据具体情况配置。一般而言，送SOE的所有信号和进DCS的联锁信号应该由硬接线实现，而送DCS的其他监视信号，可以通过网络传输实现。通过DCS可以方便地对整个ETS进行直观的状态监视分析，对系统状态和众多过程量设置声光报警。并且由于汽轮机跳闸的首出原因送进了事故追忆系统（SOE），可以方便地查找汽轮机跳闸原因。这样丰富和完善了对ETS的检修、维护手段，提高了自动化水平。

2. DCS实现ETS功能

ETS功能也可采用DCS实现。由DCS实现的ETS具有保护信号处理方式先进、逻辑运算可靠性高和通道动作试验方便、便于进行事故分析等优点，但存在计算机主机故障、卡件故障和通信故障导致保护拒动或误动的隐患。因此，可以采取各种方法消除上述隐患，保证汽轮机保护功能的可靠。一种用DCS实现的ETS网络结构如图11-8所示。

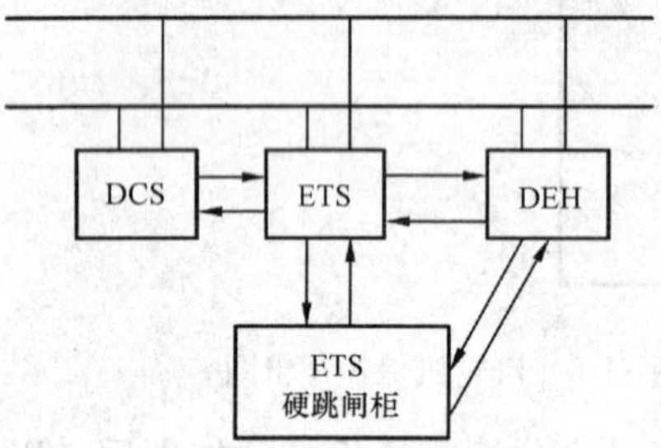

图 11-8 用DCS实现的ETS网络结构图

硬件方面主要有两个冗余控制电源，DI信号主要为ETS跳闸保护信号，对于重要的可用三取二的信号，且分布在不同的DI卡；其中ETS停机信号分别送入SCS、DEH和硬跳闸回路，其他DO信号主要为SOE信号和ETS试验遮断电磁阀的试验信号。应充分考虑当ETS装置自身故障时，在各种极端情况下都能保证汽轮机的安全遮断情况。由“软逻辑”替代“硬逻辑”，硬回路作为最后的必要补充，与软回路互为补充，并通过硬接线与其他系统互联。这样，不但逻辑修改方便，结果便于分析，而且没有硬回路的中间环节和故障点；从可靠性、安全性、快速性来说都有优势；硬回路只是保护的最后手段，以防万一。

3. 两种实现方式的区别

在如今自控、集成电路制造、精密加工技术业已成熟，计算机和网络技术高速发展的今天，用PLC系统实现ETS与用DCS直接实现ETS，已没有什么本质的区别，两者的响应性都极快，可靠性都很高，对现场的抗干扰性均为良好，都易于编程，易于维护。但两者仍存在以下差别：

(1) 安全性。从目前控制技术发展的状况来看，DCS运行的稳定性和冗余CPU切换的无扰性已很成熟，控制器完全能保证整个系统的安全运行和正确动作，同时操作员站的配置是多套且功能相同，当一两台操作员站出问题时，不会影响其他操作员站的使用，这对整个机组的运行控制没有大的影响。而 PLC 的可靠性也可从其广泛的运用中得到证实，但 PLC 系统如果要实现双 CPU 的冗余切换功能，只有 2 种选择：一是购买价格相对较高的双 CPU-PLC 系统；二是配置 2 套完全相同的 PLC 系统，包括 CPU、I/O 模件等。

(2) 价格。如果仅仅单独改造 ETS，使用价格 PLC 系统会大大低于 DCS；而如果机组本身就要进行全面的 DCS 改造，则使用 DCS 实现 ETS 的功能，比单独使用双 PLC 要经济一些。因为对于 DCS 而言，电源部分和通信部分是公用的，操作员站及工程师站也是公用的，对任何 DCS，都要配备电源、通信模件及操作员站、工程师站，在其基础上增加 1 套 ETS，仅仅是增加了 1 个机柜和 1 对 DPU 及一些相应的 I/O 模件而已，成本并不高；而使用 PLC 系统来完成 ETS 功能，要实现 CPU 冗余功能，一是采用本身带切换的双 CPU-PLC 系统（其价格与 DCS 的 1 对 DPU 相比并不便宜），二是采用双 CPU、双电源、双 I/O 模件的（相当于 2 套独立的 PLC 系统）系统来实现，由于还必须配置一些相应的附属设备，如电源模件、通信模件、上位机、手操器等，其成本反会比 DCS 高。

(3) 与 DCS 的通信。为使机组运行人员能方便监视 ETS 的状态，现将数据通过通信方式传送到 DCS 的操作员站，以供显示。如果在 DCS 中纳入 ETS，其通信将是最直接的，不需要另外增加任何设备；而如果用 PLC 系统，就必须使用专用接口与 DCS 进行通信，交换数据；如果机组无 DCS，则可将 PLC 系统的上位机放置于主控室中，以便于监视。因为现在的工业设备的通信接口倾向于标准化、规范化，所以新型的 PLC 系统与 DCS 的通信接口很容易匹配，但需要双方厂家对通信协议及数据格式进行协商。

(4) 机柜的配置。在 DCS 中的 ETS，从可靠性来说，一般应单独使用 1 个机柜（用 PLC 系统也是单独的机柜），但体积、样式会与 DCS 的不一致。如果机组进行 DCS 改造，而控制室面积又较小时，对如何布置 PLC 系统的 ETS 控制柜问题需多加考虑。

(5) ETS 的维护。由于 ETS 采用了与 DCS 相同型号的分散控制系统，对热工专业人员来说，能对 DCS 进行维护就能对 ETS 进行维护，而采用 PLC 系统的 ETS 则不一样，热工专业人员还必须学习与 PLC 系统相关的知识，并进行专门的系统培训。从逻辑设计到实现，DCS 与 PLC 系统是有差别的，PLC 系统一般都是用梯形图来完成程序设计，而 DCS 则可用相对更直观、更容易理解的功能块来实现。对于复杂的逻辑，用功能块肯定比用梯形图更简单，在调试中也会更方便，工作量也会更小些。

(6) 备品、备件。作为 DCS 的一部分，ETS 的备品、备件与其他系统完全通用；而 PLC 系统的 ETS 的备品备件则是单独的一套，不仅增加了设备管理上的负担，而且也不经济。

二、ETS 保护项目及功能

（一）汽轮机真空低保护

当凝汽器真空下降时，会造成汽轮机内焓降下降，不仅影响汽轮机效率，同时会产生水滴，对汽轮机低压叶片产生水击，损坏叶片。因此几乎所有的机组都将真空保护设计为汽轮机的主保护。

根据机组设计的不同，有的机组采用压力开关采集真空低信号直接送至 ETS 跳闸；有的则采用变送器，将凝汽器压力信号送至 DCS 进行处理，经过限值判断后送至 ETS 跳机。

一般采用三取二逻辑。

关于真空测点的安装，必须注意以下两点：

(1) 变送器或压力开关的安装位置标高要高于采样点位置。

(2) 取样管中间不能有U形弯。这样做的目的是防止取样管积水，影响测量。

(二) 润滑油压低保护

汽轮机润滑油系统是保证汽轮机安全运行的重要辅助系统。如果润滑油压过低，会造成轴承冷却不够、油膜建立不当，甚至烧瓦等重大设备损坏事故。因此润滑油压低保护是必不可少的保护。

润滑油压的测量也分为压力开关和变送器两种，一般用于汽轮机跳闸的压力取样管从冷油器润滑油母管上开取样口。

(三) EH油压低保护

EH油是汽轮机油动机的工作介质，也就是通常所说的抗燃油。如果EH油压过低，油动机的工作驱动力就会降低，会造成调节阀开启速度变慢，主汽阀缓慢关闭，引起汽轮机调节系统异常，不能满足机组安全稳定运行要求，因此大型电调机组设置了此项保护。EH油压的测量也分为压力开关和变送器两种。

(四) 汽轮机温度保护

汽轮机温度保护主要包括汽轮机发电机轴承温度保护、发电机定子绕组温度保护、高压缸排汽温度保护等。

(五) 锅炉MFT保护

当锅炉跳闸后，汽轮机跳闸，然后联跳发电机，实现机炉电联动，防止发电机逆功率动作。

(六) 发电机—变压器组保护

当发电机、主变压器及线路发生故障，危及机组安全稳定运行时，发电机—变压器组保护系统发出跳闸信号送至汽轮机保护系统（ETS），及时将机组安全停运，防止事故扩大。

(七) 超速保护

超速保护是汽轮机保护的一项重要内容，当汽轮机转速超过汽轮机转子根据材料、质量和结构设计所能承受的最大安全转速时，机组停止运行，防止事故扩大。一般分为机械超速保护和电超速保护。

(八) 轴向位移保护

轴向位移保护是为使汽轮机轴向推力轴承处动静部分的水平间隙保持在合理的设计范围之内而设定的一项安全保护措施。

(九) 轴承振动

轴承振动是为保证各轴承处汽轮机动、静部分之间的径向间距保持在合理的设计允许范围之内而设定的一项安全保护措施。

(十) 手动打闸

手动打闸是汽轮机保护系统的最后一道保护措施，在试验汽轮机跳闸系统、测量阀门关闭时间及汽轮机处于危急情况时人为地使汽轮机跳闸。

(十一) DEH失电

DEH即汽轮机数字电液调节系统因失去所有能正常工作的电源系统而无法控制汽轮机，

为安全起见跳闸汽轮机。

（十二）其他保护

除了上述几项保护外，汽轮机保护还有相邻抽汽间压力偏差保护、火警保护、通信总线故障保护等。

（1）压比保护。压比保护一般设计在进口汽轮机上。叶片结垢、断裂等内部原因会造成抽汽压力超过正常值，但抽汽压力会随着机组负荷的变化经常变化，因此需通过对比相邻的高中压缸抽汽压力，来发现是否有抽汽压力异常发生。当相邻汽压力比值超过一定值时，为防止意外发生，就要跳闸以保护汽轮机。此项保护定值是折线函数，随着汽轮机负荷变化而变化。

（2）火警保护。当汽轮机周围或系统内发生火灾时，由运行人员按下火警打闸按钮，使汽轮机跳闸，联启事故油泵，停运润滑主油泵。这样做的目的是既保证汽轮机安全停机所需最低润滑油量，又防止油系统大量泄漏，引起火灾事故的扩大。

（3）机械保护系统。汽轮机保护系统除了电气保护装置外，为了安全可靠考虑，另设计有机械保护系统。

（4）打闸手柄。即就地手动跳闸装置，这是汽轮机保护的最后一道防线，通过机械部件打开泄油口，使阀门因失去动力油压而关闭。

（5）机械超速装置。即飞锤式危急遮断器，设有注油试验装置，用于在汽轮机处于运行状态、不提升转速的情况下检查危急遮断器的工作情况。在超速时，由于离心的作用，飞锤飞出，撞击跳闸柄，使跳闸连杆脱扣，使汽轮机跳闸。

（6）隔膜阀。即当机组失去润滑油压时隔膜打开，泄掉控制油压，关闭所有阀门。这是汽轮机本身的另一套机械保护装置，即当汽轮机失去润滑油压而无法正常工作时，使汽轮机跳闸，保证设备安全。

三、ETS与其他系统的接口

汽轮机保护系统ETS与锅炉、电气等保护系统有很多信号交换。因机组控制系统的设计不同、硬件配置水平不同，ETS与其他系统的联系会有所差别。

ETS与其他系统接口联系如图11-9所示。

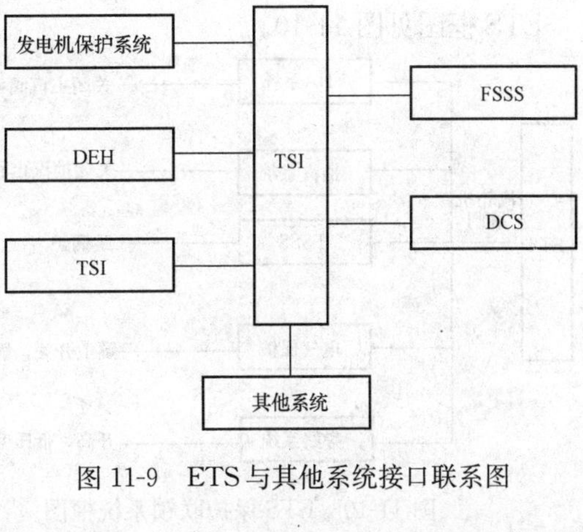

图11-9 ETS与其他系统接口联系图

（一）DEH与ETS的联系

DEH的主要功能是控制、调节汽轮机转速和负荷，它通过控制汽轮机的伺服阀来控制汽轮机调节阀的开度。汽轮机跳闸电磁阀则由ETS控制。只有当跳闸电磁阀不在跳闸状态时，伺服阀才能够受控调节。由于系统配置不一样，DEH与ETS承担的功能不一样。EDH与ETS间的信号交换大体可分为以下几种情况。

（1）转速信号交换。有些DEH的转速信号由就地直接采集，当汽轮机超速（110%）时，DEH送出的超速跳机信号到ETS（如艾默生公司的WDPF和上海新华公司的DEH-Ⅲ）；还有的DEH采集的转速信号来自TSI装置的测速卡件，当汽轮机超速时，DEH并不送出110%超速跳机信号到ETS，而只送出103%超速信号到ETS，快关中压调节阀（如

SIEMENS公司生产的SIMAYN-D系统）。

（2）汽轮机缸温、轴承温度等信号，有的机组由DEH采集，其越限跳闸信号在DEH内处理，然后送至ETS进行跳机。有的机组则由DCS采集，由DCS进行处理，然后送至ETS跳机。

一般来说，DEH直接检测的参数有汽轮机阀门阀位、汽轮机转速、轴承温度、汽轮机缸温等。

当ETS发出汽轮机跳闸信号时，同时送至DEH，DEH接收到信号后，发出指令，将汽轮机调节阀快速向关方向动作。

（3）汽轮机阀门活动试验。进行调节阀活动试验时，通过DEH控制单个调节阀开关（也可通过调节阀的跳闸电磁阀快速关闭调节阀）；进行主汽阀活动试验时，通过ETS控制单个主汽阀跳闸电磁阀来实现主汽阀的开关。

（二）TSI监测与保护

汽轮机监测仪表简称TSI（Turbine Supervision Instrument）。TSI检测装置一般由轴向位移、差胀、轴振（相对振动）、轴承振动（绝对振动）、汽轮机转速、热膨胀、偏心、键相等监测仪表组成。

TSI将测得的有关参数进行处理，然后送出开关量、模拟量到DAS或其他系统显示，送出跳闸开关量信号到ETS跳机。

（三）与DCS、FSSS、电气系统的接口

与FSSS、电气系统的信号接口一般采用硬接线方式。

与DCS的接口采用了两种形式，即通信方式和硬接线方式。用于直接跳闸的信号要采用硬接线，其他过程信号则采用总线通信方式。

四、ETS分析

ETS框图见图11-10。

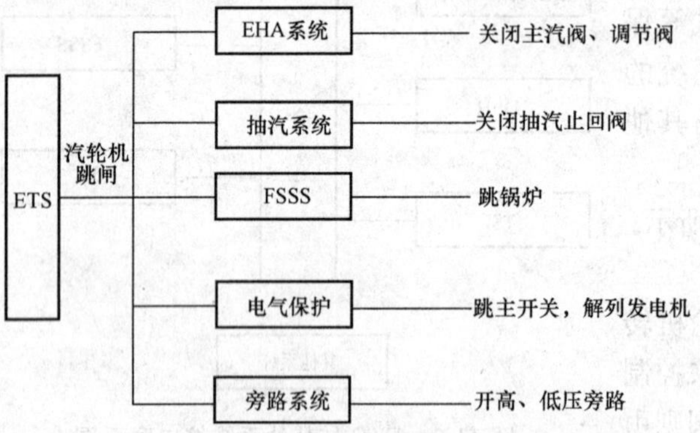

图11-10 ETS保护联锁系统框图

从图11-10中可以看出，ETS发出的跳闸信号分别送到下列系统，并动作相应设备。

1. 汽轮机EHA系统

EHA系统接受ETS跳闸信号后，动作主汽阀、调节阀跳闸电磁阀（采用反逻辑时使用电磁阀线圈失电；采用正逻辑时则使电磁阀线圈带电），将跳闸油压泄掉，快速关闭主汽阀和调节阀。

一般跳闸电磁阀会采用四取二逻辑。4个跳闸电磁阀采用串并联方式，即AST1和AST3并联，AST2和AST4并联，然后串联。只有当AST1、AST3中有一个动作且AST2、AST4中有一个动作时，机组才跳闸。

2. 汽轮机抽汽系统

设计汽轮机抽汽系统的目的是提高汽轮机的热效率，一般使用抽汽的热力系统有凝水加热器（低压加热器）、给水加热器（高压加热器）、除氧器、汽动给水泵（给水泵汽轮机）、

辅助蒸汽系统等。

在汽轮机跳闸甩负荷时，抽汽管道和加热器内储存的能量可能使汽水倒流，引起汽轮机反转甚至超速。为防止此类事故发生，在抽汽管道上设计了气动止回阀。当ETS发出汽轮机跳闸信号时，需要快速关闭气动抽汽止回阀，防止汽轮机超速。此外，当高压加热器、低压加热器、除氧器的水位出现异常时，为防止水、汽通过抽汽管道流入汽轮机缸体内，也需要快速关闭气动抽汽止回阀。

3. 汽轮机旁路系统

当ETS发出跳闸指令后，联开汽轮机高压旁路系统，将多余的蒸汽通过高压旁路系统引至再热器，防止过热器超压；联开汽轮机低压旁路系统，将再热器多余的蒸汽通过低压旁路系统引至凝汽器，防止再热器超压。

4. FSSS

为确定汽轮机跳闸后是否需要锅炉跳闸，一般设计了逻辑判断。当负荷较低，且汽轮机跳闸后，高压旁路回路、低压旁路回路都能正常打开，则没有必要锅炉跳闸；否则，ETS发出的跳闸信号送到FSSS，将炉侧的一次风机、燃料供应系统停运，实现机、炉联锁。

5. 电气保护系统

ETS发出的跳闸信号送到电气保护系统，将发电机主断路断开，将发电机解列，防止因逆功率损坏发电机。

第三节 汽轮机TSI与ETS应用和调试

下面以华能海门电厂1000MW超超临界机组为例进行说明。

一、TSI系统应用和调试

(一) 系统概述

华能海门电厂2号机组TSI采用为美国本特利公司生产的3500系列汽轮机组安全监视仪表，由仪表组件和传感器以及前置器组成，是一个可靠的多通道监测系统，它能连续不断地测量汽轮发电机转子和汽缸的各种机械运行参数，显示汽轮机机械状态，并能在超出运行给定值的情况下发出报警信号和使机组跳闸。

(二) 系统功能

1. 转速监测

转速探头安装如图11-11所示。

装于汽轮机前箱、正对于60齿盘的涡流传感器有9个探头，机尾有1个探头，转速传感器共10个。其中2个用于TSI转速及零转速监测，3个用于TSI电气超速保护，3个用于DEH测速，1个与机头转速表配套，1个用于发电机侧转速测量。转速值＝(脉冲频率/齿数)×60。超速的测量范围为0～5000r/min，探头安装间隙为1mm。

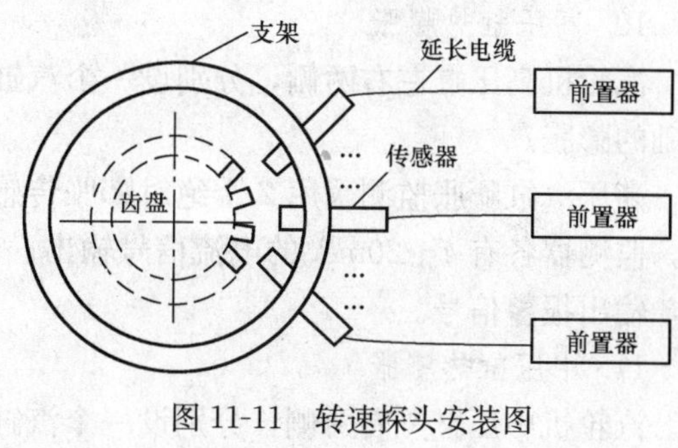

图11-11 转速探头安装图

2. 转速零转速

当转速从高速降至2r/min时，有零转速继电器接点信号输出，作为汽轮机自动盘车的启动信号。对应于0～5000r/min的转速测量范围，监测仪表有4～20mA的电流信号和0～10V的电压信号输出送往DCS。

3. 三取二的电超速保护

电超速保护采用3个传感器，当机组转速$n \geqslant 3300$r/min且满足三取二的逻辑要求时，超速保护输出继电器接点，经ETS逻辑处理后，遮断汽轮机。

4. 机头转速表

机头转速表监测采用1个国产DF6201磁阻式转速传感器及1块国产DF9011转速表。该表具有两级超速报警、零转速报警、快速转速显示、最高转速存储及再现、自检与校验功能。两级超速与零转速报警均有继电器接点输出。

5. 高压胀差

采用2个传感器，监测器有4～20mA电流信号输出；当高压胀差大于或小于相应的报警设定值时，报警继电器动作，输出报警信号。当高压胀差大于或小于相应的危险设定值时，危险继电器动作，输出接点信号。

6. 中压胀差

采用2个传感器，监测器有4～20mA电流信号输出；当中压胀差大于或小于相应的报警设定值时，报警继电器动作，输出报警信号。当中压胀差大于或小于相应的危险设定值时，危险继电器动作，输出接点信号。

7. 低压胀差

采用2个传感器，监测器有4～20mA的电流信号输出；当低压胀差大于或小于相应的报警设定值时，监测器中的报警继电器动作，输出报警信号。当低压胀差大于或小于相应的危险设定值时，监测器中的危险继电器动作，输出接点信号。

8. 轴向位移

轴向位移监测采用3个传感器，对应于－2～2mm轴向位移测量范围，两个双通道监测器分别有两路4～20mA的电流信号输出。当任一通道的轴向位移大于（正向）或小于（负向）相应的报警设定值时，相应通道的报警继电器动作，输出报警信号；当任一通道的轴向位移大于（正向）或小于（负向）相应的危险设定值时，相应通道的危险继电器动作，输出接点信号至ETS，遮断汽轮机。

9. 偏心及键相

偏心及键相测量各采用1个传感器，对应于0～100μm的偏心测量范围，监测器有4～20mA的电流信号输出。当轴偏心大于设定值时，监测器中报警继电器动作，输出报警信号。

10. 高压缸热膨胀

汽轮机高压缸左右两侧，分别设一个汽缸膨胀监测通道，用以监测两汽缸相对于汽轮机基础的膨胀。

高压汽缸膨胀监测采用2个绝对膨胀传感器。对应于0～80mm的高压汽缸膨胀测量范围，监测器各有4～20mA的电流信号输出；当膨胀超越设定Ⅰ值、Ⅱ值时，报警继电器动作，输出报警信号。

11. 中压缸热膨胀

汽轮机中压缸左右两侧，分别设一个汽缸膨胀监测通道，用以监测两汽缸相对于汽轮机基础的膨胀。

中压汽缸膨胀监测采用2个绝对膨胀传感器。对应于0～50mm的中压汽缸膨胀测量范围，监测器各有4～20mA的电流信号输出；当膨胀超越设定Ⅰ值、Ⅱ值时，报警继电器动作，输出报警信号。

12. 轴振

为了监测转子相对于轴承的径向振动，机组的1～10号支持轴承各设有水平（X向）、垂直（Y向）两个轴振监测通道，共20个通道。采用20个传感器，对应于0～400μm的轴振测量范围，监测器的每个通道均有4～20mA的电流信号输出；任一通道的轴振大于报警设定值时，相应通道的报警继电器动作，输出报警信号。

13. 瓦振

为了监测轴承瓦相对于自由空间的绝对振动，机组9～11号轴承各设有水平（X向）、垂直（Y向）两个瓦振监测通道，共6个通道。采用6个传感器。对应于0～200μm的瓦振测量范围，监测器的每个通道均有4～20mA的电流信号输出；任一通道的瓦振大于报警设定值时，相应通道的报警继电器动作，输出报警信号。

当任意一个轴承振动值达到停机值而且其他任意一个轴承振动值达到报警值时，输出危险停机信号，汽轮机遮断。

（三）引用标准

（1）DL/T 774—2004《火力发电厂热工自动化检修运行维护规程》(2004版)。

（2）GB/T 13399—1992《汽轮机安全监视装置技术条件》。

（四）调试方法

1. 调试前的准备

（1）编写需要测试的信号清单。

（2）了解每个信号在现场的位置，以及在信号处理模块上的位置。

（3）准备必须的工具、仪器及通信设备。

（4）审阅所有探头的调校报告。

2. 监测系统冷态调试

（1）装置通电前的检查。

1）阅读系统的使用及维护手册及有关资料，审阅系统原理图。

2）按原理图检查系统接线图，发现错误则改正过来。

3）查看各仪表卡件内、外有无损坏部件以及型号是否符合设计要求。

4）查看BENTLY系列卡件、探头、前置器和延伸电缆有无损伤，型号是否匹配。

5）按系统接线图检查各监测器与前置器间连线及监测器与各二次仪表间的连线情况，发现错误则改正过来。

6）根据量程、输出选择等技术要求连接内部跳线。

7）检查电源组件的供电电压是否与系统监测器的电压跳线及各项目监测器的电压需求相一致，否则改正过来。

（2）装置受电调试。

1）核实连线无误具备通电条件后逐个合上各组件的电源开关。

2）留意通电时有无异常现象，若有则立即停电详细检查。

3）观察系统监测器的电源正常指示灯（POWER OK）是否点亮，若不亮则检查电源组件与系统监测器的电源跳线是否一致。

4）查看各项目监测器前面板有无闪动的出错代码，有则查阅有关手册找出错误原因，消除错误。

5）用函数发生器逐个校验各项目监测器，根据其传感器系统的灵敏度调整监测器的灵敏度，使它们一致。记录各通道校验过程中的输入、输出值，验证各警告、危险报警指示二极管（LED）和相应的继电器触点状态能否正确转换，输出信号是否异常。

6）协助安装公司做好各探头的安装工作，根据校验所得数据定好各探头工作零位并紧固探头。

7）轴移、胀差监测器根据其探头安装方向而确定正、负方向。

8）根据各有关技术资料整定各项目监测器的警告、危险参数设定值。所有参数均做记录。

3. TSI 热态投运

机组试运期间将系统各项目投入运行并密切注意各仪表的工作情况，发现不妥则及时修正。根据试运指挥组的要求投入或解除各项目的保护措施。

二、ETS 应用

华能海门发电厂一期工程 2×1036MW 机组的 ETS 为东汽配套产品，采用日立公司 HIACS-5000M 控制系统。该系统采用三套冗余结构，提高了 ETS 的可靠性、安全性，确保任一动作均可发出停机信号。

该保护系统所用的 220V 交流电源由双路电源供电，交流电源一路取自热控 UPS 电源，另一路取自保安段电源。这样，两路电源相互独立，以防止其中一路电源消失导致保护系统失灵和误动作。

（一）机械—液压式危急遮断

机械—液压式危急遮断器是机械式的超速故障检测器。当汽轮机的转速 $n \geqslant 3300$r/min 时，在离心力作用下有一环飞出，使危急遮断装置掉闸。危急遮断装置牵动遮断隔离阀组中的紧急遮断阀换向，卸掉高压安全油；高压安全油泄压后使汽轮机高、中压主汽阀及调节阀油动机的卸荷阀上的控制油压消失、各卸荷阀开启，从而使各汽阀油动机快速关闭。主汽阀全关后将给出限位开关信号，经电气控制回路使各止回阀关闭。

（二）电气—液压式危急遮断

电气—液压式危急遮断采用电气方式来检测汽轮机的各种故障以及发电机跳闸、锅炉主燃料跳闸等故障，再将电气遮断信号同时作用到机械遮断电磁铁（3YV）。

电气遮断信号作用到机械遮断电磁铁（3YV）上，使 3YV 通电，电磁铁牵动停机机构使危急遮断装置掉闸。

虽然主汽阀全关后的信号可使抽汽止回阀关闭，但各种电气遮断信号作用到上述各电磁阀的同时，将直接作用到各止回阀上，使它们迅速关闭。

（三）各种电气遮断信号

华能海门电厂 1000MW 机组汽轮机 ETS 电气遮断信号如下。

（1）润滑油压低：当润滑油路油压 $p \leqslant 0.07$MPa 时，低润滑油压遮断装置中代号为 PSA6～PSA9 的 4 个压力开关复位，在 ETS 中进行四取二处理后给出遮断信号。

(2) 抗燃油压低：当抗燃油路油压 $p\leqslant7.8$MPa 时，抗燃油油源上代号为 PSC1～PSC4 的 4 个压力开关复位，在 ETS 中进行四取二处理后给出遮断信号。

(3) 凝汽器真空低：当 A 或 B 凝汽器压力 $p\geqslant25.3$kPa 时，凝汽器低真空遮断器中的代号为 PSB2～PSB5 或 PSB9～PSB12 的真空开关动作，分别在 ETS 中进行四取二处理后给出遮断信号。

(4) 锅炉主燃料跳闸、发电机跳闸，这两信号都应使汽轮机遮断。前者信号由锅炉厂提供，后者信号由电机厂提供。

(5) 轴向位移过大：当机组的轴相对推力轴承的位移增大（大于或小于相应设定值）时，TSI 中的轴向位移监测器送出危险报警信号经 ETS 处理后，其轴向位移危险报警继电器吸合，常开接点用作者遮断信号。

(6) 支持轴承振动过大：1～11 号轴承中，任一轴承 X 向或 Y 向轴承振动值达到停机设定值，另任一个轴承 X 向或 Y 向轴承振动值达到报警设定值，TSI 输出轴承振动过大信号接点至 ETS 遮断汽轮机。

(7) DEH 超速：当汽轮机转速 $n\geqslant(111.5\%\sim112\%)$额定转速时，DEH 三取二超速保护动作，作为机组机械式危急遮断器的后备保护，输出接点至 ETS 遮断汽轮机。

(8) DEH 主故障：当控制系统出现故障时，DEH 输出接点至 ETS 遮断汽轮机。

(9) 推力轴承定位瓦、工作瓦金属温度过高：当推力轴承定位瓦、工作瓦金属温度过高(≥107℃)，其温度开关分别在 ETS 中进行三取二处理后，给出汽轮机遮断信号。

(10) 低压缸排汽温度高：A、B 低压缸各有 3 个排汽温度检测温度开关接至 ETS。当 A 缸或 B 缸排汽温度大于或等于 107℃时，其温度开关分别在 ETS 中进行三取二处理后，给出汽轮机遮断信号。

(11) 主汽阀入口蒸汽温度过低。

(12) 发电机定子冷却水中断，它又分为以下两种情况：

1) 发电机定子冷却水出口温度过高：DCS 提供来自现场的 3 个发电机定子冷却水出口温度检测信号，当测点的温度高于设定值 1s 以上，且满足三取二逻辑时，ETS 将遮断汽轮机。

2) 发电机定子冷却水出口压力过低：DCS 提供来自现场的 3 个发电机定子冷却水出口压力检测信号，当测点的压力低于设定值 2s 以上，且满足三取二逻辑时，ETS 将遮断汽轮机。

(13) 推力瓦金属温度过高：当推力轴承工作推力瓦或定位瓦金属温度过高（≥110℃），且持续超过 2s，由 DCS 给 ETS 信号遮断汽轮机。

(14) 加热器旁路快卸故障。

(15) VV 阀故障开跳闸。

三、ETS 调试

(一) 硬件设备检查

(1) 系统连线检查。根据提供的端子接线图以及 I/O 清册对控制柜、操作盘至就地的接线和盘、柜之间的连线逐个进行检查，确保接线准确，符合设计院热控接线图纸要求。

(2) 电源检查。根据图纸，检查电源回路，确定电源接线正确，电源电压值、极性均与设计相符，上电后，做有关电源试验，电源系统均正常。

(3) 系统硬件检查。系统上电后，对操作盘上的所有指示灯以及按钮逐个检查，对系统进行测试，确认了系统所属设备均可正常工作。

(4) 保护系统I/O通道完好性检查。断开外部信号电缆，对保护系统输入和输出通道进行了完好性检查。

(二) 用户软件检查

根据现场情况，按照设计图纸对控制逻辑进行检查，与机务专业共同对ETS的定值进行了检查分析，对发现的问题及时修改，使得所有的控制逻辑符合现场实际要求，实现原设计意图。

(三) 一次设备检查

(1) 一次测量元件的检查。检查取样装置的安装情况，对整个回路进行了检查；检查有关的一次测量元件的校验记录；对于模拟量一次测量元件，了解其量程和零点；对于开关量一次测量元件，了解其动作方向、动作值和回差；与保护系统逻辑图中相应数据进行比较并讨论详细的解决方案。

(2) 电磁阀的检查与远方操作试验。检查电磁阀的安装情况以及相关电气回路。直流电阻值、绝缘电阻值等都符合要求，对电源回路进行检查并确认电磁阀动作灵活可靠，介质通道畅通。

(3) 热工信号检查。会同汽轮机专业检查了保护系统产生的至热工信号装置的报警信号的正确行并填写了热工报警信号检查试验记录。

(四) 静态试验

1. ETS功能试验

ETS为三套相互独立的控制系统，系统电源、CPU、I/O通道相互独立，为保证系统可靠工作，对两套系统单独进行了功能试验。其中一套系统断电，保护系统工作正常；三套系统同时工作，互不影响。

依次模拟EH油压低、汽轮机真空低、润滑油压低、跳闸油压低以及汽轮机转速高，发电机跳闸、锅炉MFT、手动紧急停机、再热器保护动作、通风阀打开故障、加热器旁路甩负荷失败、发电机定冷水消失、汽轮机轴向位移大、汽轮机振动高、汽轮机推力轴承温度高、汽轮机低排温度高、DI卡件失电等条件，汽轮机跳闸信号输出均正常，画面报警正确。

2. ETS电磁阀跳闸试验

在现场具备实验条件，逻辑试验已经完成的情况下，和汽轮机专业配合进行了ETS跳闸试验，电磁阀动作良好。

3. 联锁试验

机组启动前，各保护信号都进行了模拟试验，对于油压低（包括润滑油压低和EH油压低）真空低等信号，由试验人员在就地压力开关处模拟产生，其他模拟量信号则直接在就地端子或DCS机柜上模拟送出到ETS机柜，每次试验系统动作均正确。

电气控制系统

第一节 概 述

目前火电机组均采用分散控制系统（DCS）对全厂各个生产过程进行集中监视和控制。把电气监控纳入DCS并作为其中的一个子系统即电气控制系统（Electric Control System，ECS)，则是分散控制技术的进一步延伸和发展。为使火电机组的锅炉、汽轮机、发电机的控制方式协调一致，为实现机、炉、电单元统一值班创造良好条件，华能海门电厂一期工程2×1000MW机组采用艾默生公司OVATION分散控制系统将电气量的监控成功纳入DCS。

一、电气控制系统特点

电气系统与热工自动化相比在控制要求及运行过程中有着很多不同点，电气控制系统的主要特点表现为如下4个方面。

1. 控制对象

电气设备相对热工设备而言控制对象少，操作频率低，有的系统或设备运行正常时，时常几个月或更长时间才操作一次。

2. 可靠性

电气设备保护及自动装置要求可靠性高，动作速度快发变组保护动作速度要求在40ms以内；自动准同期采用同步电压方式，转速、电压调整和滑差控制要求在5ms以内；电压自动调整装置快速励磁要求响应时间极短；厂用电快切装置快速切换时间一般小于60～80ms，同期鉴定相位差5°～20°。

3. 公用系统控制方式

300MW及以上机组一般每2台（或多台）机组共用1台启动/备用变压器，任一机组检修都不能影响另一台机组的正常运行，因此，DCS控制应考虑其控制方式，确保只能有1台机组的DCS实现对共用部分的控制；同时，另一机组DCS能够实现实时监视，并且这种操作控制权能实现切换。

4. 电气设备结构

电气设备电气系统的联锁逻辑较简单，但电气设备本身操作机构复杂。

因此，机组的电气系统纳入DCS控制，要求控制系统具有很高的可靠性。除了能实现正常启停和运行操作外，还能够实现实时显示异常运行和事故状态下的各种数据和状态，并提供相应的操作指导和应急处理措施，保证电气系统自动控制在最安全合理的工况下工作。

二、电气控制系统监控范围

在工程应用中，根据单元机组运行和电气控制的特点，从升压站（不包括升压站）至电厂侧的所有主厂房内电气系统均纳入DCS监控，主要系统归纳为发电机—变压器组系统、发电机励磁系统、高压厂用电源系统、低压厂用电源系统、400V PC和MCC、高压启动/备用变压器电源系统（纳入公用DCS）、柴油发电机组和保安电源、直流系统和UPS（仅监视）、自动同期系统和厂用电快切系统。

目前，电气的主要保护和安全自动装置用DCS实现其功能尚有一定的难度，并且要增加相当大的费用，因此，仍保留其装置，采用硬接线的方式将其接入DCS。保留的保护自动专用装置主要有发电机—变压器组保护装置、自动准同期装置（ASS）、自动励磁调整装置（AVR）、厂用电快切装置和故障录波装置。

2台机组的公用电气系统（如公用变压器、厂前区辅助变压器、检修变压器等）不纳入机组的DCS，由1、2号机组公用DCS进行监控。这样，在单台机组的DCS停电检修时，不会影响公用电气系统的正常监控。

主厂房外辅助系统的电气系统（如除尘、除灰系统，输煤系统等）不纳入DCS，由单独的辅网控制系统进行监控。

三、电气控制系统主要功能

电气系统接入ECS后，高/低压辅机的开关、主机部分的开关控制、联锁、表计、信号等功能均由DCS来完成。自动准同期的投入开关、励磁手动升、降压等也由DCS内的软手操进行。

（一）开关的控制

（1）通过DCS内的软手操，送出DO点，接入开关的跳、合闸回路，实现跳、合闸控制。电气五防闭锁除在硬接线中实现外，在逻辑中也进行了大量组态。大部分开关仅设置软手操，但为安全起见，对一些重要辅机，如柴油发电机、保安段工作进线等开关，除在DCS内设置软手操外，在控制台上安装了紧急操作按钮。

（2）根据开关返回状态量DI点，通过CRT上开关的不同颜色显示开关状态（包括开关的合闸、分闸、异常等状态）。

（3）将原来的热动部分提供给电气回路，用于联锁启动、闭锁合闸、跳闸的油压、水压、温度等接点，直接送入DCS，通过DCS内的逻辑来实现相应的功能。辅机之间的电气联锁、锅炉大联锁也由DCS根据送入DCS的状态量，实现相应的功能。

（二）表计、音响、信号

（1）通过仪表变送器，将电流、电压、频率、有功、无功等参数以4～20mA模拟量输入点的形式送入DCS，进行数据采集、表计指示、参与顺序控制、自投逻辑、过电流报警等。所有表计均在CRT内主接线操作画面、监视画面上合适的位置显示出来，以便于运行操作和监视，并以画面的整体协调、美观为依据。返回屏上不保留任何表计，用大投影显示机组的各项参数。

（2）事故信号、预告信号以DI点的形式送入DCS，在DCS内设计专用事故信号、预告信号画面。事故信号为红色，预告信号为黄色。在事故信号、预告信号发出时，发出不同的声音，此时可迅速切换至信号画面，查看发出的信号。

（三）自动准同期回路

在电控楼安装有自动准同期装置、同步表、同期闭锁继电器。同期回路中的TK、

STK、DTK 等同期投入开关则由 DCS 内的软手操实现。保留同期装置、同步表、同期闭锁继电器把住同期并网的最后一道防线。

（四）调压、调速回路

励磁增、减操作开关可由 DCS 内的软手操实现，通过空接点输出至励磁调节器。在发电机同期并网前，自动准同期装置将调压和调速指令分别送至励磁调节器和 DEH 进行同期条件调整。

（五）高、低压厂用电的自投逻辑

除 6kV 工作及备用电源之间的切换由厂用电快切装置实现外，其他高、低压厂用电的自投逻辑均由 ECS 实现，其中包括两个方面的内容，即工作电源的低电压保护逻辑及备用电源的自投合闸逻辑。传统的高、低压厂用电的自投逻辑是由独立的备自投装置来实现的，在纳入 DCS 后，则是将自投逻辑所必需的外部条件送入 DCS，由 DCS 进行逻辑判断，实现工作电源的低电压保护跳闸、备用电源的自投合闸功能。由 DCS 实现的自投逻辑与原来由继电器实现的自投逻辑在功能上是一样的。值得指出的是，在高、低压厂用电的自投逻辑中，对于工作电源的欠电压（低电压保护）、失电压、备用电源的有电压判断，有的电厂是由继电器来完成的，在继电器达到整定值后动作，其接点作为 DCS 的逻辑条件送入 DCS。

（六）厂用电的自动切换逻辑

通过 DCS 向厂用电快切装置发出指令，高压厂用电源能够实现由工作电源向备用电源或备用电源向工作电源的自动切换。

（七）发电机自动励磁和手动励磁的自动切换逻辑

发电机可以根据指令实现自动励磁向手动励磁或手动励磁向自动励磁的自动切换。

（八）事故保安电源系统的自动投入

实现柴油发电机母线电压，柴油发电机出口电流、功率，柴油发电机主开关状态和故障报警的监视，完成柴油发电机的启停控制。在正常情况下，保安段由机组的保安变压器（工作和备用 2 台）供电；在工作和备用电源全部失电的情况下，能及时启动柴油发电机，短时间内正确投入事故保安电源。在控制台上安装有保安段工作及备用电源进线开关的紧急分闸按钮、柴油发动机紧急启动按钮，供紧急情况下使用。

（九）电气 DAS 数据采集

数据采集实现了电压、电流、有功、无功、温度等参数以及开关刀闸的运行状态监视，所有参数的当前值及历史值的显示，能实时显示和记录（其中包括事故顺序记录）发电机—变压器组、励磁系统以及厂用电系统的正常运行、异常运行和事故工况下的各种数据和状态，完成对相关参数的事故记录、事故打印等。

能采集发电机—变压器组、厂用电各主要开关的运行状态及保护的动作状态；发生事故时能自动记录所采集量的先后顺序，实现 SOE 的功能；可进行日志记录处理、打印等；可提供报警画面，以供运行人员操作指导。

（十）直流系统和 UPS 的监控

实现直流系统母线电压，充电器工作状态，UPS 电压、电流、频率，UPS 运行状态，直流系统主刀闸的分、合状态的监视。

（十一）电气逻辑组态查看画面

每一个可操作的开关都设有电气逻辑组态查看画面，在操作员站上可通过系统操作画面直接调出，电气系统出现异常时，运行和维护人员通过查看在线的逻辑组态，可以很快找到异常的原因，检查相关的设备。

第二节 电气控制系统应用

一、单元电气控制系统

控制与监测功能在单元机组的控制器中进行。

（一）开关控制、信号显示及报警

1. 发电机控制

对发电机—变压器组高压侧开关（500kV 断路器）发出同期、合闸、跳闸指令，并显示开关的位置信号及故障报警。发电机—变压器组同期并列系统投退、手动自动方式选择，ASS 投退及同期闭锁解除等操作指令，并显示相关监测信号。

2. 励磁调节系统控制

对灭磁开关、励磁调节屏输出开关、励磁功率屏输出开关等开关发出合闸、跳闸指令，并显示开关的位置信号及故障报警。对励磁系统发出增磁、减磁指令。

3. 高压厂用变压器控制

对高压厂用变压器出口至 6kV 段（共 A、B、C、D 四段）各分支开关发出合闸、跳闸指令，并显示开关的位置信号及故障报警。

4. 高压备用变压器控制

对高压备用变压器出口至 6kV 段（共 A、B、C、D 四段）各分支开关发出合闸、分闸指令，并显示开关的位置信号及故障报警。

5. 6kV 厂用电源供电系统控制

对 6kV 厂用电源母线各出线开关及母联开关发出合闸、分闸指令，并显示开关的位置信号及故障报警。

6. 低压厂用锅炉变压器控制

对低压厂用锅炉变压器 6kV 侧开关、380V 侧各分支开关发出合闸、跳闸指令，并显示开关的位置信号及故障报警。

7. 低压厂用汽轮机变压器控制

对低压厂用汽轮机变压器 6kV 侧开关、380V 侧开关发出合闸、跳闸指令，并显示开关的位置信号及故障报警。

8. 电除尘变压器控制

对锅炉电除尘变压器 6kV 侧开关和 380V 侧各分支开关发出合闸、跳闸指令，并显示开关的位置信号及故障报警。

9. 低压厂用脱硫脱硝变压器控制

对低压厂用脱硫脱硝变压器脱硫电源 6kV 侧和 380V 侧各分支开关发出合闸、跳闸指令，并显示开关的位置信号及故障报警。

10. 柴油发电机控制

对柴油发电机组发出启停指令，并显示柴油发电机的位置信号及故障报警。对柴油发电机组及出口开关发出操作指令，并显示开关的位置信号及故障报警。

11. 380V 厂用电源及保安电源控制

对厂用电源各 380V 段及保安电源段各进/出线开关及联络开关发出合闸、分闸指令，并显示开关的位置信号及故障报警。

（二）相应设备监测信号

对发电机—变压器组测量及保护信号、励磁系统测量及保护信号、主变压器温度信号、高压厂用变压器测量及保护信号、低压厂用锅炉变压器测量及保护信号、低压厂用汽轮机变压器测量及保护信号、锅炉电除尘变压器测量及保护信号、柴油发电机组保护信号、6kV 电动机保护信号、6kV 各段母线绝缘监察及测量信号、380V 各段母线测量信号、220V DC 和 110V DC 直流电源系统及 UPS 测量及保护信号进行监测。

二、公用电气控制系统

控制与监测功能由公用控制器来实现。

（一）开关控制、信号显示及报警

1. 启动/备用变压器控制

对启动/备用变压器高压侧开关、6kV 各段分支进线开关发出合闸、跳闸指令，并显示开关的位置信号及故障报警。

2. 输煤电源控制

对输煤电源 6kV 馈线开关、380V 侧各分支开关发出合闸、跳闸指令，并显示开关的位置信号及故障报警。

3. 检修变压器控制

对检修变压器 6kV 侧开关和 380V 侧各分支开关发出合闸、跳闸指令，并显示开关的位置信号及故障报警。对相关测量及保护信号进行监测。

4. 照明变压器控制

对照明变压器 6kV 侧开关和 380V 侧开关发出合闸、跳闸指令，并显示开关的位置信号及故障报警。对相关测量及保护信号进行监测。

5. 空气压缩机房变压器控制

对空气压缩机房变压器 6kV 侧开关和 380V 侧开关发出合闸、跳闸指令，并显示开关的位置信号及故障报警。

6. 水处理区变压器控制

对水处理区变压器 6kV 侧开关和 380V 侧开关发出合闸、跳闸指令，并显示开关的位置信号及故障报警。对相关测量及保护信号进行监测。

7. 化水变压器控制

对化水变压器 6kV 侧和 380V 侧各分支开关发出合闸、分闸指令，并显示开关的位置信号及故障报警。对相关测量及保护信号进行监测。

8. 泵房变压器控制

对泵房变压器 6kV 侧开关和 380V 侧开关发出合闸、跳闸指令，并显示开关的位置信号及故障报警。

9. 办公楼变压器控制

对办公楼变压器 6kV 侧开关、380V 侧开关发出合闸、跳闸指令，并显示开关的位置信号及故障报警。

10. 码头电源控制

对码头电源 6kV 馈线开关发出合闸、跳闸指令，并显示开关的位置信号及故障报警。

（二）相应设备监测信号

对启动/备用变压器测量及保护信号、检修变压器测量及保护信号、照明变压器测量及保护信号、空气压缩机房变压器测量及保护信号、水处理区变压器测量及保护信号、泵房变压器测量及保护信号、办公楼变压器测量及保护信号进行监测。

三、典型控制逻辑示例

在控制组态逻辑中，在自定义的标准设备驱动级模块的基础上，严格按照设备说明书、工艺流程、电气联锁关系设计与开发 ECS 逻辑。

（一）厂用电 6kV 开关控制

6kV 开关主要包括锅炉，汽轮机，等离子点火装置，电除尘、脱硫系统以及其他辅助系统的变压器所属断路器。对这类开关主要实现的功能是操作员在 LCD 上实现远程合上与断开的操作以及电气保护联跳功能。如下面锅炉变压器 A6kV 开关的逻辑关系示意如图 12-1 所示。这是相对简单的逻辑关系，除手动分/合操作外，还有电气联跳的保护性动作。

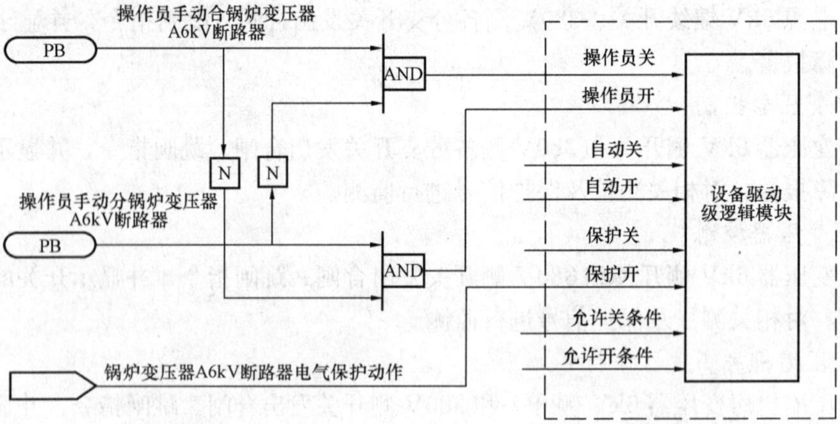

图 12-1 锅炉变压器 A6kV 断路器开关逻辑关系示意

（二）厂用电 380V 开关控制

对 380V 分段开关而言，主要实现分/合允许条件判别、远程操作、备用段的联锁保护分/合等功能。

该逻辑包括 LCD 画面的分/合操作，联跳逻辑保护、合开关的允许条件。如图 12-2 所示为锅炉变压器 380V A 段断路器开关逻辑。

（三）发电机顺序控制启动逻辑

发电机顺序控制可以视为组顺序控制，发电机顺序控制逻辑如表 12-1 所示。

发电机组启动顺序控制共可以划分为 6 步进行，每一步的动作需要允许条件方可进行。在逻辑中还专门设置了步序的旁路开关，目的在于当该步允许条件的信号未产生，而现场实际已经满足时，可以保证顺序控制能够顺利向下行进。

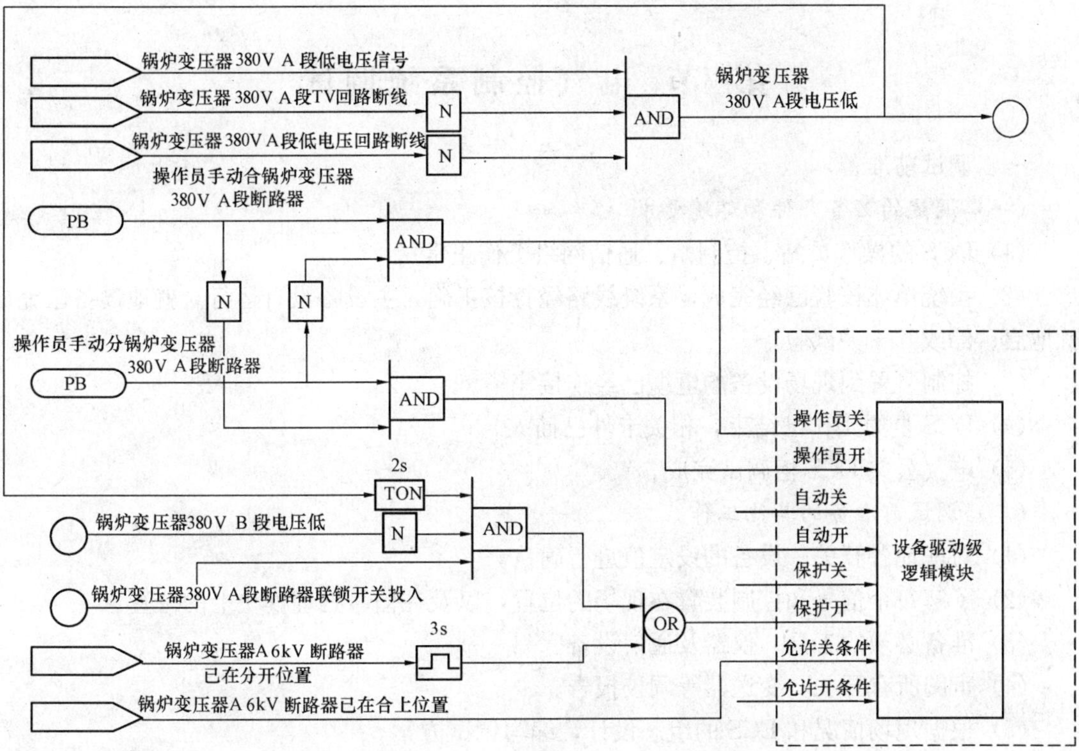

图 12-2 锅炉变压器 380VA 段断路器开关逻辑

表 12-1 **发电机启动顺序控制**

步 序	允 许 条 件	逻辑关系	步 序 动 作
启动	1. 无停顺序控制进行 2. 汽轮机转速在 3000r/min 附近	与	在 LCD 上按下启动按钮
STEP1	无		投入灭磁开关
STEP2	投入灭磁开关在合闸位		1. 投入励磁系统置 AVR 自动 2. 置 AVR 自动
STEP3	1. 励磁系统已投入 2. AVR 在自动状态	与	励磁装置升电压
STEP4	1. 发电机 A-B 相电压不高 2. 发电机 A-B 相电压不低 3. 励磁电压不高 4. 励磁电压不低 5. 励磁电流不高 6. 励磁电流不低	与	选择同期点
STEP5	1. 同期点已经选择（同期就绪） 2. 在画面上确认同期点已选择	与	DEH 允许电气同期
STEP6	自动同期合闸出口断路器		DEH 带初始负荷
结束	DEH 已经带初始负荷		

第三节 电气控制系统调试

一、调试前准备

（一）调试的必备条件和环境要求

（1）DCS的操作员站、控制站、通信网络工作正常。

（2）系统单体校验已经完成，系统线路经查核正确，主设备没有运行。就地设备已完成就地启、停或开、关试验。

（3）控制装置到现场设备的电缆已经连接完毕。

（4）DCS复原工作已结束，相关卡件已插入。

（5）电气公共DCS柜调试完成。

（二）调试前准备的其他工作

（1）对就地各开关、设备的设定值进行确认。

（2）了解每个信号和控制装置在现场的位置，以及在信号处理模块上的位置。

（3）准备必须的工具、仪器及通信设备。

（4）审阅所有开关、变送器等调校报告。

（5）根据现场情况和ECS的组态设计，编写调试方案。

二、控制系统调试

（一）硬件检查及机柜检查

（1）检查控制室环境是否符合控制设备的要求。

（2）检查控制系统控制盘是否有运输造成的机械损伤。

（3）按照机柜布置图检查机柜内设备是否齐全，DROP控制器型号及I/O模件插入位置是否正确。

（二）电源检查

（1）上电前首先要检查电源对地的绝缘，安全地和信号地均须符合有关技术要求。

（2）拔出所有模件，检查所有电源装置的接线是否正确。

（3）检查DCS电源柜电源进线无误后，由电气将220V AC电源送至电源柜进线端，确认电源进线电压值正确。

（4）由DCS厂家负责DCS机柜和模件上电工作。

（5）检查电源装置工作稳定、输出电压正常。各柜内冷却风扇正常运转，机柜无异味及其他异常现象。

（6）对电源系统进行冗余功能试验。

（7）将拔下的模件复位。

（三）软件输入

确认系统已安全可靠运行后，可通过工程师站进行软件输入。

（1）检查工作站完好、电缆连接正确。

（2）将软件全部装入，控制器置运行方式，检查PCU是否可靠工作。

（3）DCS厂家应提供软件原始备份，如未提供，应在调试之前先行备份，以便必要时使用。

（四）设备联锁保护控制逻辑调试

（1）检查相关ECS和设备的性能、系统接线、系统内部控制逻辑等是否符合原设计要求和实际工艺要求。

（2）对DCS内组态的与ECS电气开关的有关控制逻辑进行检查，确保其符合设计要求，并对其中不完善的地方会同DCS厂家和业主进行修改。

（3）对DCS机柜至中间继电器柜间接线进行检查，确保接线正确，防止强电经中间继电器进入DCS柜。

（4）线路检查，对与DCS连接的各I/O信号线，如控制信号、反馈信号等信号线进行检查，确保接线正确，接线符合要求。

（5）设备（电气开关）单体调试完毕且已送电，用万用表测量该设备与DCS的I/O连接线是否带有强电，确保没有强电的情况上，插上相应的DCS控制卡。

（6）在就地用短接或在工程师站强制等办法满足设备启/停、联锁、保护等条件，在CRT上操作和观察，检查设备控制逻辑系统的允许启、自动启、保护启、允许停、自动停、保护停和设备故障等逻辑是否符合实际要求。

（7）联锁保护投运正常后，填写热控系统联锁保护试验卡。

（五）ECS投运

（1）重新检查系统输入、输出信号和系统逻辑是否正确。

（2）将系统的有关的切投开关打至“投入”位置或“联锁”位置并确认系统已经投入。

（3）密切监视系统的动作情况。如系统没有按预定的程序动作，则应迅速将系统切回手动，并重新检查系统的有关参数及系统的接线；如系统的故障能迅速消除，则将系统障碍消除后，将系统继续投运；如系统的障碍无法迅速消除，则将系统退出。

第十三章 脱硫控制系统

第一节 火电厂烟气海水脱硫技术

一、火电厂烟气脱硫技术

燃煤烟气脱硫（Flue Gas Desulfurization，FGD）是目前世界上唯一大规模商业化应用的脱硫技术。按脱硫过程是否加水和脱硫产物的干湿形态，烟气脱硫可分为湿法、半干法和干法三类工艺。湿法脱硫技术成熟、效率高、Ca/S比低、运行可靠、操作简单，但脱硫产物的处理比较麻烦，烟温降低不利于扩散，传统湿法的工艺较复杂，占地面积和投资较大；干法和半干法的脱硫产物为干粉状，处理容易、工艺较简单、投资一般低于传统湿法，但是Ca/S比高，脱硫效率和脱硫剂的利用率低。

（一）湿法烟气脱硫技术

已商业化或完成中试的湿法烟气脱硫工艺包括石灰石（石灰）/石膏法、简易石灰石（石灰）/石膏法、间接石灰石（石灰）/石膏法、海水脱硫法、磷铵复合肥法（PAFP法）、氨吸收法、氧化镁法等。目前全球各国广泛采用的烟气脱硫工艺是石灰石/石膏湿法脱硫工艺。

石灰石/石膏法以石灰石和烟气中的 SO_2 反应，脱硫产物石膏可以综合利用，也可直接抛弃。烟气中的 SO_2 在水中有很好的溶解性，在遇到雾滴时，分解为 H^+ 和 HSO_3^- 或 SO_3^{2-}，与吸收液中的 Ca^{2+} 反应生成 $Ca(HSO_3)_2$ 或 $CaSO_3$，$CaSO_3$ 极难溶于水，在这种化学推动力作用下，推动 SO_2 进一步溶解，发生链锁式反应。

石灰石/石膏法的FGD系统大多采用了大处理量吸收塔，从而节省了投资和运行费用。FGD运行的可靠性达到99%以上，脱硫效率高达95%。

（二）半干法烟气脱硫技术

半干法是利用烟气显热蒸发石灰中的水分，同时在干燥过程中，石灰与烟气中的 SO_2 反应生成亚硫酸钙等，并使最终产物为干粉状。脱硫废渣一般抛弃处理，但德国成功将此渣用于建材生产，使该法的推广前景更加乐观。半干法工艺简单，干态产物易于处理，无废水产生，投资一般低于传统湿法，但脱硫效率和脱硫剂的利用率低，一般适用于低、中硫煤烟气脱硫。

半干法中应用最广的是旋转喷雾干燥法（SDA），是美国JOY公司和丹麦NIRO公司联合开发的工艺。SDA法自开发以来，发展迅速，已在十多个国家应用，世界脱硫市场占有率约10%，脱硫效率达75%～95%。喷雾干燥烟气脱硫是利用喷雾干燥原理，在吸收剂喷入吸收塔后，一方面，吸收剂与烟气中的 SO_2 发生化学反应，生成固体产物；另一方面，烟气将热量传递给吸收剂，使之不断干燥，在塔内脱硫反应后形成的产物为干粉，其部分在塔内分离，由锥体出口排出，另一部分随脱硫后烟气进入除尘器收集。

（三）干法烟气脱硫技术

干法烟气脱硫技术是指脱硫吸收和产物处理均在干状态下进行的烟气脱硫技术。干法烟气脱硫技术工艺主要分为：①吸收剂喷射技术，包括炉内喷钙、管道喷射、混合喷射等；②电法干式脱硫技术，包括高能电子活化氧化法（电子束照射法、脉冲电晕、等离子体法）、荷电干粉喷射脱硫法（CDSI）、超高压脉冲活化分解法等；③干式催化脱硫技术，如干式催化氧化法、烟气直接催化还原法。

干法烟气脱硫不存在腐蚀、结露等问题，占地少，投资省，但存在脱硫效率低、脱硫反应较慢、设备庞大等弊端。

二、海水烟气脱硫技术

海水脱硫主要是利用海水的天然碱度脱除烟气中的 SO_2 的湿法脱硫技术。火电厂的烟气通过海水淋洗的湿式洗涤器，海水吸收了烟气中的 SO_2，形成亚硫酸盐。根据烟气中 SO_2 含量和海水含盐量，调节海水用量，使吸收后的海水保持中性。吸收了 SO_2 的海水用空气氧化成硫酸盐后才排入大海。据测定，排水中含硫量仅比海水中天然含硫量高约 2.7%。这个数量不会对海洋生物造成影响。

海水脱硫法对烟气中 SO_2 的脱除率可达 98%～99%，而建设投资仅占常规脱硫的石灰石吸收法的 69%，氧化镁法的 61%。

海水脱硫工艺具有以下特点：①以海水作为吸收剂，节约淡水资源；②被吸收的 SO_2 转化成海水中的天然组分——硫酸盐，不存在废弃物处理等问题；③脱硫效率高，一般可达 90%以上；④不存在结垢堵塞的问题；⑤建设和运行费用较低，对于采用海水冷却的发电厂，可直接将凝汽器下游循环水引入脱硫装置，不需要专门建设取水设施，建设投资大大降低。

（一）海水烟气脱硫工艺分类

将海水烟气脱硫工艺是否向海水中添加其他吸收剂分为两类：一是不添加任何其他化学物质，用纯海水作为吸收液的工艺，以挪威 ABB-Flakt 公司和 Norsk-Hydro 公司合作开发的 Flakt-Hydro 工艺为代表，已得到广泛工业应用；二是向海水中添加一部分石灰以调节海水碱度，以美国 Bechtel 公司工艺为代表，在美国建立示范工程，尚未推广。

1. Flakt-Hydro 海水烟气脱硫工艺

海水采用一次直流的方式吸收烟气中的 SO_2，然后进入曝气池，在曝气池注入大量的海水和空气，将亚硫酸根离子氧化成硫酸根离子，直到水质恢复后又排入大海。海水脱硫工艺主要包括烟气系统、供排海水系统、海水恢复系统、电气控制系统等。从锅炉排出的烟气经除尘器除尘后，通过 GGH 冷却降温，已提高吸收塔内 SO_2 吸收效率，并防止塔的内体受到热破坏，塔的内体最大限度地采用较便宜的防腐材料和轻质填料。冷却后的烟气从塔底送入吸收塔，在吸收塔中与塔顶均匀喷洒的纯海水（利用电厂循环冷却水）逆向充分接触混合，海水将烟气中 SO_2 吸收生成 SO_3^{2-}。净化后的烟气经过 GGH 升温后，经高烟囱排入大气。吸收 SO_2 后的海水进入曝气池，在曝气池注入大量的海水和空气，将 SO_2 氧化成 SO_4^{2-}，直到水质恢复后排入大海。海水烟气脱硫工艺流程如图 13-1 所示。

Flakt-Hydro 海水烟气脱硫工艺是一种湿式抛弃法脱硫工艺，适用于沿海且燃用中、低硫煤的电厂，尤其是淡水资源和石灰石资源比较缺乏的地区优势更为明显。由于该工艺在运

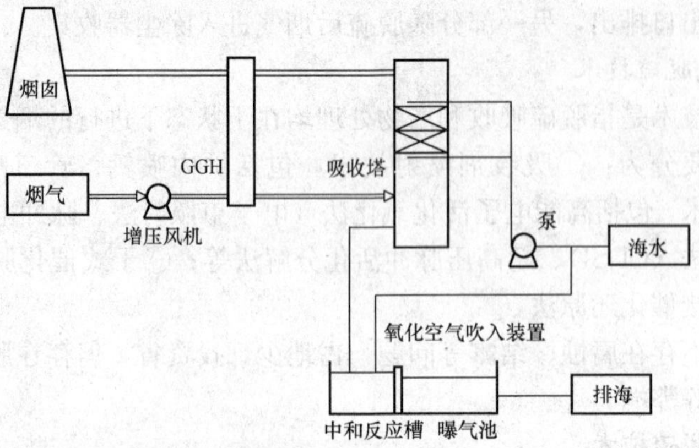

图 13-1　海水烟气脱硫工艺流程简图

行过程中只需要天然海水和空气，不需要添加任何化学物质，其主要的优势表现在：

(1) 技术成熟、工艺简单、脱硫效率高、设备投资费用低；

(2) 不需要添加剂，避免石灰石的开采、加工、运输和储存；

(3) 不存在副产品及废弃物，避免处理废弃物和二次污染的问题；

(4) 运行维护简单，不会产生结垢和堵塞，具有较高的系统可用率，运行费用较石灰石—石膏湿法脱硫低；

(5) 占地少，投资及运行费用低，一般投资占电厂投资的 7%～8%，全烟气量处理时系统电耗占发电量的 1%～1.5%。

2. Bechtel 海水烟气脱硫工艺

约为冷却水总量 2%的海水进入吸收塔，其余海水用于溶解脱硫生成的石膏晶体。在洗涤系统中加入石灰或石灰与石膏的混合物，提高脱硫所需的碱度。海水中可溶性镁与加入的碱反应再生为吸收剂 $Mg(OH)_2$，可以迅速吸收烟气中的 SO_2。该系统由烟气预冷却系统、吸收系统、再循环系统、电气及仪表控制系统等组成。

与其他海水脱硫及石灰石—石膏湿法脱硫相比，Bechtel 工艺具有如下优点：①脱硫效率高（可达 95%），SO_2 排放浓度可降至 0.005%或更低；②吸收剂浆液的再循环量可降至常规石灰石的 1/4，低液气比减少了投资，降低了吸收系统能耗；③生成完全氧化的产物，不经处理即可直接排入大海，且生成可溶性产物，能保证完全氧化；④生成的最终产物是很细的石膏晶体，当用冷凝器的冷却海水稀释时会马上溶解，不必另设混合溶解槽；⑤通过再生槽内的沉淀反应，破坏了过饱和现象，减少了洗涤塔中 $Ca(OH)_2$ 的浓度，从而避免结垢，并保证系统中足够的晶核浓度。

(二) 海水脱硫技术的发展与应用

20 世纪 60 年代末，美国加州伯克利大学研究了海水脱硫的工艺机理。在此基础上，ABB-Flakt 公司与 Norsk-Hydro 公司合作开发了 Flakt-Hydro 海水脱硫工艺，1974 年成功地应用于 Porsgrunn 的工业燃油锅炉烟气脱硫工程中。目前，该工艺已广泛应用于炼油厂、炼铝厂等工业窑炉，先后有 30 余套投入运行。我国深圳西部电厂 2 号机组（300MW）引进挪威 ABB 公司的 Flakt-Hydro 海水脱硫工艺，成为我国第一台海水脱硫工艺。目前掌握海水脱硫工艺的厂商还有日本的富士化水工业株式会社、法国的 Stein 公司和德国的 FBE 等一批企业。

由于海水脱硫工艺具有技术成熟，流程简单，运行可靠，脱硫效率高，无需另购吸收剂和处理副产物，从而具有投资与运行费用较低等特点。在海滨火电厂的建设中，由于海水资源充足，只要海洋环境条件允许，具有很强的吸引力，因此海水烟气脱硫工程在我国有着广泛的推广应用前景。

三、海水烟气脱硫工艺技术指标

海水脱硫的关键在于不仅要将烟气中 SO_2 脱除，脱硫效率要达到90%以上，还要将脱硫后的海水恢复到能够达标排放的程度，整个脱硫过程中除海水和空气外，不添加任何别的物质，不改变海水的天然成分。因此，海水脱硫系统设计时对排放的海水要重点考虑如下几个指标：

(1) 保持 SO_4^{2-} 增加值在天然海水 SO_4^{2-} 浓度的正常波动范围。涨、落潮时海水中 SO_4^{2-} 浓度差值为40～150mg/L。显然，海水脱硫工艺排水中 SO_4^{2-} 浓度60～90mg/L增量，大约是海水本底总量的3%，其影响将被海水的自然变幅完全掩蔽。

(2) pH值要符合当地排放口的水质要求。pH值是海水排放的重要指标，一类、二类海水水质要求pH达到7.8～8.5，三类、四类海水水质要求pH达到6.8～8.8。因此，对于海水脱硫系统，其排放的海水一般都要求pH≥6.8。

(3) 溶解氧DO要适于海洋生物。氧气是把脱硫过程中产生的 SO_3^{2-} 进行还原的重要成分，脱硫后的海水DO含量非常低。氧气是所有海洋生物生存不可缺少的物质，缺氧会对海洋生物的活动产生严重影响。脱硫海水的曝气可以减少COD，增加DO。

(4) SO_3^{2-} 氧化率要保持较高水平，对海洋生物无害。脱硫海水COD的增加量可以反映脱硫过程中还原性物质（以 SO_3^{2-} 为主）的增加情况，COD增加越多说明 SO_3^{2-} 氧化率越低。

另外，脱硫后排放的海水也要考虑海水温升以及重金属含量增加对海洋的危害。脱硫海水温升在1～2℃左右，对海洋生物的影响微乎其微。目前大型火电厂静电除尘器效率普遍较高，且99%以上投运正常。因此在海水脱硫工艺中，除尘器后烟气中残存的飞灰将溶于海水，但这些烟尘中携带增加的悬浮物或重金属与海洋本底值比较十分微小，不会对海洋生物造成危害。

排放海水的其他参数满足GB 3097—1997《海水水质标准》中的第三类标准。

第二节 烟气湿法脱硫控制系统

一、概述

石灰石—石膏湿法烟气脱硫工艺系统的自动控制系统一般采用DCS。DCS通常放在单元控制室内，以显示屏、键盘操作的操作员为中心，实现对整个脱硫系统的管理功能。

脱硫控制系统应具备完整的热工测量、自动调节、控制、保护及热工信号报警等功能。其自动化水平将使运行人员无需现场人员配合，在控制室内即可实现对烟气脱硫设备及其附属系统的启、停及正常运行工况的监视、控制和调节，系统同时具备异常与事故工况时的报警、联锁和保护功能。

石灰石—石膏湿法烟气脱硫控制系统的控制范围包括：石灰石浆液制备系统、石灰石浆液供应系统、吸收塔系统、吸收塔氧化空气系统、石膏脱水系统、工艺水系统、工业水系统以及烟气系统、脱硫废水处理系统等；电动机、电动门、风门挡板以及电气供电回路的断路器的顺序控制，一些工艺闭环控制和联锁保护，但不包括电气系统（高压脱硫变压器和低压脱硫变压器等）和消防报警系统。

石灰石—石膏湿法脱硫自动化控制系统的主要任务是：①DAS，实现对脱硫系统中的烟气系统、SO_2 吸收系统、氧化空气系统、石膏脱水系统、脱硫废水处理系统的运行工况进行监视和报警；②SCS，对电动机、电动门、风门挡板以及电气供电回路的断路器进行顺序控制；③保护联锁系统，设置热工保护的条件（如 FGD 进口温度异常、进口压力异常、出口压力异常、炉主燃料跳闸、换热器故障、循环浆泵投入数量不足、原烟气挡板或净烟气挡板未开），一旦满足条件时，FGD 装置停运并自动打开烟气旁路挡板、关闭原烟气挡板和净烟气挡板，使烟气通过旁路直达烟囱进行排放；④MCS，对吸收塔的脱硫效率、吸收塔液位、吸收塔内外烟气压差、石膏浆液排放等工艺步骤或工艺参数进行闭环控制。

二、主要控制参数和控制回路

（一）脱硫效率

脱硫效率是 FGD 流程中的基本参数，不管锅炉负荷及含硫量如何变化，脱硫效率均必须满足要求，同时，也应满足最低运行费用的要求。不同 FGD 流程控制脱硫效率的参数是不同的。以典型的石灰石—石膏法工艺流程为例，以下几个参数直接影响脱硫效率：运行脱硫塔数、锅炉负荷、循环浆液流量（运行循环泵数量）、循环浆液 pH 值、循环浆液与化学添加剂浓度。

（二）pH 值的控制

脱硫浆液 pH 值非常重要，它直接影响到脱硫效率、石灰石利用率和石膏结垢倾向。

脱硫剂和烟气的性质可由滴定曲线来描述，对于脱硫塔，该曲线为典型的强酸/弱碱曲线，其特征是在较低的 pH 值范围内陡峭。在低 pH 值范围内，工艺流程更易于控制。

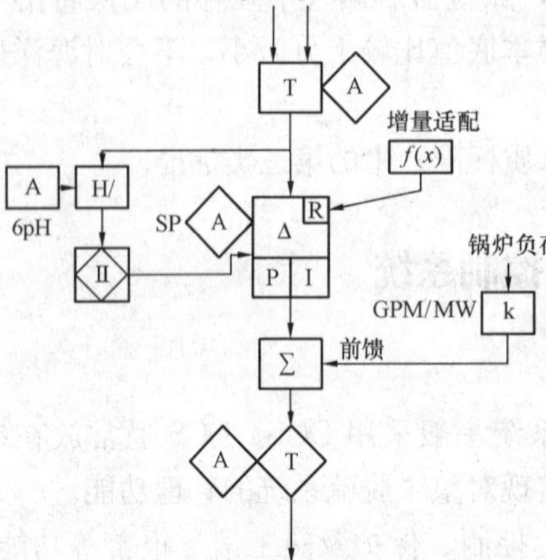

图 13-2　pH 值前馈控制回路

pH 值的控制策略较多，当 pH 值设定值在 3.0～4.5，锅炉负荷或燃煤含硫量在 1～2h 内变化不大的场合。采用单一的反馈控制即非常可靠；当 pH＞4.5 时，单一反馈控制性能下降。当锅炉负荷变化速度大于 5MW/min 时，可能无法保持控制的稳定性，此时，宜采用入口 SO_2 浓度烟气流量（锅炉负荷）、石灰石浆液流量及其浓度（质量分数,%）、pH 值、塔压差组成的正反馈控制策略。当 pH 值超过设定点时，正反馈控制策略可关闭石灰石供浆阀，该控制器如图 13-2 所示。

当脱硫塔 pH 值临近设定值时，控制逻辑自动恢复 pH 值的控制；在脱硫塔 pH 值到达设定值前添加石灰石浆液，为固体石灰石提供了溶解时间，因而有效地防止控制器矫枉过正。为进一步优化 pH 值控制系统，pH 控制器的增量在锅炉负荷变化范围内是不一样的。由于工艺流程在高负荷时比低负荷时更为稳定，将锅炉负荷信号纳入函数 $f(x)$ 中，以获得任意锅炉负荷（MW）时的增量。脱硫塔 pH 值的控制运算法则采用入口二氧化硫浓度和烟气流量作为前馈信号。流量信号可用差压计在入口烟道上测得，也可由锅炉负荷蒸汽流量和炉膛压力计算得到，或其他与流量相关的信号获得。如前馈信号急剧变化，需采用前馈信号的变化速率进行求和校正。这样，若前馈信号突然升高或降低，可以瞬间增加或减少石灰石的供浆量。

（三）脱硫塔浆液液位和密度控制

脱硫塔浆液位和密度控制脱硫塔的液位控制对保证循环泵、搅拌机的正常安全运行，以及保持系统流程化学性质的稳定性都有重要意义。

脱硫塔的直径一定时，其液位的高低决定了塔内浆液的总体积量，从而也决定了塔内浆液颗粒的停留时间。在大多数FGD系统中，脱硫塔的水平衡是负的，即脱硫塔蒸发的水大于其他固定流率的补充水，除了以上补水外，副产物处理流程的溢流水常常泵回脱硫塔，以维持脱硫塔液位平衡。

表13-1总结了脱硫塔液位和密度控制策略，控制目的是保持塔液位的稳定性和最优浆液密度参变量、锅炉负荷、燃料含硫、脱硫剂浆液密度。

表13-1　　脱硫塔液位和密度控制策略

控制策略	控制变量	控制单元	优点	缺点
通过溢流保持塔液位基本不变	回水流量	回水控制阀	溢流无需泵和阀门	需要地坑和收集泵
通过回水流量保持浆液密度				
通过控制回水流量保持塔液位基本不变	回水流量	回水控制阀	排浆无需专用泵	排浆控制阀是维护量高的易损件
通过控制排浆阀控制浆液密度	排浆流量	排浆控制阀		阀的关、启可能导致排浆管线的堵塞
通过控制回水流量保持液位的稳定	回水流量	回水控制阀	排浆泵的使用控制	需要专用排浆泵
通过排浆泵保持浆液密度恒定	排浆流量	排浆泵变频	堵塞现象的发生	

现在大多数吸收塔液位控制由加入到实际烟气中的除雾器冲洗水水量调节，以达到除雾器清洗和塔液位控制的双重目的。冲洗水量通过改变冲洗程序的中断时间来控制，冲洗程序的中断时间是烟气负荷的函数。在最大烟气量时，对应最小的中断时间。吸收塔液位一旦低于设定的最低液位，除雾器冲洗程序立即开始新一轮不间断的冲洗周期。如果液位超过了最高液位，冲洗程序将中断较短时间。

（四）增压风机入口压力控制

为保证锅炉的安全稳定运行，通过调节增压风机导向叶片的开度进行压力控制，保持增压风机入口压力的稳定以获得更好的动态特性，其控制方案一般为：将增压风机的入口原烟气压力的测量值和设定值相比较，偏差经过PID运算后来调节增压风机入口导叶的转角，将增压风机的入口压力控制在设定值（旁路挡板的压力差近似为0）。为了优化增压风机压力控制回路的调节性能，引入锅炉负荷信号作为前馈控制信号，当锅炉负荷变化时将同时调节增压风机的出力，可以减少引风机后至FGD系统进口段烟气的压力偏移。

（五）石膏浆液排放控制

当吸收塔回路中含固量达到预先设定的最大含固量时，石膏旋流器底流悬浊液就导入石膏浆液箱或皮带机，直到预定的最低含固量出现时停止，浆液返回吸收塔。吸收塔回路中浆液浓度，由旋流器供应管路上单独管线上的浆液密度测量装置进行控制。在以后的运行过程中，洗涤浆液中的固体物浓度又将增加，当达到最大浆液浓度值时，上述启停操作程序又将开始。

（六）石灰石制浆控制

石灰石密度控制示意如图 13-3 所示，通过调节添加水量来控制浆液密度。

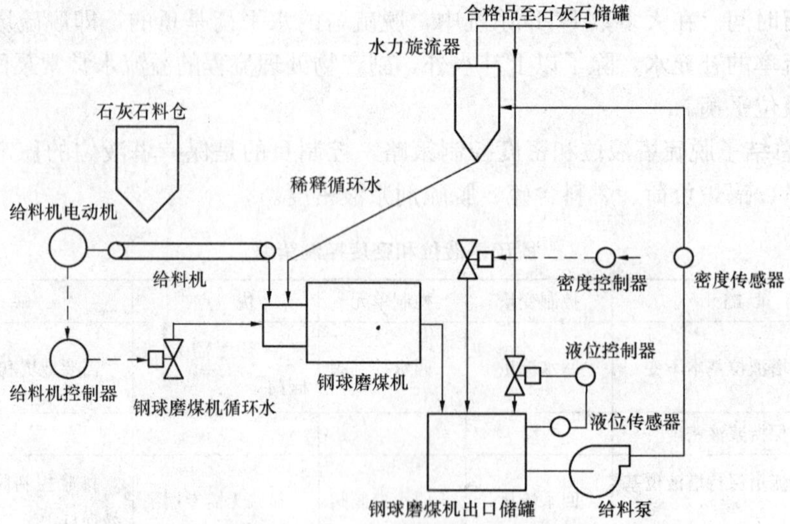

图 13-3 石灰石密度控制示意

三、控制规律的选择

FGD 系统中常用变量的控制模式如表 13-2 所示。

表 13-2 FGD 系统中常用变量的控制模式

控制模式 / 变量	比例	积分	微分	备注
pH	√	√	○	√—必选； ○—可选； ×—不选
液位/料位	√	×	×	
浆液浓度	√	√	×	
流量	√	○	×	

在控制系统的详细设计中，与控制器动作密切相关的是控制阀或其他控制元件的反应特性。控制器的比例带需要经常调整以改变控制器的输出，不管操作变量的原始值为多少，控制器输出增加量的改变应能改变操作变量的增加量，否则，控制器无法在整个负荷波动的范围内正确调整。在许多控制回路中，控制器只能在很窄的负荷波动范围内稳定运行，高于或低于这个范围，控制器的比例带均必须重新调整才能正常运行，出现这个问题的原因不在于控制器，而在于控制元件。若控制回路中有一个控制元件为非线性，则整个回路均为非线性（如 pH 值传感器即为非线性）。

线性控制回路的优点是设计简单，运行稳定，一些操作变量可以很容易转换成线性关系。例如，孔板压降 Δp 与流量之间关系，采用数字控制器开平方即可得线性关系。阀门的流量特性主要有线性和等百分比两种，对于线性阀门，在恒压及其他条件均保持线性关系且阀门压降恒定的情况下，这种阀门的流量与执行信号成正比，这样的控制回路在任何条件均可提供精确的控制。

但在大多数情况下，其他条件不可能保持恒定不变（如流量增加、阀门压降和泵压头下降），因此，线性特性的阀门不可能对控制器输送浆液的场合、在不重新设定控制器的条件下仍可在很大的操作范围内保持良好的控制持性。等百分比流量特性的阀门在保持压降不变的条件下，控制器的输出与流量的对数成正比。然而，在很多控制回路中，无论是线性特性还是等百分比流量特性的阀门均不可获得良好控制性能，这些回路应使用专用的阀门。一般情况下，若压降对流量的变化不敏感，宜选用线性流量特性的阀门。在摩擦损失占很大比例的长管道中，宜采用等百分比流量特性的阀门。

第三节 海水脱硫控制系统

一、控制系统概述

（一）控制方式及控制系统结构

DL 5000—2000《火力发电厂设计技术规程》中对脱硫控制设计的要求为：脱硫系统的控制水平设计拟不低于扩建的单元机组的控制水平；脱硫系统拟采用集中控制的方式。根据上述原则，该工程不设置独立的集中控制室，在单元机组集控室完成脱硫设备及其公用、辅助系统包括电气设备的监视与控制。

为使脱硫控制系统达到与单元机组控制水平相适应，该工程脱硫系统采用与单元机组分散控制系统（DCS）相同的艾默生公司的 OVATION 分散控制系统进行监视与控制。在控制室内能做到以下操作：

（1）在机组正常运行工况下，对脱硫装置的运行参数和设备的运行状况进行有效的监视和控制，并能够自动维持 SO_x 等污染物的排放总量及排放浓度在正常范围内，以满足环保要求。

（2）机组出现异常或脱硫工艺系统出现非正常工况时，能按预定的顺序进行处理，使脱硫系统与相应的事故状态相适应。

（3）出现危及单元机组运行以及脱硫工艺系统运行的工况时，能自动进行系统的联锁保护，停止相应的设备甚至整套脱硫装置的运行。

（4）在少量就地巡检人员的配合下，完成整套脱硫系统的启动与停止控制。脱硫系统的正常运行以 CRT 和键盘为监控手段。控制室不设常规的控制表盘，仅设少量的紧急操作开关或按钮。

脱硫工艺系统布置设计的特点：脱硫工艺设备的布置基本集中于单元机组的烟囱后部区域，工艺控制相对单元机组独立，不设单独的脱硫车间，脱硫系统电子设备间位于单元机组的烟囱后部，工程师站设在电子设备间内。

整套脱硫控制系统将由完成脱硫监视控制的分散控制系统以及根据工业设备控制水平和控制要求设置的少数就地控制仪表盘及其他辅助自控装置所构成。

分散控制系统由操作员站、工程师站、冗余配置的数据高速公路及控制器等组成，系统共设置2台操作员站和1台工程师站。

根据脱硫工艺系统的构成，脱硫分散控制系统I/O点规模约为930点。

以分散控制系统CRT和键盘作为脱硫监视和控制中心，不再设置常规仪表盘。但当DCS的电源消失、通信中断、全部操作员站失去功能以及控制站失去控制和保护能力时，为确保脱硫系统紧急停运，在操作员控制台上设置了独立于DCS的常规操作项目——烟气旁路挡板控制。

脱硫控制系统的运行与停止与单元机组密切相关，因此脱硫控制系统的设计将考虑单元机组与脱硫控制必要的信号接口，其接口的实现方式根据条件将采用硬接线通信连接。涉及安全、保护的信号均采用硬接线连接。

锅炉岛至脱硫岛的信号包括MFT、锅炉负压和锅炉负荷。

脱硫岛至锅炉岛的信号包括脱硫系统“投入”和“退出”、旁路挡板门状态信号。

（二）热工自动化功能

华能海门电厂海水脱硫控制系统采用DCS及其现场总线控制系统。脱硫系统DCS与主机组DCS组成一个完整的控制系统，运行人员以控制系统的LCD和键盘作为主要监视和控制手段，在主控制室内完成对FGD系统、海水增压系统及海水恢复系统的启停及正常工况的监视和控制、异常工况的报警和紧急事故处理。控制台上配置少量紧急操作按钮。控制室内不再设其他常规仪表，电气系统也纳入DCS监视和控制。

控制系统包括数据采集系统（DAS)、开关量顺序控制系统（SCS）（包括电气）和模拟量控制系统（MCS）等。实现以下主要功能：①数据采集，连续采集FGD系统相关参数；②控制，对烟气旁路挡板的前后压差进行闭环控制，对其他设备采用顺序控制。

该工程FGD系统选用与主机组分散控制系统（DCS）相同，即OVATION 3.1。FGD系统作为DCS的一个站，网络交换机通过光电转换器与单元机组主网络交换机相连，并且与主机组共用单元控制室的操作员站和工程师站（就地不设值班人员），其过程控制柜放在FGD电气楼内。FGD-DCS系统共有I/O信号928点，其中：AI，190点；AO，7点；DI，537点；DO，194点。Profibus-DP总线共8段，挂接70个设备，基金会现场总线（FF）共5段，挂接40个仪表。

1. 数据采集系统

为了保证FGD系统的安全运行，海水脱硫系统的重要过程参数进入DAS进行监视，以便及时向操作人员提供有关的实时信息。基本功能如下：①过程变量输入扫描处理；②固定限值报警处理，并可报警切除；③CRT显示；④报警显示；⑤流程图形显示；⑥成组参数显示；⑦操作指导，如报警原因、允许条件和操作步骤等；⑧打印制表；⑨定时制表，班、日、月报；⑩报警记录；⑪主要设备跳闸顺序记录；⑫设备运行记录，主要辅机的启停次数和累计运行时间；⑬历史数据存储和检索（HSR）。

DAS共包括4～20mA的模拟输入信号60点，RTD信号38点以及所有运行设备状态反馈。FGD系统正常运行时的主要检测参数有FGD系统进/出口烟气SO_2和O_2含量、烟气流量、FGD进/出口烟气压力和温度、吸收塔进/出口烟气温度、沿程烟气压力、水泵和风机出口压力、曝气池排水（海水）pH值及水中氧含量、排水温度、各电气参数等。

2. 顺序控制系统

顺序控制系统包括6个子系统，具有简单的顺序控制和单操功能。

(1) 曝气系统。控制对象为曝气风机、进出口挡板、轴承润滑单元等。

(2) 吸收系统。控制对象为海水升压泵、进出口阀门等。

(3) 增压风机系统。控制对象为增压风机（FGD）及其冷却风机、液压控制及润滑单元等。

(4) GGH系统。控制对象为GGH电动机及密封风机、GGH空气吹扫系统、高压水清洗系统等。

(5) 烟气挡板系统。控制对象为FGD进、出口挡板及密封风机、旁路挡板等。

(6) FGD电气系统。控制对象为FGD脱硫低压变6kV侧断路器及380V进线和联络断路器等。

辅机启停控制以及一些主要阀门的开闭控制由DCS中的顺序控制系统（SCS）来完成，实现功能组或子组级的控制。

在脱硫系统运行中包括以下功能组：①烟气系统；②增压风机；③GGH；④GGH吹灰；⑤海水增压泵；⑥曝气风机等。

自动切换系统功能组主要有工艺水泵等。

当脱硫系统出现下述任一情况时，自动解列整个脱硫系统：①增压风机跳闸；②烟气系统故障；③FGD曝气保护；④脱硫系统主电源消失；⑤锅炉MFT；⑥FGD海水保护；⑦FGD海水液位保护；⑧原烟气温度大于160℃或小于85℃（三取二）。

当解列脱硫装置运行时，将打开烟气旁路挡板，停止脱硫增压风机，关闭脱硫烟气进出口门。

为确保脱硫顺序控制系统的安全可靠投运，设计中拟采用下述措施：

(1) 为保证测量信号的可靠，重要的保护用过程信号和状态采用三取二或二取一测量方式。FGD保护动作时自动开启旁路挡板门，切除FGD。在紧急状态时强制动作旁路挡板门，保证锅炉安全运行。

(2) 设计完善的联锁功能，如备用设备启停联锁、吸收塔的高低液位联锁、管道设备冲洗联锁等，使控制系统能对运行工况变化自动及时作出反应，保证系统稳定运行。

(3) 在装置停机期间，必须停运设备和对管线进行冲洗，防止海洋生物滋生。在短时间停机期间，挡板门密封风机仍然运行。

3. 模拟量控制系统

每台机组配备2×50%容量脱硫增压风机，在气—气热交换器（GGH）热烟气入口与引风机串联运行。增压风机位于FGD上游的原烟气侧，烟气腐蚀环境小，可保证增压风机有良好的运行工况。增压风机为静叶可调轴流式风机，风压3720Pa，流量为2 632 034m^3/h，电动机功率为3500kW。

FGD入口挡板和出口挡板之间设有100%旁路烟道。FGD正常运行期间，入口挡板和出口挡板打开，旁路挡板关闭。当FGD停止运行或故障时，旁路挡板将打开，入口挡板和出口挡板关闭，烟气直接进入烟囱，保证脱硫系统停运检修时主机组运行不受影响。旁路挡板是单层百叶窗型，上、下叶片可单独操作，上叶片占烟道截面积的4/5，为全开全关挡板，下叶片为调节挡板。

来自锅炉的烟气经增压风机增压，补偿烟气在整个脱硫系统中的压力损失。进入脱硫系统的烟气流量通过增压风机的动叶进行调节。

烟气脱硫的控制对象比较特殊，但数量较少，控制回路较简单，闭环控制较少，开环控制较多，控制对象较分散，控制使用的PID较少，顺序控制较多，注重的是时间控制。脱硫控制系统是一个以开关量为主，模拟量为辅并伴有少量调节回路的系统，属典型的混合控制系统。模拟量控制，主要实现对FGD系统入口烟气流量控制，通过合理的优化控制策略，实现控制对工艺的最优配合。

根据工艺系统的要求设置完整的调节功能，FGD系统的模拟量控制对象是增压风机导叶。为适应机组变负荷的要求，引入机组总送风量信号作为增压风机导叶开度的调节前馈信号，以提高机组快速变负荷脱硫系统的跟随能力。

二、海水脱硫系统控制方案

（一）OVATION分散控制系统现场总线集成

所谓现场总线，是指安装在制造或过程区域的现场装置之间、现场装置与控制室内的自动控制装置之间的开放式、数字化、串行和多点通信的数据总线。现场总线是全数字通信的技术，被誉为自动化领域的计算机局域网。它具有全数字通信、可互操作、高度分散、开放性好、可靠性高、投资与维护成本低等独特的优点。

近年来，现场总线标准逐渐规范，技术日益成熟，另外，现场总线在网络技术先进性方面与可靠性方面也有明显的提高。对火电厂来讲，采用现场总线的最大优点是大大节约连接导线，在传输变量过程的同时，仪表的标识符和简单的诊断信息也可一并传送。数字信号的精确性是现场总线的又一个优点，数字信号比4～20mA模拟信号分辨率高，可排除过去在模数转换中产生的误差。远程维护在采用数字通信和现场智能仪表后也成为可能。在中心控制室可对现场智能仪表进行标定、调整及运行诊断，甚至能在故障发生前进行预测，一个更为重要的方面是仪表的兼容性可以使电厂大大受益。因此，1000MW机组在设计过程中大胆地选用与控制系统相兼容的现场总线控制技术。

在火电厂，不适宜采用总线通信的场合有：①要求时间分辨率小于1ms的事件顺序记录（SOE）的测点；②锅炉保护系统（FSSS）；③汽轮机紧急跳闸系统（ETS）；④汽轮机数字电液调节系统（DEH/MEH）；⑤其他要求快速控制的系统，如发电机—变压器组及厂用电源等。

任何一种总线不可能涵盖所有应用场合，总线混合应用是必然结果——只选择最合适的总线。目前，电厂应用较多的现场总线是基金会FF-H1（Foundation Fieldbus，FF）现场总线和SIEMENS公司的Profibus-DP现场总线。

艾默生公司的OVATION分散控制系统兼容这两大现场总线，其总线混合应用如图13-4所示。Profibus用于所有的AUMA和限位电动机操作器，以及开关组与MCC设备状态；Foundation Fieldbus用于其他部分的模拟量设备和所有的温度信号。

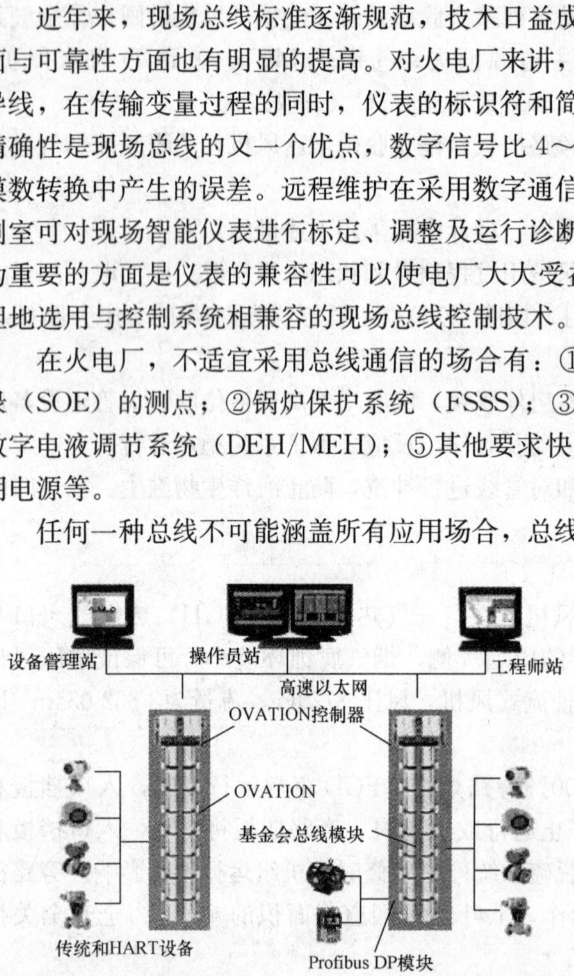

图13-4 OVATION分散控制系统总线混合应用

脱硫岛部分仪控设备和400V MCC采用现场总线控制。考虑到系统运行的安全性，旁路挡板、FGD烟气进出口挡板、旁路挡板、6kV开关、增压风机导叶和GGH电动机不采用现场总线控制，所有变送器、分析仪表、温度测量仪表、部分电动执行机构和400V MCC电动机采用现场总线控制。

液位变送器、压力变送器、差压变送器、温度变送器、超声波流量计、超声波液位计、溶氧表和pH计采用FF现场总线；部分泵、风机、加热器和电动门采用Profibus-DP现场总线。

OVATION分散控制系统现场总线解决方案经历了两代的发展，第一代为gateway解决方案，第二代为I/O模件解决方案。

（二）系统结构及特点

系统分成两层，监控中心、控制器和分布式I/O、现场设备及仪表，通过两层网络工业以太网、FF总线和PROFIBUS现场总线连接起来，构成一个整体。监控中心与脱硫塔控制器通过工业以太网相连，通信速率为100Mbit/s；控制器与分布式I/O、现场设备及仪表通过FF总线、Profibus-DP总线相连，FF通信速率为31.25kbit/s，Profibus-DP通信速率为1.5Mbit/s。

（三）现场总线配置方案

1. OVATION现场总线解决方案特点

OVATION FF现场总线设备和整套解决方案中的所有部件，具有极高的安全可靠性。该解决方案有如下特点：

（1）可靠性高。OVATION FF现场总线解决方案中的每个部件都具有成功的跟踪记录。OVATION分散控制系统、资产管理软件（AMS）和艾默生公司的众多基于现场总线的设备都有成功应用的经验，被证明是高度可靠的。由于其可靠的网络结构，设计冗余和采用国际标准，用户能够很好地监控机组运行。

（2）行业导向。OVATION分散控制系统专门为全球范围内的电力工业、水处理行业提供优化方案。应用于电力系统的锅炉控制、数据采集和汽轮机控制等功能都会得益于现场设备更有效的信息采集，从而使机组运行符合环保规定的同时，更安全可靠，机组可利用率也更高。

（3）高度集成。OVATION提供的整套产品高度集成了机组控制系统、现场设备、其他制造商的硬件和网络。OVATION现场总线网关能够把具有现场总线的智能仪表与OVATION分散控制系统控制技术无缝集成在一起。资产管理软件（AMS）允许具有行业标准的现场总线设备的即时连接。智能设备把现场信息传送到AMS功能强大的预测性维护软件的工作站中，从而能够做到在工作站直接判断、控制、监视现场设备工作状况。OVATION分散控制系统可以为AMS软件提供OPC技术接口，从而实现对FF总线仪表、HART总线设备的远程诊断等功能，这意味着我们可以通过OPC在任何地点、任何时间实现对智能设备的管理。

OVATION控制工程师软件包含的集成工具能够自动、方便地把系统控制策略下装到某现场总线分支的所有现场设备中。

（4）模块化设计。OVATION FF模件及带内置容错和诊断功能的插入式组件，能容易地安装到机柜中。FF接口卡、OVATION控制器和其他OVATION I/O模块都同时配置在系统中。远程机柜（可以安装 FF 接口卡）能够把模块安置在更接近现场的地方，从而降低电缆成本。网关用符合 DIN 制标准的单点轨道固定在控制器机柜中，从而使安装更容易，组态更快速。

同其他现场总线解决方案利用第三方 I/O 模块传递现场信息不同，OVATION 实施的 FF 现场总线通过配置在控制机柜内的 FF 接口卡，用软、硬件把智能设备和 OVATION 技术无缝集成为一个有机整体。

OVATION 分散控制系统通过 FF 卡件完成对现场总线的支持，每个 FF 卡件可支持两条 H1 总线，每条现场总线可最多支持 16 个 FF 总线设备，用户如果想用总线仪表换掉过时的常规仪表，只需将常规 I/O 卡件换成 FF 卡件即可，无需附加其他专门的硬件和软件接口。内置的现场总线组态软件能够自动方便地把系统控制策略下装到某现场总线分支的所有现场设备中。

OVATION 分散控制系统中的 FF 总线冗余方式完全智能化，两个 Series 2 系列的 H1 卡件配上智能端子板，系统即可完成 H1 总线卡件的冗余，无需任何人为的干预（如组态工作等），从而大大提高了冗余的可靠性。

2. OVATION 分散控制系统现场总线配置

(1) OVATION 分散控制系统 FF 配置。

1) 所有 H1 网段的供电和电源调节器应冗余配置。

2) H1 卡为冗余配置，每对冗余 H1 卡下挂总线电缆不允许超过 2 个网段。

3) 主 LAS 应该位于 H1 卡中，段中至少应有一个后备 LAS 位于某个现场设备中。

4) 一个现场终端器安装在接线箱中，另一个终端器安装在电源调节器内。

5) 每个段设计负载为 12 个仪表（允许将来每个段可增加 2 个仪表）。

6) 网段总长度理论上不应大于 1900m，实际设计时不应大于 1200m。

7) 选用 A 型（单对）和 Xi 型（多对）屏蔽双绞线电缆，每一对双绞线要有分屏蔽。

(2) OVATION 分散控制系统 Profibus-DP 配置。OVATION 分散控制系统支持 Profibus-DP 现场总线协议，能够使用 Profibus 集成标准的第三方现场总线产品。Profibus-DP 组态方式是 SIMCODE。

1) 一对 OVATION 控制器最多可支持 12 块 Profibus-DP 模块。

2) 每个 Profibus-DP 模块可支持 2 个网段。

3) 考虑距离 400m 通信速率 187.5kbit/s。

4) 建议每个网段连接不超过 16 个设备。

5) 采用 SIEMENS 公司的 Profibus-DP 电缆。

三、脱硫系统监测参数和仪表

以华能海门电厂海水脱硫工艺为例，FGD 系统主要监测参数见表 13-3。

表 13-3　　FGD 系统主要监测参数

测量点监控点	测量参数
FGD 进口原烟气	烟气流量、SO_2、O_2、烟尘浓度、烟气温度、烟气压力
FGD 出口净烟气	SO_2、O_2
烟囱进口	烟气流量、NO、SO_2、O_2、CO、烟尘浓度、烟气温度、烟气压力

续表

测量点监控点	测量参数
吸收塔系统	吸收塔进、出口烟气温度，吹灰蒸汽压力、吹灰蒸汽温度，导向轴承油温，吸收塔液位，吸收塔升压海水温度、压力、流量
海水恢复系统	排放海水含 O_2 量，排放海水 pH 值，排放海水温度

1. 烟气排放连续监测系统

烟气中需测量的参数主要有含尘量、SO_2、NO_x、CO_2、O_2、不透明度（林格曼黑度）、烟气流量，现在的商用测量仪往往还包括 NH_3、CO、HCl、总汞含量、单质汞及碳氢化合物等组分的测量。

烟气排放连续监测系统（Continuous Emissions Monitoring System，CEMS）是监测烟气污染物排放的现代化手段，可连续监测污染物（SO_2、NO_x、烟尘等）的排放浓度和排放总量。

(1) SO_2 测量。烟气 SO_2 含量作为控制加入吸收塔石灰石浆液流量的一个重要参数，其测量系统必须精确可靠。另外，FGD 出口 SO_2 含量的测量也是烟气连续监测系统（CEMS）的一部分。

应选择技术先进、质量可靠、符合我国环保法规、得到有关部门认可的产品。因为烟气 SO_2 含量的测量系统包括采样装置、样气预处理系统、SO_2 分析仪及控制器等，所以在选型过程中应注意整个测量系统的性能和质量。

烟气取样分析通过探头抽取烟囱或烟道中有代表性的气体，并经适当处理后输送至分析仪进行数据分析。脱硫前的 SO_2 含量测量装置一般安装在有一定直管段的原烟气烟道上，位于脱硫装置上游不小于半倍烟道当量直径处；脱硫后的 SO_2 含量测量装置一般安装在靠近烟囱的净烟气烟道上，位于脱硫装置下游不小于两倍烟道当量直径处。采样点离烟道内壁的距离必须不小于 1m 或者 1/3 的烟道当量直径。另外，在选择测量点的位置时还应考虑相应的校验监测孔位置。

(2) 烟气含尘量测量。对于 FGD 系统，需要对 FGD 装置前后的烟气含尘量进行连续测量。测量 FGD 装置入口的烟气含尘量是为了防止含尘量过高的烟气进入吸收塔，影响吸收塔内的化学反应，出口烟气含尘量的测量是 CEMS 的一个子系统。

在粉尘测量方面，主要有 3 种就地测量技术，根据其原理的不同，可分为粒子碰撞监测器、不透明度监测器及光闪烁监测器。在烟气脱硫除尘系统中，对吸收塔入口前烟气的监测一般采用粒子碰撞监测器，而对经过净化后烟气的测量一般采用光闪烁监测器。

(3) 烟气流量测量。烟气流量测量采用流速—面积法，通过测量烟气流速，由流速和测量烟道的截面面积计算得到，烟气流速的测量主要有压差法、超声波法、热传导法和时间差法。

烟气流量测量装置的选型与安装主要应考虑以下两个方面的问题：

1) 烟气的成分，特别是含尘量、腐蚀性气体的含量。当含尘量过高时，如选用压差法流量测量装置就容易发生堵塞现象；如选用热导法流量测量装置，由于过多的尘沉积在传感器上，影响仪器的响应时间，并在温度探头上形成绝热层，造成测量偏差过大，影响设备的正常工作。因此，在进型时应考虑吹扫清洗装置。

2）烟道的形状和直管段长度。烟气流量测量一般要求烟道直管段长度大于6倍的烟道当量直径，安装位置前的直管段长度不小于4倍的烟道当量直径，选取最佳的测量位置，并采取多点测量等措施。另外，还需做好现场校准和标定工作。

2. pH计

pH值是海水排放的重要指标。

pH值可用电极和电压表来测量。电极是一种电化学装置，与电池类似，其电压随着pH值（即氢离子浓度）的变化而变化。组合电极分为两部分，一部分是测量电极，或称为pH值感应电极；另一部分是参考电极。测量电极感应于溶液的pH值，使电压产生变化。例如，pH值为0时，电极的输出为＋4.4mV；pH值为14时，电极的输出为－4.4mV。

pH传感器会受到温度的影响，该温度可以通过斜率、温度调整或者自动温度补偿来进行补偿。在湿式烟气脱硫系统中使用的pH传感器会受到污垢和老化的影响，导致电极中的氯化钾参考溶液与被测溶液交汇接点堵塞。

pH值传感器主要有浸没式、过流式（支管）和插入式（直接）三种形式。浸没式传感器直接安装在容器里与被测液体接触，当需要维护和校准时取出来，易于维护，但容易造成泄漏。

过流式传感器一般安装在工艺介质测量支管内，仪表上下游装有隔离阀，仪表下游还装有定期自动冲洗水阀，取样管容易堵塞，测量管道系统较复杂。

插入式传感器与流经式传感器相似，但不需要测量支管，它直接通过密封材料和一个隔离阀门插入到流体中，要维护和清洗插入式传感器，首先要半抽出传感器，再关闭安装在测量管道上的隔离阀门，然后再全部抽出传感器。

插入式传感器可斜插于竖直管或立式插于水平管上。实际运行发现，插入的探头不宜置于管中心高流速处，因流体冲蚀易磨损探头和数值漂移，探头应置于流体边缘又始终能接触到流体。

浸入式传感器易于维护，但当容器内为正压时，容易引起泄漏。流经式传感器的测量支管容易堵塞，必须有冲洗水管自动定期冲洗。插入式传感器和流经式传感器均易产生磨蚀。

3种传感器都易于结垢，可以采用超声波清洗装置来清除那些易碎的、不溶于水的污垢。

对于浸没型pH计的使用，应注意以下几点：

(1) 提供足够的搅拌，以防止固体在电极上的累积。

(2) 探头的位置宜避开浆液静止区。

(3) 可从循环浆液管道引出一旁路作为测定点。

(4) 要易于观察和更换检修。

对于过流型pH计的使用，应注意以下几点：

(1) 提供采样管（长25～500mm）的直径要大于25.4mm，可从循环浆液管道引出旁路。

(2) 在水平浆液管道的底部避免使用取样接点。

(3) 安装反冲洗装置。

(4) 在上游安装反射棒以减轻探头的腐蚀。

为提高 pH 计使用的可靠性，应定期用标准液对其进行标定。存放时探头最好置于标准液 pH=4、50℃的 HCl 饱和溶液中，必要时考虑每班更换一次探头。浆液管道、泵阀在停运时应彻底冲洗干净，否则会导致沉积结垢堵塞。

有些厂家专设一小槽用于 pH 计的安装，槽内浆渡保持连续流动（可返回塔或进入地坑），这种安装方式，pH 计电极的磨损小，也很容易用便携式 pH 计进行现场校准。

3. 流量计

表 13-4 说明了流量计的选型及其各自优缺点，对于流量测量，同样需考虑到腐蚀、磨损、结垢、堵塞问题。

表 13-4　　FGD 系统流量测量仪

类　型	测量原理	优　点	缺　点
差压	测量管道中孔板喷嘴、文丘里管两端的压力、流量与常压的平方根成正比	流量可理论计算； 测量元件便宜，容易制造	适用于干净的流程体，如工业水等； 测量元件易被磨损、差压管易被堵，受浆液密度的影响
多普勒超声波	声波信号穿过管道，根据反射声波的频率，计算管道内流体速度	传感器安装于管道外部； 比电磁流量计便宜	仅用于有气泡的流体中； 声波无法穿透大管径的 FRP 管道
电磁流量计	安装于管道上，通过感应电压，测得管道的流速	在浆液中精确可靠	仅用于浆液中； 需专用管道

4. 液位测量

用于液位测量的仪器仪表很多，表 13-5 说明了不同液位计的优缺点。选型时，应考虑到腐蚀、磨损、结垢、堵塞问题。

表 13-5　　FGD 系统中液位计的选择

类　型	测量原理	优　点	缺　点
浮球式	通过液面的浮球指示液位的高低，可用机械、电、磁连接	简单、直接	在石灰石（石灰）FGD 应用时易出现沉流物，影响精度； 易受泡沫影响
气泡式	一股恒体积的空气通过插入液位下的垂直管，液位根据背压的变化测得	液位信号通过常用的差压计传送	垂直管易结垢、堵塞； 随浆液密度的变化而变化
位移式	传感器悬挂于罐顶，液位的变化将引起传感器质量的变化	简单、直接	传感器上易沉淀结垢； 适用于无顶盖罐液位的测量； 随浆液密度的变化而变化
压差式	采用压差计测量水压	简单、直接	接管易结垢、堵塞； 随浆液密度的变化而变化
超声式	从传感器中向液面发出一声音信号，根据反射回来的时间测量液位	传感器不与浆液接触； 不随浆液密度的变化而变化	易被泡沫水蒸气干扰而失真

续表

类型	测量原理	优点	缺点
电容式	安装于塔（罐）侧面，通过电容的变化计算出液位	简单、直接	易结垢而影响读数精度
射线式	可安装于塔（罐）的顶部或侧面，可提供单个或连续的测量	不与浆液接触；密度的改变或泡沫不影响测量精度	造价高；需专门维护
雷达	类似超声波但运行频率较低	同超声波	比超声波式造价高

各种液位测量装置的精度会由于容器条件的不同而有所差别。例如，在烟气脱硫系统的浆液罐中，搅拌器搅动时会产生波动，吸收塔的液面也会由此而波动。

脱硫塔差压变送器用法兰隔膜式，连接法兰口径应大于80mm，变送器前装有阀门和冲洗水管软接头，安装于紊流区，变送器与容器的接管应有一定的倾斜度（一般为30°～45°），这样可有效地防止接管堵塞现象的发生。

吸收塔液位的测量非常重要，一般采用电容式薄膜压力传感器，三取二，同时要进行修正。

5. 压力、流量和温度测量

压力、差压、流量和温度的测量在脱硫系统中非常普遍，所测参数可反映出工艺的性能、能耗、运行中出现的问题以及是否符合设计和运行的要求。

（1）当浆液具有很强的腐蚀性或有潜在的腐蚀可能时，必须采取预防措施。

（2）在液体或气体的流动过程中，如果出现固体，要用水冲洗。

（3）选用流量计应了解其测量原理和应用场合。许多常规流量计（如孔板、喷嘴等）不宜用于腐蚀浆液管道。脱硫系统中最合适的是电磁流量计，其特点是磁场稳定、分布均匀，但要求被测导电流体流速分布轴对称，流体本身是非磁性的。

流量计可采用热式、差压式、电磁式。热式流量计通常用烟气流量的测量，差压式流量计常用氧化空气管路、工艺水管路、除雾器冲洗管路流量的测量，电磁式流量计多用于浆液管路的测量。

第四节 海水脱硫控制系统调试与运行

一、海水脱硫控制系统调试

（一）DCS调试过程和步骤

DCS的调试按工作进程可分为单体调试、分系统试运和整套启动试运3个阶段。

调试工作开始前，应对安装情况进行检查，检查检测元件、取样装置的安装情况，应符合测量装置安装的技术要求；电缆接线应与设计图纸相符。检查电缆接线的绝缘情况，检查执行机构的安装情况。

（1）DCS首次送电和I/O通道校验。DCS经过出厂测试和验收后，经过长途运输，到达现场安装就位，DCS厂家需要到现场进行指导和调试。厂家对DCS进行首次送电和系统恢复。

(2) 分系统调试和分系统试运。现场设备安装、测量管道安装、电缆接线工作均已完成，控制机柜系统送电和卡件投入和单体调试也已完成后，按系统功能进行联调。如 DAS 系统计算机显示是否正常，报警功能是否能实现，DCS 与其他控制装置的通信是否正常；SCS 系统的启动停止以及联锁保护功能是否正常。

(3) 热态调试。热态调试的主要任务是模拟量控制系统的投入，顺序控制和联锁保护功能的实际动作试验。当 FGD 系统通烟气后，检查 DCS 测点显示是否正确，模拟量控制系统参数的设置是否正确。检查完后，在适当的负荷下，应陆续投入自动调节系统并调整控制参数。在试运过程中，进行扰动试验，进行参数的再调整，使之符合机组对调节品质的要求。

DCS 是 FGD 系统控制的核心。在对机柜送电前，应对电源线路进行严格认真的检查，只有在电源接线正确无误、供电可靠的情况下，才可以对控制机柜进行送电。对控制机柜的首次送电，应由 DCS 厂家负责人负责指导。送电以后，调试工作正式开始。具体包含的数据采集系统（DAS）、顺序控制系统（SCS）的调试步骤和过程参见其他相关章节，此处不再赘述。

(二) 调试内容

1. DAS

烟气系统主要监测的参数有 FGD 进口烟气流量、FGD 进口 SO_2 浓度、FGD 进口 O_2 浓度、FGD 进口烟尘浓度、FGD 进口烟气温度、FGD 进口烟气压力、FGD 出口 SO_2 浓度、FGD 出口 O_2 浓度、烟囱进口烟气流量、烟囱进口 NO 浓度、烟囱进口 SO_2 浓度、烟囱进口 O_2 浓度、烟囱进口 CO 浓度、烟囱进口烟尘浓度、烟囱进口烟气温度、烟囱进口烟气压力。烟气连续排放测量系统（CEMS）采用 SIEMENS 公司系列产品。

吸收塔系统主要监视的参数有吸收塔进、出口烟气温度，吹灰蒸汽压力、吹灰蒸汽温度，导向轴承油温，吸收塔液位，吸收塔升压海水温度、压力、流量等。温度监视单元采用艾默生公司的 Rosemount 848T；压力、差压变送器采用 Rosemount 3051C。海水流量计采用 E+H 超声波流量计，型号是 E+H PROline Prosonic Flow 93。

海水恢复系统主要监视的参数有排放海水含 O_2 量、排放海水 pH 值、排放海水温度等。pH 分析仪、氧分析仪表采用 E+H 产品；前池液位计采用 E+H 超声波液位计。

其他还包括水泵和风机出口压力，运行时泵与风机的电流等电气参数。

2. SCS 调试

辅机的联锁保护、启停控制以及一些主要阀门的开闭控制由 DCS 中的顺序控制系统（SCS）来完成。控制的主要设备有增压风机、GGH 主电动机、辅助电动机、GGH 吹灰器、海水升压泵、曝气风机等。

3. MCS 调试

在脱硫系统模拟量控制中，增压风机导叶的自动控制是非常重要的环节，涉及与引风机风量的匹配。FGD 增压风机运行的稳定性和其动叶调节质量对机组锅炉和 FGD 的稳定运行起着关键的作用。与增压风机导叶自动控制相关的参数有机组原烟气压力和机组总送风量，其中机组原烟气压力（即 FGD 入口压力）为被控对象。

增压风机导叶自动控制采用的是单回路 PI+前馈方式。控制原理如图 13-5 所示。

原烟气压力即 FGD 入口压力的 3 个取样点显示值相对变化过快，波动较大，在逻辑中先对 3 个取样点压力参数取中值并进行超前滞后滤波，使得参数变化稍微平滑一点。在与压

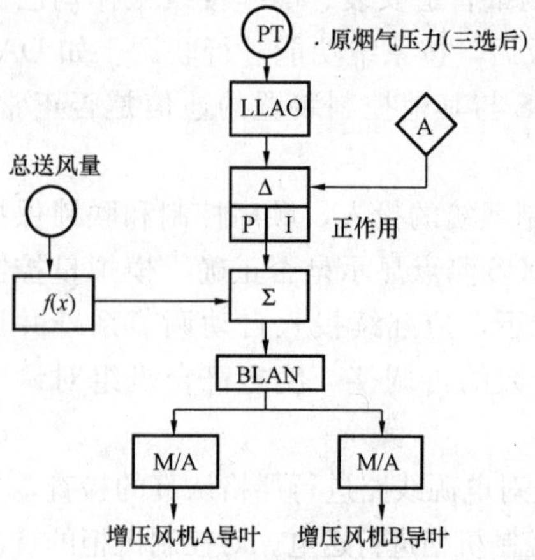

图 13-5　增压风机导叶自动控制原理图

力设定值取偏差后，设定死区。因为压力参数变化过于频繁，设置死区是将一定变化值之内的偏差强制无输出，从而避免增压风机导叶的开关动作过于频繁。

前馈采用的是机组总送风量—导叶开度函数，因为总送风量与引风机的出力相关，从而能够影响进入FGD系统的风量，这对于调节品质就有较大改善。从主机侧炉膛压力控制逻辑中取一总送风量信号，总送风量信号与增压风机导叶开度曲线作为自动调节的前馈，提高增压风机导叶自动控制的调节品质。

为了均衡负荷和实现无扰切换，对于多执行机构，采用平衡回路。通过测量测出原烟气压力（PV）。设定值（SP）由操作员手动输入。PI调节器对PV与SP的偏差进行运算，加入前馈后输出经平衡回路分配到两组增压风机导叶执行机构的M/A站，最终使PV=SP。为了均衡负荷和实现无扰切换，对于多执行机构，采用平衡回路。当导叶控制指令与实际位置偏差大或三选后原烟气压力坏质量或总送风量信号坏质量时，将使M/A站切手动。

二、海水脱硫系统的启停

（一）概述

脱硫系统的启停由运行人员在控制室内操作FGD装置的控制系统来自动进行。为方便系统的启停，考虑以下几种情况：

1. 短时停运的操作（几个小时）

不必使全部FGD装置停止工作，仅仅关闭停运期间如不采取补充措施就会发生问题的设备，或关闭不必要的耗能设备。停运期间需要停止工作的设备和设施，包括烟道、增压风机、海水升压泵、曝气风机。FGD旁路运行时，打开烟道旁路挡板门，停运增压风机，然后将原烟气和净烟气的进出口挡板门关闭，依次将海水升压泵和曝气风机停止运行。工艺水系统和挡板门密封风机仍然运行。

2. 短期停运（几天）

除了停止上述设备和设施外，除雾器冲洗系统也要停运。挡板门密封风机仍然运行。

3. 长期停运或吸收塔检修

如果长期停运或吸收塔进行全面检修，除了停止上述设备和设施外，海水管道和吸收塔底部海水池也将排空，停运设备和管线进行冲洗，防止海洋生物滋生。

4. 电厂机组启动

为避免进入FGD装置的烟气含尘浓度过高及燃油未燃尽物含量过高，在锅炉启动期间，烟气通过旁路烟道，直接从烟囱排放。当电除尘器各电场投入运行，且FGD装置引入烟气的所有指标都满足要求时，FGD装置出口和进口烟道挡板打开，脱硫增压风机启动，旁路烟道挡板关闭。

锅炉正常运行时，FGD系统同时运行，只在特殊情况（如锅炉启动或锅炉事故状态时）及FGD故障情况时允许FGD系统旁路冷态备用或停运，此时锅炉在无FGD装置情况下运行，烟气直接通过烟囱排放。

采用计算机集中控制系统，自动控制、指示、记录整个过程，使FGD装置能正常运行。并且，无论FGD装置处于何种工况下运行，都不会对发电机组产生任何影响。通过对海水流量的控制回路、吸收塔液位控制回路、烟气参数控制回路实现正常稳定运行。

（二）脱硫系统（FGD）的启动

1. 启动前的检查

（1）所有待投设备具备投运条件。

（2）烟气在线监测系统（CEMS）运行正常，电除尘已投运正常。

（3）增压风机油系统运行正常，冷却风机处于良好备用状态。

（4）各辅机油系统运行正常。

（5）烟气处理系统、密封系统及吸收塔各部连接良好，无泄漏、损坏现象。

（6）吸水井水位正常，海水升压泵处于良好备用状态。

（7）机组循环水系统运行正常，海水恢复系统及曝气池配水正常。

（8）曝气风机组处于良好备用状态，曝气管路及曝气装置正常。

（9）阀门驱动装置处于工作状态，限位指示正确。

（10）热控装置工作正常，相关联锁保护已投入，系统无报警和ESD信号。

（11）执行FGD启动前检查卡，确认各项均符合要求。

（12）确认机组负荷不小于400MW且已完全撤油，机组运行稳定无异常。

2. 启动脱硫闭冷水系统

（1）脱硫闭冷水系统启动前的检查。

1）系统设备具备投运条件。

2）主机闭冷水系统已投运。

3）脱硫闭冷水系统再循环通路。

（2）脱硫闭冷水系统启动。

1）缓慢开启厂区闭冷水总管至脱硫岛闭冷水箱补水电动门，注意主机闭冷水缓冲水箱水位应稳定，脱硫岛闭冷水箱水位上升至正常水位。

2）将两台脱硫岛闭冷泵电动机测绝缘合格后送电。分别启动两台脱硫岛闭冷泵，检查其出口压力、声音、振动等情况正常，正常之后将停运其中一台泵投备用。

3）根据实际需要投入用户。

3. 启动海水供应系统

（1）海水供应系统启动前的检查。

（2）海水供应系统启动。

1）开启海水升压泵冷却水门。

2）启动海水升压泵。

3）启动电流返回后，开启海水升压泵出口门至15°，并保持20min，系统充水。

4）充水完毕，全开海水升压泵出口门至90°。

5）将备用泵投入备用或根据需要启动另一台海水升压泵。

4. 启动曝气系统

（1）曝气系统启动前的检查。

（2）曝气系统的启动。

1）确认曝气风机冷却水投运正常，油系统正常，启动油泵，高位油箱注油完毕，油压正常。

2）确认曝气风机出、入口门在全关位置。

3）启动曝气风机。

4）电动机启动电流返回后，开启曝气风机出口门。

5）开启曝气风机入口门。

6）待投运的曝气风机运行稳定后，将备用曝气风机投入备用或根据需要启动另外两台曝气风机。

5. 启动GGH

（1）GGH启动前的检查。

（2）GGH的启动。

1）启动GGH密封风机A，确认密封风量正常，将密封风机B投备用。

2）启动GGH上、下部吹灰器密封风机。

3）将GGH电动机置高速，启动GGH驱动主电动机。

4）将GGH驱动辅助电动机投备用。

6. 启动增压风机

（1）增压风机启动前的检查。

（2）增压风机的启动。

1）启动增压风机轴承冷却风机（增压风机启动前2h）。

2）确认FGD旁路烟气挡板在全开位。

3）开启FGD出口烟气挡板，其挡板密封风门联关。

4）确认FGD入口烟气挡板在全关位。

5）确认增压风机静叶在关位，将静叶调节置手动。

6）启动增压风机。

7）开启FGD入口烟气挡板。

8）逐步开启增压风机入口静叶，调整至所需工况。

9）启动GGH低泄漏风机。

10）关闭FGD旁路挡板门高位挡板。

11）FGD旁路挡板门高位挡板关到位后，缓慢关闭FGD旁路挡板门低位挡板，将增压风机静叶调节置自动。

12）待投运的增压风机运行稳定后，将备用增压风机投入备用或根据需要启动第二台曝气风机。

13）如吸收塔出口烟气温度低于30℃，投入吸收塔烟气旁路。

14）根据需要投吸收塔ECO整流器。

15）根据需要投GGH蒸汽吹灰。

（三）脱硫系统（FGD）的停运

1. 停运FGD烟气系统

（1）停运增压风机。

1）打开FGD旁路烟气挡板。

2）逐渐关闭增压风机入口静叶。

3）静叶关到位后，停增压风机电动机。

4）关闭增压风机进出口烟气挡板。

5）增压风机停运至少 10min 后，停轴承冷却风机。

6）增压风机停运至少 10min 后，停润滑油系统。

7）停另一台增压风机。

8）增压风机停转后，关闭 FGD 出口烟气挡板。

（2）停运 GGH。

1）确认烟气系统已停运且 GGH 入口烟气温度小于 70℃，停止 GGH 驱动电动机。

2）停 GGH 密封风机。

3）停 GGH 低泄漏风机。

2. 停运 FGD 海水供应系统

（1）停运海水升压泵。

（2）关闭海水升压泵出口门。

（3）停海水升压泵电动机。

（4）关闭海水升压泵入口门。

（5）停另一台海水升压泵。

3. 停运 FGD 曝气系统

（1）停运曝气风机。

（2）关闭曝气风机入口门。

（3）停曝气风机电动机。

（4）关闭曝气风机出口门。

（5）曝气风机停运至少 10min 后，停运其冷却水系统。

（6）停运另外两台曝气风机。

三、海水脱硫系统运行调整

（一）烟气负荷变化时的调整

（1）锅炉启动初期未停油前，禁止投运 FGD 系统。

（2）锅炉运行中出现异常工况需投油稳燃，且短时间不能恢复正常运行时，必须停止 FGD 烟气系统运行。

（3）机组负荷低于 400MW 需投油稳燃或计划性停机时，应至少提前 5min 停止 FGD 系统运行。

（4）机组负荷超过额定工况时，FGD 旁路挡板门低位挡板自动打开，调节通过 FGD 系统的烟气量不超过设计值。

（二）FGD 旁路挡板门的调整

FGD 旁路挡板门有 3 种工作模式，系统将根据 FGD 旁路挡板门的运行模式，自动设置增压风机运行在与之对应的 3 种曲线上。

（1）模式一。（正常运行模式）FGD 系统正常运行时，高、低位旁路挡板门全部关闭。

（2）模式二。（试验模式）正常运行时 FGD 旁路挡板门应每日试验一次，以确保旁路挡板门能够在危机情况下快速开启。试验步骤如下：

1）联系集控运行FGD旁路挡板门将进行试验，确认引风机已接到FGD旁路挡板门将要进行试验信号。

2）开启FGD旁路挡板门。

3）FGD旁路挡板门的关位信号消失时开始计时，计时器设定时间为FGD旁路挡板门完全开启时间的40%左右。

4）计时器到达设定值时开始关闭FGD旁路挡板门。

5）FGD旁路挡板门关到位后，联系集控运行FGD旁路挡板门试验结束，引风机恢复正常运行方式。

（3）模式三。（低位挡板门调节模式）当烟气中SO_2的浓度超过设计值或海水恢复系统排水pH值超标时，通过开启旁路门低位挡板使海水恢复系统排水pH≥6.8。调节方式如下：

1）当FGD入口烟气中SO_2的浓度超过设计值且5min不返回时，FGD旁路挡板门低位挡板以每隔60s开启20%的方式缓慢打开，系统重新设定增压风机工作点。

2）当海水恢复系统排水的pH<6.8且15min不返回时，FGD旁路挡板门低位挡板以每隔60s开启20%的方式缓慢开启，系统重新设定增压风机工作点，进入FGD系统的烟气量减少使海水恢复系统排水的pH≥6.8。

3）当烟气中SO_2的浓度低于设计值或海水恢复系统排水pH值恢复至正常，且5min之内参数不再超标时，FGD旁路挡板门低位挡板以每隔60s关闭20%的方式缓慢关闭，系统重新设定增压风机工作点。

（三）烟气温度变化时的调整

（1）FGD入口烟温在100～160℃之间，当低于100℃或高于160℃时，应停止FGD运行。

（2）吸收塔正常运行时，入口烟气温度小于110℃，出口烟气温度在30～50℃，当偏离温度范围时应查明原因，当入口烟气温度超过115℃或出口烟气温度超过80℃时应停止FGD运行。

（四）烟尘浓度超标时的调整

（1）电除尘正常停运前，至少提前5min停运FGD烟气系统。

（2）电除尘事故跳闸（如除尘段失电等），必须紧急停止FGD。

（3）由于灰分异常或电除尘运行异常（如部分电场停运等）使烟气含尘浓度超标，短时间不能恢复时，应停止FGD烟气系统的运行。

（五）GGH的吹灰与清洗

（1）每班接班后2h或GGH传热元件压差大于700Pa时，投入GGH蒸汽吹灰。

（2）当蒸汽吹灰效果不明显时，开启FGD旁路挡板门，投GGH高压水冲洗。

（3）GGH停运检修期间，采用低压水对GGH传热元件进行冲洗清灰。

（4）上、下层吹灰器分开投运，先投运下部吹灰器，再投入上部吹灰器。

（六）海水恢复系统的运行调整

（1）正常工况下，海水恢复系统投运2台曝气风机。

（2）机组低负荷时，在确保海水恢复系统排水pH值不超标的情况下可以停运1台曝气风机。

（七）吸收塔 ECO 的运行调整

(1) 当吸收塔排水温度低于 20℃时，ECO 整流电流调至最大。

(2) 当吸收塔排水温度在 20～30℃时，ECO 整流电流调至最大电流的 58%。

(3) 当吸收塔排水温度高于 30℃时，ECO 整流电流调至 0。

第十四章 脱硝控制系统

第一节 火电厂烟气脱硝技术

一、烟气脱硝技术概述

众所周知，电力工业 NO_x 排放量很大，而 NO_x 对大气环境的影响是非常恶劣的。我国先后修订了《火电厂大气污染物排放标准》，对 NO_x 排放的要求日益严格。降低 NO_x 排放主要有两种措施：一是控制燃烧过程中 NO_x 的生成，即低 NO_x 燃烧技术；二是对生成的 NO_x 进行处理，即烟气脱硝技术，常用选择性催化还原脱硝技术。下面简单介绍烟气脱硝技术。

(一) 选择性催化还原烟气脱硝技术

选择性催化还原法（Selective Catalytic Reduction，SCR），是指在催化剂的作用下，以 NH_3 作为还原剂，有选择性地与烟气中的 NO_x 反应并生成无毒无污染的 N_2 和 H_2O。

SCR 还原剂可以是碳氢化合物（如甲烷、丙烯等）、氨、尿素等，工业应用的还原剂主要是氨，其次是尿素。以氨为还原剂的 SCR 化学反应如下

$$4NH_3+4NO+O_2 \longrightarrow 4N_2+6H_2O \tag{14-1}$$

$$4NH_3+2NO_2+O_2 \longrightarrow 3N_2+6H_2O \tag{14-2}$$

上述化学反应只在很窄的温度范围内（980℃）进行，即应用选择性非催化还原（SNCR）烟气脱硝技术。通过选择合适的催化剂，反应温度可以降低扩展到适合电厂实际使用的 290～430℃范围。

常用金属基催化剂含有氧化矾、氧化钛、氧化钼、氧化钨等。

在反应条件改变时，还可发生以下副反应

$$4NH_3+3O_2 \longrightarrow 2N_2+6H_2O+1267.1kJ \tag{14-3}$$

$$2NH_3 \longrightarrow N_2+3H_2-91.9kJ \tag{14-4}$$

$$4NH_3+5O_2 \longrightarrow 4NO+6H_2O+907.3kJ \tag{14-5}$$

发生 NH_3 分解的反应和 NH_3 氧化为 NO 的反应都在 350℃以上才能进行，450℃以上开始激烈起来。反应温度常在 300℃以下时仅有 NH_3 氧化为 N_2 的副反应可能发生。

(二) 选择性非催化还原烟气脱硝技术

SCR 技术的催化剂费用通常占到 SCR 烟气脱硝控制系统初始投资的一半左右，其运行成本很大程度上受催化剂寿命的影响，选择性非催化还原烟气脱硝技术应运而生。选择性非催化氧化还原法（Selective Non-Catalytic Reduction，SNCR）工艺也被称为热力 De NO_x 工艺，最初由美国 Exxon 公司发明并于 1974 年在日本成功投入工业应用。该方法以炉膛为反

应器，可通过改造锅炉实现。

在 900～1000℃这一狭窄的温度范围内，无催化剂作用下，氨或尿素等氨基还原剂可选择性地还原烟气中的 NO_x，基本上不与烟气中的 O_2 作用，主要反应如下

NH_3 为还原剂时 $$4NH_3+4NO+O_2 \longrightarrow 4N_2+6H_2O \tag{14-6}$$

尿素为还原剂时 $$(NH_2)_2CO \longrightarrow 2NH_2+CO \tag{14-7}$$

$$NH_2+NO \longrightarrow N_2+H_2O \tag{14-8}$$

$$2CO+2NO \longrightarrow N_2+2CO_2 \tag{14-9}$$

SNCR 工艺的 NO_x 脱除效率主要取决于反应温度、NH_3 和 NO_x 的化学计量比、混合程度、反应时间等。研究表明，SNCR 工艺的温度控制至关重要，若温度过低，NH_3 的反应不完全，容易造成 NH_3 泄漏；而温度过高，NH_3 容易被氧化为 NO，抵消了 NH_3 的脱除效果。温度过高或过低都会导致还原剂损失和 NO_x 脱除率下降。通常情况下，设计合理的 SNCR 工艺能达到 30％～70％的脱除效率，80％的效率也曾有文献报道。

SNCR 可能出现的问题与 SCR 工艺相似，比如氨泄漏、N_2O 的产生，当采用尿素为还原剂的时候，还可能产生 CO 二次污染等问题。但是经过合理的工艺设计和参数控制，可将这些影响降到最低。SNCR 与 SCR 相比，运行费用低，旧设备改造少，尤其适用于改造机组，仅需要氨水储槽和喷射装置，投资也较少，但存在还原剂消耗大、NO_x 脱除效率低等缺点，温度窗口的选择和控制也比较难，同时，不同的锅炉形式和负荷状态需要不同的设计和控制策略，设计难度也大。

（三）SNCR/SCR 联合烟气脱硝技术

SNCR/SCR 联合烟气脱硝技术结合了两者的优势，将 SNCR 工艺的还原剂喷入炉膛，用 SCR 工艺使逸出的 NH_3 和未脱除的 NO_x 进行催化还原反应。该联合工艺于 20 世纪 70 年代首次在日本的一座燃油装置上进行试验，试验结果表明了该技术是可行的。在联合工艺的设计中，一个重要的问题是将氨与 NO_x 充分混合。SNCR 体系可向 SCR 催化剂提供充足的氨，但要想控制好氨的分布以适应 NO_x 分布的改变是非常困难的，而且锅炉越大，这种分布就越不好控制。为了弥补分布不均，联合工艺的设计应该提供一个充足的氨的给予系统。

典型的联合装置能脱除 84％的 NO_x，同时逸出的 NH_3 浓度低于 10×10^{-6}。应当注意的是总投资成本和运行费用不一定因为联合工艺的采用而降低，烟气脱硝工艺的选择应根据具体的锅炉形式和负荷、烟气条件和 NO_x 浓度、需要达到的效率、还原剂供给条件、场地条件、预热器和电除尘情况、SCR 装置特点等因素综合考虑，以达到最佳的技术经济性能。

（四）其他烟气脱硝技术

液体吸收法烟气脱硝又称为湿法烟气脱硝，主要包括水吸收法、酸性吸收法、碱中和吸收法、液相还原吸收法等。吸收法的技术特点如表 14-1 所示。

表 14-1　液体吸收法的技术特点

烟气脱硝方法	工 艺 特 点
水吸收法	用水做吸收剂对 NO_x 进行吸收，吸收率低，仅可用于气量较小、净化要求不高的场合，不能净化以 NO 为主的 NO_x
酸性吸收法	用稀硝酸等作为吸收剂对 NO_x 进行物理吸收和化学吸收。可以回收 NO_x，消耗动力较大

续表

烟气脱硝方法	工 艺 特 点
碱中和吸收法	用 NaOH、Na_2SO_3、$Ca(OH)_2$、NH_4OH 等碱性溶液作吸收剂对 NO_x 进行化学吸收。对含 NO 较多的 NO_x 废气净化效率较低
氧化吸收法	对含 NO 较多的 NO_x 废气，用浓 HNO_3、O_3、NaClO、$KMnO_4$ 等作催化剂，先将 NO_x 中的 NO 氧化成 NO_2，然后再用碱性溶液吸收，使净化效率提高
液相还原吸收法	将 NO_x 吸收到溶液中，与 $(NH_4)_2SO_3$、NH_4HSO_3、Na_2SO_3 等还原剂反应，NO_x 被还原为 N_2，其净化效果比碱溶液好

与烟气脱硫不同，烟气脱硝的手段主要是采用干法，其原因是 NO_x 与 SO_2 相比，缺乏化学活性，难以被水溶液溶解吸收；而 NO_x 经还原后称为无毒的 N_2 和 H_2O，脱硝的副产品易于处理。

（五）国内外烟气脱硝装置应用情况

烟气脱硝是目前世界上发达国家普遍采用的减少 NO_x 排放的方法，烟气脱硝能够达到很高的 NO_x 脱除效率，而其中应用较多的就是选择性催化还原法（SCR）和选择性非催化还原法（SNCR），尤其是 SCR 能达到 90%以上的脱除率。其原理首先由 Engelhard 公司发现并于 1957 年申请专利，后日本成功研制出现今被广泛使用的 V_2O_5/TiO_2 催化剂。这一技术目前在发达国家有了较为广泛的应用。欧美以及日本等对燃煤电厂 NO_x 排放控制最先进的国家和地区除了采取燃烧控制外，大量地使用 SCR 技术。关于氨的逃逸量、空间速度、NO_x 的脱除率、空气预热器的设计和运行在日本和欧洲都有较大提高。

我国从 20 世纪 80 年代开始火电厂烟气脱硝的研究工作，取得了一定的成绩。随着我国 NO_x 排放标准的不断严格，仅仅依靠燃烧控制已经不能满足要求，因此烟气脱硝技术的应用开始更加迅速。在 20 世纪 90 年代率先在福建后石电厂 6×600MW 机组上建成 SCR 烟气脱硝装置。该装置投产后运行效果好，NO_x 排放浓度仅有 85mg/m^3，但同时存在建设投资大、运行费用高等问题。国内第一家采用自主产权 SCR 核心技术设计的脱硝工程在国华太仓发电有限公司 7 号机组投产，这无疑推进了我国今后烟气脱硝事业的发展。

（六）烟气脱硝工艺方法的选取

我国地域广阔，具体采用何种烟气脱硝工艺，必须因地制宜。在选取烟气脱硝工艺的过程中，应遵循以下原则：

（1）NO_x 排放浓度和排放量满足相关环保要求。

（2）技术成熟、运行可靠，有较多业绩，可用率达 90%以上。

（3）对煤种适应性强，并能适应燃煤含氮量在一定的范围变化。

（4）尽可能节省建设投资。

（5）布置合理，占地面积少。

（6）吸收剂、水和能源消耗少，运行费用较低。

（7）吸收剂来源可靠，质优价廉。

（8）副产物、废水均能得到合理利用或处理。

主要烟气脱硝工艺的比较如表 14-2 所示。

目前，只有 SCR 和 SNCR 在大型燃煤电厂获得了较好的商业应用，其中 SCR 在全球范围内有数百台的成功应用业绩和十几年的运行经验。该方法技术成熟、脱硝效率高、几乎无二次污染，在我国是烟气脱硝引进和消化吸收的重点。

表 14-2　　主要烟气脱硝工艺的比较

脱硝工艺	适用性及特点	优　缺　点	脱硝率	投资
SCR	适合排气量大，连续排放源	二次污染小，净化效率高，技术成熟；设备投资高，关键技术难度大	80%～90%	较高
SNCR	适合排气量大，连续排放源	不用催化剂，设备和运行费用小；NH_3 用量大，二次污染，难以保证反应温度和停留时间	30%～60%	较低
液体吸收法	处理烟气量很小的情况下可取	工艺设备简单、投资少，收效显著，有些方法能回收 NO_x；效率低，副产物不易处理，目前常用的方法，不适于处理燃煤电厂烟气	效率低	较低
微生物法	适用范围较大	工艺设备简单、能耗和处理费用低、效率高、无二次污染；微生物环境条件难以控制，仍处于研究阶段	80%	低
活性碳吸附法	排气量不大	同时脱硫脱硝，回收 NO_x 和 SO_2，运行费用低；吸收剂用量大，设备庞大，一次脱硫脱硝效率低，再生频繁	80%～90%	高
电子束法	适用范围较大	同时脱硫脱硝，无二次污染；运行费用高，关键设备技术含量高，不易掌握	85%	高

二、选择性催化还原（SCR）脱硝技术

SCR 脱硝工艺的还原剂有无水液氨、尿素和氨水。

（一）*液氨为还原剂的 SCR 脱硝工艺*

利用液氨作为还原剂的 SCR 烟气脱硝控制系统由催化反应器、氨储存以及供应系统、氨喷射系统及相关的测试控制系统。

液氨由槽车运送至液氨储罐，液氨储罐输出的液氨在蒸发器内蒸发为氨气，氨气经加热至常温后送至缓冲罐备用。氨气缓冲罐的氨气经调压阀减压后，与稀释风机送来的空气混合成氨气体积含量为 5%的混合气体，通过喷氨隔栅的喷嘴喷入烟气中，然后氨气和 NO_x 在催化剂的作用下发生氧化还原反应，生成 N_2 和 H_2O。

在 SCR 烟气脱硝控制系统中，氨储存及供应系统最复杂，主要包括液氨卸料压缩机、液氨储罐、液氨蒸发器、氨气缓冲槽及氨气稀释槽、废水泵、废水池等。

液氨的供应由液氨槽车运送，利用液氨卸料压缩机将液氨由槽车输入到液氨储罐内，储罐输出的液氨于液氨蒸发器内蒸发为氨气，经氨气缓冲槽送至脱硝系统。因事故，系统紧急排放的氨气则导入氨气稀释槽中，经水的吸收排入至废水池，再由废水泵送至废水处理厂处理。加氨方式有无水加氨和有水加氨两类。对于无水加氨系统，氨从液氨储罐依次进入蒸发器和缓冲罐，经减压后与空气混合，再喷入烟道中。对于有水加氨系统中，氨从液氨储罐经雾化喷嘴进入高温蒸发器，蒸发后的氨喷入烟道中。

为了防止由飞灰引起催化剂的堵塞，必须除去烟气中硬且直径较大的飞灰颗粒，在省煤器后设有灰斗，当锅炉低负荷运行或检修吹灰时，收集烟道中的飞灰，始终保持烟道中的清洁状态。

在每层催化剂之前设置吹灰器，可随时将沉积于催化剂入口处的飞灰吹除，防止堵塞催化剂通道。在每个 SCR 装置的出口烟道上设有灰斗，由于烟气经过 SCR 装置时流速降低，烟气中的飞灰会在 SCR 装置内和装置出口处沉积下来，部分自然落入灰斗中。根据 SCR 装置的情况，设置的吹灰装置及时进行吹扫，吹扫的积灰落入灰斗中。

以尿素或氨水为还原剂的 SCR，与以液氨为还原剂的 SCR 不同之处是氨气的制备方式。

（二）以尿素为还原剂的 SCR 脱硝工艺

与液氨不同，利用尿素作为脱硝还原剂时需要利用专门的设备将尿素转化为氨，之后输送至 SCR 反应器。尿素制氨方法主要有水解法和热解法。

1. 水解法尿素制氨

水解法原理是把 40%～50%的尿素溶液（38℃），经预热器加热到 121℃，泵入水解反应器，在 130～180℃和 1.7～2MPa 的反应条件下，先生成中间产物氨基甲酸铵，随后氨基甲酸铵分解，生成氨气和二氧化碳，其组成一般为 NH_3 蒸汽浓度 28%、CO_2 浓度 14%、水蒸气浓度 58%，反应式如下

$$NH_2CONH_2+H_2O \longrightarrow NH_2CO_2NH_4 \tag{14-10}$$

$$NH_2CO_2NH_4 \longrightarrow 2NH_3+CO_2 \tag{14-11}$$

分解出来的氨基产物作为 SCR 脱硝反应的还原剂，在催化剂的作用下发生化学反应生成 N_2 和 H_2O。尿素溶液水解后的产物为 NH_3、CO_2 和 H_2O 的混合蒸汽，通过捕滴器除掉夹带的水滴后，通过自身压力送往氨气稀释系统，加入空气后稀释成浓度为 5%的氨气，送往氨喷射系统。与液氨系统不同的是，稀释空气需要加热到 175℃以上，避免 NH_3 与 CO_2 低温下发生逆向反应，生成氨基甲酸盐。同样原因，成品氨气输送管道需要伴热，介质温度需维持在 175℃以上。

尿素水解法制氨工艺系统的设备大部分可以国产化，只有水解反应器和节能器目前尚需进口，所以整体投资可以大大降低。对于高等级的电站 SCR 烟气脱硝控制系统，尤其是人口密度较高的电厂，不失为一种可靠的选择。

2. 热解法尿素制氨

热解法尿素制氨是将尿素在尿素溶解器中溶解为 70%的溶液，然后将尿素溶液注入分解器，在 0.31～0.52MPa 和 343～454℃条件下，尿素首先分解为异氰酸和氨气，异氰酸再分解为氨气和二氧化碳，化学反应如下

$$CO(NH_2)_2 \longrightarrow NH_3+HNCO \tag{14-12}$$

$$HNCO+H_2O \longrightarrow NH_3+CO_2 \tag{14-13}$$

分解室提供尿素分解所需要的混合时间、停留时间以及温度。分解出来的氨基产物为 SCR 脱硝反应的还原剂，在催化剂的作用下发生化学反应生成 N_2 和 H_2O。

在热解法尿素制氨系统中，氨基甲酸铵作为一种中间产物具有较高的腐蚀性，所以除了尿素储存库外，其余的设备和管道全部为不锈钢，并且要将尿素溶液加热在氨基甲酸铵的形成温度之上。此外，由于尿素溶液的易结晶性，不论水解法还是热解法，对于所有尿素溶液的容器和管道必须进行伴热（蒸汽伴热或电伴热），将溶液的温度保持在其相应浓度的结晶

温度以上。

在上述两种尿素分解制氨工艺中，水解法需要使用高压转化反应器，存在安全隐患，其应用受到影响，而热解法工艺简单，也更实用，两者的比较如表14-3所示。

表14-3 热解法尿素制氨与水解法尿素制氨的比较

热解法尿素制氨	水解法尿素制氨
热力控制工艺	高压操作
使用气体燃料或柴油	需要高温
跟随能力强，响应时间快	跟随能力和响应时间较差
氨逃逸控制好	水用量大，浪费能量
控制简易	负荷变化时，易生成高分子固态物
喷入40%～50%的浓度尿素液	低浓度尿素液
成本通常较低	需高压容器，设备要求高

（三）以氨水为还原剂的SCR脱硝工艺流程

用氨水作为还原剂时，可以在安全方面较无水液氨得到较大改善。氨水储罐可以设计成耐压型的锥顶罐，与无水液氨的耐压储罐相比，可以节约大量费用。同时由于氨水上方NH_3的蒸汽压力较无水液氨低得多，因此装运氨水的槽车不会造成像无水液氨那样的危险。

使用氨水的一个问题是供应商提供的氨水是用含盐的自来水稀释的，如果将这种氨水直接喷入热烟道气中，氨和水都会蒸发，无论是V_2O_5/TiO_2催化剂（工作温度在350℃左右），还是Pt型催化剂（工作温度在290℃附近），都会因为NaCl、KCl等盐类而使催化还原反应效率迅速降低。因此，使用氨水作为脱硝还原剂时，需要使用一个氨气提塔，将氨蒸汽和水分离开来。

通过改变进入气提塔的氨水流量，可以控制供给烟道气的NH_3的量。氨气提塔得到纯净的氨通过喷射器（如喷氨格栅）喷入烟气中，烟气中的NO_x与NH_3的催化剂的作用下发生反应，产物为N_2和H_2O。

与无水液氨相比，使用氨水作为脱硝反应的氨源时运输费用和操作费用有所增加，但是氨水的车运、储存和处理过程有较大的安全保证，同时，氨水储存和蒸发设备的费用也较低。另外，使用氨水时环保方面的要求也比无水液氨低。基于以上原因，用氨水作为烟气脱硝的氨源也有一定的竞争力。

三、脱硝系统的性能指标

典型SCR烟气脱硝控制系统的性能指标种类及具体要求如表14-4所示。

表14-4 SCR烟气脱硝控制系统主要性能指标

性能指标	要　求	性能指标	要　求
脱硝效率	根据锅炉排放量和环保排放要求确定	系统可用率	＞90%
氨的逃逸率	$<5\times10^{-6}$	NO_x	50～100mg/m³（标准状态）
SO_2、SO_3转化率	＜1%	SO_x	＜100mg/m³（标准状态）
脱硝系统压降	≤1kPa	粉尘浓度	＜30mg/m³（标准状态）
催化剂寿命	3年		

（一）脱硝效率

对于电厂，安装 SCR 的目的就是脱除烟气中的大部分的 NO_x，以满足排放标准的要求。因此 SCR 烟气脱硝控制系统必须具有较高的脱硝率。在进行性能测试时，应保证在锅炉的最差工况下，SCR 烟气脱硝控制系统承诺的最低脱硝效率仍能满足排放的要求，因为脱硝的实际效率除了系统本身采用工艺的脱硝能力外，还取决于烟气的状态（烟气量、烟温、烟气含氧量等），而 NO_x 排放标准要求烟气中 NO_x 的浓度和总量在任何情况下均不超过规定的控制值。

（二）NH_3/NO_x 摩尔比

NH_3/NO_x 摩尔比是评价 SCR 烟气脱硝控制系统的经济性指标。在相同的脱硝率下，NH_3/NO_x 摩尔比高的脱硝工艺运行费用高，因为需要消耗更多的还原剂。

（三）还原剂利用率

还原剂利用率是指用于脱除 NO_x 的还原剂占加入 SCR 烟气脱硝控制系统还原剂总量的质量分数，还原剂的利用率与 NH_3/NO_x 摩尔比有着密切的关系，达到一定脱硝率时所需要的 NH_3/NO_x 摩尔比越低，还原剂的利用率就越高，所需还原剂数量就越少，可大大降低 SCR 烟气脱硝控制系统的运行费用。

（四）对周围环境的影响

安装 SCR 烟气脱硝控制系统的目的是改善大气环境质量，不允许因为使用烟气脱硝装置而对环境造成二次污染。脱硝装置可能产生的环境问题包括氨泄漏造成的二次污染、制氨系统造成的废水污染、废旧催化剂更换的处理等。

（五）催化剂利用率

催化剂利用率指用于脱硝的催化剂占加入 SCR 烟气脱硝控制系统催化剂总量的质量分数，因为催化剂在整个 SCR 烟气脱硝控制系统投资和运行中占有很大比重，所以提高催化剂的利用率可大大降低 SCR 烟气脱硝控制系统的运行费用。

第二节 SCR 烟气脱硝控制系统

下面以华能海门电厂 1000MW 机组为例介绍 SCR 烟气脱硝控制系统。

一、脱硝控制系统功能及原理方法

（一）功能与系统组成

华能海门电厂 1000MW 机组的脱硝系统自动化水平达到运行人员能在单元机组控制室内通过 SCR-DCS 的 CRT 操作员站对脱硝系统进行启/停控制、正常运行的监视和调整以及异常与事故工况的处理。采用 DCS 作为整个脱硝的控制系统后，其控制水平可达到如下程度：在机组正常运行工况下，对脱硝装置的运行参数和设备的运行状况进行有效的监视和控制；机组出现异常或脱硝工艺系统出现非正常工况时，能按预定的顺序进行处理，使脱硝系统的运行情况与相应的事故状态相适应；出现危及单元机组运行以及脱硝工艺系统运行的工况时，能自动进行系统的联锁保护，停止相应的设备甚至整套脱硝装置的运行。

脱硝反应区 DCS 作为单元机组 DCS 系统的一个子站分别纳入到单元机组 DCS 进行控制。脱硝剂存储、制备、供应系统（即电厂 1、2 号机组脱硝系统的公用系统）的控制采用 PLC 加上位机完成。PLC 装置留有与辅助生产控制系统的冗余通信接口。

脱硝控制系统主要实现两部分功能，一部分为反应器区的控制，由 SCR-DCS 负责，每台炉 2 个反应器设一对 DPU，这部分主要实现 NO_x 脱除浓度的控制及反应器各工况的监视、吹灰控制，其主要控制对象包括稀释空气风机、吹灰器、氨流量控制阀等；另一部分为氨系统的控制，由公用 PLC 中一对用于氨制备区的 CPU 负责实现，这部分主要实现氨的卸载、储罐的转运，提供反应器所需的氨蒸气以及储罐各工艺参数的监视及事故状况下的应急处理。其主要的控制对象为氨压缩机系统、储罐、污水坑泵、氨蒸发器、氨卸载控制盘。

控制系统的主要测点有 DI 147 点、DO 81 点、AI 29 点、T/C 11 点、RTD 2 点、AO 3 点，合计 273 点。对重要的过程检测参数如 SCR 入口烟温、SCR 出口烟温设置了多重冗余配置。SCR 入口烟温为 3 点测量，SCR 出口烟温为 2 点测量。

结合典型的 SCR 烟气脱硝控制系统，按照功能分散和物理分散相结合的原则设计，SCR-DCS 功能一般包括数据采集系统（DAS）、模拟量控制系统（MCS）、顺序控制系统（SCS）、联锁保护、烟气脱硝系统厂用电源系统的监控等。

数据采集系统（DAS）应连续采集和处理所有与烟气脱硝系统相关的信号及设备状态信号，以便及时向操作人员提供有关的运行信息，实现安全经济运行。一旦 SCR 发生任何异常工况，及时报警，提高 SCR 的可利用率。

DAS 至少应有以下功能：①显示，包括操作显示、成组显示、画面显示、报警显示等；②制表记录，包括定期记录、事故追忆记录、事故顺序（SOE）记录等；③历史数据存储和检索；④性能计算。

模拟量控制系统（MCS）应满足 SCR 烟气脱硝控制系统安全启、停及各种工况下运行的要求，在锅炉 35%BMCR～BMCR 工况下同时进烟温度范围在 280～380℃条件下，保证被控参数不超出允许值，以达到最佳脱硝效果。

顺序控制系统（SCS）应根据工艺的要求进行分级控制，包括驱动级控制、子组级控制、功能组级控制。在需要的地方，锅炉控制系统中已有的自动控制和联锁也必须匹配和扩展，这样可达到锅炉与烟气脱硝系统间的协调控制和运行。如 SCR 入口烟温异常时，自动停止喷氨。氨储罐压力、温度异常时，自动停止氨供应，并报警，必要时操作员可根据情况打开水喷淋装置进行降温。SCR 烟气脱硝控制系统设置的热工保护项目有 SCR 烟气温度保护、氨气/空气混合气防爆保护、稀释风机保护和吹灰器保护。

脱硝系统注入氨流量控制一般采用闭环控制系统，注入 SCR 反应器的氨气流量控制是控制氨气流量调节阀保持氨气流量为设定值。

通常以 SCR 进口的 NO_x 分析仪测量的 NO_x 量作为前馈控制，以 SCR 出口的 NO_x 分析仪测量的 NO_x 量作为反馈控制，修正氨气流量的设定值。最终得到的 NH_3 流量进行比较，调整控制 NH_3 流量调节阀进行实际的流量控制，满足脱硝装置的性能要求。

（二）控制方案

对于高灰段布置的脱硝系统，一般放置于锅炉的尾部烟道上的省煤器和空气预热器之间，与锅炉的其他设备构成了完整的系统，是锅炉运行的重要组成部分。SCR 装置的控制系统一般采取以下两种方案：

（1）方案一。就地控制采用以 PLC 加上位机控制方式，控制盘柜布置在脱硝剂制备区域内，运行人员通过 PLC 上位机可对被控对象及工艺参数进行控制和监视。同时，脱硝控制系统和单元机组 DCS 设有冗余双向通信接口，重要的信号和指令通过硬接线方式与 DCS 连接，运行人员也可通过单元机组 DCS 操作员站对脱硝系统被控对象及工艺参数进行控制和监视，最终实现远方控制、就地无人值班。

（2）方案二。脱硝装置的控制系统纳入到机组 DCS 进行控制，就地不设操作员站。脱硝系统作为单元机组的一个远程 I/O 站，运行人员直接通过控制室中但愿机组 DCS 操作员站完成对脱硝系统参数和设备的监控。

方案一是将脱硝系统作为一个独立的系统考虑，脱硝系统的控制由 PLC 控制，不受机组 DCS 系统运行情况的影响，如机组 DCS 出现问题，脱硝系统还可正常运行，但 PLC 系统需单独考虑系统供电、布置等问题，且与机组 DCS 采用通信方式连接，如通信出现故障，运行人员对脱硝系统的监控比较困难，同时，采用 PLC 控制系统，硬件上与 DCS 不同，增加了日常设备维护的难度。

方案二是纳入到机组 DCS，将对脱硝系统作为锅炉的一部分与锅炉整个系统整体考虑，在硬件上可保证系统的一致性，便于系统的扩展和今后的升级，减少了系统的维护量，可与机组 DCS 同意布置，不用单独考虑系统的供电、布置等问题，逻辑控制上可与主厂设备一同考虑，便于锅炉控制系统的整体设计。

根据以往的工程经验，大部分电厂包括华能海门电厂将锅炉的脱硝系统纳入到机组 DCS 中进行控制，便于组态、使用和维护，也便于扩展。

（三）主要控制回路

脱硝控制系统主要控制回路包括以下几个方面。

1. 氨蒸发系统

氨蒸发控制系统包括氨存储罐传输到蒸发器的过程控制以及对蒸发器的控制等。氨蒸发控制系统在蒸发器入口调节阀打开以后自动控制氨的流量，在蒸发器自动关闭或蒸发器发生异常情况时，蒸发器的入口阀将自动关闭。

2. 氨喷射系统

氨喷射系统的控制包括对喷射氨流量控制阀和截止阀的控制。系统根据锅炉负荷、烟气温度和 SCR 反应器入/出口 NO_x 浓度自动调节氨喷射量。

（1）影响氨喷射量的因素。氨的喷射量是由 SCR 反应器入/出口 NO_x 浓度和 NH_3/NO_x 摩尔比决定的，而摩尔比是根据锅炉负荷确定的。假设出口烟气 NO_x 浓度信号是给定的，可以将氨的流量向下调整到一个最小值，这个值就作为氨流量的最小设定值。如果氨的喷射量达到最小设定值时 NO_x 的出口浓度不能达到或超过给定值，系统将对这个设定值进行报警，氨的喷射量将继续调整，直到出口 NO_x 浓度达到理想值。

（2）氨喷射系统启动和停止条件。在刚开始启动时，直到 SCR 反应器内的入口烟气温度符合 SCR 操作条件时，氨喷射系统才处于喷射状态。在 SCR 出现下面状况时，氨的输入会自动停止：①SCR 反应器入口烟气温度低于露点温度；②锅炉停炉。

3. 其他控制回路

SCR 烟气脱硝控制系统中除以上两个主要的控制回路外，还有电加热系统、蒸汽吹扫系统、反应器温度控制系统、氨与空气混合系统、氨水卸载系统、喷淋系统、省煤器旁路系统、SCR 旁路系统等。

SCR 烟气脱硝控制系统的 DCS 通过冗余的以太网相连，并留有与其他厂内系统（如

MIS和DCS）的接口，通信采用TCP/IP协议，保证与其他系统的有效连接。

二、脱硝控制系统组成及控制策略

（一）华能海门电厂脱硝系统概况

华能海门电厂1、2号炉烟气脱硝工程采用SCR工艺，选用东方锅炉有限公司的技术和产品，采用纯度为99.6%的液氨来制备还原剂。催化剂层数按2+1模式布置，初装2层预留1层。烟气流向为省煤器出口—催化反应器进口烟道—喷氨格栅—均流板—SCR反应器—SCR反应器出口烟道—空气预热器。为了防止烟气中的飞灰在催化剂上沉积，堵塞催化剂孔道，每层催化剂（包括备用层）均设置4个耙式吹灰器，吹灰介质为蒸汽。SCR烟气脱硝工艺流程如图14-1所示。

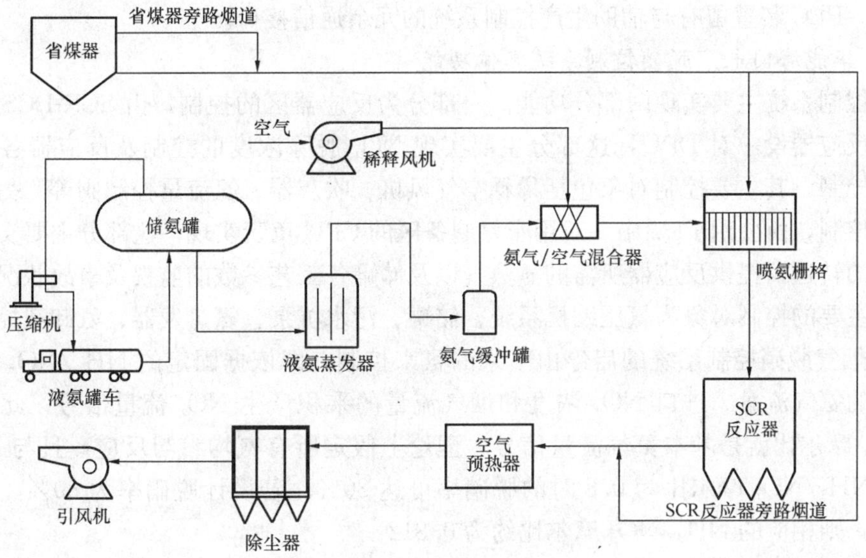

图14-1 海门电厂SCR烟气脱硝工艺流程

脱硝系统分为两个单元（A、B两个单元），脱硝A单元8个输送器组成一个单元进行输送，脱硝B单元8个输送器组成一个单元进行输送。省煤器A、B单元和脱硝A、B单元共用1根DN150的灰管，采用正压气力输送装置，收集粗灰送至机组对应的粗灰库。

华能海门电厂烟气脱硝系统主要分为2个区域，一个是脱硝反应剂制备系统，即NH_3区；另一个是脱硝系统反应区，即SCR区。

1. NH_3区

液氨由液氨槽车运送，利用液氨卸料压缩机输入储氨罐内，储槽中的液氨再输送到液氨蒸发槽内蒸发为氨气，经氨气缓冲槽来控制一定的压力及流量，然后氨气在混合器中与稀释空气混合均匀后送达脱硝系统。氨气系统紧急排放的氨气则排入氨气稀释槽中，经水吸收后排入废水池，再经由废水泵送至厂区废水处理系统。

2. SCR区

脱硝系统对称布置2个催化反应器，采用高飞灰布置方式，分别处理省煤器出口的两路烟气。烟气经过喷氨格栅与氨气混合，在催化剂的作用下，NO_x被还原成无害的氮气和水。

脱硝装置在性能考核试验时的NO_x脱除率不小于62%，氨的逃逸浓度不高于3ppm，SO_2/SO_3转化率小于1%；连续运行烟温范围是300～420℃。

选用 OVATION 3.1.0 分散控制系统，设计过程控制 I/O 点共计 273 个，分 SCR 反应区和 NH_3 制备区 2 个控制区域。2 个控制机柜为远程柜，分别为 7RIO1-1 和 8RIO1-1。控制机柜为 CTRL7 和 CTRL8，每个控制机柜的 2 个控制器完全冗余。卡件包括 DI-16（24V DC）、DO-16（24V DC）、AI-8（4～20mA）、RTD-8、AO-4（4～20mA）等。两个相互冗余交换机构成两个冗余工业以太网 Ethernet1、Ethernet2，通信速率 100Mbit/s。上位机操作电脑，分别为工程师（EWS）站和操作员站（OPR）与机组 DCS 共用一套。EWS 站和 OPR 站均可进行组态编程和监视操作，通过切换用户更改权限。

脱硝反应区 DCS 作为单元机组 DCS 的一个子站分别纳入到单元机组 DCS 进行控制。脱硝剂存储、制备、供应系统（即 1、2 号机组脱硝系统的公用系统）的控制采用 PLC 加上位机完成。PLC 装置留有与辅助生产控制系统的冗余通信接口。

（二）华能海门电厂脱硝控制系统具体功能

脱硝控制系统主要实现两部分功能。一部分为反应器区的控制，由 SCR-DCS 负责，每台炉 2 个反应器设一对 DPU，这部分主要实现 NO_x 脱除浓度的控制及反应器各工况的监视、吹灰控制，其主要控制对象包括稀释空气风机、吹灰器、氨流量控制阀等。另一部分为氨系统的控制，由公用 PLC 中一对用于氨制备区的 CPU 负责实现，这部分主要实现氨的卸载、储罐的转运，提供反应器所需的氨蒸气以及储罐各工艺参数的监视及事故状况下的应急处理。其主要的控制对象为氨压缩机系统、储罐、污水坑泵、氨蒸发器、氨卸载控制盘。

SCR 烟气脱硝控制系统的启停由喷入的氨来控制，即依据固定的 NH_3/NO_x 摩尔比来确定所需的氨气流量。进口 NO_x 浓度和烟气流量的乘积产生 NO_x 流量信号，此信号乘以 NH_3/NO_x 摩尔比就是基本氨气流量信号。理论上假定所有氨均参与反应，且与 NO_x 等摩尔反应，NH_3/NO_x 摩尔比为 0.8 时的脱硝率可达 80%。若设计脱硝率为 80%，氨逃逸率 0.0003%，则相应的 NH_3/NO_x 摩尔比约为 0.812。

SCR 烟气脱硝控制系统根据计算出的氨气流量需求信号去定位氨气流控制阀，实现对脱硝的自动控制。通过在不同负荷下对氨气流量的调整得到最佳喷氨量。

1. 氨蒸汽流量控制

将氨蒸汽流量信号送到控制器中，与实际氨蒸汽流量进行比较，然后对误差信号进行 PI 调节，调整氨蒸汽流量调节阀的开度。若因某些联锁失效造成喷雾动作跳闸，氨气流控制阀将关闭。这是一个模拟量控制回路，其控制对象是 SCR 反应器氨流量调节阀（分反应器 A、反应器 B），控制参数是氨流量调节阀开度，控制原理为串级控制。氨蒸汽流量信号是由反应器出口烟道 NO_x 含量经 PI 运算，再加上总风量前馈得到的，氨蒸汽流量控制实际上是控制出口烟道 NO_x 含量的，其控制原理如图 14-2 所示。

当出现下列条件时，氨蒸汽流量调节阀由自动切为手动：①SCR 反应器出口烟道 NO_x 含量与设定值偏差值超过 100 时，延时 30s；②总风量坏点；③SCR 反应器出口烟道 NO_x 含量测点坏点。

2. 稀释空气流量控制

稀释空气流量可用手动挡板进行控制，空气流量确定后，就不再需要随锅炉负荷变化而进行调整。氨气和空气流量设计稀释比最大为 5%。在低负荷或低 NO_x 值时，氨气将低于 5%。将空气流量信号与氨流量信号相比得出稀释比例，其值必须控制在爆炸极限范围内。

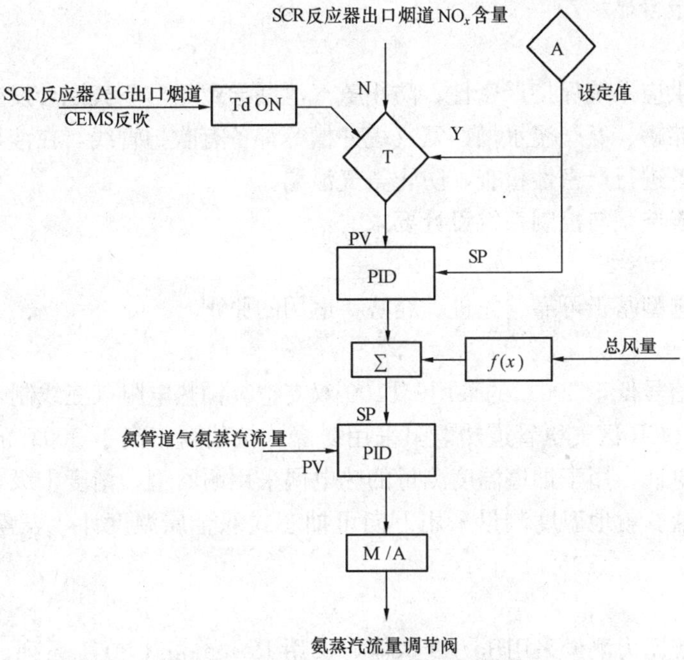

图 14-2　氨蒸汽流量控制原理图

3. 蒸汽吹灰控制

蒸汽吹灰的介质为辅助蒸汽，其作用是防止烟气中的飞灰在催化剂上沉积而堵塞催化剂孔道。吹灰程序采用周期顺序控制，A、B侧反应器吹灰系统相对独立。每一个吹灰器控制电磁阀10s后关闭，延时65s后再开启第二个电磁阀。

吹灰器运行条件为：吹灰蒸汽母管的温度高于350℃或疏水时间（3～5min，可设定）到时，关闭1号反应器吹灰蒸汽出口电动阀（疏水阀），待压力高且持续10s时间以上时才允许吹灰。当锅炉需要检修时，必须先停运引风机，然后方可停运声波吹灰系统。

脱硝吹灰母管蒸汽流量调节的控制对象是脱硝吹灰母管蒸汽流量调节阀，控制参数是吹灰母管蒸汽流量调节阀开度，控制原理为闭环PI控制。

调节在自动方式时，当吹灰母管蒸汽流量与设定值偏差超过40kg/h，调节方式切为手动；或者当吹灰母管蒸汽流量坏点时，调节方式切为手动。

4. 氨蒸发器的热水温度和出口压力值自动控制

液氨蒸发槽为螺旋管式，管内为液氨，管外为温水浴，蒸发量受蒸发槽本身水浴温度控制。在氨气出口管线上装有温度检测器，当温度低于10℃时切断液氨进料，使氨气至缓冲槽维持适当的温度和压力。蒸发槽也装有安全阀，可防止设备压力过高。氨蒸发器出口压力控制在0.15MPa左右。

5. 氨气泄漏检测器

液氨存储及供应系统四周设有4个氨气监测器，当监测到大气中氨气浓度过高时，机组控制室发出警报。

6. 氨存储和供应系统

液氨存储与供应系统包括液氨卸料压缩机、液氨储槽、液氨蒸发槽、氨气缓冲槽及氨气稀释槽、废水泵、废水池等。所有设备的启停、顺序控制和联锁保护等都可在控制系统上实现并对故障实施报警显示。

7. 氮气吹扫

液氨存储及供应系统保持严密性，防止氨气泄漏导致氨与空气混合发生爆炸。系统的卸料压缩机、液氨储罐、氨气温水槽、氨气缓冲槽等都备有吹扫管线，在液氨卸料之前吹扫管线，并对以上设备进行严密性检查，防止氨气泄漏。

三、现场仪表选型与控制系统设计要求

（一）现场仪表选型

现场仪表的选型基于可靠、先进、经济、适用的原则。

1. 温度仪表

远传的温度信号低于300℃的采用PT100双支铠装铂热电阻（三线制，A级精度，带不锈钢保护套管），SCR区气氨管道热电阻采用防爆式接线盒；高于300℃的温度测量采用K分度双支铠装热电偶，用于烟道温度测量的热电偶采用耐磨型，精度Ⅰ级，配不锈钢保护套管及防水式接线盒。就地温度测量采用万向可抽芯式双金属温度计，表盘尺寸ϕ100，精度1.5级。

2. 压力仪表

烟道和氨系统压力测量采用压力变送器，选用Rosemount 3051系列。就地压力测量气氨系统采用氨压力表；稀释空气系统及注射栅格压力采用膜盒式压力表，均选用川仪产品。

3. 流量仪表

氨注射栅格流量监视采用测量孔板配U形管差压计的方式测量，U形管和测量孔板之间采用乳胶管连接。

用于氨流量测量采用质量流量计，选用E+H产品，稀释空气流量测量采用阿牛巴流量计，选用Rosemount产品。

烟气流量测量不采用常规仪表直接测量，根据机组给煤量通过DCS计算获得。

4. 分析仪表

烟气的NO_x分析仪为红外分光伴热抽取式分析仪，烟气氧量的分析是基于电化学分析法，烟气经取样泵取样送至气体预处理后进行分析，氨逃逸分析仪为激光光谱分析法，采用直插式分析，均选用Sickmaihak系列产品。

脱硝系统的烟气排放连续监测系统（CEMS）分为采样系统和主机两部分，采样系统安装于烟道上，主机以分析小屋的形式安装于脱硝反应器平台。每台炉设有两个SCR反应区，每个SCR设有一套CEMS。每台炉的两套CEMS布置在分析小屋内。每套CEMS在SCR的入口和出口都分别设有3个烟气采样点，3个开孔都要求位于同一烟道断面上。

（二）控制系统设计要求

对控制系统总的设计要求有以下几个方面：

（1）SCR-DCS系统应完成数据采集系统（DAS）、模拟量控制系统（MCS）、顺序控制系统（SCS），以满足各种运行工况的要求，确保机组安全经济运行。

（2）对于特殊的工艺设备，控制逻辑需要在就地控制柜实现，应单独提出。就地控制柜与SCR-DCS系统有足够的硬接线及通信信号接口，使得SCR-DCS系统能够对设备进行监视和控制。

（3）烟气脱硝系统的仪表控制系统及装置不设置单独的接地网，所有接地应能接至整个电厂电气接地网上，接地电阻应满足电气接地网的要求。

(4) SCR-DCS 系统应由分散处理单元，过程输入、输出通道，数据通信系统和人机接口等组成。

(5) SCR-DCS 系统应易于组态、使用、修改和扩展。

(6) SCR-DCS 系统的设计采用合适的冗余配置和诊断至模件级的自诊断功能，使其具有高度的可靠性。系统内任一组件发生故障，均不应影响整个系统的工作。

(7) 系统的监视、报警和自诊断功能应高度集中在 LCD 上显示，控制系统应在功能上和物理上适当分散。

(8) SCR-DCS 系统应采取有效措施，以防止各类计算机病毒的侵害和 SCR-DCS 内各存储器的数据丢失。

(9) SCR-DCS 系统通信发生故障或运行操作员站全部故障时，能保证脱硝系统安全停运。

第三节 SCR 烟气脱硝控制系统调试与运行

一、SCR 烟气脱硝控制系统调试

(一) 调试过程概述

SCR 烟气脱硝控制系统调试主要分为冷态调试和热态调试 2 个阶段及单体调试、分系统调试、热态初调和整系统 168h 满负荷运行 4 个过程。

单体调试是对 SCR 烟气脱硝控制系统的各个组成部分——烟气系统、SCR 反应器系统、液氨储存及供应系统、氨/空气喷雾系统以及供应系统进行冷态模拟试运行。首先将各箱、罐注入一定工艺水以满足系统条件。一些热态条件则在 SCR 烟气脱硝控制系统通热烟气前模拟热态运行，全面检查各系统的设备状况，并进行系统联锁和保护试验。

热态初调即 SCR 烟气脱硝控制系统通热烟气，进行各项热态负荷下的调试。其主要任务是校验关键仪表的准确性，如 NO_x 分析仪、NH_3 检测仪、氧量计、流量计等，以及进行各功能组的优化，包括 DCS 的模拟量调节系统，如喷氨控制系统、液氨蒸发温度压力控制系统、顺序控制系统的投入等，并检查各设备的运行情况。

SCR 烟气脱硝控制系统 168h 满负荷连续试运行是调试的最后阶段。它借鉴了锅炉机组的调试要求，全面考察系统连续运行的能力和各项性能指标。

华能海门电厂一期工程（2×1000MW）脱硝系统与机组相关部分由机组 DCS 进行控制，就地不设操作员站。脱硝系统公用辅助部分（还原剂存储、制备、供应系统）的控制采用 PLC 装置完成。

脱硝控制系统作为单元机组 DCS 的一个远程 I/O 站，运行人员直接通过集中控制室内单元机组 DCS 操作员站完成对脱硝系统 SCR 装置的启/停控制、正常运行的监视和调整以及异常与事故工况的处理和故障诊断参数和设备的监控。

控制系统调试的目的是保证脱硝 DCS 硬件安装正确，数据通信系统、模件组态的正确性，软件正常装载与恢复。测试脱硝控制系统的调节、联锁、保护和监控功能，使其满足脱硝系统能在安全工况下运行或停机的要求。

控制系统调试环境和特殊要求主要有以下几个方面：①锅炉脱硝控制系统机柜及就地设备安装完毕，接线工作完成；②脱硝控制逻辑按要求组态完毕，控制和监视画面已完成；

③现场设备已完成单体调试和试运。

对于控制系统即SCR-DCS的调试工作步骤如下：①调试前的准备；②控制柜的复原调试和I/O通道测试；③控制系统冷态调试；④控制系统热态调试。

（二）调试前的准备

（1）收集设计图纸和设备资料。

（2）现场熟悉热控设备和热力系统。

（3）准备调试用仪器设备。

（三）控制柜的复原调试和I/O通道测试

（1）检查机柜的电源电缆和控制电缆接线是否正确。

（2）由厂家完成系统上电和进行程序装载。

（3）对I/O卡件进行通道测试并记录测试结果。

（四）脱硝控制系统的冷态调试

1. 设备级联锁保护控制逻辑调试步骤

（1）线路检查，对与DCS连接的各I/O信号线，如控制信号、反馈信号、压力开关、流量开关、水位开关等信号线进行检查，确保接线正确，接线符合要求。

（2）配合安装单位进行测点信号的传递检查，保证就地变送器和组态的量程一致。

（3）检查操作员画面的显示和操作功能块的正确性，对不合理的地方进行修改完善。

（4）按照最新版本的脱硝系统热工定值表检查和设置各保护联锁定值和报警值。

（5）检查相关脱硝系统和设备的性能、系统接线、系统内部控制逻辑等是否符合原设计要求和实际工艺要求。

（6）设备（电动门、电动机等）单体调试完毕且已送电，用万用表测量该设备与DCS的I/O连接线是否带有强电，确保没有强电的情况上，插上相应的DCS控制卡。

（7）对DCS内组态的与脱硝系统电动门（机）有关的控制逻辑进行检查，确保其符合设计要求，并对其中不完善的地方会同DCS厂家和业主进行修改。

2. 模拟量控制系统回路检查

（1）对逻辑图和回路图进行检查，检查各系统的PID控制方向是否正确、自动投入自动和切除自动逻辑控制是否正确、系统优先升/降和超驰控制是否正确，能否满足系统工艺要求等，并审核各个系统的函数曲线设置、信号补偿、信号滤波等是否符合设计要求，确保设计的正确性。并对设计不完善的地方会同设计院、业主、DCS厂家进行讨论修改。

（2）对DCS内的组态与控制系统有关的逻辑进行检查，确保其符合设计要求，并对其中不完善的地方会同DCS厂家和业主进行修改。

（3）利用信号源向对应的模拟量通道加上与实际工艺流程相对应的模拟量，并作记录。

（4）用CRT、万用表、示波器等监视系统输出，检查输出信号的变化方向、输出信号幅值、有关报警和联锁保护功能，并作记录。

（5）检验控制系统的输出及有关设备的动作是否符合设计要求。如符合设计要求，则改变信号源的幅值，继续其他点的试验；如试验结果不符合设计要求，则停止试验，重新检查设备、线路、信号源的连接和系统的有关逻辑，找出相关障碍；如妨碍试验的障碍是可快速消除的障碍，则将这些障碍消除后继续进行试验；如妨碍试验的障碍一时无法消除，则中止试验。

（6）试验完毕后，恢复系统接线。

3. 顺序控制系统静态试验

（1）模拟顺序控制系统的初始条件和每步必要的工艺参数条件。

（2）从操作画面或到现场实际观察，检查顺序控制系统的每一个程序是否可按预定的步骤进行。如程序的动作结果不符合设计和工艺要求，则停止试验，重新检查设备的控制逻辑、外围接线和所加的模拟信号等，找出相关障碍；如妨碍试验的障碍是可快速消除的障碍，则将这些障碍消除后继续进行试验，并填写顺序控制系统试验记录表；如妨碍试验的障碍一时无法消除，则中止试验，并书面通知项目负责人。

（3）试验完毕或中止试验后，工作人员解除模拟信号，恢复原系统接线。

（4）在试验中发现的缺陷应做好笔记并填写相关工作缺陷联系单，督促责任部门消缺，消缺后重新试验。

（五）脱硝控制系统热态调试

1. 脱硝控制系统联锁保护功能投入

（1）重新检查系统输入、输出信号和系统逻辑是否正确。

（2）设置系统的有关参数并确认。

（3）将系统的有关的切投开关打至投入位置或自动位置并确认系统已经投入。

（4）密切监视系统的动作情况。如系统没有按预定的逻辑动作，则应迅速将系统切回手动或退出，并重新检查系统的有关参数及系统的接线。

2. 模拟量调节系统投入

（1）检查模拟量控制逻辑，各被调量输入指示正确，系统组态、连接正确。

（2）检查控制逻辑，各系统优先开、优先关、禁止开、禁止关，自动切手动功能能否实现，系统在条件满足时，手动、自动、就地切换功能完好。

（3）初步计算并设置各控制器中的控制参数。

（4）在被调参数满足投自动的条件时，将系统投入自动。

（5）对被调参数施加2%～10%的定值扰动，观察被调量的过渡过程。

（6）逐步修改PID参数，使控制系统的衰减率为0.75。

（7）系统继续投入自动，观察被调量在外扰情况下的过渡过程，如有必要，则进一步修改调节参数［步骤（6）］，提高控制系统的调节品质。

3. 顺序控制系统投入

（1）按照热控装置的试验、投运及退出手续的办理程序，办理相关系统的投运手续。

（2）初步设置系统的有关参数。

（3）运行人员将系统的有关的切投开关打至“投入”位置或“自动”位置并确认系统已经投入。

（4）密切监视系统的动作情况。如系统没有按预定的程序动作，则运行人员应迅速将系统切回手动，并重新检查系统的有关参数及系统的接线。如系统的故障能迅速消除，则将系统障碍消除后，将系统继续投运；如系统的障碍无法迅速消除，则将系统退出。

（5）填写热控装置试验、投运、切除登记表，对试验中出现的问题应及时向项目负责人汇报，项目负责人根据实际情况提出解决方案，必要时向有关主管部门汇报。

二、脱硝系统运行和维护

烟气脱硝系统是一个由众多子系统串联、并联及混合方式组合而成的一个相对独立的大系统，与锅炉关系密切，它的正确运行相当重要，关系到整个机组的正常运行。

（一）启动与操作程序

1. 系统启动前检查

为了确保系统正常启动运行，系统启动之前应对以下内容进行检查确认。

（1）确认电源（各控制柜电源、各类设备电源）连接。

（2）确认仪表用气规格（温度、压力、露点）。

（3）确认厂用蒸汽已流入所需设备（反应器吹灰系统、氨的蒸发器）。

（4）确认稀释风机正常。

（5）还应注意以下事项：①长时间停运的汽化器，在每次启动前必须用 N_2 对氨管路进行吹扫，吹扫压力为 $4kg/cm^2$ 时，排放、加压重复 2～3 次即可；②确认炉前氨气分配蝶阀在固定开度。

2. SCR 烟气脱硝控制系统的启动

（1）氨气化器的启动。

1）氨气化器暖机。打开工业水进水隔离阀，液氨气化器内注入适当液位水量后关闭；打开蒸汽压力控制阀前隔离阀及液氨气化器温度控制阀，待系统稳定后投自动，设定值分别为 1MPa 和 37℃。

2）液氨注入。开启液氨储罐出口遮断阀和液氨气化器入口压力控制阀，使液氨进入液氨气化器，手动缓慢开启气化器的氨气出口阀，使蒸发后的气氨进入气氨缓冲罐；待系统稳定后，缓冲罐入口前的压力控制阀设定为 0.2MPa，液氨气化器入口压力控制阀投自动。

（2）SCR 的投运。

1）开启稀释风机，确认稀释空气总流量达到一定值。

2）开启气氨缓冲罐出口截止阀及炉前 SCR 手动隔离阀。

3）确认炉前氨气压力达 0.2MPa，稀释空气有一定流量（炉前氨气遮断阀的开启条件）。

4）开启炉前 SCR 喷氨进口氨气遮断阀，然后根据 SCR 入口烟气中的 NO_x 含量及负荷情况，以 SCR 出口 NO_x 含量小于或等于 $100mg/m^3$（标准状态）和 NH_3 含量小于或等于 3ppm 为标准手动缓慢调节氨气流量调节阀进行喷氨。

5）喷氨时，若 SCR 出口 NO_x 显示值无变化或明显不准，则应及时联系处理，暂停喷氨。

3. SCR 烟气脱硝控制系统的停运

在锅炉停炉时需要对 SCR 装置进行停机操作。在这种情况下应停止喷氨，对催化剂实施停运前吹扫，然后脱硝装置停止运行。

（1）SCR 烟气脱硝控制系统的短期停运（锅炉不停，可能因为烟气温度不满足条件而停止注氨）。

1）关闭液氨存储罐液化气体出口管道控制阀。

2）关闭蒸发器液化氨气入口管道控制阀。

3）关闭氨气积压器出口控制阀门。

4）关闭 SCR 注氨速关阀。

5）其他系统设备或者阀门等保持原来的运行状态。

（2）SCR 烟气脱硝控制系统的长期停运（锅炉停运）。

1）在锅炉降低至最低允许喷氨温度前，负荷暂时稳定，等注氨流量控制阀关闭后再继续降负荷。

2）关闭液氨存储罐液化气体出口管道控制阀。

3）关闭蒸发器液化氨气入口管道控制阀。

4）继续加热蒸发器数分钟，待蒸发器出口氨气压力几乎降为零后，逐渐关闭蒸发器入口的蒸汽控制阀门，然后关闭其手动阀；放掉蒸发器内部的水。

5）积压器压力基本为零后，关闭其出口控制阀门。

6）关闭 SCR 注氨速关阀、氨气流量控制阀。

7）在 SCR 出口温度低于 250℃以前，锅炉暂停继续降负荷，对催化剂进行一次全面吹灰。吹灰结束后继续降负荷。

8）在锅炉停运后，锅炉已经完全冷却至环境温度后，停运稀释风机。

9）至此，脱硝系统完全停止运行。当然，如果液氨存储罐还存有液氨，则要按正常情况继续监视和巡视液氨存储罐的运行情况。

（二）SCR 烟气脱硝控制系统的运行维护

1. 正常运行维护

（1）每天要定期检查整个系统，是否存在泄漏，特别是设计到氨气的所有设备和管道，如有泄漏，要及时联系安装单位进行处理。

（2）注意重点监视反应器进出口压降、空气预热器进出口压降、反应器出口各烟气分析仪、液氨存储罐的压力和温度、蒸发器水温等重点参数，发现异常，要及时分析原因，以及时排除隐患，把系统恢复至正常的运行状态。

（3）每天检查稀释风机的运行情况，包括其噪声、振动、轴承温度、润滑情况等；每周要检查稀释风机入口滤网的污染情况、连接部件的紧固情况；每月要注意检查风机的叶片是否粘有异物，联轴器是否连接牢固。

（4）每天要检查蒸汽吹灰器的运行情况，包括噪声水平、振动、运行时的蒸汽压力；每周要定期检查吹灰器是否有渗漏、润滑情况；每月要定期检查吹灰器的齿轮磨损情况。

（5）每周要定期检查烟道膨胀节是否存在扭曲变形、是否存在泄漏、是否已经变薄、连接件是否有松动等情况。

（6）每周要定期检查 SCR 反应器的人孔门、检查孔等是否有渗漏痕迹、连接部位是否有松动、连接法兰垫是否有损坏。

（7）每周要定期检查注氨格栅是否有腐蚀、磨损、泄漏或者堵塞现象。

（8）每周要定期检查系统各阀门是否有裂纹、是否有渗漏痕迹、工作状态是否正常、阀门行程是否充足；每月要定期检查系统内的阀门是否有腐蚀、设备标签是否有丢失。

（9）每天要定期检查系统内所有管道是否存在振动过大现象；每周要定期检查系统内的管道是否有泄漏痕迹、膨胀情况是否良好；每月要定期检查系统内的管道是否出现连接不良而弯曲的现象、是否有堵塞、支吊架是否工作正常。

（10）对系统内的仪表每天要检查是否存在振动大现象、是否存在泄漏痕迹、CRT 上数值显示是否准确；每周要定期检查是否有堵塞、连接部位是否松动、电缆连接是否正常、传感器工作是否正常、控制柜是否干净；每月要定期检查是否标签丢失、是否有丢失零部件、是否已经到了检验日期。

(11) 每月还要定期对系统内所有的平台、护栏、人行道、梯子等通行设施进行检查，确保上述设施完好、可正常使用。

2. SCR 烟气脱硝控制系统运行调整注意事项

(1) 液氨储罐液位正常，罐内压力和温度正常。

(2) 氨区无漏氨，中控氨检测器无报警，就地无刺鼻的氨味。

(3) 汽化器液位正常。

(4) 工业水自动喷淋装置设为自动，当储罐内部温度达到 40℃时，应自动开启喷水降温、降压，以防压力升高至 $22kg/cm^2$ 时安全门动作。

(5) 废水池液位正常，废水泵设为自动，否则手动启动泵排水。

(6) 氨气分配蝶阀均应在指定开度，不得变动；稀释空气隔离阀必须在开状态，以免氨气分配管堵灰。

(7) 检查 SCR 催化剂出入口差压应在正常范围（$<40mmH_2O$）。

参 考 文 献

[1] 林文孚，胡燕. 单元机组自动控制技术[M]. 北京：中国电力出版社，2008.

[2] 毕真福. 火力发电厂热工自动控制实用技术[M]. 北京：中国电力出版社，2008.

[3] 朱北恒. 火电厂热工自动化系统试验[M]. 北京：中国电力出版社，2007.

[4] 河南省电力公司. 火电工程调试技术手册热工卷[M]. 北京：中国电力出版社，2004.

[5] 王常力，罗安. 分布式控制系统(DCS)设计与应用实例[M]. 北京：电子工业出版社，2005.

[6] 印江，冯江涛. 电厂分散控制系统[M]. 北京：中国电力出版社，2006.

[7] 张磊. 超超临界火力发电机组问答精选[M]. 北京：化学工业出版社，2008.

[8] 樊泉桂. 超超临界及亚临界参数锅炉[M]. 北京：中国电力出版社，2007.

[9] 杨晋萍，白建云. 安全监测保护系统[M]. 北京：中国电力出版社，2006.

[10] 谷俊杰，丁常富. 汽轮机控制监视和保护[M]. 北京：中国电力出版社，2002.

[11] 韦根原. 大型火电机组顺序控制和热工保护[M]. 北京：中国电力出版社，2008.

[12] 王志祥. 热工保护与顺序控制[M]. 北京：中国电力出版社，2006.

[13] 白建云，杨晋萍. 程序控制系统[M]. 北京：中国电力出版社，2006.

[14] 上海新华控制技术有限公司. 电站汽轮机数字式电液控制系统-DEH[M]. 北京：中国电力出版社，2005.

[15] 国家电力公司电力建设工程质量监督总站. 电力建设工程施工质量监督(调整试验工程). 中国电力出版社，2003.

[16] 华东六省一市电机工程(电力)学会. 热工自动化[M]. 北京：中国电力出版社，2006.

[17] 王付生. 电厂热工自动控制与保护[M]. 北京：中国电力出版社，2005.

[18] 西安热工研究院. 超临界、超超临界燃煤发电技术[M]. 北京：中国电力出版社，2008.

[19] 降爱琴，郝秀芳. 数字电液调节与旁路控制系统[M]. 北京：中国电力出版社，2005.

[20] 冯伟忠. 1000MW 级火电机组旁路系统作用及配置[M]. 北京：中国电力出版社，2005.

[21] 秦文学，魏永志. 超超临界 1000MW 机组汽轮机启动方式及旁路系统[J]. 山东电力技术，2006，140(3).

[22] 吴祖兵. 超临界机组汽机旁路系统选择及其分析[J]. 东北电力技术，2006(2).

[23] 丁尔谋. 发电厂低循环倍率塔式锅炉[M]. 北京：中国电力出版社，1996.

[24] 望亭发电厂. 300MW 火力发电机组运行与检修技术培训教材·锅炉[M]. 北京：中国电力出版社，2002.

[25] 胡志光. 发电厂电气设备及运行[M]. 北京：中国电力出版社，2008.

[26] 钟秦. 燃煤烟气脱硫脱硝技术及工程实例[M]. 北京：化学工业出版社，2007.

[27] 孙克勤. 电厂烟气脱硫设备及运行[M]. 北京：中国电力出版社，2007.

[28] 杨旭中. 燃煤电厂脱硫装置[M]. 北京：中国电力出版社，2006.

[29] 郭东明. 脱硫工程技术与设备[M]. 北京：化学工业出版社，2007.

[30] 曾庭华. 湿法烟气脱硫系统的调试、试验及运行[M]. 北京：中国电力出版社，2008.

[31] 张强. 燃煤电站 SCR 烟气脱硝技术及工程应用[M]. 北京：化学工业出版社，2007.

[32] 孙克勤，钟秦. 火电厂烟气脱硫系统设计、建造及运行[M]. 北京：化学工业出版社，2005.

[33] 杨飏. 氮氧化物减排技术与烟气脱硝工程[M]. 北京：冶金工业出版社，2007.

[34] 周立新. 工业脱硫脱硝技术问答[M]. 北京：化学工业出版社，2006.

[35] 孙克勤，钟秦. 火电厂烟气脱硝技术及工程应用[M]. 北京：化学工业出版社，2007.
[36] 阳宪惠. 工业数据通讯与控制网络[M]. 北京：清华大学出版社，2003.
[37] 张丽香，王琦. 模拟量控制系统[M]. 北京：中国电力出版社，2006.
[38] 郭东明. 脱硫工程技术与设备 [M]. 北京：化学工业出版社，2007.
[39] 张磊，彭德振. 大型火力发电机组集控运行 [M]. 北京：中国电力出版社，2006.
[40] 郑慧莉. 大型火电厂自动化设计的若干问题[J]. 电力系统自动化，2006，29(24)：79-82.
[41] 侯子良，刘诚孚，饶纪杭等. 1000MW级超(超)临界机组控制系统及其自主化问题调查报告[C]. 百万千瓦等级超(超)临界机组运行及控制技术研讨会，2008，4：27-40.
[42] 任建勇，杨政. 火电机组 APS的应用研究[J]. 山西电力，2002年7月增刊1：26-27.
[43] 冯连根，周国强. APS控制系统在河津发电厂的应用[J]. 山西电力，2005，(126)：54-57.
[44] 谢健育. 700 MW 机组自启停系统(APS)设计特点及应用[J]. 内蒙古电力技术，2001，19(2)：10-12.
[45] 梁刚. 超超临界直流锅炉干、湿态转换控制策略浅析[J]. 华电技术，2008，30(4)：13-14.
[46] 张伟，宁献武，王磊. 1000MW超超临界机组干、湿态转换过程及风险控制[J]. 东北电力技术，2009(7)：19-21.
[47] 吴延宾. 1000MW超超临界机组直流锅炉水位控制[J]. 热力发电，2007(7)：52-55.
[48] 田丰，余天龙. 珠海电厂 2×700MW 机组整组启动调试分析[J]. 电力建设，2000，21(5)：43-45.

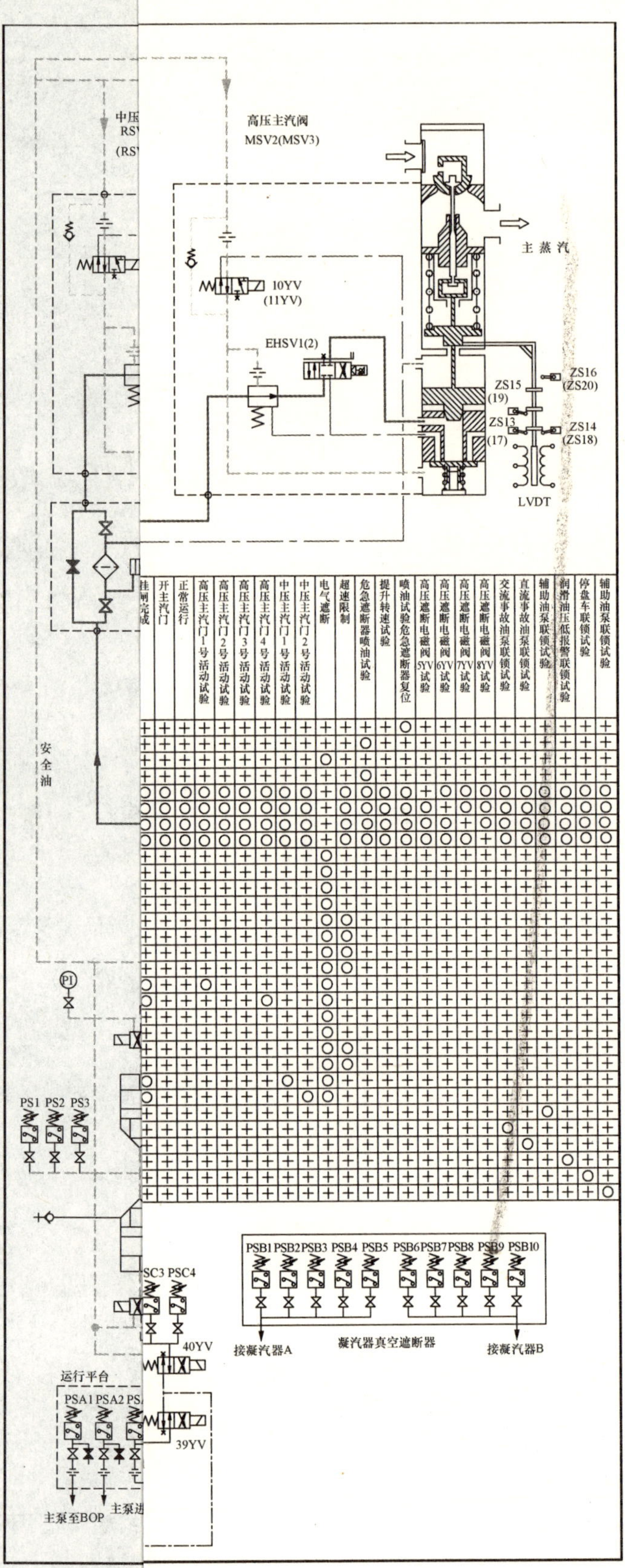

中压
RSV
(RSV
高压主汽阀
MSV2(MSV3)
主蒸汽
10YV
(11YV)
EHSV1(2)
ZS15
(19)
ZS16
(ZS20)
ZS13
(17)
ZS14
(ZS18)
LVDT
安全油
挂闸完成
开主汽门
正常运行
高压主汽门1号活动试验
高压主汽门2号活动试验
高压主汽门3号活动试验
高压主汽门4号活动试验
中压主汽门1号活动试验
中压主汽门2号活动试验
电气遮断
超速限制
危急遮断器喷油试验
提升转速试验
喷油试验危急遮断器复位
高压遮断电磁阀5YV试验
高压遮断电磁阀6YV试验
高压遮断电磁阀7YV试验
高压遮断电磁阀8YV试验
交流事故油泵联锁试验
直流事故油泵联锁试验
辅助油泵联锁试验
润滑油压低报警联锁试验
停盘车联锁试验
辅助油泵联锁试验
PI
PS1 PS2 PS3
PSB1 PSB2 PSB3 PSB4 PSB5 PSB6 PSB7 PSB8 PSB9 PSB10
SC3 PSC4
接凝汽器A
凝汽器真空遮断器
接凝汽器B
40YV
运行平台
PSA1 PSA2 PSA
39YV
主泵至BOP
主泵进